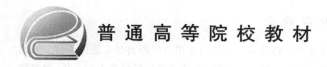

普通高等院校教材

空 气 动 力 学

吴子牛　白晨媛　李　娟　陈梓钧　官晓珂　编著

北京航空航天大学出版社

内 容 简 介

本书包含经典低速空气动力学、经典高速空气动力学以及若干理论与应用空气动力学专题的内容。低速空气动力学包括基本概念与基本流动模型、翼型与机翼基本概念、经典势流理论与流场以及力的分析、薄翼理论、三维机翼理论及附面层理论。高速空气动力学包括流体力学基本方程以及典型参数关系式、定常可压缩流动波系结构、机翼与翼型的小扰动理论、可压缩翼型与机翼修正理论。理论与应用空气动力学专题涉及低速非定常空气动力学、高速非定常空气动力学、波系结构干扰、高超声速空气动力学和气动热。本书强调基本思路以及各章节与各部分内容的连贯性，突出原理性内容，并配备与内容密切关联的习题。经典内容可用于本科专业基础教学。专题内容可用于进一步的课程教学，部分内容对开展科学研究或工程研究有一定的桥梁性作用。部分习题有较高的学术价值。大部分习题都有提示或参考答案。

本书可作为高等院校航空航天专业的本科生和研究生教材，也可供流体力学或空气动力学的有关学者参考使用。

图书在版编目(CIP)数据

空气动力学 / 吴子牛等编著. -- 北京 ：北京航空
航天大学出版社，2016.8
   ISBN 978 - 7 - 5124 - 2220 - 9

  Ⅰ. ① 空… Ⅱ. ①吴… Ⅲ. ①空气动力学-高等学校
-教材 Ⅳ.①V211

中国版本图书馆 CIP 数据核字(2016)第 192924 号

空气动力学

吴子牛   白晨媛   李 娟   陈梓钧   官晓珂 编著
责任编辑   赵延永

*

北京航空航天大学出版社出版发行

北京市海淀区学院路 37 号(邮编 100191)   http://www.buaapress.com.cn
发行部电话:(010)82317024   传真:(010)82328026
读者信箱:goodtextbook@126.com   邮购电话:(010)82316936
北京中献拓方科技发展有限公司印装   各地书店经销

*

开本:787×1 092 1/16 印张:25.25 字数:646 千字
2016 年 8 月第 1 版 2025 年 1 月第 7 次印刷 印数:8 601～9 100 册
ISBN 978 - 7 - 5124 - 2220 - 9 定价:63.00 元

前　言

　　21 世纪初,国家航空航天发展迅速,推动国内一些高校相继成立航空航天院系。清华大学也在 2004 年成立航天航空学院。为了用自己的教材给首届本科生上课,我们临时编写了一部《空气动力学》(上下册)教材,并于 2007 年出版。经过约 10 年的教学、参与工程任务以及从事空气动力学学术研究,我们对一些内容的安排和取舍有了新的认识,并通过合理组织经典内容和习题及引入一些现代内容,重新编写形成了本教材。

　　本教材共 6 章,内容包括低速问题基本模型与势流理论、低速问题黏性效应与三维效应处理方法、可压缩问题连续介质力学模型与波系结构模型、翼型与机翼的小扰动理论与修正理论、非定常空气动力学理论基础和高速流动特殊问题处理。主要特色在于,经典内容的组织连贯紧凑,有些内容则以习题的形式出现,并用提示的形式给出这些内容的要点。书中的一些专题内容既与经典空气动力学有密切关联,也结合了空气动力学当前发展动态,其中一些内容对读者进入一些更深入或实用的方向,如计算空气动力学、气体动力学、气动弹性和高超声速空气动力等有桥梁性作用。大多数习题适合于教学,但也有一些习题可将读者引入学术研究前沿。部分习题具有较高的学术价值。

　　本教材由吴子牛教授主编,白晨媛、李娟和陈梓钧协助编写了部分内容,包括一些计算和习题解答。第 1 章由吴子牛、李娟执笔,第 2 章由吴子牛、李娟执笔;第 3 章由吴子牛、白晨媛执笔,第 4 章由吴子牛、白晨媛执笔,第 5 章由吴子牛、李娟、白晨媛执笔,第 6 章由吴子牛、徐珊姝、陈梓钧执笔。清华大学官晓珂同学细致地进行了大量公式的重新推导,这对及时改正一些错误起到了重要作用。林景同学提供了一些计算数据。此外,通过合作与研讨,与一些行业专家的交流也加深了作者对相关问题重要性的认识,对丰富本书内容起到了重要作用。其中要特别感谢曾宁研究员,汤龙生研究员,蔡志勇研究员,罗金玲研究员,罗义平研究员,周军研究员,国义军研究员,陈坚强研究员,张宏研究员,王翔研究员,吴彦森研究员,满延进研究员,陈平研究员,王济康研究员,康宏琳研究员,李斌研究员等。

　　本书涉及的一些学术问题,作者与孙茂教授、符松教授、孙晓峰教授、李存标教授、任玉新教授和许春晓教授等进行过讨论,获益匪浅。国家重点基础研究发展计划(2012CB720205)给本书的出版提供了资助。

　　一些现象的描述以某种科普形式出现时,得到了黎方学先生(中航伊萨)等的建议。航空学报编辑部蔡斐女士对本书出版提供了帮助,在此表示由衷感谢。

吴子牛

2016 年 8 月 22 日于清华大学

目　　录

第二篇　可压缩空气动力学基础

第 3 章　可压缩问题连续介质力学模型与波系结构模型 ··············· 140

第三篇　非定常与高速空气动力学问题

绪　论

空气动力学肯定能回答飞机的升力是如何产生的。可是,人们不满足于空气动力学的解答。著名空气动力学家安德森就说:"非常奇怪的是,莱特兄弟发明飞机约 100 年后,成群的工程师、科学家、驾驶员和其他人会聚集在一起,热情洋溢地辩论飞机机翼是怎样产生升力的;人们会提出各种各样的解释,争论主要集中在哪种解释更基础"。这种争论显然加深了空气动力学的神秘感。

我们可能都吹过纸条,在纸条上边吹气时,纸条会飘起来,并以此来理解飞机机翼产生升力的原理。17 世纪的牛顿研究过空气作用在飞行的石片上的力。那时,流体力学的理论还没有建立起来。他把流体看成相互之间没有作用的粒子,认为那些碰撞到石块下表面的粒子的切向动量不变,而令它们的法向动量在壁面消失。按他提出的动量定律,法向动量在消失时会给石片一个反作用力。由此,他估算出石片所受的力满足正弦平方定理,即石片下表面各点的压力(压强)正比于当地切平面相对于飞行方向的倾角的正弦平方。后来人们认识到,牛顿给出的力太小,原因是他没有计及流体内部空气分子之间相互碰撞导致的压力。石片飞行时,石片周围的流体流动的速度和压力(高速情况还有密度)会协同变化,变化规律满足 19 世纪才建立的纳维-斯托克斯方程。如果能求解该方程,那么就可以给出空间各点的压力和速度。

纳维-斯托克斯方程是一组非线性偏微分方程,其数学性质(如解的存在性和光滑性)的证明,被克雷数学所列为千禧年七大数学难题之一,奖金额度高达百万美元。除非用现代计算流体力学(用某种满足流体力学基本原理的数值方法逼近该方程,用计算机求解),一般情况下得不出解析解。当涉及湍流时,湍流问题又成为整个物理学重大难题之一。可以说,空气的流动问题既涉及重大数学问题,又涉及重大物理学问题。可是,面对这样的问题,空气动力学家提出了一系列处理技巧,在不需要解决以上重大数学和物理学难题以及不需要动用现代计算机数值计算的情况下,依然可以从中获得那些对飞行器设计非常有用的空气流动规律。

原来,空气动力学主要针对具有特定外形(如流线型外形)的飞行器以及恰当的飞行条件(设计条件)来考虑空气流动规律以及空气作用在物体上的力和力矩。对于特定外形和设计条件,直接从纳维-斯托克斯方程近似或间接从其他假设(如无旋不可压缩假设)出发,可以获得描述空气流动的一些漂亮的简化模型,从而给出解析解或者给出一些整体或局部流场特性以及升力、阻力和力矩等气动特性。给出这些特性正是空气动力学研究的目的。

具有流线型外形的飞行器的机翼和机身一般足够薄平或细长,表面光滑过渡。设计飞行条件下的飞行迎角(机翼平面与飞行方向的夹角)足够小,反映惯性力与黏性力比值的雷诺数(飞行速度乘以特征长度再除以运动黏度)足够大。经典空气动力学主要解决流线型外形飞行器在设计条件下所涉及的流场与气动特性问题,但也需要考虑偏离设计条件(如迎角太大、雷诺数太小或者有飞行器有任意运动)时会发生的情况。所谓流线型外形,是指在设计条件下,贴近物面的流线(对于定常流动,流线就是流体质点的运动轨迹)不会离开物面,物面也是由流线构成,在二维情况下物面也是条流线。飞行器短时间机动或者遇到特殊气流(如阵风)以及前面起飞的飞机的尾流等,则对应非设计条件。弄清非设计条件下会发生的情况及其危险性,有利于控制设计或指导安全飞行。我们绝对不会让飞机去钻龙卷风,也不会让飞机紧接着先起飞的飞机起飞。

　　机翼和翼型的力与力矩特性是经典空气动力学关注的焦点问题。除了升力、阻力和力矩外,压力沿着机翼的分布也是关注的重点,因为这种分布会对黏性作用区有影响,也是结构强度设计的依据。作为力学问题,升力作用点(压力中心)显然也是关注的参数。这些都是可以预先想到的参数。空气动力学有一个特殊的作用点和力矩,称为焦点和零升力矩,这个参数不容易被预先想到。翼型和机翼相对于焦点的力矩,在设计条件下居然是常数。于是,焦点在飞行器控制中有重要的应用价值。

　　在涉及任何空气动力学问题时,首先要问飞行条件是什么。飞行条件首先是飞行高度,因为不同飞行高度的环境密度、压力、温度和黏度不一样。其次是飞行速度。接着需要问研究的物体(机翼,机身等)的形状以及尺寸。飞行器流场与气动特性往往与马赫数(飞行速度与声速之比)和雷诺数有关。作为应用者,一般会问飞多快飞多高,能运多少货物能搭乘多少乘客。作为空气动力学学习者和专家,则会问马赫数多高、雷诺数多大。这是因为不同马赫数和雷诺数范围的流场和气动特性不一样;在同一范围,马赫数和雷诺数的大小对流场与气动特性也会有定量影响。因此,空气动力学需要给出临界马赫数和临界雷诺数,这些临界值界定了出现特定流动现象的边界。

　　随着飞行速度由低到高,空气的流动由不可压缩流动转为可压缩流动,分别指密度基本不因流动而变化和密度因流动会发生显著的变化,且这种变化量会对流场以及气动特性有显著的作用。空气流动时,压力波的传播速度是声速,当地空气的对流速度如果比声速小很多,即马赫数足够小(一般小于0.3),那么空气扰动造成的局部密度的变化,会很快传播到遥远的地方,不会堆积在一起,因此局部密度变化极小,可以按不可压缩流动处理。如果马赫数足够大(一般大于0.3),则当地扰动造成的密度变化不可忽略,从而必须考虑可压缩性,即密度随流场的协同变化。

　　机翼尤其翼型(机翼沿飞行方向的横切面)具有特定的形状。对于低速不可压缩问题,这种特定的形状仿照了鸟的翅膀。鸟的翅膀是进化过来的,依据进化原理,好的形状就是有好的升力特性的形状,这样的形状才能得以保留和发展。鸟的翅膀和低速机翼的翼型具有圆头(即具有一定曲率半径的前缘)、弯背(空气动力学称有弯度)、适当的厚度分布以及尖尾缘等特点,这种特征一定有其空气动力学的原因。空气动力学的经典理论就会解释翼型为何具有这样的形状,在什么条件下需要要什么样的翼型以及机翼的平面形状。用物理机制来理解外形的作用,使得空气动力学的重点有别于经典流体力学。当然,鸟的飞行速度无法达到可压缩性必须考虑的程度,因此,对于可压缩空气动力学问题,翼型和机翼形状的设计得益于空气动力学的发展。事实上,我们将看到高马赫数下的翼型与机翼有别于低速翼型与机翼。

0.1　经典不可压缩空气动力学问题

　　受发动机动力的限制,早期飞机的飞行速度比较低,人们主要按不可压缩流动处理空气动力学问题。19世纪末20世纪初,库塔和儒科夫斯基提出了揭示机翼升力机制的无旋流即势流理论。所谓无旋,就是流体速度的旋度为0,从而速度可以表示为一个标量函数的梯度,该标量函数就是势函数。势函数满足拉普拉斯方程,因此可以用数理方程标准方法或复变函数理论求解。势流理论有两层含义。一层是全场势流模型,即把整个流场当势流处理,同时补充某种假设,以求解物体的压力特性并积分出升力和力矩特性。另一层是势流-附面层模型,把流场分解为势流区(一般远离物面)和黏性作用不可忽略的附面层区域(一般贴近壁面)。

在全场势流模型中,黏性的作用被显式地去掉了,但对升力有决定性贡献的机翼尖尾缘的黏性作用被隐式地考虑到。原来,在黏性作用下,尖尾缘必定满足库塔条件(机翼上下表面流过来的流体,在尖尾缘相会)。在无黏流框架下的全场势流模型中,需要令库塔条件成立。这使得在无黏流框架下,绕翼型存在环量。儒科夫斯基升力定理表明,在无黏流框架下,升力正比于飞行速度和环量。这样保留库塔条件后,按儒科夫斯基升力定理得到的升力,与实际无分离黏性流动相比,误差非常小。这种全流场势流模型,抓住了实际流动的无黏部分。

随后,主要是在 20 世纪初,普朗特提出了划时代的附面层理论,即在雷诺数足够大、机翼足够薄、迎角足够小的情况下,黏性作用局限在离物面很薄的一层内,即附面层内,而附面层外可以按势流处理。这就是势流-附面层模型。在附面层内,流速的法向梯度远远大于流向梯度,且压力沿附面层法向的梯度可忽略。在此情况下,可以得到很容易求解的附面层模型,包括普朗特附面层微分模型以及附面层卡门积分模型,可以给出附面层厚度、对势流区域的解有微弱影响的排挤厚度(位移厚度)、摩擦系数、摩阻系数,也可以定性分析附面层分离(流线不再贴着物面走,局部存在回流区)产生的条件及其影响。

分离不是设计的目的,因为分离会导致升力下降、带来分离阻力(在背风面分离区的压力近似保留分离点的压力,后体总压力比前体明显小很多,产生压差阻力)以及一些非定常压力脉动现象。针对迎角足够小和雷诺数足够大的实际黏性流动,没有分离的外形就是流线型外形。经典空气动力学主要给出流线型外形在设计条件下的气动力与力矩的规律。对于这种外形,流场可分析,并可给出解析解。因此,早期飞行器一般设计成可进行理论分析的外形。简要地说,将飞行器设计成可用理论计算的外形。

附面层一开始是层流类型的,即流体在附面层中有序地运动,黏性的作用通过分子黏性实现,反映黏性作用力(一般是与作用面平行的应力)的系数称为黏度。黏度与温度有关但与速度及其梯度没有关系。如果雷诺数超过转捩临界雷诺数,附面层从某点开始会转捩成湍流附面层。在湍流附面层中,速度等参数会围绕平均值脉动。这种以流体微团尺度级的脉动,类似于一种分子热运动,产生比分子黏性扩散更强的扩散作用。这种等效扩散产生的应力正比于湍流黏度。湍流黏度与速度梯度有关。这种脉动扩散作用,导致湍流附面层的黏性作用区更大(附面层更厚)、贴近物面的地方速度更大、摩擦阻力更大且伴随有湍流噪声。实际尺寸的飞行器按设计条件飞行时,一般会是湍流附面层,例外情况是处在 20 km 以上的平流层环境的高空无人机,由于当地大气密度小,导致雷诺数足够小,可能以层流附面层为主。

普朗特基于分子黏性比拟,提出了附面层湍流扩散的混合长度理论,可用于估算湍流等效黏性扩散作用。卡门提出了反映湍流附面层速度分布的对数分布相似规律(对数律)。湍流附面层也不是一无是处,可以推迟分离,避免因分离导致的压差阻力。

当雷诺数足够高时,可以先按满足库塔条件的纯势流模型求解,接着用势流解作为外部条件求解附面层。这样就可以将全流场当作由附面层和附面层外部的势流区构成。附面层一般很薄,因此对外部势流区的影响很小,从而外部势流区的解可以用全流场势流模型进行近似。最后可以把附面层的位移效应当作小扰动修正,修正势流区的解。这种势流-附面层解耦模型是经典空气动力学的核心思想之一。这种处理既反映了流线型外形的流场的物理本质,也可以较为准确地得到压力特性和摩阻特性。

前面已经交代,升力的产生可以用无黏框架下的环量机制描述,从而绕物体的环量可以看成涡管。对于有限尺寸的机翼,在翼尖位置,涡管消失了,按照经典流体力学开尔文涡管强度守恒原理,涡管不能无缘无故从翼尖消失,而是逐步拖出其涡轴沿流向的流向涡线。这种流向涡线到了机翼下游,由于相互诱导,会汇聚成一对靠近翼尖的、旋转方向相反的翼尖涡。机翼附近的流向涡和稍远处的翼尖涡对机翼附近的流场的诱导作用,会改变流向和压力分布,从而导致一种新的压差阻力,称为诱导阻力。诱导阻力的发现以及预测方法,也是普朗特及其研究团队于 20 世纪早期的重要工作,提出的理论称为升力线理论。

一般飞行器机翼薄平,机身细长,飞行迎角不大,从而对流场的扰动除极小的局部区域外,都属于小扰动。在小扰动假设下,人们发展了势流模型的线化理论,简称薄翼理论,据此可以解析地给出机翼的压力分布、升力和力矩特性。这种线性小扰动理论在空气动力学中占有重要地位,是核心内容之一。琼斯这样说:线性理论包含了很多物理机制但涉及的代数很简单,现代计算流体力学方法涉及的代数很复杂但涉及的物理机制很少。

在二维情况下,势流理论涉及的流场解属于调和函数。这类问题可以用复变函数理论有效求解。比如说,一个典型翼型的流动问题,可以通过复变函数中的保角变换(一种满足解析条件的坐标变换),转换到带环量的圆柱流动问题去求解。由于圆柱外形简单,求解方便,因此这种基于复变函数保角变换的处理方法,在经典空气动力学中占有一席之地。

总而言之,经典低速空气动力学涉及翼型与机翼的几何特性问题和气动参数问题;势流模型及基于势流模型的升力理论,也涉及势流复变函数求解方法、小扰动求解方法以及考虑三维效应修正的一些理论,涉及可揭示摩擦阻力、分离与转捩特性的附面层理论。这些构成了经典不可压缩空气动力学的主要内容。对于细长机身也有相似理论。如果机翼的展弦比(指两侧翼尖之间的展向距离即展长与机翼沿飞行方向的尺寸即弦长之比)足够大,三维问题可以看成二维问题的某种修正,此时用升力线理论可以求出这种修正效应,给出各种平面形状的机翼的气动特性。三维修正效应带来一种额外的阻力,即诱导阻力。如果展弦比足够小,那么属于细长机翼问题。此时,三维效应主导了气动特性。对于细长三角翼,小扰动理论也可以给出势流解。但如果做大迎角飞行,那么三角翼会产生前缘涡。前缘涡因为带来额外的环量,因此增强升力。大迎角三角翼的涡升力的发现,是 20 世纪中期空气动力学的又一突破。

0.2 经典可压缩空气动力学问题

可压缩流动中小扰动波的传播范围,是对流速度和声速传播界定的范围。对流速度朝一个方向,声波传播具有各向同性性质。因此,如果对流速度超过声速,那么一点扰动导致的声波的传播的范围就会被对流限制在一个锥状区域内。锥状区域的边界线就是所谓的特征线,人们发展了多种方法来确定特征线以及沿特征线流动参数的分布,其中之一就是特征线理论,是可压缩空气动力学经典内容之一。特征线理论的发展可追溯到 19 世纪中叶,在 20 世纪中期被广泛用于超声速机翼问题求解。对于大扰动问题,超声速流场中会产生激波,即流场参数有突变且导致熵增的局部间断面。激波的产生可以这样来理解。物体超过声速运动时,由于物体给流体的作用,使得越贴近物体头部的流体压力和温度越高,压力波的传播速度就越快,即物体前部下游声波传播速度比上游的快,或者说下游的声波会追上上游的声波,导致压力波堆积。与此同时,黏性耗散的作用会阻止声波无限制地堆积在一个无厚度的面上。于是,必然存在一个平衡厚度,使得小扰动声波既堆积在一起,又不会将堆积厚度变得无限薄。这种堆积区就是激波。流体质点穿越激波时,速度显然降低了,因此温度、压力和密度必然增高。由于黏性耗散的介入,熵也增加了。激波理论在19世纪以及20世纪初期得到了充分发展。高速飞行器有激波时,可以用激波理论得到局部流动参数。因此,激波以及小扰动波(包括由小扰动膨胀波)也是经典可压缩空气动力学的基本内容。

超声速情况下,流场与亚声速情况有定性区别。由于压力波无法向上游传播,导致压缩波在迎风面堆积,膨胀波在背风面堆积。压缩增加压力,膨胀降低压力,这导致一种新的压差阻力,称为波阻,即小扰动压力波带来的阻力。有激波时,这种波阻也存在。

与不可压缩流动类似,如果激波较弱或者不存在激波,那么描述无黏流区域可以用势流模型。势流模型比不可压缩流的势流模型更复杂。可是,在小扰动假设下,势流模型可近似为线性椭圆型方程(亚声速)或线性双曲型方程(超声速),从而可以求出解析解。

基于小扰动势流模型,就可以分析亚声速翼型和机翼流体的可压缩性对不可压缩流气动特性的修正,以及在超声速情况下,给出沿翼型或机翼表面的压力系数分布。经典空气动力学利用这些小扰动理论,可以求解和分析翼型与机翼的气动特性,包括升力特性、波阻特性和力矩特性,其中三角翼具有一些奇特的特性。这种基于小扰动势流模型的分析,也能给翼型与机翼形状提供设计原则,比如说,超声速翼型不能有弯度。另外,超声速问题的气动特性不能当作亚声速情况下的一种定量修正,而是有定性区别。例如,薄翼的焦点在亚声速时,大致在1/4弦长的位置,而在超声速情况下,突变到1/2弦长的位置。这种从亚声速到超声速出现的定性变化,反映了空气动力学别具一格的奥秘。

0.3　跨声速和高超声速飞行带来的特殊问题

在亚声速飞行条件下,飞行马赫数接近1时,机翼和机身会出现局部超声速区。这种局部超声速区在背风面形成极高的负压,在超声速区末端有激波。这会导致产生较大的波阻。激波与附面层干扰,导致附面层内有引起分离的逆压梯度。这会导致额外的分离阻力即压差阻力。跨声速飞行不但引起阻力骤然增加,还引起升力下降。满足这种情况的势流方程即使在小扰动情况下,也是非线性的。因此,跨声速流场分析具有较大难度。20世纪50年代,跨声速理论得到了充分发展。由于跨声速飞行的负面影响,因此跨声速流动研究的目的是理解现象,最终目的是依据物理现象,修改外形,以便减弱或避免跨声速现象的出现。因此,对于机翼、翼型和机身,主要介绍跨声速现象出现的条件以及如何通过修正外形以避免跨声速现象。

当飞行马赫数超过数倍声速时,高速气流经激波减速以及附面层减速,动能转换成热能后,温度会急剧增加,这会引起化学反应、改变流动参数以及比热比和黏度。除此之外,高温增加黏度,导致黏性扩散能力增强,附面层增厚。于是,适合低速流动的势流-附面层解耦模型不再适用,而需要考虑黏性对无黏流区的干扰效应。

高超声速流动的一些无黏特性也可以近似看成超声速流动特性在马赫数趋于无穷大的极限。此时,激波贴近物面,甚至可能接上附面层外边界。这会导致一些结果的简化,比如说一些气动系数和流场形态与马赫数无关,壁面压力系数可以按牛顿正弦平方公式近似。

与经典飞行器主要关注气动力和力矩相比,高超声速飞行器带来另外一个特殊问题,即气动热问题。附面层气动加热、驻点气动加热、激波附面层干扰引起的局部气动加热增强等,是高超声速空气动力学结构与强度设计需要关注的重要问题。

一般超声速飞行器尽量薄平,激波较弱或者不存在明显的激波。但对于高超声速飞行器,机体、舵翼、裙部以及进气道等都可能产生激波。激波之间有相交、激波在壁面上有反射并与附面层发生干扰。这类激波结构干扰会改变整体流场结构、产生新的波系结构、引起强的局部气动加热。因此,波系结构干扰也是高超声速飞行器关注的重要问题,是当前空气动力学研究的热点内容之一。

0.4　非定常空气动力学问题

气动弹性问题、大迎角机动问题以及现代计算流体力学的应用需求,都涉及非定常空气动力学。在固定在飞行器上的参照系看来,流场随时间变化。飞行器加速运动和旋转运动也带来与加速度和角速度成正比的额外气动力。非定常空气动力学相关理论是现代空气动力学关注的重点问题。对于低速流动,流场中存在自由涡运动,会产生涡作用力。对于可压缩流动,存在运动激波、运动马赫波等。例如,机翼或控制面突然获得大迎角过程中,会从壁面产生涡量,扩散到流场中,通过诱导改变机翼附近的速度分布,产生额外的随时间演化的气动力。在超声速情况下,物体突然运动,会产生运动激波或运动马赫波。这导致气动力随时间变化。气动力对物体运动的时间响应,在气动弹性分析中有重要价值。

现代计算空气动力学的主要求解方法是把空间区域离散为网格单元。每个单元定义流场参数。由于相邻两个网格单元的流场参数有差别,从而在它们的交界面上有了流动参数的间断。这种流场参数的任意间断定义了一个问题:黎曼问题。黎曼问题的解可以分解为两道波,中间夹带一个接触间断(压力和速度连续但密度有突变)。这些波向网格单元两侧运动,每一道波可能是运动激波,也可能是运动马赫波(属于稀疏波,即膨胀波)。黎曼问题的经典理论可以给出各种波产生的条件、运动速度以及由各道波以及接触间断隔开的均匀流区的流动参数。有了黎曼问题的解,即可构造下一时刻的数值解,获得各网格单元在新的时刻的解;进一步按新的黎曼问题求解,就可以获得其他时刻的解。因此,对可压缩流动的这些基本物理问题的理解,可对进入现代计算流体力学起桥梁性作用。

0.5　空气动力学的标准分析方法与特殊分析方法

在一般情况下,空气动力学基于流体力学基本方程以及在各种假设和近似下得到规律和解析解,得到一些影响因素(如雷诺数和马赫数)的对流场结构以及气动特性的定性影响与定量影响,这是与其他科学问题相似的标准方法。小扰动势流模型,在不可压缩情况下属于拉普拉斯方程,在亚声速情况下属于椭圆形方程,而在超声速情况下属于双曲型方程。这与数理方程遇到的三种类型恰好吻合。这表明,不同科学问题之间的基本规律具有相似性。

空气动力学也包含了一些很特殊的以简去繁的思维方法,以此可以意想不到地得到一些基于标准方法很难得到的结果。

比如说,三角翼有前缘涡时,可以把前缘涡对升力的贡献看成来源于作用在前缘的负压被前缘涡旋转了90°,这样处理可以得到很准确的预测结果。后掠机翼的后掠角的影响可以看成只有垂直于前缘的分量有作用,平行于前缘的分量没有作用。

附面层微分方程等很难直接得到解析解,但可以把流动参数与坐标的关系进行试探性的约化,即令流动参数是自变量的某种组合的函数,从而减少自变量的个数,这就是相似解概念。另一种是试探是把所有因变量看成是某一个因变量分量的函数,进而可以减少方程的个数,这就是简单波概念。在没有几何尺度的流场区域,做锥型流假设,即在从定点发出的射线上,将流动参数当作常数处理。物质世界越简单越稳定,越是觉得无法求解时,越有可能包含了简单规律。这类处理方法往往可以给出解析解。

整理气动力和气动热的关系式时,应尽量进行无量纲化处理,以使马赫数和雷诺数或者某种组合等无量纲参数显式地出现在影响因素之中。如果一些无量纲气动参数能显式地表示为马赫数或雷诺数的函数,那么马赫数或雷诺数就是相似参数。即无论几何与来流参数如何变化,只要它们的组合参数马赫数或雷诺数一致,流场就相似。这样,就可以大幅度减少实验数目,给出规律性影响。相似参数是空气动力学强调的重要参数。

低速附面层往往可以通过相似解方法或积分方法求解,但考虑可压缩性后,求解具有一定的困难。一种粗线条思维是,与不可压缩相比,可压缩性到底带来了什么?不难分析,马赫数越高,可压缩性越强,在附面层内引起的气流加热和温度提升就越强。既然温度增高是可压缩性影响的结果之一,那么把温度增高对黏度和密度的影响引入到低速附面层模型中,就可以部分考虑可压缩性的影响。这种抓住物理本质、用简单方法处理复杂问题的方式,往往可给出较为准确的结果。

描述气动加热的能量方程与描述摩擦力的附面层动量方程具有一定的相似性,由此可以令换热系数与摩擦系数满足某种比值关系,称为雷诺比拟。于是,由附面层的摩擦系数关系式就可以直接得到热流密度。激波附面层干扰对气动热的影响,可以看成来源于干扰导致的温度(梯度)增加,而温度增加来源于激波引起的压力增加。于是,局部气动热的放大可以用压力放大得到,而压力放大可以通过无黏波系结构干扰获得。这种方法称为压力比拟方法,是有效得到气动热估算的重要方法。

将复杂的表面上不可求解的问题,用某种类比、将自变量和因变量的数目约化或者抓主要影响因素,由简去繁地获得有价值的规律,贯穿在空气动力学发展历程之中。这种解决复杂问题的思维方法是空气动力学独到之处。学习和运用空气动力学的目的,不是说把空气动力学当作复杂流动对待,最高目标是最终体会到所谓的复杂只是表面现象。

这些方法还包括减弱跨声速现象的超临界翼型概念、突破声障的跨声速面积律(将链接机翼的机身部位进行瘦身)以及突破热障的高超声速钝头体理论等等。

0.6 本书与现有出版物的差别以及内容安排

经典空气动力学、高超声空气动力学和非定常空气动力学等内容,往往孤立地出现在一些专著或教科书中。本绪论涉及的参考文献给出了大约50部这样的专著或教科书。

孤立地介绍成系统的知识,很容易出现真空现象。比如说,学习计算空气动力学时,往往不知道黎曼问题求解从何而来;学习气动弹性时,完全没有非定常空气动力学基础或概念。

为了解决这些矛盾,本书连贯地介绍了经典空气动力学、非定常空气动力学、高超声速空气动力学、波系结构干扰以及气动热问题中基础问题。

流体力学的一些基础知识本应该成为空气动力学的先决课程。一些空气动力学专著或教材则预先假定读者完全没有流体力学基础。本书尽量合理地取舍了与空气动力学核心内容相关的流体力学基础知识。飞机涉及的机身一般是旋成体,与旋成体和轴对称流动相关的内容在本书正文内容中不单独介绍,一些重要内容放在习题之中,并给出足够多的提示。空气动力学必然涉及大气环境参数以及飞行器及其部件外形的介绍。但严格而言,大气环境以及飞行器及其部件的外形,分别涉及大气环境科学以及飞行器设计学科。用到空气动力学中,很难完全采用标准的术语和结果，否则空气动力学也必须包含大气环境学科以及飞行器设计学科。因此，只能取舍那些有利于理解空气动力学原理的术语和概念。也因为如此，本书不能当作飞行器设计气动设计手册使用。飞行器部件空气动力学、飞行器气动布局等可以作为后续课程，让读者进入与工程相关的气动研究。现代计算流体力学和风洞实验技术，以及工程单位积累的大量工程估算公式，也在逐步替代一些理论分析工作。虽然如此，掌握空气动力学基本原理和理论，对正确使用实验和数值计算，理解基本现象是必不可少的。

本书包含经典低速空气动力学、经典高速空气动力学以及若干理论与应用空气动力学专题内容。低速空气动力学包括基本概念与基本流动模型、翼型与机翼基本概念、经典势流理论与流场以及力的分析、薄翼理论、三维机翼理论以及附面层理论。高速空气动力学包括流体力学基本方程以及典型参数关系式、定常可压缩流动波系结构、机翼与翼型的小扰动理论、可压缩翼型与机翼修正理论。理论与应用空气动力学专题涉及低速非定常空气动力学、高速非定常空气动力学、波系结构干扰、高超声速空气动力学和气动热。

本书经典内容的部分习题主要从一些经典教科书中摘取，专题内容则从一般文献并结合作者的科研工作整理而成。一些示意图和结果图是在一些现成的教科书、科技文献以及网络图片的基础上加工而成的。由于本书积累过程太长等原因，部分图片可能未能找到原始作者以对其工作进行恰当引用。本书主要用于教学目的，对采用的这些基础图片并不拥有所有权。本书作者对这些原始图片作者表示由衷感谢，也欢迎来函指正，以便再版时添加引用。

本书强调基本思路以及各章节与各部分内容的连贯性，突出原理性内容，并配备一定数量的与内容密切关联的习题。经典内容可用于本科专业基础教学。专题内容可用于深入课程教学，部分内容对开展科学研究或工程研究有一定的桥梁作用。部分习题有较高的学术价值。大部分习题有提示或参考答案。

考虑到现代计算流体力学和现代风洞实验技术的发展，本书不涉及经典空气动力学涉及的一些近似求解方法，如特征线差分法、面元法（将机翼分解为面元，针对每个面元使用升力线理论）以及摄动法等内容。早期空气动力学针对激波、膨胀波以及大气参数等给出详细的表格，由于现代计算机技术的发展，一个关系式（例如激波关系式）的求解在计算机上十分简单，不需要去查询繁琐的表格，因此本书不给出这些表格。

空气动力学作为一门学科，涉及的内容非常多，即使最著名的经典理论也不可能全部介绍。本书只包括椭圆机翼与最小诱导阻力，薄翼理论，保角变换，面积律与波阻计算等。

一般情况下，一部书包含的内容主要是作者熟悉的内容，专题内容是作者正在研究或者研究过的内容。本书内容取舍也会受到这一原则的影响。

0.7　如何面对空气动力学

粗看空气动力学内容，给人印象是物理现象分散不聚焦、描述现象的物理模型复杂且求解困难、公式相当长。但学习空气动力学的目的不是去面对复杂的推导和像背地图一样去记忆流场结构，而是去理解局部典型结构（如环量、涡、激波、膨胀波、点源偶极子）的物理意义及其影响在求解整体解中的作用，对气动力与气动热的影响规律，突出外形与相似参数的作用，突出马赫数与雷诺数的临界值对流场定性变化的影响以及在同一性质的流场情况下，马赫数和雷诺数的变化对气动特性的定量影响。

空气动力学自始至终都在强调如何抓住主要物理现象和影响因素，如何针对具体问题将问题简化成可求解的数学模型,将结果表述为可理解、可应用的规律,往往就是几个代数方程的求解,如激波关系式与膨胀波关系式;数理方程的求解,如拉普拉斯方程、椭圆形方程与双曲线方程的求解;常微分方程的求解,如描述马赫波的特征线关系式,以及一些基于类比和分解的启发式求解。

　　粗略地说,我们不需要去理解无法理解的现象,不需要记忆那些无法记忆的公式。那些有用的结果是可理解的,那些需要记忆的结果是可记忆的。

参考文献

[1] 陈光旦. 平衡与非平衡统计力学. 桂林:广西师范大学出版社,1974.

[2] 陈再新,刘福长,鲍国华.飞行器空气动力学.北京:[出版者不详],1985.

[3] 黄志澄. 高超音速飞行器空气动力学. 北京:国防工业出版社,1995.

[4] 钱翼稷. 空气动力学. 北京:北京航空航天大学出版社,2005.

[5] 瞿章华,刘伟,曾明,等. 高超音速空气动力学. 长沙:国防科技大学出版社,2001.

[6] 童秉纲,孔祥言,邓国华. 气体动力学. 北京:高等教育出版社,1989.

[7] 徐华舫. 空气动力学基础. 北京:国防工业出版社,1979.

[8] 曾明,刘伟,邹建军. 空气动力学基础.北京:科学出版社,2016.

[9] Abbott Ira H,von Doenhoff A E. Theory of Wing Sections:Including a Summary of Airfoil Data. New York:Dover Publications,1959.

[10] Allen J E. Aerodynamics-The science of air in motion. [S. l.]:Granada Publishing,1982.

[11] Anderson Jr D J. Aircraft performance and design. New York:McGraw-Hill,1999.

[12] Anderson Jr D J. Fundamentals of Aerodynamics. New York:McGraw-Hill,2001.

[13] Anderson Jr D J. Hypersonic and High Temperature Gas Dynamics. New York:McGraw-Hill Book Company,1989.

[14] Anderson Jr D J. Introduction to Flight. Boston:McGraw-Hill,2000.

[15] Anderson,John D. A History of Aerodynamics:And Its Impact on Flying Machines. Cambridge,Eng:Cambridge University Press,1997.

[16] Anderson,John D. Modern Compressible Flow. New York:McGraw-Hill,2004.

[17] Anderson,John D. Hypersonic and High Temperature Gas Dynamics. 2nd ed. Reston,VA:AIAA 2006.

[18] Anderson,John D. Fundamentals of Aerodynamics. 4th ed. New York:McGraw-Hill,2007.

[19] Ashley,Holt,Landahl,Marten. Aerodynamics of Wings and Bodies. 2nd ed. New York:Dover Publications,1985.

[20] Batchelor G K. An Introduction to Fluid Dynamics. Cambridge,Eng:Cambridge University Press,1967.

[21] Bertin J J,Smith M L. Aerodynamics for Engineers . 4th ed. Upper Saddle River:Prentice Hall,2001.

[22] Bertin,John J. Hypersonic Aerothermodynamics. Reston,VA:AIAA,1993.

[23] Bisplinghoff Raymond L,Ashley Holt,Halfman Robert L. Aeroelasticity. New York:Dover Publications,1996.

[24] Brenda Kulfan. New Supersonic Wing Far-Field Composite-Element Wave-Drag Optimization Method. JOURNAL OF AIRCRAFT,2009,46(5).

[25] Chanute, Octave. Progress in Flying Machines. New York: Dover Publications, 1997.

[26] Clancy L J. Aerodynamics. London: Pitman Publishing Limited, 1975.

[27] Cole Julian D, Cook L Pamela. Transonic Aerodynamics. Amsterdam: North-Holland Publishing Co. , 1986.

[28] Craig, Gale. Introduction to Aerodynamics. [S. l.]: Regenerative Press, 2003.

[29] Ferri, Antonio. Elements of Aerodynamics of Supersonic Flows . Phoenix ed. New York: Dover Publications, 2005.

[30] Fung Y C. An Introduction to the Theory of Aeroelasticity . Phoenix ed. New York: Dover Publications, 2002.

[31] Hayes Wallace D, Probstein Ronald F. Hypersonic Inviscid Flow. New York: Dover Publications, 2004.

[32] Hirschel Ernst H. Basics of Aerothermodynamics. Berlin: Springer, 2004.

[33] Hodge B K, Koenig K. Compressible Fluid Dynamics with Personal Computer Applications. Upper Saddle River: Prentice Hall, 1995.

[34] Katz Joseph, Plotkin Allen. Low-Speed Aerodynamics . 2nd ed. Cambridge, Eng: Cambridge University Press, 2001.

[35] Leishman J, Gordon. Principles of Helicopter Aerodynamics . 2nd ed. Cambridge, Eng: Cambridge University Press, 2006.

[36] Liepmann H W, Roshko A. Elements of Gasdynamics. New York: Dover Publications, 2002.

[37] Moulden Trevor H. Fundamentals of Transonic Flow. Malabar, Florida : Krieger Publishing Company, 1990.

[38] Nielson Jack N. Missile Aerodynamics. Reston, VA: AIAA, 1988.

[39] Pope Stephen B. Turbulent Flows. Cambridge, Eng: Cambridge University Press, 2000.

[40] Prouty Raymond W. Helicopter Performance, Stability, and Control. Malabar, Florida : Krieger Publishing Company Press, 2001.

[41] Rosenhead L. Laminar Boundary Layers. New York: Dover Publications, 1988.

[42] Seddon J, Newman Simon. Basic Helicopter Aerodynamics: An Account of First Principles in the Fluid Mechanics and Flight Dynamics of the Single Rotor Helicopter. [S. l.]: [s. n.], 2001.

[43] Shapiro Ascher H. The Dynamics and Thermodynamics of Compressible Fluid Flow. New York: Ronald Press, 1953.

[44] Simons Martin. Model Aircraft Aerodynamics. 4th ed. Philadelphia, Pennsylvania : Trans-Atlantic Publications Inc, 1999.

[45] Smith Hubert C. Illustrated Guide to Aerodynamics. 2nd ed. New York: McGraw-Hill, 1991.

[46] Tennekes H, Lumley J L. A First Course in Turbulence. Cambridge, Massachusetts : The MIT Press, 1972.

[47] von Karman T. Aerodynamics: Selected Topics in the Light of Their Historical Development. New York : Dover Publications, 2004.

[48] von Mises Richard. Mathematical Theory of Compressible Fluid Flow. New York: Dover Publications, 2004.

[49] Young A D. Boundary Layers. Reston, VA: AIAA, 1989.

第一篇
不可压缩空气动力学基础

第1章 低速问题基本模型与势流理论

本章首先介绍流场的一些基本概念、流场参数定义、翼型与机翼的几何参数和气动参数以及大气环境;接着介绍流场按理想流和附面层进行分区处理的概念、不可压缩空气动力学基本方程,包括微分形式与积分形式,后者也给出了力的基本表达式;之后,介绍翼型流动的势流基本理论,包括确定力的儒科夫斯基升力定理以及儒科夫斯基翼型的流场分析,讨论弯度、厚度和迎角的作用;针对薄翼和小迎角翼型流动,给出确定气动参数的通用方法和一些具有一定普适意义的结论。

1.1 流场参数、几何参数、气动参数与大气环境

本节介绍在流体力学中已经熟悉的流场参数,以及主要部件即翼型与机翼的几何特征、翼型与机翼的气动参数定义和大气环境。

1.1.1 流场参数

严格而言,空气是由大量分子构成的。可是在感官上,我们并不去,其实也不能感受到一颗一颗的分子,而是把空气作为一个连续体去看待。我们对河道、洗脸池和水龙头中的水(至少水面)的流动有直观感受,因此可以将空气流动的样子暂时理解为水流动的样子,只是看不见罢了。

例如,大气中有风时,我们可以间接体验到大气的流动。这种风就是一种流动,这种流动的快慢就是流体的速度,简称流速。之所以有微风拂面的感觉,是因为表面上看不见的空气实际上是一种有密度的介质,$1\ m^3$ 的地面大气也有 1 千克多的空气。夜半风雨声表明,我们既能听到雨声也能听到风声。之所以能听到,是因为在风的吹拂下,空气流动与物体相互作用产生了在空气中传播的声波。耳膜感受的这种声波实际上来源于空气中的压力波即压力的微小变化。也就是说空气在流动并与物体发生作用当中,空气的压力正在发生(至少微弱的)变化,这种变化就是声音的本质来源。压力变化会导致声波的产生。声波以声速传播。在标准大气下,声波相对静止空气的速度,即声速,大致为 $a=340\ m/s$。疾风之所以吹弯劲草,是因为具有较大速度的空气给劲草提供了很大的力,让草都弯了。这种力主要来源于与物体接触的空气提供的压力以及摩擦力。纯粹的流体力学家倾向于关心流动本身,包括时空分布规律、典型现象的描述与产生的临界条件。空气动力学家则主要关心流动的空气给物体所施加的力,包括大小和影响因素。为了理解力的原因以及影响因素,为了获得足够的升力并尽可能减小阻力,空气动力学家反过来也需要理解流动本身。

(1) 参照系

飞行器在空气中飞行时,会推动空气运动。如果将参照系固定在飞行器上(简称**物体参照系**),那么远方的且在**地面参照系**看来静止的空气便有了速度,可以形象地理解为远方空气朝着飞行器"流"过来。在风洞实验中,恰恰就是模型固定,试验段的空气被驱动产生了流动,所

得到的结果，除了试验误差外，与飞行器在空气中飞行是近似等价的。为了表述方便，除非特别声明（如 5.1 节），我们总是在物体参照系中看待流动。此时，我们并不再去把问题当作飞行器在空气中运动，而是将问题看成远方有速度的空气如何流过飞行器并施加力。

由于飞行器表面是固壁，所以空气只能绕着物体流动。等价地看，相当于本来需要流经被飞机占据的空间的空气，被飞机推向侧面绕行，如同我们一大群人朝一个方向行走，遇到一座巨大的石墩需要绕行一样。于是，飞行器周围的空气的速度是坐标甚至时间的函数。流速的变化会伴随压力的变化，这种变化之间的相互依赖关系，包括固体壁面的影响，正是流体力学基本方程需要刻画的。

（2）流场及其参数，定常流动与非定常流动

有了流动后，空气的密度、压力和流速等参数一般都是空间坐标的函数。考虑空间区域的空气流动中参数的分布，就是场的思维，这种分布就是所谓的**流场**。密度、压力和流速等会依据流体力学物理规律变化的参数就是**流场参数**，也称为**流动参数**。大多数情况下，飞行器处于匀速巡航状态时，在物体参照系看来，流动参数一般只与空间坐标有关而与时间无关，这种流动称为**定常流动**。如果由于参照系的选择、物体本身做变速或旋转运动或流场本身的自激而导致在所选参照系看来，流动参数也与时间有关，那么这种流动称为**非定常流动**。在传统空气动力学教材中，主要考虑定常流动；在本书中，也较多地出现非定常流动内容，详见第 5 章和第 6 章。

（3）不可压缩流动假设

在一般情况下，描述空气流动需要用到一些衡量空气物理性质和流动状态的参数，比较完整的讨论需要放到第三章（3.1 节）。本章只考虑低速流动。观察和更严格的分析表明，至少对于定常流动，如果流速远小于声速，那么空气密度相对于自由来流的变化可以不考虑，这种不考虑密度变化的近似称为不可压缩近似，对应的流动模型称为**不可压缩流动模型**。如果飞机速度小于 100 m/s，那么至少对于足够扁平的飞行器，流场可以近似按不可压缩流动处理。本章只考虑不可压缩流动，假定密度不变。虽然如此，低速流动的许多结论，是高速流动（可压缩流动）的基础，并且低速流动得出的一些力与力矩，可以通过修正推广到高速流动之中。因此，低速流动的理论并不只对低速流动有用。

（4）流场参数符号与单位，因变量

将空气的密度记为 ρ，其单位为 kg/m³。地表面空气的密度近似为 $\rho=1.225$ kg/m³。空气的**流速**记为 $\boldsymbol{V}=(u,v,w)$，单位为 m/s。空气的**压力**（压强）记为 p，单位为 Pa，即 N/m²。在标准大气压下，未受扰动的地面空气压强大约为 $p=101\,325$Pa（随着高度的增加，静止空气的压力下降，详见 1.1.5 节）。描述流场时，需要刻画速度的变化以及压力的变化。在不可压缩流动模型中，不是把声速看成参考值而将流速看成小量，而是反过来，将流速看成有限量，把声速看成无穷大。因此，在不可压缩流动模型中，声速（当然马赫数）不会出现在影响因素之中。在不考虑传热等特殊问题情况下，温度也不出现在关心的参数之中。于是，所涉及的空气流动参数只有空气的压力和流速，密度当成了系数来处理。事实上，即使在静止大气中，密度也随高度变化。在 1.1.5 节将介绍空气密度随高度的变化规律。在本章低速空气动力学所涉及的内容中，密度不变是指不因产生了速度或速度发生变化会导致密度的变化。对于一般飞行器，在平飞时，密度在飞机不同高度位置的差异可以忽略。但考虑飞机爬升或下降或改变巡航高度时，当作系数的密度也需要考虑变化，只是这种变化是给定高度的函数。

（5）自变量、流场的维度

实际问题都发生在三维空间。**空间坐标**一般用 (x, y, z) 标记，单位为 m，有时也用 (x_1, x_2, x_3) 标记。如果是非定常流动，需要用到**时间**，符号为 t，单位为 s。作为机理研究对象或作为某种近似，流动问题可能涉及一个空间坐标、两个空间坐标或三个空间坐标，分别称为**一维流动**、**二维流动**或**三维流动**。本书大多数内容将问题近似为二维流动，某些三维流动问题会被处理成二维流动加某种三维效应修正。以流速为例，可表示为 $V = V(t, x, y, z)$，各分量分别表示为 $u = u(t, x, y, z)$，$v = v(t, x, y, z)$ 和 $w = w(t, x, y, z)$。如果是二维定常流动，那么，$V = V(x, y)$，$u = u(x, y)$，$v = v(x, y)$。还可能出现一些别的流速符号，将在对应位置有说明。

（6）旋度（涡量）、散度与梯度

速度的旋度 $\nabla \times V$ 也称为涡量，记号为 $\boldsymbol{\omega}$。由

$$\boldsymbol{\omega} \equiv \nabla \times V = \begin{vmatrix} \boldsymbol{e}_x & \boldsymbol{e}_y & \boldsymbol{e}_z \\ \dfrac{\partial}{\partial x} & \dfrac{\partial}{\partial y} & \dfrac{\partial}{\partial z} \\ u & v & w \end{vmatrix} \tag{1.1.1}$$

知

$$\boldsymbol{\omega} = \left(\frac{\partial w}{\partial y} - \frac{\partial v}{\partial z} \right) \boldsymbol{e}_x + \left(\frac{\partial u}{\partial z} - \frac{\partial w}{\partial x} \right) \boldsymbol{e}_y + \left(\frac{\partial v}{\partial x} - \frac{\partial u}{\partial y} \right) \boldsymbol{e}_z \tag{1.1.2}$$

在本章中还需要用到速度的**散度**，即

$$\nabla \cdot V = \frac{\partial u}{\partial x} + \frac{\partial v}{\partial y} + \frac{\partial w}{\partial z} \tag{1.1.3}$$

（7）顺压梯度与逆压梯度

与流速类似，对于飞行器驱动的流动，压力也是空间坐标甚至是时间的函数。流场中一般存在**压力梯度**为

$$\nabla p = \frac{\partial p}{\partial x} \boldsymbol{e}_x + \frac{\partial p}{\partial y} \boldsymbol{e}_y + \frac{\partial p}{\partial z} \boldsymbol{e}_z \tag{1.1.4}$$

可以类似地定义速度梯度。在下一节中将看到，流体运动的基本方程涉及这些梯度。

沿流动方向如果压力增加，即 $\nabla p \cdot V > 0$，那么当地称为**逆压梯度区**；沿流动方向如果压力减小，即 $\nabla p \cdot V < 0$，那么当地称为**顺压梯度区**。压力梯度一般会驱动流体朝低压方向流动，因此顺压梯度区一般会加速，逆压梯度区会减速。

（8）来流速度、动压与总压

压力和密度是与参照系无关的量，但流速大小与参照系有关。在地面坐标系看来，飞机在本来静止（大气风场暂时不考虑）的空气中飞行，此时的流速完全由飞机推动空气运动产生的流速，在无穷远的地方空气依然静止（如果在飞行高度上有大气对流速度，那么远方空气的流速就是这种对流速度）。一般情况下，这样描述流场不太方便，往往采用物体坐标系，即将参照系固定在飞行器上。此时，远方空气相对于该坐标系，就有了速度，简称**来流速度**，记为 V_∞，下标 ∞ 表示无穷远处的参数，即来流参数。用

$$q_\infty = \frac{1}{2} \rho_\infty V_\infty^2 \tag{1.1.5}$$

表示**来流动压**，用 p_∞ 表示来流压力。在物体周围，当地密度 ρ、压力 p 和速度 V 一般都偏离来流值，但可满足流体力学基本方程。下一节将看到，在某些情况下，**总压**

$$p_t = p + \frac{1}{2}\rho V^2 \tag{1.1.6}$$

在一些区域可能为常数。这里 $V^2 = u^2 + v^2 + w^2$，且一般将

$$K = \frac{1}{2}V^2 \tag{1.1.7}$$

称为单位质量的空气的**动能**。

（9）压力系数

压力系数（pressure coefficient），也称压强系数。将当地压增 $p - p_\infty$ 除以（相对于物体坐标系的）来流动压，得当地**压力系数** C_p 的定义式，即

$$C_p \equiv \frac{p - p_\infty}{\frac{1}{2}\rho_\infty V_\infty^2} \tag{1.1.8}$$

如果当地压力小于来流压力，那么当地称为**负压区**，压力系数为负；如果当地压力高于来流压力，则称为**正压区**，压力系数为正。

（10）壁面摩擦应力与摩擦系数

考虑黏性时，壁面会受到流动空气施加的平行于物面切向的**摩擦应力** τ（在垂直方向也有，但这样的力与压力相比，小到可以忽略）。壁面**摩擦系数** c_f 定义为

$$c_f \equiv \frac{\tau}{\frac{1}{2}\rho_\infty V_\infty^2} \tag{1.1.9}$$

对于三维问题，壁面摩擦应力也是个矢量，有方向。但是，壁面摩擦系数则是个标量，定义式中的摩擦应力是应力的大小。

1.1.2 主要部件与坐标系

虽然空气动力学涉及的大多数内容具有一定的通用性，但我们的重点是飞行器尤其机翼和翼型方面的应用。图 1.1-1 是典型飞机的外形示意图[①]，主要由机身、机翼和尾翼等构成。机翼一般放在机身两侧。平飞时，机身轴线近似朝飞行方向，机翼向两侧延伸的方向一般称为**展向**。在笛卡尔坐标系中，z 轴一般沿展向。飞机的两侧一般是关于 $z = 0$ 对称的。由 $z = 0$ 定义的对称面一般与机身轴线重合。与对称面平行的各展向位置的平面，切割机翼得到的剖面称为**翼型**。不同展向位置的翼型一般形状相似，但尺寸以及抬起的角度可能有差异（这种差异叫扭转）。早期设计的低速翼型可能仿造了鸟的翅膀。机身、机翼和翼型一般设计成**流线型**，即符合流线贴着壁面走的形状，这样有利于提供足够的升力和避免较大的阻力。本章会将翼型的几何特征与流动现象以及气动特性关联起来。

（1）坐标系

如图 1.1-1 所示，飞机在大气中飞行时，可以用相对于地面静止的地面坐标系去分析在气动力以及发动机推力作用下飞行器的动力学行为，这是飞行力学涉及的问题。在分析空气的流动规律时，一般采用物体坐标系，即将参照系固定在飞机上。依据问题不同，坐标系原点

---

① 在乔治·凯利 1799 年提出的固定翼飞机概念中，飞机有独立的产生升力的部件、独立提供控制力矩的部件以及产生推力的发动机。人们设计生产的大多数飞机，升力由接近平面形状的机翼产生；而机身近似为细长回旋体，不用于提供升力，但其对升力的影响可以被修正。

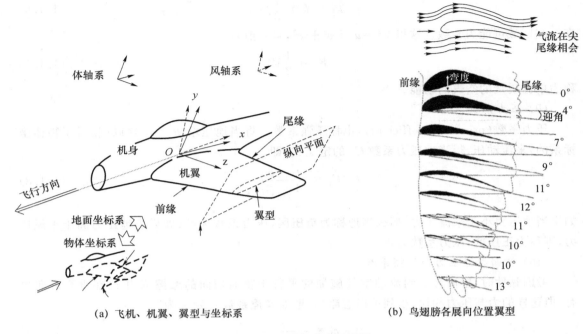

(a) 飞机、机翼、翼型与坐标系　　　　　　　　(b) 鸟翅膀各展向位置翼型

图 1.1-1　飞机外形示意图

可能不同。对于物体坐标系，展向坐标一般用 z 表示，x 一般取机身轴线方向（**体轴系**）或沿着来流方向（**风轴系**）。如果只是研究机翼或翼型问题，那么体轴系的 x 轴沿着它们的弦长方向。方向 y 与另外两个方向形成右手系，从而近似垂直于看成平面的机翼。依据来源不同，本书有的章节可能采用体轴系，有的则采用风轴系。

（2）流平面、Trefftz 平面和机翼平面

流平面是垂直于风轴系坐标轴 y 的任意平面。来流方向与流平面相切。Trefftz 平面是处在飞机较远下游且垂直于来流方向的平面。如果机翼平面形状是平的，那么机翼所在的平面就是翼平面。如果机翼平面形状不是平的，那么可以用一个最能逼近其平均位置的平面表示翼平面。

1.1.3　翼型与机翼的几何参数

图 1.1-2 标注了低速翼型典型的几何特征。圆的前缘、尖尾缘（后缘）、上表面适当向上拱起，拱起的程度将由弯度衡量，同时具有一定的弦长（前缘最左端与尖尾缘最右端的直线距离）以及远小于弦长的厚度（翼型上下表面的某种距离）。通过本章的学习，我们将看到低速翼型具有这些几何特征的空气动力学原因。以下是这些几何特征的严格定义。

1. 翼　型

（1）前缘与尾缘

翼型最左边的点称为前缘（leading edge），最右边的点称为后缘或尾缘（trailing edge）。低速翼型的前缘一般做成类似圆弧的形状，后缘是尖的。前缘涉及的几何参数是**前缘曲率半径** r_A，尖尾缘涉及的几何参数是**尾缘角** τ（翼型上下表面在尖尾缘处的夹角，如图 1.1-3 所示的 Karman - Trefftz 翼型）。由于加工以及强度原因，尖尾缘实际上并不十分尖，一般应满足

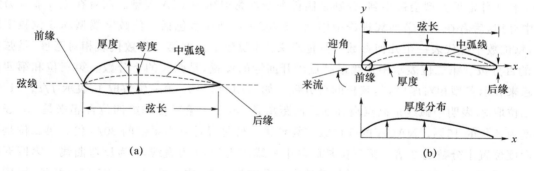

图 1.1-2　低速翼型几何特征

强度要求，又应具备尖尾缘的效果（后面将提到，这可促使上下两股流体在尾缘相会）的尾缘。

（2）弦线与弦长

前缘和后缘的连线称为弦线（chordline），它们之间的距离称为弦长（chord length），一般用 c_A 标记。如果不出现其他混淆符号，也用 c 表示。

迎角（angle of attack，AoA）。对于翼型，迎角（α）定义为来流方向与弦线的夹角。不同展向位置的翼型的迎角可能有差异。后面将看到，小迎角下，翼型所受的升力大小是迎角的增函数，因此要求迎角越大越好。但是迎角

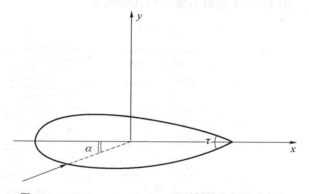

图 1.1-3　Karman-Trefftz 翼型尾缘角与迎角标注

太大了就会导致流动分离（流体不沿着物面走，而是在某点离开物面），引起升力下降（也称为失速），故迎角也不能太大。经验表明，经过恰当设计的翼型，迎角一般不大于 $12°$。

（3）厚度分布与中弧线

翼型上表面（extrados）和下表面（intrados）的纵向坐标的差异定义了翼型的厚薄。不同文献对厚度定义不完全一样，但其差异几乎可以忽略。在体轴系中，将翼型上表面的坐标记为 $y=y_+(x)$，下表面的坐标记为 $y=y_-(x)$。在图 1.1-2(a) 标注的定义中，翼型上下表面两点沿垂直连线的距离定义的函数 $y_c=y_+(x)-y_-(x)$ 称为厚度分布（thickness distribution）函数，中弧线（camber line）为翼型相同 x 的上下表面两点的垂直连线的中点组成的线 $y_f=\frac{1}{2}(y_+(x)+y_-(x))$。厚度分布有时也定义为：过下表面任一点，寻找上表面与它最近的点，两点连线的中点组成的线就是中弧线，两点的距离也是 x 的函数，即厚度分布函数，如图 1.1-2(b) 所示。

（4）厚度与弯度

厚度（thickness）的定义为厚度分布函数的最大值 $b_{max}=\max\limits_{0<x<c_A} y_c(x)$。相对厚度就是厚度与弦长的比值，即 $\bar{b}=b_{max}/c_A$。在体轴系中，中弧线最大高度离开水平轴的距离称为弯度（camber），记为 f，即

$$f=\max_{0<x<c_A} y_f \tag{1.1.10}$$

有几种常见翼型会被用到,分别是儒科夫斯基翼型和 NACA 翼型。前者在 1.3 节升力定理中介绍,后者在 1.4 节薄翼理论中用到。NACA 系列翼型包括 4 位数字翼型和 5 位数字翼型,每位数字都代表一个几何参数或其他意义。4 位数字翼型第一位数代表相对弯度,是弦长 c_A 的百分数。第二位表示中弧线最高点离开前缘的位置,是弦长的十分数。第三位和第四位合起来表示翼型相对厚度,是弦长的百分数。如 NACA1315,第一位数取 1,表示 $f/c_A=1\%$,第二位取 3,表明中弧线最高点离开前缘的距离是 $3c_A/10$,第三位和第四位合起来是 15,表示厚度为弦长的 15%。NACA 的 5 位数字翼型第一位是设计升力系数的 20/3 倍。第二位是最大弯度位置十分数的 2 倍。第三位是后段中弧线的类型,0 为直线,1 为反弯曲线。第四五位是相对厚度。以 NACA23012 为例,设计升力系数为 0.3,中弧线最高点在 15% 弦处,厚度为12%。更多的细节请参阅翼型设计方面的专著。

图 1.1-4 是典型翼型的几何形状。

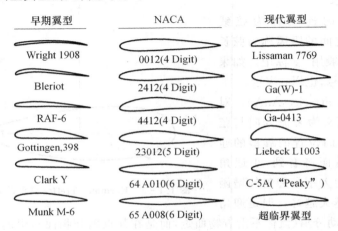

图 1.1-4 典型翼型的几何形状

各种翼型都有其优点。有的是为了获得大的升力,有的是为了降低黏性阻力,有的是为了推迟分离,或者推迟转捩(以保持层流或大部分区域为层流),还有的是为了减少激波阻力;有的适合低速,有的适合高速。总之,在学习空气动力学的过程中,应逐步了解翼型知识。

2. 机 翼

我们看到飞机上的机翼是露在机身外部的部分。**外露机翼**的表面积以及机身的表面积直接与摩擦阻力相关。在分析飞机的升力特性时,则需要考虑参考机翼。图 1.1-5(a)标注了外露机翼与参考机翼,(b)为参考机翼的基本形状。**参考机翼**是外露机翼延伸至机身轴线形成的扩展机翼。参考机翼的投影面积比外露机翼的投影面积略大,大出来的部分近似地考虑到了机身对升力的贡献。

机翼平面形状如图 1.1-5(b)所示。参考机翼按投影面形状有矩形机翼、椭圆形机翼、梯形机翼、后掠机翼和三角机翼之分。对称面称为**翼根**(root),两个末端称为**翼尖**(tip)。学完本门空气动力学,应能掌握近似计算这些机翼在某些简化条件下的气动特性。椭圆形机翼,其几何特征可以用根部(对称面)的弦长 $c_{A,r}$ 表示的短轴以及展长 l 表示的长轴表示,其他机翼可以统一按图 1.1-6 处理。

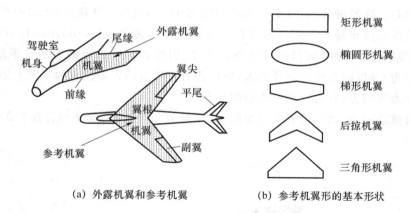

(a) 外露机翼和参考机翼　　　　　　　(b) 参考机翼形的基本形状

图 1.1-5　参考机翼示意图

（1）展长 l：机翼两侧翼尖之间的距离。翼尖的展向位置为 $z = \pm l/2$。

（2）参考面积 $S = S_{\text{ref}}$：参考机翼的投影面积，把嵌在机身里面的那部分也算进来。升力一般近似与机翼参考面积成正比。

（3）表面积 S_{wet}：外露机翼的表面面积。摩擦力一般近似与飞机总表面积即湿润面积 $S_{\text{tot,wet}}$ 成正比。

（4）弦长 $c_A(z)$：一般是展向坐标的函数。根弦 $c_{A,r} = c_A(0)$ 和尖弦 $c_{A,t} = c_A(\pm l/2)$ 有时不一样大，其比值为根梢比 $\eta = c_{A,r}/c_{A,t}$。平均气动弦长 c_A 和当量弦长 c_{Acp} 分别定义为

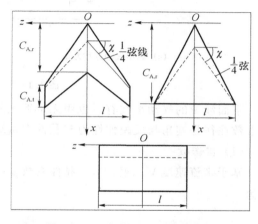

图 1.1-6　机翼平面形状与参数

$$c_A = \frac{1}{S_{\text{ref}}}\int_{-\frac{l}{2}}^{\frac{l}{2}} c_A(z)^2 \, dz, \qquad c_{Acp} = \frac{S_{\text{ref}}}{l}$$

（5）展弦比 λ：$\lambda = l^2/S_{\text{ref}} = l/c_{Acp}$。展弦比反映了机翼的三维性质。对于二维机翼，展弦比为无穷大。展弦比越小，三维特征越明显。

（6）后掠角 χ：有时也用符号 Δ 表示，一般指 1/4 弦线偏离 z 轴的角度。另外，还用到前缘后掠角 χ_0 和后缘后掠角 χ_1 的概念。如果弦长与展向位置无关，那么几种后掠角是一致的。后掠会使得只有基于前缘法向速度分量的速度起主要作用。

7）几何扭转角和上（下）反角：分别表示不同展向位置翼型弦线相对于机身轴线的偏转角和两侧机翼平面偏离水平面的角度。

对于椭圆机翼，机翼参考面积为 $S_{\text{ref}} = \frac{\pi}{4} c_{A,r} l$，展弦比为 $\lambda = l^2/S_{\text{ref}} = \frac{4}{\pi} l/c_{A,r}$。对于三角翼，$S_{\text{ref}} = \frac{1}{2} c_{A,r} l$，展弦比为 $\lambda = l^2/S_{\text{ref}} = 2l/c_{A,r}$。对于矩形翼，$S_{\text{ref}} = c_A l$，展弦比为 $\lambda = l/c_A$。

1.1.4　翼型与机翼的气动参数

气动参数包括升力与升力系数、阻力与阻力系数、升阻比、力矩与力矩系数，以及升力的作

用点即压力中心。我们将看到,改变迎角时,升力会改变,且升力作用点(压力中心)也会改变,但升力增量的作用点却基本不随迎角变化。该作用点称为焦点(aerodynamic center)。由于升力(由迎角增加时导致的)增量相对于该点不变,因此相对于该点的力矩也不随迎角变化。迎角小到升力为 0 时,该力矩也是那么大,因此相对于焦点的力矩也称为零升力矩。升力和阻力的合力简称为气动力,有时气动力也指两个分量。

研究翼型流动时,流动就可看成二维的,在谈到力和力矩时,都是单位展长的机翼所受的力和力矩。

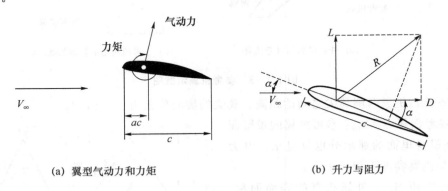

(a) 翼型气动力和力矩　　　　　　　(b) 升力与阻力

图 1.1 - 7　典型的气动力

下面涉及的气动参数有时也用无量纲化的系数表示。对于不可压缩流动,这些无量纲气动参数往往是迎角与反映惯性力与黏性力量级比值的雷诺数的函数。

(1) 雷诺数

基于来流速度 V_∞、密度 ρ_∞、黏性系数 μ_∞ 以及物体长度 L 的雷诺数(Reynolds number)定义为

$$Re_L = \frac{\rho_\infty V_\infty L}{\mu_\infty} \tag{1.1.11}$$

有时也去掉下标,直接用 Re 表示雷诺数。雷诺数的物理意义在流体力学基础中有详细讨论。在本书中,主要在考虑附面层特性时需要用到雷诺数,因此暂不做讨论。

(2) 升力与升力系数

如图 1.1 - 7 所示,升力(lift)是物体坐标系中垂直于来流方向的气动力。对于平飞的飞行器,升力正好与重力方向相反,因此升力是用于平衡重力的,从而是设计的目标值。一般用 L 标注,有时也用 Y 标注。对于翼型问题,升力是单位展向长度的力。翼型升力系数(lift coefficient)c_l 与机翼的升力系数 C_L 分别定义为

$$c_l \equiv \frac{L}{\frac{1}{2}\rho_\infty V_\infty^2 c_A}, \quad C_L \equiv \frac{L}{\frac{1}{2}\rho_\infty V_\infty^2 S_{ref}} \tag{1.1.12}$$

即为升力 L 除以来流动压 $\frac{1}{2}\rho_\infty V_\infty^2$ 和弦长 c_A(二维)或机翼参考面积(三维),属于无量纲量。

对于常规翼型,升力系数一般为 1 的量级。升力来源于作用在翼型上的压力积分的结果。摩擦应力对升力的贡献一般可以忽略。对于翼型流动问题,翼型周围的压力 p 并不等于大气压力,相对于静止空气的压力 p_∞(无穷远来流的压力)而是有变化的,正是这种变化($p-p_\infty$)才

导致有升力。在风轴系中(x 沿来流方向),升力与翼型表面压力的关系为

$$L = \int_0^{c_A} (p_- - p_\infty)\mathrm{d}x - \int_0^{c_A} (p_+ - p_\infty)\mathrm{d}x \qquad (1.1.13)$$

式中,p_- 为翼型下表面的压力,p_+ 为翼型上表面的压力。可见,为了获得足够的升力,下表面应尽量使压力高于来流压力,上表面则反过来,要求尽量产生负压。迎角和弯度就是为了获得这种压力分布而设计的。升力主要来源于机翼作用,因此一般正比于参考机翼的面积。

对于翼型,将式(1.1.13)两端同时除以来流动压以及弦长,可得升力系数与翼型表面压力系数分布之间的关系为

$$c_l = \frac{1}{c_A}\int_0^{c_A} (C_{p-} - C_{p+})\mathrm{d}x \qquad (1.1.14)$$

对于机翼,读者不难得到类似表达式。

(3) 阻力与阻力系数

如图 1.1-7 所示,阻力(drag)是平行于来流方向的气动力,需要用发动机推力来平衡。对于翼型问题,阻力是单位展向长度的力。阻力一般用 D 标注,有时也用 X 标注。翼型阻力系数(drag coefficient)c_d 和机翼阻力系数 C_D 分别定义为

$$c_d \equiv \frac{D}{\frac{1}{2}\rho_\infty V_\infty^2 c_A}, \quad C_D \equiv \frac{D}{\frac{1}{2}\rho_\infty V_\infty^2 S_{ref}} \qquad (1.1.15)$$

c_d 和 C_D 属于无量纲量。与升力主要来源于压力不同,阻力既来源于压力,也来源于壁面摩擦应力 τ。与升力主要来源于机翼不同,阻力既来源于机翼,也来源于机身(尤其机身表面的摩擦阻力)。与压力相关的称为压差阻力,与摩擦相关的称为摩擦阻力,分别用下标 p 和 f 区别。针对翼型,仿式(1.1.14),不难得到

$$c_{d,p} = \frac{1}{c_A}\int_0^{c_A} (C_{p-} - C_{p+})\mathrm{d}y, \quad c_{d,f} = \frac{1}{c_A}\int_0^{c_A} (c_{f-} + c_{f+})\mathrm{d}x \qquad (1.1.16)$$

其中摩擦系数定义式见(1.1.9)。下标正负号意义与压力系数相似。

翼型阻力系数的量级一般在 $0.001 \sim 0.1$ 之间。有时用 count 计阻力系数的大小。一个 count 是 0.0001(口语说成三圈一)。例如,阻力系数为 12 个 counts,表明阻力系数为 0.0012。

(4) 升阻比与布列盖航程公式

升力和阻力的比 $K = L/D$ 称为升阻比(lift-to-drag ratio)。对于低速翼型,升阻比至少在 10 以上(特殊情况可以达到 100 以上)。这是飞机以"小"推力(以克服阻力)获得大升力(以平衡重力)的奥妙所在。对于高速飞行,因为存在波阻,翼型升阻比则可能在 10 以下。整架飞机的升阻比比翼型升阻比低不少。考虑喷气式飞机的航程。设喷气发动机的单位推力油耗率 $C = -\mathrm{d}W/(T\mathrm{d}t)$ 是给定的系数。这里,T 为推力大小。飞机的航程等于它的飞行速度 V 对飞行时间的积分,即 $R = \int V\mathrm{d}t = -\int V\frac{\mathrm{d}W}{CT}$,这一过程由于燃料消耗,飞机质量由 W_i 变为 W_f。当飞机在水平巡航状态时,飞机的升力等于重力,即 $L = W$,推力等于阻力,即 $T = D$。假定速度、单位耗油率和 L/D 近似为常数,于是

$$R = -\int \frac{V}{C}\frac{L}{D}\frac{\mathrm{d}W}{W} = \frac{V}{C}\frac{L}{D}\ln\frac{W_i}{W_f} \qquad (1.1.17)$$

这就是布列盖航程公式。由于航程与升阻比成正比，因此，对于喷气飞机，在消耗同样数量的燃油情况下，升阻比越大，航程越大。

（5）升力系数斜率和零升迎角

对于定常流动（在物体坐标系看来，任一点的流动参数不随时间变化），每给定一个迎角，翼型有一个升力系数，即升力系数是迎角的函数 $c_1 = c_1(\alpha)$。对于一个给定翼型，以迎角为横坐标，以升力系数为纵坐标，得到的升力系数随迎角变化的曲线如图 1.1 - 8(a)所示。正常情况下，在迎角较小时，升力系数随迎角增加而线性增加，这段的斜率 $c_a = \mathrm{d}c_1/\mathrm{d}\alpha$ 称为升力系数斜率（slope of the lift coefficient）。本章针对薄翼型将给出该斜率的具体大小。该曲线与横轴的交点 $\alpha = \alpha_{L=0}$ 称为零升迎角（AoA for zero - lift），即升力为 0 对应的迎角。如果知道零升迎角和升力系数斜率，那么线性段的升力系数可按下式计算

$$c_1 = c_a(\alpha - \alpha_{L=0}) \tag{1.1.18}$$

当迎角足够大时，附面层分离和其他因素导致升力系数不再随迎角而线性变化。尤其存在一个迎角，$\alpha = \alpha_{\mathrm{stall}}$，在此处附面层出现大面积分离，升力系数从此点开始下降。升力下降，意味着飞机可能往下掉，失去飞行的正常速度。因此最大升力系数对应的迎角也称失速迎角。大于此迎角，升力突然下降的现象称为失速（Stall）。

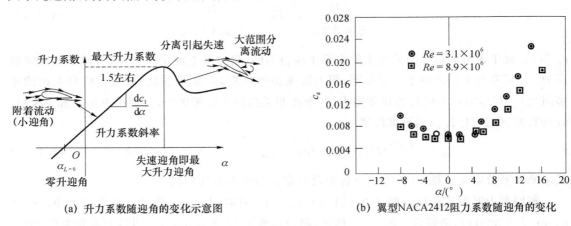

(a) 升力系数随迎角的变化示意图　　　　(b) 翼型NACA2412阻力系数随迎角的变化

图 1.1 - 8　升力系数和阻力系数随迎角的变化曲线

（6）阻力极线

在迎角较小时，主要是摩擦阻力，迎角变化时摩擦阻力变化不大。迎角较大时，出现分离，导致压力分布前后不对称，出现压差阻力，从而使阻力系数急剧上升。图 1.1 - 8(b)给出了某翼型阻力系数随迎角的变化。可见，在小迎角范围，阻力系数近似为常数，为 0.005 的量级。迎角太大，阻力系数会增加许多。图中表明，雷诺数增加时阻力系数减小，这是因为雷诺数增加时，惯性力相对于黏性的作用增加，或黏性的相对作用减小了。给定一个迎角，得到一组升力系数 c_1 与阻力系数 c_d；迎角不同，它们的值不一样，在以 c_d 为横轴，c_1 为纵轴的平面上，将不同迎角对应的升阻力系数的坐标连起来，就得到一条曲线，称为阻力极线（drag polar），如图 1.1 - 9所示。阻力极线与横轴的交点对应的迎角就是零升迎角，该点阻力系数大小称零升阻力系数。

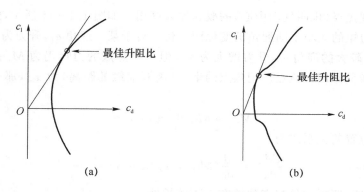

图 1.1 - 9　阻力极线上设计升力系数(最佳升阻比)位置

(7) 力矩、压力中心与力矩力系数

力矩(moment)是气动力相对于翼型弦线上某点的力矩(相对合力作用点,力矩是 0),比较常见的是相对前缘的力矩。一般令顺时针力矩即抬头力矩为正。对于二维问题,只考虑绕 z 轴(垂直于纸面的轴)的力矩,该力矩使得翼型前俯后仰,因此也称俯仰力矩。如果该力矩使得翼型抬头,那么可称为抬头力矩,否则称为低头力矩。力矩是飞行器控制的重要参数。为了不使飞机出现俯仰翻滚,需要采用平尾产生升力来平衡力矩。由于平尾放在机尾上,距离重心很远即力臂很大,所以小平尾(小升力)就可以产生足够的平衡力矩。升力和阻力都会引起力矩。计算力矩时,要用到力臂。阻力本身就比升力小一个量级,阻力的力臂比升力力臂也小不少,阻力对力矩的贡献是次要的。因此,在下面的介绍中,只考虑升力引起的力矩,并先考虑相对于前缘的力矩。如图 1.1 - 10 所示,坐标系采用体轴系,x_{cp} 为升力作用点,也称为压力中心 (pressure center),相对于前缘的抬头力矩为

$$M_{LE} = - Lx_{cp}\cos\alpha \tag{1.1.19}$$

式中,$x_{cp}\cos\alpha$ 是相对于前缘的力臂。但在许多文献中,考虑到迎角很小,所以直接令 $\cos\alpha \approx 1$。上式右端存在负号,是因为把抬头力矩定义为正的。后面将会看到,压力中心随迎角增大而改变位置。

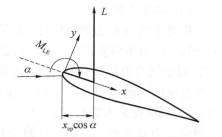

除了相对于前缘的力矩,有时还用到相对于中弦点的力矩 $M_{1/2}$ 和 1/4 弦长点的力矩 $M_{1/4}$。显然

$$M_{1/2} = M_{LE} + \frac{c_A}{2}L\cos\alpha, \quad M_{1/4} = M_{LE} + \frac{c_A}{4}L\cos\alpha$$

图 1.1 - 10　力矩示意图,抬头力矩为正

将相对某点 P 的力矩记为 M_P,那么翼型与机翼的力矩系数(moment coefficient)分别定义为

$$c_{m,P} = \frac{M_P}{\frac{1}{2}\rho V_\infty^2 c_A^2}, \quad C_{m,P} = \frac{M_P}{\frac{1}{2}\rho V_\infty^2 c_A S_{ref}} \tag{1.1.20}$$

(8) 焦点

飞行过程中,油料的消耗会减小飞机的质量,起飞着陆时高度变化导致环境密度的变化。因此,迎角需要调整以改变升力或升力系数,适应重力和高度的变化。在后面我们将看到,迎角增加,压力中心可能前移,所以压力中心的使用很不方便。为了比较好地配置飞机各部分质

量分布,人们发现焦点(也叫气动中心)的概念比较好用。如图 1.1-11 所示,焦点是这样一个点,相对于该点力矩的大小不随迎角的变化而变化。对于某一迎角 α_1,升力为 Y_1,相对焦点的力矩为 M_{ac};对于较大的迎角 α_2,升力增大为 Y_2,但相对焦点的力矩仍为 M_{ac};也就是说,迎角变化时,升力的增量作用在该点。记焦点的坐标(离开前缘的距离)为 x_{ac},那么相对于焦点的力矩为

$$M_{ac} = M_{LE} + x_{ac} L \cos \alpha \tag{1.1.21}$$

于是,确定焦点位置的关系式为

$$\frac{dM_{ac}}{d\alpha} = \frac{d}{d\alpha}(M_{LE} + x_{ac} L \cos \alpha) = 0$$

在 1.4 节中将证明,薄翼型的焦点位置在 1/4 弦长处。

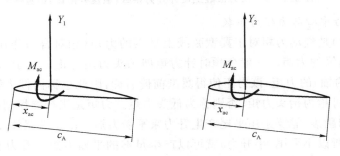

图 1.1-11　焦点(ac)的定义

对于低速翼型,焦点一般在 1/4 弦长附近。对于薄翼型,焦点正好在 1/4 弦长处,这将由后面的薄翼理论证明。实际问题中,因流动存在黏性或其他作用,焦点位置会有些出入。大多数翼型的焦点都在 0.23~0.24 弦长处,而为了克服湍流所设计的层流翼型的焦点可能在 0.26~0.27 处。实际上到底在什么位置,一定要看具体翼型的实验数据及流动条件(尤其是雷诺数)。

(9)零升力矩

相对于焦点的力矩 M_{ac}(至少在定义上)与迎角无关,因此(迎角小到使)升力为 0 时,也是这么大。升力为 0 时,翼型只受力矩的作用,属于力偶。因此 M_{ac} 也称为零升力矩(moment of zero lift)。对于一般翼型,零升力矩一般为负(低头力矩)。图 1.1-12 给出了一种典型翼型的焦点力矩系数 c_{mac} 随迎角的变化。可见,在一定范围内,该力矩近似为常数,约为 -0.035。

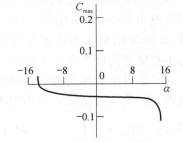

图 1.1-12　相对于焦点的力矩系数随迎角的变化,翼型为 NACA63-210

(10)环量

绕封闭曲线 C 的速度环量(circulation)定义为

$$\Gamma = \oint_C u \, dx + v \, dy = \oint_C \boldsymbol{V} \cdot d\boldsymbol{l} \tag{1.1.22}$$

式中,dx,dy 为封闭曲线上的微元段 $d\boldsymbol{l}$(逆时针为正)在两个方向的投影。如果封闭曲线包含一个旋涡,那么该环量就是旋涡的涡强;如果该环量与包含该旋涡的封闭曲线的位置无关,那么该旋涡就是势涡。如果该封闭曲线就是翼型表面,那么这样定义的环量就是翼型的环量。此时,环量是流体在物面的切向速度绕物面一圈的积分,反映了流体绕物面的整体旋转效应。

在 1.3 节介绍的势流理论中,升力将与翼型环量关联起来。正是这种旋转效应导致了升力,如同旋转的乒乓球会产生升力(也称为侧向力),这种侧向力导致乒乓球走弧线。

1.1.5 大气环境简介

学习流体力学时,很少关注空域与大气环境。学习空气动力学则需要适当了解这些知识。

(1)航空空间、航天空间与临近空间

飞行器在一定的海拔高度(h)上飞行。飞行器主要运行的空域可大致分为航空空间、临近空间和航天空间三个部分,当然不同行业规定的空域之间有重叠,如图 1.1 – 13 所示。按国际航空联合会 FAI 的分类,100 km 高度为航空航天分界线。原来,卡门通过计算表明,在 100 km 以上,飞行器要获得足够的空气升力以平衡重力,其速度要大于轨道速度,如果等于轨道速度,那么离心力可以平衡地球引力的速度,不需要空气升力了。故 100 km 以上,适合航天轨道模式飞行,这个高度称为卡门线,也称为航天下边界。

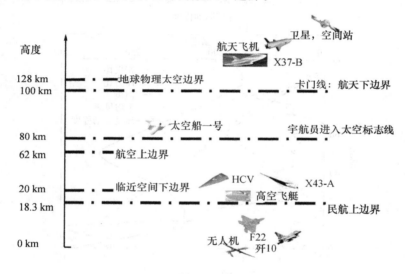

图 1.1 – 13　各种高度临界线

随着高空无人机包括高空飞艇以及高超声速巡航飞行器的出现,出现了临近空间概念。在临近空间概念背景下,一般将地面至高空 18~20 km 的空间称为航空空间(国际民用航空组织 ICAO 将海拔 18.3 km 高度以下的空域作为航空管辖的范围)。临近空间则从此上边界衍生到航天下边界。普通航空空间适合普通飞机飞行,如各代战斗机和民用客机。临近空间的底层空域适合长航时无人机和高超声速巡航飞行器。临近空间上边界适合亚轨道飞行。航天空间适合轨道飞行。本书涉及的内容主要局限在 32 km 以下,覆盖了低速飞行和高速飞行的主要区域。

(2)大气成分与空气物理特性

从海平面到约 80 km 高空,大气中各种气体的比例大致是恒定的,空气的平均分子量为 28.96。按体积分数计算,大约是:氮气占 78%,氧气占 21%,稀有气体(惰性气体)占 0.94%,二氧化碳占 0.03%,其他气体和杂质占 0.03%。在 20~50 km 之间,因大气中臭氧的含量最大,故称为臭氧层。本门空气动力学只关心远低于海拔 80 km 空域的问题,因此可认为大气成分是固定的。在海平面常温情况下,未受扰动的密度、压力、温度、比热比、热导率、定压比热、动力黏度和普朗特数如式(1.1.23)所示。

$$\begin{cases}
\rho = 1.225 \ \text{kg/m}^3 & \text{(密度)} \\
p = 101\ 325 \ \text{Pa} & \text{(压力)} \\
T = 288.15 \ \text{K} & \text{(温度)} \\
\gamma = c_p/c_v = 1.4 & \text{(比热比)} \\
\kappa = 0.024 \ \text{W/(mK)} & \text{(热导率)} \\
c_p = 1.004 \times 10^3 \ \text{J/kg.K} & \text{(定压比热)} \\
c_v = 0.717 \times 10^3 \ \text{J/kg.K} & \text{(定容比热)} \\
\mu = 1.8247 \times 10^{-5} \ \text{Pa} \cdot \text{s} & \text{(动力黏度)} \\
Pr = \mu c_p/\kappa = 0.71 & \text{(普朗特数)}
\end{cases} \tag{1.1.23}$$

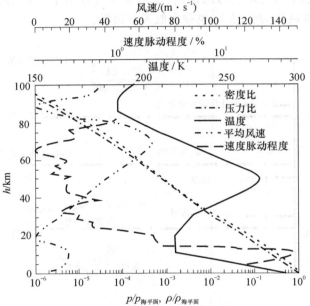

图 1.1 - 14　密度、压力、温度、平均风速和大气湍流度随高度变化规律

　　未受流动(未受飞行器运动)扰动的空气密度、压力和温度随高度会有一些变化,如图 1.1 - 14 所示。例如,海平面的大气压力的标准值为 101 325 Pa,20 km 高度附近的大气压力约为地面的 5.3%,30 km 高度的大气压力约为地面的 1.1%。32 km 高度以下,未受扰动的空气温度、密度和压力随几何高度 $h(\text{m})$ 的变化近似满足如下公式

$$\begin{cases}
T = 288.15 - 0.006\ 5h \\
\rho = 1.225\ 05\left[\dfrac{288.15 - 0.006\ 5h}{288.15}\right]^{4.255\ 88} \quad (0 \leqslant h \leqslant 11\ 000) \\
p = 1.225\ 05\left[\dfrac{288.15 - 0.006\ 5h}{288.15}\right]^{4.255\ 88}
\end{cases} \tag{1.1.24a}$$

$$\begin{cases}
T = 216.65 \\
\rho = 0.363\ 92\text{e}^{1.73 - 0.000\ 157 \times h} \quad (11\ 000 < h \leqslant 20\ 000) \\
22631.8\text{e}^{1.73 - 0.000\ 157h}
\end{cases} \tag{1.1.24b}$$

$$\begin{cases} T = 288.15(0.682\ 457 + h/288\ 153.5) \\ \rho = 1.255\ 05(0.978\ 261 + h/201\ 022.6)^{-35.16319} \\ 101\ 325(0.988\ 626 + h/198\ 915)^{-34.16\ 319} \end{cases} \quad (20000 < h \leqslant 32000)$$

$$(1.1.24c)$$

在地面,我们会感觉到东南西北风甚至无风的情况。随着高度的增加,大气平均风速逐渐增加,到 10 km 左右的高度出现一个极大值,20 km 左右高度出现一个极小值。我们在飞机上可能看到过飞机地速和空速的显示。地速是飞机相对于静止地面的速度,空速是相对于空气的速度。如果没有风,空速和地速相等。如果有风,地速就是空速和风速的矢量叠加。

受飞行器运动扰动后,飞行器周围空气的密度、压力和空气微团的运动速度都要满足流体力学基本规律与方程。当地某点空气的速度不再称为风速,而称为流速。对于低速空气动力学,受扰动后,密度仍可看成常数,且黏性系数、热导率等热物理性参数也近似看成常数。对于无黏流模型,黏性系数和热导率等均不出现。

在本书大多数情况,我们将主要结果表述为无量纲量以及与无量纲参数的关系,因此很少直接关心到底在什么样的高度飞行。涉及具体有量纲量的计算时,则会直接给出相应高度的来流参数。读者在使用相关方法计算有量纲气动力时,一定要查阅对应高度的静止大气的压力和密度等参数。

1.1.6　要点总结

与流体力学相似,空气动力学也关心流动参数的时空分布。对于不可压缩流动,密度可看成给定的参数,待求的是速度和压力。涡量(速度旋度)和压力梯度不是基本量,但在刻画流场时具有重要的物理意义。空气动力学关心翼型和机翼的局部或整体力和力矩特性。为此,需要翼型、机翼和机身具有合适的形状。

翼型和机翼具有特定的甚至完美的形状。低速翼型具有圆前缘、尖尾缘、略微拱起的上表面。机翼则可能出现常见的平面几何形状,如矩形、椭圆、梯形和三角形等。翼型的形状将与气动特性有内在的物理机制关联。机翼的平面形状则在尽量不破坏翼型产生升力机制的前提下,满足结构强度等要求。某些平面形状也会具备一些独特的性质(例如椭圆翼对周围的扰动最小,三角翼可以用于大迎角飞行等)。翼型和机翼表面尽量光顺,厚薄适中,迎角适当,使得空气流过时,能贴着上下表面走,即具有流线型外形。流线型甚至成了外形美的替代词之一。

描述翼型机翼力的局部特性时需要用到压力系数和摩擦系数。在保证整体特性时,压力沿翼型的分布也需要满足一定的要求,如逆压梯度足够小等。整体特性涉及升阻力、升阻力系数、力矩和力矩系数、压力中心和焦点等。设计目标是小阻力和大升力,这样才能获得与航程成正比的足够大的升阻比。焦点是空气动力学问题的特有特性,改变迎角时,焦点位置变化较小,这样有利于对飞行器进行控制。

拥有独立产生升力的机制、独立产生推力的机制和独立的控制机制,这是固定翼飞机的原理。这是英国科学家乔治·凯利于 1799 年提出的。

空气动力学的主要内容是围绕这些力和力矩特性要求来展开分析。在高速情况下,除力和力矩外,还需要考虑热的问题。

1.2　空气流动基本方程与力

本节介绍不可压缩空气动力学流动相关基本方程,包括纳维-斯托克斯方程、满足理想流动假设情况下的欧拉方程、反映压力与速度代数关系的伯努利方程。另外,也介绍物体受力的一些积分形式。这些均是经典理论基础。在 2.1 节将给出可压缩纳维-斯托克斯方程的推导。不可压缩纳维-斯托克斯方程可以看成可压缩方程在速度足够低的情况下的极限,因此这里不做推导。

1.2.1　流动基本方程与流场按物理分区后的近似

不可压缩流动的纳维-斯托克斯方程可以看成可压缩流动的极限,因此,详细推导以及更多关于纳维-斯托克斯方程的描述将在 2.1 节展开,这里只给出本章需要的结果。

1. 不可压缩流动纳维-斯托克斯方程

任意空间位置 (x,y,z) 的流体质点相对于给定参照系(如物体参照系)的流速 (u,v,w) 以及流体质点的压力 p 满足不可压缩纳维-斯托克斯方程[①],即

$$\begin{cases} \dfrac{\partial u}{\partial x} + \dfrac{\partial v}{\partial y} + \dfrac{\partial w}{\partial z} = 0 \\[2mm] \dfrac{\partial u}{\partial t} + u\dfrac{\partial u}{\partial x} + v\dfrac{\partial u}{\partial y} + w\dfrac{\partial u}{\partial z} = -\dfrac{1}{\rho}\dfrac{\partial p}{\partial x} + \dfrac{1}{\rho}\left(\dfrac{\partial \tau_{xx}}{\partial x} + \dfrac{\partial \tau_{xy}}{\partial y} + \dfrac{\partial \tau_{xz}}{\partial z}\right) \\[2mm] \dfrac{\partial v}{\partial t} + u\dfrac{\partial v}{\partial x} + v\dfrac{\partial v}{\partial y} + w\dfrac{\partial v}{\partial z} = -\dfrac{1}{\rho}\dfrac{\partial p}{\partial y} + \dfrac{1}{\rho}\left(\dfrac{\partial \tau_{yx}}{\partial x} + \dfrac{\partial \tau_{yy}}{\partial y} + \dfrac{\partial \tau_{yz}}{\partial z}\right) \\[2mm] \dfrac{\partial w}{\partial t} + u\dfrac{\partial w}{\partial x} + v\dfrac{\partial w}{\partial y} + w\dfrac{\partial w}{\partial z} = -\dfrac{1}{\rho}\dfrac{\partial p}{\partial z} + \dfrac{1}{\rho}\left(\dfrac{\partial \tau_{zx}}{\partial x} + \dfrac{\partial \tau_{zy}}{\partial y} + \dfrac{\partial \tau_{zz}}{\partial z}\right) \end{cases} \tag{1.2.1}$$

式中,第一个方程是质量守恒方程,也称为连续性方程。其他 3 个方程是 3 个坐标轴方向的动量守恒方程。右端涉及黏性应力,可表示为

$$\begin{cases} \tau_{xx} = \mu\left(\dfrac{\partial u}{\partial x} + \dfrac{\partial u}{\partial x}\right), \; \tau_{xy} = \mu\left(\dfrac{\partial v}{\partial x} + \dfrac{\partial u}{\partial y}\right), \; \tau_{xz} = \mu\left(\dfrac{\partial w}{\partial x} + \dfrac{\partial u}{\partial z}\right) \\[2mm] \tau_{yx} = \mu\left(\dfrac{\partial u}{\partial y} + \dfrac{\partial v}{\partial x}\right), \; \tau_{yy} = \mu\left(\dfrac{\partial v}{\partial y} + \dfrac{\partial v}{\partial y}\right), \; \tau_{yz} = \mu\left(\dfrac{\partial w}{\partial y} + \dfrac{\partial v}{\partial z}\right) \\[2mm] \tau_{zx} = \mu\left(\dfrac{\partial u}{\partial z} + \dfrac{\partial w}{\partial x}\right), \; \tau_{zy} = \mu\left(\dfrac{\partial v}{\partial z} + \dfrac{\partial w}{\partial y}\right), \; \tau_{zz} = \mu\left(\dfrac{\partial w}{\partial z} + \dfrac{\partial w}{\partial z}\right) \end{cases} \tag{1.2.2}$$

这里,μ 为动力黏度。也可以将(1.2.1)写成矢量形式,即

$$\begin{cases} \nabla \cdot \boldsymbol{V} = 0 \\[2mm] \dfrac{\partial \boldsymbol{V}}{\partial t} + (\boldsymbol{V} \cdot \nabla)\boldsymbol{V} = -\dfrac{1}{\rho}\nabla p + \dfrac{1}{\rho}\nabla \cdot \boldsymbol{\tau} \end{cases} \tag{1.2.3}$$

利用式(1.2.3)中的连续性方程,乘以速度矢量与第 2 式相加,得动量方程的另外一种形式为

$$\dfrac{\partial \boldsymbol{V}}{\partial t} + \nabla \cdot (\boldsymbol{VV}) = -\dfrac{1}{\rho}\nabla p + \dfrac{1}{\rho}\nabla \cdot \boldsymbol{\tau} \tag{1.2.4}$$

这里

---

① 纳维-斯托克斯方程作为一个数学问题,其解的存在性与光滑性是数学上七大难题之一,www. claymath. org/millenium - problems/navier - stokes - equation。虽然如此,人们一直在求解这一方程,似乎针对任意特定情况,它都有解。

$$\begin{cases} \nabla \cdot (VV) = \dfrac{\partial}{\partial x}(uV) + \dfrac{\partial}{\partial y}(vV) + \dfrac{\partial}{\partial x}(wV) \\ \nabla \cdot \boldsymbol{\tau} = \dfrac{\partial \boldsymbol{\tau}_x}{\partial x} + \dfrac{\partial \boldsymbol{\tau}_y}{\partial y} + \dfrac{\partial \boldsymbol{\tau}_z}{\partial x} \end{cases}$$

其中，τ_x 为法向朝 x 方向的面上的黏性应力矢量，包含分量 τ_{xx}，τ_{xy}，τ_{xz}。同理，τ_y 为包含 3 个分量 τ_{yx}，τ_{yy}，τ_{yz} 的法向朝 y 方向的面上的黏性应力矢量，τ_z 为包含 3 个分量 τ_{zx}，τ_{zy}，τ_{zz} 的法向朝 z 方向的面上的黏性应力矢量。于是，$\boldsymbol{\tau}$ 为张量。类似地，VV 也是张量。

连续性方程是不可压缩假设的数学表述，这里是速度散度为 0，因为按照矢量分析，速度散度就是流体微团体积膨胀率。既然这里是不可压缩流动，所以体积膨胀率为 0。

有一些原因导致没有或不需要考虑黏性。去掉黏性后的方程称为欧拉方程（在相当多文献上只把其中的动量方程称为欧拉方程），即

$$\begin{cases} \dfrac{\partial u}{\partial x} + \dfrac{\partial v}{\partial y} + \dfrac{\partial w}{\partial z} = 0 & \text{(连续性方程)} \\ \dfrac{\partial u}{\partial t} + u\dfrac{\partial u}{\partial x} + v\dfrac{\partial u}{\partial y} + w\dfrac{\partial u}{\partial z} = -\dfrac{1}{\rho}\dfrac{\partial p}{\partial x} & (x-\text{方向动量方程}) \\ \dfrac{\partial v}{\partial t} + u\dfrac{\partial v}{\partial x} + v\dfrac{\partial v}{\partial y} + w\dfrac{\partial v}{\partial z} = -\dfrac{1}{\rho}\dfrac{\partial p}{\partial y} & (y-\text{方向动量方程}) \\ \dfrac{\partial w}{\partial t} + u\dfrac{\partial w}{\partial x} + v\dfrac{\partial w}{\partial y} + w\dfrac{\partial w}{\partial z} = -\dfrac{1}{\rho}\dfrac{\partial p}{\partial z} & (z-\text{方向动量方程}) \end{cases} \tag{1.2.5}$$

其矢量形式为

$$\begin{cases} \nabla \cdot V = 0 \\ \dfrac{\partial V}{\partial t} + (V \cdot \nabla)V = -\dfrac{1}{\rho}\nabla p \end{cases} \tag{1.2.6}$$

对式（1.2.4）求旋度，并考虑到成立恒等式 $\nabla \cdot \boldsymbol{\tau} = -\mu\nabla \times \boldsymbol{\omega}$，得涡量满足的方程为

$$\dfrac{\partial \boldsymbol{\omega}}{\partial t} + (V \cdot \nabla)\boldsymbol{\omega} = \boldsymbol{\omega} \cdot S + \nu\nabla^2\boldsymbol{\omega} \tag{1.2.7}$$

式中，$S = \dfrac{1}{2}(\nabla V + (\nabla V)^{\mathrm{T}})$ 为应变速率张量。$(\nabla V)^{\mathrm{T}}$ 为 ∇V 的转置。

2. 壁面滑移条件与无滑移条件

以一块有限长度的没有厚度的平板为例。将平板顺置于来流之中，即平板的两个面与来流平行。如图 1.2-1(a) 所示（箭头相对大小与方向代表当地流体质点相对于物体参照系的速度），如果流体完全没有黏性，或者当作没有黏性处理，那么来流遇到没有厚度的平板，等价于没有遇到任何障碍。此时，流体在壁面上也有切向速度。这等价于流体在壁面上有滑移。于是，在理想流框架下，壁面边界条件可以等价地表述为：①在物体坐标系下速度有滑移，②在物体坐标系下法向速度消失，③在物体坐标系下，壁面是条流线或一个流面。在本书介绍的相关问题中，将涉及如何恰当地使用这些边界条件的等价形式。

真实流动是有黏性的。如果按黏性流动处理，那么流场如图 1.2-1(b) 所示。黏性流体遇到固体壁面时，速度降为 0，该结果既来源于实验观察，也可以用物理学理论解释。故对于黏性流动，流体在壁面没有滑移，在物体坐标系下，流体 3 个速度分量在壁面上都为 0。

以上结论不局限于平板，对于一般物体也同样情况。总而言之，在理想无黏流假设下，在单位法向矢量为 $\boldsymbol{n}_b$ 且坐标为 (x_b, y_b, z_b) 的固体壁面上，法向速度消失，存在切向速度，如同流体在壁面上有滑动，因此无黏壁面上的速度条件也称为滑移边界条件，称为无穿透条件（流体质点无法穿透壁面）。在物体坐标系下，无穿透条件可表示为

$$V(x_b, y_b, z_b) \cdot \boldsymbol{n}_b = 0 \tag{1.2.8}$$

也可以等价地用物面是条流线表示为

$$\frac{\mathrm{d}x_b}{u(x_b, y_b, z_b)} = \frac{\mathrm{d}y_b}{v(x_b, y_b, z_b)} = \frac{\mathrm{d}z_b}{w(x_b, y_b, z_b)} \tag{1.2.9}$$

在实际黏性流动中,或者当流场按黏流处理时,速度没有滑移。物体坐标系下的无滑移条件可表示为

$$u(x_b, y_b, z_b) = v(x_b, y_b, z_b) = w(x_b, y_b, z_b) = 0 \tag{1.2.10}$$

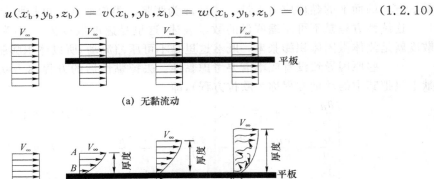

(a) 无黏流动

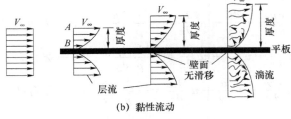

(b) 黏性流动

图 1.2 - 1　平板流动示意图

3. 方程求解,势流模型与附面层模型

式(1.2.3)或(1.2.6)有 4 个针对速度的方程,却没有针对压力的方程。如果单纯从数学上或者数值上求解这样的方程组,似乎缺少压力的方程。式(1.2.6)为例,一种做法是对动量方程求散度,将连续性方程代入,得到一个压力的方程,即

$$\frac{\partial^2 p}{\partial x^2} + \frac{\partial^2 p}{\partial y^2} + \frac{\partial^2 p}{\partial z^2} + \rho \nabla \cdot \{(\boldsymbol{V} \cdot \nabla)\boldsymbol{V}\} = 0 \tag{1.2.11}$$

该方程与动量方程联立,就得到了针对速度和压力的封闭方程组。不可压缩流动的一些数值计算方法就是通过这种方式或者接近这种方式来得到压力方程的。最标准的求解思路是依据问题的物理性质求解。

(1) 纯理想势流模型

早期人们没有认识到黏性的存在,因此给出的方程不涉及黏性。不考虑黏性的流动称为**理想流动**,基本方程为欧拉方程。虽然后来人们认识到了黏性的存在,但是又认识到去掉黏性后也能刻画流场的无黏流动规律,并且在普朗特发现附面层现象后,库塔和儒科夫斯基基于去掉黏性的欧拉方程建立的**势流理论(无旋流理论)**也能非常有效地预测空气动力学关注的一大类问题的升力、力矩和压力特性,黏性带来的摩擦阻力则可另外由普朗特的附面层模型分析。因此,对于这类问题,可以按纯理想流处理或者针对黏性可以忽略的区域按理想流处理。

(2) 无旋流与势流

在理想流动中,进一步令速度的旋度 $\nabla \times \boldsymbol{V}$ 为 0,即

$$\frac{\partial w}{\partial y} - \frac{\partial v}{\partial z} = 0, \quad \frac{\partial u}{\partial z} - \frac{\partial w}{\partial x} = 0, \quad \frac{\partial v}{\partial x} - \frac{\partial u}{\partial y} = 0 \tag{1.2.12}$$

那么,按照矢量分析理论,存在势函数 $\Phi = \Phi(x, y, z, t)$,使得速度等于该势式函数的梯度,即

$$\boldsymbol{V} = \nabla \Phi, \quad u = \frac{\partial \Phi}{\partial x}, \quad v = \frac{\partial \Phi}{\partial y}, \quad w = \frac{\partial \Phi}{\partial z} \tag{1.2.13}$$

速度的旋度即涡量处处满足(1.2.12)的流动称为**无旋流动**。如果式(1.2.12)只在某区域满足,那么该区域流动就是无旋流动。将流场当作无旋流动的模型就是势流模型。

将 $\boldsymbol{V}=\nabla\Phi$ 代入不可压缩流动满足的连续性方程 $\nabla\cdot\boldsymbol{V}=0$,可得势函数满足的基本方程

$$\frac{\partial^2\Phi}{\partial x^2}+\frac{\partial^2\Phi}{\partial y^2}+\frac{\partial^2\Phi}{\partial z^2}=0 \tag{1.2.14}$$

因此,势函数是调和函数。式(1.2.14)是不可压缩无旋流动的势流基本方程。求得势函数后,按式(1.2.13)求速度,接着压力按 1.2.3 节介绍的可以从动量方程导出的伯努利方程求出。

(3) 黏性作用区的附面层近似

在黏性情况下,由于壁面无滑移条件以及在紧贴壁面区域的黏性应力作用下,形成如图 1.2 - 1(b)所示的离开壁面速度逐渐增加的结果。这种变化可以直接通过求解纳维-斯托克斯方程获得,在这里也可以暂时理解为来源于实验观察。于是,当地平行于壁面的速度分量在壁面上有法向梯度 $\partial u/\partial y$,这种法向梯度导致壁面摩擦应力。这种因平板黏性阻滞导致的速度下降会沿法向传播多远呢?或者等价地说,黏性作用的影响范围有多大呢?普朗特通过实验观察和推理发现了附面层的存在。为了描述附面层,需要引入当地雷诺数,即

$$Re_x=\frac{\rho V_\infty x}{\mu} \tag{1.2.15}$$

式中,x 为平板上某点相对于平板前缘的距离。普朗特发现,如果基于平板整个长度的雷诺数 Re_L 足够大,那么黏性作用区域局限在靠近平板较薄的一层,即附面层内,如图 1.2 - 2 所示。图中 $\delta=\delta(x)$ 为附面层外边界,定义成附面层厚度。在 2.1 节中将看到,附面层厚度是当地雷诺数的函数,雷诺数越大,附面层越薄。图中速度 u_e 为按理想流处理得到的流速。对于平板,有 $u_e=V_\infty$。实验和理论发现,在附面层外边界附近,速度随法向坐标有缓慢的变化,因此一般取当地速度为 $u=0.99u_e$ 的地方作为外边界,以便得到确定的附面层参数关系式。如果雷诺数足够大,那么附面层便足够薄,从而黏性对离壁面稍远地方的扰动,与按无黏流相比,近似可以忽略。

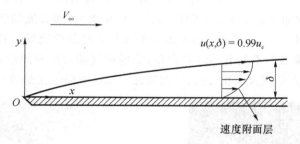

图 1.2 - 2　平板附面层示意图

图 1.2 - 3 是翼型附面层示意图,主要标注了上表面的附面层。在翼型前段,附面层一般为层流附面层(无论以什么尺度看,流速等参数有序甚至可以是定常状态,附面层相对而言较薄);从某点开始,可能转变为湍流附面层,即站在很小的时间以及空间尺度看,附面层内的速度等参数围绕某种平均值有高频短波长的时空变化,站在某种平均时空尺度看,速度等参数围绕平均值有随机脉动。类似于分子热运动导致黏性扩散,这种脉动会导致所谓的湍流扩散,相当于等效地增大了黏性应力或者降低了等效雷诺数,导致按平均速度定义的附面层与层流附面层相比增厚了。除此之外,如果迎角足够大、翼型太厚或者设计不合理或者雷诺数太低,那么附面层就可能从某点开始出现分离,即形成回流区。在分离区,附面层模型失效。

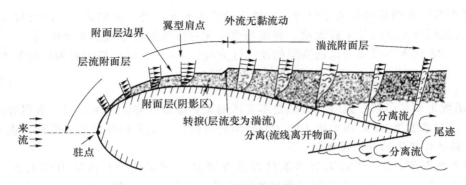

图 1.2 - 3　翼型附面层示意图

4. 势流-附面层模型及其适应性

对于满足无分离附面层流动或者分离区足够小的流动,反映压力、升力和力矩特性的流场以及可以用作附面层外边界条件的流场,可以用无旋流模型即势流模型描述。有了势流解,可以用普朗特附面层模型求解摩擦阻力以及附面层其他参数。附面层的厚度被如此求得后,也可以用于修正势流模型中的物体边界。当然,除此之外,附面层模型还能揭示更多的规律,如分离、转捩、层流流动和湍流流动。作为经典空气动力学理解或解决问题的方式,将有实际意义的流动按势流和附面层进行解耦分析,对推动空气动力学与飞行器设计的进步起了决定性的作用。对于实际问题,这样处理可以有针对性且更清晰地揭示重要的规律,刻画有意义的流动。这种势流-附面层解耦处理并进行最后的耦合,是空气动力学最核心的基本方法之一。

在 1.3 节和 1.4 节将讨论二维问题的势流理论和求解方法,在 2.1 节介绍附面层模型相关方法与结论,在 2.2 节讨论一些三维问题的势流处理方法。

本章内容失效的流动。在本书的主要章节,只考虑飞行器(或其部件)在静止空气中以小迎角做匀速运动的情况。相对于物体坐标系,可以获得定常流动,即所关注的流场与气动参数不随时间变化。如果翼型做加速运动或者俯仰运动或者迎角太大,那么流场随时间变化,标准势流-附面层模型将失效。图 1.2 - 4(a) 是一加速运动平板在某时刻的流场示意图,迎角为 15°。图中 LEV 表示前缘涡。实验表明不断有前缘涡出现,流场和气动力随时间演化。图 1.2 - 4(b) 是大迎角翼型流动,在背风面出现大面积分离,因此黏性作用区不局限在薄的一层内。

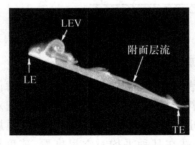

(a) 加速运动平板流场(迎角为 15°)

(b) 大迎角翼形流场

图 1.2 - 4　标准模型失效情况

图 1.2 - 5 是大迎角平板流动几个相邻时刻的流动图画。此处流场从右向左。可见,从前缘会卷出很强的涡,从尾缘也会不断拖出涡来。有各种尺度的旋涡,但也存在一些集中涡(由

明显的回流区定义的一个涡)。

　　这些本章内容无法处理的非定常流动,可用 5.1 节介绍的方法处理。

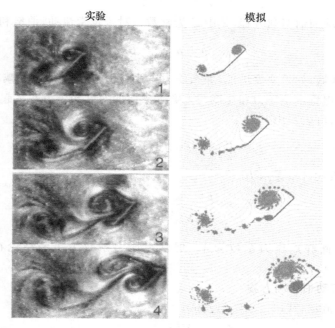

实验　　　　　　　　　模拟

图 1.2 − 5　大迎角平板流动(迎角 45°)相邻时刻的流场。右边给
出了瞬时流线和模拟的点涡分布

1.2.2　动量方程的兰姆-葛罗米柯形式、理想流动的伯努利方程

1. 兰姆-葛罗米柯形式

　　动量方程可以写成各种形式。首先,可以将黏性力项与涡量关联起来。不难验证下面恒等式

$$\frac{\partial \boldsymbol{\tau}_x}{\partial x} + \frac{\partial \boldsymbol{\tau}_y}{\partial y} + \frac{\partial \boldsymbol{\tau}_z}{\partial z} = -\mu \nabla \times \boldsymbol{\omega}$$

成立。进一步将式(1.2.3)中的动量方程左端第二项用矢量恒等式

$$(\boldsymbol{V} \cdot \nabla)\boldsymbol{V} \equiv \nabla\left(\frac{V^2}{2}\right) - \boldsymbol{V} \times \nabla \times \boldsymbol{V} = \nabla\left(\frac{V^2}{2}\right) - \boldsymbol{V} \times \boldsymbol{\omega}$$

替代,可得动量方程的兰姆-葛罗米柯形式为

$$\rho \frac{\partial \boldsymbol{V}}{\partial t} + \nabla\left(p + \rho \frac{V^2}{2}\right) - \rho \boldsymbol{V} \times \boldsymbol{\omega} = -\mu \nabla \times \boldsymbol{\omega} \tag{1.2.16}$$

在理想流情况下,兰姆-葛罗米柯形式为

$$\rho \frac{\partial \boldsymbol{V}}{\partial t} + \nabla\left(p + \rho \frac{V^2}{2}\right) - \rho \boldsymbol{V} \times \boldsymbol{\omega} = 0 \tag{1.2.17}$$

2. 无旋流动伯努利方程

　　对于无旋流动 $\boldsymbol{\omega} = 0$,存在势函数 $\varPhi$ 使得 $\boldsymbol{V} = \nabla \varPhi$,于是,可将兰姆-葛罗米柯方程(1.2.17)写成

$$\rho \nabla\left(\frac{\partial \varPhi}{\partial t}\right) + \nabla\left(p + \rho \frac{V^2}{2}\right) = 0$$

积分得

$$\rho \frac{\partial \Phi}{\partial t} + p + \rho \frac{V^2}{2} = C \tag{1.2.18}$$

这就是理想无旋流动的伯努利方程,其中 C 为常数。对于定常流动,伯努利方程可简写为

$$p + \rho \frac{V^2}{2} = C \tag{1.2.19}$$

因此,在无旋流动区域,如果速度增加,那么压力减小;反过来,如果速度减小,那么压力增加。一般通过伯努利方程将本地压力和速度与无穷远来流的速度和压力联系起来。以定常无旋流动伯努利方程为例,可以写出

$$p + \frac{\rho}{2}(u^2 + v^2) = p_\infty + \frac{\rho}{2}V_\infty^2 \tag{1.2.20}$$

于是,任一点压力系数可以表示为

$$C_p \equiv \frac{p - p_\infty}{\frac{1}{2}\rho V_\infty^2} = 1 - \left(\frac{V}{V_\infty}\right)^2 \tag{1.2.21}$$

在驻点有 $V=0$,因此驻点压力系数为 1。但驻点压力系数为 1 的结论在可压缩流动中不成立。

3. 定常有旋流动伯努利方程

对于定常有旋流动,式(1.2.17)可写成

$$\nabla\left(p + \rho \frac{V^2}{2}\right) - \rho \boldsymbol{V} \times \boldsymbol{\omega} = 0$$

两端点乘速度矢量,并考虑到恒等式 $\boldsymbol{V} \cdot (\boldsymbol{V} \times \boldsymbol{\omega}) = 0$,得

$$\nabla_s\left(p + \rho \frac{V^2}{2}\right) = 0$$

式中,∇_s 为沿着流线方向的梯度。积分得沿流线成立的伯努利方程

$$p + \rho \frac{V^2}{2} = C_s \tag{1.2.22}$$

式中,C_s 在不同流线上取不同值。与无旋流动的伯努利方程在无旋流区域成立不同,有旋定常流动的伯努利方程沿流线成立。

1.2.3　流体力学基本方程的积分形式,物体受力积分形式,尾迹法

考虑一封闭体积,表面积为 S,体积为 Ω。这里假设该体积与时间无关。

1. 积分形式的方程

将式(1.2.4)求体积分得

$$\iiint_\Omega \frac{\partial \boldsymbol{V}}{\partial t}d\Omega + \iiint_\Omega \nabla \cdot (\boldsymbol{VV})d\Omega = -\frac{1}{\rho}\iiint_\Omega \nabla p\,d\Omega + \frac{1}{\rho}\iiint_\Omega \nabla \cdot \boldsymbol{\tau}\,d\Omega$$

令 $\boldsymbol{n}$ 为表面 S 上单位外法向矢量(指向体积 Ω 的外部)。利用高斯定理将体积分转换为面积分,即

$$\iiint_\Omega \nabla \cdot (\boldsymbol{VV})d\Omega = \oiint_S \boldsymbol{VV} \cdot \boldsymbol{n}\,dS, \quad \iiint_\Omega \nabla p\,d\Omega = \oiint_S p\boldsymbol{n}\,dS, \quad \iiint_\Omega \nabla \cdot \boldsymbol{\tau}\,d\Omega = \oiint_S \boldsymbol{\tau} \cdot \boldsymbol{n}\,dS$$

得

$$\iiint_{\Omega} \frac{\partial \boldsymbol{V}}{\partial t} \mathrm{d}\Omega + \oiint_{S} \boldsymbol{VV} \cdot \boldsymbol{n} \mathrm{d}S = -\frac{1}{\rho} \oiint_{S} p\boldsymbol{n} \mathrm{d}S + \frac{1}{\rho} \oiint_{S} \boldsymbol{\tau} \cdot \boldsymbol{n} \mathrm{d}S \qquad (1.2.23)$$

这就是动量方程的积分形式。

2. 力的积分表达式

现在，适当选取控制体来获得力的表达式的积分形式。如图 1.2-6 所示，将所选体积选取为由物体表面 S_b 以及另外一个包含物体的封闭曲面 S_∞ 围成的区域。无论对于黏性流动还是理想流动，考虑到在物面上流速沿法向的分量为 0，于是有 $\oiint_{S_b} \boldsymbol{VV} \cdot \boldsymbol{n} \mathrm{d}S \equiv 0$，因此成立

$$\oiint_{S} \boldsymbol{VV} \cdot \boldsymbol{n} \mathrm{d}S = \oiint_{S_\infty} \boldsymbol{VV} \cdot \boldsymbol{n} \mathrm{d}S + \oiint_{S_b} \boldsymbol{VV} \cdot \boldsymbol{n} \mathrm{d}S = \oiint_{S_\infty} \boldsymbol{VV} \cdot \boldsymbol{n} \mathrm{d}S \qquad (1.2.24)$$

另外，将压力和黏性应力对应的面积分分解为绕物体的面积分和外边界的面积分，得

$$-\oiint_{S} p\boldsymbol{n} \mathrm{d}S + \oiint_{S} \boldsymbol{\tau} \cdot \boldsymbol{n} \mathrm{d}S = -\boldsymbol{F} - \oiint_{S_\infty} p\boldsymbol{n} \mathrm{d}S + \oiint_{S_\infty} \boldsymbol{\tau} \cdot \boldsymbol{n} \mathrm{d}S \qquad (1.2.25)$$

这里

$$\boldsymbol{F} \equiv -\oiint_{S_b} p\boldsymbol{n}_b \mathrm{d}S + \oiint_{S_b} \boldsymbol{\tau} \cdot \boldsymbol{n}_b \mathrm{d}S \qquad (1.2.26)$$

式中，$\boldsymbol{n}_b$ 为物体表面指向物体外部的单位法向矢量。式(1.2.26)右端给出的是壁面压力与摩擦应力的积分，从而是空气流动给物体的作用力。

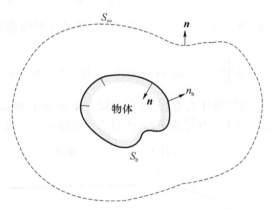

图 1.2-6　控 制 体

将式(1.2.24)、式(1.2.25)以及式(1.2.26)代入式(1.2.23)，得

$$\boldsymbol{F} = -\rho \iiint_{\Omega} \frac{\partial \boldsymbol{V}}{\partial t} \mathrm{d}\Omega - \rho \oiint_{S_\infty} \boldsymbol{VV} \cdot \boldsymbol{n} \mathrm{d}S - \oiint_{S_\infty} p\boldsymbol{n} \mathrm{d}S + \oiint_{S_\infty} \boldsymbol{\tau} \cdot \boldsymbol{n} \mathrm{d}S \qquad (1.2.27)$$

式(1.2.27)表明，空气流动给物体的作用力即气动力，等于控制体内总动量随时间的变化率，加上控制体外部边界的压力和黏性应力的积分。

对于不可压缩流动，为了将气动力表示为压增和速度增量的关系，对连续性方程 $\nabla \cdot \boldsymbol{V} = 0$ 求积分并使用高斯定理，得

$$\oiint_{S_\infty} \boldsymbol{V} \cdot \boldsymbol{n} \mathrm{d}S + \oiint_{S_b} \boldsymbol{V} \cdot \boldsymbol{n} \mathrm{d}S = \oiint_{S_\infty} \boldsymbol{V} \cdot \boldsymbol{n} \mathrm{d}S = 0$$

进而
$$\rho \oiint_{S_\infty} V_\infty V \cdot n \mathrm{d}S = 0$$

另外,常数的封闭积分为 0,因此式(1.2.27)也可以写成

$$F = -\rho \iiint_\Omega \frac{\partial V}{\partial t} \mathrm{d}\Omega - \rho \oiint_{S_\infty} (V - V_\infty) V \cdot n \mathrm{d}S -$$

$$\oiint_{S_\infty} (p - p_\infty) n \mathrm{d}S + \oiint_{S_\infty} \tau \cdot n \mathrm{d}S \qquad (1.2.28)$$

如果 S_∞ 取在无穷远的地方,当地 $V = V_\infty$,$p = p_\infty$,$\tau = 0$,那么

$$F = -\rho \iiint_{\Omega_\infty} \frac{\partial V}{\partial t} \mathrm{d}\Omega = -\rho \frac{\partial}{\partial t} \iiint_{\Omega_\infty} V \mathrm{d}\Omega \qquad (1.2.29)$$

3. 尾迹法

如果将控制体外边界选得足够远,如图 1.2-7 所示,外边界 S_∞ 包含一个足够远的上游曲面 S_{upstream},足够远的侧边界 S_{side},以及下游某个位置的近似平面的边界 S_{wake},那么,在上游边界以及侧边界,速度和压力可以近似看成等于来流的常数值,黏性应力近似可以看成 0,于是式(1.2.28)可以近似写成

$$F = -\rho \iiint_\Omega \frac{\partial V}{\partial t} \mathrm{d}\Omega - \rho \oiint_{S_{\mathrm{wake}}} (V - V_\infty) V \cdot n \mathrm{d}S -$$

$$\oiint_{S_{\mathrm{wake}}} (p - p_\infty) n \mathrm{d}S + \oiint_{S_{\mathrm{wake}}} \tau \cdot n \mathrm{d}S \qquad (1.2.30)$$

这就是确定物体受力的**尾迹法**。尤其对于定常流动,如果尾迹平面选得足够远,黏性应力可以忽略,那么阻力为

$$D = -\rho \oiint_{S_{\mathrm{wake}}} (u - u_\infty) V \cdot n \mathrm{d}S - \oiint_{S_{\mathrm{wake}}} (p - p_\infty) n_x \mathrm{d}S \qquad (1.2.31)$$

对于有的实验问题,很难直接测量物体受力,但可以测量一个尾迹平面上的速度和压力,再利用式(1.2.31)即可确定物体所受的阻力。在尾迹平面,压力也可以按 $p = p_\infty$ 近似,于是上式可近似为

$$D = -\rho \oiint_{S_{\mathrm{wake}}} (u - u_\infty) V \cdot n \mathrm{d}S \qquad (1.2.32)$$

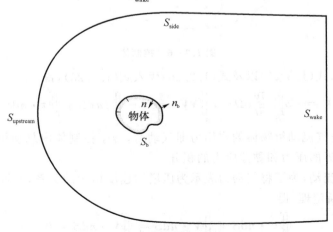

图 1.2 - 7　控制体外边界足够远

1.2.4　要点总结

对于本章考虑的不可压缩流动,密度是常数,作为系数出现在纳维-斯托克斯方程之中。动量方程给出了 3 个速度分量的演化方程,其中涉及的压力 p 并没有单独方程描述,但动量方程得到的速度与压力的关联关系被连续性方程约束后,压力也已唯一地确定。对于黏性流动,流速在物体边界满足无滑移条件,对于理想流动,满足滑移条件(有时也表示为物面是条流线)。

对于理想流动,沿流线成立伯努利方程,将压力表示为当地速度的代数关系。对于无旋流动,则在整个无旋流区成立伯努利方程。在 1.3 节中,针对二维无旋流动,将连续性方程与无旋条件结合起来,得到求速度场的势函数方程。有了速度,由伯努利方程即可求出压力。这种势流模型,极大地简化了无旋流场的求解,而不需要求解复杂的纳维-斯托克斯方程或欧拉方程。

对于一般非定常三维流动,物体所受的力满足满足式(1.2.29)和式(1.2.30)。确定定常流动阻力的尾迹法式(1.2.31)或式(1.2.32)在 3.1 节中会推广到可压缩流动情况,并由此得到附面层、激波和尾迹对阻力的贡献。这里的尾迹就是 1.1.2 节介绍的 Trefftz 平面。

1.3　翼型势流理论

在本节,将介绍二维匀速平动物体定常势流模型与分析方法,给出儒科夫斯基升力定理,并用势流模型求解儒科夫斯基翼型流场,分析流线与压力分布,得到升力与迎角和弯度的关系,理解翼型参数对压力沿翼型分布的影响。本节只考虑在物体坐标系下的求解。

1.3.1　势流基本模型与基本奇点的解

对于二维流动,无旋假设表示为

$$\nabla \times \boldsymbol{V} \equiv \left(\frac{\partial v}{\partial x} - \frac{\partial u}{\partial y}\right)\boldsymbol{e}_z = 0 \tag{1.3.1}$$

这里,$\boldsymbol{V}=u\boldsymbol{e}_x+v\boldsymbol{e}_y$ 为流速,u,v 为流速沿 x 轴和 y 轴的分量。按矢量分析,速度无旋等价于存在(标量)势函数 ϕ,使得

$$\boldsymbol{V} = \nabla\phi, \quad u = \frac{\partial \phi}{\partial x}, \quad v = \frac{\partial \phi}{\partial y} \tag{1.3.2}$$

连续性方程写在这里,给出

$$\nabla \cdot \boldsymbol{V} \equiv \frac{\partial u}{\partial x} + \frac{\partial v}{\partial y} = 0 \tag{1.3.3}$$

将式(1.3.2)代入式(1.3.3),得二维流动势函数满足的基本方程

$$\frac{\partial^2 \phi}{\partial x^2} + \frac{\partial^2 \phi}{\partial y^2} = 0 \tag{1.3.4}$$

流函数 ψ 是一个标量函数,在流线

$$\frac{u}{\mathrm{d}x} = \frac{v}{\mathrm{d}y} \Leftrightarrow u\mathrm{d}y - v\mathrm{d}x = 0 \tag{1.3.5}$$

上,该函数等于常数,即流函数与速度成立定义式

$$\frac{\partial \psi}{\partial y} = u, \quad -\frac{\partial \psi}{\partial x} = v \tag{1.3.6}$$

将此代入式(1.3.3),也得到

$$\frac{\partial^2 \psi}{\partial x^2} + \frac{\partial^2 \psi}{\partial y^2} = 0 \tag{1.3.7}$$

因此,对于势流模型,势函数和流函数均满足拉普拉斯方程,均属于调和函数。正是这种调和函数特性,才导致可以在复数平面构建解析函数,从而可以利用复变函数解析函数理论的简单结果,简化一些分析。虽然复变函数的使用对空气动力学而言并不完全必要,但为了简化分析,还要使用一些复变函数的知识。

将复数平面坐标记为 $z = x + \mathrm{i}y$,这里 $\mathrm{i} = \sqrt{-1}$ 为虚数,也可以记为 $z = r e^{\mathrm{i}\theta}$。用 $\bar{z} = x - \mathrm{i}y$ 表示 $z = x + \mathrm{i}y$ 的共轭,也可以写为 $\bar{z} = r e^{-\mathrm{i}\theta}$。复数的基本运算、解析函数的概念、与泰勒级数展开相似的罗兰级数展开、封闭积分的留数定理以及保角变换,是这里要用到的复变函数的基本知识。附录 A 简单摘录了这些知识。

从式(1.3.2)和式(1.3.6)中消去速度,得到势函数和流函数的关系如下

$$\frac{\partial \phi}{\partial x} = \frac{\partial \psi}{\partial y}, \quad \frac{\partial \phi}{\partial y} = -\frac{\partial \psi}{\partial x}$$

因此,无旋流动的势函数和流函数满足复变函数理论中的柯西-黎曼条件,从而把势函数作为实部,流函数作为虚部,构造如下函数

$$w(z) = \phi + \mathrm{i}\psi \tag{1.3.8}$$

这个函数是解析函数。解析函数有这样一个性质,其导数与求导方向无关。反过来,复数平面 $z = x + \mathrm{i}y$ 上任意解析函数 $f(z) = \xi + \mathrm{i}\eta$ 也是无旋流动的解。因此,复变函数理论中的解析函数理论,可以用于分析无旋流动。

由式(1.3.8)定义的函数 $w(z)$ 称为复势函数。对复势函数求导并利用解析函数与求导方向的无关性,得

$$\frac{\mathrm{d}w(z)}{\mathrm{d}z} = \frac{\partial w(z)}{\partial x} = \frac{\partial \phi}{\partial x} + \mathrm{i}\frac{\partial \psi}{\partial x} = u - \mathrm{i}v$$

因此,复势函数的导数定义了以 $v = u - \mathrm{i}v$ 表示的流速。该速度称为复速度,即

$$v \equiv u - \mathrm{i}v = \frac{\mathrm{d}w(z)}{\mathrm{d}z} \tag{1.3.9}$$

均匀流、点源、点汇、点涡和偶极子是无旋流动的基本数学解。它们有几种意义:

① 一些实际流动的结构可以用它们近似。例如,在某些条件下,流场中存在可观测的旋涡(如同澡盆涡),这些旋涡诱导的流场可以用点涡诱导的流场近似。一些切向速度梯度大的结构(剪切层)也可以用一排点涡近似。自由来流一般可以当作均匀流。

② 把它们置于物体(翼型)内部,叠加均匀来流后,可获得绕圆柱、绕翼型的流场(获得理想圆柱绕流的方法见 1.3.2 节)。就是说,可以把它们当成基元解,用于叠加获得给定翼型周围的流场。

点源、点涡和偶极子在它们的中心点具有奇异性(出现无穷大的量),因此也把它们称为奇点,上述叠加法也称为奇点法。这种方法可以巧妙地给出整体流场,虽然在奇点中心位置的解没有实际意义,但这种奇异性不影响整体结果。

图 1.3-1 为这几种基本流动的流线示意图。下面将分别给出相关流动参数的表达式。

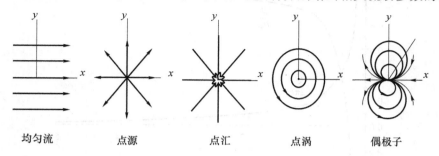

均匀流　　　　　点源　　　　　点汇　　　　　点涡　　　　　偶极子

图 1.3-1　几种基本流动的流线示意图

为了不同地方的简化需求,同时使用直角坐标系(x,y)和极坐标系(r,θ)。在复数平面,分别对应 $z=x+\mathrm{i}y$ 和 $z=r\mathrm{e}^{\mathrm{i}\theta}$。在极坐标系中,速度分量分别记为 v_r,v_θ。两者之间的关系(见图 1.3-2)为

$$\begin{cases} x=r\cos\theta, \quad y=r\sin\theta \\ u=v_r\cos\theta-v_\theta\sin\theta, \quad v=v_r\sin\theta+v_\theta\cos\theta \end{cases} \quad 0\leqslant\theta\leqslant2\pi$$

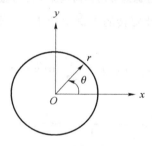

图 1.3-2　直角坐标系和极坐标系

均匀流。考虑来流速度沿着 x 轴方向的均匀流,其势函数、流函数、复势函数、速度各分量分别为

$$\phi=V_\infty x, \quad \psi=V_\infty y, \quad w(z)=V_\infty z, \quad v_r=V_\infty\cos\theta, \quad v_\theta=-V_\infty\sin\theta \quad (1.3.10)$$

在直角坐标系中,$u=V_\infty$,$v=0$

点源与点汇。强度即总体积流量为 Q 的点源(强度为负时称为点汇),单独诱导的速度场对应的势函数、流函数、复势函数和速度分量为

$$\phi=\frac{Q}{2\pi}\ln r, \quad \psi=\frac{Q}{2\pi}\theta, \quad w(z)=\frac{Q}{2\pi}\ln(z-z_0), \quad v_r=\frac{Q}{2\pi}\frac{1}{r}, \quad v_\theta=0 \quad (1.3.11)$$

这里,$z_0=x_0+\mathrm{i}y_0$ 为点源(汇)的中心坐标点。在直角坐标系中的速度分量为

$$u(x,y)=\frac{Q}{2\pi}\frac{x-x_o}{(x-x_o)^2+(y-y_o)^2}, \quad v(x,y)=\frac{Q}{2\pi}\frac{y-y_o}{(x-x_o)^2+(y-y_o)^2}$$

如果流场中只有该点源,那么压力按伯努利方程为 $p=p_\infty-\dfrac{1}{2}\rho(u^2+v^2)$。图 1.3-3 为径向速度 v_r 和压力 p 随径向坐标 r 的变化。当 $r\to0$ 时,速度趋于无穷大(因此点源也称为奇点,下面介绍的偶极子与点涡也有类似性质)。实际上,无穷大不可能存在,但这种奇点模型对构造整个流场还是有价值的。

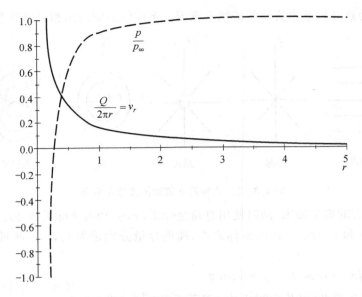

图 1.3-3　独立点源对应的径向速度与压力随径向坐标的变化

点涡。强度（环量）为 Γ（逆时针旋转的点涡对应 $\Gamma>0$）的点涡,单独诱导的速度场对应的势函数、流函数和速度分量为

$$\phi=\frac{\Gamma}{2\pi}\theta, \quad \psi=-\frac{\Gamma}{2\pi}\ln r, \quad w(z)=\frac{\Gamma}{2\pi i}\ln(z-z_0), v_r=0, \quad v_\theta=\frac{\Gamma}{2\pi}\frac{1}{r} \quad (1.3.12)$$

在直角坐标系中

$$u(x,y)=-\frac{\Gamma}{2\pi}\frac{y-y_o}{(x-x_o)^2+(y-y_o)^2}, \quad v(x,y)=\frac{\Gamma}{2\pi}\frac{x-x_o}{(x-x_o)^2+(y-y_o)^2}$$

单独点涡对应的周向速度与压力也有类似于图 1.3-3 所示的分布。这是理想点涡的情况。对于实际点涡,中间存在涡核,涡核中的周向速度与径向位置成正比。

偶极子。位置分别为 $(x_0-\epsilon,y_0)$ 和 $(x_0+\epsilon,y_0)$,强度分别为 $+Q,-Q$,相互无限靠近且维持强度 $M=\frac{2\epsilon Q}{2\pi}=\frac{\epsilon Q}{\pi}$ 为常数的偶极子,单独诱导的速度场对应的势函数、流函数、复势函数和速度分量为

$$\phi=\frac{M\cos\theta}{r}, \quad \psi=-\frac{M\sin\theta}{r}, \quad w(z)=\frac{M}{z-z_0}, \quad v_r=-\frac{M\cos\theta}{r^2}, \quad v_\theta=-\frac{M\sin\theta}{r^2}$$

$$(1.3.13)$$

在直角坐标系中

$$u(x,y)=-M\frac{(x-x_o)^2-(y-y_o)^2}{((x-x_o)^2+(y-y_o)^2)^2}, \quad v(x,y)=-M\frac{2(x-x_o)(y-y_o)}{((x-x_o)^2+(y-y_o)^2)^2}$$

1.3.2　理想圆柱流动

圆柱流动本身有很多应用,比如说桥墩和电线的受力问题。但这里考虑圆柱流动的目的不是为了这类应用,而是用于理解如何用基本奇点解构造流场,并且进行变换得到有实际意义的翼型流动的解。

将速度为 V_∞ 的均匀流、强度为 $M=V_\infty a^2$ 偶极子和环量为 Γ 的点涡这三个基本解的复势

函数按如下方式线性叠加

$$w(z) = V_\infty \left(z - z_0 + \frac{a^2}{z - z_0} \right) + \frac{\Gamma}{2\pi i} \ln(z - z_0) \qquad (1.3.14)$$

由于解析函数叠加后依然是解析函数,因此上式给出的解也是无旋流动的解。其实,也可以直接采用势函数叠加,与上式对应的势函数为

$$\phi = V_\infty x + V_\infty a^2 \frac{\cos\theta}{r} + \frac{\Gamma}{2\pi}\theta$$

求得复速度为

$$v = V_\infty \left(1 - \frac{a^2}{(z - z_0)^2} \right) + \frac{\Gamma}{2\pi i} \frac{1}{z - z_0} \qquad (1.3.15)$$

也可以从势函数按 $v_r = \phi_r, v_\theta = \frac{1}{r}\phi_\theta$ 求得

$$v_r = V_\infty \cos\theta - V_\infty a^2 \frac{\cos\theta}{r^2}, \quad v_\theta = -V_\infty \sin\theta - V_\infty a^2 \frac{\sin\theta}{r^2} + \frac{\Gamma}{2\pi}\frac{1}{r}$$

转换到直角坐标系上有

$$\begin{cases} u(x,y) = V_\infty - V_\infty a^2 \dfrac{\cos 2\theta}{r^2} - \dfrac{\Gamma}{2\pi} \dfrac{\sin\theta}{r} \\ v(x,y) = -V_\infty a^2 \dfrac{\sin 2\theta}{r^2} + \dfrac{\Gamma}{2\pi} \dfrac{\cos\theta}{r} \end{cases}$$

在半径为 $r = a$ 的圆周上,上面两式给出

$$v_r = 0, \quad v_\theta = \frac{\Gamma}{2\pi} \frac{1}{a} \qquad (1.3.16)$$

因此,在该圆周上,流速与圆周相切,亦即该圆周就是一条流线。也就是说,由式(1.3.14)定义的流场就是来流速度为 V_∞,绕半径为 a 的带环量理想圆柱流场。该解对任何环量 Γ 都成立,因此不加物理限定的纯粹的势流解是不唯一的。

如果采用复变函数,该圆柱表面坐标满足 $z = z_0 + a e^{i\theta}$,将此代入式(1.3.15),得

$$v = V_\infty (1 - e^{-2i\theta}) + \frac{\Gamma}{2\pi i a} e^{-i\theta}$$

由此得

$$u = V_\infty (1 - \cos 2\theta) - \frac{\Gamma}{2\pi a}\sin\theta, \quad v = -V_\infty \sin 2\theta + \frac{\Gamma}{2\pi a}\cos\theta$$

很容易验证 $v_r = u\cos\theta + v\sin\theta \equiv 0$,因此圆周 $z = z_0 + a e^{i\theta}$ 是一条流线。

以上是来流为水平的情况。如果来流带迎角 α,那么可以将式(1.3.14)改写为

$$w(z) = V_\infty \left((z - z_0)e^{-i\alpha} + \frac{a^2}{(z - z_0)e^{-i\alpha}} \right) + \frac{\Gamma}{2\pi i}\ln(z - z_0)e^{-i\alpha} \qquad (1.3.17)$$

该式将被用于构造带迎角的翼型解。将式(1.3.17)微分,用在自由来流区域可得

$$v_\infty \equiv \frac{\mathrm{d}w(z)}{\mathrm{d}z}\bigg|_{z\to\infty} = V_\infty e^{-i\alpha}$$

因此,式(1.3.17)表示的势函数,确实带迎角 α。图 1.3 - 4 为带迎角的带环量的圆柱绕流

流线图。

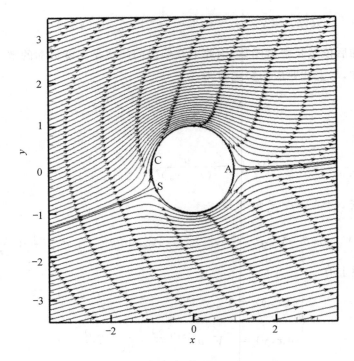

图 1.3 - 4　带迎角的带环量的圆柱绕流流线图

理想圆柱升阻力与达朗贝尔佯谬（D′alembert Paradox）。利用圆柱表面速度表达式(1.3.16)和伯努利方程 $p - p_\infty = \dfrac{1}{2}\rho(V_\infty^2 - v_\theta^2 - v_r^2)$，不难验证圆柱表面上的压力为

$$p - p_\infty = \frac{\rho V_\infty^2}{2}(1 - \bar\omega), \quad \bar\omega = 4\sin^2\theta - \frac{2\Gamma \sin\theta}{\pi a V_\infty} + \left(\frac{\Gamma}{2\pi a V_\infty}\right)^2$$

进一步利用

$$\boldsymbol{F} = -\int_0^{2\pi}(p - p_\infty)\boldsymbol{n}\, a\, \mathrm{d}\theta$$

获得无黏情况下，圆柱阻力和升力表达式为

$$F_x = -\frac{\rho R V_\infty^2}{2}\int_0^{2\pi}(1 - \bar\omega)\cos\theta\mathrm{d}\theta, \quad F_y = -\frac{\rho R V_\infty^2}{2}\int_0^{2\pi}(1 - \bar\omega)\sin\theta\mathrm{d}\theta$$

通过使用

$$\int_0^{2\pi}\sin\theta\mathrm{d}\theta = \int_0^{2\pi}\sin^3\theta\mathrm{d}\theta = \int_0^{2\pi}\cos\theta\mathrm{d}\theta = \int_0^{2\pi}\sin^2\theta\cos\theta\mathrm{d}\theta = \int_0^{2\pi}\sin\theta\cos\theta\mathrm{d}\theta = 0$$

$$\int_0^{2\pi}\sin^2\theta\mathrm{d}\theta = \pi$$

便可证明，对于具有环量为 Γ 的理想圆柱绕流，其阻力和升力分别为

$$F_x = 0, \quad F_y = -\rho V_\infty\Gamma \tag{1.3.18}$$

由式(1.3.18)可知，理想圆柱绕流解没有阻力。而实际圆柱流动是有阻力的，来源于黏

性,包括直接引起的摩擦阻力以及由黏性导致的压差阻力。图 1.3－5 给出了理想圆柱绕流(流线与表面压差$(p-p_\infty)\boldsymbol{n}$)与某种条件下的实际圆柱绕流对比。实际圆柱绕流有黏性并且可能有分离。在分离区为低压,导致压差阻力。

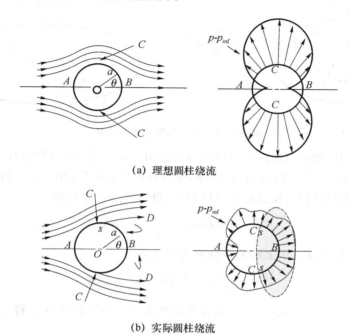

(a) 理想圆柱绕流

(b) 实际圆柱绕流

图 1.3－5　理想圆柱绕流和实际圆柱绕流对比

可是,数百年前,当达朗贝尔得到势流解时,并没有认识到黏性的存在,故当时人们不可理解理论解的阻力为 0 与测量阻力不为 0 的差别,于是认为是佯谬。虽然后来搞清楚了阻力来源,佯谬问题早就解决了,但人们依然把该问题表述为达朗贝尔佯谬。即达朗贝尔佯谬成为一种描述历史的术语,并不是说现在还不理解为何实测阻力不为 0。

1.3.3　物体坐标系下任意二维物体的力与力矩的勃拉修斯定理

将物面的流体压力进行积分,可以得到理想流动近似下,物体所受的力与力矩。勃拉修斯进一步通过伯努利方程将压力与速度从而与复势函数的微分进行关联,以此得到的力和力矩与复势函数的关系,即勃拉修斯定理。由于翼型的复势函数可以通过附录 A 介绍的保角变换与理想圆柱绕流的复势函数(1.3.17)关联起来,因此利用勃拉修斯定理可以很容易地给出翼型的力与力矩。在这里,只考虑定常流动,虽然针对非定常流动也有勃拉修斯定理。

将流速的平方表示成复速度$v=u-\mathrm{i}v$与其共轭$\bar{v}=u+\mathrm{i}v$的乘积,即

$$V^2 = v \cdot \bar{v} = \frac{\mathrm{d}w}{\mathrm{d}z} \overline{\left(\frac{\mathrm{d}w}{\mathrm{d}z}\right)}$$

代入 1.2.2 节给出的定常无旋流动的伯努利方程,得

$$p = p_\infty + \frac{1}{2}\rho V_\infty^2 - \frac{1}{2}\rho \frac{\mathrm{d}w}{\mathrm{d}z} \overline{\frac{\mathrm{d}w}{\mathrm{d}z}} \tag{1.3.19}$$

考虑如图 1.3－6 所示的封闭物体 C（如翼型）所受的空气流动给它的力和力矩。下面的推导采用风轴系。

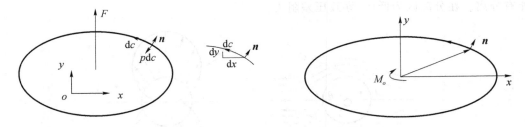

图 1.3－6　绕封闭物体力与力矩

在理想流前提下，物面只受法向力即压力的作用。长度为 $\mathrm{d}c$（以逆时针为正）的物面微元段所受的压力为 $p\mathrm{d}c$。该压力指向物体内部，分解到两个方向后，在 x 方向投影为 $-p\mathrm{d}y$，在 y 方向投影为 $p\mathrm{d}x$，沿封闭物面按逆时针方向积分，得力的两个分量为

$$F_x=-\oint_C p\,\mathrm{d}y,\quad F_y=\oint_C p\,\mathrm{d}x$$

定义**复数合力** $F=F_x-\mathrm{i}F_y$，用上面两个分量表达式得

$$F=-\oint_C p(\mathrm{d}y+\mathrm{i}\mathrm{d}x)=-\mathrm{i}\oint_C p\,\mathrm{d}\bar{z} \tag{1.3.20}$$

将伯努利公式(1.3.19)代入式(1.3.20)，并考虑到常数的封闭积分为 0，得

$$F=\frac{\mathrm{i}\rho}{2}\oint_C\left(\frac{\mathrm{d}w}{\mathrm{d}z}\right)\overline{\left(\frac{\mathrm{d}w}{\mathrm{d}z}\right)}\,\overline{\mathrm{d}z} \tag{1.3.21}$$

由于采用物体坐标系，并且只考虑定常流动，因此物面是一条流线，从而物面上流函数是常数，即在物面上有 $\mathrm{d}\psi=0$。考虑到 $w=\phi+\mathrm{i}\psi$，在物面上必然成立 $\mathrm{d}w=\mathrm{d}\phi=\overline{\mathrm{d}w}$，从而有下面的化简形式

$$\overline{\left(\frac{\mathrm{d}w}{\mathrm{d}z}\right)}\,\overline{\mathrm{d}z}=\overline{\frac{\mathrm{d}w}{\mathrm{d}z}}\,\overline{\mathrm{d}z}=\overline{\mathrm{d}w}=\mathrm{d}w$$

将上式代入式(1.3.21)，得力的简化表达式为

$$F=\frac{\mathrm{i}\rho}{2}\oint_C\left(\frac{\mathrm{d}w}{\mathrm{d}z}\right)^2\mathrm{d}z \tag{1.3.22}$$

下面考虑相对于原点的力矩公式（以顺时针即抬头力矩为正）。相对于坐标系原点的力矩 M_o 的计算公式为

$$M_o=-\oint_C p(x\mathrm{d}x+y\mathrm{d}y)=-\mathrm{Re}\oint_C pz\mathrm{d}\bar{z}$$

将伯努利公式(1.3.19)代入上式，并化简得

$$M_o=\frac{\rho}{2}\mathrm{Re}\oint_C\left(\frac{\mathrm{d}w}{\mathrm{d}z}\right)^2 z\mathrm{d}z \tag{1.3.23}$$

勃拉休斯定理。对于定常理想无旋流动，绕（二维）封闭物体的力和相对于原点的抬头力矩计算公式分别由式(1.3.22)和式(1.3.23)给出。

有了复势函数的具体表达式，就可以使用式(1.3.22)和式(1.3.23)并结合求积分的留数定理(见附录 A)快速获得力和力矩表达式。

理想圆柱绕流的气动力。假设来流速度为 V_∞（指向右边），圆柱半径为 a。带环量圆柱绕流的复势函数由式（1.3.14）给出，不失一般性，这里假定圆柱中心在原点。于是

$$\left(\frac{\mathrm{d}w(z)}{\mathrm{d}z}\right)^2 = V_\infty^2 \left(1 - \frac{a^2}{z^2}\right)^2 - V_\infty \frac{\mathrm{i}\varGamma}{\pi z} + V_\infty \frac{\mathrm{i}\varGamma a^2}{\pi z^3} - \frac{\varGamma^2}{4\pi^2 z^2}$$

将上式代入式（1.3.22）并考虑到上式的留数为 $-V_\infty \varGamma \mathrm{i}/\pi$，得

$$F = \frac{\mathrm{i}\rho}{2} \cdot 2\pi\mathrm{i} \cdot (-V_\infty \varGamma \mathrm{i}/\pi) = \mathrm{i}\rho V_\infty \varGamma$$

即升力为 $F_y = -\rho V_\infty \varGamma$，阻力为 $F_x = 0$。因此，对于左边的来流，只有存在顺时针环量（$\varGamma < 0$），升力才能为正（向上）。这与前面直接采用压力积分得到的结果（1.3.18）一致。

1.3.4　翼型库塔条件确定环量，保角变换确定势函数

在 1.3.2 节中，理想圆柱绕流的环量是给定的，而且证明了升力正比于环量。在附录 A 中将说明，翼型流场可以与圆柱流场通过保角变换对应，这一变换不改变两流场之间的环量大小。显然，翼型环量不能随便给，必须满足某种物理机制。这种机制就是实际黏性流动中，在翼型尖尾缘处满足的库塔条件。翼型有尖尾缘，可能来源于鸟的翅膀的启发。下面将说明，正是该尖尾缘导致了产生升力的环量。

如图 1.3-7 所示，在翼型实际流动中，如果满足一定的条件（雷诺数足够大，迎角足够小，翼型足够薄平，见 2.1 节附面层理论），那么黏性的作用局限在靠近物面很薄的一层即附面层内，其他地方黏性作用可以忽略（为势流区），且附面层足够薄，以致势流区的解与全部按理想流处理非常接近。按 2.1 节附面层理论，压力在附面层内沿物面法向基本不变，因此翼型实际流动的压力，包括升力特性完全可以由纯势流模型来近似。按照附录 A 介绍的知识，翼型势流流场可以与圆柱势流通过保角变换对应。可是，理想圆柱绕流的解不唯一，即随意给定环量，复势函数（1.3.17）是来流方向带迎角的半径为 $r = a$ 圆心为 z_0 的圆柱绕流解，其涉及的环量 $\varGamma$ 是不确定的。这样变换到翼型平面后，翼型平面的纯势流解也不唯一。

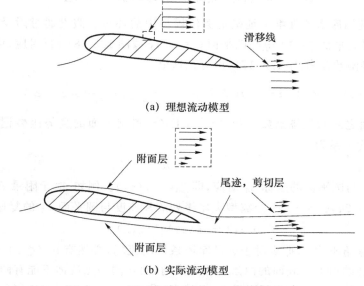

（a）理想流动模型

（b）实际流动模型

图 1.3-7　翼型实际流动与理想势流模型流动

　　如图 1.3－7 所示的实际黏性流动有一个特点：上下表面过来的流体(附面层流动)在尖尾
缘相会，而不是一侧的流体绕到另一侧(相反，在前缘位置，下侧的一部分靠近前缘的流体绕到
上表面)。

　　(1) 实际黏性流动与势流模型的库塔条件

　　对于满足附面层假设的无分离实际流动，从翼型上下表面流过来的流体在尖尾缘相会，而
不是一侧流体绕过尖尾缘。这可以看成观察结果，也可以理解为是尖尾缘与实际流动黏性相
互作用的结果。去掉附面层，用纯势流模型替代上述满足无分离附面层假设的实际流动模型
时，也需要令库塔条件成立，即令上下表面的流动在尖尾缘相会，这样才抓住了除附面层外实
际流动的主要规律。使用势流模型时，令库塔条件成立，这就是库塔和儒科夫斯基的理想势流
模型的核心思想。

　　(2) 确定环量的思路

　　在翼型平面给出了确定环量的物理机制，即虽然考虑势流模型，但必须满足实际流动的库
塔条件，否则势流模型给出的解没有意义。虽然如此，环量大小的确定可在用附录 A 介绍的
保角变换对应的圆柱上做。这是因为在圆平面构造复势函数和用等价库塔条件求环量很
简单。

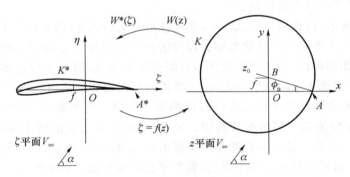

图 1.3－8　保角变换将翼型流动与圆柱流动对应

　　现介绍如何利用库塔条件唯一地确定势流模型中的环量。假设通过附录 A 介绍的保角
变换 $\zeta=f(z)$ 将翼型平面 $\zeta=\xi+\mathrm{i}\eta$ 与圆平面 $z=x+\mathrm{i}y$ 按图 1.3－8 进行对应(详细情况见附录
A)，圆平面的复势函数参考式(1.3.17)，再写在这里

$$w(z) = V_{\infty}\left((z-z_0)\mathrm{e}^{-\mathrm{i}\alpha} + \frac{c^2}{(z-z_0)\mathrm{e}^{-\mathrm{i}\alpha}}\right) + \frac{\Gamma}{2\pi\mathrm{i}}\ln(z-z_0)\mathrm{e}^{-\mathrm{i}\alpha} \qquad (1.3.24)$$

按附录 A，两平面之间的复势函数不变，但为了区分，翼型平面的复势函数记为 $W^*(\zeta)$。两
平面之间的复速度关系为

$$\upsilon = f'(z)\upsilon^* \qquad (1.3.25)$$

翼型的尖尾缘 ζ_{A^*} 与圆平面的坐标 z_A 对应，即 $\zeta_{A^*}=f(z_A)$。例如，对于附录 A 介绍的儒科夫
斯基翼型，有 $\zeta_{A^*}=2a$，$z_A=a$。于是翼型尖尾缘处的复速度与圆平面 z_A 的复速度满足

$$\upsilon(z_A) = f'(z_A)\upsilon^*(\zeta_{A^*}) \qquad (1.3.26)$$

　　如果翼型尾缘角不为 0，那么对于满足库塔条件的流场，必然有 $\upsilon^*(\zeta_{A^*})=0$。这是因为，
此时在尖尾缘相会的沿上下表面的两条流线有夹角，而在同一点流体不能有两个方向，除非速
度为 0。如果尾缘角为 0，那么按照附录 A，必然有 $f'(z_A)=0$。因此，无论何种情况下，在圆平

面成立如下库塔条件

$$v(z_A) = 0 \tag{1.3.27}$$

（3）圆平面库塔条件及环量表达式

如果在翼型尖尾缘满足库塔条件，那么在圆平面对应点的速度必然为 0，即满足 (1.3.27)。下面利用该条件确定环量。由 (1.3.24) 求导并利用 (1.3.9) 以及 (1.3.27)，得

$$V_\infty\left(e^{-i\alpha} - \frac{c^2}{(z_A - z_0)^2 e^{-i\alpha}}\right) + \frac{\Gamma}{2\pi i}\frac{1}{(z_A - z_0)} = 0$$

从上式解出环量，得

$$\Gamma = -2\pi i V_\infty\left((z_A - z_0)e^{-i\alpha} - \frac{c^2}{(z_A - z_0)e^{-i\alpha}}\right) \tag{1.3.28}$$

进一步，记

$$z_A - z_0 = c\exp(-i\phi_B)$$

那么式 (1.3.28) 可简洁地表述为 $\Gamma = -2\pi i R V_\infty\left(e^{-i(\alpha+\phi_B)} - e^{i(\alpha+\phi_B)}\right)$，即

$$\Gamma = -4\pi c V_\infty\sin(\alpha + \phi_B) \tag{1.3.29}$$

这里，c 为 $z = x + iy$ 平面圆柱的半径。

1.3.5　儒科夫斯基升力定理

这里，针对一般翼型给出升力与环量的关系式，称为儒科夫斯基升力定理。儒科夫斯基升力定理是针对一般翼型成立的定理，并不局限于儒科夫斯基翼型。上面由库塔条件唯一确定了满足库塔条件的翼型的环量，见式 (1.3.29)。绕翼型的定常势流流场对应的复势函数以及复速度均为解析函数，因此，在流场内部没有奇点，从而满足附录 A 介绍的罗兰展开的条件。因此，复速度可以展开为罗兰级数，即

$$\frac{dw^*(\zeta)}{d\zeta} = V_\infty e^{-i\alpha} + \frac{\Gamma}{2\pi i}\frac{1}{\zeta} + \frac{A_1}{\zeta^2} + \frac{A_2}{\zeta^3} + \cdots \tag{1.3.30}$$

这里，$A_1, A_2, \cdots$ 为常数，与翼型的形状有关，但在下面的分析中，不会出现在最终力的表达式中。形如 (1.3.30) 的罗兰展开，满足了 3 个物理条件：（a）无穷远的速度等于考虑了迎角的来流速度，即 $\left[\frac{dw*(\zeta)}{d\zeta}\right]_{\zeta\to\infty} = V_\infty e^{-i\alpha}$；（b）在流场内部（$|\zeta| > 0$）处处解析；（c）绕翼型的环量恰好等于 Γ，即按环量定义与留数定理，有

$$\int_c \frac{dw(\zeta)}{d\zeta}d\zeta = \int_c (V_\infty e^{-i\alpha} + \frac{\Gamma}{2\pi i}\frac{1}{\zeta} + \frac{A_1}{\zeta^2} + \frac{A_2}{\zeta^3} + \cdots)d\zeta = \Gamma$$

取式 (1.3.30) 的平方得

$$\left(\frac{dW(\zeta)}{d\zeta}\right)^2 = V_\infty^2 + \frac{V_\infty\Gamma}{\pi i}\frac{1}{\zeta} + \left(\left(\frac{\Gamma}{2\pi i}\right)^2 + V_\infty A_1\right)\frac{1}{\zeta^2} + O\left(\frac{1}{\zeta^3}\right)$$

代入勃拉休斯定理 (1.3.22)

$$F = \frac{i\rho}{2}\oint_C\left(\frac{dw(\zeta)}{d\zeta}\right)^2 d\zeta$$

得

$$F = \frac{i\rho}{2}\oint_C\left(V_\infty^2 + \frac{V_\infty\Gamma}{\pi i}\frac{1}{\zeta} + \left(\left(\frac{\Gamma}{2\pi i}\right)^2 + V_\infty A_1\right)\frac{1}{\zeta^2} + O(\frac{1}{\zeta^3})\right)d\zeta$$

$$= \frac{i\rho}{2}V_\infty^2\oint_C d\zeta + \frac{i\rho}{2}\frac{V_\infty\Gamma}{\pi i}\oint_C\frac{1}{\zeta}d\zeta + \frac{i\rho}{2}\left(\left(\frac{\Gamma}{2\pi i}\right)^2 + V_\infty A_1\right)\oint_C\frac{1}{\zeta^2}d\zeta + \frac{i\rho}{2}\oint_C O\left(\frac{1}{\zeta^3}\right)d\zeta$$

利用附录 A 中的关系式

$$\oint_C \frac{1}{\zeta^n} \mathrm{d}\zeta = \begin{cases} 2\pi i, & n=1 \\ 0, & n=0, n=2,3,4,\cdots \end{cases}$$

得

$$F \equiv F_x - iF_y = \frac{i\rho}{2} \frac{V_\infty \Gamma}{\pi i} \oint_C \frac{1}{\zeta} \mathrm{d}\zeta = i\rho V_\infty \Gamma$$

即

$$F_x = 0, F_y = -\rho V_\infty \Gamma \tag{1.3.31}$$

儒科夫斯基升力定理　考虑任意形状的翼型,在定常势流假设下,如果来流速度为 V_∞,流体密度为 ρ,翼型有环量 Γ,那么翼型所受的阻力为 $F_x=0$,升力为 $F_y=-\rho V_\infty \Gamma$。升力系数为

$$c_1 = -\rho V_\infty \Gamma \Big/ \frac{1}{2}\rho V_\infty^2 c_A = -2\Gamma / V_\infty c_A \tag{1.3.32}$$

实验验证表明,用儒科夫斯基升力定理与库塔条件定出的环量(1.3.29)所预测的升力,与实际翼型无分离流动测量的结果非常接近。对于力矩,却没有类似的一般表达式,而是与翼型的具体形状有关。

1.3.6　儒科夫斯基翼型升力和力矩特性

这里,针对附录 A 给出的儒科夫斯基翼型求气动特性。对于附录 A 介绍的儒科夫斯基翼型,有

$$c = \sqrt{a^2+f^2}(1+\varepsilon), \quad a \approx c_A/4, \quad \varepsilon \approx \frac{4\bar{b}}{3\sqrt{3}}, \quad \phi_B = \arctan\frac{f}{a} \tag{1.3.33}$$

式中,ε 为翼型的厚度因子,f 为弯度。于是,对于来流速度为 V_∞ 以及迎角为 α 的流动,厚度因子为 ε 且弯度为 f 的儒科夫斯基翼型,按式(1.3.29)得到的环量为

$$\Gamma = -4\pi\sqrt{a^2+f^2}(1+\varepsilon)V_\infty \sin\Big(\alpha + \arctan\frac{f}{a}\Big) \tag{1.3.34}$$

利用儒科夫斯基翼型的环量表达式(1.3.34)和儒科夫斯基升力定理给出的升力表达式(1.3.31),得儒科夫斯基翼型的升力为

$$F_y = 4\pi\sqrt{a^2+f^2}(1+\varepsilon)\rho V_\infty^2 \sin\Big(\alpha + \arctan\frac{f}{a}\Big) \tag{1.3.35}$$

写成升力系数,为 $c_1 = 2\pi g\sin(\alpha - \alpha_{L=0})$,这里 $g = \dfrac{(4\sqrt{a^2+f^2}(1+\varepsilon))}{c_A} \approx 1$,因此

$$c_1 \approx 2\pi\sin(\alpha - \alpha_{L=0}) \tag{1.3.36}$$

这里

$$\alpha_{L=0} = -\arctan\Big(\frac{f}{a}\Big) \tag{1.3.37}$$

为儒科夫斯基翼型的零升迎角。

当 $\alpha - \alpha_{L=0} = \dfrac{1}{2}\pi$ 时,得理想最大升力系数,即

$$c_{1,\max} = 2\pi \tag{1.3.38}$$

实际流动中,当迎角这么大时,会出现流动分离,因此不可能出现这么大的升力系数。对于对称儒科夫斯基翼型包括平板,弯度为 0,因此

$$F_y = \pi(1 + \varepsilon)c_A\rho V_\infty^2 \sin\alpha, \quad c_1 \approx 2\pi\sin\alpha \tag{1.3.39}$$

下面考察力矩特性。将相对于原点的力矩的勃拉修斯公式(1.3.23)写在这里的翼型平面(ζ),为

$$M_o = \frac{\rho}{2}\mathrm{Re}\oint_C\left(\frac{\mathrm{d}w^*}{\mathrm{d}\zeta}\right)^2\zeta\mathrm{d}\zeta$$

对于儒科夫斯基翼型 $\zeta = z + \dfrac{a^2}{z}$,转换到圆平面后为

$$M_o = \frac{\rho}{2}\mathrm{Re}\oint_c\left(\frac{\mathrm{d}w}{\mathrm{d}z}\right)^2\frac{\mathrm{d}z}{\mathrm{d}\zeta}f(z)\mathrm{d}z = \frac{\rho}{2}\mathrm{Re}\oint_c\left(\frac{\mathrm{d}w}{\mathrm{d}z}\right)^2\frac{f(z)}{f'(z)}\mathrm{d}z$$

$$= \frac{\rho}{2}\mathrm{Re}\oint_c\left(\frac{\mathrm{d}w}{\mathrm{d}z}\right)^2\frac{z(z^2 + a^2)}{z^2 - a^2}\mathrm{d}z$$

将圆平面的复势函数(1.3.24)代入上式,按罗兰级数展开整理,并利用复变函数的留数定理(附录 A),得(具体细节留给读者)

$$M_o = \pi\rho\mathrm{Re}(2A_0 a^2\mathrm{i} + A_1 z_0\mathrm{i} + A_2\mathrm{i})$$

这里　　　　$A_0 = V_\infty^2 \mathrm{e}^{-2\mathrm{i}\alpha}, \quad A_1 = \dfrac{V_\infty\Gamma}{\mathrm{i}\pi}\mathrm{e}^{-\mathrm{i}\alpha}, \quad A_2 = -2c^2V_\infty^2 - \dfrac{\Gamma^2}{4\pi^2}$

将上式化简,得

$$M_o = 2\pi\rho a^2 V_\infty^2 \sin(2\alpha) + \rho V_\infty\Gamma\,\mathrm{Re}\,(z_0\exp(-\mathrm{i}\alpha)) \tag{1.3.40}$$

其中,环量由表达式(1.3.34)给出,与儒科夫斯基翼型关联的圆心坐标 z_0,按附录 A,为

$$z_0 = a - \sqrt{a^2 + f^2}(1 + \varepsilon)\exp(-\mathrm{i}\phi_B), \tan\phi_B = \frac{f}{a}$$

对称儒科夫斯基翼型。对于对称儒科夫斯基翼型 $f = 0$,环量 Γ 和参数 z_0 分别由 $\Gamma = -4\pi cV_\infty\sin\alpha$ 和 $z_0 = -\varepsilon a$ 给出。因此,由式(1.3.40)得

$$M_o = 2\pi\rho a^2 V_\infty^2 \sin(2\alpha) + \rho V_\infty 4\pi cV_\infty\sin\alpha\mathrm{Re}[\varepsilon a\exp(-\mathrm{i}\alpha)]$$

$$= 2\pi\rho a^2 V_\infty^2 \sin(2\alpha) + \rho V_\infty 4\pi\varepsilon ac V_\infty\sin\alpha\cos\alpha$$

即

$$M_o = 2\pi\rho a^2(1 + \varepsilon)V_\infty^2 \sin(2\alpha) \tag{1.3.41}$$

因此,相对于中弦点的力矩大于 0,是抬头力矩。

考虑小迎角,上式表明 $M_o \approx 4\pi\rho a^2 V_\infty^2\alpha$,升力(1.3.35)可近似为 $F_y \approx 4\pi(1 + \varepsilon)a\rho V_\infty^2\alpha$,于是

$$M_o \approx aF_y = \frac{1}{4}c_A F_y$$

即对于儒科夫斯基对称翼型,升力作用点为 1/4 弦长的地方。

一般儒科夫斯基翼型。只考虑特别小弯度的情况。此时,升力(1.3.35)和力矩(1.3.40)可分别可近似为

$$F_y = 4\pi\rho a(1 + \varepsilon)V_\infty^2 \sin(\alpha + \phi_B)$$

$$M_o = 2\pi\rho a^2 V_\infty^2\sin(2\alpha) - 4\pi\rho a^2(1 + \varepsilon)V_\infty^2\sin(\alpha + \phi_B)(\cos\alpha - (1 + \varepsilon)\cos(\alpha + \phi_B))$$

相对 1/4 弦长处的力矩为 $M_{1/4} = M_o - \dfrac{c_A}{4}F_y\cos\alpha$,即

$$M_{1/4} = 2\pi\rho a^2 V_\infty^2\sin(2\alpha) - 4\pi\rho a^2(1 + \varepsilon)^2 V_\infty^2\sin(\alpha + \phi_B)\cos\alpha$$

$$\approx 2\pi\rho a^2 V_\infty^2[\sin(2\alpha) - 2\sin(\alpha + \phi_B)\cos\alpha]$$

当迎角比较小时，$\sin(2\alpha)\approx2\alpha$，$\cos(\alpha)\approx1$，$\sin(\alpha+\phi_B)\approx\alpha+\phi_B$，因此

$$M_{1/4}\approx-4\pi\rho a^2 V_\infty^2\phi_B \tag{1.3.42}$$

这说明，在迎角较小时，升力相对于离开前缘 1/4 弦长处的力矩与迎角无关，因此焦点位置为

$$x_{ac}=\frac{1}{4}c_A$$

由于式（1.3.42）与迎角无关，因此升力为 0 时（对应的 $\alpha=-\phi_B$），力矩也是这么大，故式（1.3.42）定义的力矩就是零升力矩，属于低头力矩（逆时针力矩）。零升力矩系数为

$$c_{m,1/4}\approx-\frac{1}{2}\pi\phi_B=-\frac{1}{2}\pi\arctan\left(\frac{f}{a}\right)\approx-\frac{2\pi f}{c_A} \tag{1.3.43}$$

一般低速翼型的弯度 f 是 $0.01c_A$ 的量级，因此，$c_{m,1/4}$ 是 -0.05 的量级。

在 1.4 节，我们会考虑一般的薄翼型，得出一些关于升力系数斜率、零升迎角、力矩、压力中心、焦点的普适关系。

1.3.7　儒科夫斯基翼型流场分析

这里，针对附录 A 给出的儒科夫斯基翼型，给出保角变换从圆柱势流解求流场的方法和流场参数分布。流场分析涉及速度、流线、压力等值线和压力系数沿翼型表面分布。这里只给出基于保角变换的方法，主要目的是理解流场本身以及压力分布特性。这些特性有助于理解翼型本身，即翼型为何要做成圆前缘和带弯度等。对于更一般的翼型，除了保角变换，还有其他方法获得流场，如 1.4 节介绍的针对薄翼的奇点法，以及现代计算流体力学数值求解方法（5.2 节会进一步介绍）。

给定儒科夫斯基翼型弦长 c_A、弯度 f 以及相对厚度 $\bar{b}$。也给定来流速度 V_∞ 和迎角 α。这是所需要的全部条件。

按附录 A 给出的下面关系式估算儒科夫斯基翼型与圆平面对应的参数 a、厚度因子 ε、弯度因子 ϕ_B 以及圆柱半径 c，即

$$a\approx c_A/4,\quad \varepsilon\approx\frac{4\bar{b}}{3\sqrt{3}},\quad \phi_B=\arctan\frac{f}{a},\quad c=\sqrt{a^2+f^2}(1+\varepsilon) \tag{1.3.44}$$

进一步求圆心坐标 $z_0=x_0+iy_0=a-ce^{-i\phi_B}$。于是，圆柱表面坐标可表示为 $z=z_0+ce^{i\theta}$，$0\leqslant\theta\leqslant2\pi$。有了圆柱表面坐标，翼型坐标由儒科夫斯基变换 $\zeta=z+a^2/z$ 得到。图 1.3-9 为如此得到的带一定弯度和相对厚度的儒科夫斯基翼型以及对应的圆柱。

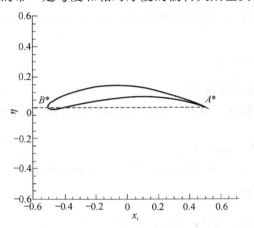
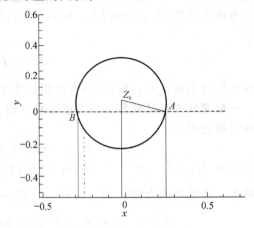

图 1.3-9　儒科夫斯基翼型与圆平面

往下将针对圆平面任一点

$$x = x_0 + r\cos\theta, \quad y = y_0 + r\sin\theta, \quad z = x + \mathrm{i}y$$

求流场,再通过儒科夫斯基变换 $\zeta = z + a^2/z$ 的逆变换

$$z = \frac{\zeta}{2} + \sqrt{\frac{\zeta^2 - 4a^2}{4}}, x > 0; \quad z = \frac{\zeta}{2} - \sqrt{\frac{\zeta^2 - 4a^2}{4}}, x < 0 \qquad (1.3.45)$$

得到翼型平面上的解。该逆变换的证明留作习题。

首先按 $\Gamma_0 = -4\pi c V_\infty \sin(\alpha + \phi_B)$ 计算环量。于是,按式(1.3.24),圆平面的复势函数为

$$W(z) = V_\infty\left((z - z_0)\mathrm{e}^{-\mathrm{i}\alpha} + \frac{c^2}{(z - z_0)\mathrm{e}^{-\mathrm{i}\alpha}}\right) + \frac{\Gamma_o}{2\pi\mathrm{i}}\ln(z - z_0)$$

求导后获得圆平面内的复速度。

$$\upsilon \equiv u - \mathrm{i}\upsilon = V_\infty\left(\mathrm{e}^{-\mathrm{i}\alpha} - \frac{c^2}{(z - z_0)^2\mathrm{e}^{-\mathrm{i}\alpha}}\right) + \frac{\Gamma_o}{2\pi\mathrm{i}}\frac{1}{z - z_0}$$

翼型平面的解用星号上标进行区别。翼型平面的复速度由圆平面的复速度按下式求得

$$\upsilon^*(\zeta) \equiv u^* - \mathrm{i}\upsilon^* = \frac{\upsilon(z)}{\mathrm{d}f(z)/\mathrm{d}z} = \frac{\upsilon(z)}{1 - a^2 z^{-2}} \qquad (1.3.46)$$

也可以显式地写为

$$\begin{cases} u^* = \mathrm{Re}\,\dfrac{\upsilon}{1 - a^2 z^{-2}} = \mathrm{Re}\,\dfrac{1}{1 - a^2 z^{-2}}\left[V_\infty\left(\mathrm{e}^{-\mathrm{i}\alpha} - \dfrac{c^2}{(z - z_0)^2\mathrm{e}^{-\mathrm{i}\alpha}}\right) + \dfrac{\Gamma_o}{2\pi\mathrm{i}}\dfrac{1}{z - z_0}\right] \\ \upsilon^* = -\mathrm{Im}\,\dfrac{\upsilon}{1 - a^2 z^{-2}} = -\mathrm{Im}\,\dfrac{1}{1 - a^2 z^{-2}}\left[V_\infty\left(\mathrm{e}^{-\mathrm{i}\alpha} - \dfrac{c^2}{(z - z_0)^2\mathrm{e}^{-\mathrm{i}\alpha}}\right) + \dfrac{\Gamma_o}{2\pi\mathrm{i}}\dfrac{1}{z - z_0}\right] \end{cases}$$

按 1.2.2 节,压力系数可表示为

$$C_\mathrm{p} = 1 - \frac{V^2}{V_\infty^2} = 1 - \frac{\upsilon^* \bar{\upsilon}^*}{V_\infty^2} \qquad (1.3.47)$$

以上给出了求解的完整方法。为了使用工具画流线和压力系数分布,我们在圆平面构造网格点,再按

$$\zeta + \mathrm{i}\eta = z + \frac{a^2}{z} = \left(1 + \frac{a^2}{x^2 + y^2}\right)x + \mathrm{i}\left(1 - \frac{a^2}{x^2 + y^2}\right)y$$

得翼型平面的网格点(如图 1.3-10)。按式(1.3.46)、式(1.3.47)求翼型平面各网格点上的速度与压力系数。保存为图形工具要求的格式后,就可以画流线、等值线和流动参数沿翼型的分布。

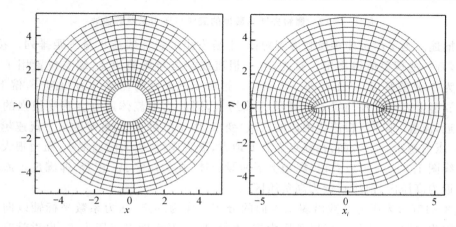

图 1.3 - 10　两平面上的网格

作为例子,给定 $a=1$,$\alpha=12°$,$V_\infty=10$ m/s,儒科夫斯基翼型弯度为 $f=0.12$,厚度因子 $\varepsilon=0.02$。对应地可求得 $c=1.02$,$\phi_B=0.119$,$\bar{b}\approx2.6\%$。于是,环量为 $\Gamma=-4\pi cV_\infty\sin(\alpha+\phi_B)=-41.6946$,升力系数为 $c_l=-2\Gamma/V_\infty c_A=2.085$。

图 1.3-11 为流线与压力系数等值线。给定了各网格点速度分量和压力系数,流线和压力系数等值线可用工具 Tecplot 等绘制。压力系数等值线为压力系数的值取常数的线。图 1.3-12为局部放大。

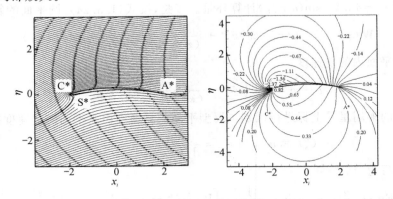

图 1.3-11　儒科夫斯基翼型的流线与压力系数等值线

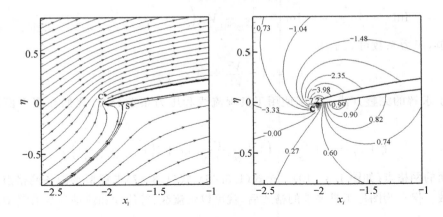

图 1.3-12　儒科夫斯基翼型的流线与压力系数等值线

流线描述。为了尽可能多反映客观规律,上游发出的各流线应尽量等距排列。接近或绕过翼型时,有一些现象值得指出。首先,有一根流线端点与翼型相交,端点位置用了 s' 标注。该点流速为 0,是前驻点,下面有进一步描述。过驻点的流线将流场分为两部分,偏上的部分全部绕到翼型上表面。在前缘 C^*,流线弯曲厉害,因此当地流体质点会感受很强的离心力。在前缘附近,流管(相邻两根流线围成的区域)变窄,由于流量守恒,越窄的地方流速越大,按伯努利方程,压力越小。下表面,在驻点靠右的地方,流管变粗,表明流速很小,压力很大。

由流线图 1.3-11 可以看出,翼型上下两股流体,在尖尾缘 A^* 相会,即满足了库塔条件。前驻点附近为高压区,前缘附近为高负压区。

图 1.3-13(a)为压力系数沿翼型表面的分布。作为约定,压力系数坐标轴以向上为负。这样做是因为,翼型上表面一般以负压为主,贡献升力,下表面以正压为主,也贡献升力,因此

上下翼面的压力系数曲线围成的区域的面积,正好与升力系数相关。

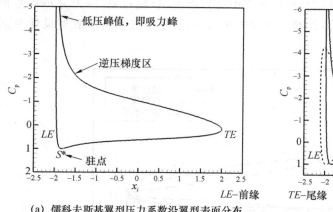 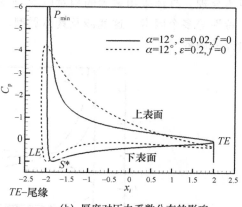

(a) 儒科夫斯基翼型压力系数沿翼型表面分布　　　　(b) 厚度对压力系数分布的影响

图 1.3 - 13　压力系数分布图

驻点。图 1.3 - 12 和图 1.3 - 13(a)中 S^* 为驻点,流速为 0,从而按 $C_p = 1 - V^2/V_\infty^2$,驻点压力系数为 1。来流有一条流线终止于前驻点。对于后缘,如果后缘角度不为 0,那么后缘也是驻点,因为流线相交的地方速度必然为 0。对于实际流动,考虑黏性作用时,由于物体表面流速处处为 0,因此将前驻点定义为来流流线终止于物体上面的那个点,尖尾缘依然可以看成驻点,只是在黏流情况下,附面层内压力有损失,因此后缘的压力系数一般小于 1。

压力不变点。压力系数为 0 的点,当地流速正好等于来流速度。

低压峰值点。在翼型上表面,存在低压点(低压峰值点,也称为吸力峰),当地压力系数最小且为负值。

顺压梯度与逆压梯度。沿着流线方向,如果压力减小(如低压峰值点之前),那么就是顺压梯度;如果压力增加(低压峰值点之后),就是逆压梯度。显然,翼型上表面的右半段一般为逆压梯度区,下表面右半段为顺压梯度区。

升力主要贡献段。翼型前 1/3 部分上下两支压力系数曲线的距离最大,因此对升力的贡献最大。翼型尾部压力系数两支曲线非常近,因此表观上对升力系数贡献小。虽然如此,尖尾缘是促使满足库塔条件,产生环量从而引起升力是最本质的原因。

厚度的作用。依据儒科夫斯基翼型升力系数表达式

$$c_1 \approx 2\pi\sin\left(\alpha + \arctan\frac{f}{a}\right)$$

厚度对升力的作用是可忽略的小量,那么翼型就可以没有厚度吗? 或者说,厚度只是为了满足结构强度要求吗? 用儒科夫斯基翼型压力系数分布,可以部分解答这些问题。图 1.3 - 13(b)给出了厚度因子分别为 $\varepsilon = 0.02(\bar{b} \approx 0.025)$ 和 $\varepsilon = 0.2(\bar{b} \approx 0.25)$ 的压力系数分布。可见,当翼型特别薄时,在上表面靠近前缘的地方,压力系数分布曲线非常陡峭,低压点峰值非常大,从而使产生的升力较为集中于低压峰值点所在的位置附近。而当相对厚度较大时,陡峭程度明显降低,升力贡献分散的范围较大。显然,较大的厚度,一方面降低了逆压梯度区的逆压梯度大小从而避免实际流动附面层过早分离,又避免了载荷过于集中的麻烦。除此之外,相对厚度越小,最低点压力系数绝对值越大。当然,厚度也不能太大,否则背风面也会存在容易导致分离

的强逆压梯度。因此,翼型一定的相对厚度,虽然不会太多地影响无黏升力,但会使得压力分布更为合理。具体采用多大的相对厚度,则需要折中结构强度、管线布置、压力分布特性和附面层特性等多个因素。这就涉及具体翼型设计和优化的问题,是空气动力学翼型设计专家专门研究的内容。

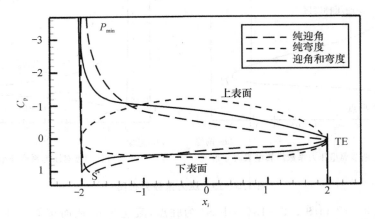

图 1.3 - 14　升力系数相等时,纯迎角、纯弯度和混合迎角弯度流动的压力系数分布

弯度迎角影响分析。弯度和迎角都能带来升力,那为何二者都要用?为了回答这个问题,图 1.3 - 14 给出了纯迎角翼型($\alpha = 12°$)、纯弯度翼型($\phi_B = \arctan f/a = 12°$)和既有弯度又有迎角翼型($\alpha = \phi_B = 6°$)的压力系数分布。这里,翼型厚度均为 $\varepsilon = 0.02$,三种情况对应的等效迎角均为 $\alpha_{eff} = \alpha + \phi_B = 12°$。

可见,虽然产生升力的效果一样,但压力分布有很大差别。只有迎角时,上下表面压差大的地方集中在翼型前端;只有弯度时,前缘下表面有奇点;而既有迎角又有弯度时,压力分布比较平缓。因此,虽然迎角和弯度都贡献升力,但二者巧妙的组合,可以使得压力分布比较平缓。

1.3.8　要点总结

虽然描述不可压缩流动的纳维-斯托克斯方程十分复杂,但在无旋流假设下,只需要求解势函数满足的拉普拉斯方程就可以得到速度场,利用伯努利方程得到压力场。对于二维无旋定常流动,本节得到了翼型气动性能的一些普适结论。

儒科夫斯基升力定理将升力与环量关联起来。这一环量来源于:令在尖尾缘满足库塔条件。实际无分离附面层流动满足库塔条件,于是在势流模型中,令库塔条件成立,抓住了实际流动无黏部分的主要本质。

针对儒科夫斯基翼型,由于可以方便地使用保角变换,得到了流场以及压力系数沿翼型的分布的解析解。一些结论即使针对其他翼型,也具有一定的普适性:①过压力系数为 1 的前驻点的流线将流场分成两部分,一部分从翼型下方流动,一部分绕到翼型上部;②翼型上表面靠近前缘的地方有高负压即吸力峰(也称低压点),当地压力系数为负数且绝对值较大;③在尾缘,上下表面的压力系数连续;④翼型前 1/3 的地方,压力系数沿翼型分布的上下两支曲线距离大,对升力贡献大,尾缘直接贡献小;⑤在翼型上表面,有较大的逆压梯度区;⑥适当的厚度在不破坏升力大小情况下,可以使得压力系数沿翼型分布较为平缓,减弱压力梯度;⑦适当的弯度一方面使得压力沿翼型分布比纯迎角更为平坦,另一方面提供适当的零升力矩。于是,鸟的翅膀以及人造翼型,均采用了一定的厚度与弯度。

本节包括下节涉及的尖尾缘库塔条件,是指在满足无分离附面层假设下,定常流动中上下两股流体在尖尾缘相会;采用势流模型时,该库塔条件的使用,让我们可以通过转换到圆平面,定出确定升力的环量;也可解释为由于尖尾缘的采用以及库塔条件的满足,导致了满足儒科夫斯基升力定理的升力。实际上,更广义的库塔条件也可以用于非定常流动,包括大面积分离流动和尖前缘有分离时的流动。以下是 Crighton 对势流模型以及库塔条件的总结:

在 20 世纪发表的几篇论文中,库塔和儒科夫斯基提出,带迎角的翼型处于无分离流动时的升力可以由势流理论给出,其中的(用于儒科夫斯基升力定理的)环量可以由去掉尖尾缘速度奇异性这一条件唯一地确定。1967 年 Batchelor 指出:在流场非定常启动过程中,黏性的作用导致最终获得定常流动后,黏性便可显式地忽略了,但必须被隐式地包含在一个尖缘条件中(库塔条件),这就是库塔-儒科夫斯基假设。后来,人们开始采用"库塔条件"一词来隐含表示在非定常流动中的一些几何特征点上去掉速度奇异性(的做法)。

1.4　势流模型薄翼理论

针对一些特殊翼型,如儒科夫斯基翼型,可以用保角变换方法求出环量,进一步由儒科夫斯基升力定理和勃拉休斯定理求升力和力矩。对于大多数实际应用,要求翼型尽量扁平并且迎角较小,以减小真实流动中附面层内的流动分离,避免压差阻力、升力下降和抖振。这样的问题,在无黏流框架下,可以采用小扰动理论求解,本节介绍的薄翼理论就是这样一种方法。在小扰动假设(薄翼假设)下,可以通过在翼型中弧线上布置奇点(如涡)来得到环量与流场解,并结合儒科夫斯基升力定理得到升力。同时可以给出力矩、压力中心、零升迎角、焦点和零升力矩等气动参数。我们将发现,某些气动参数是常数,与翼型没有关系,即在薄翼假设下有一通用求解方法,并且能给出一些普适结论。

1.4.1　薄翼假设与小扰动模型、问题分解

由于本节将流场分解为来流流场叠加小扰动流场,因此对速度和势函数采用不同于前面的记号。如图 1.4-1 所示(本节采用体轴系),带迎角 α 来流,其速度 V_∞ 在两个方向的分量分别为 $V_\infty\cos\alpha$ 和 $V_\infty\sin\alpha$。均匀来流对应的势函数为 $\Phi_\infty = V_\infty x\cos\alpha + V_\infty y\sin\alpha$。将任一点的流速记为 (V_x, V_y),表示为势函数 Φ 梯度,即

$$V_x = \partial\Phi/\partial x, \quad V_y = \partial\Phi/\partial y$$

当翼型相对厚度较小、弯度较小、迎角较小时,就可以采用薄翼假设,即令各点流速等于来流速度叠加小扰动速度 (v_x, v_y),将势函数看成来流势函数叠加小扰动势函数 φ。即

$$V_x = V_\infty\cos\alpha + v_x, \quad V_y = V_\infty\sin\alpha + v_y, \quad \phi = \Phi + \varphi \tag{1.4.1}$$

其中

$$v_x = \frac{\partial\varphi}{\partial x}, \quad v_y = \frac{\partial\varphi}{\partial y} \tag{1.4.2}$$

显然,小扰动势函数也满足的拉普拉斯方程

$$\varphi_{xx} + \varphi_{yy} = 0 \tag{1.4.3}$$

小扰动近似可表示为

$$|v_x| \ll V_\infty, \quad |v_y| \ll V_\infty, \quad \alpha \approx 0 \tag{1.4.4}$$

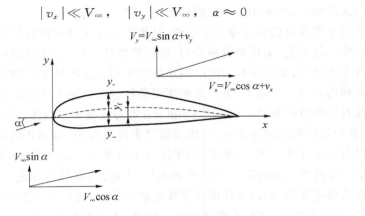

图 1.4 - 1　速度分解

（1）边界条件

考虑到定常流动对应的物面是条流线,因此在翼型上下表面物面有 $V_y/\mathrm{d}y = V_x/\mathrm{d}x$。将 $V_x = V_\infty \cos\alpha + v_x$, $V_y = V_\infty \sin\alpha + v_y$ 代入,利用式(1.4.1)和式(1.4.4)并考虑到在薄翼假设下有 $\cos\alpha \approx 1$, $\sin\alpha \approx \alpha$,得

$$\alpha + \frac{1}{V_\infty} \frac{\partial \varphi}{\partial y}\bigg|_{y=y_\pm} = \frac{\mathrm{d}y}{\mathrm{d}x}\bigg|_{y=y_\pm} \tag{1.4.5}$$

式中,$(\mathrm{d}y/\mathrm{d}x)\big|_{y=y_\pm}$ 是翼型上下表面相对于体轴系水平轴的斜率(属于给定的条件),正负号分别对应上表面和下表面。这就是物面边界条件的小扰动表达式。

（2）压力系数近似

1.2.2 节已经给出 $C_\mathrm{p} = 1 - V^2/V_\infty^2$,用在这里可写为

$$C_\mathrm{p} = 1 - \frac{(V_\infty + v_x)^2 + v_y^2}{V_\infty^2} = 1 - \frac{(V_\infty\cos\alpha + v_x)^2 + (V_\infty\sin\alpha + v_y)^2}{V_\infty^2}$$

在小扰动近似式(1.4.4)下,进行泰勒展开,保留一阶项得

$$C_\mathrm{p} = -\frac{2v_x}{V_\infty} \tag{1.4.6}$$

式(1.4.3)和式(1.4.5)定义了薄翼假设下的小扰动势函数所满足的基本方程与边界条件。求得小扰动势函数和按(1.4.2)求得小扰动速度后,按式(1.4.6)可得压力系数。由于问题变成了线性的,因此在标准薄翼理论中,将其分解为弯度迎角问题和厚度问题分别求解。

（3）弯度问题与厚度问题分解

将翼型上下表面的坐标分解为弯度部分和厚度部分,即

$$y_+ = y_\mathrm{f} + \frac{1}{2}y_\mathrm{c}, \quad y_- = y_\mathrm{f} - \frac{1}{2}y_\mathrm{c} \tag{1.4.7}$$

这里,y_f 为中弧线坐标,y_c 为厚度分布函数,详见 1.1.3 节。

将前面给出的小扰动势函数满足的方程(1.4.3)与边界条件(1.4.5)组合起来,即

$$\begin{cases} \varphi_{xx} + \varphi_{yy} = 0 \\ \alpha + \dfrac{1}{V_\infty} \dfrac{\partial \varphi}{\partial y}\bigg|_{y=y_\pm} = \dfrac{\mathrm{d}y}{\mathrm{d}x}\bigg|_{y=y_\pm} \end{cases} \tag{1.4.8}$$

显然,由坐标关系式(1.4.7)以及薄翼数学模型(1.4.8)构成的问题是关于弯度、迎角和厚度的

线性函数。于是,可将小扰动势函数分解为

$$\varphi = \varphi_f + \varphi_c \tag{1.4.9}$$

式中,φ_f 表示弯度与迎角影响,简称弯度问题的解;而 φ_c 表示厚度影响,称为厚度问题的解。将式(1.4.9)代入式(1.4.8),得

$$\begin{cases} \nabla^2 \varphi_f + \nabla^2 \varphi_c = 0 \\ \alpha + \dfrac{1}{V_\infty}\left(\dfrac{\partial \varphi_f}{\partial y} + \dfrac{\partial \varphi_c}{\partial y} \right) \Bigg|_{y=y\pm} = \dfrac{\mathrm{d} y_f}{\mathrm{d} x} \pm \dfrac{1}{2}\dfrac{\mathrm{d} y_c}{\mathrm{d} x} \end{cases}$$

显然,上面两式关于弯度、迎角和厚度的影响都是线性的,从而弯度迎角影响和厚度影响可以解耦,即问题可以分解成弯度迎角影响(简称为弯度问题)和厚度影响

$$\begin{cases} \nabla^2 \phi_f = 0 \\ \dfrac{1}{V_\infty} \dfrac{\partial \phi_f}{\partial y} = \dfrac{\mathrm{d} y_f}{\mathrm{d} x} - \alpha, \quad y = y_f \end{cases} \qquad (\text{弯度迎角问题}) \tag{1.4.10}$$

$$\begin{cases} \nabla^2 \phi_c = 0 \\ \dfrac{1}{V_\infty} \dfrac{\partial \phi_c}{\partial y} = \pm \dfrac{1}{2} \dfrac{\mathrm{d} y_c}{\mathrm{d} x}, \quad y = \pm \dfrac{1}{2} y_c \end{cases} \qquad (\text{厚度问题}) \tag{1.4.11}$$

显然,厚度问题是对称问题,对升力不产生影响;弯度迎角问题是不对称问题,对升力有贡献,因此也称为升力问题。

　　注意,升力问题的边界条件只设在中弦线上,只有 1 个。厚度影响的边界条件建立在上下表面上,有 2 个。由于只考虑厚度影响时,问题是上下对称的,从而对升力的贡献为 0,故分析升力特性时可以忽略对它的影响。厚度问题求解与对应的气动特性比较简单,所以先给出厚度问题的解。

1.4.2　厚度问题奇点法求解

　　厚度问题薄翼模型由式(1.4.11)给出。下面给出在水平轴上布置点源的方法来求解。点源是虚拟的,只是一种求解的数学方法。

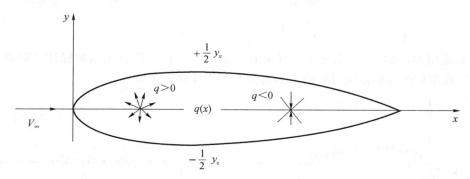

图 1.4 - 2　薄翼厚度问题点源法

　　如图 1.4 - 2 所示,在 x 轴上布置强度为 $q(\xi)$(单位长度的点源强度)的点源,长度为 $\mathrm{d}\xi$ 的微段上的源强为 $q(\xi)\mathrm{d}\xi$,点源诱导的扰动速度记为 (v_x, v_y)。小扰动速度 v_y 在边界上必须满足

$$v_y = \pm \dfrac{1}{2} V_\infty \dfrac{\mathrm{d} y_c}{\mathrm{d} x} \tag{1.4.12}$$

　　因为所考虑问题为薄翼,即上下物面距 x 轴足够近,所以除 $x = \xi$ 点以外的点源对物面任

意点的诱导速度均可近似看为平行于 x 轴，即 $v_y=0$。也就是说，只有 $x=\xi$ 处的点源才对物面上的小扰动速度分量 v_y 有贡献。因此，按点源强度定义，有

$$v_y\left(\xi,\pm\frac{1}{2}y_c\right)=\pm\frac{q(\xi)\mathrm{d}\xi}{2\mathrm{d}\xi}=\pm\frac{q(\xi)}{2} \tag{1.4.13}$$

由式(1.4.12)和式(1.4.13)消去 v_y，得点源强度与厚度定义的斜率之间的关系为

$$q(x)=V_\infty\frac{\mathrm{d}y_c(x)}{\mathrm{d}x} \tag{1.4.14}$$

然而，不能直接在 x 轴上求小扰动速度分量 $v_x(x,\pm0)$ 与压力系数，这样做可能有奇异性。需要在上下表面求速度分量，即

$$v_x(x,y_\pm)=-\int_0^{c_A}\frac{(\xi-x)q(\xi)\mathrm{d}\xi}{2\pi[(\xi-x)^2+(y_c(x)/2)^2]}$$

将式(1.4.14)代入得

$$v_x(x,y_\pm)=-\int_0^{c_A}\frac{V_\infty(\xi-x)}{2\pi[(\xi-x)^2+(y_c(x)/2)^2]}\frac{\mathrm{d}y_c(\xi)}{\mathrm{d}\xi}\mathrm{d}\xi \tag{1.4.15}$$

将上式代入小扰动压力系数关系式(1.4.6)，得

$$C_p(x,\pm0)=\int_0^{c_A}\frac{\xi-x}{\pi[(\xi-x)+(y_c(x)/2)^2]}\frac{\mathrm{d}y_c(\xi)}{\mathrm{d}\xi}\mathrm{d}\xi \tag{1.4.16}$$

厚度问题得到的压力上下表面对称，因此没有升力和力矩，故不需要讨论升力和力矩特性。但下面介绍的弯度厚度问题则有升力和力矩。

1.4.3　弯度迎角问题奇点法求解

弯度迎角问题的翼型简化为没有厚度的中弧线。在经典的薄翼理论中，通过在中弧线上布连续涡来模拟翼型弯度和迎角对流场的扰动，由此可得到翼型的升力特性。由于薄翼理论假设弯度较小，因此在中弧线上布涡与在弦线上布涡效果是一样的(图1.4-3)。于是，式(1.4.10)可等价地写为

$$\begin{cases}\nabla^2\varphi_f=0\\ \dfrac{1}{V_\infty}\dfrac{\partial\varphi_f}{\partial y}=\dfrac{\mathrm{d}y_f}{\mathrm{d}x}-\alpha,\quad y=0\end{cases} \tag{1.4.17}$$

注意，我们采用的习惯是，点涡强度以逆时针点涡为正。但如果在图示时标注了顺时针点涡（因为实际翼型的附着涡是顺时针的），则需要在涡强前加一个负号。

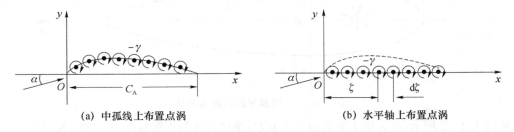

(a) 中弧线上布置点涡　　　　　(b) 水平轴上布置点涡

图1.4-3　在中弧线上布置点涡等价于在水平轴上布置点涡

在坐标点 $x=\xi$ 上，单位长度的涡强记为 $\gamma(\xi)$。微元段 $\mathrm{d}\xi$ 对应的涡强为 $\gamma(\xi)\mathrm{d}\xi$，则绕该微元段的环量为 $\mathrm{d}\Gamma=\gamma(\xi)\mathrm{d}\xi$。在中弧线上其他位置布置的点涡，对该微元段 $\mathrm{d}\xi$ 的速度环量没有

影响,这是因为点涡诱导的是无旋流场,如果积分路径不包含某点涡,那么该点涡对此积分路径的环量就没有贡献。因此,在中弧线上,使用当地(单位长度的)涡强为 $\gamma(\xi)$ 的连续分布的涡,那么绕微元段 $d\xi$ 的环量 $d\Gamma$ 就只与该微元段上的涡强有关,即 $d\Gamma = \gamma(\xi)d\xi$。另外,从环量的原始定义知,可以直接用微元段上下表面的速度差来计算环量。用图 1.4-4 所示的标注,显然有 $d\Gamma = -(V_+ - V_-)d\xi$。于是,得到了涡强与上下表面流速差满足的关系式

$$\gamma(\xi) = V_- - V_+ \tag{1.4.18}$$

有了涡强分布 $\gamma(\xi)$,绕翼型总的环量就可以用下式计算

$$\Gamma = \int_0^{c_A} \gamma(\xi)d\xi$$

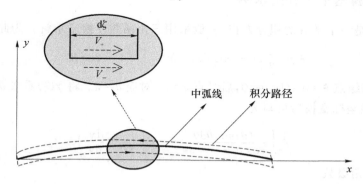

图 1.4-4　速度差与环量

在中弧线上布置任何分布的势涡诱导的势函数均自动满足式(1.4.17)中的第一个方程,现在求同时满足式(1.4.17)中第二个方程即边界条件的涡强分布。

由毕奥－萨瓦定理可知,图 1.4-5 中位于位置 $\xi,0 < \xi < c_A$,强度为 $\gamma(\xi)d\xi$ 的(点)涡在水平轴上某点 x 诱导的速度为

$$dv_y(\xi) = \frac{\gamma(\xi)d\xi}{2\pi(x-\xi)}$$

积分后,得中弧线上所有的涡在该点诱导的合速度为

$$v_y(x) = \int_0^{c_A} \frac{\gamma(\xi)d\xi}{2\pi(x-\xi)} \tag{1.4.19}$$

注意,由于按约定,逆时针点涡的涡强为正,因此上式中右端符号为正。不同文献符号约定不一样,因此可能在后面的表达式中,存在符号差异。

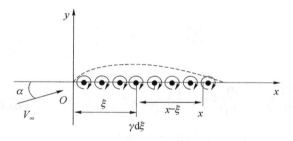

图 1.4-5　点涡模型

将式(1.4.19)代入式(1.4.17)中的边界条件,可得确定涡强 $\gamma(\xi)$ 的基本方程即薄翼理论基本方程,即

$$\frac{1}{V_\infty}\int_0^{c_A}\frac{\gamma(\xi)\mathrm{d}\xi}{2\pi(x-\xi)}=\frac{\mathrm{d}y_f}{\mathrm{d}x}-\alpha,\quad 0<x<c_A \tag{1.4.20}$$

这是一个积分方程,其中右端涉及的中弧线的斜率和几何迎角都是给定的,左端被积函数中的涡强是待求的。下面给出该积分方程的标准求解方法,得到分布 $\gamma(\xi)$ 后,再求环量、压力、升力和力矩特性。

1.4.4　薄翼基本方程的求解

式(1.4.20)是一个常规的积分方程,一般采用三角函数变换来求解。为此,作坐标变换

$$\xi=\frac{c_A}{2}(1-\cos\theta),\quad x=\frac{c_A}{2}(1-\cos\beta) \tag{1.4.21}$$

这里,$0\leqslant\theta\leqslant\pi$,前缘点 $\xi=0$ 对应 $\theta=0$,后缘点 $\xi=c_A$ 对应 $\theta=\pi$。将 $\gamma(\xi)$ 看成 θ 的函数,不难验证,式(1.4.20)经坐标变换后可写为

$$\frac{1}{2\pi}\int_0^\pi\frac{\gamma(\theta)\sin\theta\mathrm{d}\theta}{\cos\theta-\cos\beta}=-V_\infty\left(\alpha-\frac{\mathrm{d}y_f}{\mathrm{d}x}\right) \tag{1.4.22}$$

将 $\gamma(\theta)$ 展开成三角级数

$$\gamma(\theta)=-2V_\infty\left(A_0\cot\frac{\theta}{2}+\sum_{n=1}^\infty A_n\sin(n\theta)\right)$$

$$=-2V_\infty\left(A_0\frac{1+\cos\theta}{\sin\theta}+\sum_{n=1}^\infty A_n\sin(n\theta)\right) \tag{1.4.23}$$

这里,系数 $A_n,n\geqslant0$ 为待定系数。上式中 $\cot(\theta/2)$ 的选取考虑以下两点:

(1) 在前缘附近,流体由前驻点绕过前缘,引起的涡强很大,因此这项 $\cot(\theta/2)\big|_{\theta\to0}\to\infty$ 起到这个作用。

(2) 在后缘处,要满足库塔条件,即上下速度在尾缘处为0,从而按 $\gamma=V_--V_+$,当地涡强为0,而此项显然满足 $\cot(\pi/2)\to0$。

将级数表达式(1.4.23)代入式(1.4.22),得到的表达式稍加整理后可写成

$$\frac{1}{\pi}\int_0^\pi\left(A_0\frac{(1+\cos\theta)}{\cos\theta-\cos\beta}+\sum_{n=1}^\infty A_n\frac{\sin(n\theta)\sin\theta}{\cos\theta-\cos\beta}\right)\mathrm{d}\theta=\alpha-\frac{\mathrm{d}y_f}{\mathrm{d}x}$$

将上式进一步写成

$$\sum_{n=0}^\infty J_nA_n=\alpha-\frac{\mathrm{d}y_f}{\mathrm{d}x} \tag{1.4.24}$$

这里

$$J_0=\frac{1}{\pi}\int_0^\pi\frac{(1+\cos\theta)}{\cos\theta-\cos\beta}\mathrm{d}\theta=\frac{1}{\pi}\int_0^\pi\frac{1}{\cos\theta-\cos\beta}\mathrm{d}\theta+\frac{1}{\pi}\int_0^\pi\frac{\cos\theta}{\cos\theta-\cos\beta}\mathrm{d}\theta$$

$$J_n=\frac{1}{\pi}\int_0^\pi\frac{\sin(n\theta)\sin\theta}{\cos\theta-\cos\beta}\mathrm{d}\theta,\quad n>0$$

下面将 J_0,J_n 的表达式化简。采用三角函数恒等式

$$\sin(n\theta)\sin\theta = \frac{\cos((n-1)\theta) - \cos((n+1)\theta)}{2}$$

得
$$J_n = \frac{1}{2\pi}\int_0^\pi \frac{\cos((n-1)\theta)}{\cos\theta - \cos\beta}\mathrm{d}\theta - \frac{1}{2\pi}\int_0^\pi \frac{\cos((n+1)\theta)}{\cos\theta - \cos\beta}\mathrm{d}\theta, \quad n > 0$$

有这样一个需要费不少力气才能证明的公式

$$\int_0^\pi \frac{\cos(n\theta)\mathrm{d}\theta}{\cos\theta - \cos\beta} = \pi\frac{\sin(n\beta)}{\sin\beta}$$

利用该公式,得到

$$J_0 = 1$$

$$J_n = \frac{1}{2}\frac{\sin((n-1)\beta) - \sin((n+1)\beta)}{\sin\beta} = -\cos(n\beta), \quad n \geqslant 1$$

将上式代入式(1.4.24),得

$$\alpha - A_0 + \sum_{n=1}^\infty \cos(n\beta)A_n = \frac{\mathrm{d}y_\mathrm{f}}{\mathrm{d}x} \tag{1.4.25}$$

利用级数系数确定方法,从上式中得到

$$A_0 = \alpha - \frac{1}{\pi}\int_0^\pi \frac{\mathrm{d}y_\mathrm{f}}{\mathrm{d}x}\mathrm{d}\beta, \quad A_n = \frac{2}{\pi}\int_0^\pi \frac{\mathrm{d}y_\mathrm{f}}{\mathrm{d}x}\cos(n\beta)\mathrm{d}\beta, \quad n > 0 \tag{1.4.26}$$

对于已知翼型,中弧线坐标 y_f 是已知的,由式(1.4.26)以及变换(1.4.21)便可以确定涡强表达式中的各系数。

对于对称翼型,弯度为 $y_\mathrm{f}=0$,从而 $A_0=\alpha$,$A_n=0$,$n>0$,即涡强表达式(1.4.23)可简化为

$$\gamma(\theta) = -2V_\infty\alpha\frac{1+\cos\theta}{\sin\theta}$$

作为一种数学上的严谨需求,必须证明级数表达式(1.4.23)是收敛的,即 $A_n=0$,$n\to\infty$。

为了证明

$$A_n \equiv \frac{2}{\pi}\int_0^\pi \frac{\mathrm{d}y_\mathrm{f}}{\mathrm{d}x}\cos(n\beta)\mathrm{d}\beta = 0, \quad n\to\infty$$

只需要证明,对任意函数 $g(\beta)$ 有

$$\lim_{n\to\infty}\int_0^\pi g(\beta)\cos(n\beta)\mathrm{d}\beta = 0$$

事实上

$$\int_0^\pi g(\beta)\cos(n\beta)\mathrm{d}\beta = \sum_{k=2}^n \int_{\frac{k-1}{n}\pi}^{\frac{k}{n}\pi} g(\beta)\cos(n\beta)\mathrm{d}\beta$$

令 $n\beta=\theta$,则

$$\int_{\frac{k-1}{n}\pi}^{\frac{k}{n}\pi} g(\beta)\cos(n\beta)\mathrm{d}\beta = \frac{1}{n}\int_{(k-1)\pi}^{k\pi} g(\theta)\cos(\theta)\mathrm{d}\theta = \frac{1}{n}\int_{(k-1)\pi}^{k\pi} g(\theta)\mathrm{d}\sin\theta$$

故

$$\int_0^\pi g(\beta)\cos(n\beta)\mathrm{d}\beta = \frac{1}{n}\sum_{k=2}^n \int_{(k-1)\pi}^{k\pi} g(\theta)\mathrm{d}\sin\theta = \frac{1}{n}\int_0^\pi g(\theta)\mathrm{d}\sin\theta$$

显然,如果 $g(\beta)$ 有界,那么 $\left|\int_0^\pi g(\theta)\mathrm{d}\sin\theta\right| < \infty$,因此必然有

$$\lim_{n\to\infty}\int_0^\pi g(\beta)\cos(n\beta)\mathrm{d}\beta = 0$$

1.4.5 弯度厚度问题的气动特性

上面已经证明,如果给定中弧线坐标 $y_f = y_f(\beta)$ 以及迎角 α,那么中弧线上任一点上涡强的表达式为

$$\gamma(\theta) = -2V_\infty \left(A_0 \frac{1 + \cos \theta}{\sin \theta} + \sum_{n=1}^\infty A_n \sin(n\theta) \right) \tag{1.4.27}$$

式中,系数为

$$A_0 = \alpha - \frac{1}{\pi} \int_0^\pi \frac{\mathrm{d}y_f}{\mathrm{d}x} \mathrm{d}\beta, \quad A_n = \frac{2}{\pi} \int_0^\pi \frac{\mathrm{d}y_f}{\mathrm{d}x} \cos(n\beta) \mathrm{d}\beta, \quad n > 0 \tag{1.4.28}$$

并且 θ 与 β 和坐标的关系由式(1.4.21)给出。将式(1.4.21)微分得

$$\mathrm{d}\xi = \frac{c_A}{2} \mathrm{d}(1 - \cos \theta) = \frac{c_A \sin \theta}{2} \mathrm{d}\theta \tag{1.4.29}$$

(1) 环量表达式

将式(1.4.27)和式(1.4.29)代入

$$\Gamma = \int_0^{c_A} \mathrm{d}\Gamma = \int_0^{c_A} \gamma(\xi) \mathrm{d}\xi$$

得

$$\Gamma = -c_A V_\infty \int_0^\pi \left(A_0 (1 + \cos \theta) + \sum_{n=1}^\infty A_n \sin \theta \sin(n\theta) \right) \mathrm{d}\theta$$

将已知的定积分关系式

$$\int_0^\pi (1 + \cos \theta) \mathrm{d}\theta = \pi, \quad \int_0^\pi \sin \theta \sin(n\theta) \mathrm{d}\theta = \begin{cases} \dfrac{\pi}{2}, & n = 1 \\ 0, & n = 0 \text{ 或 } n \geqslant 2 \end{cases}$$

代入上式,便得翼型总的环量的表达式为

$$\Gamma = -\pi c_A V_\infty \left(A_0 + \frac{1}{2} A_1 \right) \tag{1.4.30}$$

(2) 升力力系数

利用儒科夫斯基升力定理 $L = -\rho V_\infty \Gamma$ 以及环量表达式(1.4.30),得升力与升力系数 c_l 的表达式为

$$L = \pi c_A \rho V_\infty^2 \left(A_0 + \frac{1}{2} A_1 \right) \tag{1.4.31}$$

$$c_l = \pi (2A_0 + A_1) \tag{1.4.32}$$

(3) 升力系数斜率

升力系数斜率为

$$c_\alpha \equiv \frac{\mathrm{d}c_l}{\mathrm{d}\alpha} = 2\pi \frac{\mathrm{d}A_0}{\mathrm{d}\alpha} + \pi \frac{\mathrm{d}A_1}{\mathrm{d}\alpha}$$

对式(1.4.28)微分得

$$\frac{\mathrm{d}A_0}{\mathrm{d}\alpha} = 1, \qquad \frac{\mathrm{d}A_1}{\mathrm{d}\alpha} = 0$$

故升力线斜率的最终表达式为

$$c_\alpha = 2\pi \tag{1.4.33}$$

即薄翼升力系数斜率为与中弧线无关的常数。

（4）零升迎角

由于升力系数斜率为常数，因此升力系数是迎角的线性函数，于是

$$c_l = c_\alpha(\alpha - \alpha_{L=0}) \tag{1.4.34}$$

这里，$\alpha_{L=0}$ 即为零升迎角，即升力系数为 0 对应的迎角。利用式(1.4.32)、式(1.4.33)和式(1.4.34)得

$$\alpha_{L=0} = \alpha - \frac{2A_0 + A_1}{2} = \alpha - \frac{1}{2}\left\{2\left(\alpha - \frac{1}{\pi}\int_0^\pi \frac{\mathrm{d}y_f}{\mathrm{d}x}\mathrm{d}\beta\right) + \frac{2}{\pi}\int_0^\pi \frac{\mathrm{d}y_f}{\mathrm{d}x}\cos(\beta)\mathrm{d}\beta\right\}$$

整理后，得零升迎角的表达式

$$\alpha_{L=0} = \frac{1}{\pi}\int_0^\pi \frac{\mathrm{d}y_f}{\mathrm{d}x}(1 - \cos\beta)\mathrm{d}\beta \tag{1.4.35}$$

（5）力矩系数

按局部儒科夫斯基升力定理，翼型上微元段 $\mathrm{d}\xi$ 所受的力为

$$\mathrm{d}L = -\rho V_\infty \mathrm{d}\Gamma = -\rho V_\infty \gamma(\xi)\mathrm{d}\xi$$

考虑相对于前缘的抬头力矩 $M_{LE} = -\int_0^{c_A}\xi\cos\alpha\mathrm{d}L$。于是

$$M_{LE} = \rho V_\infty \int_0^{c_A}\gamma(\xi)\xi\cos\alpha\mathrm{d}\xi$$

力矩系数为

$$c_{m,LE} = \frac{\rho V_\infty}{\frac{1}{2}\rho V_\infty^2 c_A^2}\int_0^{c_A}\gamma(\xi)\xi\cos\alpha\mathrm{d}\xi = \frac{2}{V_\infty c_A^2}\int_0^{c_A}\gamma(\xi)\xi\cos\alpha\mathrm{d}\xi$$

将式(1.4.27)以及 $\mathrm{d}\xi = (c_A\sin\theta/2)\mathrm{d}\theta$ 代入上式，并整理得力矩系数表达式为

$$c_{m,LE} = -\left[\frac{c_l}{4} + \frac{\pi}{4}(A_1 - A_2)\right]\cos\alpha \approx -\left[\frac{c_l}{4} + \frac{\pi}{4}(A_1 - A_2)\right] \tag{1.4.36}$$

（6）压力中心

将力矩系数代入压力中心定义式

$$x_{cp} = -\frac{c_{m,LE}}{c_l\cos\alpha}c_A$$

得

$$x_{cp} = \frac{c_A}{4}\left[1 + \frac{\pi}{c_l}(A_1 - A_2)\right] \tag{1.4.37}$$

进一步将式(1.4.34)代入上式得

$$x_{cp} = \frac{c_A}{4}\left[1 + \frac{1}{2(\alpha - \alpha_{L=0})}(A_1 - A_2)\right] \tag{1.4.38}$$

（7）焦点与零升力矩系数

相对焦点 x_{ac} 的力矩系数 $c_{m,ac}$ 满足下面的关系式

$$c_{m,ac} = c_{m,LE} + c_l\frac{x_{ac}}{c_A}\cos\alpha$$

将力矩系数表达式(1.4.36)代入上式得

$$c_{m,ac} = \left(\frac{x_{ac}}{c_A} - \frac{1}{4}\right)c_1\cos\alpha - \frac{\pi}{4}(A_1 - A_2)\cos\alpha$$

按焦点定义,相对于焦点的力矩即零升力矩不随迎角变化,即

$$dc_{m,ac}/d\alpha = (dc_{m,ac}/dc_1)(dc_1/d\alpha) = 0$$

因此

$$\left(\frac{x_{ac}}{c_A} - \frac{1}{4}\right)\left(\frac{dc_1}{d\alpha}\cos\alpha - c_1\sin\alpha\right) + \frac{\pi}{4}(A_1 - A_2)\sin\alpha = 0$$

从上式解 x_{ac},并考虑到升力系数和升力线斜率表达式后,得

$$\frac{x_{ac}}{c_A} = \frac{1}{4} - \frac{\frac{\pi}{4}(A_1 - A_2)\sin\alpha}{2\pi\cos\alpha - c_1\sin\alpha} \approx \frac{1}{4} - \frac{(A_1 - A_2)\alpha}{8}$$

由于薄翼理论假设了小迎角,所以上式表明,焦点的位置近似为

$$x_{ac} = \frac{1}{4}c_A \tag{1.4.39}$$

即焦点在 1/4 弦长处。将焦点位置代入前面得到的零升力矩表达式得

$$c_{m,ac} = -\frac{\pi}{4}(A_1 - A_2)\cos\alpha \approx -\frac{\pi}{4}(A_1 - A_2) \tag{1.4.40}$$

(8) 速度分布与压力分布

前面已经得到关系式 $\gamma(\xi) = V_- - V_+$。考虑到中弧线上的涡对中弧线上的平均速度无大的影响,因此有 $V_- + V_+ = 2V_\infty$。从而翼型上下表面的速度分别为

$$V_\pm = V_\infty \mp \frac{1}{2}\gamma \tag{1.4.41}$$

式中,涡量由式(1.4.27)给出。有了速度,上下表面的压力由伯努利方程给出,即

$$p_\pm = p_\infty + \frac{\rho_\infty}{2}\left(V_\infty^2 - \left(V_\infty \mp \frac{1}{2}\gamma\right)^2\right) \tag{1.4.42}$$

1.4.6　要点总结

在薄翼假设下,厚度部分不贡献升力和力矩,完全由中弧线形状和迎角决定升力和力矩特性。但无论中弧线形状和迎角如何,升力系数斜率为

$$c_\alpha \equiv \frac{dc_1}{d\alpha} = 2\pi$$

从而升力系数为迎角的线性函数

$$c_1 = c_\alpha(\alpha - \alpha_{L=0})$$

这里,$\alpha_{L=0}$ 为零升迎角。对于有正弯度的翼型,零升迎角一般为负数。另外,焦点位置也是常数,即

$$x_{ac} = \frac{c_A}{4}$$

其他气动特性与中弧线形状有关。给定中弧线坐标 y_f 和迎角 α,先将 dy_f/dx 通过坐标变换 $x = c_A(1 - \cos\beta)/2$ 表示为 β 的函数。零升迎角计算式为

$$\alpha_{L=0} = \frac{1}{\pi}\int_0^\pi \frac{dy_f}{dx}(1 - \cos\beta)d\beta$$

由

$$A_0 = \alpha - \frac{1}{\pi}\int_0^\pi \frac{\mathrm{d}y_\mathrm{f}}{\mathrm{d}x}\mathrm{d}\beta, \quad A_n = \frac{2}{\pi}\int_0^\pi \frac{\mathrm{d}y_\mathrm{f}}{\mathrm{d}x}\cos(n\beta)\mathrm{d}\beta, \quad n > 0$$

计算系数 $A_n, n>0$ 后,用如下关系计算其他参数

$$\begin{cases} \Gamma = -\pi c_\mathrm{A} V_\infty\left(A_0 + \frac{1}{2}A_1\right) \\ c_1 = c_a(\alpha - \alpha_{L=0}) \\ c_{\mathrm{m,LE}} = -\left[\frac{c_1}{4} + \frac{\pi}{4}(A_1 - A_2)\right] \\ x_{\mathrm{cp}} = \frac{c_\mathrm{A}}{4}\left[1 + \frac{1}{2(\alpha - \alpha_{L=0})}(A_1 - A_2)\right] \\ c_{\mathrm{m,ac}} = -\frac{\pi}{4}(A_1 - A_2) \end{cases}$$

如果需要计算沿翼型上下表面的速度与压力系数分布,那么先计算

$$\gamma(\theta) = -2V_\infty\left(A_0 \frac{1 + \cos\theta}{\sin\theta} + \sum_{n=1}^\infty A_n \sin(n\theta)\right)$$

结合式(1.4.41)和式(1.4.15),得叠加弯度迎角和厚度影响后的上下表面速度为

$$V_\pm = V_\infty \mp \frac{1}{2}\gamma - \int_0^{c_\mathrm{A}} \frac{V_\infty(\xi - x)}{2\pi[(\xi - x)^2 + (y_\mathrm{c}(x)/2)^2]}\frac{\mathrm{d}y_\mathrm{c}(\xi)}{\mathrm{d}\xi}\mathrm{d}\xi$$

结合式(1.4.42)(以及压力系数定义)和式(1.4.16),得上下表面的压力系数为

$$C_{\mathrm{p}\pm} = 1 - \left(1 \mp \frac{1}{2}\frac{\gamma}{V_\infty}\right)^2 + \int_0^{c_\mathrm{A}} \frac{\xi - x}{\pi[(\xi - x)^2 + (y_\mathrm{c}(x)/2)^2]}\frac{\mathrm{d}y_\mathrm{c}(\xi)}{\mathrm{d}\xi}\mathrm{d}\xi$$

习　题

习题 1.1.1(经典翼型)　考虑 2 种翼型的形状问题:(1)儒科夫斯基翼型,其坐标 $\zeta = \xi + \mathrm{i}\eta$ 满足

$$\begin{cases} \zeta = z_0 + c\mathrm{e}^{i\vartheta} + \dfrac{a^2}{z_0 + c\mathrm{e}^{i\vartheta}}, \quad 0 < \theta < 2\pi \\ z_0 = a - c\exp(-\mathrm{i}\varphi_\mathrm{B}), c = \sqrt{a^2 + f^2}(1 + \varepsilon), \varphi_\mathrm{B} = \arctan(f/a) \end{cases}$$

弦长可表示为 $c_\mathrm{A} = \xi(\theta=0) - \xi(\theta=\pi)$,最大厚度按 $b = \max(\eta_+ - \eta_-)$,相对弯度按 f/c_A 求。给定 ε, f, a,即可求出翼型表面坐标。(2)NACA23012 翼型,相对厚度为 $b/c_\mathrm{A} = 0.12$,弯度为 $f/c_\mathrm{A} = 0.018\,4$,中弧线坐标为

$$\begin{cases} y_\mathrm{f}/c_\mathrm{A} = 2.659\,5[\bar{x}^3 - 0.607\,5\bar{x}^2 + 0.114\,7\bar{x}], \quad 0 \leqslant \bar{x} \leqslant 0.2025 \\ y_\mathrm{f}/c_\mathrm{A} = 0.022\,08(1 - \bar{x}), \quad 0.202\,5 \leqslant \bar{x} \leqslant 1 \end{cases}$$

这里,$\bar{x} = x/c_\mathrm{A}$。问题:将具有与 NACA23012 翼型同样弯度和相对厚度的儒科夫斯基翼型画出,叠加 NACA23012 翼型和儒科夫斯基翼型的中弧线。

提示:可参考示意题 1.1.1 图。

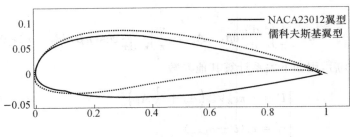

题 1.1.1 图

习题 1.1.2　考虑单位长度的物体在各高度飞行，飞行速度取 $V_\infty = 10^2$ m/s、10^3 m/s 和 5 $\times 10^3$ m/s，画出雷诺数随高度 H 从 0～37 km 变化的曲线。针对 $V_\infty = 10^2$ m/s，求雷诺数分别为 10 万和 100 万对应的高度。

提示：针对本问题，基于单位长度的雷诺数的计算式为 $Re(H) = \mu V_\infty / \rho$。其中黏度按萨特兰公式

$$\mu_\infty = \mu_0 \frac{T_0 + C}{T + C}\left(\frac{T}{T_0}\right)^{1.5}, C = 110.4K, T_0 = 288.15K, \mu_0 = 1.8247 \times 10^{-5} \text{ kg/(m · s)}$$

密度 ρ 和温度 T 随高度的变化规律见 1.1.5 节。

习题 1.2.1（轴对称问题无旋流动）　柱坐标系 $O(x,r,\theta)$ 与直角坐标系 $O(x,y,z)$ 的对应关系为 $x = x, y = r\cos\theta, z = r\sin\theta$。证明：

① 在柱坐标系下，速度的散度和旋度分别为

$$\begin{cases} \nabla \cdot \boldsymbol{V} = \dfrac{1}{r}\dfrac{\partial(rv_x)}{\partial x} + \dfrac{1}{r}\dfrac{\partial(rv_r)}{\partial r} + \dfrac{1}{r}\dfrac{\partial v_\theta}{\partial\theta} \\ \nabla \times \boldsymbol{V} = \left(\dfrac{\partial v_\theta}{\partial r} + \dfrac{v_\theta}{r} - \dfrac{1}{r}\dfrac{\partial v_r}{\partial\theta}\right)\boldsymbol{e}_x + \left(\dfrac{1}{r}\dfrac{\partial v_x}{\partial\theta} - \dfrac{\partial v_\theta}{\partial x}\right)\boldsymbol{e}_r + \left(\dfrac{\partial v_r}{\partial x} - \dfrac{\partial v_x}{\partial r}\right)\boldsymbol{e}_\theta \end{cases}$$

② 如果流场参数与轴向坐标 θ 无关，这样的流动称为轴对称流动。证明，对于轴对称流动，不可压缩无旋流动的连续性方程可写为

$$\frac{\partial(rv_r)}{\partial r} + \frac{\partial(rv_x)}{\partial x} = 0$$

③ 对于轴对称不可压缩流动，证明流函数 ψ 的定义式为

$$v_x = \frac{1}{r}\frac{\partial\psi}{\partial r}, \quad v_r = -\frac{1}{r}\frac{\partial\psi}{\partial x}$$

④ 对于轴对称无旋流动，从

$$\varOmega_\theta = \frac{\partial v_r}{\partial x} - \frac{\partial v_x}{\partial r} = 0$$

证明流函数满足方程

$$\frac{\partial}{\partial r}\left(\frac{1}{r}\frac{\partial\psi}{\partial r}\right) + \frac{\partial}{\partial x}\left(\frac{1}{r}\frac{\partial\psi}{\partial x}\right) = 0$$

习题 1.2.2（柱坐标系中的动量方程）　证明：柱坐标系 $O(x,r,\theta)$ 下的动量方程可以写成

$$
\begin{cases}
\dfrac{\mathrm{D}v_x}{\mathrm{D}t} = -\dfrac{1}{\rho}\dfrac{\partial p}{\partial x} + \nu\nabla v_x \\[2mm]
\dfrac{\mathrm{D}v_r}{\mathrm{D}t} - \dfrac{v_\theta^2}{r} = -\dfrac{1}{\rho}\dfrac{\partial p}{\partial r} + \nu\left(\nabla^2 v_r - \dfrac{2}{r^2}\dfrac{\partial v_\theta}{\partial\theta} - \dfrac{v_r}{r^2}\right) \\[2mm]
\dfrac{\mathrm{D}v_\theta}{\mathrm{D}t} + \dfrac{v_r v_\theta}{r} = -\dfrac{1}{\rho}\dfrac{\partial p}{r\partial\theta} + \nu\left(\nabla^2 v_\theta + \dfrac{2}{r^2}\dfrac{\partial v_r}{\partial\theta} - \dfrac{v_\theta}{r^2}\right)
\end{cases}
$$

这里

$$
\nabla^2 = \frac{\partial^2}{\partial x^2} + \frac{\partial^2}{\partial r^2} + \frac{1}{r}\frac{\partial}{\partial r} + \frac{1}{r^2}\frac{\partial^2}{\partial\theta^2}
$$

提示:从笛卡尔坐标系 $O(x,y,z)$ 动量方程出发,将自变量由笛卡尔直角坐标系向柱坐标系 $O(x,r,\theta)$ 按 $x=x,y=r\cos\theta,z=r\sin\theta$ 进行转换。

习题 1.2.3　记 $\boldsymbol{\tau}=\mu(\nabla\boldsymbol{V}+(\nabla\boldsymbol{V})^{\mathrm{T}})$, $\boldsymbol{\omega}=\nabla\times\boldsymbol{V}$,对于不可压缩流动,证明:

$$
\nabla\cdot\boldsymbol{\tau}\equiv-\mu\nabla\times\boldsymbol{\omega}
$$

提示:首先验证两个恒等式 $\nabla\times(\nabla\times\boldsymbol{V})=\nabla(\nabla\cdot\boldsymbol{V})-\nabla^2\boldsymbol{V}$, $\nabla\cdot(\nabla\boldsymbol{W})^{\mathrm{T}}=\nabla(\nabla\cdot\boldsymbol{V})$。
这里 $\nabla^2=\nabla\cdot\nabla$ 表示拉普拉斯算子。对两个恒等式右端应用不可压缩条件 $\nabla\cdot\boldsymbol{V}=0$,得到

$$
\nabla\cdot\boldsymbol{\tau}=\mu\nabla^2\boldsymbol{V},\quad \nabla\times(\nabla\times\boldsymbol{V})=-\nabla^2\boldsymbol{V}
$$

习题 1.2.4(涡量守恒方程)　从动量方程的兰姆-葛罗米柯形式

$$
\rho\frac{\partial\boldsymbol{V}}{\partial t} + \nabla\left(p+\rho\frac{V^2}{2}\right) - \rho\boldsymbol{V}\times\boldsymbol{\omega} = -\mu\nabla\times\boldsymbol{\omega}
$$

出发,证明:涡量 $\boldsymbol{\omega}=\nabla\times\boldsymbol{V}$ 满足的方程为

$$
\frac{\partial\boldsymbol{\omega}}{\partial t} + (\boldsymbol{V}\cdot\nabla)\boldsymbol{\omega} = \boldsymbol{\omega}\cdot\nabla\boldsymbol{V} + \nu\nabla^2\boldsymbol{\omega}
$$

提示:对动量方程的兰姆-葛罗米柯形式两端求旋度,并考虑到矢量恒等式

$$
\begin{cases}
\nabla\times(\boldsymbol{V}\times\boldsymbol{\omega})\equiv-(\boldsymbol{V}\cdot\nabla)\boldsymbol{\omega}+(\boldsymbol{\omega}\cdot\nabla)\boldsymbol{V}-\boldsymbol{\omega}(\nabla\cdot\boldsymbol{V})+\boldsymbol{V}(\nabla\cdot\boldsymbol{\omega}) \\
\nabla\times(\nabla\times\boldsymbol{\omega})\equiv\nabla(\nabla\cdot\boldsymbol{\omega})-\nabla^2\boldsymbol{\omega} \\
\nabla\times(\nabla\phi)\equiv0,\ \nabla\cdot(\nabla\times\boldsymbol{V})\equiv0
\end{cases}
$$

再使用不可压缩流动假设 $\nabla\cdot\boldsymbol{V}=0$, $\nabla\cdot\boldsymbol{\omega}=0$。

习题 1.3.1(螺旋流动势函数)　在坐标原点叠加一强度为 Q 的点源和一强度为 Γ 的点涡,求复函数并画出流线,证明流线为如题 1.3.1 图所示的螺旋线。证明:各点速度与极半径之间的夹角为常数。

提示:由点源和点涡的复势函数表达式知,二者在原点叠加后先得复势函数为 $w(z)$,接着求复速度 $u-vi=\mathrm{d}w(z)/\mathrm{d}z$。由 $\mathrm{d}\psi=-v\mathrm{d}x+u\mathrm{d}y=0$ 给出流线表达式。定义 $\alpha=\arctan(\Gamma/Q)$, $Q-\mathrm{i}\Gamma=\sqrt{Q^2+\Gamma^2}\,\mathrm{e}^{-\mathrm{i}\alpha}$,证明

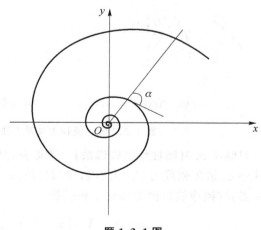

题 1.3.1 图

复速度可写为

$$u - vi = \frac{1}{2\pi}\sqrt{Q^2 + \Gamma^2}\,e^{-i(\alpha+\theta)}$$

即各点速度方向与横轴的夹角为 $\alpha+\theta$,而极半径与横轴的夹角为 θ,所以速度与极半径之间的夹角为常数 $\alpha = \arctan(\Gamma/Q)$。

习题 1.3.2(镜像涡与偶极子)　在竖轴两点 $(0,-a)$,$(0,a)$ 上放置等强度(Γ)但转向相反的点涡,画流线并考虑当 $a\to0$ 且 $M=a\Gamma/\pi$ 为常数时的极端情况,将该极端情况与轴线在 x 轴上的偶极子相比较,说明偶极子既可以一对水平轴上的正负点源无限靠近得到,也可以由一对竖轴上的正反点涡无限靠近得到。

提示:在竖轴两点 $(0,-a)$,$(0,a)$ 上放置等强度(Γ)但转向相反的点涡,复势与复速度为

$$\begin{cases} w(z) = \dfrac{\Gamma}{2\pi i}\ln(z+ai) - \dfrac{\Gamma}{2\pi i}\ln(z-ai) = \dfrac{\Gamma}{2\pi i}\ln\dfrac{z+ai}{z-ai} \\[2mm] u - iv = \dfrac{\Gamma}{2\pi i}\dfrac{1}{z+ai} - \dfrac{\Gamma}{2\pi i}\dfrac{1}{z-ai} = -\dfrac{\Gamma}{2\pi}\dfrac{2a}{z^2+a^2} = -\dfrac{\Gamma}{2\pi}\dfrac{2a}{r^2e^{2i\theta}+a^2} \end{cases}$$

显然,在实轴 $z=x$ 上,$v=0$,流线关于实轴具有对称性。如果把实轴看成一个对称面,那么下部点涡可以看成上部点涡的镜像涡。受镜像涡作用,上部点涡涡心移动速度为

$$u - iv = \frac{\Gamma}{2\pi i}\frac{1}{ai+ai} = \frac{\Gamma}{4\pi a}$$

当 $a\to0$ 时,显然

$$\lim_{a\to0}w(z) = \lim_{a\to0}\frac{\Gamma}{2\pi i}\ln\frac{z+ai}{z-ai} = \frac{a\Gamma}{\pi z} = \frac{M}{z}$$

即当 $a\to0$ 时,得到复势函数 $w(z)=M/z$,其中 $M=a\Gamma/\pi$,与偶极子的表达式相同。

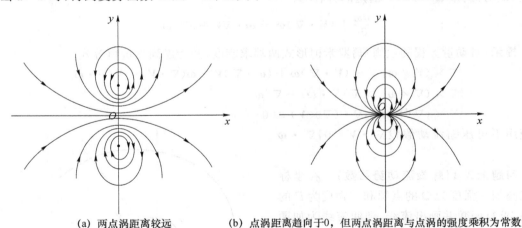

(a) 两点涡距离较远　　　　　　(b) 点涡距离趋向于0,但两点涡距离与点涡的强度乘积为常数

题 1.3.2 图　竖轴上放置等强度转向相反的点涡流线示意图

习题 1.3.3(圆柱绕流镜像法)　考虑直匀流中半径为 a 的带环量 Γ 的理想圆柱绕流。在圆柱外 z_v 放置强度为 Γ_v 的点涡,在圆柱内由 $\bar{z}_v z_{inv}=a^2$ 定义的反演点 z_{inv} 放置强度为 $-\Gamma_v$ 的另一点涡(镜像涡),由此得到复势函数

$$w(z) = V_\infty\left(z+\frac{a^2}{z}\right) + \frac{\Gamma}{2\pi i}\ln z + \frac{\Gamma_v}{2\pi i}\ln\left(\frac{z-z_v}{z-z_{inv}}\right)$$

证明：圆周 $z=ae^{i\theta}$ 依然是条流线，即在外部有点涡时，在反演点布置的镜像涡可得到理想圆柱绕流在外部有点涡时的解；求在镜像涡作用下圆柱壁面压力系数表达式，与没有外部点涡时的压力系数

$$C_{\mathrm{p}} = 1 - 4\left(1 - \frac{\Gamma}{4\pi a V_\infty \sin\theta}\right)^2 \sin^2\theta$$

比较，分析外部点涡对壁面压力分布的影响。

习题 1.3.4（轴对称无旋流动）　考虑轴对称流动情况，采用柱坐标系 (x,r)。

（1）证明：均匀流、点源和偶极子对应的流函数分别为

$$\psi = \frac{1}{2}V_\infty r^2, \quad \psi = -\frac{Q}{4\pi}\frac{x}{\sqrt{x^2+r^2}}, \quad \psi = \frac{m}{4\pi}\frac{r^2}{x^2+r^2}\frac{1}{\sqrt{x^2+r^2}}$$

（2）将直匀流与偶极子叠加，得到

$$\psi = \frac{1}{2}V_\infty r^2 + \frac{m}{4\pi}\frac{r^2}{x^2+r^2}\frac{1}{\sqrt{x^2+r^2}}$$

证明：当 $V_\infty + m/(2\pi a^3)=0$ 时，上式给出的流函数在半径为 a、圆心在原点的球面上为常数，且在球面上，流函数和速度满足

$$\begin{cases} \psi = \dfrac{V_\infty r^2}{2}\left(1 - \dfrac{a^3}{(x^2+r^2)^{3/2}}\right) \\ v_x = \dfrac{1}{r}\dfrac{\partial\psi}{\partial r} = V_\infty\left(1 - \dfrac{a^3}{(x^2+r^2)^{3/2}} + \dfrac{3}{2}\dfrac{a^3 r^2}{(x^2+r^2)^{5/2}}\right) \\ v_r = -\dfrac{1}{r}\dfrac{\partial\psi}{\partial x} = -\dfrac{3}{2}\dfrac{V_\infty r x a^3}{(x^2+r^2)^{5/2}} \end{cases}$$

提示：题 1.2.1 已经给出轴对称流动流函数的定义，据此可积分出流函数

$$\psi = \int(r v_x \mathrm{d}r - r v_r \mathrm{d}x) = \int\left(r\frac{\partial\varphi}{\partial x}\mathrm{d}r - r\frac{\partial\varphi}{\partial r}\mathrm{d}x\right)$$

于是，只需得到势函数表达式，即可积分出流函数。对于均匀流，对应的势函数为 $\phi=V_\infty x$。考虑在球坐标系中的点源强度定义，径向速度为 $V_r = Q/4\pi R^2$，其中 R 为距球心的距离。根据势函数定义，有 $\phi=\int V_r \mathrm{d}r = -Q/4\pi R$，在按 $R=\sqrt{r^2+x^2}$ 转换到柱坐标系便可积分出轴对称流动点源势函数 $\phi=-Q/(4\pi\sqrt{r^2+x^2})$。偶极子为两符号相反无限靠近点源的叠加，同时有 $\lim_{\delta l\to 0}Q\delta l=m$。于是

$$\psi = \lim_{\delta l\to 0, Q\delta l\to m}\left(-\frac{Q}{4\pi}\frac{x}{\sqrt{x^2+r^2}} + \frac{Q(x+\delta l)}{4\pi\sqrt{(x+\delta l)^2+r^2}}\right)$$

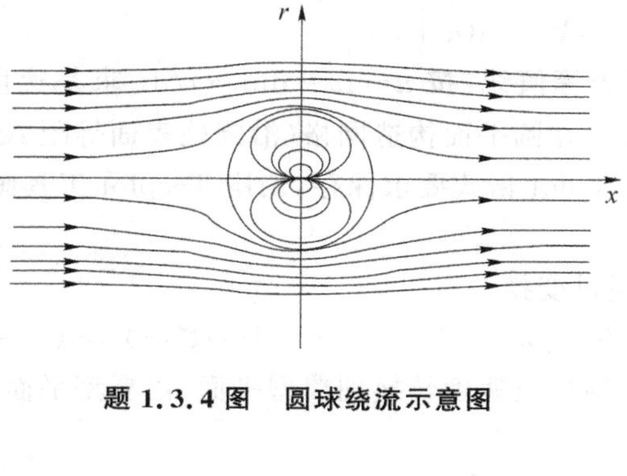

题 1.3.4 图　圆球绕流示意图

习题 1.3.5(儒科夫斯基变换的逆变换)　考虑儒科夫斯基变换 $\zeta=z+a^2/z$，证明：逆变换 $z=\zeta/2\pm\sqrt{\zeta^2-a^2}/2$ 中的正号对应复数平面的右半边，负号对应左半边。

提示：为了验证具有这样正负号的逆变换，可将儒科夫斯基变化代入其右端，得

$$z=\frac{1}{2}(z+a^2/z)\pm\frac{1}{2}\sqrt{(z-a^2/z)^2}$$

右侧开根号后必须等于左侧。依据 z 在右半平面和左半平面时，给出 $(z-a^2/z)^2$ 开根号后的正负号，即可证明。

习题 1.3.6(绕带任意迎角的无环量平板流动)　求绕带任意迎角的无环量平板流动的复势函数。

提示：圆心在原点、半径为 a 的带迎角无环量圆柱绕流的复势函数为

$$w(z)=V_\infty(ze^{-ai}+a^2/ze^{-ai})$$

将儒科夫斯基变换的逆变换 $z=\zeta/2\pm\sqrt{\zeta^2-a^2}/2$ 代入上式，可得平板绕流复势函数。

习题 1.3.7(椭圆翼型复势函数)　试证明：①儒科夫斯基变换 $f(z)=z+a^2/z$ 将 z 平面中圆心在原点、半径为 $c>a$ 的圆变换成 ζ 平面的椭圆，椭圆圆心在原点、长短半轴分别为 $c+a^2/c$ 和 $c-a^2/c$。②求椭圆平面的复势函数表达式以及沿椭圆的压力系数

$$w^*(\zeta)=V_\infty\left(ze^{-ai}+\frac{c^2}{ze^{-ai}}\right)+\frac{\Gamma}{2\pi i}\ln z,\quad z=\zeta/2\pm\sqrt{\zeta^2-a^2}/2$$

提示：在 z 平面圆柱坐标为 $z=ce^{i\theta}$，代入到儒科夫斯基变换得

$$\xi+i\eta=ce^{i\theta}+(a^2/c)e^{-i\theta}=(c+a^2/c)\cos\theta+i(c-a^2/c)\sin\theta$$

从而可解出 ξ 和 η，验证

$$\xi^2/(c+a^2/c)^2+\eta^2/(c-a^2/c)^2=1$$

将儒科夫斯基逆变换代入圆平面的复势函数 $w(z)=V_\infty(ze^{-ai}+c^2/ze^{-ai})+\Gamma\ln z/2\pi i$ 即得椭圆流动复势函数 $w^*(\zeta)$ 以及复速度 $v^*=dw^*(\zeta)/d\zeta$，由 $C_p=1-v^*\overline{v^*}/V_\infty^2$ 可得压力系数表达式。

习题 1.3.8(儒科夫斯基翼型流场)　考虑儒科夫斯基翼型，其坐标 $\zeta=\xi+i\eta$ 满足

$$\begin{cases}\zeta=z_0+ce^{i\theta}+\dfrac{a^2}{z_0+ce^{i\theta}},&0<\theta<2\pi\\z_0=a-c\exp(-i\varphi_B),&c=\sqrt{a^2+f^2}(1+\varepsilon),&\varphi_B=\arctan(f/a)\end{cases}$$

设 $\alpha=10°,a=1,c=(1+0.1)a,f=0.05$，由势函数以及满足库塔条件的环量表达式，即

$$\begin{cases}w(z)=V_\infty\left((z-z_0)e^{-i\alpha}+\dfrac{c^2}{(z-z_0)e^{-i\alpha}}\right)+\dfrac{\Gamma}{2\pi i}\ln(z-z_0)\\\Gamma=-4\pi cV_\infty\sin(\alpha+\varphi_B)\end{cases}$$

(1) 圆平面流线和压力等值线：按 $u-iv=dw(z)/dz$ 求复速度，按伯努利方程 $C_p=1-(u^2+v^2)/V_\infty^2$ 求压力系数。在圆平面构造网格(沿圆柱表面等距 $\Delta\theta$ 至少取 100 个点)，将各网格点速度和压力系数按 Tecplot 格式要求保存，调用 Tecplot 工具画圆平面的流线和压力等值线。

(2) 翼型平面流场：通过变换

$$\xi+i\eta=z+a^2/z,\quad u^*-iv^*=(u-iv)/\zeta'(z)=(u-iv)/(1-a^2/z^2)$$

将圆平面网格点坐标以及网格点速度转换到翼型平面，由翼型平面伯努利方程 $C_p^*=1-(u^{*2}$

$+v^{*2})/V_\infty^2$ 得到翼型平面网格点上的压力系数。将翼型平面各网格点速度和压力系数按 Tecplot 格式保存,画出流线和压力等值线,画出切向速度和压力系数沿翼型表面的分布。

提示:仿 1.3.7 节介绍的方法。

习题 1.3.9(儒科夫斯基翼型力矩表达式) 儒科夫斯基翼型表面坐标 $\zeta=\xi+i\eta$ 满足

$$\begin{cases} \zeta = z_0 + ce^{i\theta} + \dfrac{a^2}{z_0 + ce^{i\theta}}, & 0 < \theta < 2\pi \\ z_0 = a - c\exp(-i\varphi_B), & c = \sqrt{a^2 + f^2}(1+\varepsilon), \quad \varphi_B = \arctan(f/a) \end{cases}$$

证明:满足库塔条件的儒科夫斯基翼型相对于中弦点的力矩表达式为

$$M_0 = 2\pi\rho a^2 V_\infty^2 \sin(2\alpha) - 4\pi\rho ac V_\infty^2 \sin(\alpha+\varphi_B)\cos\alpha - (1+\varepsilon)\cos\alpha + \varphi_B$$

并讨论压力中心的位置。

提示:满足库塔条件的圆平面的复势函数为

$$\begin{cases} w(z) = V_\infty\left((z-z_0)e^{-i\alpha} + \dfrac{c^2}{(z-z_0)e^{-i\alpha}}\right) + \dfrac{\Gamma}{2\pi i}\ln(z-z_0) \\ \Gamma = -4\pi c V_\infty \sin(\alpha+\varphi_B) \end{cases}$$

将翼型平面的勃拉休斯定理用儒科夫斯基变换 $\zeta=z+a^2/z$ 转换到圆平面

$$M_0 = \frac{\rho}{2}\mathrm{Re}\oint_C \left(\frac{dw^*}{d\zeta}\right)^2 \zeta d\zeta = \frac{\rho}{2}\mathrm{Re}\oint_c g(z)dz, \quad g(z) = \left(\frac{dw}{dz}\right)^2 \frac{z(z^2+a^2)}{z^2-a^2}$$

将 $g(z)$ 用附录 A 中的罗兰级数展开,可知留数为 $2A_0a^2+A_1z_0+A_2$,其中

$$A_0 = V_\infty^2 e^{-2i\alpha}, \quad A_1 = \frac{V_\infty\Gamma}{i\pi}e^{-i\alpha}, \quad A_2 = -2c^2V_\infty^2 - \frac{\Gamma^2}{4\pi^2}$$

于是,$M_0 = \pi\rho\mathrm{Re}(2A_0a^2i + A_1z_0i + A_2i)$,化简得

$$M_0 = 2\pi\rho a^2 V_\infty^2 \sin(2\alpha) + \rho V_\infty\Gamma\,\mathrm{Re}[z_0\exp(-i\alpha)]$$

将环量 Γ 和参数 z_0 表达式代入上式,即得到最后结果。升力作用点位置,即相对于中弦点的距离,按力矩除以升力获得。

习题 1.4.1(对称圆弧薄翼厚度问题求解) 考虑对称翼型,翼型上下表面坐标由表达式 $y_\pm(x) = \pm\frac{1}{2}y_c(x) = 2b(x/c_A)(1-x/c_A)$ 给定。假设相对厚度 $\bar{b}=b/c_A \ll 1$。求沿翼型表面的速度和压力系数分布。对于 $\bar{b}=0.1$,给出 $C_p(0.1c_A, y_\pm)$,$C_p(0.5c_A, y_\pm)$ 和 $C_p(0.9c_A, y_\pm)$。

提示:把 1.4.2 节厚度问题求解方法用到翼型表面(直接用在 $y=\pm0$,积分出现奇异性),得到表面小扰动势函数和压力系数表达式为

$$\begin{cases} v_x(x, y_\pm) = -\displaystyle\int_0^{c_A} \frac{V_\infty(\xi-x)}{2\pi((\xi-x)^2 + (y_c(x)/2)^2)}\frac{dy_c(\xi)}{d\xi}d\xi \\ C_p(x, y_\pm) = \displaystyle\int_0^{c_A} \frac{\xi-x}{\pi((\xi-x)^2 + (y_c(x)/2)^2)}\frac{dy_c(\xi)}{d\xi}d\xi \end{cases}$$

式中,$dy_c(\xi)/d\xi = 4\bar{b}(1-2\xi/c_A)$。

参考答案:近似等于 -1.9×10^{-2},-0.22,-1.9×10^{-2}。

习题 1.4.2 考虑一弯板翼型,中弧线坐标为

$$y_f/c = 4f(x/c_A)(1-x/c_A), \quad 0 \leqslant x/c_A \leqslant 1$$

证明:中弧线点涡分布函数、薄翼零升迎角和零升力矩系数分别为

$$\gamma(x,\alpha)=2\alpha V_{\infty}\sqrt{\frac{c_{A}-x}{x}}+16fV_{\infty}\sqrt{\frac{x}{c_{A}}\left(1-\frac{x}{c_{A}}\right)},\quad \alpha_{L=0}=-2f, c_{m,ac}=-\pi f$$

提示:在一般情况,有

$$\begin{cases}\gamma(\theta)=2V_{\infty}\left(A_{0}\dfrac{1+\cos\theta}{\sin\theta}+\displaystyle\sum_{n=1}^{\infty}A_{n}\sin(n\theta)\right),\quad \dfrac{x}{c_{A}}=(1-\cos\theta)/2\\[3mm] A_{0}=\alpha-\dfrac{1}{\pi}\displaystyle\int_{0}^{\pi}\dfrac{\mathrm{d}y_{f}}{\mathrm{d}x}\mathrm{d}\theta,\quad A_{n}=\dfrac{2}{\pi}\displaystyle\int_{0}^{\pi}\dfrac{\mathrm{d}y_{f}}{\mathrm{d}x}\cos(n\theta)\mathrm{d}\theta,\quad n>0\\[3mm] \alpha_{L=0}=\dfrac{1}{\pi}\displaystyle\int_{0}^{\pi}\dfrac{\mathrm{d}y_{f}}{\mathrm{d}x}(1-\cos\theta)\mathrm{d}\theta\\[3mm] c_{m,ac}=\dfrac{\pi}{4}(A_{2}-A_{1})\cos\alpha\end{cases}$$

这里,$\mathrm{d}y_{f}/\mathrm{d}x=4f-8f(x/c_{A})=4f\cos\theta$,于是 $A_{0}=\alpha, A_{1}=4f, A_{n,n\geqslant2}=0$。将此以及 $\cos\theta=1-2x/c_{A}$ 和 $\sin\theta=2\sqrt{(1-2x/c_{A})x/c_{A}}$ 代入到涡强、零升迎角和零升力矩一般表达式即可得到结果。

习题 1.4.3(薄翼问题求解)　　NACA4412 翼型的中弧线坐标为

$$y_{f}/c_{A}=0.25(0.8x/c_{A}-(x/c_{A})^{2}),\quad 0\leqslant x/c_{A}\leqslant0.4$$
$$y_{f}/c_{A}=0.111(0.2+0.8x/c_{A}-(x/c_{A})^{2}),\quad 0.4\leqslant x/c_{A}\leqslant1$$

采用薄翼理论计算,求:① 零升迎角;②迎角为 3° 时的升力系数;③迎角为 3° 时,1/4 弦长力矩系数;④迎角为 3° 时,压力中心位置。

提示:仿习题 1.4.2,可得 $A_{0}\approx\alpha-9\times10^{-3}, A_{1}\approx0.163, A_{2}\approx0.023$,且 $\dfrac{1}{\pi}\displaystyle\int_{0}^{\pi}\dfrac{\mathrm{d}y_{f}}{\mathrm{d}x}(1-\cos(\theta))\mathrm{d}\theta=-0.07243=-4.15°$。

将这些数值以及 $\alpha=3°=3\pi/180$ 代入

$$\begin{cases}\alpha_{L=0}=\dfrac{1}{\pi}\displaystyle\int_{0}^{\pi}\dfrac{\mathrm{d}y_{f}}{\mathrm{d}x}(1-\cos(\theta))\mathrm{d}\theta\\[3mm] c_{1}=c_{\alpha}(\alpha-\alpha_{L=0})=2\pi(\alpha-\alpha_{L=0})\\[3mm] c_{m,LE}=-\left[\dfrac{c_{1}}{4}+\dfrac{\pi}{4}(A_{1}-A_{2})\right]\cos\alpha,\quad c_{m,1/4}=c_{m,LE}+\dfrac{1}{4}c_{1}\cos\alpha\\[3mm] \dfrac{x_{cp}}{c_{A}}=-\dfrac{c_{m,LE}}{c_{1}\cos\alpha}\end{cases}$$

即可得到所需结果。

参考答案:$-4.15°,0.784,-0.106,0.385c_{A}$。

习题 1.4.4　考虑一对称薄翼,求迎角为 2° 时翼型的升力系数和前缘力矩系数。

题 1.4.4 图　带襟翼的平板翼型

提示：由于翼型是对称的，所以升力仅由迎角引起，并且零升迎角为 0。

参考答案：$c_1 = 0.22, c_{m,LE} = -0.055$。

习题 1.4.5（襟翼的增升作用） 考虑零迎角下弦长为 1 的平板翼型，其后缘有一弦长为 E 的襟翼，令襟翼向下偏一小角度 η。将此问题看成平板翼型叠加襟翼组成的新翼型，于是可以继续使用薄翼理论。由于研究对象是分析添加了襟翼的额外作用，因此几何迎角可看成是相对于主翼的迎角。于是 x 轴可看成沿着主平板方向。襟翼投影到 x，整个机翼所处在的区间为 $0 < x < c_A \equiv 1 + E\cos\eta$，其中主机翼区间为 $0 < x < 1$，襟翼区间为 $1 < x < 1 + E\cos\eta$。这里，c_A 为襟翼修正后的等价弦长。如果令 $x/c_A = (1 - \cos\theta)/2, 0 \leq \theta \leq \pi$，那么 $x = 1$ 对应

$$\theta = \theta_1 = \arccos\frac{E\cos\eta - 1}{E\cos\eta + 1}$$

（1）证明：襟翼偏转产生的额外升力系数（以平板和襟翼的总长作为弦长）表达式为 $c_{1,\eta} = 2\eta[(\pi - \theta_1) + \sin\theta_1]$。

（2）求 $\eta = 15°, E = 1/3$ 时襟翼的升力系数。

提示：（1）襟翼偏转后，襟翼尾缘离开 x 轴的距离为 $f = E\sin\eta$。为了使用薄翼理论，采用变换 $x/c_A = (1 - \cos\theta)/2, 0 \leq \theta \leq \pi$。在这样的坐标系下，不难看出平板和襟翼组成的中弧线方程即中弧线斜率为

$$y_f = \begin{cases} 0, & 0 \leq x \leq 1 \\ -(x-1)\tan\eta, & 1 \leq x \leq c_A \end{cases}, \quad \frac{dy_f}{dx} = \begin{cases} 0, & 0 \leq \theta \leq \theta_1 \\ -\tan\eta, & \theta_1 \leq \theta \leq \pi \end{cases}$$

升力系数表达式为 $c_1 = \pi(2A_0 + A_1)$，其中

$$A_0 = \alpha - \frac{1}{\pi}\int_0^\pi \frac{dy_f}{dx}d\theta = \alpha + \frac{\pi - \theta_1}{\pi}\tan\eta, \quad A_1 = \frac{2}{\pi}\int_0^\pi \frac{dy_f}{dx}\cos\theta d\theta = \frac{2}{\pi}\sin\theta_1\tan\eta$$

由此得到 $c_1 = 2\pi\alpha + 2\eta(\pi - \theta_1 + \sin\theta_1)$。

（2）当 $\eta = 15°, E = 1/3$ 时，$\theta_1 \approx 2.11$，因此

$$c_{1,\eta} = 2 \times \frac{15\pi}{180}[\pi - 2.11 + \sin 2.11] \approx 0.99$$

可见，襟翼能提供高升力。

习题 1.4.6（NACA23012 问题气动特性分析） ① 证明关系式 $x_{ac}/c_A = -c_{m,\alpha}/c_\alpha + 1/4$，其中 $c_{m,\alpha} = dc_{m,1/4}/d\alpha$ 为力矩系数斜率；② 针对 NACA23012 翼型，人们获得了一些试验数据：当迎角为 $\alpha = 4°$ 时，升力系数和 1/4 弦长力矩系数分别为 $c_1 = 0.55$ 和 $c_{m,1/4} = -0.005$，零升迎角为 $\alpha_{L=0} = -1.1°$；当迎角为 $\alpha = -4°$ 时，有 $c_{m,1/4} = -0.0125$。用实验结果确定 c_α 和 $c_{m,\alpha}$，再求焦点位置；③给定 NACA23012 翼型中弧线坐标，即

$$\begin{cases} \dfrac{y_f}{c_A} = 2.6595\left[\left(\dfrac{x}{c_A}\right)^3 - 0.6075\left(\dfrac{x}{c_A}\right)^2 + 0.1147\left(\dfrac{x}{c_A}\right)\right], & 0 \leq \dfrac{x}{c_A} \leq 0.2025 \\ \dfrac{y_f}{c_A} = 0.02208\left[1 - \dfrac{x}{c_A}\right], & 0.2025 \leq \dfrac{x}{c_A} \leq 1 \end{cases}$$

求零升迎角和零升力矩系数并与实验结果比较，求迎角 4°时的压力中心位置，讨论中弧线在尾缘偏离水平线的角度与零升迎角。

提示：①零升力矩系数与 $c_{m,1/4}$ 的已知关系为 $c_{m,ac} = c_{m,1/4} + (x_{ac} - c_A/4)c_A c_1\cos\alpha$。对此，用零升力矩定义 $dc_{m,ac}/d\alpha = 0$ 并忽略高阶小量就可得结果。

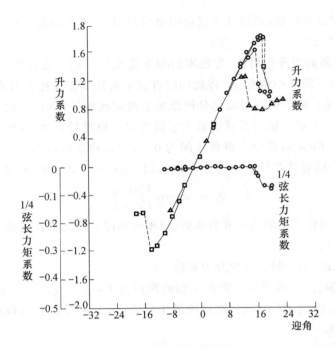

题 1.4.6 图　NACA23012 气动特性实验数据（不同曲线对应不同壁面粗糙度等条件）

②由图中实验曲线可见，在小迎角范围，即 $\alpha \leqslant 12°(\approx 12°$ 即可)，升力系数基本随迎角线性变化，即升力系数斜率为常数。于是，将升力看成迎角的线性函数，由实验结果得升力线斜率为

$$c_\alpha = \frac{dc_1}{d\alpha} = \frac{0.55}{(4+1.1)\pi/180} = 6.179$$

与一般薄翼升力线斜率 2π 非常接近。相对于 1/4 弦长力矩系数斜率为

$$c_{m,\alpha} = \frac{dc_{m,1/4}}{d\alpha} = \frac{-0.005 + 0.0125}{(4+4)\pi/180} = 0.0537$$

于是由 $x_{ac}/c_A = -c_{m,\alpha}/c_\alpha + 1/4$，得 $x_{ac} = 0.2413$，即按实验，焦点在 1/4 弦长附近。

③**参考答案：**$\alpha_{L=0} = -1.09°$。这与实验结果 $\alpha_{L=0} = -1.1°$ 非常接近。$c_{m,ac} = -0.0127$。这与实验结果 $c_{m,ac} = -0.01$ 相比，误差在 27% 左右。$x_{cp} = 0.273c_A$。后缘处中弧线角度求导得 $\tan\sigma = dy_f/dx = -0.02208$。由此得 $\sigma = -1.26°$，接近零升迎角。$\alpha_{L=0} = -1.1°$。翼型弯度或来流迎角必须使气流在尾缘处有种使气流向下偏转的作用，偏转量应该等于迎角（几何迎角与零升迎角），这样才能在使得气流向下偏转的同时，翼型获得向上的升力。或者说，之所以产生了升力，是因为来流被改变了方向，流过翼型后，获得向下的速度分量。这意味着，中弧线在尾缘的角度 σ 必须不为零。

习题 1.4.7　对于 NACA2412 翼型，迎角为 $\alpha = -6°$ 时，升力系数为 $c_1 = -0.39$ 和 1/4 弦长力矩系数为 $c_{m,1/4} = -0.045$。当迎角为 $\alpha = 4°$ 时，有 $c_1 = 0.65$，$c_{m,1/4} = -0.037$。求焦点位置。

提示：将 $c_{m,ac} = c_{m,1/4} + (x_{ac} - c_A/4)c_A c_1 \cos\alpha$ 用在 2 个迎角下，代入上述参数并令在 2 个迎角下 $c_{m,ac}$ 和 x_{ac} 均不变，两式联立求解，即可得焦点为 $x_{ac} = 0.242c_A$。

例题 1.4.8(S 弯翼型与飞翼)　分析正弯度翼型与 S 弯翼型的零升力矩特性。讨论分析没有平尾的飞翼采用 S 弯翼型的原因。

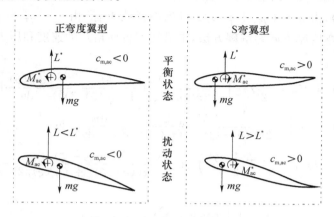

题 1.4.8 图 两种翼型:平衡态和扰动态

解 记 $x = c_A(1 - \cos\theta)/2$,薄翼零升力矩系数表达式可写为

$$c_{m,ac} = -\frac{\pi}{4}(A_1 - A_2)\cos\alpha = -\frac{\pi}{2\pi}\cos\alpha \int_0^\pi \frac{dy_f}{dx}(\cos\theta - \cos(2\theta))d\theta$$

对于有正弯度的情况,有正弯度时,在翼型前段和后端分别有

$$\frac{dy_f}{dx} > 0, \quad \cos\beta - \cos(2\beta) > 0; \qquad \frac{dy_f}{dx} < 0, \quad \cos\beta - \cos(2\beta) < 0$$

从而 $c_{m,ac} < 0$,零升力矩一般为负(低头力矩)。对 S 形翼型,中弧线坐标近似满足 $y_f = \varepsilon\sin(2\pi x/c_A)$,因此由 $x = c_A(1 - \cos\beta)/2$ 得

$$\frac{2}{\pi}\int_0^\pi \frac{dy_f}{dx}(\cos\beta - \cos(2\beta))d\beta = \frac{4\varepsilon}{c_A}\int_0^\pi \cos\frac{2\pi x}{c_A}(\cos\beta - \cos(2\beta))d\beta$$

$$= \frac{4\varepsilon}{c_A}\int_0^\pi (\cos\beta - \cos(2\beta))\cos[\pi(1 - \cos\beta)]d\beta = -\frac{4\times1.525\varepsilon}{c_A} < 0$$

故对于 S 弯扭翼型,有 $c_{m,ac} > 0$。常规翼型具有低头零升力矩,如果将焦点放在重心之前,那么相对于重心的升力力矩,可看成用来抵消低头零升力矩,使得不需要平尾情况下,就可以达到平衡状态。可是,如果受到扰动,使得迎角增大,从而升力增大(但零升力矩不变),那么升力相对于重心的力矩就大于零升力矩,使得扰动放大,无法平衡。因此,用这种翼型制成的飞机需要尾翼维持飞机稳定。

S 弯翼型具有抬头零升力矩。如果将焦点放在重心之后,那么相对于重心的升力力矩,可看成用来抵消抬头零升力矩,使得不需要平尾就可以达到平衡状态。如果受到扰动,使得迎角增大,从而升力增大(但零升力矩不变),那么升力相对于重心的低头力矩就大于零升力矩,使得翼型低头,恢复到平衡状态。因此,这种翼型不需要尾翼。这就是没有平尾的飞翼可采用 S 弯翼型的原因。这样的布局兼顾了平衡态和扰动状态。

习题 1.4.9(儒科夫斯基翼型流场薄翼理论求解) 考虑习题 1.3.8 给出的儒科夫斯基翼型,同样设 $\alpha = 10°, a = 1, c = (1 + 0.1)a, f = 0.05$,但用薄翼理论求解,将沿翼型表面的速度和压力系数保存,用 Tecplot 画出切向速度和压力系数沿翼型表面的分布,并与保角变换的解做比较。

　　提示：将问题分解为厚度问题与弯度迎角问题，用数值方法获得翼型上一系列上下表面离散点的坐标 $(\xi_i, \eta_{\pm i})$，由 $\eta_{fi} = (\eta_{+i} + \eta_{-i})/2$ 得到中弧线坐标，由 $\eta_c = \eta_{+i} - \eta_{-i}$ 得到厚度分布。用 1.4.5 节介绍的弯度厚度问题解耦方法，求沿翼型各网格点的速度和压力（系数），在翼型表面上令

$$
\begin{cases}
u_{\pm}(\xi, \eta_{\pm}) = V_{\infty} \mp \dfrac{1}{2}\gamma - \displaystyle\int_0^{c_A} \dfrac{V_{\infty}(\upsilon - \xi)}{2\pi((\upsilon - \xi)^2 + (\eta_c(\xi)/2)^2)} \dfrac{\mathrm{d}\eta_c(\upsilon)}{\mathrm{d}\upsilon}\mathrm{d}\upsilon \\[3mm]
v_{\pm}(\xi, \eta_{\pm}) = -\displaystyle\int_0^{c_A} \dfrac{\pm V_{\infty}\eta_c/2}{2\pi((\upsilon - \xi)^2 + (\eta_c(\xi)/2)^2)} \dfrac{\mathrm{d}\eta_c(\upsilon)}{\mathrm{d}\upsilon}\mathrm{d}\upsilon \\[3mm]
C_{p\pm}(\xi, \eta_{\pm}) = 1 - \left(1 \mp \dfrac{1}{2}\dfrac{\gamma}{V_{\infty}}\right)^2 + \displaystyle\int_0^{c_A} \dfrac{(\upsilon - \xi)}{\pi((\upsilon - \xi)^2 + (\eta_c(\xi)/2)^2)} \dfrac{\mathrm{d}\eta_c(\upsilon)}{\mathrm{d}\upsilon}\mathrm{d}\upsilon
\end{cases}
$$

其中

$$
\begin{cases}
\gamma(\theta) = -2V_{\infty}\left(A_0 \dfrac{1 + \cos\theta}{\sin\theta} + \displaystyle\sum_{n=1}^{N} A_n \sin(n\theta)\right) \\[3mm]
A_0 = \alpha - \dfrac{1}{\pi}\displaystyle\int_0^{\pi} \dfrac{\mathrm{d}\eta_f(\xi)}{\mathrm{d}\xi}\mathrm{d}\theta, \quad A_n = \dfrac{2}{\pi}\displaystyle\int_0^{\pi} \dfrac{\mathrm{d}\eta_f(\xi)}{\mathrm{d}\xi}\cos(n\theta)\mathrm{d}\theta, \quad n > 0 \\[3mm]
\xi = c_A(1 - \cos\theta)/2
\end{cases}
$$

这里，级数的 N 可取 10 作为近似，涉及的导数 $\mathrm{d}\eta_c(\xi)/\mathrm{d}\xi$ 和 $\mathrm{d}\eta_f(\xi)/\mathrm{d}\xi$ 可用中心差分近似。

参考文献

[1] Abbott I H, von Doenhoff A E. Theory of Wing Sections: Including a Summary of Airfoil Data. New York: Dover Publications, 1959.

[2] Crighton D G. The Kutta Condition in Unsteady Flow. Annual Review of Fluid Mechanics, 1985, 17(1): 411-445.

[3] David C Ives. A Modern Look at Conformal Mapping Including Multiply Connected Regions. Reston, VA: AIAA JOURNAL, 1976, 14(8): 1006-1011.

[4] Deglaire P, Ågren O, Bernhoff H, Leijon M. Conformal mapping and efficient boundary element method without boundary elements for fast vortex particle simulations. European Journal of Mechanics B/Fluids, 2008, 27: 150-17.

[5] Gupta R N, Lee K P, Thompson R A. Calculations and curve fits of thermodynamic and transport properties for equilibrium air to 30 000K[R]. Washington: NASA, 1991:1260.

[6] Hansen C F. Approximation for the thermodynamic and transport properties of high temperature air: NASA TR-R-50 [R]. Washington: NASA, 1959.

[7] Katz Joseph, Plotkin Allen. Low-Speed Aerodynamics. 2nd ed. London: Cambridge University Press, 2001.

[8] Lamb H. Hydrodynamics. 6th ed. Cambridge, Eng: Cambridge University Press, 1932.

[9] Li J, Xu Y Z, Wu Z N. Kutta-Joukowski force expression for viscous flow. Science China Physics, Mechanics & Astronomy, 2015, 2:1-5.

[10] Liu L Q, Zhu J Y, Wu J Z. Lift and drag in two-dimensional steady viscous and compressible flow. Journal of Fluid Mechanics, 2015, 784(11): 304 - 341.

[11]　Milne-Thomson L M. Theoretical Hydrodynamics. Hong Kong：Macmillan Education LTD，1986.

[12]　Pitt Ford C W，Babinsky H. Lift and the leading-edge vortex. Journal of Fluid Mechanics，2013，720：280-313.

[13]　Raymer，Daniel P. Aircraft design：a conceptual approach. Reston，Virgina：American Institute of Aeronautics and Astronautics，1999.

[14]　Sharma S D，Deshpande P J. Kutta-Joukowsky theorem in viscous and unsteady flow. Exp Fluids，2012，52：1581-1591.

[15]　Xia X，Mohseni K. Lift evaluation of a two-dimensional pitching flat plate. Physics of Fluids 2013，25：091901.

第 2 章 低速问题黏性效应与三维效应处理方法

本章首先介绍附面层相关基础知识及其简化处理方法,尤其涉及一些定性概念及对空气动力学问题的影响;最后介绍三维机翼理论,包括大展弦比机翼按二维流动添加流向涡修正的升力线理论,细长机翼小扰动理论以及大迎角三角翼涡升力理论。

2.1 黏性问题与附面层模型

考虑黏性时,一种情况是图 2.1-1 所示的情况,即当雷诺数足够大、来流迎角以及翼型弯度和相对厚度足够小时,黏性影响区域满足普朗特的附面层假设,即黏性作用区局限在较薄的附面层内,在附面层内存在层流甚至转捩和湍流,也可能存在小面积分离。这样的附面层对势流区的解的影响不大,或者影响小到可用于修正势流模型的边界,以致压力和升力力矩特性完全可以按全势流模型处理。本节将在流体力学附面层知识基础上,总结提炼学习空气动力学需要掌握的一些附面层知识,以便理解气动特性的一些阻力规律。

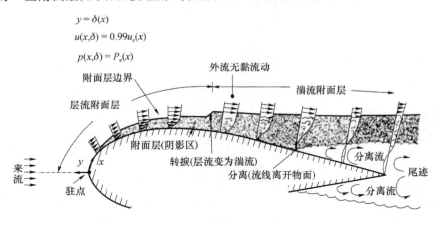

$$y = \delta(x)$$
$$u(x,\delta) = 0.99u_e(x)$$
$$p(x,\delta) = P_e(x)$$

图 2.1-1　翼型附面层示意图(采用物面坐标系)

如果流场不满足附面层假设,例如,对于图 2.1-2 所示的大迎角流动,本节介绍的方法无法处理,但本节会定性地介绍这种情况导致的阻力。本书 5.1 节介绍的理论可以分析图 2.1-2 所示的大迎角流动。

图 2.1-2　大迎角翼型实际流动

2.1.1　附面层数学模型与附面层参数

对于图 2.1-3 所示的小迎角翼型流动，观察和经验表明，一般可采用无分离附面层假设。在此假设下，整个流场的压力特性（包括升力力矩特性）和附面层外边界的速度可近似用完全去掉黏性（但满足库塔条件）的势流模型或被附面层修正后的势流模型来确定。完全去掉黏性但满足库塔条件的势流解可单独给定。附面层从前驻点或前缘开始，沿物面向下游发展，因此，分析附面层时，一般采用如图 2.1-1 所示的**物面坐标系**，也称贴体坐标系。在该坐标系中，坐标 x 从前驻点开始沿着物面走（翼型上下表面需要分开考虑，但这里以上表面为例展开讨论），坐标 y 与物面垂直且指向流体内部为正。沿着物面的方向简称流向，另一方向称为法向（沿附面层或物面法向）。

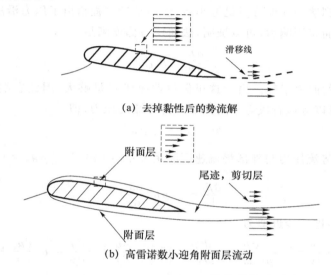

(a) 去掉黏性后的势流解

(b) 高雷诺数小迎角附面层流动

图 2.1-3　小迎角翼型流动示意图

在附面层理论中，将用势流解作为附面层外边界的条件，求附面层的厚度规律、物面摩擦系数分布、摩阻规律以及附面层对整个流场的影响。此外，还涉及层流、转捩、湍流和分离等现象。附面层模型要尽量给出描述层流、转捩、湍流和分离的简易直观的处理方法，部分方法主要来源于实验结果的总结。退一步讲，附面层模型只给出那些可给出的规律。一些无法被提炼或者没有任何规律可这样提炼的规律（如分离区内的速度分布），可以认为对于这些规律，附面层模型失效或不恰当，这时需要依赖其他手段求解。但我们用到的附面层模型往往能够给出那些重要的规律。

附面层模型的处理方法一般先给定附面层外边界的势流解，再求附面层模型，最后可进一步分析附面层对势流解的修正影响，进一步以修正后的势流解求附面层。但附面层厚度预先是未知数，因此第一步无法精确给出附面层外部势流解。进一步讨论见 2.1.5 节。

（1）外部势流解的选取

对于无迎角平板，势流解是常数，从而可令 $u_e = V_\infty$，$p_e = p_\infty$。对于有迎角、厚度和弯度的一般翼型，附面层厚度事先是不知道的。作为第一步，可取物面上的势流解用作 u_e，p_e。由此获得附面层厚度后，再取附面层外边界的势流解作为 u_e，p_e。实际上，附面层的存在对势流解也有影响,详见 2.1.5 节。

　　如果暂不涉及圆前缘的驻点流动,那么对于流线型翼型的附面层流动,物面曲率半径与当地附面层厚度相比足够大,以致可以忽略曲率的影响,从而可以将纳维-斯托克斯方程写在物面坐标系上。忽略曲率影响后,物面坐标系上的纳维-斯托克斯方程依然具有笛卡尔坐标系的形式。在附面层近似下,速度沿流向的梯度与沿法向的梯度相比,按普朗特观察,可以忽略。另外,法向速度分量也远小于流向速度分量。在这一假设下,普朗特证明,二维流动的纳维-斯托克斯方程的 2 个动量方程可近似写为

$$u\frac{\partial u}{\partial x} + v\frac{\partial u}{\partial y} = -\frac{1}{\rho}\frac{\partial p}{\partial x} + \nu\frac{\partial^2 u}{\partial y^2}, \quad \frac{\partial p}{\partial y} = 0 \tag{2.1.1}$$

式(2.1.1)也可以直接从纳维-斯托克斯方程经过量级分析得到,但这里直接作为附面层假设之一。因此,在考虑到法向速度分量足够小后,法向动量方程给出了压力沿法向等于常数的结论。事实上,考虑了曲率影响后,可以证明,法向压力梯度满足

$$\frac{\partial p}{\partial y} = \rho\frac{u^2}{R}$$

式中,R 为当地物面的曲率半径。由于这里假设曲率半径足够大,因此右端近似为 0。这样,附面层内的压力就可以近似看成等于附面层外部势流的压力,即

$$p(x,y) = p_e(x) \tag{2.1.2}$$

按伯努利方程,外部势流压力与外部势流速度满足关系 $p_e(x) + \frac{1}{2}\rho u_e^2 = C$,从而

$$\frac{dp_e}{dx} = -\rho u_e\frac{du_e}{dx} \tag{2.1.3}$$

因此,可将式(2.1.1)进一步近似为

$$u\frac{\partial u}{\partial x} + v\frac{\partial u}{\partial y} = -\frac{1}{\rho}\frac{dp_e}{dx} + \nu\frac{\partial^2 u}{\partial y^2} \quad 或 \quad u\frac{\partial u}{\partial x} + v\frac{\partial u}{\partial y} = u_e\frac{du_e}{dx} + \nu\frac{\partial^2 u}{\partial y^2} \tag{2.1.4}$$

将该方程用在物面上,考虑到无滑移条件

$$u = v = 0, \quad y = 0 \tag{2.1.5}$$

得

$$u_e\frac{du_e}{dx} + \nu\frac{\partial^2 u}{\partial y^2} = 0, \quad y = 0 \tag{2.1.6}$$

虽然一般将附面层外边界 $y=\delta$ 定义为当地速度为势流速度 99% 的地方,但在求解式(2.1.4)时,可以这样使用附面层外边界条件

$$u = u_e(x), \quad \frac{\partial^n u}{\partial y^n} = 0, \quad y = \delta, \quad n \geqslant 1 \tag{2.1.7}$$

式(2.1.4)～式(2.1.7)代表的数学模型就是普朗特附面层模型。

　　求解附面层模型有以下方法:

　　① 用数值法直接求解普朗特微分方程,尤其适用于三维流动。由于少了一个方程,并且压力(等于势流压力)是给定的,因此求解普朗特微分方程比直接求解纳维-斯托克斯方程简单得多。

　　② 相似解法。附面层内的速度型越简单越可能存在相似解。所谓的相似解,就是自变量至少减少一个,流动参数是自变量组合的解。

③ 卡门动量积分法。卡门将普朗特微分方程积分,得到了描述附面层参数(动量损失厚度)的积分方程,即卡门动量积分关系式。

④ 可压缩性修正法。对于一般的流动参数,可压缩性带来的变化需要构造专门的可压缩性流动理论和方法。但是,可压缩性效应对附面层参数的影响,有一种十分简单的修正方法,即被高速气流滞止加热后的参考温度修正法,详见 4.2 节。用不可压缩流得到附面层参数后,就可以用参考温度法修正高马赫数带来的可压缩性影响。

下面给出一些附面层参数定义式及其意义。这些参数要么在附面层模型求解过程中作为中间量用到,要么就是所关注的气动参数,要么可用于定性分析。

(2) 附面层外边界与附面层厚度

附面层外边界离物面的法向距离就是附面层厚度。物理上,附面层外边界是附面层区与无黏流区的分界线。数学上比这啰嗦一点,因为附面层与外部势流区的衔接较光滑,数学上无法定义准确的位置,在此位置以上恰好可以看成势流流动。因此,附面层厚度的选取带有一定的模糊性,好在这种模糊性不太影响最终的结果。在普朗特附面层模型中,把当地速度 u 正好等于当地势流速度 u_e 的 0.99 的位置定义为附面层外边界。如果外边界坐标记为 $y=\delta$,那么当地有 $u(x,\delta)=0.99u_e(x)$。附面层外边界与物面的垂直距离(最近距离)就是附面层厚度 $\delta=\delta(x)$。表面上看 99% 的选取具有很大随意性,但这种随意性不改变附面层其他参数的计算精度。

(3) 位移厚度

如果计及流量,与无黏流相比,附面层的存在,使得流量少了 $\int_0^\infty (u_e-u)\mathrm{d}y$。按无黏流流动,少掉的这部分流量相当于少了一个宽度 δ_1,该宽度称为位移厚度。令 $\int_0^\infty (u_e-u)\mathrm{d}y = u_e\delta_1$,得如此定义的位移厚度表达式为

$$\delta_1 = \int_0^\infty \left(1-\frac{u}{u_e}\right)\mathrm{d}y \approx \int_0^\delta \left(1-\frac{u}{u_e}\right)\mathrm{d}y \tag{2.1.8}$$

位移厚度反映了附面层对势流区等效边界的排挤作用,详见 2.1.5 节。

(4) 动量损失厚度

因黏性阻滞少流的那些流量 $\rho(u_e-u)$,按附面层实有的流速 u 代表的动量就是因附面层存在损失掉的动量。损失掉的动量以势流速度 u_e 流动应该占的厚度就是动量损失厚度 δ_2。前者对应的动量 $\int_0^\infty u(u_e-u)\mathrm{d}y$,后者对应的为 $\int_0^{\delta_2} u_e u_e \mathrm{d}y = u_e^2\delta_2$。令两者相等,得动量损失厚度表达式

$$\delta_2 = \int_0^\infty \frac{u}{u_e}\left(1-\frac{u}{u_e}\right)\mathrm{d}y \approx \int_0^\delta \frac{u}{u_e}\left(1-\frac{u}{u_e}\right)\mathrm{d}y \tag{2.1.9}$$

在用积分方法求附面层方程时,动量损失厚度变得十分有用。

(5) 能量损失厚度

因黏性阻滞少流的那些流量 $\rho(u_e-u)$,按它实有的流速 u 代表的动能就是因附面层存在损失掉的动能。损失掉的动能以主流速度 u_e 流动携带的动能应该占的厚度就是能量损失厚度,即

$$\frac{1}{2}\rho u_e^3\delta_3 = \int_0^\infty \frac{1}{2}\rho(u_e^2-u^2)u\mathrm{d}y$$

由此给出的能量损失厚度表达式为

$$\delta_3 = \int_0^\infty \frac{u}{u_e}\left(1 - \frac{u^2}{u_e^2}\right)\mathrm{d}y \approx \int_0^\delta \frac{u}{u_e}\left(1 - \frac{u^2}{u_e^2}\right)\mathrm{d}y \qquad (2.1.10)$$

转捩位置有时可表示为能量损失厚度的函数。

（6）形状因子、卷吸形状因子

由位移厚度、动量损失厚度和能量损失厚度定义形状因子为

$$H_{12} = \frac{\delta_1}{\delta_2}, \quad H_{32} = \frac{\delta_3}{\delta_2} \qquad (2.1.11)$$

虽然附面层的各种厚度沿流向有变化，但形状因子沿流向往往等于常数，且层流附面层和湍流附面层的形状因子取值不一样。对于实际附面层，形状因子越接近常数，附面层近似越准确。后面将看到，对于层流，一般近似有 $H_{12} = 2.6$；对于湍流，一般近似有 $H_{12} = 1.3$。在分析附面层时，往往给出形状因子的分布。在某些附面层理论中，直接将形状因子作为参数求解。

还有一个形状因子，称为卷吸形状因子，定义为

$$H_1 = \frac{\delta - \delta_1}{\delta_2} \qquad (2.1.12)$$

（7）摩擦应力与摩擦系数

与物面相切的物面摩擦应力（按牛顿定律）以及摩擦系数表达式为

$$\tau_w(x) = \mu\left(\frac{\partial u}{\partial y}\right)_{y=0}, \quad c_f(x) = \frac{\tau_w(x)}{\frac{1}{2}\rho_\infty V_\infty^2} \qquad (2.1.13)$$

（8）分离点与再附点

所谓分离，就是本应该贴着物面走的流线，从分离点开始脱离物面。从分离点开始的一个区域中流体存在逆向流动，即回流，该区域也称为分离区。如图 2.1-4 所示，可能出现的分离一般在背风面，有时也可能出现前缘分离泡。逆向流动在壁面的起始点称为分离点，结束点（如果存在的话）称为再附点。从分离点发出的流线与固壁一起包含分离区，因此该流线也称为分割流线。观察表明，分离区的压力近似为常数。对于翼型，如果出现流动分离，要么是因为迎角太大，要么是因为翼型设计得不好。所谓流线型就是壁面流线总是顺着壁面走的翼型，即没有分离的翼型。如果分离，那么从分离点开始，流线就离开物面了。流动分离很容易将层流附面层转捩为湍流。

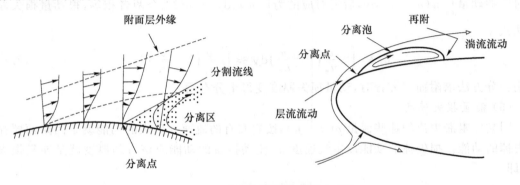

图 2.1-4　背风面分离与前缘分离泡

从壁面摩擦系数分布看分离点时,由正摩擦系数转为负摩擦系数那点即为分离点;由负摩擦系数转为正的那点为再附点,如图 2.1-5(a)所示。

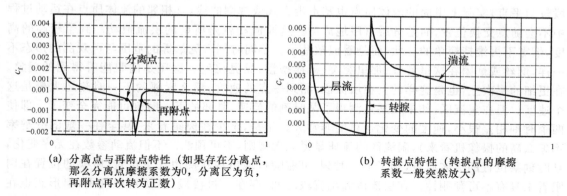

(a) 分离点与再附点特性 (如果存在分离点,
那么分离点摩擦系数为0,分离区为负,
再附点再次转为正数)

(b) 转捩点特性 (转捩点的摩擦
系数一般突然放大)

图 2.1-5　沿翼型壁面的摩擦系数分布

(9) 转捩点

在当地雷诺数高到一定程度的地方,流动可能由层流转变为湍流,这个点称为转捩点。在 2.1.2 节将讨论层流、湍流与转捩问题。转捩位置 x_{tr}(离附面层起始位置的距离)往往由转捩雷诺数

$$Re_{tr} = \frac{V_\infty x_{tr}}{\nu_\infty} \qquad (2.1.14)$$

表述。对于平板,实验表明转捩雷诺数近似为

$$Re_{tr} \approx 2.8 \times 10^6 \qquad (2.1.15)$$

从壁面摩擦系数分布看,由转捩点位置开始,摩擦系数一般突然放大,如图 2.1-5(b)所示。转捩雷诺数与翼型形状和壁面粗糙度等因素有关。

(10) 摩擦速度与 y_+

用当地壁面摩擦应力可以定义一个摩擦速度为

$$u_* = \sqrt{\tau_w / \rho} \qquad (2.1.16)$$

基于摩擦速度,定义无量纲高度

$$y_+ = \frac{u_* y}{\nu} \qquad (2.1.17)$$

该高度简称为 y_+。摩擦速度和 y_+ 是湍流附面层相似解中的重要参数。在计算流体力学计算时,如果需要考虑湍流模拟,那么物面第一排网格的法向尺寸,要求满足 y_+ 是 $O[0.1]$ 或以下的量级。

2.1.2　湍流与层流的区别:失稳、转捩与湍流

湍流问题是流体力学乃至整个物理学公认的难题,因而不可能深入地讨论湍流问题,而是仅介绍本节需要的一些知识。这些知识包括湍流现象本身的直观理解、层流向湍流的转捩、在湍流区如何为空气动力学关心的目的提供描述方法。一般情况下,湍流问题的深入研究需要用到复杂的湍流数值模拟以及精密的实验测量。

1. 湍流初级感知

举一个不恰当却又非常直观的香烟柱的例子,如图 2.1-6(向右为高度方向)。烟柱起始段较为平直,实际上里面的流体质点也基本走直线或规则曲线,且相邻的流体质点在运动过程中不会随意交换位置,而是分层有序地流动。这段流动就是所谓的层流流动。到了较高的高度,烟雾不再维持简单的柱状,而是看似散乱了。不同时刻可见烟雾的范围与可观测的形态不一样,烟丝或烟团在这里冒冒、那里突突、摇摇摆摆、晃晃悠悠。这还是肉眼能看得到的现象。在更细的层次上,也是这样的。在层流段,测到一点的速度,那么紧邻的下一时刻还大概是这个速度。但在湍流区,如果在某点测得了某时刻的流速,紧邻的下一时刻可能完全变了。即使两个时刻相差很小,速度的变化也可能非常大。于是,至少在肉眼看来(甚至在一般的分辨率不怎么高的摄像机看来),湍流区的流速显得毫无规则,不可预测。不但流动参数在无序变化,某时刻某位置的流体质点,到了下一时刻,可能随机地出现在周边任意位置,所换的位置在肉眼看来具有不可预测性。在层流段和湍流段之间,存在一过渡段,虽然看似规则,但形态也在随时间变化,有时摆来摆去,但还是显得有序。这是由层流发展成湍流的过渡段,也称为转捩阶段。其左端称为流动失稳点,当地对应的雷诺数称为失稳临界雷诺数,右端称为转捩点(也许具体转捩位置很难精准地定义)。

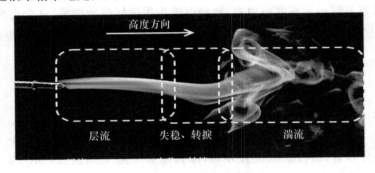

图 2.1-6　烟柱(向右为高度方向)。开始的一段是层流,
接着层流失稳和转捩,发展为湍流

流动失稳原因初级感知。层流段流体质点有序地流动,但不可避免地会受到扰动,如大气扰动。如果是附面层流动,物面粗糙度也是一种扰动。局部区域的扰动可以通过速度为几百米每秒的声波等方式从一点传到另外一点。因此,实际上,流场处处会感受到扰动,就像我们的日常生活与工作会受到干扰一样。我们在走路开车时,也会受到某种扰动(哪怕是风吹草动、虫飞鸟鸣,当然还有地面不平、路人干扰以及光照改变)。我们受到一点干扰就会情绪失稳暴跳如雷吗? 我们骑车时遇到一点点风吹草动就会歪歪斜斜甚至摔倒吗? 与我们人的行为因受到干扰是否情绪失稳或者公路上车流受到扰动是否出现交通混乱一样,流动失稳也与流场特性有关。

流场中的质点本身就处在一个惯性力、压力和黏性力的动态平衡之中。如果扰动打破了平衡,要么恢复到平衡态(此时称流动是稳定的),要么保留扰动大小(中性稳定),要么出现流动参数的变化量与扰动被一起放大(称为失去稳定)。因此,失稳既有外因(扰动),也有内因。惯性力、压力和黏性力的相对大小显然可以看成内因条件,于是是否失稳取决于雷诺数(惯性力与黏性力量级之比)大小和马赫数(惯性力与压力量级之比)大小。对于不可压缩流动,马赫数不用考虑。当然,如果还有其他因素,如流场在旋转或物面曲率过大,那么旋转参数或曲率也可能参与到影响因素之中。

2. 转　捩

失稳后的流场经过进一步发展，就可能转捩成湍流。下面简要介绍转捩机制。图 2.1－7 给出了来流经过一个平板，由层流向湍流发展的过程示意图。

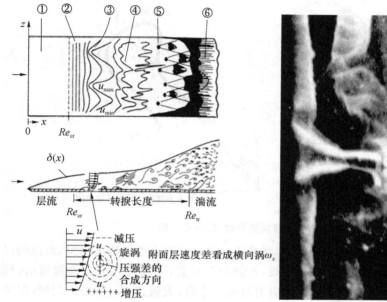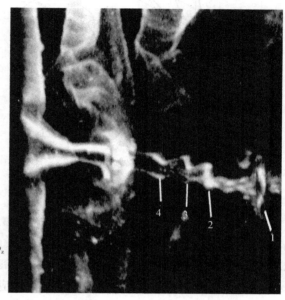

图 2.1－7　平板三维附面层从失稳经转捩到湍流产生的过程

1）区域①为稳定层流，可以看成二维流动，即沿展向 z 附面层参数无变化。左上图在平板内的曲线可以看成流向速度的等值线。

2）在当地雷诺数为 $Re_{cr} \approx 91\,000$ 的位置，流动失稳。该失稳点可以由线性稳定性理论给出。

3）壁面粗糙度和主流湍流度等给附面层参数以微小扰动，从失稳点开始的区域②，有些扰动被放大，即流动出现不稳定。在这一阶段，扰动的衰减或放大可以采用二维线性稳定性理论（也称小扰动稳定性理论）进行分析。

4）在下游区域③，出现展向不稳定，即导致流动参数出现沿展向的谐波型分布，扰动变化存在沿展向的不均匀性。如果看某流向位置 x 的流向速度 u 沿展向的分布，那么在一些周期分布的展向位置出现极大值 u_{max} 和极小值 u_{min}。速度在 u_{max} 附近的区域一般处在沿展向宽度足够小的一条沿着流向的带上，故称为条带结构。条带结构内的流向速度比条带外大。

5）如图 2.1－8 所示，附面层内的速度差可以看成轴线沿展向的横向涡。在②区，这种横向涡可以看成直的，但到了区域③，条带结构与横向涡相互作用，将局部横向涡涡管弯曲，形成向右凸的结构，形状像发卡，于是形成发卡涡。

6）区域④的发卡涡足够强，一方面弯曲涡管的不同段对其他部位的诱导速度大（按毕奥-萨瓦定律，诱导速度与距离平方成反比），另一方面在发卡涡围成的区域内诱导非常大的局部速度，看上去像喷流一样，诱导壁面附近的低速流体向上喷射，上面的高速流体绕过马蹄涡向下形成清扫。

7）进一步，越来越多的发卡涡会形成，强度达到一定程度后，形成局部喷射和清扫，产生

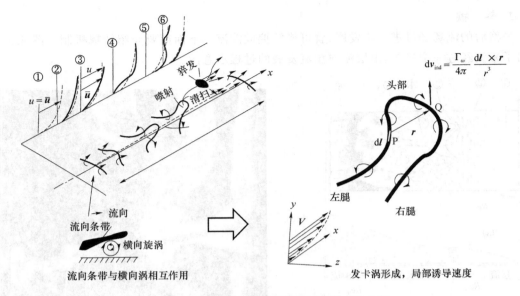

图 2.1-8 条带结构与横向涡干扰,形成发卡涡

的局部流场随时间快速演化,局部出现较强的速度峰值。这一过程也称为湍流猝发,形成的局部结构称为湍流斑,见区域⑤。湍流斑不断扩展,占据全部板宽,发展为充分发展湍流(区域⑥),流动完成从层流到湍流的转捩。这一点对应的当地雷诺数,大致是 $Re_{tr} \approx 2.8 \times 10^6$(但平板粗糙度以及来流的湍流度对具体的转捩雷诺数有影响)。

横向涡与流向条带结构的相互作用及形成发卡涡的过程,可用涡量方程

$$\frac{\partial \boldsymbol{\omega}}{\partial t} + (\boldsymbol{V} \cdot \nabla)\boldsymbol{\omega} = \boldsymbol{\omega} \cdot \boldsymbol{S} + \nu \nabla^2 \boldsymbol{\omega} \tag{2.1.18}$$

结合毕奥-萨瓦定律描述。将涡量方程右端第一项对应的矢量,投影到与涡线平行的方向与垂直的方向,可以研究横向涡的拉伸以及弯曲对涡量的影响。进一步通过毕奥-萨瓦定律或动量方程的兰姆—葛罗米柯形式 $\rho \dfrac{\partial \boldsymbol{V}}{\partial t} + \nabla\left(p + \rho \dfrac{V^2}{2}\right) - \rho \boldsymbol{V} \times \boldsymbol{\omega} = -\mu \nabla \times \boldsymbol{\omega}$ 分析涡管的运动和周围的速度场。注意,在附面层内,密度压力可近似看成常数,于是上式可写成

$$\frac{\partial \boldsymbol{V}}{\partial t} + \nabla\left(\frac{V^2}{2}\right) - \boldsymbol{V} \times \boldsymbol{\omega} = -\nu \nabla \times \boldsymbol{\omega} \tag{2.1.19}$$

由式(2.1.18)涡量流向分量满足的方程可写为

$$\frac{\partial \omega_x}{\partial t} + (\boldsymbol{V} \cdot \nabla)\omega_x = S_{xx}\omega_x + S_{yx}\omega_y + S_{zx}\omega_z + \nu \nabla^2 \omega_x \tag{2.1.20}$$

上式右端第三项给出

$$S_{zx}\omega_z = \frac{1}{2}\left(\frac{\partial u}{\partial z} + \frac{\partial w}{\partial x}\right)\omega_z \tag{2.1.21}$$

由于三维不稳定导致存在速度梯度 $\partial u/\partial z$。因此上式表明,横向涡与流向速度的展向梯度发生作用会导致流向涡涡量的产生。这是发卡涡涡腿产生的本质原因。

所谓的转捩点,就是从该点开始流动可以按湍流处理,附面层厚度等特性遵循与层流完全不一样的规律。为何是转捩成湍流,而不是转捩成另外一个层流?因为层流还是不稳定。如果转捩成湍流,那么湍流中的微团级别的脉动起的效果如同分子热运动,起到了另外一种意义

的黏性耗散,等效地增加了黏性系数,等效地降低了雷诺数,降低到什么程度?降低到能获得以某种时空平均定义的稳定的"层流"流场。即用某种平均尺度看,还是如同层流,只是对应的流场中,黏性系数叠加了微团脉动等效而来的湍流黏性系数。这样的等效层流显得更稳定,因此有理由转捩成这样子。当然,转捩的过程中,从流场内部可以挑出多少可表述的结构,这是转捩物理需要考虑的事情。回到翼型问题,如图 2.1-1 所示,附面层前段一般为层流,从某点开始为湍流。湍流出现的具体位置就是转捩点。

3. 湍流区的描述与处理

在湍流区,在非常小的尺度上还是满足流体力学的基本方程的,即瞬时三维纳维-斯托克斯方程。一些文献上给出湍流的某点速度的实验值随时间的演化曲线,看上去像随机数。这是一种视觉。图 2.1-9 给出了一条某时间段(随时间变化)的连续曲线(曲线 a),如果在几个等距的离散时刻从这条曲线上取值(黑圈代表的点),得到曲线 b。曲线 c, d, e 是在越来越长的时间段上,按类似方法得到的测量值,但放在横向同样宽度的视窗上,则看上去越来越像随机变化。尤其可以视为围绕某种平均值有脉动,曲线 f 为曲线 e 滤掉了看似小尺度脉动后剩下的平均值随时间的演化曲线。

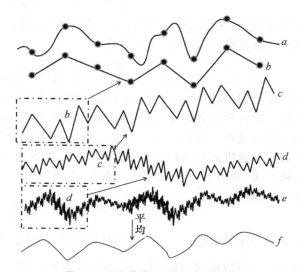

图 2.1-9　某点速度随时间的变化

如果滤波尺度选取恰当,那么曲线 f 可能是一条平直线,即虽然瞬时量随时间出现高频变化,但平均量可能是常数。目前,有实用价值的湍流处理方法就是给出某种形式的平均值,相对于平均值的脉动量对平均值的影响,则应通过某种方式考虑。至少可以当作一种额外的分子热运动,虽然此时的分子大小可能大得多,热运动规律可能也与常规意义的热运动有差异。

以流向速度分量为例,某点某时刻的最简单的平均量为

$$\bar{u}(t) = \int_{-T/2}^{+T/2} u(t+t')\mathrm{d}t' \tag{2.1.22}$$

式中,T 为用于平均量的周期,取多大值取决于关心什么尺度的演化。在本章,只关心平均量不随时间变化的湍流附面层。因此,下面的讨论中不再涉及周期。瞬时量为平均量与脉动量 u' 的叠加,即在任一点(任一时刻),有

$$u = \bar{u} + u'$$

同理,对于法向速度分量,也有 $v = \bar{v} + v'$。理论上压力也可以这样分解,但在未分离的附面层里,依然将压力近似为等于势流区的压力,从而不考虑压力脉动。但在实际流动中,正是这里忽略的压力脉动才导致与湍流相关的噪声。

利用连续性方程,先将附面层微分方程(2.1.4)写成

$$\frac{\partial uu}{\partial x} + \frac{\partial vu}{\partial y} = -\frac{1}{\rho}\frac{\mathrm{d}p_e}{\mathrm{d}x} + \nu\frac{\partial^2 u}{\partial y^2}$$

将瞬时速度分解为平均速度和脉动速度,得

$$\frac{\partial(\bar{u}+u')^2}{\partial x}+\frac{\partial(\bar{v}+v')(\bar{u}+u')}{\partial y}=-\frac{1}{\rho}\frac{\mathrm{d}p_e}{\mathrm{d}x}+\nu\frac{\partial^2(\bar{u}+u')}{\partial y^2}$$

对上式展开再取平均,并考虑到从平均定义式(2.1.22)或其他相似定义,则有

$$\overline{u'}=0,\overline{uu'}=\bar{u}\,\overline{u'}=0,\overline{\bar{u}}=\bar{u},\overline{\bar{u}\,u}=\bar{u}\,\bar{u},\cdots$$

从而

$$\bar{u}\frac{\partial\bar{u}}{\partial x}+\bar{v}\frac{\partial\bar{u}}{\partial y}+\frac{\partial\overline{u'u'}}{\partial x}+\frac{\partial\overline{v'u'}}{\partial y}=-\frac{1}{\rho}\frac{\mathrm{d}p_e}{\mathrm{d}x}+\nu\frac{\partial^2\bar{u}}{\partial y^2}$$

测量结果表明,在湍流附面层内,左端第三项与第四项相比可以忽略。于是,将第三项忽略并将第四项移到右端后,上式可以写成

$$\bar{u}\frac{\partial\bar{u}}{\partial x}+\bar{v}\frac{\partial\bar{u}}{\partial y}=-\frac{1}{\rho}\frac{\mathrm{d}p_e}{\mathrm{d}x}+\frac{1}{\rho}\frac{\partial}{\partial y}\left(\mu\frac{\partial\bar{u}}{\partial y}-\rho\overline{v'u'}\right) \tag{2.1.23}$$

这就是湍流附面层平均量满足的普朗特附面层方程,其中$\overline{v'u'}$是2个速度分量的脉动量乘积的平均。以这种方式处理,脉动量看似是随机量,从而表面上无法知道$\overline{v'u'}$是否为0,但可以推出两个脉动速度一般应正负号相反。原来,如果某处流体质点脉动速度满足$v'<0$,就会把上面更高流向速度的质点带过来,使得$u'>0$;反过来,如果$v'>0$,则会把下方更低流向速度的质点带过来,使得$u'<0$。因此,一般而言,有$-\overline{v'u'}>0$。由式(2.1.23)右端最后一项的形式可知,脉动量

$$\tau_t=-\rho\overline{v'u'} \tag{2.1.24}$$

起到了与分子黏性应力$\tau=\mu\dfrac{\partial\bar{u}}{\partial y}$相似的作用,因此把式(2.1.24)称为湍流应力,有时也称为雷诺应力。也可以这样理解,空气之所以有黏性,是因为有分子热运动。湍流速度脉动也类似于"热"运动,因此也应等效地带来黏性扩散应力。

分子热运动有分子平均自由程的概念,一大气压的室温空气分子平均自由程为半个微米的量级。平均自由程反映了分子相邻两次碰撞间隔移动的平均距离。正是这种碰撞引起的(切向)动量交换,导致了气体的黏性扩散。因此,气体分子的黏度与分子平均自由程成正比。

受分子热运动中的分子平均自由程与黏性扩散的关系的启发,普朗特假设湍流应力的成因是由于在湍流流动中,大量流体微团作脉动运动,引起了二层流体之间的动量交换。在普朗特混合长度理论中,假设流体微团在移动距离l之前,还能保持原有的一切流动特性,此后它才与其他流体混掺而失去其原有的流动特征。于是l称为混掺长度或混合长度。正是这种湍流脉动带来的额外扩散,一方面将壁面的黏性减速效应带得更远,即湍流附面层比层流附面层更厚(如图2.1-1所示,从转捩点开始,湍流附面层明显更厚了);另一方面,附面层外边界的动能更容易代入到平板附近,从而湍流附面层平均速度型比层流附面层更为饱满。

为了求解式(2.1.23),获得湍流附面层平均速度场,需要知道由式(2.1.24)定义的雷诺应力。给出雷诺应力是湍流模拟的核心内容之一。一般可以通过某种理论技巧将雷诺应力与平均速度的梯度关联起来,但本章不讨论这类问题,有关内容可以参阅湍流模拟的专著。

普朗特混合长度理论给出了二维湍流附面层的雷诺应力简化估计。携带平均速度的流体微团在垂直方向移动距离l后,引起的水平脉动速度按泰勒展开可估算为$u'\propto l\left(\dfrac{\mathrm{d}\bar{u}}{\mathrm{d}y}\right)$。另外,由连续性方程可知,近似有$v'\propto u'$。于是,湍流应力可估算为

$$\tau_t=-\rho\overline{u'v'}\propto\rho l^2\left(\frac{\mathrm{d}\bar{u}}{\mathrm{d}y}\right)^2=\rho l^2\left|\frac{\mathrm{d}\bar{u}}{\mathrm{d}y}\right|\frac{\mathrm{d}\bar{u}}{\mathrm{d}y} \tag{2.1.25}$$

此即普朗特混合长度理论公式。其中,混合长度l未知,需结合具体实验加以确定。对于二维

平板间的不可压湍流,普朗特假设: $l=\kappa y$, κ 为常数,称为卡门常数,由试验确定。

在本书余下部分涉及湍流的地方,会直接把湍流速度型,即平均速度关于法向坐标的分布函数形式(其中附面层厚度依然为未知数),依据实验规律总结的结果给出来,最终利用式(2.1.23)的积分形式,求出附面层厚度等参数。积分形式巧妙地把雷诺应力项给去掉了,但通过假定的符合湍流实验规律的速度型考虑了其影响。

2.1.3　附面层解的相似性与相似解,湍流速度型与层流速度型区别

如图 2.1-1 所示,严格而言附面层内速度以及附面层厚度等参数都是坐标 x, y 的函数,在每一个流向位置,速度(或湍流问题的平均速度)关于 y 的分布函数

$$\frac{u}{u_{\mathrm{e}}}=f_x\left(\frac{y}{\delta}\right), \quad \frac{\bar{u}}{u_{\mathrm{e}}}=g_x\left(\frac{y}{\delta}\right) \quad (\text{给定} x)$$

也称为速度型。这里,下标 x 表示一般情况下分布函数与流向位置有关(当然也就与附面层厚度有关)。

物理世界有时越简单越稳定。速度型如果与流向位置无关,如图 2.1-10 所示,那么问题的求解就更简单了。这样的解就是所谓的相似解,可以表示为

$$\frac{u}{u_{\mathrm{e}}}=f\left(\frac{y}{\delta}\right), \quad \frac{\bar{u}}{u_{\mathrm{e}}}=g\left(\frac{y}{\delta}\right) \quad (\text{对任意} x \text{都成立})$$

法向速度分量(虽然很小)也有类似表达式。

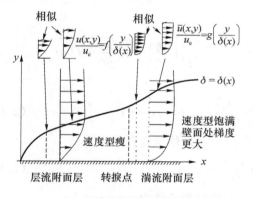

(a) 层流速度型与湍流速度型

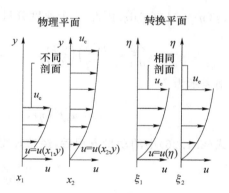

(b) 两个流向位置的速度型历经坐标变换后,完全相同

图 2.1-10　相似解速度型

图 2.1-10 所示的速度型,湍流速度型比层流更饱满。这是因为,湍流脉动容易把势流区的速度带到离平板很近的地方。这种速度型的差异可以从下面的相似解看出来。进一步,这种差异会在 2.1.4 节卡门动量积分求解方法中体现出来。

现代数学工具(如李群理论)可用于求一般

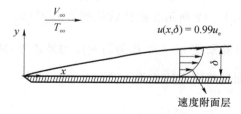

图 2.1-11　平板附面层

情况下的相似解。下面简要介绍几个相似解:平板层流附面层勃拉修斯相似解,驻点相似解(翼型问题有驻点,驻点也有附面层)。

1. 平板层流附面层勃拉修斯相似解

对于图 2.1 - 11 所示的平板层流附面层,势流区压力梯度可以忽略,因此附面层微分方程可简化为

$$\frac{\partial u}{\partial x} + \frac{\partial v}{\partial y} = 0, \quad u\frac{\partial u}{\partial x} + v\frac{\partial u}{\partial y} = \nu\frac{\partial^2 u}{\partial y^2} \tag{2.1.26}$$

针对此问题,勃拉修斯发现有相似解,他求得的相似解也称为勃拉修斯相似解。勃拉修斯令

$$u(x,y) = u_e\varphi(\eta)$$

这里,η 由下面的勃拉修斯变换给出

$$\eta = y/\sqrt{\nu x/u_e}$$

由于连续性方程成立,引入流函数 $u(x,y) = \frac{\partial \psi}{\partial y}$,于是

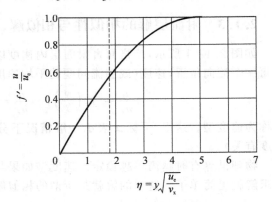

图 2.1 - 12 平板附面层

$$\psi = \int u_e\varphi(\eta)\mathrm{d}y = \sqrt{\nu x u_e}\int\varphi(\eta)\mathrm{d}\eta$$

$$= \sqrt{\nu x u_e}\,f(\eta)$$

这里,$f(\eta) = \int\varphi(\eta)\mathrm{d}\eta$。因此,2 个速度分量,按

$$u = \frac{\partial\psi}{\partial y} = \left(\frac{\partial\psi}{\partial\eta}\right)\left(\frac{\partial\eta}{\partial y}\right), \quad v = -\frac{\partial\psi}{\partial x} = -\left(\frac{\partial\psi}{\partial\eta}\right)\left(\frac{\partial\eta}{\partial x}\right) - \frac{\partial\sqrt{\nu x u_e}}{\partial x}f(\eta)$$

可分别表示为

$$u = u_e f'(\eta), \quad v = \frac{1}{2}\sqrt{\frac{\nu u_e}{x}}(\eta f'(\eta) - f) \tag{2.1.27}$$

代入式(2.1.26)中的动量方程后,经整理得关于 $f(\eta)$ 勃拉休斯方程为

$$2\frac{\mathrm{d}^3 f}{\mathrm{d}\eta^3} + f\frac{\mathrm{d}^2 f}{\mathrm{d}\eta^2} = 0 \tag{2.1.28}$$

由速度的边界条件式(2.1.5)和式(2.1.7),得 $f(\eta)$ 的边界条件为

$$\left.\frac{\partial f}{\partial\eta}\right|_{\eta=0} = 0, \quad f|_{\eta=0} = 0, \left.\frac{\partial f}{\partial\eta}\right|_{\eta=\infty} = 1 \tag{2.1.29}$$

求得 $f(\eta)$ 后,便可由式(2.1.27)求速度分量。利用数值方法,求得的 $f'(\eta) = u/u_e$,如图 2.1 - 12 所示。而且数值解给出 $f''(0) = 0.332$。当 $\eta = 5.2$ 时,有 $f' = u/u_e \approx 99.4\%$,因此勃拉修斯把 $\eta = 5.2$ 作为附面层的外边界,从而附面层厚度可按 $\delta\sqrt{\frac{u_e}{\nu x}} = 5.2$ 确定,由此得到附面层厚度表达式为

$$\delta = \frac{5.2x}{\sqrt{Re_x}} \tag{2.1.30}$$

这里 $Re_x = \rho V_\infty x/\mu$ 为当地雷诺数。可见,附面层厚度沿平板是缓慢增加的。按式(2.1.27),壁面摩擦应力为 $\tau = \mu\partial u/\partial y = \mu u_e f''(0)\partial\eta/\partial y = \mu u_e f''(0)/\sqrt{\nu x/u_e}$。利用 $f''(0) = 0.332$ 和摩擦系数定义式(2.1.13),得

$$c_\mathrm{f} = \frac{0.664}{\sqrt{Re_x}} \tag{2.1.31}$$

考虑长度为 L 的平板，基于整个长度的单面摩阻系数 $C_\mathrm{f} \equiv \dfrac{1}{\frac{1}{2}\rho V_\infty^2 L} \displaystyle\int_0^L \tau_\mathrm{w} \mathrm{d}x$ 为

$$C_\mathrm{f} = \frac{1.328}{\sqrt{Re_L}}, \quad Re_L = \frac{\rho V_\infty L}{\mu} \tag{2.1.32}$$

式中，$Re_L = \rho V_\infty L/\mu$ 为基于平板长度的雷诺数。

将 $f(\eta)$ 的数值解以及式(2.1.27)代入式(2.1.8)和式(2.1.9)，可求得位移厚度、动量损失厚度和形状因子为

$$\delta_1 = \frac{1}{3}\delta, \quad \delta_2 = \frac{83}{650}\delta, \quad H_{12} = \frac{\delta_1}{\delta_2} = 2.61 \tag{2.1.33}$$

2. 翼型驻点相似解与驻点附面层厚度

对于平板之类具有尖锐前缘的附面层流动，由式(2.1.30)知，前缘附面层起始厚度为零。对于大多数低速翼型，前缘有一定的曲率半径，这里记为 R。此时，虽然附面层起始于驻点，但驻点附面层厚度不为 0，而是有一个初始厚度。虽然对于实际应用，可以忽略该厚度，但下面介绍的可以确定驻点附面层厚度的驻点相似解，对于考虑气动热问题时估算驻点热流大小颇有价值。

图 2.1-13 给出了圆前缘驻点附面层示意图以及采用的坐标系。与平板附面层不同，这里的来流几乎垂直于前缘驻点附面层。为了求出附面层的解，需要先知道附面层外部的无黏流解。如果近似看成半径为 R 的圆柱流动驻点处的解，那么可以找出相似解，证明驻点附面层厚度满足

$$\delta = \frac{2.4R}{\sqrt{2Re_R}} = \frac{2.4\sqrt{\nu}}{\sqrt{2V_\infty}}\sqrt{R} \tag{2.1.34}$$

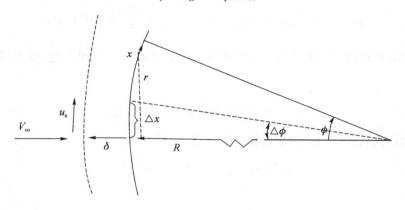

图 2.1-13 驻点附面层与参照系

下面给出详细分析。相似解有一些规范方法，其中包括试凑法。下面只给出试凑法。对于圆柱绕流，利用 1.3.2 节理想圆柱绕流势流解，并考虑到这里的坐标系选取方式，得

$$u_\mathrm{e} = V_\infty R^2 \frac{2(R+y)x}{((R+y)^2 + x^2)^2}, \quad v_\mathrm{e} = -V_\infty + V_\infty R^2 \frac{x^2 - (R+y)^2}{((R+y)^2 + x^2)^2}$$

只考虑驻点附近 $x \approx 0, y \approx 0$ 的解，从而近似有

$$u_e \approx V_\infty \frac{2x}{R}, \quad v_e \approx -V_\infty \frac{2y}{R} \qquad (2.1.35)$$

在驻点附面层内,假设法向速度是法向坐标的单值函数,即 $v = -f(y)$。由连续方程 $\frac{\partial u}{\partial x} + \frac{\partial v}{\partial y} = 0$ 可求得沿物面方向的速度 $u = xf'(y)$。在物面上,驻点速度为 0;在驻点附面层外边界,可用上面给出的驻点无黏流解。因此,边界条件为

$$\begin{cases} y = 0; & u = 0, v = 0 \\ y = \infty; & u = u_e = \dfrac{2V_\infty}{R}x \end{cases}$$

将表达式 $u = xf'(y)$ 和 $v = -f(y)$ 代入边界条件,得

$$f(0) = f'(0) = 0, \quad f'(\infty) = 2V_\infty/R \qquad (2.1.36)$$

代入 2 个动量方程

$$u \frac{\partial u}{\partial x} + v \frac{\partial u}{\partial y} = -\frac{1}{\rho} \frac{\partial p}{\partial x} + \nu\left(\frac{\partial^2 u}{\partial x^2} + \frac{\partial^2 u}{\partial y^2}\right); \quad u \frac{\partial v}{\partial x} + v \frac{\partial v}{\partial y} = -\frac{1}{\rho} \frac{\partial p}{\partial y} + \nu\left(\frac{\partial^2 v}{\partial x^2} + \frac{\partial^2 v}{\partial y^2}\right)$$

分别得

$$\nu f''' + ff'' - f'^2 = \frac{1}{\rho x} \frac{\partial p}{\partial x}, \quad \nu f'' + ff' = -\frac{1}{\rho} \frac{\partial p}{\partial y} \qquad (2.1.37)$$

由第二个方程沿 y 积分可得

$$p = -\rho\left(\nu f' + \frac{1}{2} f^2\right) + g(x) \qquad (2.1.38)$$

这里,$g(x)$ 为积分常数。将式(2.1.38)用在驻点位置 $x = 0, y = 0$,得

$$p_0 = -\rho\left(\nu f'(0) + \frac{1}{2} f(0)^2\right) + g(0)$$

从式(2.1.36),得 $g(0) = p_0$,这里,p_0 为驻点压力(总压)。

在离壁面较远处,将驻点无黏流解代入伯努利定理可得

$$p = p_0 - \frac{1}{2}\rho(u^2 + v^2) = p_0 - \frac{1}{2}\rho\left(\frac{2V_\infty}{R}\right)^2 (x^2 + y^2) \qquad (2.1.39)$$

对比式(2.1.38)和式(2.1.39)中与 x 有关的项,显然 $g(x) = -2\rho V_\infty^2 \dfrac{x^2}{R^2}$,于是式(2.1.38)可写为

$$p = -\rho\left(\nu f' + \frac{1}{2} f^2\right) - 2\rho V_\infty^2 \frac{x^2}{R^2}$$

将该压力表达式代入式(2.1.37)中的第一个表达式,得

$$\nu f'''(y) + ff'' - f'^2 = -\frac{4V_\infty^2}{R^2} \qquad (2.1.40)$$

定义

$$\eta = y\sqrt{\frac{2V_\infty}{R\nu}} = \frac{y}{R}\sqrt{2Re_R}, \quad Re_R = \frac{V_\infty R}{\nu}, \quad f(y) = F(\eta)\sqrt{\frac{\nu 2V_\infty}{R}} \qquad (2.1.41)$$

于是

$$u = xf'(y) = x\frac{\mathrm{d}}{\mathrm{d}y}\left(F(\eta)\sqrt{\frac{2\nu V_\infty}{R}}\right) = x\sqrt{\frac{2\nu V_\infty}{R}}\frac{\mathrm{d}\eta}{\mathrm{d}y}F'(\eta) = x\frac{2V_\infty}{R}F'(\eta)$$

利用式(2.1.35),得

$$u(x,y) = u_e F'(\eta) \tag{2.1.42}$$

将式(2.1.41)代入到式(2.1.40)中可得

$$F''' + FF'' + 1 - F'^2 = 0$$

相应的边界条件则变为

$$F(0) = F'(0) = 0, \quad F(\infty) = 1$$

数值解表明,当 $\eta = 2.4$ 时,有 $F'(\eta) = 0.990\,9$;按式(2.1.42),此处有 $u(x,y) = 0.990\,9u_e$。因此,$\eta = 2.4$ 可以当作驻点附面层外边界,从而由 $\eta = \dfrac{\delta}{R}\sqrt{2Re_R} = 2.4$ 得驻点附面层厚度

$$\delta = \frac{2.4R}{\sqrt{2Re_R}} = \frac{2.4\sqrt{\nu}}{\sqrt{2V_\infty}}\sqrt{R} \tag{2.1.43}$$

可见,驻点附面层厚度与驻点物面曲率半径的平方根成正比。

3. 湍流附面层相似解,对数律

考虑平板湍流附面层。用普朗特混合理论并假定:①混合长度正比于法向距离 $l = \kappa y$,②附面层内湍流应力近似等于壁面剪应力 $\tau_t(y) = \tau_w$,那么式(2.1.25)可写为

$$\tau_w = \rho \kappa^2 y^2 \left(\frac{d\bar{u}}{dy}\right)^2$$

将上式两侧开方,并考虑到摩擦速度的定义 $u^* = \sqrt{\tau_w/\rho}$,得

$$\frac{du}{dy} = \frac{u_*}{\kappa y}$$

对上式积分得

$$\frac{u}{u_*} = \frac{1}{\kappa}\ln y + C_1$$

用 $C = C - \dfrac{1}{\kappa}\ln\left(\dfrac{\nu_l}{u_*}\right)$ 代替 C_1,写成无量纲的形式为

$$\frac{u}{u_*} = \frac{1}{\kappa}\ln\frac{y u_*}{\nu_l} + C \tag{2.1.44}$$

这就是根据普朗特混合长度理论得出的流速分布的对数律。其中,$\kappa = 0.4 \sim 0.41$ 为卡门常数,另外,$C = 5.0 \sim 5.5$。

实际湍流附面层包含的规律比这更复杂,对数律只是其中一部分区域。实验观测表明,湍流附面层粗分为内、外两层,内层大致占边界层厚度的 20%,外层大致占 80%,在内外层交界处的速度已可达外流速度的 70% 左右。对于不可压缩附面层,附面层速度型如图 2.1-14 所示。

依据 y^+ 的大小,湍流附面层沿法各层的大致规律如式(2.1.45)所示。

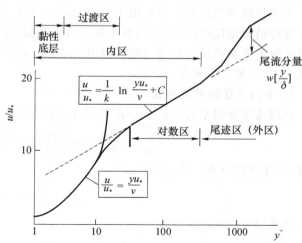

图 2.1-14 对数坐标上湍流速度型

$$\begin{cases} \dfrac{u}{u_*} \approx 5y^+, & y^+ < 3-5 \quad \text{(黏性底层)} \\[2mm] \dfrac{u}{u_*} \approx 5\left(1 + \ln\dfrac{y^+}{5}\right), & 3-5 < y^+ < 30 \quad \text{(过渡层)} \\[2mm] \dfrac{u}{u_*} \approx \dfrac{1}{\kappa}\ln\dfrac{yu_*}{\nu_l} + C, & 30 < y^+ < 10^3 (=0.2\delta) \quad \text{(对数律层)} \quad (2.1.45) \\[2mm] \dfrac{u_e - u}{u_*} \approx -\dfrac{1}{k}\ln y^+ + 2.35, & 0.2\delta < y < 0.4\delta \quad \text{(尾迹律层)} \\[2mm] \dfrac{u_e - u}{u_*} \approx 9.6\left(1 - \dfrac{y}{\delta}\right)^2, & 0.4\delta < y < \delta \quad \text{(黏性顶层)} \end{cases}$$

各层主要物理现象。在黏性底层,分子黏性应力起主要作用,湍流剪应力可以忽略,流动接近于层流状态,因此在早期研究中称之为层流底层。近期的实验研究观察到该层内有微小旋涡及湍流猝发起源的现象,因此称为黏性底层。从速度的特征看,由于速度分布是线性的,因此该层也称线性底层。在过渡层,分子黏性应力和湍流附加应力为同一数量级,流动状态极为复杂,工程计算时有时将其并入到对数律层。在对数律层内,流体受到的湍流应力大于分子黏性应力,流动处于完全湍流状态。与对数律层相比,尾迹律层的湍流强度已明显减弱。在黏性顶层,由于湍流的随机性和不稳定性,外部非湍流流体不断进入边界层内而发生相互掺混,使湍流强度显著减弱。同时,边界层内的湍流流体也不断进入临近的非湍流区,湍流和非湍流的界面是瞬息变化的,具有波浪的形状。因此,所谓湍流速度边界层厚度是平均意义上的厚度。实际上,湍流峰可能伸到顶层之外,而外流的势流也可以深入到顶层之内。这就是导致黏性顶层内的流动呈现间歇性的湍流,即在空间固定点上的流动有时是湍流,有时是非湍流。

对数律是许多湍流工程应用的基础。依据测量不同,其中涉及的重要常数卡门常数的值却被发现有 15% 以上的偏差。卡门常数 2% 的误差,会导致阻力预测 1% 的误差,这对飞行器设计非常关键。于是,人们怀疑是否真的存在普适的卡门常数,有的甚至建议将卡门常数改称为卡门系数。有关卡门常数的研究依然是目前湍流研究的重要内容之一。

2.1.4　附面层求解的积分方法:卡门动量积分关系法

普朗特附面层微分方程可用于求相似解,一般情况下也可以用数值方法求解。卡门则对微分方程沿附面层法向求积分,利用假定的速度型,可以给出没有相似解时的近似解析解。由于层流也可以看成没有脉动的湍流附面层特例,因此这里只以湍流为例推导卡门动量积分关系式。之后,给出一般求解方法。

1. 卡门动量积分关系式

将湍流附面层平均量的微分方程(2.1.23)写为

$$\frac{\partial \overline{uu}}{\partial x} + \frac{\partial \overline{uv}}{\partial x} = u_e \frac{\mathrm{d}u_e}{\mathrm{d}x} + \frac{\partial}{\partial y}\left(\nu \frac{\partial \bar{u}}{\partial y} - \overline{u'v'}\right) \tag{2.1.46}$$

另外,由连续性方程不难得到

$$\frac{\partial \bar{u}}{\partial x} + \frac{\partial \bar{v}}{\partial y} = 0$$

将上式乘以 u_e 得

$$\frac{\partial \overline{u}u_e}{\partial x} + \frac{\partial \bar{v}u_e}{\partial y} = \bar{u}\frac{\mathrm{d}u_e}{\mathrm{d}x} \tag{2.1.47}$$

将式(2.1.47)减动量方程(2.1.46)得

$$\frac{\partial \bar{u}(u_e - \bar{u})}{\partial x} + \frac{\partial \bar{v}(u_e - \bar{u})}{\partial y} + (u_e - \bar{u})\frac{\mathrm{d}u_e}{\mathrm{d}x} = -\frac{\partial}{\partial y}\left(\nu \frac{\partial \bar{u}}{\partial y} - \overline{u'v'}\right)$$

上式对 y 在$(0,\infty)$上积分,并利用边界条件

$$\begin{cases} \bar{u} = 0, \bar{v} = 0, y = 0 \\ \bar{u} = u_e, \partial \bar{u}/\partial y = 0, y \geqslant \delta \end{cases}$$

以及利用在物面和附面层外边界没有湍流从而$\overline{u'v'}=0$,可以得到

$$\frac{\mathrm{d}}{\mathrm{d}x}\int_0^\infty \bar{u}(u_e - \bar{u})\mathrm{d}y + \frac{\mathrm{d}u_e}{\mathrm{d}x}\int_0^\infty (u_e - \bar{u})\mathrm{d}y = \nu \frac{\partial \bar{u}}{\partial y}\Big|_{y=0}$$

即

$$\frac{\mathrm{d}}{\mathrm{d}x}\left[u_e^2 \int_0^\infty \frac{\bar{u}}{u_e}\left(1 - \frac{\bar{u}}{u_e}\right)\mathrm{d}y\right] + u_e \frac{\mathrm{d}u_e}{\mathrm{d}x}\int_0^\infty \left(1 - \frac{\bar{u}}{u_e}\right)\mathrm{d}y = \nu \frac{\partial \bar{u}}{\partial y}\Big|_{y=0}$$

使用

$$\delta_1 = \int_0^\infty \left(1 - \frac{\bar{u}}{u_e}\right)\mathrm{d}y, \quad \delta_2 = \int_0^\infty \frac{\bar{u}}{u_e}\left(1 - \frac{\bar{u}}{u_e}\right)\mathrm{d}y, \quad \tau_w = \mu \frac{\partial \bar{u}}{\partial y}\Big|_{y=0}$$

上式可以写成

$$\frac{\mathrm{d}}{\mathrm{d}x}\left[u_e^2 \delta_2\right] + u_e \frac{\mathrm{d}u_e}{\mathrm{d}x}\delta_1 = \frac{\tau_w}{\rho}$$

展开后得

$$u_e^2 \frac{\mathrm{d}\delta_2}{\mathrm{d}x} + \delta_2 \frac{\mathrm{d}u_e^2}{\mathrm{d}x} + u_e \delta_1 \frac{\mathrm{d}u_e}{\mathrm{d}x} = \frac{\tau_w}{\rho}$$

在上式中引入形状因子 $H_{12}=\delta_1/\delta_2$,并定义摩擦系数 $c_f = \dfrac{2\tau_w}{\rho u_e^2}$ 得

$$\frac{\mathrm{d}\delta_2}{\mathrm{d}x} + \frac{\delta_2}{u_e}(2 + H_{12})\frac{\mathrm{d}u_e}{\mathrm{d}x} = \frac{c_f}{2} \tag{2.1.48}$$

该式即卡门动量积分方程,也可以写成

$$\frac{\mathrm{d}\delta_2}{\mathrm{d}x} - (2 + H_{12})\frac{m}{Re_{\delta_2}} = \frac{l}{Re_{\delta_2}} \tag{2.1.49}$$

这里

$$l \equiv \frac{\tau_w \delta_2}{\mu u_e}, \quad m \equiv -\frac{\delta_2^2}{\nu}\frac{\mathrm{d}u_e}{\mathrm{d}x}, \quad Re_{\delta_2} \equiv \frac{\rho u_e \delta_2}{\mu}, \quad c_f = \frac{2l}{Re_{\delta_2}} \tag{2.1.50}$$

对于平板问题,由于没有压力梯度,即 $\dfrac{\mathrm{d}u_e}{\mathrm{d}x}=0$,因此卡门动量积分关系式简化为

$$\frac{\mathrm{d}\delta_2}{\mathrm{d}x} = \frac{c_f}{2} \tag{2.1.51}$$

无论对层流还是湍流,卡门定量积分关系式都成立。只是对于湍流,用的是平均量。由于层流湍流的卡门积分关系式一样,因此下面将去掉平均记号。

2. 卡门方程的求解,层流与湍流速度型的选取,平板附面层

为了求解,需要给定或假设速度型,即

$$\frac{u}{u_e} = f\left(\frac{y}{\delta}\right), \quad 0 < \frac{y}{\delta} < 1$$

对于层流,有卡门–波尔豪森方法,速度型写成多项式

$$\frac{u}{u_\mathrm{e}} = f(\eta) = a\eta + b\eta^2 + c\eta^3 + d\eta^4, \quad \eta = \frac{y}{\delta} \tag{2.1.52}$$

其中,系数 a,b,c,d 用相应的边界条件

$$\eta = 0: \quad u = 0, \quad \nu\frac{\partial^2 u}{\partial y^2} = -u_\mathrm{e}\frac{\mathrm{d}u_\mathrm{e}}{\mathrm{d}x}$$

$$\eta = 1: \quad u = u_\mathrm{e}, \quad \frac{\partial u}{\partial y} = 0, \quad \frac{\partial^2 u}{\partial y^2} = 0$$

来确定。其中,第一行的第二个方程是动量方程在固壁取 $u=0,v=0$ 时的简化方程(普朗特方程)。第二行的几个条件是近似条件,表明尽量忽略附面层外边界的法向导数。将速度型分布代入这几个边界条件,便可求出系数表达式

$$a = 2 + \frac{\Lambda}{6}, \quad b = -\frac{\Lambda}{2}, \quad c = -2 + \frac{\Lambda}{2}, \quad d = 1 - \frac{\Lambda}{6}$$

这里

$$\Lambda = \frac{\delta^2}{\nu}\frac{\mathrm{d}u_\mathrm{e}}{\mathrm{d}x} = -\frac{\delta^2}{\mu u_\mathrm{e}}\frac{\mathrm{d}p_\mathrm{e}}{\mathrm{d}x} \tag{2.1.53}$$

是一个反映了主流速度的流向梯度或压力梯度的量。顺压梯度对应 $\Lambda > 0$。逆压梯度对应 $\Lambda < 0$。

将系数表达式代入(2.1.52)得

$$\frac{u}{u_\mathrm{e}} = \left(2 + \frac{\Lambda}{6}\right)\left(\frac{y}{\delta}\right) - \frac{\Lambda}{2}\left(\frac{y}{\delta}\right)^2 + \left(-2 + \frac{\Lambda}{2}\right)\left(\frac{y}{\delta}\right)^3 + \left(1 - \frac{\Lambda}{6}\right)\left(\frac{y}{\delta}\right)^4 \tag{2.1.54}$$

将此速度型代入附面层参数定义式

$$\delta_1 = \int_0^\infty \left(1 - \frac{u}{u_\mathrm{e}}\right)\mathrm{d}y, \quad \delta_2 = \int_0^\infty \frac{u}{u_\mathrm{e}}\left(1 - \frac{u}{u_\mathrm{e}}\right)\mathrm{d}y, \quad H_{12} = \frac{\delta_1}{\delta_2}, \quad \tau_\mathrm{w} = \mu\frac{\partial u}{\partial y}\Big|_{y=0}$$

经运算,不难得到

$$\begin{cases} \delta_1 = \left(\dfrac{3}{10} - \dfrac{\Lambda}{120}\right)\delta, \quad \delta_2 = \dfrac{1}{63}\left(\dfrac{37}{5} - \dfrac{\Lambda}{15} - \dfrac{\Lambda^2}{144}\right)\delta \\[2mm] H_{12} = \left(\dfrac{3}{10} - \dfrac{\Lambda}{120}\right)\left(\dfrac{37}{315} - \dfrac{\Lambda}{945} - \dfrac{\Lambda^2}{9\,072}\right)^{-1} \\[2mm] l \equiv \dfrac{\tau_\mathrm{w}\delta_2}{\mu u_\mathrm{e}} = \left(2 + \dfrac{\Lambda}{6}\right)\left(\dfrac{37}{315} - \dfrac{\Lambda}{945} - \dfrac{\Lambda^2}{9\,072}\right) \\[2mm] m \equiv -\dfrac{\delta_2^2}{\nu}\dfrac{\mathrm{d}u_\mathrm{e}}{\mathrm{d}x} = -\left(\dfrac{37}{315} - \dfrac{\Lambda}{945} - \dfrac{\Lambda^2}{9\,027}\right)^2\Lambda \end{cases} \tag{2.1.55}$$

将这些表达式代入卡门动量积分方程(2.1.49)并整理得

$$\frac{\mathrm{d}}{\mathrm{d}x}\left(\frac{\delta_2^2}{\nu}\right) = \frac{F(\Lambda)}{u_\mathrm{e}}, \quad F(\Lambda) \equiv 2l + 4m + 2H_{12}m \tag{2.1.56}$$

给定势流区的压力或速度梯度,式(2.1.56)结合式(2.1.53)以及式(2.1.55)便可确定附面层厚度 δ。有了附面层厚度,再代入式(2.1.55),便可求出位移厚度、动量损失厚度、形状因子和壁面摩擦系数 $c_\mathrm{f} = \dfrac{2l}{Re_{\delta_2}}$。

对于平板附面层,此时,$\Lambda = 0$。不难按上述方法求得

$$\begin{cases} \delta = \dfrac{5.8x}{\sqrt{Re_x}}, \quad c_\mathrm{f} = \dfrac{0.69}{\sqrt{Re_x}}, \quad C_\mathrm{f} = \dfrac{1.38}{Re_{c_A}^{1/2}}, \\[2mm] \delta_1 = \dfrac{3}{10}\delta, \quad \delta_2 = \dfrac{37}{315}\delta, \quad H_{12} = \dfrac{\delta_1}{\delta_2} = 2.554 \end{cases} \tag{2.1.57}$$

这些结果与勃拉修斯相似解式(2.1.30),式(2.1.31)和式(2.1.33)非常接近。因此,可用于平板层流附面层。

对于湍流平板附面层,如果依然采用类似于(2.1.52)的多项式速度型,那么湍流与层流解便没有区别,因为卡门动量积分关系式是一样的。事实上,湍流速度型与层流有本质区别,尤其是比层流速度型更饱满,且内含对数律。对数函数是无法展开成多项式的。

实验观察认为,基于湍流附面层的速度型比较饱满,因而普朗特建议用下式来近似

$$\frac{u}{u_e} = \left(\frac{y}{\delta}\right)^{1/7}$$

用该速度型,采用与前面层流同样方法,可求出如下有用的参数

$$\delta_1 = \frac{1}{8}\delta, \quad \delta_2 = \frac{7}{72}\delta, \quad H = \frac{\delta_1}{\delta_2} = 1.3 \tag{2.1.58}$$

但将该速度型代入摩擦系数表达式 $\tau_w = \mu\left[\dfrac{\partial u}{\partial y}\right]_{y=0}$,得到的摩擦应力再代入动量积分方程,其误差相当大。

原来,对数律层的存在决定了湍流速度型不能展开为多项式。虽然对数律只分布在附面层内一部分,但在计算附面层参数时,可先用到整个附面层,即令在整个附面层内,式(2.1.44)成立。在该式中令 $u(y=\delta)=V_\infty$,从而

$$\frac{V_\infty}{u_*} = \frac{1}{\kappa}\ln\frac{\delta u_*}{\nu} + 5.0$$

将摩擦速度表达式

$$u_* = \sqrt{\frac{\tau_w}{\rho}} = V_\infty\left(\frac{c_f}{2}\right)^{\frac{1}{2}}$$

代入上式,得关于摩擦系数的关系式

$$\left(\frac{c_f}{2}\right)^{-\frac{1}{2}} = \frac{1}{\kappa}\ln\left[Re_\delta\left(\frac{c_f}{2}\right)^{\frac{1}{2}}\right] + 5.0, \quad Re_\delta = \frac{V_\infty\delta}{\nu} \tag{2.1.59}$$

该式可以用简化表达式 $c_f = 0.02Re_\delta^{-\frac{1}{6}}$ 逼近。但与实验结果比较后发现,该表达式依然不够精确。顺着这样的函数形式,经过试验数据校验,人们发现针对平板,该表达式可以更好地写为

$$c_f = 2 \times 0.022\,5Re_\delta^{-\frac{1}{4}} \tag{2.1.60}$$

代入平板卡门动量积分关系式

$$\frac{\mathrm{d}\delta_2}{\mathrm{d}x} = \frac{c_f}{2} \tag{2.1.61}$$

并使用式(2.1.58)中给出的 $\delta_2 = (7/72)\delta$,得

$$\frac{7}{72}\frac{\mathrm{d}\delta}{\mathrm{d}x} = 0.022\,5Re_\delta^{-\frac{1}{4}}$$

由此可解出平板湍流附面层厚度

$$\delta(x) = \frac{0.37x}{Re_x^{1/5}} \tag{2.1.62}$$

其他附面层参数可按(2.1.58)近似为

$$\delta_1(x) = \frac{1}{8}\delta(x) = \frac{0.046x}{Re_x^{1/5}}, \quad \delta_2(x) = \frac{7}{72}\delta(x) = \frac{0.036x}{Re_x^{1/5}} \tag{2.1.63}$$

进一步从(2.1.61)求得

$$c_f = \frac{0.0576}{Re_x^{1/5}} \tag{2.1.64}$$

于是,单面摩阻系数可求得为

$$C_f = \frac{1}{c_A}\int_0^{c_A}\frac{0.0576}{Re_x^{1/5}}\mathrm{d}x = \frac{0.072}{Re_{c_A}^{1/5}} \tag{2.1.65}$$

这是全平板附面层为湍流的情况。

3. 翼型层流附面层的怀特方法

怀特将(2.1.56)改写为

$$\frac{2u_e\delta_2}{\nu}\frac{\mathrm{d}\delta_2}{\mathrm{d}x} = L(m),\quad L(m) = (2 + H_{12})m + l \tag{2.1.66}$$

怀特针对几类层流速度型,得到了 $L(m)$ 与参数 m 之间的曲线。他发现,无论是针对保尔豪森速度型、勃拉休斯相似解速度型,还是驻点速度型,函数 $L(m)$ 可以统一近似为

$$L(m) \approx 0.45 + 6m \approx 0.45 - \frac{6\delta_2^2}{\nu}\frac{\mathrm{d}u_e}{\mathrm{d}x} \tag{2.1.67}$$

将此代入动量积分关系式(2.1.66)得

$$\frac{2u_e\delta_2}{\nu}\frac{\mathrm{d}\delta_2}{\mathrm{d}x} = 0.45 - \frac{6\delta_2^2}{\nu}\frac{\mathrm{d}u_e}{\mathrm{d}x} \tag{2.1.68}$$

显然可以直接积分,并给出

$$\left(\frac{\delta_2}{L}\right)^2 Re_L = \frac{0.45}{\overline{u}_e(x)^6}\int_0^{\overline{x}}\overline{u}_e^5\mathrm{d}\overline{x}' \tag{2.1.69}$$

这就是怀特方程。这里,L 为物体长度(如翼型弦长),并且

$$Re_L = \frac{V_\infty L}{\nu},\quad \overline{u}_e = \frac{u_e(x)}{V_\infty},\quad \overline{x} = \frac{x}{L} \tag{2.1.70}$$

怀特方程可以用于翼型附面层求解。给定了绕翼型表面的无黏主流速度 $u_e(x)$,就可从(2.1.69)直接积分出当地动量损失厚度 δ_2。

在卡门-保尔豪森方法中,形状因子表达式由式(2.1.57)给出。针对更一般的速度型,怀特发现形状因子可以由下面的更一般拟合式表示

$$H_{12} = \begin{cases} 2.61 - 3.75\Lambda + 5.24\Lambda^2 & (0 \leqslant \Lambda \leqslant 0.1) \\ \dfrac{0.0731}{0.14 + \Lambda} + 2.088 & (-0.1 \leqslant \Lambda \leqslant 0) \end{cases} \tag{2.1.71}$$

图 2.1-15 给出了形状因子 H_{12} 与压力梯度因子 Λ 的关系,逆压梯度增大形状因子。

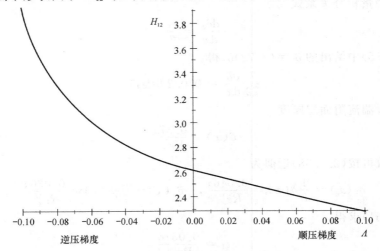

图 2.1-15　形状因子与压力梯度

怀特针对更一般的速度型,发现式(2.1.55)中的 l 可以更一般地写成

$$l = \begin{cases} 0.22 + 1.57\Lambda - 1.8\Lambda^2 & (0 \leqslant \Lambda \leqslant 0.1) \\ 0.22 + 1.402\Lambda + \dfrac{0.018\Lambda}{0.107 + \Lambda} & (-0.1 \leqslant \Lambda \leqslant 0) \end{cases} \quad (2.1.72)$$

按 $c_f = \dfrac{2l}{Re_{\delta_2}}$, $Re_{\delta_2} \equiv \dfrac{\rho u_e \delta_2}{\mu}$ 即可确定摩擦系数,从 $\delta_1 = H_{12}\delta_2$ 求 δ_2。

4. 转捩准则,米歇尔方法

对于包括平板在内的一般翼型,从某点开始是湍流,如图 2-1-1 所示。这首先涉及转捩点的判据。Michel 等给出基于当地动量损失厚度定义的雷诺数的判据,即当地雷诺数满足下面条件

$$Re_{\delta_2} \geqslant 1.174 \left[Re_x^{0.46} + 22\,400 Re_x^{-0.54} \right] \quad (2.1.73)$$

Eppler 判据可以考虑粗糙度的存在。该判据为

$$\log Re_{\delta_2} \geqslant 18.4 H_{32} - 21.74 - 0.34r \quad (2.1.74)$$

这里,r 为表面相对粗糙度(对于光滑表面取 0),$H_{32} = \delta_3/\delta_2$。基于当地动量损失厚度的雷诺数如果满足条件(2.1.73)或(2.1.74),即可按湍流处理。接着的附面层参数要按下面的湍流模型计算。对于平板,层流段勃拉休斯解给出

$$\delta_2 = \frac{83}{650}\delta = \frac{83}{650}\frac{5.2x}{\sqrt{Re_x}}, \quad Re_{\delta_2} = Re_x \frac{\delta_2}{x} = \frac{83 \times 5.2}{650}\sqrt{Re_x}$$

代入由 Michel 判据

$$\frac{83 \times 5.2}{650}\sqrt{Re_x} \geqslant 1.174\left[Re_x^{0.46} + 22\,400 Re_x^{-0.54}\right]$$

上式相等对应的雷诺数即转捩雷诺数为 $Re_{tr} = 2.03 \times 10^6$,这与光滑平板对应的已知转捩雷诺数式(2.1.15)相比,误差在可接受的范围内。

5. 湍流附面层参数希德(Head)方法

与怀特方法类似,对于湍流问题,还有希德方法。这里不介绍推导思路,直接给出结果。需要求 2 个方程,第一个是原卡门动量方程,即

$$\frac{\mathrm{d}(\delta_2/L)}{\mathrm{d}x} + (H_{12}+2)\frac{\delta_2}{L}\frac{\mathrm{d}\ln \overline{u}_e}{\mathrm{d}x} = \frac{c_f}{2} \quad (2.1.75)$$

类似于平板湍流附面层得到式(2.1.60),对于一般情况,Ludwig 和 Tillman 用实验数据拟合出

$$c_f = \frac{0.246}{Re_{\delta_2}^{0.268} 10^{0.678 H_{12}}} \quad \text{或} \quad c_f = \frac{0.3 e^{-1.33 H_{12}}}{\left(\ln \dfrac{u_e \delta_2}{\nu}\right)^{1.74 + 0.31 H_{12}}} \quad (2.1.76)$$

这里,形状因子也是通过实验拟合的。Cebeci 和 Brawdshaw 用实验数据拟合出卷吸形状因子与形状因子的关系

$$\begin{cases} H_1 = 1.535(H_{12}-0.7)^{-2.715} + 3.3, & H_{12} > 1.6 \\ H_1 = 0.823\,4(H_{12}-0.1)^{-1.287} + 3.3, & H_{12} < 1.6 \end{cases} \quad (2.1.77)$$

其中卷吸形状因子由方程

$$\frac{\mathrm{d}}{\mathrm{d}x}\left(\overline{u}_e \frac{\delta_2}{L} H_1\right) = \overline{u}_e F, \quad F = 0.0306(H_1 - 3.0)^{-0.653} \quad (2.1.78)$$

由式(2.1.75)～式(2.1.78)便得到关于 δ_2,H_{12},H_1 的方程。求出后进一步按(2.1.76)求摩擦系数。由 $\delta_1=H_{12}\delta_2$ 求位移厚度,再由 $\dfrac{(\delta-\delta_1)}{\delta_2}=H_1$ 求附面层厚度。

2.1.5　附面层与空气动力学

下面,将基于前面的一些知识和方法,介绍如何将附面层近似的结论初步用到空气动力学。

1. 平板附面层结果的实用性,混合附面层

飞机的机翼和机身一般都采用流线型,因此可用一些平板附面层的结果。实际飞行器的各个组件很少直接用平板,但是至少对于细长或薄平的飞行器,表面摩擦阻力可以用平板摩擦阻力近似。可见,平板附面层特性在飞行器设计中的重要性。作为近似方法之一,可以用机翼的湿润面积,乘以按平板计算的摩擦阻力系数获得机翼的摩擦阻力,(等效)平板的长度则为沿机翼表面流线从前缘走到尾缘的长度。一块平板,有长度、有厚度、也有宽度。一般可采用理想平板模型:①忽略平板的厚度,看成无限薄,因而单面附面层特性可以按平板附面层理论近似;②展向长度看成无限大,因而可以用二维问题近似。机身往往是回旋体,其等效直径与附面层厚度相比足够大,因此机身也可以近似按平板处理。

对于平板附面层,如果是层流,就可以用基于普朗特微分方程给出的勃拉休斯相似解,即

$$\delta=\frac{5.2x}{\sqrt{Re_x}},\quad c_{\mathrm f}=\frac{0.664}{\sqrt{Re_x}},\quad C_{\mathrm f}=\frac{1.328}{Re_{c_A}^{1/2}},\quad \delta_1=\frac{1}{3}\delta,\quad \delta_2=\frac{83}{650}\delta,\quad H_{12}=\frac{\delta_1}{\delta_2}=2.61$$

以及基于卡门动量积分方程的卡门-波尔豪森方法给出的附面层参数

$$\delta=\frac{5.8x}{\sqrt{Re_x}},\quad c_{\mathrm f}=\frac{0.69}{\sqrt{Re_x}},\quad C_{\mathrm f}=\frac{1.38}{Re_{c_A}^{1/2}},\quad \delta_1=\frac{3}{10}\delta,\quad \delta_2=\frac{37}{315}\delta,\quad H_{12}=\frac{\delta_1}{\delta_2}=2.554$$

比较可见,两种方法给出的结果差异很小。

对于湍流附面层,基于卡门动量积分关系式和一些实验结果拟合,得到了

$$\delta=\frac{0.37x}{Re_x^{1/5}},\quad c_{\mathrm f}=\frac{0.057\,6}{Re_x^{1/5}},\quad C_{\mathrm f}=\frac{0.072}{Re_{c_A}^{1/5}},\quad \delta_1=\frac{0.046x}{Re_x^{1/5}},\quad \delta_2=\frac{0.036x}{Re_x^{1/5}},\quad H=\frac{\delta_1}{\delta_2}=1.3$$

可见,层流附面层的形状因子 $H_{12}\approx2.6$ 比湍流的 $H_{12}\approx1.3$ 大一倍左右。也就是说,损失同样流量的情况下,湍流动量损失更大。

考虑如图 2.1-16 所示的平板混合附面层,当地雷诺数满足 $Re_x<Re_{\mathrm{tr}}$ 时为层流,当地雷诺数满足 $Re_x>Re_{\mathrm{tr}}$ 为湍流。转捩雷诺数 Re_{tr} 是需要额外理论给定的量,对于光滑平板,可取 $Re_{\mathrm{tr}}\approx2.8\times10^6$。随着基于平板总长度的雷诺数 $Re_L=\dfrac{V_\infty L}{\nu}$ 由小到

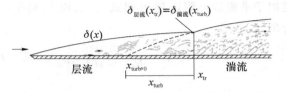

图 2.1-16　平板混合附面层

大,附面层由全是层流、发展为混合附面层($Re_L>Re_{\mathrm{tr}}$),最后是全湍流附面层($Re_L\gg Re_{\mathrm{tr}}$ 或采取强制措施促使从前缘转捩)。

对于层流段,当地 x 的摩擦系数可用勃拉修斯解 $c_{\mathrm{fl}}(x)=\dfrac{0.664}{\sqrt{Re_x}}$。于是,层流段贡献的阻力为

$$D_{\mathrm{lam}} = \frac{1}{2}\rho V_\infty^2 C_f x_{\mathrm{tr}} = \frac{1}{2}\rho V_\infty^2 \frac{1.328}{Re_{\mathrm{tr}}^{1/2}} x_{\mathrm{tr}}$$

在转捩位置 $x = x_{\mathrm{tr}}$，按层流和湍流附面层预估的厚度分别为

$$\delta_{\mathrm{tr}} = \frac{5.2 x_{\mathrm{tr}}}{\sqrt{Re_{\mathrm{tr}}}}, \quad \delta_{\mathrm{tr}} = \frac{0.37(x_{\mathrm{tr}} - x_{\mathrm{turb},0})}{Re_{(x_{\mathrm{tr}} - x_{\mathrm{turb},0})}^{1/5}}$$

这里，$x_{\mathrm{turb},0}$ 为假想湍流附面层的起始位置，如图 2.1-16。令这 2 个厚度相等，解得

$$x_{\mathrm{turb},0} = \left(1 - \frac{5.2^{5/4}}{0.37^{5/4} Re_{\mathrm{tr}}^{3/8}}\right) x_{\mathrm{tr}} \approx 0.9 x_{\mathrm{tr}}$$

于是，从 $x = 0.9 x_{\mathrm{tr}}$ 开始到 $x = L$ 全部按湍流，得到的阻力为

$$D_{L1} = \frac{1}{2}\rho V_\infty^2 C_f(L - 0.9 x_{\mathrm{tr}}) = \frac{1}{2}\rho V_\infty^2 \frac{0.072(L - 0.9 x_{\mathrm{tr}})}{Re_{(L - 0.896 x_{\mathrm{tr}}^{1/5})}} = \frac{1}{2}\rho V_\infty^2 \frac{0.072 L^{\frac{1}{5}}(L - 0.9 x_{\mathrm{tr}})^{\frac{4}{5}}}{Re_L^{1/5}}$$

湍流本来从转捩点开始，因此上式应减去从 $x = 0.9 x_{\mathrm{tr}}$ 到 $x = x_{\mathrm{tr}}$ 的湍流阻力，即

$$D_{L2} = \frac{1}{2}\rho V_\infty^2 C_f(x_{\mathrm{tr}} - 0.9 x_{\mathrm{tr}}) = \frac{1}{2}\rho V_\infty^2 \frac{0.072 \times 0.1 x_{\mathrm{tr}}}{Re_{0.1 \times x_{\mathrm{tr}}^{1/5}}} = \frac{1}{2}\rho V_\infty^2 \frac{0.072 L^{\frac{1}{5}}(0.1 x_{\mathrm{tr}})^{\frac{4}{5}}}{Re_L^{1/5}}$$

于是，平板单面总的阻力为 $D = D_{\mathrm{Lam}} + D_{L1} - D_{L2}$，即

$$D = \frac{1}{2}\rho V_\infty^2 \left(\frac{1.328}{Re_{c_A}^{1/2}} x_{\mathrm{tr}} + \frac{0.072 L^{\frac{1}{5}}(L - 0.9 x_{\mathrm{tr}})^{\frac{4}{5}}}{Re_L^{1/5}} - \frac{0.072 L^{\frac{1}{5}}(0.1 x_{\mathrm{tr}})^{\frac{4}{5}}}{Re_L^{1/5}}\right)$$

故当 $Re_L > Re_{\mathrm{tr}}$，混合附面层的阻力系数可估计为

$$C_f = \frac{1.328}{Re_{\mathrm{tr}}^{1/2}} \frac{Re_{\mathrm{tr}}}{Re_L} + \frac{0.072}{Re_L^{1/5}}\left(1 - 0.9\frac{Re_{\mathrm{tr}}}{Re_L}\right)^{\frac{4}{5}} - \frac{0.072}{Re_L^{1/5}}\left(0.1\frac{Re_{\mathrm{tr}}}{Re_L}\right)^{\frac{4}{5}} \tag{2.1.79}$$

图 2.1-17 为单面摩擦阻力系数随雷诺数 Re_L 的变化。随着总的雷诺数的增加，先按层流规律 $C_f \propto 1/\sqrt{Re_L}$ 下降；当有转捩，出现部分层流和部分湍流后，阻力系数增加；最后，当雷诺数足够大从而湍流附面层比重占主导后，阻力系数按纯湍流规律 $C_f \propto 1/\sqrt[5]{Re_L}$ 变化。最大摩阻系数在 $Re_L = Re_{\mathrm{m}}$ 出现，Re_{m} 为式（2.1.79）取极大值的雷诺数，$Re_{\mathrm{m}} \approx 10^7$。

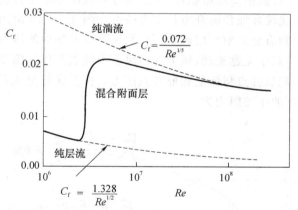

图 2.1-17　混合附面层摩阻系数随雷诺数的变化示意图

可见，当 $Re_{\mathrm{tr}} < Re_L < Re_{\mathrm{m}}$，摩擦系数变化较大，会对转捩点非常敏感。高度在 20 km 左右的平流层无人机，雷诺数可能正好接近这个范围，因此对转捩位置非常敏感。

2. 翼型问题处理方法

低速翼型包括跨声速翼型，一般有圆的前缘（实际上，对于高超声问题，前缘半径也不能太小）。如图 2.1-1 和图 2.1-13 所示，驻点也有附面层，由式（2.1.43）知，该附面层厚度 $\delta_s = \frac{2.4R}{\sqrt{2Re_R}}$。长度为 L 的平板附面层，按层流、末端附面层厚度按勃拉修斯相似解给出后，与圆前缘驻点附面层厚度比值可估算为

$$\frac{5.2\sqrt{2}}{2.4}\sqrt{\frac{L}{R}} \approx 3.06\sqrt{\frac{L}{R}}$$

因此,只有前缘半径足够小,驻点附面层厚度才可忽略。驻点附面层与标准附面层如何衔接,有一定的难度。一般情况下,计算翼型附面层参数时,忽略驻点附面层的存在,看成附面层从零厚度开始发展。但在高速流动中分析气动加热时,需要考虑驻点附面层。

按空气动力学标准处理方法,对于给定翼型,先由第 1.3 节或 1.4 节的势流理论得到物面的压力和速度分布 p_e,u_e;针对层流段,可用本节介绍的怀特方法计算附面层厚度(包括位移厚度)和摩擦系数;采用 Michel 等提出的模型判断转捩;从转捩点开始用希德方法求湍流附面层参数,包括位移厚度和摩擦系数。

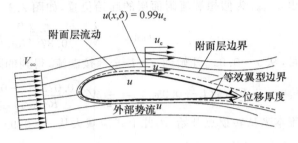

图 2.1 - 18　将翼型每点坐标往外延伸一个等于当地位移厚度的距离后,得到的等效翼型

得到附面层厚度和位移厚度后,如果需要增加精度,将翼型物面坐标外延位移厚度,得到如图 2.1 - 18 所示的等效外形。对等效外形进一步进行势流求解,可将此势流解用于附面层外边界条件。如此过程可迭代多次,以便获得收敛解。

3. 附面层及其分离与转捩对气动力的影响

势流模型忽略黏性(虽然黏性导致的库塔条件被采用),对于满足无分离附面层假设的流动,能较好地预测升力和压力特性。图 2.1 - 19 给出了无黏流动、无分离附面层流动(附着黏流)和有分离附面层流动三种情况下沿着物面的压力分布示意图。

对于无黏流动,压力在迎风面由驻点高压逐渐变低,在肩点附近达到极小值,接着开始恢复,到后驻点将恢复到前驻点压力。按照无黏势流模型,左右压力具有某种对称性,因而二维问题的压差阻力为 0。

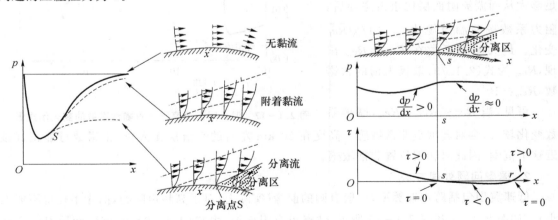

图 2.1 - 19　附面层及其分离对压力以及壁面摩擦应力的影响

对于无分离附面层流动,一方面有了摩擦阻力;另一方面,附面层位移厚度效应使得势流区如同遇到了一个更厚的物体,背风面压力恢复的扩张效应减弱了,于是压力分布曲线比无黏

流的稍低,越靠近尾部越低,从而形成压差阻力,即无分离附面层导致的压差阻力。

如果有分离,由于分离区流速一般较小,因此分离区压力基本不变,近似等于分离点 S 的压力,该压力远小于驻点压力。于是背风面压力整体上比迎风面的小,形成较大的压差阻力。这就是分离导致的压差阻力,也称为分离阻力。另外,在分离区,壁面黏性阻力是负的,产生"推力",但这样的推力与压差阻力相比,应该可以忽略。

对于翼型问题,背风面分离阻力是有害的,因此需要采用流线型外形与小迎角飞行来避免分离或将分离控制在小区域内。

图 2.1-20(a)给出了升力系数随迎角的变化示意图。可见,在迎角较小时,升力系数是迎角的线性函数,可近似按薄翼理论给出。当迎角大到一定程度,会出现流动分离。当分离较严重时,升力系数开始随迎角增大而下降。升力系数开始下降对应的迎角称为失速迎角 $\alpha = \alpha_{stall}$。图 2.1-20(b)给出了 NACA23012 翼型升力系数随迎角的变化。可以看出,失速迎角大致为 $\alpha_{stall} \approx 15°$。背风面出现流动分离后,在分离区,产生升力的等效外形可近似看成由分离区的分割流线定义。这等价于增加了厚度、减小了弯度以及使得尾缘变成了钝的,当然会导致升力下降。

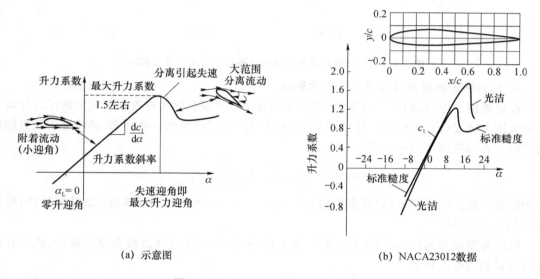

(a) 示意图　　　　　　　　　　(b) NACA23012数据

图 2.1-20　升力系数随迎角的变化

如果附面层存在湍流段,那么湍流的作用可能是多方面的。首先,同等雷诺数下,湍流附面层的摩擦阻力系数比层流的高不少,这从图 2.1-17 的纯湍流与纯层流摩阻系数曲线可以看出。第二,湍流附面层比层流的厚,因此位移厚度更大,对产生压力的等效外形修正更大,故对势流区的影响更大,无分离压差阻力也更大。第三,即使平均量为定常流动且压力按附面层理论可以看成常数,实际上速度和压力均存在脉动,导致噪声更大。

当然,湍流附面层由于速度型更饱满(贴近物面的流速比层流的更大),因此湍流附面层更难分离,更容易避免强的分离阻力。高尔夫球场正是利用了这一结论,将表面增加凹坑,作为粗糙度强制转捩。

图 2.1-21 给出了附面层以及分离对翼型表面压力系数的影响。作为比较,也标注了同样条件下的无黏流解。可见,在没有分离时,黏流的压力系数与无黏流的很接近,上表面的压

力系数的绝对值比无黏流的小一些,因此附面层的存在会略微降低升力系数。当有后段分离时,不仅在分离区改变了压力分布特性,而且也较大幅度地降低前段上表面压力系数的绝对值,这将导致升力系数较大幅度的下降。当有分离离前缘较近并形成分离泡时,最靠近前缘的地方,压力系数的绝对值减小,分离泡附近的压力系数绝对值则有所上升,具体对升力系数的影响,则与分离泡的大小与位置有关。

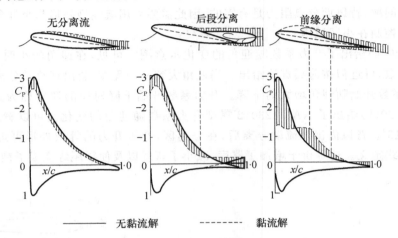

图 2.1 - 21　附面层及其分离对沿翼型压力系数分布的影响

4. 压力梯度对附面层转捩与分离的影响

在势流模型中,我们讨论过迎角、弯度和相对厚度的混合使用对改善沿翼型的压力分布尤其降低压力梯度所起的作用。这里,利用本节针对附面层给出的一些结果,具体分析压力梯度的作用。直接使用压力梯度因子

$$\Lambda \equiv \left(\frac{\delta_2^2}{\nu}\right)\left(\frac{\mathrm{d}u_e}{\mathrm{d}x}\right) = -\left(\frac{\delta_2^2}{\mu u_e}\right)\left(\frac{\mathrm{d}p_e}{\mathrm{d}x}\right)$$

作为给定参数。顺压梯度(如翼型前段)对应 $\mathrm{d}p_e/\mathrm{d}x < 0, \Lambda > 0$,逆压梯度(如翼型后段)对应 $\mathrm{d}p_e/\mathrm{d}x > 0, \Lambda < 0$。

以层流附面层为例,使用怀特方程不难验证,顺压梯度导致动量损失厚度减小,逆压梯度导致动量损失厚度增大。

按照转捩判据(2.1.73),显然,动量损失厚度越大,越容易转捩。顺压梯度导致动量厚度变小,故顺压梯度抑制附面层转捩。逆压梯度导致动量厚度变大,故逆压梯度促进附面层转捩。图 2.1 - 22 给出了由关系式(2.1.72)定义的摩擦系数因子 $l = \left(\frac{Re_{\delta_2}}{2}\right)c_f$ 与压力梯度因子的关系。顺压梯度 $\Lambda > 0$ 使得摩擦系数变大,逆压梯度 $\Lambda < 0$ 使得摩擦系数变小。当 $\Lambda \approx -0.09$ 时(较大的逆压梯度),流动开始分离。从分离点开始,附面层理论失效。

图 2.1 - 15 给出了层流的形状因子与压力梯度因子 Λ 的关系。逆压梯度减小形状因子。因此,也可以用形状因子来判断转捩。比较图 2.1 - 22 以及图 2.1 - 15 对应的分离近似条件 $\Lambda \approx -0.09$,分离点对应 $H_{12} \approx 3.7$。进一步的分析表明,对于湍流附面层,分离对应 $H_{12} \approx 2.2$。

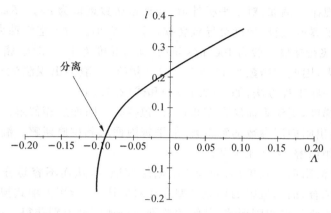

图 2.1-22　摩擦系数因子 $l = \left(\dfrac{Re_{\delta_2}}{2} \right) c_f$

2.1.6　要点总结

对于流线型外形和设计飞行条件(弯度与相对厚度足够小,迎角足够小,雷诺数足够大),黏性作用强的区域局限在附面层内。所谓附面层假设,就是在描述附面层厚度、壁面摩阻特性和分离转捩特性时,可以采用附面层模型,其中求解附面层模型所需要的附面层外边界的条件可以采用势流解。

附面层模型有普朗特附面层微分方程(2.1.4)~(2.1.7)和卡门动量积分方程(2.1.48)两种形式,后者是由前者经过沿附面层法向积分得到的。

对于空气动力学所考虑的一般机翼与机身附面层问题,物面曲率较小,因此在附面层模型中,不考虑法向压力梯度的影响。对于物面曲率可忽略的问题,雷诺数以及附面层外边界的势流速度(或压力)沿流向的梯度,成为决定附面层特性的两个主导因素。几何因素和迎角实际上决定了压力梯度,因此被统一归入到沿流向的压力梯度的影响之中。

这里所说的雷诺数 $Re_L = \rho V_\infty L / \mu$ 基于物体沿流向的总长度 L,对于翼型和机翼,一般取弦长。压力梯度一般用压力梯度因子(2.1.53)表示。附面层的一些当地参数,如附面层厚度 $\delta = \delta(x)$,位移 $\delta_1 = \delta_1(x)$ 厚度,动量损失厚度 $\delta_2 = \delta_2(x)$,摩擦系数 $c_f = c_f(x)$ 与当地雷诺数 $Re_x = \rho V_\infty x / \mu$ 有关。摩阻系数 C_f 则与雷诺数 Re_L 有关。

在满足附面层近似前提下,附面层特性还依赖于其是层流附面层还是湍流附面层。附面层前段一般是层流附面层,后段一般是湍流附面层。

转捩来源于流动失稳以及非线性演化。最简单的转捩物理模型是稳定层流感受扰动,二维线性失稳与扰动放大,三维线性失稳与展向周期性波的出现,展向周期性波峰波谷演化成高速或低速条带,条带与展向旋涡干扰导致展向旋涡拉伸,展向旋涡拉伸导致局部发卡涡出现,发卡涡涡环诱导速度形成高速上洗,上洗进一步导致发卡涡抬头以及局部高上洗速度,局部高上洗速度与周围流体作用产生快速演化的局部流场。这种结构尺度可能很小,且越往下游越多。宏观上看,局部速度看似如随机脉动。从线性失稳到统计意义上湍流的出现,需要经过一段距离,即转捩距离。工程上取什么位置作为转捩点,有一定的任意性。转捩过程从全尺度上看,当然满足纳维-斯托克斯方程,可以通过直接数值模拟或简化模拟(如流动稳定性分析理论)或实验观察提炼转捩规律,但对转捩过程存在不同的甚至有争议的表述。无论如何,人们总结出了一些定量规律。例如,对于平板外形,当地雷诺数近似为 $Re_x=Re_{tr}\approx2.8\times10^6$ 时,就转捩成湍流了。对于翼型,逆压梯度会导致转捩雷诺数更小。对于空气动力学大多数问题,弦长为 1 m 以上量级,飞行速度一般为 100 m/s 量级,动力黏度为 10^{-5} 量级,密度为 $0.1\sim1\,kg/m^3$ 的量级雷诺数足够大,因此雷诺数为 $10^6\sim10^7$ 以上量级,一般会出现湍流。对于翼型,确定转捩雷诺数的大小有一些工程方法,如式(2.1.73)和式(2.1.74)。

如果没有压力梯度,层流附面层存在相似解,包括驻点附面层相似解。相似解将自变量减少了一个,往往能给出附面层参数的解析解,如平板附面层勃拉修斯解。湍流附面层的速度型至少对于平板也有相似解,见 2.4.1 节。

从速度型看,层流附面层较单薄,而湍流附面层较饱满,从而不容易分离。层流附面层速度型可以用多项式拟合,而湍流附面层速度型存在对数律,不能用多项式拟合。原始卡门动量积分方程对层流和湍流具有相同形式,其解的差别通过速度型差别获得。前者可以用多项式,后者必须考虑对数律。

附面层分离不是设计的目的,但分离出现的条件以及分离的影响需要有定性认识。简单而言,大迎角和不恰当的厚翼型的逆压梯度可能导致分离。湍流速度型更饱满,更容易克服逆压梯度,故更难分离。从分离点开始的分离区内,压力保留分离开始的压力。如果分离出现在背风面,那么整个分离区保留分离点的低压,到尾缘点时,无法恢复到附着流动的压力,从而产生压差阻力即分离阻力。另外,由分割流线定义的等效外形,相当于减小了等效弯度和迎角,从而分离导致升力下降(失速)。

对于具有前缘半径的翼型,存在驻点附面层,因此翼型附面层起点的附面层厚度不为 0。虽然如此,如果忽略细节,翼型附面层可以看成从驻点零厚度开始,用原始卡门-波尔豪森法(见 2.1.5 节)求解,或用怀特方法(2.1.5 节)与希德方法(2.1.5 节)求解。

虽然附面层涉及转捩和分离等复杂问题,且对于一般三维问题更为复杂,但由于一般飞行器的机翼与机身的外形与平板差异不大,因此除非有特殊的局部流动,否则可以用平板附面层特性来近似预估摩擦阻力。

对于一般具有流线型外形的低速飞行器,在设计条件下,与全势流模型相比,附面层对附面层外部流动的影响是小量。对于第 6 章介绍的高超声速流动,附面层非常厚,附面层的影响不再是小量(称为黏性干扰)。于是,对于这样的问题,整个流动问题可以分解为全势流模型求解以及有了势流解后,附面层模型的求解。其中两点需要注意。

(1) 全势流模型虽然不考虑黏性,但黏性带来的在尖尾缘的库塔条件,必须用无黏等价库塔条件替代。满足了库塔条件的全势流模型,能抓住黏性流动的无黏部分即压力、升力和力矩特性。

(2) 附面层对全势流解的修正是小修正,可以忽略,也可以用附面层位移厚度修正外形,获得等效外形的势流解,以等效外形的势流解作为附面层外边界的解。

这种势流-附面层解耦模型正是经典空气动力学的核心方法之一,既反映了主要物理本质,又能巧妙地给出压力、升力和力矩特性以及摩阻、分离和转捩特性。

2.2　低速三维机翼流动问题

这里主要考虑两类机翼问题。第一类是后掠角较小、展弦比足够大以及迎角较小的机翼,此时可以把问题看成二维问题加上三维效应修正,因为二维问题是该问题的特定情况。第二类是展弦比非常小的可以看成细长体的问题。后者主要涉及三角翼,尤其在大迎角时,三角翼涉及的前缘涡涡升力是一种新的升力增强机制。第一类问题,以下简称为大展弦比问题。

2.2.1　大展弦比问题三维效应

实际机翼的展弦比是有限的,现在考虑展弦比足够大的情况。如图 2.2-1 所示,从远处看,从机翼两侧拖出的白色结构是翼尖涡。由于离心力的作用,涡心压力较低,因此空气中的水蒸气可能会凝结,形成可见的白雾。如果有云朵,那么云朵会被翼尖涡卷曲出螺旋结构,从而可见。

图 2.2-1　真实飞行中肉眼可见的翼尖涡

在离飞机机翼足够远的下游流场中,这种翼尖涡尤其明显,并且对后续起降的飞机有影响。如图 2.2-2 所示,在贴近机翼尾缘的下游流场中,翼尖涡尚不明显,但依据开尔文涡强守恒原理,强的翼尖涡不能平白无故地在较远的下游产生,而是来源于接近尾缘的流向涡的合并。从机翼尾缘展向任何位置都会拖出流向涡,即涡轴指向流向的旋涡。这是因为,由于下面将要讨论的三维效应,各展向位置的附着涡的涡强沿展向一般不为常数。依据涡强守恒原理,这种变化必然以拖出流向涡来补偿。这种流向涡涡线构成的曲面简称尾涡面。尾涡面在翼尖附近卷曲形成可观测的集中涡,简称翼尖涡。

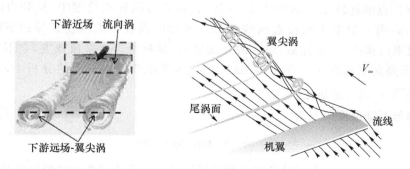

图 2.2-2　贴近机翼下游的流场,流向涡构成的曲面为尾涡面,翼尖
附近的尾涡面卷曲成集中流向涡,即可观测的翼尖涡

也可以这样理解：从整体上，能产生升力的机翼的下表面的压力比上表面的高。在翼尖附近上下表面压力则近似相等，这是因为上下表面的流体可以直接接触。因此，如图 2.2 - 3 所示，在机翼下表面必然产生指向翼尖的流动速度分量，在上表面产生指向翼根的速度分量。这种速度差离开尾缘后，相当于有了其轴线指向流向的旋涡。这就是流向涡产生的原因。流向涡涡强的大小通过开尔文涡强守恒原理，与附着涡涡强沿展向的变化率直接关联。下面将看到，两者之间可以建立耦合关系。除了翼尖接触导致这种展向流动分量以及流向涡的产生外，机翼扭转以及机翼弦长沿展向的可能变化也导致附着涡涡强沿展向变化，引起流向涡。

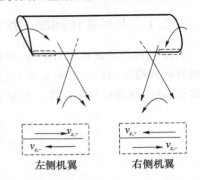

图 2.2 - 3　在产生升力的条件下，高压下表面和低压上表面在翼尖的直接接触抵消压差，导致在下表面和上表面分别产生指向翼尖和翼根的压力梯度或速度分量。这种展向速度差 $v_{z,-} - v_{z,+}$ 在离开尾缘后，表现为流向涡

总之，对于大展弦比三维机翼，由于翼尖接触等原因，导致在机翼上下表面出现分别指向翼根和翼尖的展向速度分量。这种速度差在离开尾缘进入自由流场后，带来了流向涡。流向涡涡强通过开尔文涡强守恒原理与局部附着涡的展向变化率直接相关。从尾缘线拖出的流向涡涡线构成的尾涡面一般是曲面，向下游发展时，尾涡面卷曲成可见的翼尖涡。流向涡（包括翼尖涡）显然会产生垂直于机翼平面的诱导速度。在机翼平面，这种诱导速度显然指向与升力相反的方向，因此称为下洗。这种下洗相当于改变了机翼上游的来流速度。

下面介绍将流向涡看成处在一个平面内的简化情况下的普朗特升力线理论。该理论既可以给出三维机翼的升力特性，也会给出一种新的压差阻力，称为诱导阻力。

2.2.2　大展弦比机翼升力线基本模型

如图 2.2 - 4(a)所示，虽然实际流动的尾涡面不一定在一个平面内，但靠近机翼的地方，偏离平面的程度不大。如图 2.2 - 4(b)所示，在普朗特构建的升力线理论模型中，将流向涡近似放在一个平面内，机翼则用一根直的附着涡替代，该附着涡是用于产生升力的，因此简称为升力线。考虑到翼型焦点（甚至压力中心）一般接近在 1/4 弦长为位置，因此升力线一般放在 1/4 弦长点的连线上。如图 2.2 - 5 所示，在升力线理论模型中，从升力线各展向位置发出的流向涡用一根半无限长直涡线近似。各流向涡在升力线上诱导的下洗速度记为 $v_i(z)$，与自由来流速度 V_∞ 叠加后，形成的合速度 U，简称为等效来流速度，它不再与自由来流速度平行，而是向下偏转了一个角度 $\Delta\alpha(z)$，称为下洗角。在下面的分析中，在一些地方用 $U = \sqrt{v_i^2 + V_\infty^2} \approx V_\infty$ 来简化。

下洗角与下洗速度关系为

$$\frac{v_i}{V_\infty} = \tan\Delta\alpha \approx \Delta\alpha \tag{2.2.1}$$

式中，近似 $\tan\Delta\alpha \approx \Delta\alpha$ 是在下洗角较小的情况下成立。普朗特升力线理论针对的问题满足该近似。等效来流速度与当地翼型弦线的夹角，称为等效迎角 $\alpha_{\text{eff}}(z)$，不等于几何迎角（自由来流速度与弦线的夹角）α，而是满足

$$\alpha_{\text{eff}}(z) = \alpha - \Delta\alpha(z) \tag{2.2.2}$$

因此,等效迎角与几何迎角相比,变小了。

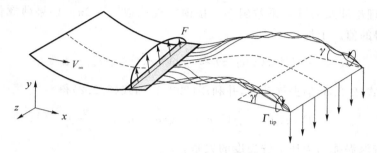

(a) 实际流动流向涡示意图

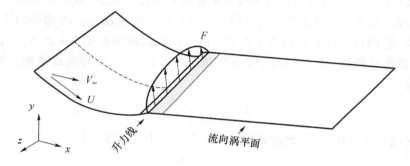

(b) 升力线理论模型,流向涡近似处在一个平面内

图 2.2 - 4　涡向流示意图

在普朗特升力线理论模型中,局部翼型(机翼的二维剖面)仍然满足儒科夫斯基升力定理。如果机翼各单位展向长度的无黏气动力记为 R,那么按照二维儒科夫斯基升力定理,该无黏气动力与合速度 U 的大小成正比,与其方向垂直(见图 2.2 - 5),与当地附着涡涡强 $\Gamma_b(z)$ 成正比,即

$$R = -\rho U(z)\Gamma_b(z) \approx -\rho V_\infty \Gamma_b(z) \tag{2.2.3}$$

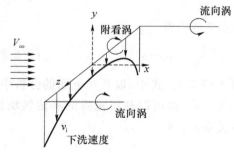

(a) 下洗速度分布

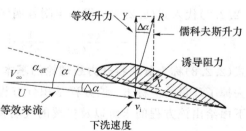

(b) 等效迎角与下迎角,无黏气动力 R 分解及其投影 X,Y

图 2.2 - 5　下洗速度、等效迎角与下洗角

进一步,当各展向位置的翼型的二维气动特性满足薄翼理论要求,那么翼型的剖面升力系数(基于单位展长升力的当地升力系数)与等效迎角以及零升迎角(在这里假设沿展向为常数)之

间满足

$$c_1(z) = c_a(\alpha_{\text{eff}}(z) - \alpha_{L=0}) \tag{2.2.4}$$

这里，c_a 为薄翼理论涉及的升力系数斜率。按薄翼理论取 $c_a = 2\pi$。如果薄翼假设不成立，也可以用实验测得的值。于是

$$R = \frac{1}{2}\rho U^2 c_A(z)c_1(z) \approx \frac{1}{2}\rho V_\infty^2 c_A(z)c_a(\alpha_{\text{eff}} - \alpha_{L=0}) \tag{2.2.5}$$

用式(2.2.3)与式(2.2.5)消去气动力，并利用(2.2.1)和式(2.2.2)得

$$\Gamma_b(z) \approx -\frac{1}{2}V_\infty c_A(z)c_a(\alpha - \alpha_{L=0} - \frac{v_i}{V_\infty}) \tag{2.2.6}$$

上式给出了附着涡涡强与当地下洗速度的关系。

　　下洗速度可以进一步通过下面的分析与附着涡涡强进行关联，以此得到确定附着涡涡强的关系式。为此，先求流向涡在升力线上任一点诱导的下洗速度 v_i。考虑升力线上展向坐标点为 ζ、长度为 $d\zeta$ 的微元段发出的强度为 $d\Gamma_s$ 的流向涡在展向坐标为 z 的点上引起的下洗速度 dv_i。如果该流向涡是一根两端延伸至无穷远的直线涡，那么诱导速度遵循二维点涡理论，于是该速度为

$$dv_i = \frac{1}{2\pi}\frac{d\Gamma_s}{\zeta - z}$$

但这里是半无限长的直线涡，因此诱导速度只是上式给出的一半，即

$$dv_i = \frac{1}{4\pi}\frac{d\Gamma_s}{\zeta - z}$$

将上式沿展向积分，得分布于 $-l/2 < \zeta < l/2$ 的全部流向涡在升力线上任一点 z 产生的总的下洗速度为

$$v_i(z) = \int_{-\frac{l}{2}}^{+\frac{l}{2}} \frac{1}{4\pi(\zeta - z)}\frac{d\Gamma_s}{d\zeta}d\zeta$$

如前所述，依据开尔文涡强守恒原理，附着涡涡强的展向变化率即为流向涡涡强的变化率。因此，上式可以写为

$$v_i(z) = \int_{-\frac{l}{2}}^{+\frac{l}{2}} \frac{1}{4\pi(\zeta - z)}\frac{d\Gamma_b}{d\zeta}d\zeta \tag{2.2.7}$$

将式(2.2.7)代入式(2.2.6)，得确定附着涡涡强的积分关系式为

$$-\frac{2\Gamma(z)}{c_a V_\infty c_A(z)} + \frac{1}{4\pi V_\infty}\int_{-\frac{l}{2}}^{\frac{l}{2}} \frac{d\Gamma(\zeta)}{d\zeta}\frac{d\zeta}{\zeta - z} = \alpha - \alpha_{L=0} \tag{2.2.8}$$

　　式(2.2.8)称为**普朗特升力线理论的基本方程**（基本模型）。式中，以及在下面的分析中，已经去掉了环量的下标 b。该方程是积分方程，求出 $\Gamma(z)$ 后，即可以获得机翼的其他气动特性。下面给出该方程的求解以及机翼的气动特性基本关系式。

2.2.3　升力线基本模型求解与诱导阻力

　　式(2.2.8)是一个关于 $\Gamma(z)$ 的标准积分方程，可用三角级数法求解。为此，作如下变量置换

$$\zeta = -\frac{l}{2}\cos\theta_1, \quad z = -\frac{l}{2}\cos\theta, \quad 0 \leqslant \theta \leqslant \pi \tag{2.2.9}$$

将 $\Gamma_b(z)$ 展开成 θ 的三角函数级数

$$\Gamma(\theta) = -2lV_\infty \sum_{n=1}^{\infty} A_n \sin(n\theta), \quad z = -\frac{l}{2}\cos\theta, \quad 0 \leqslant \theta \leqslant \pi \quad (2.2.10)$$

变量置换后的式(2.2.8)可改写成

$$-\frac{2\Gamma(\theta)}{c_a V_\infty c_A(\theta)} + \frac{1}{2\pi V_\infty l}\int_0^\pi \frac{\mathrm{d}\Gamma(\theta_1)}{\mathrm{d}\theta_1} \frac{\mathrm{d}\theta_1}{\cos\theta - \cos\theta_1} = \alpha - \alpha_{L=0} \quad (2.2.11)$$

将级数展开式(2.2.10)代入式(2.2.11),得确定级数系数 A_n 的方程为

$$\frac{4l}{c_a c_A(\theta)}\sum_{n=1}^{\infty} A_n \sin(n\theta) - \frac{1}{\pi}\int_0^\pi \frac{1}{\cos\theta - \cos\theta_1}\sum_{n=1}^{\infty} A_n n\cos(n\theta_1)\mathrm{d}\theta_1 = \alpha - \alpha_{L=0} \quad (2.2.12)$$

利用不难证明的积分关系

$$\int_0^\pi \frac{\cos n\theta_1 \mathrm{d}\theta_1}{\cos\theta_1 - \cos\theta} = \pi\frac{\sin n\theta}{\sin\theta} \quad (2.2.13)$$

可将系数方程式(2.2.12)整理成如下形式

$$\sum_{n=1}^{\infty}(n\mu(\theta) + \sin\theta)\sin(n\theta)A_n = \mu(\theta)(\alpha - \alpha_{L=0})\sin\theta \quad (2.2.14)$$

这里

$$\mu(\theta) = \frac{c_a c_A(\theta)}{4l} \quad (2.2.15)$$

为临时符号,并不是黏性系数。

给定机翼的弦长分布函数 $c_A(\theta)$,展长 l,薄翼的升力系数斜率 c_a 与零升迎角 $\alpha_{L=0}$,机翼的几何迎角 α,式(2.2.14)就定义了关于 A_n 的系数方程。下面将举例给出近似求解方法。

由式(2.2.14)求得系数 A_n 后,附着涡的环量由关系式(2.2.10)确定。有了环量,即可以求下洗角、等效迎角、升力以及诱导阻力等。

(1) 下洗角

利用式(2.2.1)和式(2.2.7),得下洗角的表达式为

$$\Delta\alpha(z) = \frac{1}{4\pi V_\infty}\int_{-\frac{l}{2}}^{+\frac{l}{2}} \frac{1}{\zeta - z}\frac{\mathrm{d}\Gamma_b}{\mathrm{d}\zeta}\mathrm{d}\zeta$$

将式(2.2.10)代入上式得

$$\Delta\alpha(z) = -\frac{1}{\pi}\int_0^\pi \frac{1}{(\cos\theta - \cos\theta_1)}\sum_{n=1}^{\infty} A_n n\cos(n\theta_1)\mathrm{d}\theta_1 = -\frac{1}{\pi}\sum_{n=1}^{\infty} nA_n\int_0^\pi \frac{\cos(n\theta_1)}{\cos\theta - \cos\theta_1}\mathrm{d}\theta_1$$

利用式(2.2.13),上式简化为

$$\Delta\alpha(z) = \sum_{n=1}^{\infty} nA_n \frac{\sin n\theta}{\sin\theta} \quad (2.2.16)$$

(2) 升力与诱导阻力

单位展向长度的气动力,按儒科夫斯基升力定理(2.2.3)给出,沿展向积分后可得机翼总的无黏气动力,即儒科夫斯基力

$$R_t = -\rho V_\infty \int_{-l/2}^{l/2}\Gamma(z)\mathrm{d}z$$

该气动力与等效来流方向垂直,其沿垂直于真实来流方向的分量,也就是升力

$$Y = \int_{-\frac{l}{2}}^{\frac{l}{2}} R_t \cos\Delta\alpha dz = -\int_{-\frac{l}{2}}^{\frac{l}{2}} \rho V_\infty \Gamma(z) \cos\Delta\alpha dz \approx -\rho V_\infty \int_{-\frac{l}{2}}^{\frac{l}{2}} \Gamma(z) dz \qquad (2.2.17)$$

与真实来流平行的分量就是阻力

$$X = \int_{-\frac{l}{2}}^{\frac{l}{2}} R_t \sin\Delta\alpha dz = -\int_{-\frac{l}{2}}^{\frac{l}{2}} \rho V_\infty \Gamma(z) \Delta\alpha dz \approx -\rho V_\infty \int_{-\frac{l}{2}}^{\frac{l}{2}} \Gamma(z) \Delta\alpha dz \qquad (2.2.18)$$

由于这是由流向涡诱导的,因此称为诱导阻力。

(3) 升力系数表达式

由式(2.2.17),升力系数可写为

$$C_y = \frac{Y}{\frac{1}{2}\rho V_\infty^2 S} = -\frac{2}{V_\infty S} \int_{-\frac{l}{2}}^{\frac{l}{2}} \Gamma(z) dz$$

将式(2.2.10)代入上式,得机翼的升力系数表达式为

$$C_y = \frac{2l^2}{S} \int_0^\pi \sum_{n=1}^\infty A_n \sin(n\theta) \sin\theta d\theta = \frac{2l^2}{S} \sum_{n=1}^\infty A_n \int_0^\pi \sin(n\theta) \sin\theta d\theta$$

考虑到

$$\int_0^\pi \sin(n\theta) \sin\theta d\theta = \frac{\pi}{2}, n = 1; \qquad \int_0^\pi \sin(n\theta) \sin\theta d\theta = 0, n \neq 1$$

因此升力系数的表达式为

$$C_y = \frac{l^2}{S} \pi A_1 = \pi\lambda A_1 \qquad (2.2.19)$$

这里,$\lambda = l^2/S$ 为机翼的展弦比。

(4) 诱导阻力系数表达式

由式(2.2.18),诱导阻力系数可写为

$$C_{xi} = \frac{X}{\frac{1}{2}\rho V_\infty^2 S} = -\frac{2}{V_\infty S} \int_{-\frac{l}{2}}^{\frac{l}{2}} \Gamma(z) \Delta\alpha(z) dz$$

将式(2.2.10)和式(2.2.16)代入上式并整理,得阻力系数表达式为

$$C_{xi} = \pi\lambda \sum_{n=1}^\infty n A_n^2$$

结合升力系数表达式(2.2.19),上式也可以整理成

$$C_{xi} = \frac{C_y^2}{\pi\lambda}(1+\delta), \quad \delta = \frac{1}{A_1^2} \sum_{n=2}^\infty n A_n^2 \qquad (2.2.20)$$

可见诱导阻力正比于升力系数的平方,所以也称为升致阻力。

(5) 力矩系数

不难证明,相对于前缘的抬头力矩系数表达式为

$$M_z = \frac{2}{V_\infty S c_A} \int_{-\frac{l}{2}}^{\frac{l}{2}} \Gamma(z) z dz$$

将式(2.2.10)代入上式,不难得到力矩系数表达式。

2.2.4 椭圆机翼、矩形翼和梯形翼的气动特性

椭圆翼有一些奇特性质:①诱导阻力系数最小;②下洗速度沿展向为常数;③剖面升力系

第 2 章　低速问题黏性效应与三维效应处理方法　　　　　　　　　　　　· 113 ·

数沿展向为常数。因此,在 20 世纪 20 年代,就有飞机采用椭圆机翼,如图 2.2-6(a)所示。但由于加工困难、容易整体失速等原因,这类飞机除了 20 世纪 50 年代和 60 年代有批量生产外,椭圆机翼很少用于实际飞机。但是,由于椭圆机翼对周围流场的诱导速度很小,因此捕蝇鸟之类的会拥有椭圆翅膀,如图 2.2-6(b)。另外,在设计其他机翼时,往往会将其气动特性表述为椭圆机翼气动特性的修正。

(a) 具有椭圆机翼的飞机　　　　　　　(b) 翅膀近似为椭圆的捕蝇鸟

图 2.2-6　椭圆机翼

在环量表达式(2.2.10)中直接令 $A_2 = A_3 = \cdots = 0$,得到

$$\Gamma(\theta) = -2lV_\infty A_1 \sin\theta \tag{2.2.21}$$

记 $\Gamma_0 = \Gamma(\pi/2)$(这是翼根处的环量),并考虑到 $z = -l\cos\theta/2$,那么上式可以写为

$$\frac{\Gamma(z)}{\Gamma_0} = \sqrt{1 - \left(\frac{z}{l/2}\right)^2} \tag{2.2.22}$$

显然,从式(2.2.21)可以解出关系式

$$A_1 = -\frac{\Gamma_0}{2lV_\infty} \tag{2.2.23}$$

环量分布关系式(2.2.22)显然是展向坐标的椭圆分布函数。由 $A_2 = A_3 = \cdots = 0$ 代入下洗角表达式(2.2.16)得

$$\Delta\alpha(z) = A_1 = -\frac{\Gamma_0}{2lV_\infty} \tag{2.2.24}$$

因此,下洗角与展向坐标没有关系,从而等效迎角

$$\alpha_{\text{eff}} = \alpha - \Delta\alpha = \alpha + \frac{\Gamma_0}{2lV_\infty} \tag{2.2.25}$$

与展向坐标也没有关系。从式(2.2.6)提取弦长,并考虑到式(2.2.24)和式(2.2.25)后,得到

$$c_A(z) = -\frac{\Gamma(z)}{\frac{1}{2}V_\infty c_a\left(\alpha + \frac{\Gamma_0}{2lV_\infty} - \alpha_{L=0}\right)} \tag{2.2.26}$$

因此,对于没有扭转从而零升迎角沿展向为常数的翼型,如果环量是展向坐标的椭圆函数,那么弦长也是展向坐标的椭圆函数。反过来说,椭圆机翼的环量分布由式(2.2.22)给定,从而下洗角由式(2.2.24)给定。

2. 椭圆翼气动特性

(1) 椭圆翼的升力系数、剖面升力系数

前面已经证明,对于一般机翼有 $C_y = \pi\lambda A_1$。由此解出 A_1 并带入式(2.2.24)得

$$\Delta\alpha(z) = \frac{C_y}{\pi\lambda}$$

将此代入式(2.2.25),得到等效迎角后再代入式(2.2.4),得剖面升力系数表达式为

$$c_1 = c_\alpha\left(\alpha - \alpha_{L=0} - \frac{C_y}{\pi\lambda}\right) \qquad (2.2.27)$$

故椭圆机翼的剖面升力系数沿展向是常数。将上式代入

$$C_y = \frac{Y}{\frac{1}{2}\rho_\infty V_\infty^2 S} = \frac{1}{S}\int_{-\frac{l}{2}}^{\frac{l}{2}} c_1(z)c_A(z)\mathrm{d}z$$

并整理得

$$C_y = c_\alpha\left(\alpha - \alpha_{L=0} - \frac{C_y}{\pi\lambda}\right)$$

由上式解得

$$C_y = \frac{c_\alpha}{1 + \frac{c_\alpha}{\pi\lambda}}(\alpha - \alpha_{L=0}) \qquad (2.2.28)$$

这就是椭圆机翼的升力系数表达式。因此,考虑了下洗的升力系数斜率由二维翼型的 c_α 变为 $c_\alpha(1+c_\alpha/\pi\lambda)^{-1}$,即升力系数斜率随展弦比 λ 增加而增大。将式(2.2.28)代入式(2.2.27),得剖面升力系数具体表达式为

$$c_1 = \frac{\pi\lambda c_\alpha}{\pi\lambda + c_\alpha}(\alpha - \alpha_{L=0}) \qquad (2.2.29)$$

(2) 椭圆翼的诱导阻力系数

将 $A_2 = A_3 = \cdots = 0$ 代入诱导阻力系数一般表达式(2.2.20)得

$$C_{xi} = \frac{C_y^2}{\pi\lambda} \qquad (2.2.30)$$

显然椭圆机翼的诱导阻力系数是最小的。因此,从空气动力学角度看,椭圆机翼是最有利的机翼。虽然如此,从结构和加工上看,椭圆机翼不是特别有用。而梯形翼的诱导阻力系数几乎和椭圆机翼一样,但结构简单,容易加工,所以常被采用。诱阻系数 C_{xi} 随 λ 增加而减小。因此,为增大机翼的升力和减小阻力,应尽可能采用大展弦比值。

(3) 椭圆翼的下洗速度与下洗角

由 $C_y = \pi\lambda A_1$ 以及式(2.2.28)得

$$A_1 = \frac{c_\alpha}{\pi\lambda + c_\alpha}(\alpha - \alpha_{L=0}) \qquad (2.2.31)$$

再利用式(2.2.24),得下洗角最终表达式为

$$\Delta\alpha(z) = \frac{c_\alpha}{\pi\lambda + c_\alpha}(\alpha - \alpha_{L=0})$$

于是下洗速度的最终表达式为

$$v_i = V_\infty\frac{c_\alpha}{\pi\lambda + c_\alpha}(\alpha - \alpha_{L=0}) \qquad (2.2.32)$$

二者沿展向均为常数。

下面考虑一般形状的机翼,尤其是矩形翼和梯形翼。对于其他平面形状的机翼,可以就椭圆的情况写出

$$C_y = \frac{c_\alpha (\alpha - \alpha_{L=0})}{1 + \frac{c_\alpha}{\pi \lambda}(1 + \tau)}, \quad C_{xi} = \frac{C_y^2}{\pi e \lambda} \qquad (2.2.33)$$

对于一般机翼有 $\tau > 0, e < 1$;对于椭圆机翼,有 $\tau = 0, e = 1$。这里,e 称为机翼效率因子,有时也称为奥斯瓦德效率因子。对于椭圆机翼 $e = 1$,对于一般机翼 $e < 1$。

2. 矩形翼气动特性近似分析

对于矩形翼有 $c_A(z) = \dfrac{l}{\lambda}$,所以有

$$\mu(\theta) = \frac{c_\alpha c_A(z)}{4l} = \frac{2\pi l}{4l\lambda} = \frac{\pi}{2\lambda}$$

系数方程取 K 阶作为近似,可写为

$$\sum_{n=1}^{K} (n\mu(\theta_i) + \sin\theta_i)\sin(n\theta_i)A_n = \mu(\theta_i)(\alpha - \alpha_{L=0})\sin\theta_i, \quad i = 1, 2. \cdots, K$$

这里取 $K = 6$。考虑到对称性后,取 3 个角度位置 $\theta_1 = \dfrac{\pi}{6}, \theta_2 = \dfrac{\pi}{3}, \theta_3 = \dfrac{\pi}{2}$。由于考虑的是平板翼型,故零升迎角为 $\alpha_{L=0} = 0$。综上可得三个方程

$$(\mu(\theta_1) + \sin\theta_1)\sin(\theta_1)A_1 + (3\mu(\theta_1) + \sin\theta_1)\sin(3\theta_1)A_3 +$$
$$(5\mu(\theta_1) + \sin\theta_1)\sin(5\theta_1)A_5 = \mu(\theta_1)\alpha\sin\theta_1$$
$$(\mu(\theta_3) + \sin\theta_3)\sin(\theta_3)A_1 + (3\mu(\theta_3) + \sin\theta_3)\sin(3\theta_3)A_3 +$$
$$(5\mu(\theta_3) + \sin\theta_3)\sin(5\theta_3)A_5 = \mu(\theta_3)\alpha\sin\theta_3$$
$$(\mu(\theta_5) + \sin\theta_5)\sin(\theta_5)A_1 + (3\mu(\theta_5) + \sin\theta_5)\sin(3\theta_5)A_3 +$$
$$(5\mu(\theta_5) + \sin\theta_5)\sin(5\theta_5)A_5 = \mu(\theta_5)\alpha\sin\theta_5$$

即可求出三个系数

$$A_1 = \frac{\pi(55\pi\lambda + 4\sqrt{3}\lambda^2 + 90\pi^2 + 6\lambda^2 + 9\sqrt{3}\pi\lambda)}{2(18\pi\lambda^2 + 65\pi^2\lambda + 6\sqrt{3}\lambda + 45\pi^3 + 27\sqrt{3}\pi\lambda^2 + 27\sqrt{3}\pi^2\lambda)}\alpha$$

$$A_3 = \frac{\pi\lambda(5\pi + \sqrt{3}\lambda)}{18\pi\lambda^2 + 65\pi^2\lambda + 6\sqrt{3}\lambda^3 + 45\pi^3 + 27\sqrt{3}\pi\lambda^2 + 27\sqrt{3}\pi^2\lambda}\alpha$$

$$A_5 = -\frac{\pi\lambda(15\pi + 6\lambda - 9\sqrt{3}\pi - 4\sqrt{3}\lambda)}{2(18\pi\lambda^2 + 65\pi^2\lambda + 6\sqrt{3}\lambda^3 + 45\pi^3 + 27\sqrt{3}\pi\lambda^2 + 27\sqrt{3}\pi^2\lambda)}\alpha$$

在以上近似情况下,有

$$\begin{cases} \Gamma(\theta) = -2lV_\infty(A_1\sin(\theta) + A_3\sin(3\theta) + A_5\sin(5\theta)) \\ c_1(\theta) = \dfrac{-2\Gamma(\theta)}{V_\infty c_A(\theta)} = 4\lambda(A_1\sin(\theta) + A_3\sin(3\theta) + A_5\sin(5\theta)) \\ C_y = \lambda\pi A_1, C_y^\alpha = \dfrac{dC_y}{d\alpha} = \lambda\pi\dfrac{dA_1}{d\alpha} \\ C_{xi} = \dfrac{C_y^2}{\pi\lambda}\left(1 + \dfrac{3A_3^2 + 5A_5^2}{A_1^2}\right) \end{cases}$$

图 2.2-7 给出了按此近似得到的矩形翼环量和剖面升力系数沿展向的分布(关于对称面

对称)以及升力系数斜率 C_y^α 随展弦比的变化曲线。可见,三维效应导致升力系数斜率 C_y^α 比二维情况下的 $c_\alpha = 2\pi$ 小。

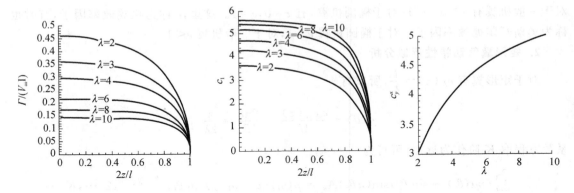

图 2.2-7　矩形翼环量、剖面升力系数以及升力系数斜率

例　以展弦比为 $\lambda = 2\pi$ 的无扭转矩形翼为例,按上面方法重复,可以得到

$$A_1 = 0.230(\alpha - \alpha_{L=0}), \quad A_3 = 0.028(\alpha - \alpha_{L=0}), \quad A_5 = 0.004(\alpha - \alpha_{L=0})$$

$$\Gamma(\theta) \approx -lV_\infty(0.46\sin\theta + 0.056\sin 3\theta + 0.008\sin 5\theta)(\alpha - \alpha_{L=0})$$

对于其他相关气动参数,保留主项,并考虑到

$$\sin\theta = \sqrt{1 - \left(\frac{2z}{l}\right)^2}$$

有

$$c_l(z) \approx 0.92\lambda(\alpha - \alpha_{L=0})\sqrt{1 - (2z/l)^2}$$

$$\Delta\alpha(z) = 0.230(\alpha - \alpha_{L=0})$$

$$C_y = 0.46\pi^2(\alpha - \alpha_{L=0})$$

$$C_y^\alpha = \frac{dC_y}{d\alpha} = 0.46\pi^2 \approx 4.56 < 2\pi$$

$$C_{xi} \approx \frac{0.46^2\pi^4(\alpha - \alpha_{L=0})^2}{\pi \times 2\pi} \times 1.046 = 1.0442(\alpha - \alpha_{L=0})^2$$

因此,剖面升力系数在翼根($z=0$)最大,到了翼尖($z=l/2$)降为 0。下洗角从而下洗速度与方向位置无关。升力线斜率小于二维翼型升力线斜率,为二维的 72%。

作为例子,令迎角为 12°,不考虑零升迎角,那么 $C_{xi} = 0.045$。

3. 梯形翼气动特性近似分析

前面给出了矩形翼和椭圆翼的升力特性分析。对于梯形翼,也可以做类似分析。这里涉及根梢比 $\eta = c_A(0)/c_A(l/2)$。$\eta = 1$ 时为矩形翼特例,$\eta = \infty$ 为四边形梯形翼。图 2.2-8 给出了环量和剖面升力系数沿展向的分布。可见,$\eta = 2$ 时,分布规律非常接近椭圆翼。根梢比越大,即翼尖越尖,那么接近翼尖的地方升力系数便越大。当然在翼尖处,升力系数总是 0,因为那儿上下流体接触,压差为 0。根梢比为 2 的梯形翼的升力系数分布很接近椭圆翼,但结构上又简单,因此使用这种梯形翼可以获得较好的气动特性。

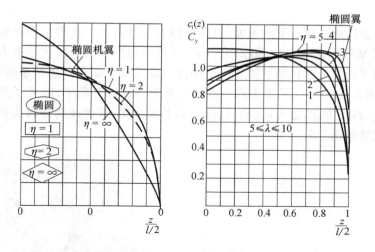

图 2.2 - 8　梯形翼环量(左)与剖面升力系数(右)沿展向分布

　　三种典型机翼的下洗速度和剖面升力系数分布见图 2.2 - 9。可见:①对于椭圆机翼,气动特性沿展向不变,各展向剖面可以同等对待,故设计上考虑的因素较少;②对于矩形翼,翼尖升力系数趋于零,相当于一部分面积没起作用,气动载荷过分集中在翼根,不利于结构设计;③梯形翼虽然气动特性沿展向分布不均匀,但很接近椭圆机翼,又没有椭圆机翼的加工难度。

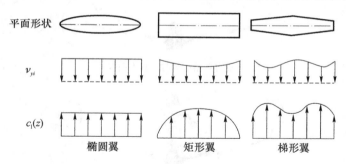

图 2.2 - 9　椭圆翼、矩形翼和梯形翼的下洗速度和剖面升力系数

2.2.5　三维效应总结,翼尖涡的控制与利用

　　因翼尖存在和机翼几何形状的展向变化所表现出的三维效应,导致了流向涡的产生。流向涡反过来改变翼型的局部速度场。局部翼型的气动特性由局部速度场决定。各展向位置的流向涡的产生与附着涡沿展向的变化量由涡强守恒原理制约。流向涡在尾缘附近近似连续分布并且近似处在一个平面内;在下游较远的地方可能卷曲成集成涡。在远处看来,这对集成涡的展向位置靠近翼尖,并且强度由翼尖效应主导,因此也称为翼尖涡。

　　流向涡通过诱导下洗改变了机翼附近的流场和气动特性,导致升力系数不同于二维翼型的升力系数,而且因改变了局部等效来流方向,使得与等效来流垂直的无黏气动力(儒科夫斯基升力)在来流方向投影出了诱导阻力。具体表达式是在普朗特升力线理论近似下得到的,定量预测有误差,尤其在展弦比小于 5 的情况下,但定性结论依然正确。后来人们发展了更精确的理论。人们针对翼尖涡的影响、流向涡的演化以及与其他部件诱导的涡的相互作用发展出了更精确的理论。

虽然在翼尖涡内侧平面有下洗速度,但在外侧有上洗速度。这种上洗正好被鸟利用。它们如果合理采用 V 字形队列飞行(图 2.2-10),就可以利用上洗产生诱导推力或减小诱导阻力。诱导速度即下洗速度对机场下游飞机也存在一定的安全隐患。惠特康姆受鸟的启发,发明了翼稍小翼(图 2.2-11)。翼稍小翼一方面让翼尖涡位置升高了,减弱了其直接作用在机翼上的诱导速度,另一方面,也可以说等效地增加了展弦比,从而减弱了翼尖涡强度。合理的设计可以大幅度降低诱导阻力大小。

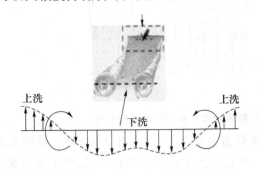

图 2.2-10　翼尖涡(流向涡)导致的下洗和上洗,上洗的利用

没有翼稍小翼时,翼尖涡强

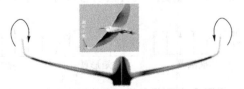

带翼稍小翼时,翼尖涡弱且位置高、影响小

图 2.2-11　翼稍小翼控制翼尖涡

2.2.6　小展弦比细长机翼小迎角势流解

考虑如图 2.2-12 所示的小迎角情况下的小展弦比细长薄翼势流解。展长 $l=l(x)$ 沿流向是变化的;反过来,弦长 $c_A=c_A(z)$ 也是展向位置的函数。如果将根弦长记为 $c_{A0}=c_A(0)$,那么小展弦比细长机翼对应的几何条件为

$$\frac{l(x)}{c_{A0}} \ll 1, \quad 0 \leqslant x \leqslant c_{A0}$$

如图 2.2-12 所示,为了求小扰动解,在任意轴向位置 x 固定的平面内,如平面 $x=c$,将问题看成该平面内的二维问题(不去考虑垂直于该平面的速度分量),来流速度在该平面内的投影为 $V_\infty\alpha$。因此,在所考虑的平面内,来流速度大小为 $V_\infty\alpha$,其方向垂直于长度为 $l(x)$ 的平板。为了求解,在该平板上布置单位展长强度为 $\gamma(z)$ 的点涡,在展向正轴上为顺时针,负轴上

为逆时针。

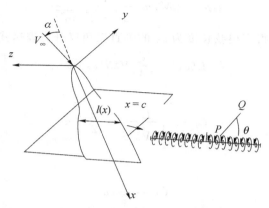

图 2.2 - 12　细长机翼。在每一个轴向位置将问题看成
平面二维问题,沿展向布置点涡

处在位置 $P(x,0,z_0)$ 的强度为 $\gamma(z_0)\mathrm{d}z$ 的点涡,按毕奥-萨瓦定律,在该平面内点 $Q(x,y,z)$ 位置诱导的速度势为

$$\mathrm{d}\varphi = \frac{\gamma(z_0)\mathrm{d}z}{2\pi}\theta = \frac{\gamma(z_0)\mathrm{d}z}{2\pi}\arctan\frac{y}{z-z_0}$$

沿展向积分得

$$\varphi(x,y,z) = \frac{1}{2\pi}\int_{-l(x)/2}^{l(x)/2}\gamma(z_0)\arctan\frac{y}{z-z_0}\mathrm{d}z_0$$

于是沿 y 和 z 方向的扰动速度分量为

$$v_\pm = \frac{\partial\varphi}{\partial y} = \frac{1}{2\pi}\int_{-l(x)/2}^{l(x)/2}\gamma(z_0)\frac{\mathrm{d}z_0}{z-z_0}, \quad w_\pm = \frac{\partial\varphi}{\partial z} = \mp\frac{\gamma(z)}{2}$$

将 y 方向的分量代入壁面无穿透条件 $v_\pm \approx V_\infty\alpha$,得确定涡强的关系式为

$$\frac{1}{2\pi}\int_{-l(x)/2}^{l(x)/2}\gamma(z_0)\frac{\mathrm{d}z_0}{z-z_0} + V_\infty\alpha(x) = 0$$

不难验证,该关系式的解为

$$\gamma(x,z) = \frac{4V_\infty\alpha(x)}{l(x)}\frac{z}{\sqrt{1-(2z/l(x))^2}}$$

沿弦长方向积分 $\int_{c_{LA}}\gamma(x,z)\mathrm{d}x$,不难得各展向位置的环量表达式为

$$\Gamma(x,z) = V_\infty l(x)\alpha(x)\sqrt{1-\left(\frac{z}{l(x)/2}\right)^2} \tag{2.2.34}$$

因此,各展向位置的环量可以按椭圆机翼处理(强度小一半)。利用小扰动近似后的伯努利方程 $p_\pm = p_\infty - \rho V_\infty\partial\varphi_\pm/\partial x$ 得下表面与上表面同一位置的压差与势函数的关系为

$$\Delta p = p_- - p_+ = \rho V_\infty\frac{\partial}{\partial x}(\varphi_+ - \varphi_-)$$

读者可以验正关系式 $\Gamma(x,z) = \varphi_+ - \varphi_-$,因此

$$\Delta p(x,z) = \rho V_\infty^2\frac{\partial}{\partial x}\left\{\alpha(x)l(x)\sqrt{1-\left(\frac{z}{l(x)/2}\right)^2}\right\} \tag{2.2.35}$$

作为特例,考虑平直三角翼,后掠角为 χ,从而 $l(x) = 2x\cot\chi$。此时,式(2.2.35)简化为

$$\Delta p = 2\rho V_\infty^2 \alpha \frac{x \cot \chi}{\sqrt{x^2 - z^2 \tan^2 \chi}}$$

沿三角翼平面积分,不难得到根弦长度为 c_A 的平直三角翼升力表达式为

$$L(c_A) = \frac{\pi}{4}\rho V_\infty^2 l(c_A)^2 \alpha$$

因此升力系数为

$$C_L \equiv \frac{L}{\frac{1}{2}\rho V_\infty^2 S} = \frac{\pi}{2}\frac{l^2}{S}\alpha$$

即

$$C_L = \frac{\pi}{2}\lambda\alpha \tag{2.2.36}$$

依据式(2.2.34),三角翼环量分布可按椭圆翼处理。因此,三角翼诱导阻力系数类似于椭圆机翼,可写为 $C_{xi}=C_L^2/\pi\lambda$,因此

$$C_{xi} = \frac{C_L^2}{\pi\lambda} = \frac{\pi}{4}\lambda\alpha^2 \tag{2.2.37}$$

也就是说,小扰动平直三角翼的升力系数正比于展弦比 λ 和迎角。进一步,利用各点的压差表达式,可以得到相对于前缘的抬头力矩及压力中心

$$M_{LE} = -\frac{2\pi c_A}{12}\rho V_\infty^2 l(c_A)^2\alpha, \quad x_{cp} = \frac{2}{3}c_A \tag{2.2.38}$$

如图 2.2-13 所示,如果将该压差在任一弦向位置 x 沿展向 z 分别画出来,便可以看出,上下翼面同一点的压力差沿展向中间平坦,前缘出现峰值。这表明,前缘对压差的贡献大。

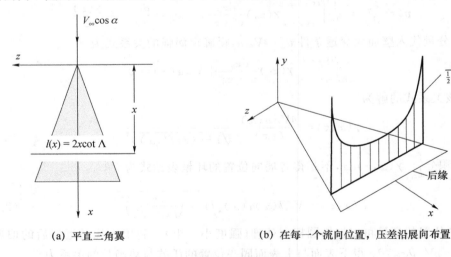

(a) 平直三角翼   (b) 在每一个流向位置,压差沿展向布置

图 2.2-13　压差在弦向的分布

2.2.7　三角翼大迎角涡升力

如果三角翼的迎角足够大,并且前缘足够尖,就会出现前缘涡,如图 2.2-14 所示。下面将证明,前缘涡会导致额外的升力,称为涡升力。

人们对前缘涡产生的机制有各种理解。可以这样认为,前缘分离特性由垂直于前缘的法

向来流速度分量 $V_{\infty,n}$ 决定。以垂直方向的速度分量除以垂直法向的速度分量定义的等效迎角显然增大了。太大的迎角就导致了前缘分离。

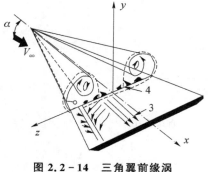

图 2.2 - 14　三角翼前缘涡

来流速度在机翼平面内的投影为 $V_{\infty}\cos\alpha$，在垂直机翼方向的投影为 $V_{\infty}\sin\alpha$。机翼平面内的速度进一步在前缘法向的投影为 $V_{\infty}\cos\alpha\cos\chi$。等效迎角 α_n 由 $V_{\infty}\sin\alpha$ 与 $V_{\infty}\cos\alpha\cos\chi$ 的比值决定，即

$$\tan\alpha_n = \frac{V_{\infty}\sin\alpha}{V_{\infty}\cos\alpha\cos\chi} = \frac{\tan\alpha}{\cos\chi}$$

即

$$\tan\alpha_{\text{eff}} = \frac{\tan\alpha}{\cos\chi} \qquad (2.2.39)$$

假设来流迎角为 $\alpha=5°$，后掠角为 $\chi=75°$。由上式算得 $\alpha_{\text{eff}}=18.7°$。即对于来流为 $5°$ 的几何迎角，前缘感受到的迎角就达到了 $18°$ 以上。依据 2.1 节平板分离特性，这显然容易出现前缘分离。

对于翼型流动，我们已经从无分离势流理论了解到，从偏下方的前驻点开始向上绕过前缘的流动，在离心力作用下在前缘上产生极高的负压。该负压投影到弦线方向，就是前缘吸力。对于二维无黏情况，可以把翼型所受的压力的合力分解成平行于弦线的前缘吸力 S（将前缘吸力定义的前缘吸力系数记为 C_s）以及垂直于弦线的法向力 N（系数记为 C_N）。二者的合力就是升力 L，没有阻力即 $D=0$。于是，对于二维情况有 $C_s=C_L\sin\alpha$（三维情况还有诱导阻力的投影，后面将会考虑）。依据翼型无分离势流理论，升力系数与前缘半径没有明显关系。因此，对于图 2.2 - 15 所示的尖前缘(a)和钝前缘(b)，理想势流的前缘吸力系数也应一样大。现在考虑前缘有分离情况(c)。此时，前缘涡的分割流线的形状与钝前缘(b)类似，因此分割流线上的压力分布与钝前缘也类似（用物面替代分割流线，势流解是一样的）。作用在分割流向上的压力，通过压力传播，最终作用在翼型上表面。因此，前缘涡的作用，类似于把前缘吸力旋转了 $90°$，对升力贡献更大了，由此带来的额外升力即可与前缘吸力进行关联，这种额外升力就是涡升力。确定涡升力的这种方法称为三角翼涡升力的前缘吸力比拟法。

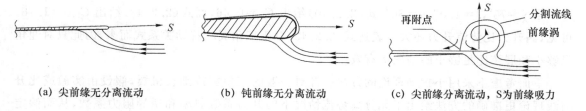

(a) 尖前缘无分离流动　　　(b) 钝前缘无分离流动　　　(c) 尖前缘分离流动，S为前缘吸力

图 2.2 - 15　前缘吸力与前缘涡对前缘吸力的改变

下面用三角翼的前缘吸力比拟法确定涡升力。根据 2.2.6 节介绍的三角翼小扰动势流理论，在无分离时的升力系数和诱导阻力系数为

$$C_L = \frac{\pi}{2}\lambda\alpha, \quad C_{Di} = \frac{\pi}{4}\lambda\alpha^2 \qquad (2.2.40)$$

如图 2.2 - 16 所示，前缘吸力垂直于三角翼前缘，其投影在体轴方向的分量为

$$-T = -S\cos\chi$$

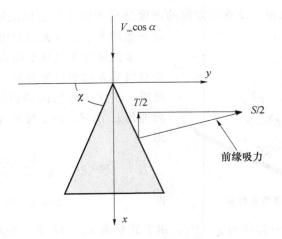

图 2.2 - 16　前缘吸力在轴线方向的投影,前缘后掠角为 χ

分别垂直于来流和平行于来流的升力 L 和诱导阻力 D_i,在体轴方向的投影为

$$L\sin \alpha - D_i\cos \alpha$$

依据力的平衡,以上两个投影的合力为 0,由此得到前缘吸力及其系数的表达式为

$$S = \frac{L\sin \alpha - D_i}{\cos \chi}, \quad C_S = \frac{C_L\sin \alpha - C_{Di}}{\cos \chi} \qquad (2.2.41)$$

将式(2.2.40)代入式(2.2.41)中的系数关系式,得三角翼前缘吸力系数表达式为

$$C_S = \frac{1}{\cos \chi}\left(\frac{\pi}{2}\lambda \alpha \sin \alpha - \frac{\pi}{4}\lambda \alpha^2\right) \approx \frac{\pi}{4}\frac{\lambda \alpha^2}{\cos \chi} \qquad (2.2.42)$$

下面介绍大迎角分离情况下的前缘吸力比拟。当出现前缘涡时,前面已经说明,前缘涡的作用等价于把前缘吸力旋转了 90°,由此导致的额外升力等于前缘吸力在垂直于来流方向的投影,即 $S\cos \alpha$,这就是涡升力。涡升力系数,在考虑到式(2.2.42)后为

$$C_{L,v} \approx \frac{\pi}{4}\lambda \alpha^2 \frac{\cos \alpha}{\cos \chi} \qquad (2.2.43)$$

当 $\chi = 75°, \lambda = 1.07, \alpha = 30°$,式(2.2.40)给出 $C_L = 0.46$,而式(2.2.43)给出 $C_{L,v} = 1.78$。可见,涡升力比势流升力还大。表达式(2.2.43)基于三角翼小扰动关系式而来,因此只对迎角足够小和展弦比足够小的情况下有效。

下面考虑不采用小扰动理论的方法。针对一般的三角翼或细长机翼,假设由实验或比升力线理论更准确的方法给出了无分离势流情况下的升力系数斜率和诱导阻力系数,从而假定以下 2 个因子已知

$$K_p = \frac{\partial C_L}{\partial \alpha}, \quad K_i = \frac{\partial C_{Di}}{\partial C_L^2} \qquad (2.2.44)$$

它们分别是三角翼的升力系数斜率和诱导阻力对升力系数平方的导数。对于小扰动情况,如果使用(2.2.40),那么

$$K_p = \frac{\pi}{2}\lambda, \quad K_i = \frac{1}{\pi\lambda}$$

针对一般情况,令

$$C_L = \frac{\partial C_L}{\partial \alpha}\sin \alpha = K_p \sin \alpha, \quad C_{Di} = \frac{\partial C_{Di}}{\partial C_L^2}C_L^2 = K_i K_p^2 \sin^2 \alpha$$

代入式(2.2.41)得

$$C_S = \frac{\partial C_L}{\partial \alpha}\frac{\sin^2 \alpha}{\cos \chi} - \frac{1}{\cos \chi}\frac{\partial C_{Di}}{\partial C_L^2}\left(\frac{\partial C_L}{\partial \alpha}\sin \alpha\right)^2$$

上式也可以写成

$$C_S = K_V \sin^2 \alpha, \quad K_V = (K_p - K_p^2 K_i)\frac{1}{\cos \chi} \tag{2.2.45}$$

式中,K_V 称为涡升力因子。该前缘吸力被旋转 90° 后,再次投影到升力方向,就给出涡升力系数 $C_{L,v} = C_S \cos \alpha$,即

$$C_{L,v} = K_V \sin^2 \alpha \cos \alpha \tag{2.2.46}$$

总的升力为原升力垂直于弦线的分量

$$C_L \cos \alpha = \frac{\partial C_L}{\partial \alpha}\sin \alpha \cos \alpha = K_p \sin \alpha \cos \alpha$$

再投影到升力方向得到的分量 $C_{L,p} = K_p \sin \alpha \cos^2 \alpha$ 加上涡升力 $C_{L,v}$。于是,总的升力系数为

$$C_L = C_{L,p} + C_{L,v}, \quad C_{L,p} = K_p \sin \alpha \cos^2 \alpha, \quad C_{L,v} = K_V \sin^2 \alpha \cos \alpha \tag{2.2.47}$$

右端第一项为势流升力扣除了吸力翻转损失掉的部分,第二项为涡升力。针对一些三角翼,人们用升力面理论计算了无分离时的势流解,得到的 K_p,K_V 与展弦比的关系。图 2.2-17 给出了基于比升力线理论更准确的升力面理论得到三角翼 2 个因子 K_p,K_V 随展弦比的关系。

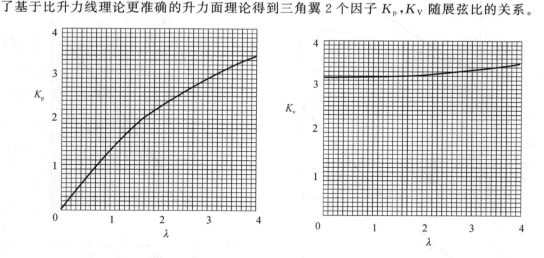

图 2.2-17　三角翼势流升力因子 K_p 和涡升力因子 K_V

例如,当 $\lambda = 1.07$,查图 2.2-17 得 $K_p = 1.43$,$K_V = 3.16$。以 $\chi = 75°$ 以及 $\alpha = 30°$ 为例,利用式(2.2.47)求得 $C_{L,p} = 0.5350$,$C_{L,v} = 0.6846$ 和 $C_L = 1.2196$。因此,涡升力占总升力的 56%。

图 2.2-18 给出了三角翼势流升力和有分离总升力系数随迎角的变化曲线。可见,当迎角较大时,涡升力可以占很大的比重。与实验比较表明,展弦比越小,式(2.2.47)越准确,如图 2.2-19 所示。

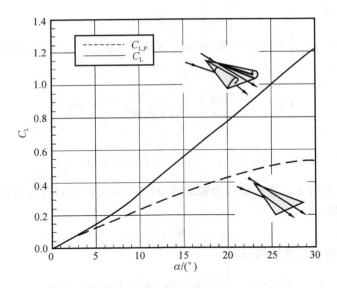

图 2.2 - 18　大迎角三角翼有分离总升力系数与无分离势流升力系数

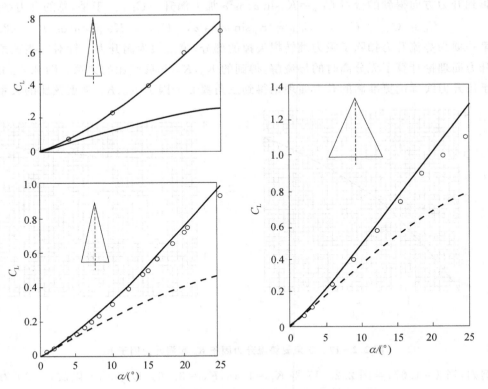

图 2.2 - 19　不同展弦比三角翼的升力系数与实验结果比较

符号为实验结果,实线为考虑了涡升力的理论,虚线为无分离势流理论

　　如果从另外一个角度来理解,处在上表面前缘附近的前缘涡,由于离心力的作用提供了低压区,故产生额外升力。

　　机翼上游的边条翼也会产生前缘分离涡,简称边条涡,进一步作用在主机翼上表面,形成低压区,也能产生额外升力,如图 2.2 - 20 所示。除了边条涡,边条翼与主机翼连接处形成的折点涡也有类似作用。

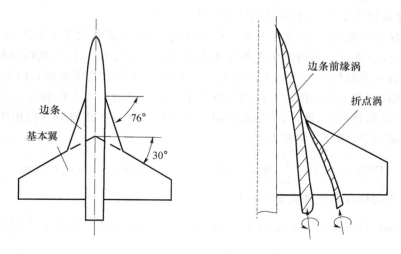

图 2.2 - 20　边条翼上的边条涡与折点涡

在飞机起飞着陆时,襟翼偏转以在低速情况下产生更大的升力系数,使得升力能平衡重力。在襟翼外端,由于附着涡涡强改变,因此拖出一个折点涡。在某些气象条件下,该折点涡也能被肉眼看到。图 2.2 - 21 为 2016 年《每日邮报》报道的降落英国伯明翰机场的飞机襟翼打开时的折点涡。

图 2.2 - 21　襟翼偏转产生的折点涡

2.2.8　要点总结

处理升力特性和诱导阻力特性时,采用参考机翼。与外露机翼相比,参考机翼将范围延伸至机身轴线位置。参考机翼这种"多出"的部分可能把机身对升力的贡献也部分考虑进去了,更准确地考虑机身干扰的问题在本书中不考虑,读者可参考飞行器组合体空气动力学问题。

大展弦比机翼的后掠角一般也较小,主要应用于小迎角飞行。与二维翼型相比,三维机翼问题由于翼尖流体接触以及沿展向的几何变化,导致在机翼上表面存在指向翼根的速度分量,在机翼下表面存在指向翼尖的速度分量。这种展向速度分量离开尾缘后,等价于形成了流向涡。依据开尔文涡强守恒原理,流向涡的涡强与附着涡的涡强沿展向的变化存在关联,在机翼所在的平面内诱导出下洗速度。流向涡涡线形成的尾涡面一般是曲面。在靠近机翼的位置,如果迎角、后掠角足够小,那么尾涡面近似为平面。在较远的下游,尾涡面会卷曲,形成集中涡,集中涡接近翼尖的位置,因此也称为翼尖涡。

流向涡诱导的下洗,稍微改变了等效来流速度的大小,尤其是改变了方向,水平来流向下偏转了一个角度(下洗角),因而产生无黏气动力的等效迎角减小了,使得机翼的升力系数比二维的小。另一方面无黏气动力此时垂直于等效来流方向,于是在真实来流方向有投影,这就导致了一种新的阻力,称为诱导阻力。该诱导阻力是一种压差阻力。普朗特升力线理论将机翼用一根附着涡(简称升力线)替代,将尾涡面用平面替代。此时各流向涡可以用半无限长直线涡替代。在此模型中,环量可展开为

$$\Gamma(\theta) = -2lV_\infty \sum_{n=1}^{\infty} A_n \sin(n\theta), \quad z = -\frac{l}{2}\cos\theta, \quad 0 \leqslant \theta \leqslant \pi$$

其中的系数由普朗特升力线理论基本方程

$$\sum_{n=1}^{\infty} (n\mu(\theta) + \sin\theta)\sin(n\theta)A_n = \mu(\theta)(\alpha - \alpha_{L=0})\sin\theta, \quad \mu(\theta) = \frac{c_a c_A(z)}{4l}$$

确定。

具体求解步骤是这样的。对于一个具体问题,先由薄翼理论求出零升迎角,接着由升力线理论近似关系式

$$\sum_{n=1}^{K} (n\mu(\theta_i) + \sin\theta_i)\sin(n\theta_i)A_n = \mu(\theta_i)(\alpha - \alpha_{L=0})\sin\theta_i, \quad \mu(\theta) = \frac{c_a c_A(z)}{4l}$$

求出环量展开式

$$\Gamma(\theta) = -2lV_\infty \sum_{n=1}^{K} A_n \sin(n\theta), \quad z = -\frac{l}{2}\cos\theta, \quad 0 \leqslant \theta \leqslant \pi$$

中的系数 $A_n, n=1,2,\cdots,K$。接着针对每个剖面应用儒科夫斯基升力定理,得到气动参数的表达式。其中,下洗角、升力系数和诱导阻力系数表达式分别由式(2.2.16)、式(2.2.19)和式(2.2.20)给出。一般情况下,机翼的升力系数和诱导阻力系数可以简写为

$$C_y = \frac{c_a(\alpha - \alpha_{L=0})}{1 + \frac{c_a}{\pi\lambda}(1+\tau)}, \quad C_{xi} = \frac{C_y^2}{\pi e\lambda}$$

对于一般机翼有 $\tau > 0, e < 1$;对于椭圆机翼,有 $\tau = 0, e = 1$。这里,e 称为机翼效率因子,有时也称为奥斯瓦尔德效率因子。对于椭圆机翼 $e=1$,对于一般机翼 $e < 1$。展弦比减小导致三维效应增强,从而导致升力系数减小与诱导阻力增加。作为定性结论,椭圆翼的诱导阻力最小,根梢比为 2 的梯形翼接近于椭圆机翼的气动特性。

对于细长机翼尤其展弦比足够小的三角翼,在小迎角情况下,其环量分布奇妙地与椭圆机翼的类似,只是强度小一半,于是其升力系数与诱导阻力系数可以看成椭圆机翼(升力系数小一半)在展弦比非常小时的极限

$$C_L = \frac{\pi}{2}\lambda\alpha, \quad C_{Di} = \frac{C_L^2}{\pi\lambda} = \frac{\pi}{4}\lambda\alpha^2$$

即细长机翼的升力系数和诱导阻力系数正比于展弦比。当迎角足够大时,包括升力线理论在内的小扰动理论失效,此时存在一些这里未介绍的高级理论,如升力面理论。进一步,如果三角翼具有尖前缘,因后掠导致等效迎角增大,故迎角足够大时,便出现前缘分离,导致前缘涡。

这种前缘涡处在机翼上表面上,降低了所在区域的压力,从而产生一种新的升力,称为涡升力。利用前缘吸力比拟,把前缘涡的作用看成把前缘负压(前缘吸力)旋转到了产生升力的方向,得到的涡升力模型

$$C_L = C_{L,P} + C_{L,v}, \quad C_{L,P} = K_p \sin \alpha \cos^2 \alpha, \quad C_{L,v} = K_V \sin^2 \alpha \cos \alpha$$

具有较高的精度。这里 K_p 为无分离势流模型给出的升力系数斜率

$$K_V = (K_p - K_p^2 K_i) \frac{1}{\cos \Lambda}$$

为涡升力因子,其中 K_i 为无分离势流解对应的诱导阻力系数对升力系数平方的导数。在后掠角接近 90°时,涡升力系数远远超出势流升力系数。

　　总之,大展弦比情况下的流向涡与翼尖涡,以及小展弦比大迎角三角翼的前缘涡,是典型流动现象。对于大展弦比问题,流向涡作用是负面的,即降低升力系数,带来一种新的压差阻力,即诱导阻力。对于三角翼问题,前缘涡的作用是正面的,产生一种额外的升力,即涡升力。对于三角翼问题,在前缘上的前缘涡近似平行于前缘。离开机翼后,前缘涡涡轴沿着流向。

习　题

习题 2.1.1(轴对称附面层)　　针对不可压缩定常轴对称旋成体流动,如题 2.1.1 图所示,在壁面任取一点 M_0,$R(x)$ 为点 M_0 处壁面纵剖面边界线的曲率半径,$r_0(x)$ 为点 M_0 处壁面横剖面边界线的曲率半径。如果当地曲率半径比附面层厚度大一个量级,证明:附面层方程为

$$\begin{cases} \dfrac{\partial}{\partial x}(r_0 u) + \dfrac{\partial}{\partial y}(r_0 v) = 0 \\ u \dfrac{\partial u}{\partial x} + v \dfrac{\partial u}{\partial y} = -\dfrac{1}{\rho} \dfrac{\mathrm{d}p}{\mathrm{d}x} + \nu \dfrac{\partial^2 u}{\partial y^2} \end{cases}$$

因此,如果旋成体的 r_0 近似为常数,那么轴对称问题的附面层微分方程与平面问题具有相同形式,从而具有相同附面层参数表达式。

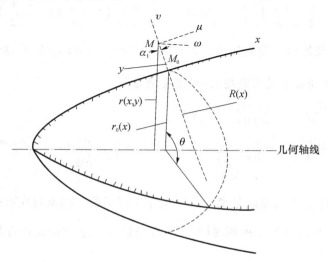

题 2.1.1 图　轴对称旋成体绕流

习题 2.1.2(勃拉修斯相似解的竖直速度分量)　针对不可压缩流动的勃拉休斯解,证明:垂直速度分量 v 是 y 的单调函数,并且当 $y\to\infty$ 时,有 $v_\infty = ku_e/Re^{1/2}$,这里 k 为常数。另外证明,$v(y=0)=0$,并且 $v(y)$ 存在拐点。

提示:对于勃拉修斯相似解,有

$$v = \frac{1}{2}\sqrt{\frac{\nu u_e}{x}}\left[\eta f'(\eta)-f\right],\quad \eta = y/\sqrt{\nu x/u_e}$$

其中,f 满足方程 $2f'''+ff''=0$ 和边界条件 $f(0)=f'(0)=0,f'(\infty)=1$。函数 f 随 η 的变化曲线在 2.1.4 节给出。这里给出 f',f'' 的曲线。显然,总有 $f''\geqslant 0$。

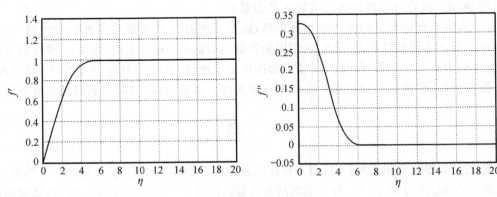

题 2.1.2 图　函数 f',f'' 随 η 变化曲线

当 $y\to\infty$ 时,由于 $\eta\to\infty$,且 $f'(\infty)=1$,因此

$$v_\infty = \frac{1}{2}\sqrt{\frac{\nu u_e}{x}}\left[\eta f'(\eta)-f\right]\to \frac{1}{2}\sqrt{\frac{\nu u_e}{x}}\left[\eta-f\right]$$

根据定义 $f(\eta)=\int\frac{u(\eta)}{u_e}d\eta$,上式可以化为

$$v_\infty = \frac{1}{2}\sqrt{\frac{\nu u_e}{x}}\int_0^\infty\left(1-\frac{u}{u_e}\right)d\eta = \frac{1}{2}\frac{u_e}{x}\int_0^\infty\left(1-\frac{u}{u_e}\right)dy = \frac{1}{2}\frac{u_e}{x}\delta_1$$

其中,δ_1 为附面层位移厚度。我们知道 $\delta_1\propto\frac{x}{\sqrt{Re}}$,因此有 $v_\infty = ku_e/Re^{1/2}$,k 为常数。

为了考虑单调性和验证是否有拐点,对速度微分得

$$\begin{cases}\dfrac{dv(y)}{dy}=\dfrac{dv}{d\eta}\dfrac{d\eta}{dy}=\dfrac{u_e}{2x}\eta f''\\[3mm]\dfrac{d^2v(y)}{dy^2}=\dfrac{u_e}{2x}\dfrac{y}{\sqrt{\frac{\nu x}{u_e}}}\left[f''+\eta f'''\right]=\dfrac{u_e}{2x}\dfrac{y}{\sqrt{\frac{\nu x}{u_e}}}(1-2f')f''\end{cases}$$

由于总有 $f''\geqslant 0$,因此 $\frac{\partial v}{\partial y}\geqslant 0$,也就是说 v 是 y 的单调增函数。拐点对应有孤立点 $\frac{d^2v(y)}{dy^2}=0$,即 $1-2f'=0$。由于是从 0 到 1 单调递增,于是存在使 $1-2f'=0$ 成立的点,从而的分布曲线存在拐点。

习题 2.1.3(平板驻点相似解的流场)　考虑来流 V_∞ 从上向下的绕平板流动的驻点附面层相似解,平板长度为 $c_A=4a$。①证明:驻点附近势流速度分量为 $u_p=V_\infty x/a$,$v_p=-V_\infty y/a$,于

是与 2.1.3 节介绍的半径为 a 的圆柱绕流驻点邻域的速度分布具有相同的形式。②求驻点相似解,证明在驻点,附面层厚度为 $\delta = 2.4a/\sqrt{Re_e}$,$Re_e = V_\infty a/\nu$。③取 $V_\infty = 1$,$a = 1$,$\nu = 1 \times 10^{-4}$,画出流线和压力等值线。

　　提示:无穷远来流速度 V_∞ 向下的绕圆柱的复势函数为 $w(\zeta) = V_\infty(\mathrm{i}\zeta + a^2/\mathrm{i}\zeta)$,经儒科夫斯基变换 $z = \zeta + a^2/\zeta$ 求复速度,得到平板所在平面的速度 $u_p = V_\infty x/a$,$v_p = -V_\infty y/a$。利用 2.1.4 节相似解求法,求驻点附面层相似解,即

$$\begin{cases} u = x\dfrac{\mathrm{d}f(y)}{\mathrm{d}y} = xF'(\eta)V_\infty/a \\[2mm] v = -f(y) = -F(\eta)\sqrt{\nu V_\infty/a} \\[2mm] f(y) = F(\eta)\sqrt{\nu V_\infty/a}, \quad \eta = y\sqrt{V_\infty/a\nu} \\[2mm] p = -\nu f'(y) - \dfrac{1}{2}f(y)^2 - \dfrac{1}{2}\dfrac{x^2}{a^2}V_\infty^2 \end{cases}$$

其中,$F(\eta)$ 由常微分方程

$$\begin{cases} F''' + FF'' + 1 - F'^2 = 0 \\ F(0) = F'(0) = 0, \quad F(\infty) = 1 \end{cases}$$

通过数值解求得。于是,类似于 2.1.4 节,$\eta = 2.4 \rightarrow F'(\eta) = 0.9909$,即当 $y\sqrt{V_\infty/a\nu} = 2.4$,有

$$u = xF'(\eta)V_\infty/a = 0.9909 xV_\infty/a = 0.9909 u_p$$

故在驻点,附面层厚度为 $\delta = 2.4a/\sqrt{Re_e}$。

　　参考答案:流线图如题 2.1.3 图所示。

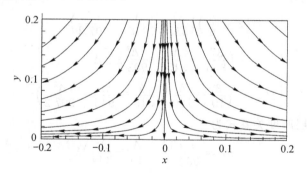

题 2.1.3 图　驻点附近流线图

　　习题 2.1.4(位移厚度对平板等效外形的影响,薄翼厚度理论的正确使用)　考虑无限薄平板顺置于不可压缩绕流中,平板长度为 L,基于平板长度的雷诺数为 Re_L。①按勃拉休斯附面层理论求出平板叠加位移厚度后的形状;②将平板叠加附面层位移厚度得到曲面形状,用薄翼理论求平板上压力分布。取 $Re_L = 10^6$,求 $C_p(c_A, \pm y_c/2)$。

　　提示:①平板附面层勃拉休斯解,附面层位移厚度为 $\delta_1 = 5.2x/(3\sqrt{Re_x})$,将 $Re_x = Re_L x/L$ 代入,得 $\delta_1 = 5.2\sqrt{L}\sqrt{x}/(3\sqrt{Re_L})$。叠加位移厚度后的平板的上下物面等效坐标为 $y_\pm = \pm y_c/2 = \pm\delta_1 = \pm 5.2\sqrt{L}\sqrt{x}/(3\sqrt{Re_L})$。②按 1.4.2 节薄翼厚度问题,在等效物体边界 $y = \pm y_c/2$ 上小扰动压力系数分别为

$$C_p(x, \pm y_c/2) = \frac{1}{\pi}\int_{\varepsilon \to +0}^{L} \frac{(\xi - x)}{((\xi - x)^2 + (y_c(x)/2)^2)} \frac{\mathrm{d}y_c(\xi)}{\mathrm{d}\xi}\mathrm{d}\xi$$

注意:最终结果需要用数值方法求积分,其中积分下限考虑了被积函数在前缘有奇异性。

参考答案:近似等于-2.1×10^{-3}。

习题 2.1.5(对称圆弧薄翼附面层求解) 考虑题 1.4.1 对称圆弧薄翼问题,由薄翼厚度理论求出沿翼型的速度与压力分布,针对 $Re_{c_A} = 10^7$ 以及 $\bar{b} = 0.1$,用卡门－波尔豪森法给出求附面层参数的方程,求沿翼型表面的摩擦系数和附面层厚度分布(包括附面层厚度、位移厚度、动量损失厚度和形状因子),求分离点位置或判断是否有分离,用 2.1.5 节介绍的 Michel 准则判断转捩点位置。

提示:题 1.4.1 给出 v_x 和 C_p 后,用于附面层求解的势流速度和压力为

$$\begin{cases} u_e(x) = \sqrt{(V_\infty + v_x)^2 + v_y^2} \approx V_\infty + v_x(x) \\ p_e(x) = p_\infty + \dfrac{1}{2}\rho V_\infty^2 C_p(x) \end{cases}$$

压力梯度因子为

$$\Lambda(x) = -\frac{\delta^2}{\mu u_e(x)}\frac{\mathrm{d}p_e(x)}{\mathrm{d}x} = -\frac{\rho\delta^2 V_\infty^2}{2\mu u_e(x)}\frac{\mathrm{d}C_p(x)}{\mathrm{d}x}$$

确定动量损失厚度 δ_2 的卡门方程为

$$\frac{\mathrm{d}}{\mathrm{d}x}\left(\frac{\delta_2^2}{\nu}\right) = \frac{F(\Lambda)}{u_e}, \quad F(\Lambda) \equiv 2l + 4m + 2H_{12}m$$

其中

$$l \equiv \frac{\tau_w \delta_2}{\mu u_e}, \quad m \equiv -\frac{\delta_2^2}{\nu}\frac{\mathrm{d}u_e}{\mathrm{d}x}, \quad H_{12} \equiv \frac{\delta_1}{\delta_2}$$

与压力梯度因子的关系为

$$\begin{cases} l = \left(2 + \dfrac{\Lambda}{6}\right)\left(\dfrac{37}{315} - \dfrac{\Lambda}{945} - \dfrac{\Lambda^2}{907\,2}\right) \\ m = -\left(\dfrac{37}{315} - \dfrac{\Lambda}{945} - \dfrac{\Lambda^2}{902\,7}\right)^2 \Lambda \\ H_{12} = \left(\dfrac{3}{10} - \dfrac{\Lambda}{120}\right)\left(\dfrac{37}{315} - \dfrac{\Lambda}{945} - \dfrac{\Lambda^2}{907\,2}\right)^{-1} \end{cases}$$

动量损失厚度与附面层厚度关系式为

$$\delta_2 = \frac{1}{63}\left(\frac{37}{5} - \frac{\Lambda}{15} - \frac{\Lambda^2}{144}\right)\delta$$

于是,确定动量损失厚度的方程可改写成确定附面层厚度的方程

$$\frac{1}{63^2}\left(\frac{37}{5} - \frac{\Lambda}{15} - \frac{\Lambda^2}{144}\right)^2 \frac{\mathrm{d}}{\mathrm{d}x}\left(\frac{\delta^2}{\nu}\right) = \frac{F(\Lambda)}{u_e}$$

有了 $u_e(x)$ 和 $C_p(x)$,该方程结合

$$\Lambda(x) = -\frac{\rho V_\infty^2}{2\mu u_e(x)}\frac{\mathrm{d}C_p(x)}{\mathrm{d}x}\delta^2$$

可唯一给出 δ。有了 δ,可进一步求出具体 $\Lambda(x)$,接着用上面给出的关系求 $l, m, H_{12}, \delta_2, \delta_1$。求摩擦系数的关系式为

$$c_f \equiv \frac{\tau_w}{\dfrac{1}{2}\rho V_\infty^2}, \quad \frac{\tau_w \delta_2}{\mu u_e} = l$$

如果存在 $x = x_s$,使得 $c_f(x_s) = 0$,$c_f(x > x_s) < 0$,那么 x_s 为分离点。如果存在 x_{tr},使得当 $x \geqslant$

x_{tr}，成立

$$Re_{\delta_2} \geqslant 1.174 \left[Re_x^{0.46} + 22\,400 Re_x^{-0.54} \right], \quad Re_x = \frac{V_\infty x}{\nu}, \quad Re_{\delta_2} = \frac{V_\infty \delta_2}{\nu}$$

那么 x_{tr} 为转捩点。

习题 2.1.6（儒科夫斯基翼型附面层求解）　考虑习题 1.4.9 按薄翼处理的儒科夫斯基翼型，即由薄翼理论给出的沿翼型小扰动速度分布 $u(x)$ 和压力系数分布 $C_p(x)$，按

$$\begin{cases} u_e(\xi) = \sqrt{(V_\infty + u)^2 + v^2} \approx V_\infty + u(\xi) \\ p_e(\xi) = p_\infty + \dfrac{1}{2}\rho V_\infty^2 C_p(\xi) \\ \Lambda(\xi) = -\dfrac{\delta^2}{\mu u_e(\xi)}\dfrac{\mathrm{d}p_e(\xi)}{\mathrm{d}\xi} = -\dfrac{\rho \delta^2 V_\infty^2}{2\mu u_e(\xi)}\dfrac{\mathrm{d}C_p(\xi)}{\mathrm{d}\xi} \end{cases}$$

给出附面层求解需要的势流解。设 $\alpha = 10°$，$a = 1$，$c = (1+0.1)a$，$f = 0.05$，用习题 1.4.9 得到的数值解作为附面层外边界势流解，取 $Re_{c_A} = V_\infty c_A / \nu = 10^7$。按怀特-米歇尔-西德方法求转捩点位置、附面层厚度和摩擦系数沿翼型表面分布。可采用薄翼假设，即沿着翼型的物面坐标用横轴坐标替代。

提示：以翼型上表面为例，对于层流段，按 2.1.5 节怀特方法，由于给定了翼型表面的速度分布，即 $\bar{u}_e(\xi) = u_e(\xi)/V_\infty$，于是按怀特积分关系式

$$\left(\frac{\delta_2}{c_A}\right)^2 Re_{c_A} = \frac{0.45}{u_e(\xi)^6}\int_0^{\bar{\xi}} \bar{u}_e(\bar{\xi}')^5 \mathrm{d}\bar{\xi}', \quad \bar{\xi} = \xi/c_A$$

即可求出附面层动量损失厚度 $\delta_2 = \delta_2(\xi)$（用数值积分），并用下式求基于动量损失厚度的雷诺数

$$Re_{\delta_2} \equiv \frac{u_e(\xi)\delta_2(\xi)}{\nu} = Re_{c_A}\bar{u}_e(\bar{\xi})\frac{\delta_2(\xi)}{c_A}$$

确定当地摩擦系数的关系式为

$$c_f(\xi) = \frac{2l}{Re_{\delta_2}}, \quad Re_{\delta_2} \equiv \frac{u_e(\xi)\delta_2(\xi)}{\nu} = Re_{c_A}\bar{u}_e(\bar{\xi})\frac{\delta_2(\xi)}{c_A}$$

其中
$$l = \begin{cases} 0.22 + 1.57\Lambda - 1.8\Lambda^2, & (0 \leqslant \Lambda \leqslant 0.1) \\ 0.22 + 1.402\Lambda + \dfrac{0.018\Lambda}{0.107 + \Lambda}, & (-0.1 \leqslant \Lambda \leqslant 0) \end{cases}$$

形状因子按

$$H_{12} = \begin{cases} 2.61 - 3.75\Lambda + 5.24\Lambda^2, & (0 \leqslant \Lambda \leqslant 0.1) \\ \dfrac{0.0731}{0.14 + \Lambda} + 2.088, & (-0.1 \leqslant \Lambda \leqslant 0) \end{cases}$$

求。接着由 $\delta_1 = H_{12}\delta_2$ 求位移厚度。附面层厚度可按 2.1.5 节基于四次多项式速度型得到的关系式 $\delta_1 = \left(\dfrac{3}{10} - \dfrac{\Lambda}{120}\right)\delta$ 求得。用 Michel 准则判断是否转捩，如果满足 $Re_{\delta_2} \geqslant 1.174$ $\left[Re_\xi^{0.46} + 22\,400 Re_\xi^{-0.54} \right]$，那么接下来就用 Head 方法计算湍流，这里 $Re_\xi = V_\infty \xi/\nu = Re_{c_A}\xi/c_A$。求解 δ_2 的方程组为

$$\begin{cases} \dfrac{\mathrm{d}(\delta_2/L)}{\mathrm{d}\xi} + (H_{12} + 2)\dfrac{\delta_2}{L}\dfrac{\mathrm{d}\ln\bar{u}_e}{\mathrm{d}\bar{\xi}} = \dfrac{c_f}{2} \\ \dfrac{\mathrm{d}}{\mathrm{d}\bar{\xi}}\left(\bar{u}_e \dfrac{\delta_2}{L} H_1\right) = 0.030\,6(H_1 - 3.0)^{-0.653}\bar{u}_e \end{cases}$$

其中,摩擦系数以及由 $\dfrac{(\delta-\delta_1)}{\delta_2}=H_1$ 定义的 H_1 与形状因子的关系为

$$c_f=\dfrac{0.246}{Re_{\delta_2}^{0.268}10^{0.678H_{12}}},\begin{cases}H_1=1.535(H_{12}-0.7)^{-2.715}+3.3,&H_{12}>1.6\\H_1=0.8234(H_{12}-0.1)^{-1.287}+3.3,&H_{12}<1.6\end{cases}$$

这样,将 H_1 表示成 H_{12} 的函数,将 c_f 表示成 δ_2,H_{12} 的函数后,就得到了确定 δ_2 和 H_{12} 的方程组,用数值方法可以求出解,接着可得到摩擦系数。由 $\delta_1=H_{12}\delta_2$ 求位移厚度,再由 $\dfrac{(\delta-\delta_1)}{\delta_2}=H_1$ 求附面层厚度。

习题 2.1.7(混合附面层第二种处理方法) 考虑平板附面层,转捩雷诺数 Re_{tr} 给定。在 2.1.6 节,给出了混合附面层单面摩阻系数表达式

$$C_f=\begin{cases}1.328\dfrac{1}{\sqrt{Re_L}},&Re_L<Re_{tr}\\[3mm]\dfrac{1.328}{Re_{tr}^{1/2}}\dfrac{Re_{tr}}{Re_L}+\dfrac{0.072}{Re_L^{1/5}}\left(1-0.9\dfrac{Re_{tr}}{Re_L}\right)^{\frac{4}{5}}-\dfrac{0.072}{Re_L^{1/5}}\left(0.1\dfrac{Re_{tr}}{Re_L}\right)^{\frac{4}{5}},&Re_L>Re_{tr}\end{cases}$$

这里称为第一种方法。下面考虑第二种方法。对于层流段,当地摩擦系数用勃拉修斯解 $c_{fl}(x)=0.664/\sqrt{Re_x}$。如果附面层全部为湍流,那么采用湍流估算式 $c_{ft}(x)=0.0576Re_x^{-1/5}$。对于混合附面层,在转捩点采用纯湍流公式比采用纯层流公式得到的摩擦系数多出了 $0.0576Re_{tr}^{-1/5}-0.664/\sqrt{Re_{tr}}$。假定湍流段其他位置的摩擦系数按纯湍流公式也多出了这么多,那么减去后,湍流段的摩擦系数可以估计为

$$c_{ft}(x)=\dfrac{0.056}{Re_x^{1/5}}+\dfrac{0.664}{\sqrt{Re_{tr}}}-\dfrac{0.056}{Re_{tr}^{1/5}}$$

单面摩阻系数显然满足 $LC_f=\displaystyle\int_0^{x_{tr}}c_{fl}(x)\mathrm{d}x+\int_{x_{tr}}^L c_{ft}(x)\mathrm{d}x$。由此不难得到

$$C_f=\begin{cases}1.328\dfrac{1}{\sqrt{Re_L}},&Re_L<Re_{tr}\\[3mm]1.328\dfrac{Re_{tr}}{Re_L\sqrt{Re_{tr}}}+0.072\left(\dfrac{1}{Re_L^{1/5}}-\dfrac{Re_{tr}}{Re_L Re_{tr}^{1/5}}\right),&Re_L>Re_{tr}\end{cases}$$

问题:①画出两种方法给出的曲线 $C_f=C_f(Re_L)$,$10^3<Re_L<10^8$,讨论二者差别;②针对第二种方法,证明阻力系数出现极值对应的雷诺数为

$$Re_{L,max}=\left(5\left(Re_{tr}^{\frac{4}{5}}-\dfrac{1.328}{0.072}Re_{tr}^{\frac{1}{2}}\right)\right)^{\frac{5}{4}}$$

如果取 $Re_{tr}=2.8\times10^6$,求 $Re_{L,max}$。

参考答案:$Re_{L,max}\approx1.7\times10^7$。

习题 2.1.8 考虑长度为 $L=1$ m 的平板,雷诺数为 $Re_L=1.37\times10^8$。用基于卡门动量积分关系的平板附面层参数公式,求在平板末端 $x=L$ 的附面层厚度、当地摩擦系数、位移厚度,求平板单面摩阻系数,用 $Re_{tr}=2.8\times10^6$ 判断转捩点位置。

提示:对于附面层参数,采用湍流公式,由 1.5.5 节可知相关参数为

$$\delta(x)=\dfrac{0.37x}{Re_x^{1/5}},\quad c_f(x)=\dfrac{0.0576}{Re_x^{1/5}},\quad \delta_1(x)=\dfrac{0.046x}{Re_x^{1/5}},\quad \delta_2(x)=\dfrac{0.036x}{Re_x^{1/5}},\quad C_f=\dfrac{0.072}{Re_L^{1/5}}$$

该题结果将在可压缩性修正、激波附面层干扰气动加热的相关习题中用到。

习题 2.1.9(NACA23012 翼型升阻比)　考虑 NACA23012 翼型,其中弧线坐标分布函数为

$$\frac{y_f}{c_A} = 2.6595\left[\left(\frac{x}{c_A}\right)^3 - 0.6075\left(\frac{x}{c_A}\right)^2 + 0.1147\left(\frac{x}{c_A}\right)\right], \quad 0 \leqslant \frac{x}{c_A} \leqslant 0.2025$$

$$\frac{y_f}{c_A} = 0.02208\left[1 - \frac{x}{c_A}\right], \quad 0.2025 \leqslant \frac{x}{c_A} \leqslant 1$$

① 求迎角为 4°,翼型雷诺数为 $Re_{c_A} = 3\times10^7$ 时,摩擦阻力系数及升阻比,其中摩擦阻力系数采用平板全湍流附面层近似。

② 迎角为 4°时,升阻比随翼型雷诺数的变化曲线,分析是否有极值点。其中,摩擦阻力系数采用平板混合附面层近似,用习题 2.1.7 的第二种方法,转捩雷诺数取 $Re_{tr} = 2.8\times10^6$。

提示:① 在习题 1.4.6 中,已经得到零升迎角 $\alpha_{L=0} = -1.09°$ 和迎角 4°时升力系数为 $c_l \approx 0.558$。按平板处理,基于卡门动量积分关系式与对数律速度型的湍流摩擦阻力系数为 $C_f = 0.072Re_{c_A}^{-1/5} = 0.072(3\times10^7)^{-1/5} \approx 2.3\times10^{-3}$。考虑到摩擦阻力存在于双面后,升阻比为 $L/D = c_l/2C_f$。

参考答案:121。

② 升力系数按问题(1)固定为 $c_l \approx 0.558$。混合附面层单面摩擦阻力系数采用

$$C_f = \begin{cases} 1.328\dfrac{1}{\sqrt{Re_{c_A}}}, & Re_{c_A} < Re_{tr} \\[3mm] 1.328\dfrac{Re_{tr}}{Re_{c_A}\sqrt{Re_{tr}}} + 0.072\left(\dfrac{1}{Re_{c_A}^{1/5}} - \dfrac{Re_{tr}}{Re_{c_A}Re_{tr}^{1/5}}\right), & Re_{c_A} > Re_{tr} \end{cases}$$

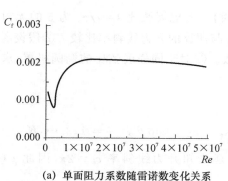
(a) 单面阻力系数随雷诺数变化关系

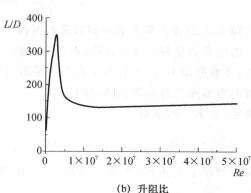
(b) 升阻比

题 2.1.9 图　参考答案

习题 2.2.1(椭圆机翼升力系数与诱导阻力系数)　①考虑某薄翼型,当 $\alpha = 8°$ 时,升力系数为 $c_l = 1$。现将此翼型用到展弦比为 $\lambda = 7.5$ 的椭圆型无扭转机翼上。问:要获得升力系数 $C_y = 1$,椭圆型机翼的几何迎角 α 为多少,此时的诱导阻力系数是多少?②考虑展长为 $l = 12$ m,展弦比为 $\lambda = 6$ 的无扭转椭圆型机翼,当它以 $V_\infty = 150$ km/h 速度在海平面飞行时,翼载(单位机翼面积的力)为 $L/S = 900$ N/m²。问:机翼的升力系数和诱导阻力分别是多少?

解　① 按椭圆机翼升力系数表达式与已知条件 $\lambda = 7.5$ 和 $C_y = 1$,得

$$C_y = \frac{\pi\lambda c_\alpha(\alpha - \alpha_{L=0})}{\pi\lambda + c_\alpha} = \frac{2\pi \times 7.5 \times (\alpha - \alpha_{L=0})}{7.5 + 2} = 1$$

这里，$c_\alpha=2\pi$。因此，为了求出迎角，需要先求零升迎角 $\alpha_{L=0}$。按薄翼的升力系数表达式与已知条件 $c_1(\alpha=\frac{8\pi}{180})=1$ 得

$$c_1 = c_\alpha(\alpha-\alpha_{L=0}) = 2\pi(8\pi/180-\alpha_{L=0}) = 1$$

求得 $\alpha_{L=0}=8\pi/180-1/2\pi$。故

$$\frac{2\pi\times7.5\times(\alpha-8\pi/180+1/2\pi)}{7.5+2} = 1 \to \alpha = 0.1821 = 10.4°$$

诱导阻力系数为 $C_{xi}=\dfrac{C_y^2}{\pi\lambda}=1^2/7.5\pi\approx0.042\,44$。即：要获得升力系数 $C_y=1$，椭圆型机翼的几何迎角 α 为 $\alpha=0.182\,1=10.4°$。椭圆机翼的诱导阻力系数为 $C_{xi}=0.042\,44$。

② 海平面的空气密度为 $\rho=1.225\,5$ kg/m³，椭圆翼的飞行速度为 $V_\infty=150$ km/h$=41$ m/s，翼载为 $L/S=900$。根据升力系数的定义可得

$$C_y = \frac{L}{\frac{1}{2}\rho V_\infty^2 S} = \frac{L/S}{\frac{1}{2}\rho V_\infty^2} = \frac{900}{\frac{1}{2}\times1.225\,5\times41.67^2} = 0.846$$

由升力线理论可知，椭圆翼的诱导阻力系数为

$$C_{xi} = \frac{C_y^2}{\pi\lambda} = \frac{0.846^2}{6\pi} = 0.038$$

根据展弦比的定义，可以得到机翼的参考面积为 $S=l^2/\lambda=12^2/6=24$ m²。根据阻力系数的定义，可以得到诱导阻力为

$$X = \frac{1}{2}\rho V_\infty^2 S \cdot C_{xi} = 970 \text{ N}$$

习题 2.2.2（矩形翼升力系数以及与椭圆翼比较）　考虑展弦比 $\lambda=l/c_A$ 为 5 的无扭转矩形翼。①用升力线理论进行计算，求升力线斜率，并与薄翼的升力线斜率比较。②假设翼型没有弯度，并取迎角为 3°，求升力系数与诱导阻力系数。③对于同样展弦比的椭圆机翼，求与②中得到的矩形翼升力系数相同时的迎角。

提示：令 $K=6$，求解

$$\sum_{n=1}^{K}(n\mu(\theta_i)+\sin\theta_i)\sin(n\theta_i)A_n = \mu(\theta_i)(\alpha-\alpha_{L=0})\sin\theta_i, \quad i=1,2,\cdots,K$$

由于假设了无扭转，因此 $c_A(\theta)=c_A$，由薄翼理论知升力线斜率 $c_\alpha=2\pi$，因此 $\mu(\theta)=\dfrac{c_\alpha c_A(\theta)}{(4l)}=\dfrac{\pi}{(2\lambda)}$。由于 $\lambda=5$，因此 $\mu(\theta)=0.314$，$0\leqslant\theta\leqslant\pi$。由于对称性，只剩下 3 个未知数 A_1,A_2,A_3，因而只需要 3 个方程。3 个方程对应的 3 个离散角度，在这里分别取 $\theta_1=\dfrac{\pi}{6}$，$\theta_2=\dfrac{\pi}{3}$，$\theta_3=\dfrac{\pi}{2}$。于是确定系数 A_1,A_2,A_3 的代数方程组为

$$\begin{cases}0.407A_1+1.442A_3+1.035A_5=0.157(\alpha-\alpha_{L=0})\\1.022A_1\qquad\qquad-2.110A_5=0.272(\alpha-\alpha_{L=0})\\1.314A_1-1.942A_3+2.571A_5=0.314(\alpha-\alpha_{L=0})\end{cases}$$

求得

$$A_1=0.274(\alpha-\alpha_{L=0}),\quad A_3=0.029(\alpha-\alpha_{L=0}),\quad A_5=0.004(\alpha-\alpha_{L=0})$$

于是

$$C_y = \lambda \pi A_1 = 1.370\pi(\alpha - \alpha_{L=0}), \quad C_y^\alpha = \frac{\mathrm{d}C_y}{\mathrm{d}\alpha} = 1.37\pi \approx 4.30$$

如果没有弯度,那么 $\alpha_{L=0}=0$,由此求得 $\alpha=3°$ 时,$C_y=1.370\pi \times 3\pi/180 = 0.225$。

$$C_{xi} = \frac{C_y^2}{\pi\lambda}\Big(1 + \frac{3A_3^2 + 5A_5^2}{A_1^2}\Big) \approx 0.003\,33$$

对于椭圆机翼,则有

$$C_y = \frac{\pi\lambda c_\alpha}{\pi\lambda + c_\alpha}(\alpha - \alpha_{L=0}), \quad C_{xi} = \frac{C_y^2}{\pi\lambda}$$

取 $c_\alpha = 2\pi, \lambda = 5, \alpha_L = 0, C_y = 0.225$,得到 $\alpha = 2.872°$,相应的诱导阻力系数为 $C_{xi} = 0.003\,22$。因此,同样展弦比的椭圆机翼,与矩形翼升力系数相同时,迎角要小一些,而且诱导阻力系数要小一些。

习题 2.2.3(椭圆机翼参数换算)　①设两个机翼由同一翼型组成,但展弦比分别为 λ_1 和 λ_2。证明:当两机翼升力系数相同时,对应的迎角满足关系式

$$(\alpha - \alpha_{L=0})_{\lambda_2} = (\alpha - \alpha_{L=0})_{\lambda_1} + \frac{C_y}{\pi}\Big(\frac{1}{\lambda_2} - \frac{1}{\lambda_1}\Big)$$

②对于同一问题,设两机翼升力系数相同。证明:诱导阻力系数满足关系式

$$(C_{xi})_{\lambda_2} = (C_{xi})_{\lambda_1} + \frac{C_y^2}{\pi}\Big(\frac{1}{\lambda_2} - \frac{1}{\lambda_1}\Big)$$

提示:将

$$C_y = \frac{\pi\lambda c_\alpha}{\pi\lambda + c_\alpha}(\alpha - \alpha_{L=0}), \quad C_{xi} = \frac{C_y^2}{\pi\lambda}$$

分别用于两个机翼,令升力系数相等或阻力系数相等,即可证明。

习题 2.2.4(机翼平面内任一点的下洗和上洗速度,诱导推力与候鸟迁徙)　将升力线上的环量记为 $\Gamma = \Gamma(z), -l/2 < z < l/2$。

① 证明:与机翼在一个平面($y \approx 0$)内的任一点的下洗速度为

$$V_{\text{ind}}(x, z) = \frac{1}{4\pi}\int_{-\frac{l}{2}}^{+\frac{l}{2}} \frac{\mathrm{d}\Gamma(\zeta)/\mathrm{d}\zeta}{4\pi(\zeta - z)}\Big(\frac{x}{\sqrt{x^2 + (\zeta - z)^2}} + 1\Big)\mathrm{d}\zeta$$

② 考虑展弦比为 $\lambda = 5$ 的无弯度薄翼型椭圆机翼和矩形翼,迎角取 $5°$,画出流向位置 $x = -c_A$ 和 $x = +c_A$ 的下洗速度沿展向 z 的分布,取值范围为 $-10l < z < 10l$。比较 2 种机翼在机翼上游和下游,以及内外侧平面内的诱导速度差异。

③ 求上洗速度 $-V_{\text{ind}}(x, z)$ 取极大值的位置 z 及极大值,设置当地放一个翼型,问翼型受到的诱导推力是多大?查阅候鸟迁徙呈 V 字形,下游候鸟偏离上游候鸟的侧向距离,与极大值位置进行比较,讨论候鸟是否有效利用了诱导推力。

提示:如题 2.2.4 图所示,离开涡线的距离为 $h = \zeta - z$ 的任一点 $P(x, 0, z)$ 所受的展向位置为 ζ、强度为 $\mathrm{d}\Gamma$ 的流向直涡线段的

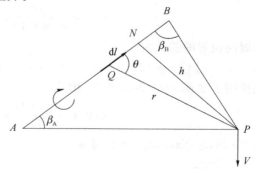

题 2.2.4 图

诱导产生的诱导速度为

$$dV_{ind} = \frac{d\Gamma}{4\pi h}(\cos \beta_A + \cos \beta_B)$$

对于本问题，B 段在无穷远，从而 $\cos \beta_B = 1$，因此

$$dV_{ind} = \frac{d\Gamma}{4\pi h}(\cos\beta_A + 1), \quad \cos \beta_A = \frac{x}{\sqrt{x^2 + h^2}}$$

于是，任一点 P 的下洗速度为

$$V_{ind} = \frac{1}{4\pi}\int_{-\frac{l}{2}}^{+\frac{l}{2}} \frac{d\Gamma}{4\pi h}(\cos \beta_A + 1)$$

环量表达式按 $\Gamma(\theta) = -2lV_\infty(A_1\sin(\theta) + A_3\sin(3\theta) + A_5\sin(5\theta))$ 近似。其中，对于矩形翼，系数 A_1, A_3, A_5 用题 2.2.2 的结果。对于椭圆翼，$A_{n,n>1} = 0$，确定 A_1 则用

$$C_y = \pi\lambda A_1 = \frac{\pi\lambda c_a}{\pi\lambda + c_a}(\alpha - \alpha_{L=0})$$

翼型诱导推力系数按 $c_a(\alpha - \alpha_{L=0})V_{ind}(z)/V_\infty$ 确定。

习题 2.2.5（梯形翼问题） 求展弦比为 $\lambda = 2\pi$、根梢比 $\eta = c_{A,r}/c_{A,t}$，取 $\eta = 0,1,2,10$ 的梯形翼的环量分布、剖面升力系数分布以及升力线斜率（翼型升力系数斜率取 $c_a = 2\pi$）。给出的分布曲线仿图 2.2-8。

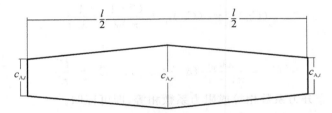

题 2.2.5 图　梯形翼示意图

提示：先求梯形翼的 $\mu(z) = c_a c_A(z)/4l$ 与根梢比 $\eta = c_{A,r}/c_{A,t}$ 的关系。机翼参考面积

$$S = l(c_{A,r} + c_{A,t})/2 = lc_{A,r}(1 + \eta)/2\eta$$

代入展弦比定义 $\lambda = l^2/S$ 得到

$$\lambda = \frac{2\eta}{\eta + 1}\frac{l}{c_{A,r}} = \frac{2}{\eta + 1}\frac{l}{c_{A,t}}$$

按题意 $\lambda = 2\pi$，于是可解出

$$c_{A,r} = \frac{\eta l}{\pi(\eta + 1)}, \quad c_{A,t} = \frac{l}{\pi(\eta + 1)}$$

不同展向位置的弦长为

$$c_A(z) = (2z/l)(c_{A,r} - c_{A,t}) + c_{A,r}, \quad c_A(\theta) = (c_{A,t} - c_{A,r})\cos\theta + c_{A,r}$$

这里使用了变换 $z = -l\cos \theta/2$。因此

$$\mu(\theta) = \frac{c_a c_A(\theta)}{4l} = \frac{(1 - \eta)\cos \theta + \eta}{2(\eta + 1)}$$

取 $\theta_1 = \pi/6, \theta_2 = \pi/3, \theta_3 = \pi/2$，求解

$$\sum_{n=1}^{6}(\eta\mu(\theta_i) + \sin\theta_i)\sin(n\theta_i)A_n = \mu(\theta_i)(\alpha - \alpha_{L=0})\sin\theta_i, \quad i = 1,2,3$$

其中，$A_2 = A_4 = A_6 = 0$。求得系数 A_1, A_3, A_5 后，可得

$$\begin{cases} \Gamma(\theta) = -2lV_\infty(A_1\sin(\theta) + A_3\sin(3\theta) + A_5\sin(5\theta)) \\ c_1(\theta) = \dfrac{-2\Gamma(\theta)}{V_\infty c_A(\theta)} = \dfrac{4\pi(\eta+1)}{1+(\eta-1)(1+\cos\theta)}(A_1\sin\theta + A_3\sin 3\theta + A_5\sin 5\theta) \\ C_y^\alpha = \dfrac{\mathrm{d}(\pi\lambda A_1)}{\mathrm{d}\alpha} = 2\pi^2\dfrac{\mathrm{d}A_1}{\mathrm{d}\alpha} \end{cases}$$

通过数值求解，即可得到不同根稍比情况的环量分布、剖面升力系数和升力线斜率。

习题 2.2.6（矩形翼修正系数） 考虑 $\lambda = c_a$ 的平直矩形翼，求升力线理论给出的升力系数以及阻力系数表达式

$$C_y = \frac{\pi\lambda c_a}{\pi\lambda + c_a(1+\tau)}(\alpha - \alpha_{L=0}), \quad C_{xi} = \frac{C_y^2}{\pi\lambda}(1+\delta)$$

中的 τ, δ。

解 对于矩形翼，根据薄翼理论 $c_a = 2\pi$。因此 $m(q) = \dfrac{c_a c(\theta)}{4l} = \dfrac{\pi}{2\lambda} = 0.25$。以 $K = 6$ 为例，取 $\theta_1 = \dfrac{\pi}{6}, \theta_2 = \dfrac{\pi}{3}, \theta_3 = \dfrac{\pi}{2}$。由于机翼在展向是对称的，所以在计算时，只考虑半平面 $0 \geqslant z \geqslant -l/2$。考虑到偶数项为 0 后，得 A_1, A_3, A_5 的 3 个方程

$$0.375A_1 + 1.25A_3 + 0.875A_5 = 0.125(\alpha - \alpha_{L=0})$$
$$0.966A_1 + 0A_3 - 1.83A_5 = 0.217(\alpha - \alpha_{L=0})$$
$$1.25A_1 - 1.75A_3 + 2.25A_5 = 0.25(\alpha - \alpha_{L=0})$$

由此求得 $A_1 = 0.230(\alpha - \alpha_{L=0})$，$A_3 = 0.028(\alpha - \alpha_{L=0})$，$A_5 = 0.004(\alpha - \alpha_{L=0})$。于是，$C_y = \pi\lambda A_1 = 0.230\pi\lambda(\alpha - \alpha_{L=0})$。令其与

$$C_y = \frac{\pi\lambda c_a}{\pi\lambda + c_a(1+\tau)}(\alpha - \alpha_{L=0})$$

相等，得 $\tau = 0.2062$。同理可求得 $\delta = 0.04597$。

习题 2.2.7（细长三角翼小迎角力矩特性） 证明：细长三角翼的相对于顶点的抬头力矩与压力中心分别为 $M_{LE} = -(\pi/6)\rho V_\infty^2 l^2 c_{A,r}\alpha$ 和 $x_{cp} = 2c_A/3$。求焦点 x_{ac} 和零升力矩 M_{ac}。

提示：力矩 M_{LE} 由 $-\Delta p x$ 沿三角翼积分求，其中 $\Delta p = 2\rho V_\infty^2 \alpha x \cot\chi / \sqrt{x^2 - z^2\tan^2\chi}$。升力为 $L = (\pi/4)\rho V_\infty^2 l^2\alpha$。压力中心按 $x_{cp} = -M_{LE}/L$ 求。确定焦点位置与零升力矩的关系式为 $M_{ac} = M_{LE} + x_{ac}L\cos\alpha$。

习题 2.2.8（三角翼展弦比，等效迎角，势流升力与涡升力） 细长三角翼后掠角为 $\chi = 75°$，设迎角为 $\alpha = 20°$。① 求展弦比和等效迎角。② 用小扰动理论，求势流升力系数、等效迎角和涡升力系数。③ 用基于升力面理论的势流升力因子和涡升力因子求势流升力系数、等效迎角和涡升力系数。④ 比较两种方法得到的总升力系数。

提示：三角翼展弦比 $\lambda = l^2/S_{ref} = 2l/c_{A,r}$，后掠角满足 $\tan\chi = c_{A,r}/(l/2) = 4/\lambda$。等效迎角表达式为 $\tan\alpha_{eff} = \tan\alpha/\cos\chi$。用小扰动理论，势流升力系数表达式为 $C_L = \pi\lambda\alpha/2$，涡升力系数表达式为 $C_{L,v} \approx (\pi/4)\lambda\alpha^2\cos\alpha/\cos\chi$。基于升力面理论按图 2.2-17 查阅势流升力因子 K_p 和涡升力因子 K_v，按 $C_{L,p} = K_p\sin\alpha\cos^2\alpha$ 得到势流升力系数，按 $C_{L,v} = K_v\sin^2\alpha\cos\alpha$ 得到涡升力系数。按 $C_L = C_{L,p} + C_{L,v}$ 得到总升力系数。

参考文献

[1] Brenda Kulfan. New Supersonic Wing Far-Field Composite-Element Wave-Drag Optimization Method. JOURNAL OF AIRCRAFT,2009, 46(5).

[2] Cebeci T, Smith AMO. Analysis of Turbulent Boundary Layers. New York: Academic Press, 1974.

[3] Eppler R. Airfoil Design and Data. New York: Springer-Verlag, 1990: 562.

[4] Head M R. Entrainment in the Turbulent Boundary Layer[R]. London: Aeronautical Research Council London, 1960.

[5] LEE C B ,LI R Q. Dominant structure for turbulent production in a transitional boundary layer[J]. Journal of Turbulence, 2007, 8: 1-34.

[6] Lee C B, Wu J Z. Transition in wall-bounded flows. Appllied Mechanical Review, 2008, 61, 21.

[7] Michel R, et al. Stability Calculations and Transition Criteria on Two- or Three-Dimensional Flows, Laminar-Turbulent Transition. Novosibirsk,USSR:Springer Berlin Heidelberg,1984,6:455-461.

[8] PHILIP K H MA, HUI W H. Similarity solutions of the two-dimensional unsteady boundary-layer equations. Journal of Fluid Mechanics, 1990, 216:537-559.

[9] Spalart P R. AIRPLANE TRAILING VORTICES. Annual Review of Fluid Mechanics,1998,30: 107-38.

[10] Spalart P. R. On the far wake and induced drag of aircraft. Journal of Fluid Mechanics, 2008, 603: 413-430.

[11] Polhamus E C. A concept of the vortex lift of sharp-edge delta wings based on a leading edge suction analogy: NASA TN-D3767[R]. Washington:NASA, 1966 .

[12] Reshotko E. Boundary-Layer Stability and Transition. Annual Review of Fluid Mechanics 1976, 8: 311-349.

[13] Rott N. Unsteady viscous flow in the vicinity of a stagnation point. Quarterly of Applied Mathematics, 1956, 13:444-451.

[14] Spalart P. Turbulence. Are we getting smarter? Fluid Dynamics Award Lecture[R]. San Francisco: 36th AIAA Fluid Dynamics Conference and Exhibit, 2006.

[15] Thwaites B. Approximate calculation of the laminar boundary layer. Aeronautical Quarterly,1949, 1: 245-280.

[16] Wang Y S, Huang W X, Xu C S. On hairpin vortex generation from near wall streamwise vortices. Acta Mechanic Sinica, 2015,31:139-152.

[17] Wilcox D C. Turbulence Modeling for CFD . La Canada, California: DCW Industries,2006.

[18] Wu Y, Chen X, She Z S, Hussain F. On the Karman constant in turbulent Channel flow. Physica Scripta, 2013, T155:014009.

第二篇
可压缩空气动力学基础

第 3 章　可压缩问题连续介质力学
模型与波系结构模型

本章首先介绍可压缩空气流动涉及的基本模型,包括基本物理量与纳维-斯托克斯方程,以及一些重要的关系式;接着讨论波系结构理论,尤其是马赫波、激波与膨胀波现象及其满足的基本关系式、出现的条件以及影响。

3.1　可压缩空气动力学基本模型

本节介绍可压缩流动涉及的物理参数与无量纲参数,介绍黏性应力的物理本质,并介绍可压缩流体力学基本方程及其简化,尤其是势流模型。此外,还将介绍总温、总压和等熵流动的一些概念,最后讨论一些无量纲参数,尤其是马赫数。

3.1.1　可压缩流动涉及的基本物理量与流动参数,无量纲参数

1. 可压缩流动中的分子热运动与宏观行为

从微观上看,空气动力学面对的空气由大量的有效直径约为 1/3 nm 的分子构成。相邻两分子之间的平均距离与分子有效直径相比却大几个数量级。分子在做无规则热运动,这种分子热运动的平均速度为数百米每秒量级。这种无规则热运动导致分子之间有碰撞,或者反过来说这种碰撞维持了无规则热运动。衡量一个分子与其他分子的相邻 2 次碰撞的平均距离称为分子平均自由程 l。标准大气中的空气分子平均自由程约为 68 nm,是分子有效直径的 200 倍左右。每次碰撞都会导致动量交换,这是产生压力的根源,也正是这种分子热运动,才让人们感知到温度。我们完全可以从分子动力学的角度去描述空气的流动问题。但是,对于空气动力学与飞行器设计关心的主要问题,这样做几乎不可能得到所需要的物理规律与解析解。于是,人们摈弃了分子动力学的处理方法,而采用连续介质力学的方式来描述空气运动与作用力的宏观行为。图 3.1-1 是空气流动微观与宏观之间的一种关联。

为了刻画宏观行为,在流场中任一点,选取一个大小适中的空气微团。微团尺寸足够大,以致其包含足够多的分子数目且远高于分子平均自由程,从而可以定义微团的统计平均量,且微团尺寸围绕所选尺寸稍微变化时,平均量不发生明显的变化。同时,微团尺寸又足够小,在处理流动的宏观行为时,微团可以近似为一个点,即流体质点。这样,针对流体质点,可定义与坐标和时间相关的流动参数,包括宏观速度、密度、温度和压强等,反映这些参数的时空分布规律就是流体力学中的流场。为此发展的理论和数值计算方法不仅能刻画流场,而且有关实验测量手段给出的也是流场中质点的参数。虽然如此,流体质点的宏观行为仍取决于作用在质点上的力,这种力来源于微观行为的平均作用。

2. 可压缩流动基本参数

流体质点在相邻流体质点的作用下做加减速或匀速运动。这种作用就是由无规则热运动导致的碰撞引起的。宏观上压力是分子碰撞导致的与质点表面垂直的力。压力大小与温度大小都反映了分子热运动的某种方差,因此二者之间存在比例关系。当然,单位体积的分子数目

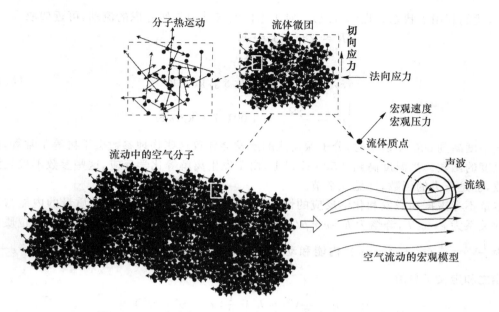

图 3.1 - 1　流动中的空气,微观模型与宏观模型之间的关联

越多即密度越大,同样温度情况下的碰撞次数就越多,因而压力也与密度成比例。由此,可以将压力、密度和温度之间满足的关系写成

$$p = \rho RT \quad (\text{状态方程}) \tag{3.1.1}$$

式中,比例系数 R 也称为空气的气体常数。式(3.1.1)就是状态方程,早期是人们实验总结的规律,后来发展的统计力学也可以直接导出该状态方程。与不可压缩流体力学的差别之一是,可压缩流体力学中的状态方程必须参与到流体力学模型中。与不可压缩流动相比,可压缩流体的密度是可变的。

　空气受到扰动后,扰动改变当地的分子热运动速度,近似以分子热运动平均速度各向同性地向外传播压力扰动。这种小扰动传播速度就是声速。牛顿首先将声速传播过程看成等温过程,得到标准大气中的声速约为 298 m/s 左右的结论。这比后来的测量值小 15% 左右。之后,拉普拉斯发现声音传播是等熵过程,由此得到了在标准大气压和 20 ℃,干燥空气中声速是 343.2 m/s 的正确结论。无论在理想流体还是在黏性流体中,这种声速传播都是等熵过程,即由

$$s \equiv c_v \ln \frac{p}{\rho^\gamma} \quad (\text{熵表达式}) \tag{3.1.2}$$

定义的熵在声速传播时不发生变化。这里,c_v 为定容比热[1],$\gamma \equiv c_p/c_v$ 为比热比,其中 c_p 为定压比热[2]。声速传播过程,压力的微小变化 $\mathrm{d}p$ 伴随密度的微小变化 $\mathrm{d}\rho$。比值 $\mathrm{d}p/\mathrm{d}\rho$ 具有速度量纲,按普通物理分子运动论就是声速 a。由于这个过程是等熵过程,因此

$$a \equiv \sqrt{(\mathrm{d}p/\mathrm{d}\rho)_s} \tag{3.1.3}$$

令(3.1.2)的微分满足 $\mathrm{d}s=0$,得 $\mathrm{d}p/\mathrm{d}\rho=\gamma p/\rho$。因此

$$a = \sqrt{\frac{\gamma p}{\rho}} = \sqrt{\gamma RT} \quad (\text{声速表达式}) \tag{3.1.4}$$

---

① 中华人民共和国国家标准《量和单位》规定名称为比定容热容,本书遵从本学科的习惯仍使用定容比热。

② 中华人民共和国国家标准《量和单位》规定名称为比定压热容,本书遵从本学科的习惯仍使用定压比热。

推导中，我们利用了状态方程(3.1.1)。对于本门空气动力学所考虑的流动，可近似取

$$\begin{cases} R = 287 \text{ J/kg} \cdot \text{K} \\ \gamma = c_p/c_V = 1.4 \\ c_V = \dfrac{R}{\gamma - 1} = 717.5 \text{ J/kg} \cdot \text{K} \\ c_P = \dfrac{\gamma R}{\gamma - 1} = 1\,001.7 \text{ J/kg} \cdot \text{K} \end{cases} \tag{3.1.5}$$

当空气温度高到 600 K 以上时，分子振动能的激发会导致这些物理参数会不再等于常数，而是变为温度的函数。当温度高到 2 500 K 以上，由于发生离解等化学反应，这些参数不仅是温度的函数，也是压力的函数，详见 6.2 节。

本章不考虑振动激发和化学反应的情况，空气的分子热运动对应单位质量的内能与温度之间的关系为 $e = c_V T$，静焓为 $h = e + p/\rho = c_p T$。速度为 $\boldsymbol{V} = (u, v, w)$ 的空气质点单位质量的动能为 $\frac{1}{2}\boldsymbol{V}^2 = \frac{1}{2}(u^2 + v^2 + w^2)$，内能和动能之和定义了总能 $E = e + V^2/2$。静焓 $h = e + p/\rho$ 与动能之和定义了总焓

$$H = h + \frac{1}{2}V^2 = h + \frac{1}{2}(u^2 + v^2 + w^2)$$

所有这些将要用到的关系式或定义式，结合式(3.1.5)后，可以总结为

$$\begin{cases} e = c_V T = \dfrac{R}{\gamma - 1} T = \dfrac{1}{\gamma - 1} \dfrac{p}{\rho} = E - \dfrac{1}{2}V^2 \\ h = e + \dfrac{p}{\rho} = c_p T = \dfrac{R\gamma}{\gamma - 1} T = \dfrac{\gamma}{\gamma - 1} \dfrac{p}{\rho} = \dfrac{a^2}{\gamma - 1} \\ \dfrac{1}{2}V^2 = \dfrac{1}{2}(u^2 + v^2 + w^2) \\ E = e + \dfrac{1}{2}V^2 = \dfrac{1}{\gamma - 1} \dfrac{p}{\rho} + \dfrac{1}{2}V^2 \\ H = h + \dfrac{1}{2}V^2 = \dfrac{R\gamma}{\gamma - 1} T + \dfrac{1}{2}V^2 = \dfrac{\gamma}{\gamma - 1} \dfrac{p}{\rho} + \dfrac{1}{2}V^2 = \dfrac{a^2}{\gamma - 1} + \dfrac{1}{2}V^2 \end{cases} \tag{3.1.6}$$

这些基本关系式中，可以由一组值解出另一组。例如，从总能表达式可以解出压力表达式，从总焓表达式可以解出声速表达式，即

$$\begin{cases} p = (\gamma - 1)\rho\left(E - \dfrac{1}{2}V^2\right) \\ a^2 = (\gamma - 1)\left(H - \dfrac{1}{2}V^2\right) \end{cases} \tag{3.1.7}$$

在 3.1.2 节中将看到，空气流动满足的基本方程即纳维–斯托克斯方程是求解密度、速度（动量）以及总能的方程。其他参数可由式(3.1.5)~式(3.1.7)求得，具体方法将在 3.1.2 节介绍。

3. 黏性应力与热传导

垂直于表面的压力是由分子热运动导致的分子碰撞引起的。这里没有考虑宏观速度的梯度的影响。这种梯度导致分子碰撞过程中也产生动量交换，对应的力就是黏性应力。

具体而言，流体质点相对于相邻质点的切向滑动以及法向拉伸压缩，也会因具有不同宏观速度的相邻空气微团的分子之间的碰撞导致宏观动量传递，这在连续介质力学框架下表述为黏性应力。比如说，以 2.1 节介绍的附面层切向速度的法向差异为例，两层分子一次热运动可以近似

看成以等于声速 a 的速度移动,平均而言等于分子平均自由程 l 的距离,两层分子交换的动量一方面正比于以声速带过去的质量流量 ρa,另一方面正比于两层分子之间的宏观速度差 u。

在分子平均自由程足够小的情况下,这种速度差可以按泰勒展开后近似为 $\Delta \sim l(\partial u / \partial y)$。因此,单位面积的这种动量交换可以写成

$$\tau \propto \rho a l \frac{\partial u}{\partial y}$$

在连续介质力学框架下,引入运动黏度 $\nu \propto al$ 和动力黏度 $\mu = \rho\nu$,而将上式表述为

$$\tau = \mu \frac{\partial u}{\partial y} \tag{3.1.8}$$

这就是黏性流动的牛顿本构关系(虽然该本构关系首先是由实验总结的规律)。

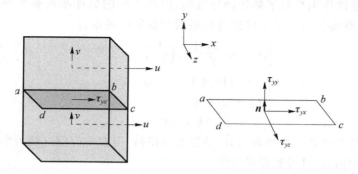

图 3.1 - 2　面 $abcd$ 上的黏性应力

式(3.1.8)定义的 τ 为切向应力,与速度分量 u 具有相同方向。压强作为法向应力与宏观速度差没有关系,这里的应力 τ 即来源于分子热运动,也来源于速度差,称为黏性应力。

式(3.1.8)只给出了切向速度分量 u 滑动导致的切向应力最基本的关系式。实际上,另一个速度分量 v 本身沿切向的滑动,也产生类似效果(具体分析方法类似),加上后,沿 x 方向的切向黏性应力可完整地写为

$$\tau_{yx} = \mu\left(\frac{\partial u}{\partial y} + \frac{\partial v}{\partial x}\right) \tag{3.1.9}$$

这里,τ_{yx} 是在图 3.1 - 2 所示的 $abcd$ 平面上平行于 x 方向的分量。另外,用上面类似分析,还可以得到平行于另外两个方向的黏性应力分量为

$$\tau_{yz} = \mu\left(\frac{\partial w}{\partial y} + \frac{\partial v}{\partial z}\right), \quad \tau_{yy} = \mu\left(\frac{\partial v}{\partial y} + \frac{\partial v}{\partial y}\right) \tag{3.1.10}$$

因此,在每个面上,黏性应力有 3 个分量,这 3 个分量构成的矢量是与该面法向相关的矢量。对于法向为 $\boldsymbol{n}$ 的一个面,两侧因分子热运动与速度梯度交换的动量可以表示为一个矢量 $\boldsymbol{\tau}_n$。当法向沿着 y 时,该矢量的各个分量由式(3.1.9)和式(3.1.10)给出。沿着另外两个方向时,也可以得到类似表达式。总之,可以写为

$$\begin{cases} \tau_{xx} = \mu\left(\dfrac{\partial u}{\partial x} + \dfrac{\partial u}{\partial x}\right), \quad \tau_{xy} = \mu\left(\dfrac{\partial v}{\partial x} + \dfrac{\partial u}{\partial y}\right), \quad \tau_{xz} = \mu\left(\dfrac{\partial w}{\partial x} + \dfrac{\partial u}{\partial z}\right) \quad (\boldsymbol{n} = \boldsymbol{e}_x) \\[2mm] \tau_{yx} = \mu\left(\dfrac{\partial u}{\partial y} + \dfrac{\partial v}{\partial x}\right), \quad \tau_{yy} = \mu\left(\dfrac{\partial v}{\partial y} + \dfrac{\partial v}{\partial y}\right), \quad \tau_{yz} = \mu\left(\dfrac{\partial w}{\partial y} + \dfrac{\partial v}{\partial z}\right) \quad (\boldsymbol{n} = \boldsymbol{e}_y) \\[2mm] \tau_{zx} = \mu\left(\dfrac{\partial u}{\partial z} + \dfrac{\partial w}{\partial x}\right), \quad \tau_{zy} = \mu\left(\dfrac{\partial v}{\partial z} + \dfrac{\partial w}{\partial y}\right), \quad \tau_{zz} = \mu\left(\dfrac{\partial w}{\partial z} + \dfrac{\partial w}{\partial z}\right) \quad (\boldsymbol{n} = \boldsymbol{e}_z) \end{cases}$$

$$\tag{3.1.11}$$

进一步,流体质点的体积膨胀也导致在法向上存在等于 $\nabla \cdot \boldsymbol{V}$ 的额外黏性应力,比例系数 λ 称为第二黏性系数或体积黏性系数,在斯托克斯假设下,$\lambda = -\dfrac{2}{3}\mu$。考虑第二黏性后,式(3.1.11)需要修正的分量为

$$\begin{cases} \tau_{xx} = \mu\left(\dfrac{\partial u}{\partial x}+\dfrac{\partial u}{\partial x}\right)+\lambda\,\nabla\cdot\boldsymbol{V} \\ \tau_{yy} = \mu\left(\dfrac{\partial u}{\partial x}+\dfrac{\partial u}{\partial x}\right)+\lambda\,\nabla\cdot\boldsymbol{V} \\ \tau_{zz} = \mu\left(\dfrac{\partial u}{\partial x}+\dfrac{\partial u}{\partial x}\right)+\lambda\,\nabla\cdot\boldsymbol{V} \end{cases} \tag{3.1.12}$$

由于如此定义的黏性作用是分子热运动导致的,因此空气的黏性系数必然与温度有关。依据理论与实验结果,萨特兰给出了空气的黏性系数与温度的关系为

$$\begin{cases} \mu = \mu_0\,\dfrac{T_0+C}{T+C}\left(\dfrac{T}{T_0}\right)^{1.5} \\ C \approx 110.4\ \mathrm{K} \\ T_0 = 273\ \mathrm{K} \\ \mu_0 \approx 1.716\times10^{-5}\,\mathrm{kg/(m\cdot s)} \end{cases} \tag{3.1.13}$$

该关系也称为萨特兰公式。严格而言,C 是温度的函数,但在本门空气动力学关心的最多数百开尔文的温度范围内,C 可近似看成常数。

除了满足式(3.1.8)表示的黏性应力定律,也可以从分子动力学的角度去分析分子之间的相互碰撞导致的反映热量(分子热运动的某种统计方差代表的能量)交换的傅里叶定律。下面直接给出结果。

令 q 为两层流体之间由于热交换即热传导导致的热流密度。单位时间内,沿单位面积的交界面的法向 $\boldsymbol{n}$ 传递的热量 q_n(单位为 $\mathrm{J/m^2\cdot s}$)与温度梯度 $\partial T/\partial n$ 之间关系满足傅里叶定律 $q_n = -\kappa\partial T/\partial n$。写成矢量形式为

$$\boldsymbol{q} = -\kappa\nabla T \tag{3.1.14}$$

式中,κ 为热导率(单位为 $\mathrm{W/(m\cdot K)}$)。对于 1 个大气压和 0℃ 的干燥空气,$\kappa\approx0.024\ \mathrm{W/(m\cdot K)}$。

4. 可压缩流动涉及的无量纲参数,马赫数

定义当地速度与声速的比值为一个无量纲参数,即马赫数

$$Ma = \frac{V}{a} \quad (\text{马赫数}) \tag{3.1.15}$$

在物体坐标系中,自由来流对应的马赫数称为来流马赫数,定义为

$$Ma_\infty = \frac{V_\infty}{a_\infty} \quad (\text{来流马赫数}) \tag{3.1.16}$$

当 $Ma_\infty\to0$ 时,一般可以当作不可压缩流动处理。在 5.2 节中,利用非定常流动理论会发现,在可压缩流动中,小扰动波在 x 方向以 $u,u+a,u-a$ 三个速度传播(其他方向类似)。因此,最快运动的波与最慢运动的波速之比为

$$s_{\mathrm{tiff}} = \frac{u+a}{u} = \frac{Ma+1}{Ma} \tag{3.1.17}$$

当 $Ma\to0$ 时,$s_{\mathrm{tiff}}\to\infty$,即按可压缩流处理,问题变成刚性的。这对于一般的可压缩流数值计算方法,刚性的存在会导致求解困难。这就是为何对于低马赫数流动,需要采用不可压缩流模

型求解的原因。

在物体坐标系下，当地马赫数 $Ma=1$ 的流动称为声速流动，$Ma<1$ 的流动称为亚声速流动，$Ma>1$ 的流动称为超声速流动。如果处处满足 $Ma<1$，那么流场为全亚声速流动；如果处处满足 $Ma>1$，那么为全超声速流动。按字面定义可以认为，跨声速流动就是一部分区域为亚声速，一部分区域为超声速的流动。但对于大多数情况，跨声速流动是指因来流接近声速而出现了远离声速时不具备的特有现象的流动（见 4.2 节）。

我们将看到，马赫数是衡量可压缩流动的重要无量纲参数，主要表现在两个方面：①一些无量纲气动参数，如压力系数和升力系数，可能是马赫数的函数；②流场的一些定性规律与马赫数有关。例如，马赫数接近 1 时，有阻力骤然增加现象；马赫数大于 1 时，小扰动无法向上游传播，等等。

与不可压缩流动类似，可压缩流动中的雷诺数也是黏性流动的重要的无量纲参数，对于附面层则可能是相似参数。基于来流参数的雷诺数定义式为

$$Re_x = \frac{\rho_\infty V_\infty x}{\mu_\infty} \quad \text{（雷诺数）} \tag{3.1.18}$$

如果 $x=L$，即坐标取物体的长度（如弦长），那么 Re_L 就是物体的雷诺数。

马赫数决定了无黏流区的特性，雷诺数决定了附面层区的特性。对于 6.2 节介绍的高超声速流动，无黏流区与黏性流区存在强烈干扰，因此会出现马赫数与雷诺数的某个组合参数作为相似参数的情况。

考虑热传导与气动加热时，还涉及普朗特数。为此，定义运动黏度 $\nu=\mu/\rho$ 以及热扩散系数 $\sigma=\kappa/\rho c_p$。二者的比值就是普朗特数 $Pr=\nu/\sigma$。也可以写为

$$Pr = \frac{c_p \mu}{\kappa} \quad \text{（普朗特数）} \tag{3.1.19}$$

对于常温空气，一般近似有 $Pr=0.71\sim0.72$。

马赫数、雷诺数和普朗特数是无量纲参数。马赫数反映了惯性力与压力强弱的相对大小；当马赫数足够大时，压力的作用非常弱。雷诺数是惯性力与黏性力强弱的相对大小；当雷诺数足够大时，黏性的作用可能局限在贴近物面很薄的附面层内。普朗特数是黏性扩散能力与热扩散能力强弱的相对大小。由于普朗特数小于 1，因此速度附面层厚度比温度附面层厚度小。另外，速度与温度满足的方程在附面层内具有一定的相似性，因此热传导导致的换热系数与黏性导致的摩擦系数可能存在某种比例关系，其比例系数与普朗特数有关（见 6.3 节）。

3.1.2　可压缩流动基本方程及其讨论

可压缩流动基本方程即纳维-斯托克斯方程，在流体力学基础教科书中一般都有详细推导。这里，以可压缩性的讨论为主线，给出其由来并讨论一些等价形式。

1. 流体微团微积分关系，质点导数

如图 3.1-3 所示，考虑由封闭面积 S 围成的体积 Ω，表面上任一点 x 的单位法向矢量记为 n。假设该体积是流体微团，从而表面上各点以流体宏观速度 V 移动。该点面元 dS 以速度 V 移动，在单位时间扫过的体积显然为 $d\Omega=V \cdot n dS$，因此，整个流体微团的体积变化率满足关系式

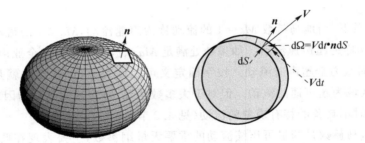

图 3.1-3　运动与变形中的封闭体积

$$\frac{\mathrm{D}\Omega}{\mathrm{D}t} = \iint\limits_{S} \boldsymbol{V} \cdot \boldsymbol{n}\mathrm{d}S$$

采用高斯定理,将速度矢量的面积分转换为速度散度的体积分

$$\iint\limits_{S} \boldsymbol{V} \cdot \boldsymbol{n}\mathrm{d}S = \iiint\limits_{\Omega} \nabla \cdot \boldsymbol{V}\mathrm{d}\Omega$$

当体积满足 $\Omega \to 0$,上式右端可以写成 $\Omega\nabla \cdot \boldsymbol{V}$,代入之前的体积变化率表达式可得

$$\frac{1}{\Omega}\frac{\mathrm{D}\Omega}{\mathrm{D}t} = \nabla \cdot \boldsymbol{V} \tag{3.1.20}$$

即流体微团速度的散度等于流体微团的体积膨胀率。

下面考虑流体微团携带的物理量 φ(如密度的变化率)。微团内总的物理量(如质量)为

$$M_{\varphi} = \iiint\limits_{\Omega} \varphi\mathrm{d}\Omega$$

该总量随时间的变化率,一方面来自于 φ 本身随时间的变化的积分 $\iiint\limits_{\Omega}\partial\varphi/\partial t\mathrm{d}\Omega$;另一方面来自于微团表面运动时,沿运动方向产生体积变化 $\mathrm{d}\Omega = \boldsymbol{V} \cdot \boldsymbol{n}\mathrm{d}S$ 后,带进来的量 $\varphi\boldsymbol{V} \cdot \boldsymbol{n}\mathrm{d}S$ 的积分 $\iint\limits_{S}\varphi\boldsymbol{V} \cdot \boldsymbol{n}\mathrm{d}S$,即

$$\frac{\mathrm{D}M_{\varphi}}{\mathrm{D}t} = \frac{\mathrm{D}}{\mathrm{D}t}\iiint\limits_{\Omega}\varphi\mathrm{d}\Omega = \iiint\limits_{\Omega}\frac{\partial\varphi}{\partial t}\mathrm{d}\Omega + \iint\limits_{S}\varphi\boldsymbol{V} \cdot \boldsymbol{n}\mathrm{d}S$$

对上式右端最后一项使用高斯定理,将面积分化 $\nabla \cdot (\varphi\boldsymbol{V})$ 的体积分,接着令 $\Omega \to 0$,可将上式写成

$$\frac{\mathrm{D}(\varphi\Omega)}{\mathrm{D}t} = \Omega\left[\frac{\partial\varphi}{\partial t} + \nabla \cdot (\varphi\boldsymbol{V})\right] \tag{3.1.21}$$

将式(3.1.20)乘以 φ,减式(3.1.21)并考虑到 $\nabla \cdot (\varphi\boldsymbol{V}) = \boldsymbol{V} \cdot \nabla\varphi + \varphi\nabla \cdot \boldsymbol{V}$,得

$$\frac{\mathrm{D}\varphi}{\mathrm{D}t} = \frac{\partial\varphi}{\partial t} + \boldsymbol{V} \cdot \nabla\varphi \quad 或 \quad \frac{\mathrm{D}\varphi}{\mathrm{D}t} = \frac{\partial\varphi}{\partial t} + u\frac{\partial\varphi}{\partial x} + v\frac{\partial\varphi}{\partial y} + w\frac{\partial\varphi}{\partial z} \tag{3.1.22}$$

式(3.1.22)就是所谓的对时间的质点导数,包含对时间的当地导数 $\partial\varphi/\partial t$ 以及迁移导数 $\boldsymbol{V} \cdot \nabla\varphi = u(\partial\varphi/\partial x) + v(\partial\varphi/\partial y) + w(\partial\varphi/\partial z)$。质点导数就是流体微团即质点携带的物理量随时间的变化率,该质点导数等于欧拉坐标系中该物理量的时间导数和迁移导数。所谓迁移导数,就是物理量由于有空间导数带来的流体质点导数表达式中的贡献。

在以下的分析中,均令 $\Omega \to 0$。

2. 质量守恒、动量守恒与能量守恒

（1）质量守恒方程

流体微团在运动和变形过程中，其质量 $M_\rho = \Omega\rho$ 是不变的，即

$$\frac{\mathrm{D}\Omega\rho}{\mathrm{D}t} = 0 \Rightarrow \Omega\frac{\mathrm{D}\rho}{\mathrm{D}t} + \rho\frac{\mathrm{D}\Omega}{\mathrm{D}t} = 0$$

利用式（3.1.20）消去体积变化率，得质量守恒方程

$$\frac{\mathrm{D}\rho}{\mathrm{D}t} + \rho\nabla\cdot\boldsymbol{V} = 0 \quad （质量守恒方程） \tag{3.1.23}$$

对于不可压缩流动，流体质点的密度等于常数，即 $\mathrm{D}\rho/\mathrm{D}t=0$，利用式（3.1.23），得不可压缩流动的质量守恒方程的等价定义

$$\nabla\cdot\boldsymbol{V} \equiv \frac{\partial u}{\partial x} + \frac{\partial v}{\partial y} + \frac{\partial w}{\partial z} = 0$$

这就是第一章中介绍的连续性方程的由来。

（2）动量守恒方程

在流体微团表面上，受到的指向微团内部，且与当地表面垂直的压力 p 的作用导致的合力为

$$\boldsymbol{F}_p = -\iint_{S\to 0} p\boldsymbol{n}\,\mathrm{d}S$$

按矢量分析中面积分与体积分之间的关系，有

$$\iint_{S\to 0} p\boldsymbol{n}\,\mathrm{d}S = \iiint_{\Omega\to 0}\nabla p\,\mathrm{d}\Omega \to \Omega\nabla p$$

得到 $\boldsymbol{F}_p \to -\Omega\nabla p$。因此，单位体积的空气质点受到的压力作用为 $\boldsymbol{F}_p/\Omega = -\nabla p$。微团表面上受到的黏性应力是与法向相关的矢量 $\boldsymbol{\tau}_n$，也可以看成一个黏性应力张量 $\boldsymbol{\tau}$ 在法向的投影，即 $\boldsymbol{\tau}_n = \boldsymbol{\tau}\cdot\boldsymbol{n}$。类似于压力，黏性作用力为

$$\boldsymbol{F}_\tau = \iint_{S\to 0}\boldsymbol{\tau}_n\,\mathrm{d}x\mathrm{d}y = \iint_{S\to 0}\boldsymbol{\tau}\cdot\boldsymbol{n}\,\mathrm{d}x\mathrm{d}y = \iiint_{\Omega\to 0}\nabla\cdot\boldsymbol{\tau}\,\mathrm{d}x\mathrm{d}y\mathrm{d}z = \Omega\nabla\cdot\boldsymbol{\tau}$$

因此，单位体积的空气质点受到的黏性作用为 $\boldsymbol{F}_\tau/\Omega = \nabla\cdot\boldsymbol{\tau}$。单位体积的空气质点在这两个力的作用下，获得加速度 $\mathrm{D}\boldsymbol{V}/\mathrm{D}t$。因此，压力和黏性力，动量守恒方程为

$$\rho\frac{\mathrm{D}\boldsymbol{V}}{\mathrm{D}t} = -\nabla p + \nabla\cdot\boldsymbol{\tau} \quad （动量守恒方程） \tag{3.1.24}$$

（3）能量守恒方程

流体微团的能量包括内能和动能两部分，能量方程描述的是总能的变化。质点总能变化来源于微团表面上压力、黏性力所做的功以及热传导。压力和黏性力做功等于力与速度矢量的点乘。更多细节与前面得到动量方程类似，不需要进一步介绍，最后得到的能量守恒方程为

$$\rho\frac{\mathrm{D}E}{\mathrm{D}t} = -\nabla\cdot(p\boldsymbol{V}) + \nabla\cdot(\boldsymbol{V}\cdot\boldsymbol{\tau}) - \nabla\cdot\boldsymbol{q} \quad （能量守恒方程） \tag{3.1.25}$$

3. 纳维-斯托克斯方程与欧拉方程

式（3.1.23）、式（3.1.24）和式（3.1.25）是密度、速度和总能满足的方程，是纳维-斯托克斯方程的一种形式。

下面介绍纳维-斯托克斯方程的守恒形式。读者不难验证，考虑到式（3.1.23）后，动量方程和能量方程的左端也可以分别写成

$$\begin{cases} \rho \dfrac{\mathrm{D}\boldsymbol{V}}{\mathrm{D}t} = \dfrac{\partial \rho \boldsymbol{V}}{\partial t} + \nabla \cdot (\rho \boldsymbol{V}\boldsymbol{V}) = \dfrac{\partial \rho \boldsymbol{V}}{\partial t} + \dfrac{\partial \rho u \boldsymbol{V}}{\partial x} + \dfrac{\partial \rho v \boldsymbol{V}}{\partial y} + \dfrac{\partial \rho w \boldsymbol{V}}{\partial z} \\[2mm] \rho \dfrac{\mathrm{D}E}{\mathrm{D}t} = \dfrac{\partial \rho E}{\partial t} + \nabla \cdot (\rho \boldsymbol{V}E) = \dfrac{\partial \rho E}{\partial t} + \dfrac{\partial \rho u E}{\partial x} + \dfrac{\partial \rho v E}{\partial y} + \dfrac{\partial \rho w E}{\partial z} \end{cases}$$

利用这些关系式,将式(3.1.23)、式(3.1.24)和式(3.1.25)写成守恒形式

$$\begin{cases} \dfrac{\partial \rho}{\partial t} + \nabla \cdot \rho \boldsymbol{V} = 0 & \text{(质量守恒方程)} \\[2mm] \dfrac{\partial \rho \boldsymbol{V}}{\partial t} + \nabla \cdot (\rho \boldsymbol{V}\boldsymbol{V}) = -\nabla p + \nabla \cdot \boldsymbol{\tau} & \text{(动量守恒方程)} \\[2mm] \dfrac{\partial \rho E}{\partial t} + \nabla \cdot (\rho \boldsymbol{V}E) = -\nabla \cdot (p\boldsymbol{V}) + \nabla \cdot (\boldsymbol{V} \cdot \boldsymbol{\tau}) - \nabla \cdot \boldsymbol{q} & \text{(能量守恒方程)} \end{cases} \quad (3.1.26)$$

对于定常流动,上式可简化为

$$\begin{cases} \nabla \cdot \rho \boldsymbol{V} = 0 & \text{(质量守恒方程)} \\[2mm] \nabla \cdot (\rho \boldsymbol{V}\boldsymbol{V}) = -\nabla p + \nabla \cdot \boldsymbol{\tau} & \text{(动量守恒方程)} \\[2mm] \nabla \cdot (\rho \boldsymbol{V}E) = -\nabla \cdot (p\boldsymbol{V}) + \nabla \cdot (\boldsymbol{V} \cdot \boldsymbol{\tau}) - \nabla \cdot \boldsymbol{q} & \text{(能量守恒方程)} \end{cases} \quad (3.1.27)$$

对于理想流动,不考虑黏性与热传导,式(3.1.26)简化为欧拉方程

$$\begin{cases} \dfrac{\partial \rho}{\partial t} + \nabla \cdot \rho \boldsymbol{V} = 0 & \text{(质量守恒方程)} \\[2mm] \dfrac{\partial \rho \boldsymbol{V}}{\partial t} + \nabla \cdot (\rho \boldsymbol{V}\boldsymbol{V}) + \nabla p = 0 & \text{(动量守恒方程)} \\[2mm] \dfrac{\partial \rho E}{\partial t} + \nabla \cdot (\rho \boldsymbol{V}H) = 0 & \text{(能量守恒方程)} \end{cases} \quad (3.1.28)$$

进一步,对于理想定常流动有

$$\nabla \cdot \rho \boldsymbol{V} = 0, \quad \nabla \cdot \rho \boldsymbol{V}\boldsymbol{V} + \nabla p = 0, \quad \nabla \cdot \rho \boldsymbol{V}H = 0 \quad (3.1.29)$$

定常欧拉方程(3.1.29)也可以展开为

$$\begin{cases} \boldsymbol{V} \cdot \nabla \rho + \rho \nabla \cdot \boldsymbol{V} = 0 \\[2mm] (\boldsymbol{V} \cdot \nabla)\boldsymbol{V} = -\dfrac{1}{\rho}\nabla p \\[2mm] \boldsymbol{V} \cdot \nabla H = 0 \end{cases} \quad (3.1.30)$$

欧拉坐标系下标量形式的纳维-斯托克斯方程的守恒形式为

$$\begin{cases} \dfrac{\partial \rho}{\partial t} + \dfrac{\partial \rho u}{\partial x} + \dfrac{\partial \rho v}{\partial y} + \dfrac{\partial \rho w}{\partial z} = 0 \\[2mm] \dfrac{\partial \rho u}{\partial t} + \dfrac{\partial (\rho uu + p)}{\partial x} + \dfrac{\partial \rho uv}{\partial y} + \dfrac{\partial \rho uw}{\partial z} = \dfrac{\partial \tau_{xx}}{\partial x} + \dfrac{\partial \tau_{xy}}{\partial y} + \dfrac{\partial \tau_{xz}}{\partial z} \\[2mm] \dfrac{\partial \rho v}{\partial t} + \dfrac{\partial (\rho vu)}{\partial x} + \dfrac{\partial (\rho vv + p)}{\partial y} + \dfrac{\partial \rho vw}{\partial z} = \dfrac{\partial \tau_{yx}}{\partial x} + \dfrac{\partial \tau_{yy}}{\partial y} + \dfrac{\partial \tau_{yz}}{\partial z} \\[2mm] \dfrac{\partial \rho w}{\partial t} + \dfrac{\partial (\rho wu)}{\partial x} + \dfrac{\partial \rho wv}{\partial y} + \dfrac{\partial (\rho ww + p)}{\partial z} = \dfrac{\partial \tau_{zx}}{\partial x} + \dfrac{\partial \tau_{zy}}{\partial y} + \dfrac{\partial \tau_{zz}}{\partial z} \\[2mm] \dfrac{\partial \rho E}{\partial t} + \dfrac{\partial \rho u H}{\partial x} + \dfrac{\partial \rho v H}{\partial y} + \dfrac{\partial \rho w H}{\partial z} = \dfrac{\partial Q_x}{\partial x} + \dfrac{\partial Q_y}{\partial y} + \dfrac{\partial Q_z}{\partial z} - \dfrac{\partial q_x}{\partial x} - \dfrac{\partial q_y}{\partial y} - \dfrac{\partial q_z}{\partial z} \end{cases} \quad (3.1.31)$$

式中,$Q_x = u\tau_{xx} + v\tau_{xy} + w\tau_{xz}$,$Q_y = u\tau_{yx} + v\tau_{yy} + w\tau_{yz}$,$Q_z = u\tau_{zx} + v\tau_{zy} + w\tau_{zz}$。

4. 纳维-斯托克斯方程或欧拉方程的求解方法

看到这么多复杂的方程,我们可能觉得根本无法直接求解。可压缩空气动力学的主要内

容就是在一些简化情况下,求解上述方程的简化形式。这将在本节余下部分以及其他部分逐步介绍。

单纯从数学或数值上看,式(3.1.31)给出了求解密度 ρ、速度 u,v,w 和总能 E 的 5 个方程。其中涉及的压力 p,可用式(3.1.7)与总能以及速度求解;黏性应力可用式(3.1.11)或式(3.1.12)求解。热流密度 $q=(q_x,q_y,q_z)$ 由式(3.1.14)给出。内能及温度由式(3.1.6)第一行给出。动力黏度和热导率在马赫数不太高时,均可按标准大气下的值给定。如果考虑温度效应(但低于 600K),则动力黏度由萨特兰公式(3.1.13)给定,定压比热近似按常数,热导率则由式(3.1.19)定义的普朗特数为常数确定。

类似于不可压缩空气动力学,对于大多数有实际意义的可压缩空气动力学问题,也可以将流场解耦成理想流区和附面层区。理想流区可能包含激波等间断结构,相关理论见 3.2 节。也有相应的势流模型,尤其小扰动势流模型,相关理论与方法见 4.1 节和 4.2 节。附面层区的处理方法见 4.2 节。除此之外,在流场某些区域,在一定条件下,一些参数如总焓、熵等取常数。在这种情况下,能量方程得到大幅度简化。这种流动模型,包括无旋流动势流模型,将在 3.1.3 节介绍。

守恒形式的纳维-斯托克斯方程(3.1.31),用守恒数值方法后,可以自动捕获激波等间断。

5. 积分形式,力的近场法、远场法和中场法

在 1.2.3 节介绍了纳维-斯托克斯方程的积分形式,类似可得到可压缩流动的积分形式以及尾迹法。采用的控制体与控制面与 1.2.3 节完全一样,见图 3.1-4。依据这里的可压缩流动纳维-斯托克斯方程,读者不难重复 1.2.3 节的推导,得到积分法的结果。因此,这里不再给出推导细节,而是直接给出主要结果。

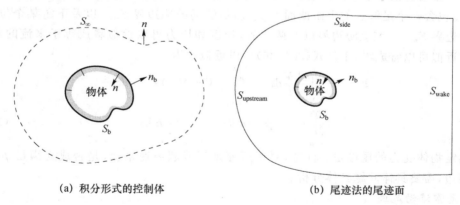

(a) 积分形式的控制体　　　　　　　　　(b) 尾迹法的尾迹面

图 3.1-4　控制体与控制面

(1) 动量方程积分形式

考虑一封闭体积 Ω,表面积为 S。所选体积 Ω 为由物体表面 S_b 以及另外一个包含物体的封闭曲面 S_∞ 围成的流体区域。类似于 1.2.3 节,可得到动量方程的积分形式为

$$\iiint_\Omega \frac{\partial \rho V}{\partial t}\mathrm{d}\Omega + \oiint_S \rho VV \cdot n\mathrm{d}S = -\oiint_S pn\mathrm{d}S + \oiint_S \tau \cdot n\mathrm{d}S \tag{3.1.32}$$

下面也要用到质量守恒方程的积分形式

$$\iiint_\Omega \frac{\partial \rho}{\partial t}\mathrm{d}\Omega + \oiint_S \rho V \cdot n\mathrm{d}S = 0 \tag{3.1.33}$$

（2）近场法

物体所受的力由物体表面压力（法向）与黏性应力（切向）积分获得，即

$$F \equiv -\oiint_{S_b} p\bm{n}_b \mathrm{d}S + \oiint_{S_b} \bm{\tau} \cdot \bm{n}_b \mathrm{d}S \tag{3.1.34}$$

式中，$\bm{n}_b$ 为物体表面指向物体外部的单位法向矢量。式（3.1.34）就是确定力的近场法。

（3）远场法

考虑到在物面满足法向速度消失 $V_{n_b}=0$ 的边界条件以及式（3.1.34），从式（3.1.32）可得力的表达式为

$$F = -\iiint_{\Omega} \frac{\partial \rho \bm{V}}{\partial t}\mathrm{d}\Omega - \oiint_{\infty} \rho \bm{V}\bm{V} \cdot \bm{n}\mathrm{d}S - \oiint_{\infty} p\bm{n}\mathrm{d}S + \oiint_{\infty} \bm{\tau} \cdot \bm{n}\mathrm{d}S \tag{3.1.35}$$

式（3.1.35）表明，空气流动给物体的作用力（气动力）等于控制体内总动量随时间的变化率，加上控制体外部边界的压力和黏性应力的积分。利用质量守恒方程的积分形式（3.1.33），不难将式（3.1.35）改写成

$$F = -\iiint_{\Omega} \frac{\partial \rho \bm{V}}{\partial t}\mathrm{d}\Omega - \oiint_{S_{\infty}} \rho(\bm{V}-\bm{V}_{\infty})\bm{V} \cdot \bm{n}\mathrm{d}S -$$
$$\oiint_{S_{\infty}} (p-p_{\infty})\bm{n}\mathrm{d}S + \oiint_{S_{\infty}} \bm{\tau} \cdot \bm{n}\mathrm{d}S \tag{3.1.36}$$

式（3.1.35）或（3.1.36）也称为确定力的远场法。

（4）尾迹法

考虑来流马赫数小于 1 的流动。如果将控制体外边界选得足够远，如图 3.1-4(b) 所示，外边界 S_{∞} 包含一个足够远的上游曲面 S_{upstream}，足够远的侧边界 S_{side}，以及下游某个位置的近似平面的边界 S_{wake}。在上游边界以及侧边界，速度和压力可以近似看成等于来流的常数值，黏性应力近似可以看成零，于是式（3.1.36）可以近似写为

$$F = -\iiint_{\Omega} \frac{\partial \rho \bm{V}}{\partial t}\mathrm{d}\Omega - \oiint_{S_{\text{wake}}} \rho(\bm{V}-\bm{V}_{\infty})\bm{V} \cdot \bm{n}\mathrm{d}S -$$
$$\oiint_{S_{\text{wake}}} (p-p_{\infty})\bm{n}\mathrm{d}S + \oiint_{S_{\text{wake}}} \bm{\tau} \cdot \bm{n}\mathrm{d}S \tag{3.1.37}$$

这就是确定物体受力的**尾迹法**。注意，对于声速来流或超声速来流，是否成立满足 $p=p_{\infty}$ 等条件的侧边，需要具体问题具体分析。

（5）定常流动尾迹法

在式（3.1.37）成立的前提下，对于定常流动，如果尾迹平面选得足够远，黏性应力可以忽略，那么阻力为

$$D = -\oiint_{S_{\text{wake}}} \rho u(\bm{V}-\bm{V}_{\infty}) \cdot \bm{n}\mathrm{d}S - \oiint_{S_{\text{wake}}} (p-p_{\infty})\bm{n}\mathrm{d}S \tag{3.1.38}$$

进一步，在尾迹平面的压力也可以按 $p=p_{\infty}$ 近似，于是，上式可近似为

$$D = -\oiint_{S_{\text{wake}}} \rho u(\bm{V}-\bm{V}_{\infty}) \cdot \bm{n}\mathrm{d}S \tag{3.1.39}$$

如果将尾迹平面设为平面，且与来流方向垂直，那么在尾迹平面有 $(\bm{V}-\bm{V}_{\infty}) \cdot \bm{n}=u-u_{\infty}$。在此约定下，式（3.1.39）可以写为

$$D = -\oiint_{S_{\text{wake}}} \rho u (u - u_\infty)\,\mathrm{d}S \tag{3.1.40}$$

按熵、总焓的定义以及流向涡强度的定义 $W=(v^2+w^2)/u_\infty^2$，尾迹平面的熵、总焓以及流向涡强度和自由来流的值的差异为

$$\begin{cases} \Delta s = c_p \ln \dfrac{T}{T_\infty} - R\ln \dfrac{p}{p_\infty} \\ \Delta H = c_p(T-T_\infty) + \dfrac{1}{2}(u^2+v^2+w^2-u_\infty^2) \\ \Delta W = (v^2+w^2)/u_\infty^2 \end{cases} \tag{3.1.41}$$

由上式不难解出 u，写成 $u-u_\infty=u_\infty\Theta(\Delta s,\Delta H,\Delta W)$，其中

$$\Theta(\Delta s,\Delta H,\Delta W) = \left[\left(1+\frac{2\Delta H}{u_\infty^2}-\frac{2}{(\gamma-1)Ma_\infty^2}\left(\left(\frac{p}{p_\infty}\mathrm{e}^{\frac{\Delta s}{R}}\right)^{\frac{\gamma-1}{\gamma}}-1\right)\right)-\Delta W\right]^{\frac{1}{2}}-1 \tag{3.1.42}$$

（6）跨声速波阻的 Oswatitsch 公式

对于定常跨声速流动，如果尾迹平面足够远，那么上式可以针对 $\Delta s,\Delta H,\Delta W$ 线化，即

$$\Theta(\Delta s,\Delta H,\Delta W) = -\frac{1}{\gamma R Ma_\infty^2}\Delta s + \frac{1}{u_\infty^2}\Delta H - \frac{1}{2}\Delta W \tag{3.1.43}$$

进一步，如果不考虑发动机推力则尾迹平面的总焓与自由来流总焓近似相等，即 $\Delta H=0$，并且不考虑翼尖涡等流向涡的影响，即 $\Delta W=0$，那么式（3.1.40）和式（3.1.43）可得确定跨声速波阻的 Oswatitsch 公式

$$D = -u_\infty\oiint_{S_{\text{wake}}}\frac{1}{\gamma R Ma_\infty^2}\Delta s\rho V_n\,\mathrm{d}S \tag{3.1.44}$$

（7）定常亚声速与跨声速流动中场法

在式（3.1.40）成立的前提下，将式（3.1.40）写为

$$D = -\oiint_{S_{\text{wake}}}\rho u_\infty\Theta(\Delta s,\Delta H,\Delta W)\boldsymbol{V}\cdot\boldsymbol{n}\,\mathrm{d}S \tag{3.1.45}$$

考虑到在图 3.1-4（b）所示的侧边 S_{side} 和上游边界 S_{upstream} 成立 $\Theta\approx0$，在物体表面 S_b 成立边界条件 $\boldsymbol{V}\cdot\boldsymbol{n}=0$，于是式（3.1.45）可以改写成由物体表面 S_b 以及包含尾迹平面的稍远边界 S_∞ 构成的封闭面积分

$$D = \oiint_{S_b}\rho u_\infty\Theta(\Delta s,\Delta H,\Delta W)\boldsymbol{V}\cdot\boldsymbol{n}\,\mathrm{d}S - \oiint_{S_\infty}\rho u_\infty\Theta(\Delta s,\Delta H,\Delta W)\boldsymbol{V}\cdot\boldsymbol{n}\,\mathrm{d}S \tag{3.1.46}$$

将式（3.1.46）中的被积函数看成连续可微函数，采用高斯定理转化为体积分，得

$$D = -\oiint_\Omega\rho u_\infty\nabla\cdot(\Theta(\Delta s,\Delta H,\Delta W)\boldsymbol{V})\,\mathrm{d}\Omega \tag{3.1.47}$$

这就是确定定常流动阻力的中场法公式，其中的积分范围可以按流场不同区域的性质进行分解处理。

① 附面层与剪切层的黏性作用力 D_{viscous}。黏性作用力由式（3.1.47）用于附面层和剪切层所在的空间区域 Ω_{viscous} 获得，即

$$D_{\text{viscous}} = -\oiint_{\Omega_{\text{viscous}}}\rho u_\infty\nabla\cdot(\Theta(\Delta s,\Delta H,\Delta W)\boldsymbol{V})\,\mathrm{d}\Omega \tag{3.1.48}$$

② 激波阻力。将激波带来熵增的区域 Ω_{shock} 看成可微分的区域,可按下式得到激波阻力

$$D_{shock} = -\oiint_{\Omega_{shock}} \rho u_\infty \nabla \cdot (\Theta(\Delta s, \Delta H, \Delta W)\boldsymbol{V}) \mathrm{d}\Omega \qquad (3.1.49)$$

③ 诱导阻力。将具有强流向涡从而 ΔW 不可忽略的区域记为 $\Omega_{trailingvortex}$,那么可由下式给出诱导阻力

$$D_{induced} = -\oiint_{\Omega_{trailingvortex}} \rho u_\infty \nabla \cdot (\Theta(\Delta s, \Delta H, \Delta W)\boldsymbol{V}) \mathrm{d}\Omega \qquad (3.1.50)$$

④ 对于一个实际流场,以上三种类型的区域可能同时存在,并且有一部分重叠情况。这些区域以外的地方也可能积分出阻力,称为伪阻力。

中场法将物体所受的阻力,近似按性质分解为激波阻力、附面层与剪切层黏性阻力、流向尾涡诱导阻力以及伪阻力。

3.1.3　均能流动、等熵流动、无旋流动与定常势流基本方程

即使对于理想定常流动,上面给出的可压缩流动基本方程,也很难直接给出解析解。类似于第 1 章的不可压缩流动,可以将流场解耦成无黏流问题和附面层问题。对于可压缩流动,也存在一些流动区域,可以直接令某些物理量等于常数,这样可以得到比纳维-斯托克斯方程简单得多的模型。这些简化情况主要包括:等能流动下能量方程的简化、等熵流动与压力密度方程和理想势流基本模型。

1. 理想定常流动中的均能流动

由式(3.1.30)中的能量方程 $\boldsymbol{V} \cdot \nabla H = 0$ 知,对于理想定常流动,总焓沿流线等于常数。该能量守恒反映了总焓守恒。等能流动指流体质点总焓等于常数,即 $\mathrm{D}H/\mathrm{D}t = 0$ 的流动。如果在流场中处处有 $H = 0$,即 $\nabla H = 0$,那么这样的流动就称为均能流动。对于理想定常流动,由于沿流线总焓等于常数,因此在满足无穷远来流总焓等于常数的条件下,可以按均能流动处理。如果均能假设成立,那么可以按总焓定义式,用

$$\frac{a^2}{\gamma - 1} + \frac{1}{2}V^2 = \frac{a_\infty^2}{\gamma - 1} + \frac{1}{2}V_\infty^2 \qquad (3.1.51)$$

替代能量方程,这样欧拉方程就简单多了。上式左端即为总焓的等价定义式。

2. 等熵流动、均熵流动与压力密度方程

除了附面层和激波以外,本章涉及的流动都可以用等熵流动来近似。在等熵流动假设下,可以补充一个简易关系式,用以替代复杂的能量方程。这样,欧拉方程的求解就简单多了。等熵流动就是在流动过程中,流体质点的熵 $s = c_v \ln(p/\rho^\gamma)$ 不随时间变化的流动,即

$$\frac{\mathrm{D}s}{\mathrm{D}t} = c_v \frac{1}{p} \frac{\mathrm{D}p}{\mathrm{D}t} - c_v \frac{\gamma}{\rho} \frac{\mathrm{D}\rho}{\mathrm{D}t} = 0 \qquad (3.1.52)$$

展开后给出

$$\begin{cases} \dfrac{\partial p}{\partial t} + \boldsymbol{V} \cdot \nabla p - a^2 \left(\dfrac{\partial \rho}{\partial t} + \boldsymbol{V} \cdot \nabla \rho \right) = 0 & (3.1.53a) \\[3mm] \dfrac{\partial p}{\partial t} + u \dfrac{\partial p}{\partial x} + v \dfrac{\partial p}{\partial y} + w \dfrac{\partial p}{\partial z} - a^2 \left(\dfrac{\partial \rho}{\partial t} + u \dfrac{\partial \rho}{\partial x} + v \dfrac{\partial \rho}{\partial y} + w \dfrac{\partial \rho}{\partial z} \right) = 0 & (3.1.53b) \end{cases}$$

如果是定常流动,则去掉时间导数。对于等熵流动,一般直接用式(3.1.53a)代替能量方程。进一步,如果在流场中熵等于常数 $s = c_v \ln(p/\rho^\gamma) = C$,就称为均熵流动。对于均熵流动,令 $s=$

$c_v \ln(p/\rho^\gamma) = C$ 的梯度为 0,得

$$\nabla p = a^2 \nabla \rho \tag{3.1.54}$$

3. 无旋流动

如果既是均能流动又是均熵流动,那么可以证明这种流动是无旋流动。对于无旋流动,可以得到十分简单的势流模型。这里只考虑定常情况,在 5.2 节将推广到非定常势流模型。下面先讨论无旋流动成立的条件,然后给出定常势流模型。

形如(3.1.30)中的动量方程并不显式地出现涡量 $\boldsymbol{\omega} = \nabla \times \boldsymbol{V}$。但不难验证,如下矢量恒等关系成立

$$(\boldsymbol{V} \cdot \nabla)\boldsymbol{V} \equiv \nabla\left(\frac{V^2}{2}\right) - \boldsymbol{V} \times \nabla \times \boldsymbol{V} = \nabla\left(\frac{V^2}{2}\right) - \boldsymbol{V} \times \boldsymbol{\omega}$$

将此恒等式代入式(3.1.30)中的动量方程,得理想定常流动的兰姆(Lamb)方程,即

$$\boldsymbol{V} \times \boldsymbol{\omega} = \frac{1}{\rho}\nabla p + \nabla\left(\frac{V^2}{2}\right) \tag{3.1.55}$$

对于均能流动 $\nabla(h + V^2/2) = \nabla h + \nabla(V^2/2) = 0$,与式(3.1.55)相加消去动能项后,得

$$\boldsymbol{V} \times \boldsymbol{\omega} = \frac{1}{\rho}\nabla p - \nabla h \tag{3.1.56}$$

对熵的定义式 $s = c_v \ln(p/\rho^\gamma)$ 求梯度,并利用状态方程 $p = \rho RT$ 将密度置换为温度得

$$T\nabla s = \nabla h - \frac{1}{\rho}\nabla p \tag{3.1.57}$$

将式(3.1.56)和式(3.1.57)相加,得定常均能流动的克罗柯(Crocco)方程

$$\boldsymbol{V} \times \boldsymbol{\omega} = -T\nabla s \tag{3.1.58}$$

由克罗柯方程知,对于理想定常均能流动,均熵流场($\nabla s = 0$)就是无旋流场,即 $\boldsymbol{\omega} = \nabla \times \boldsymbol{V} = 0$。这就是无旋流动成立的条件。

4. 定常势流基本方程

对于这里的无旋流动,引入标量势函数 Φ,使得 $\boldsymbol{V} = \nabla\Phi$。用均熵流动的压力密度关系式(3.1.54)替换式(3.1.30)中动量方程右端的压力梯度,得

$$(\boldsymbol{V} \cdot \nabla)\boldsymbol{V} = -\frac{a^2}{\rho}\nabla\rho$$

将上式两端点乘速度矢量,并利用不难验证的矢量恒等式

$$\boldsymbol{V} \cdot (\boldsymbol{V} \cdot \nabla)\boldsymbol{V} = \boldsymbol{V} \cdot \left[\nabla\left(\frac{V^2}{2}\right) - \boldsymbol{V} \times (\nabla \times \boldsymbol{V})\right] = (\boldsymbol{V} \cdot \nabla)\left(\frac{V^2}{2}\right)$$

得

$$(\boldsymbol{V} \cdot \nabla)\left(\frac{V^2}{2}\right) = -\frac{a^2}{\rho}(\boldsymbol{V} \cdot \nabla)\rho$$

上式右端利用式(3.1.30)中的质量守恒方程,将密度梯度替换成速度散度,得理想定常均熵流动满足的基本方程(简称**定常势流基本方程**)

$$(\boldsymbol{V} \cdot \nabla)\left(\frac{V^2}{2}\right) = a^2 \nabla \cdot \boldsymbol{V} \quad (\text{定常势流基本方程}) \tag{3.1.59}$$

其对应的直角坐标系下的标量形式为

$$\left(1 - \frac{u^2}{a^2}\right)\frac{\partial u}{\partial x} + \left(1 - \frac{v^2}{a^2}\right)\frac{\partial v}{\partial y} + \left(1 - \frac{w^2}{a^2}\right)\frac{\partial w}{\partial z} =$$

$$\frac{uv}{a^2}\left(\frac{\partial u}{\partial y}+\frac{\partial v}{\partial x}\right)+\frac{vw}{a^2}\left(\frac{\partial v}{\partial z}+\frac{\partial w}{\partial y}\right)+\frac{uw}{a^2}\left(\frac{\partial u}{\partial z}+\frac{\partial w}{\partial x}\right) \tag{3.1.60}$$

在柱坐标系下为

$$\left(1-\frac{V_x^2}{a^2}\right)\frac{\partial V_x}{\partial x}+\left(1-\frac{V_r^2}{a^2}\right)\frac{\partial V_r}{\partial r}+\left(1-\frac{V_\theta^2}{a^2}\right)\frac{\partial V_z}{r\partial\theta}=$$

$$\frac{V_xV_r}{a^2}\left(\frac{\partial V_x}{\partial r}+\frac{\partial V_r}{\partial x}\right)+\frac{V_rV_\theta}{a^2}\left(\frac{\partial V_r}{r\partial\theta}+\frac{\partial V_\theta}{\partial r}\right)+\frac{V_xV_\theta}{a^2}\left(\frac{\partial V_x}{r\partial\theta}+\frac{\partial V_\theta}{\partial x}\right) \tag{3.1.61}$$

式(3.1.59)中涉及的声速由均能关系式(3.1.51)给出

$$a^2=a_\infty^2+\frac{\gamma-1}{2}(V_\infty^2-V^2) \tag{3.1.62}$$

将速度与势函数的定义关系代入式(3.1.60)和式(3.1.62),得基于势函数的定常势流模型为

$$\left(1-\frac{\Phi_x^2}{a^2}\right)\Phi_{xx}+\left(1-\frac{\Phi_y^2}{a^2}\right)\Phi_{yy}+\left(1-\frac{\Phi_z^2}{a^2}\right)\Phi_{zz}$$

$$=2\left(\frac{\Phi_x\Phi_y}{a^2}\Phi_{xy}+\frac{\Phi_x\Phi_z}{a^2}\Phi_{xx}+\frac{\Phi_z\Phi_y}{a^2}\Phi_{zy}\right) \tag{3.1.63}$$

$$a^2=a_\infty^2+\frac{\gamma-1}{2}(V_\infty^2-(\Phi_x^2+\Phi_y^2+\Phi_z^2)) \tag{3.1.64}$$

式(3.1.63)和式(3.1.64)即为**理想定常均熵均能流动的基本方程**,简称定常势流基本方程。求出势函数后,速度按$V=\nabla\Phi$求出。下面讲解如何求其他流动参数。用声速定义式$a^2=\gamma p/\rho$以及等熵关系$p/\rho^\gamma=p_\infty/\rho_\infty^\gamma$得到

$$\rho=\rho_\infty\left[\frac{a^2}{a_\infty^2}\right]^{\frac{1}{\gamma-1}},\quad p=p_\infty\left[\frac{a^2}{a_\infty^2}\right]^{\frac{\gamma}{\gamma-1}} \tag{3.1.65}$$

将声速式(3.1.64)代入,得到密度关系式以及压力关系式为

$$\begin{cases}\rho=\rho_\infty\left[1+\frac{\gamma-1}{2a_\infty^2}(V_\infty^2-V^2)\right]^{\frac{1}{\gamma-1}}\\[2mm]p=p_\infty\left[1+\frac{\gamma-1}{2a_\infty^2}(V_\infty^2-V^2)\right]^{\frac{\gamma}{\gamma-1}}\end{cases} \tag{3.1.66(a,b)}$$

用压力系数

$$C_p=2(p-p_\infty)/\rho_\infty V_\infty^2=2(p/p_\infty-1)/(\gamma Ma_\infty^2)$$

表示,上式给出

$$C_p=\frac{2}{\gamma Ma_\infty^2}\left\{\left[1+\frac{\gamma-1}{2}Ma_\infty^2\left(1-\frac{V^2}{V_\infty^2}\right)\right]^{\frac{\gamma}{\gamma-1}}-1\right\} \tag{3.1.67}$$

除附面层和激波等内容外,本章主要针对理想定常均熵均能流动,从而采用式(3.1.60)、式(3.1.62)或式(3.1.63)、式(3.1.64)求解。这比求解原始的纳维斯-托克斯方程甚至欧拉方程简单得多。并且,在小扰动假设下,这些模型将进一步得到简化(详见4.1节)。这里只考虑了定常流动,非定常流动的势流模型将在5.2节介绍。

3.1.4　总温和总压,驻点参数,等熵关系式,可压缩性影响

(1) 组合参数

为了简化表达式,这里定义组合参数

$$\vartheta(Ma) = 1 + \frac{\gamma - 1}{2}Ma^2 \tag{3.1.68}$$

（2）总温概念

类似于静焓与静温的关系 $h = c_p T$，将总焓表示为 $H = c_p T_0$，这样得到的温度 T_0 称为总温。由于等价地有

$$H = h + \frac{1}{2}V^2 = \frac{R\gamma}{\gamma - 1}T + \frac{1}{2}V^2 = c_p T \vartheta(Ma)$$

因此，一点的总温与该点的静温的关系为

$$T_0 = \vartheta(Ma)T \tag{3.1.69}$$

在驻点，由于速度为 0，驻点的静温就是总温（驻点的温度也称为驻点温度[①]）。对于理想定常流动，由于沿着流线的总焓等于常数，因此，这条流线上的总温既是常数也等于驻点温度。基于上述定义与关系式，一般将总温表述为当地流体质点绝热地滞止到驻点时对应的静温。

（3）总压与总密度

在不可压缩流动中，将任一点的静压与动压加起来定义总压。对于可压缩流动，伴随上述总温 T_0，按状态方程 $p_0 = \rho_0 R T_0$ 定义总压 p_0 和总密度 ρ_0。将总温定义式（3.1.69）代入该状态方程，并考虑到 $p = \rho R T$ 以及马赫数的定义式 $Ma^2 = V^2/a^2 = V^2\rho/\gamma p$，得

$$\frac{\gamma}{\gamma - 1}\frac{p_0}{\rho_0} = \frac{\gamma}{\gamma - 1}\frac{p}{\rho} + \frac{1}{2}V^2 \tag{3.1.70}$$

由于可压缩流动的密度不是常数，因此这里的密度 ρ_0 不等于 ρ。为了得到总压的确切定义，补充等熵假设关系式

$$p_0/\rho_0^\gamma = p/\rho^\gamma \tag{3.1.71}$$

利用式（3.1.70）和式（3.1.71），得总压与静压的关系

$$p_0 = \vartheta(Ma)^{\frac{\gamma}{\gamma - 1}} p \tag{3.1.72}$$

以及密度关系式

$$\rho_0 = \vartheta(Ma)^{\frac{1}{\gamma - 1}} \rho \tag{3.1.73}$$

如同总温可以看成质点绝热地滞止到驻点对应的温度，当地总压和总密度是流体质点假想绝热且等熵地滞止到驻点后对应的压力和密度。

类似于 $a^2 = \gamma p/\rho$，用总压和总密度定义声速 $a_0^2 = \gamma p_0/\rho_0$，利用式（3.1.72）和式（3.1.73），得

$$a_0 = \vartheta(Ma)^{\frac{1}{2}} a \tag{3.1.74}$$

（4）等熵关系式

对于理想定常等熵流动，沿流线总温、总压和总密度均为常数。因此，对于理想定常等熵流动，沿着流线，式（3.1.69）～式（3.1.72）右端均为常数，即

$$\vartheta(Ma)^{\frac{1}{\gamma - 1}}\rho = C_1, \quad \vartheta(Ma)^{\frac{\gamma}{\gamma - 1}}p = C_2, \quad \vartheta(Ma)T = C_3 \tag{3.1.75}$$

或者说，在流线的任意两个位置，上式都成立。如果将两个位置的参数分别用下标 1 和 2 表示，那么两个位置的表达式相除，就得到定常理想等熵流动沿流线的参数关系

---

①　对于高超声速流动，由于热辐射，驻点总温与驻点温度可能有差别。

$$\frac{\rho_1}{\rho_2} = \left(\frac{\vartheta(Ma_2)}{\vartheta(Ma_1)}\right)^{\frac{1}{\gamma-1}}, \quad \frac{p_1}{p_2} = \left(\frac{\vartheta(Ma_2)}{\vartheta(Ma_1)}\right)^{\frac{\gamma}{\gamma-1}}, \quad \frac{T_1}{T_2} = \frac{\vartheta(Ma_2)}{\vartheta(Ma_1)} \quad (3.1.76)$$

在一些书上,也把式(3.1.76)称为等熵流动关系式。

（5）可压缩性与马赫数

所谓可压缩性,就是在马赫数足够高后,流动参数与按不可压缩处理相比的差异性。一般流动的可压缩性很难在不知道解的情况下直接进行定量描述,因而只针对驻点压力系数展开讨论。

对于理想定常均能均熵流动,总温、总压和总密度处处为常数。于是可利用

$$C_{p,0} \equiv \frac{p_0 - p_\infty}{\frac{1}{2}\rho_\infty V_\infty^2}, \quad p_0 = \left(1 + \frac{\gamma-1}{2}Ma_\infty^2\right)^{\frac{\gamma}{\gamma-1}}p_\infty \quad (3.1.77)$$

求驻点压力系数与来流马赫数的关系。不难验证,上面两式结合后给出

$$C_{p,0} = \frac{2}{\gamma Ma_\infty^2}\left(\left(1 + \frac{\gamma-1}{2}Ma_\infty^2\right)^{\frac{\gamma}{\gamma-1}} - 1\right) \quad (3.1.78)$$

在不可压缩流动极限情况下,令 $Ma_\infty \to 0$,得 $C_{p,0} \to 1$。这与按不可压缩流动得到的结果一致。令 $Ma_\infty \to 1$,得 $C_{p,0} \approx 1.275$,即与不可压缩流结果相比,可压缩性的影响带来 27.5% 的差异。如果取 $Ma_\infty = 0.3$,那么 $C_{p,0} = 1.0227$,与不可压缩流结果相比,只带来 2.27% 的差异。因此,来流马赫数小于 0.3 的流动,按不可压缩流处理产生的误差是可接受的。

3.1.5　二维与三维流动,后掠机翼的二维处理方法

与不可压缩空气动力学问题一样,可压缩空气动力学问题也包含许多可以按二维模型处理的问题,尤其是翼型问题。此时,流动模型可以少一个自变量。有一个特殊问题,即后掠机翼问题,其垂直于前缘的流动分量决定气动特性,由此构造的后掠理论,用二维方法处理三维问题,使用二维理论加后掠修正获得气动特性。

考虑图 3.1-5 所示的后掠机翼。后掠涉及的问题包括:①无限展长机翼的纯后掠机翼问题(也称为无限斜置翼问题),②后掠翼的翼根与翼尖效应问题,③后掠翼的前缘特性问题。这里只考虑无限斜置翼问题,更多讨论见 4.2 节。无限斜置翼沿展向具有不变的弦长,前缘法向与来流方向构成不为 0 的后掠角 χ。

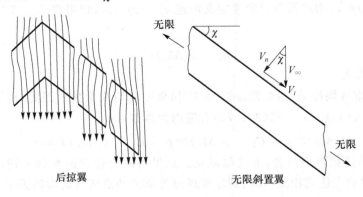

图 3.1-5　一般后掠翼与研究后掠主要作用的无限斜置翼模型

无限斜置机翼的**后掠理论**是只有前缘法向速度分量 $V_n = V_\infty \cos \chi$ 决定气动特性,即一个来流速度为 V_∞、迎角为 α 的后掠角为 χ 的无限斜置翼的无黏气动特性,等同于一个来流速度为 $V_n = V_\infty \cos \chi$,迎角为

$$\alpha_n = \arcsin \frac{\sin \alpha}{\cos \chi} \tag{3.1.79}$$

的正置翼(二维问题)的特性。这里的等效迎角 α_n,与 2.2 节的三角翼涉及的等效迎角是一致的。

虽然后掠理论看似简单,但针对具体问题的结论却不明显。如果后掠翼与对应的正置翼处在同样的流动范围(如:都是亚声速,都是跨声速或都是超声速),那么基于后掠理论,可以证明如下无限斜置翼与对应的正置机翼的气动参数(压力系数、压差阻力系数以及升力系数)的对应关系,即

$$\begin{cases} C_p(\alpha, \chi) = C_{pn}(\alpha_n) \cos^2 \chi \\ C_d(\alpha, \chi) = C_{dn}(\alpha_n) \cos^3 \chi \\ C_l(\alpha, \chi) = C_{ln}(\alpha_n) \cos^2 \chi \end{cases} \tag{3.1.80}$$

原来,对于后掠角为 χ、来流速度为 V_∞、几何迎角为 α 的无限斜置翼,翼面上任一点的压力为 $p = p_\chi(\alpha, \chi)$。依据后掠理论,它等于迎角为 α_n、来流速度为 $V_n = V_\infty \cos \chi$ 的二维翼型的压力 $p = p_n(\alpha)$。二者对应的压力系数为

$$C_p(\alpha, \chi) = \frac{p_\chi(\alpha, \chi) - p_\infty}{\frac{1}{2}\rho V_\infty^2}, \quad C_{pn}(\alpha_n) = \frac{p_n(\alpha_n) - p_\infty}{\frac{1}{2}\rho V_n^2}$$

由于 $p_\chi(\alpha, \chi) = p_n(\alpha)$,因此

$$C_p(\alpha, \chi) = \frac{p_\chi - p_\infty}{\frac{1}{2}\rho V_\infty^2 \cos^2 \chi} \cos^2 \chi = \frac{p_n - p_\infty}{\frac{1}{2}\rho V_n^2} \cos^2 \chi = C_{pn}(\alpha_n) \cos^2 \chi$$

由于升力系数与压力系数成比例,因此升力系数也满足相似的关系式。对于无限斜置翼的阻力系数,令 θ 为物面相对于风轴的斜率,类似于迎角,等效斜率为

$$\sin \theta_n = \frac{\sin \theta}{\cos \chi}$$

于是

$$C_d(\alpha, \chi) = \frac{1}{c_A} \int C_p(\alpha, \chi) \sin \theta \mathrm{d}x = \frac{1}{c_A} \int C_{pn}(\alpha_n) \cos^2 \chi \sin \theta_n \cos \chi \mathrm{d}x$$

$$= \frac{1}{c_A} \int C_{pn} \sin \theta_n \mathrm{d}x \cos^3 \chi = C_{dn}(\alpha_n) \cos^3 \chi$$

3.1.6　要点总结

可压缩流动涉及密度、速度、压力和温度的协同变化,一般情况下满足纳维-斯托克斯方程 (3.1.26)或(3.1.31),在理想流情况下满足欧拉方程(3.1.28)。对于定常流动,则去掉时间项,见式(3.1.27)或式(3.1.30)。对于三维流动,则包含 5 个独立方程,以及多个未知数。用上热力学关系式(3.1.6),牛顿本构关系式(3.1.11)以及傅里叶定律式(3.1.14)后,构成了完整的问题。现代计算流体力学利用数值方法直接求解这些方程,在湍流时则求解这些方程的

某种平均形式或等价形式。虽然如此,在构造数值方法时,需要将这些方程写成适合求解且满足一些数值稳定性以及数值守恒要求的等价形式,具体细节必须完整学习计算流体力学才能掌握。

作为空气动力学经典内容,余下内容主要涉及定常势流模型式(3.1.63)、式(3.1.64)、式(3.1.66)的求解,尤其是考虑小扰动情况下的线性理论求解。对于一些有平直物面或分段平直物面上的超声速流动,当出现激波和强膨胀波时,流场将由激波和膨胀波围成均匀流区。为此,需要另外从守恒关系式获得激波或膨胀波上下游流动参数的关系式。巧妙的是,现代计算流体力学利用纳维-斯托克斯方程或欧拉方程可以自动捕获激波与膨胀波。

3.2　定常可压缩流动波系结构

本节介绍定常可压缩流动中存在的马赫波、激波、膨胀波与滑移面等典型流动现象和流动参数满足的数学关系式以及对气动特性的影响,介绍可以将问题降阶的特征线理论。本节考虑的问题均不涉及黏性影响。

3.2.1　声波在流场中的传播,影响区与依赖区,马赫角

在某点给静止空气施加小扰动,引起的压力微小变化以声速 $a=\sqrt{\gamma RT}$ 向四周传播。对于地面标准大气,这个速度大约是 340 m/s。

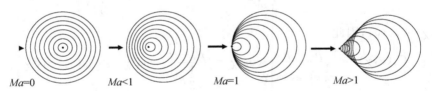

图 3.2-1　在均匀流场中,某固定点持续扰动发出的声波

图 3.2-1 给出了在各种流速水平向右的均匀流场中,空间某固定点持续扰动发出的声波形态示意图。二维问题的声波以圆柱面形式传播,三维问题的声波以球面形式传播。图中标注的圆周为当前时刻 t 之前的各时刻 $t-t_n$ 发出的扰动按声速传播,在当前时刻正好到达的边界(简称影响区边界)。对于二维问题,这些边界是以 $x=Vt_n$ 为圆心、at_n 为半径的圆周。在静止空气中,各时刻影响区边界为同心圆。在亚声速流动中,可得到一系列的偏心圆。在声速流动中,各时刻扰动的影响区边界在扰动位置相切。在超声速流动中,早期时刻发出的扰动的影响区均到达了扰动源的右边。图 3.2-2 是当地流动方向偏离水平方向的情况。

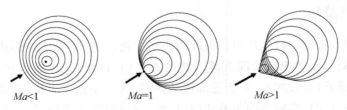

图 3.2-2　任意流动方向

如图 3.2－3(a)所示,在超声速流场中,在当前 t 时刻之前的各时刻 $t-t_n$ 从空间固定点 O 发出的扰动的圆形影响区,在当前时刻,圆心位置已经移动到扰动源下游位置 Vt_n,圆周半径为 at_n。

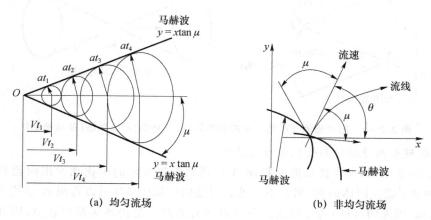

(a) 均匀流场　　　　　　　　　　　(b) 非均匀流场

图 3.2－3　超声速流场中声波形态

(1) 马赫角

从扰动源 O 发出的与各时刻扰动影响区外边界相切的射线,与流动方向构成的夹角 $\arcsin\left(\dfrac{at_n}{Vt_n}\right)=\arcsin\left(\dfrac{1}{Ma}\right)$ 与时刻没有关系,只与马赫数有关。因此,定义只与当地马赫数有关的一个特殊角度,称为马赫角,记为

$$\mu = \arcsin\frac{1}{Ma} \tag{3.2.1}$$

(2) 马赫波与马赫锥

马赫波或马赫线即为如图 3.2－3(a)所示的从 O 点发出且与来流方向夹角为 $\pm\mu$ 的射线。两条马赫线的坐标显然满足

$$\frac{\mathrm{d}y}{\mathrm{d}x} = \pm\tan\mu = \pm\frac{1}{\sqrt{Ma^2-1}} \tag{3.2.2}$$

在均匀流场中的马赫线为直线;在非均匀流场,各点可以定义一个局部马赫数角,与局部马赫数的关系为 $\mu=\arcsin\left(\dfrac{1}{Ma}\right)$,从而由式(3.2.2)积分出的马赫线为曲线,如图 3.2－3(b)所示。

(3) 马赫锥、影响区与依赖区

在二维情况下,某点发出的向下游延伸的两道马赫波围成的区域是半顶角等于 μ 的尖锥,简称马赫锥。在三维情况下,马赫锥是轴对称尖锥,其半顶角也是马赫角 $\mu=\arcsin\left(\dfrac{1}{Ma}\right)$。这种向下游延伸的马赫锥也称为后马赫锥。后马赫锥的母线向上游衍生,在顶点上游围成的区域就是前马赫锥。

如图 3.2－4 所示,一点发出的小扰动的影响区就是后马赫锥包围的区域。反过来,在流场中任一点,比如 P 点,会受到其他点发出的扰动的影响。对该点有影响的那些点所在的区域,就是 P 点的依赖区。显然,一点的依赖区域就是倒前马赫锥围成的区域。对于亚声速情况,由于任一点的扰动,都会传播到整个空间,因此任一点的依赖区也是整个空间。

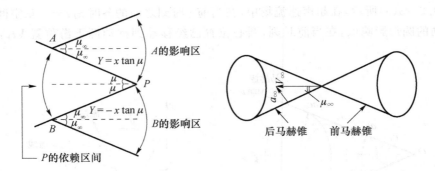

图 3.2 - 4　超声速流场中的一点的影响区(后马赫锥)和依赖区(前马赫锥)

（4）固体壁面内外折引起的扰动与马赫波

如图 3.2 - 5 所示，超声速来流在物面 A 点遇到外折引起的小扰动发出两道马赫波 AA' 和 Aa'，其中 Aa' 朝向固体内部，因此不可见。当地固壁切线 AB 可以看成 A 点扰动的影响区（由 AA' 和 Aa' 围成的区域）的对称线。在每道马赫波的下游仍然为超声速流，因此进一步发出马赫波，如 BB'，CC' 等。

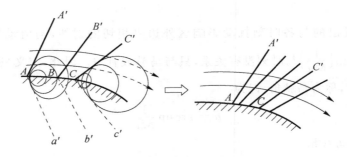

图 3.2 - 5　物面轻微折转引起的扰动发出的马赫波

图 3.2 - 6 给出了翼型上下表面各点因内折或外折产生的马赫波示意图，以及进气道不同侧的壁面发出的马赫波示意图。前者传播到无穷远，后者会相交甚至在壁面反射，引起透射马赫波 CE 和 CD。

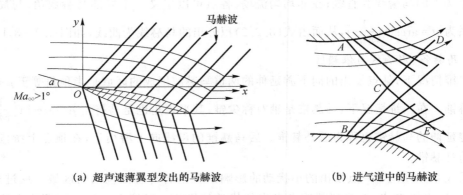

（a）超声速薄翼型发出的马赫波　　　　　（b）进气道中的马赫波

图 3.2 - 6　内折和外折产生的马赫波示意图

如图 3.2 - 7 所示，三维机翼上一点 P 的前马赫锥切割的机翼部分可能包含不同侧的前缘,因此前缘几何形状对三维流动有重要影响,这是与二维流动不同之处。在 4.1 节中介绍超声速机翼小扰动理论时,前缘的处理占有重要地位。

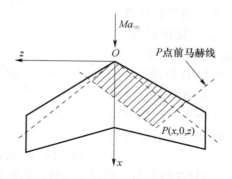

图 3.2 - 7　机翼上一点的依赖区间(阴影区)

3.2.2　马赫波关系式,压缩波与膨胀波,激波的形成

考虑如图 3.2 - 8 所示的超声速气流遇到连续外折或内折壁面的情况。这种渐进的内外折,在局部就是一种小扰动,会产生马赫波。

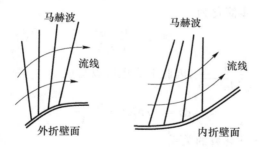

图 3.2 - 8　外折壁面与内折壁面引起的马赫波

如图 3.2 - 9 所示,一个标准的翼型可能同时含有内折部分(如迎风面)与外折部分(如背风面)。当内外折比较连续时,从翼型上下表面均发出马赫波。对于菱形翼,包含几个突然内折和外折的平面,与产生马赫波假设的连续内外折不一致,因此不一定产生小扰动马赫波。

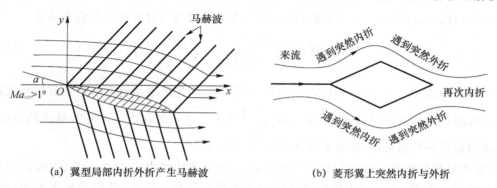

(a) 翼型局部内折外折产生马赫波　　　　　(b) 菱形翼上突然内折与外折

图 3.2 - 9　不同翼型内折外折产生马赫波示意图

为了分析多道马赫波是否相交,需要先分析穿越任一道马赫波引起的马赫数的变化。马

赫波下游马赫数的增减决定了下一道马赫波马赫角是增大还是减小。同时,这种变化规律也会在 3.2.3 节中用于求解突然外折引起的流动的解。为此,采用图 3.2 - 10 所示的马赫波进行分析。在马赫波上游,流体质点的速度记为 V,经过马赫波后变为 $V+dV$,速度方向折转了 $d\theta$,$d\theta>0$(如果上游是均匀超声速流,该折转角就是发出该马赫波的物面对应的几何折转角),这种情况对应外折。以下分析针对外折引起的马赫波,其结果也可以用到内折,即 $d\theta<0$ 引起的马赫波。

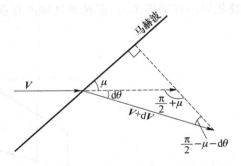

图 3.2 - 10 历经马赫波的流动参数示意图

该马赫角即为上游流线与马赫波的夹角。经过了马赫波的流线,由于偏转,与该马赫波夹角变为 $\mu+d\theta$。夹角为 $d\theta$ 的 2 个速度矢量 $\boldsymbol{V}$ 和 $\boldsymbol{V}+d\boldsymbol{V}$ 在马赫波方向的投影,由于切向动量守恒,二者应相等,即

$$(V + dV)\cos(\mu + d\theta) = V\cos\mu$$

考虑到折转角是小量,因此 $\cos(\mu+d\theta)\approx\cos\mu-\sin\mu d\theta$。于是,上式可简化为

$$(V + dV)(1 - d\theta\tan\mu) = V$$

忽略高阶小量后,上式进一步简化为

$$d\theta = \frac{1}{\tan\mu}\frac{dV}{V}$$

由于 $\tan\mu = \dfrac{\sin\mu}{\sqrt{1-\sin^2\mu}} = \dfrac{1}{\sqrt{Ma^2-1}}$,因此上式也可以写成

$$d\theta = \sqrt{Ma^2 - 1}\,\frac{dV}{V} \qquad\qquad (3.2.3)$$

在 3.1.4 节,给出了声速与马赫数的关系

$$a = \vartheta(Ma)^{-\frac{1}{2}}a_0, \quad \vartheta(Ma) = 1 + \frac{1}{2}(\gamma - 1)Ma^2$$

式中,a_0 为驻点声速。将此关系代入到马赫数的定义式 $V = Ma\times a$,取对数再微分可得

$$\frac{dV}{V} = \vartheta(Ma)^{-1}\frac{dMa}{Ma} \qquad\qquad (3.2.4)$$

将式(3.2.4)代入式(3.2.3),得马赫波引起的气流偏转角与马赫数变化的微分关系

$$d\theta = \frac{\sqrt{Ma^2 - 1}}{1 + \dfrac{\gamma - 1}{2}Ma^2}\frac{dMa}{Ma} \qquad\qquad (3.2.5)$$

由式(3.2.3)和式(3.2.5)可以看出,外折 $d\theta>0$ 使得超声速流中的速度和马赫数沿流线增加,即 $dV>0$,$dMa>0$,从而马赫角 $\mu = \arcsin\left(\dfrac{1}{Ma}\right)$ 减小。进一步利用 3.1.4 节给出的等熵关系式,不难得出外折使得密度、温度和压力均减小的结论。

上面的分析显然可以用到内折 $d\theta<0$ 的情况,关系式依然由式(3.2.4)和式(3.2.5)给出,只是取 $d\theta<0$。显然,内折使得超声速流中的速度和马赫数均减小,从而马赫角增加,同时密度、温度和压力均增加。

膨胀波。一系列外折使得相邻两道马赫波离开物面越远距离越大,即散开,沿流线马赫数

和速度增加,压力、温度和密度减小,这样的马赫波称为膨胀波。

压缩波。一系列内折使得相邻两道马赫波离物面越远距离越小,即聚拢,沿流线马赫数和速度减小,压力、温度和密度增加,这样的马赫波称为压缩波。

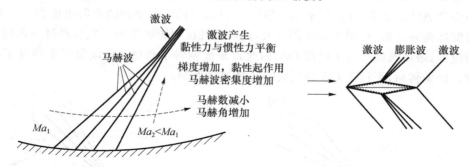

图 3.2 - 11　内折引起的马赫波汇聚和激波的形成

压缩马赫波的汇聚、激波形成。壁面连续内折引起的一系列马赫波,在远离壁面法向的地方试图相交,实际情况如图 3.2 - 11 所示。由于穿越每道马赫波,流动参数均有些微变化,因此在多道马赫波接近相交的地方,在同样流向距离内,流动参数的累计变化量大,从而使当地流动参数沿马赫线法向的梯度很大。在实际流动中,这种梯度产生黏性力(也有热传导)。流体质点的惯性力量级 $F_{\text{inertia}} = O[\rho u u_x]$ 与黏性力量级 $F_{\text{viscous}} = O[\mu u_{xx}]$ 均与梯度相关。显然,各点发出的马赫波不能无限靠近,否则梯度为无穷大。因此,在马赫波汇聚的区域,必然有某种平衡厚度 δ,使得流体质点的惯性力与黏性力平衡。由于所考虑的问题对应的马赫数较高,因此速度的梯度是声速的量级,于是平衡厚度可以用下式估计

$$O[\rho a^2/\delta] \sim O[\mu a/\delta^2]$$

考虑到前面已经提到的黏度与分子平均自由程 l 的关系 $\mu = \rho a l$,该平衡关系式给出 $\delta = O[l]$。对于地面标准大气,分子平均自由程比 1 μm 还小。对于大多数空气动力学问题,分子平均自由程也足够小,于是宏观地看,或者在连续介质力学框架下,以上马赫波汇聚的区域的厚度可以忽略,从而把该区域看成间断,也称为激波[①]。由于激波可以看成多道马赫波汇聚的结果,因此上游流动参数是第一道马赫波前的参数,下游参数是最后一道马赫波的参数,故穿越被视为间断的激波,流动参数有突变。在 3.2.4 节将给出参数突变满足的关系式。

以上介绍了连续内折产生激波的机理。突然内折也可以看成连续内折的极端情况,因此激波产生的原因是一样的。对于做超声速飞行的钝型物体,越靠近物体,空气动能损失越大,导致温度从而声速越大,因此靠近物体的声波向上游的传播速度比更远的声波速度更大,于是也会汇聚,最终在某位置以与上述类似原因产生激波。

站在科普的角度,可以这样描述头部激波的产生。由于超声速飞行时,物体速度比静止空气中声速快,因此,未提前得到压力波驱赶的空气来不及避让超声速飞来的物体,被迫在头部附近堆积,形成高温高压高密度区。该区域与尚未受扰动的上游区域的分割面就是所谓的冲击波,也称为激波。

---

① 但在 70 km 以上的高空,空气十分稀薄,分子平均自由程增大,激波厚度不可忽略。100 km 以上,激波已经可以看成连续变化的结构。这种问题将由稀薄气体动力学解决,不是本门空气动力学考虑的问题。

3.2.3　普朗特-迈耶流动

设马赫数为 Ma_1 的定常超声速来流以速度 V_1 平行于壁面 AO 向右流动,如图 3.2-12 所示。图中设 AO 为水平方向,但不是一般性,AO 向下偏离水平轴的角度可记为 θ_1。在 O 点由于壁面突然向外折转,相当于截面积增大,超声速气流便膨胀加速。气流经过一系列逐渐加速转向的过程,最后气流平行于壁面 OB,因此较来流偏转了角度 $\Delta\theta$,该角度正好等于壁面外折的角度。经偏转后,平行于 OB 的气流的马赫数变为 Ma_2。

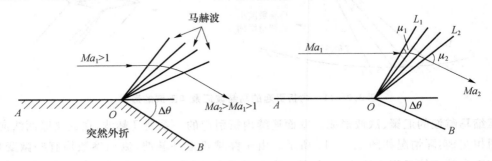

图 3.2-12　普朗特迈耶流动

气流的等熵膨胀过程是在 $\angle L_1OL_2$ 扇形范围内完成的,O 点相当于扰动源,OL_1 是对应于来流 Ma_1 的第一道马赫波,OL_2 是对应于 Ma_2 的最后一道马赫波。OL_1 和 OL_2 与流速所夹的马赫角分别是

$$\mu_1 = \arcsin \frac{1}{Ma_1}, \quad \mu_2 = \arcsin \frac{1}{Ma_2}$$

由于来流是均匀的,第一道马赫波 OL_1 便是直线,气流经过 OL_1,流速和偏转角均有微小增加,而且沿 OL_1 线的增量是相同的,也就是说,沿 OL_1 线的扰动参数不变。因此,自 OL_1 以后直到 OL_2 为止的以 O 为顶点的无数马赫波均依次为直线,而且沿各马赫波的扰动参数相等。图 3.2-12 中的三角形区域 $\angle L_1OL_2$ 所代表的膨胀波就是普朗特—迈耶(Prandtl-Meyer)流动(简称 P-M 膨胀波)。在每一道马赫波上,当地气流偏转角与当地马赫数之间满足式(3.2.5),将该式积分得

$$\theta - \theta_1 = \int_{Ma_1}^{Ma} \frac{\sqrt{Ma^2-1}}{\left(1+\dfrac{\gamma-1}{2}Ma^2\right)} \frac{\mathrm{d}Ma}{Ma}$$

取比热比为常数,从而由上式可以积分出下面的 P-M 膨胀波关系式

$$\theta - \theta_1 = \nu(Ma) - \nu(Ma_1) \tag{3.2.6}$$

式中

$$\nu(Ma) = \sqrt{\frac{\gamma+1}{\gamma-1}} \arctan \sqrt{\frac{\gamma-1}{\gamma+1}(Ma^2-1)} - \arctan \sqrt{Ma^2-1} \tag{3.2.7}$$

为普朗特-迈耶函数。由于 $\nu(1)=0$,所以可以这样来理解 $\nu(Ma)$ 的物理意义:它是气流从马赫数为 1 膨胀到 Ma 所需要折转的角度。

如果令超声速流从马赫数 Ma_1 经外折 $\Delta\theta$ 产生马赫数为 Ma_2 的超声速流,那么应用式(3.2.6)可得

$$\Delta\theta = \nu(Ma_2) - \nu(Ma_1) \tag{3.2.8}$$

如果给定 Ma_1 和 $\Delta\theta$,可由式(3.2.8)求出 Ma_2。由于普朗特-迈耶流动也是等熵流动,因此有了 Ma_2,其他参数可按 3.1.3 节介绍的等熵关系式来求解,即

$$\frac{\rho_2}{\rho_1} = \left(\frac{\vartheta(Ma_1)}{\vartheta(Ma_2)}\right)^{\frac{1}{\gamma-1}}, \quad \frac{p_2}{p_1} = \left(\frac{\vartheta(Ma_1)}{\vartheta(Ma_2)}\right)^{\frac{\gamma}{\gamma-1}}, \quad \frac{V_2}{V_1} = \frac{Ma_2}{Ma_1}\left(\frac{\vartheta(Ma_1)}{\vartheta(Ma_2)}\right)^{\frac{1}{2}} \tag{3.2.9}$$

这里,$\vartheta(Ma) = 1 + \frac{1}{2}(\gamma-1)Ma^2$。普朗特-迈耶关系式(3.2.7)的应用范围是有限制的。当 $Ma_2 \to \infty$,气流折转角达最大值 $\Delta\theta_{max} = \left(\sqrt{\frac{(\gamma+1)}{(\gamma-1)}} - 1\right)\frac{\pi}{2}$。对于空气,$\gamma = 1.4$,从而 $\Delta\theta_{max} = 130.5°$。这只是想象的极限。对于实际流动,当 Ma 足够大时,令比热比 γ 为常数的气体模型已不适用,详见 6.2 节。

3.2.4　平面二维流动激波关系式

人们一般关注激波面的形状(包括位置和方向)以及激波面下游流动参数与上游流动参数的关系式。图 3.2-13 中的粗线是任意形状的激波。这里所谓的上下游是指紧贴着激波面的上下游。以下先对二维流动的激波(线)进行分析,在结尾处简要考虑三维激波面情况。本节只考虑定常激波,即相对于参照系,激波静止。在 5.2 节将考虑运动激波的情况。

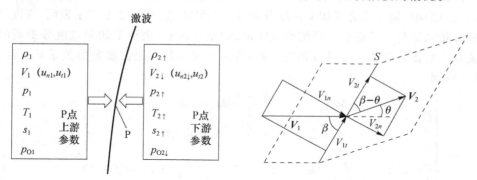

图 3.2 - 13　激波面(线)以及上下游参数标注

(1) 上下游参数

将激波面上任一点的切向(t)与上游速度矢量的夹角记为 β,该夹角称为激波角。激波面上不同点的激波角可能不一样。如果上游流场均匀且激波为直线,那么激波面各点激波角是一样的。下游速度相对上游速度的偏转角即气流经过斜激波后的气流偏转角记为 θ。将上下游速度分解为平行于激波面的分量 V_{1t},V_{2t} 与垂直于激波面的分量 V_{1n},V_{2n},即

$$\begin{cases} V_{1n} = V_1 \sin\beta \\ V_{1t} = V_1 \cos\beta \\ V_{2n} = V_2 \sin(\beta-\theta) \\ V_{2t} = V_2 \cos(\beta-\theta) \end{cases} \tag{3.2.10}$$

另外,定义基于法向速度的马赫数为

$$Ma_{1n} = Ma_1 \sin\beta, \quad Ma_{2n} = Ma_2 \sin(\beta-\theta) \tag{3.2.11}$$

（2）基本守恒关系式

穿越激波面的质量流量显然由法向速度决定。于是，如下的质量守恒、法向动量守恒、切向动量守恒与能量守恒关系式

$$\begin{cases} \rho_1 V_{1n} = \rho_2 V_{2n} \\ \rho_1 V_{1n}^2 + p_1 = \rho_2 V_{2n}^2 + p_2 \\ \rho_1 V_{1n} V_{1t} = \rho_2 V_{2n} V_{2t} \\ \rho_1 V_{1n} H_1 = \rho_2 V_{2n} H_2 \end{cases} \tag{3.2.12}$$

成立。将这 4 个关系式的第 1 式代入第 3 式和第 4 式，并考虑总焓定义

$$H = \frac{\gamma}{\gamma-1}\frac{p}{\rho} + \frac{1}{2}V^2 = \frac{\gamma}{\gamma-1}\frac{p}{\rho} + \frac{1}{2}(V_t^2 + V_n^2)$$

可解得

$$\begin{cases} V_{1t} = V_{2t} \\ \rho_1 V_{1n} = \rho_2 V_{2n} \\ \rho_1 V_{1n}^2 + p_1 = \rho_2 V_{2n}^2 + p_2 \\ \frac{\gamma}{\gamma-1}\frac{p_1}{\rho_1} + \frac{1}{2}V_{1n}^2 = \frac{\gamma}{\gamma-1}\frac{p_2}{\rho_2} + \frac{1}{2}V_{2n}^2 \end{cases} \tag{3.2.13}$$

（3）斜激波关系式

式（3.2.13）中，第 1 式表明切向速度分量穿越激波不变；余下 3 个式子表明，密度、压力和法向速度分量满足与一维流动一样的质量守恒、动量守恒和（去掉了切向速度分量贡献的）能量守恒关系。后面这 3 个式子可以独立求解，给出下游参数与上游参数的关系式。经过求解整理，可以得到

$$\begin{cases} \frac{\rho_2}{\rho_1} = \dfrac{\frac{\gamma+1}{2}Ma_{n1}^2}{1+\frac{\gamma-1}{2}Ma_{n1}^2} = \dfrac{\frac{\gamma+1}{2}Ma_1^2\sin^2\beta}{1+\frac{\gamma-1}{2}Ma_1^2\sin^2\beta} \\[3mm] \frac{p_2}{p_1} = 1 + \frac{2\gamma}{\gamma+1}(Ma_{n1}^2-1) = 1 + \frac{2\gamma}{\gamma+1}(Ma_1^2\sin^2\beta-1) \\[3mm] Ma_{n2}^2 = \dfrac{1+\frac{\gamma-1}{2}Ma_{n1}^2}{\gamma Ma_{n1}^2 - \frac{\gamma-1}{2}}\ 或\ Ma_2^2\sin^2(\beta-\theta) = \dfrac{1+\frac{\gamma-1}{2}Ma_1^2\sin^2\beta}{\gamma Ma_1^2\sin^2\beta - \frac{\gamma-1}{2}} \end{cases} \tag{3.2.14}$$

式（3.2.14）也称为斜激波关系式。激波关系式与激波角有关。目前，激波角是未知的。如果激波角 $\beta = \frac{1}{2}\pi$，那么激波面与上游流速垂直，这样的激波也称为正激波。对于正激波，Ma_{n1}，Ma_1，$Ma_{n2} = Ma_2$。

有时也用压力系数

$$C_{p,sh} = \frac{p_2 - p_1}{\frac{1}{2}\rho_1 V_1^2} = \frac{2}{\gamma Ma_1^2}\left(\frac{p_2}{p_1} - 1\right)$$

表示激波压力关系式。将式（3.2.14）中的压力比关系代入得

$$C_{p,sh} = \frac{4}{\gamma+1}\left(\sin^2\beta - \frac{1}{Ma_1^2}\right) \tag{3.2.15}$$

对于温度，利用状态方程可从式(3.2.14)中的密度关系和压力关系得

$$\frac{T_2}{T_1} = \frac{[2\gamma Ma_{n1}^2 - (\gamma-1)][(\gamma-1)Ma_{n1}^2 + 2]}{(\gamma+1)^2 Ma_{n1}^2}$$

$$= \frac{[2\gamma Ma_1^2\sin^2\beta - (\gamma-1)][(\gamma-1)Ma_1^2\sin^2\beta + 2]}{(\gamma+1)^2 Ma_1^2\sin^2\beta} \tag{3.2.16}$$

由压力比关系和密度比关系消去 Ma_{n1}，得

$$\frac{p_2}{p_1} = \frac{\dfrac{\gamma+1}{\gamma-1}\dfrac{\rho_2}{\rho_1} - 1}{\dfrac{\gamma+1}{\gamma-1} - \dfrac{\rho_2}{\rho_1}} \tag{3.2.17}$$

即为压力比和密度比之间的关系。将式(3.2.14)中的密度比和压力比表达式，代入熵增关系

$$s_2 - s_1 = c_V\ln\frac{p_2}{\rho_2^\gamma} - c_V\ln\frac{p_1}{\rho_1^\gamma} = c_V\ln\left[\left(\frac{p_2}{p_1}\right)\left(\frac{\rho_1}{\rho_2}\right)^\gamma\right] \tag{3.2.18}$$

得

$$s_2 - s_1 = c_V\ln\left[\left(1 + \frac{2\gamma}{\gamma+1}(Ma_1^2\sin^2\beta - 1)\right)\left(\frac{\dfrac{\gamma+1}{2}Ma_1^2\sin^2\beta}{1 + \dfrac{\gamma-1}{2}Ma_1^2\sin^2\beta}\right)^{-\gamma}\right] \tag{3.2.19}$$

利用 3.1.4 节给出的总压定义式 $p_0 = \vartheta(Ma)^{\frac{\gamma}{\gamma-1}}p$ 得

$$\frac{p_{01}}{p_{02}} = \left(\frac{\vartheta(Ma_1)}{\vartheta(Ma_2)}\right)^{\frac{\gamma}{\gamma-1}}\frac{p_1}{p_2}$$

将式(3.2.17)代入式(3.2.18)再利用上式，得

$$s_2 - s_1 = -R\ln\frac{p_{02}}{p_{01}} \tag{3.2.20}$$

（4）激波角与激波角图

由式(3.2.10)不难得到

$$\frac{\tan\beta}{\tan(\beta-\theta)} = \frac{V_{1n}V_{2t}}{V_{1t}V_{2n}}$$

进一步利用(3.2.13)前两式，得

$$\frac{\tan\beta}{\tan(\beta-\theta)} = \frac{\rho_2}{\rho_1} \tag{3.2.21}$$

将式(3.2.14)中的密度关系式代入式(3.2.21)，得激波角关系

$$\frac{\tan(\beta)}{\tan(\beta-\theta)} = \frac{(\gamma+1)Ma_1^2\sin^2\beta}{2 + (\gamma-1)Ma_1^2\sin^2\beta} \tag{3.2.22}$$

利用三角恒等式

$$\tan(\beta-\theta) = \frac{\tan\beta - \tan\theta}{1 + \tan\beta\tan\theta}$$

激波角关系式也可以写成

$$\tan\theta = \frac{2(Ma_1^2\sin^2\beta - 1)}{(Ma_1^2(\gamma + \cos(2\beta)) + 2)\tan\beta} \tag{3.2.23}$$

图 3.2-14 为由式(3.2.23)绘出的激波角图。纵坐标为气流偏转角 θ，横坐标为激波角

β。激波角图是针对若干固定的来流马赫数 Ma_1 得到的由式(3.2.23)定义的 β 关于 θ 的曲线（等价地，θ 关于 β 的曲线）。可见，激波角图有如下特征：

① 正激波特例。当 $\beta=90°$ 时，有 $\theta=0$，对应正激波特例，即在正激波的情况下，气流偏转角为 0。各激波角曲线在激波角图右下角，即 $\beta=90°$ 位置相交。

② 马赫波特例。当 $\beta=\mu=\arcsin(1/Ma_1)$ 时，有 $\theta\to 0$，对应马赫波特例，即当激波弱化为马赫波时，气流偏转角为 0，这对应各激波角曲线与水平轴的交点。

③ 最大气流允许偏转角。当 β 从 $\beta=\mu$ 变到 $\beta=90°$ 时，θ 必有一极大值 θ_{max}，称为激波脱体角，其意义将在下面将交代。脱体角对应的激波角记为 β_m。由式(3.2.23)对 β 求导，并令该导数为 0，得极值点 β_m 从而最大值 θ_{max} 满足的关系式为

$$\begin{cases} \sin^2\beta_m = \dfrac{1}{\gamma Ma_1^2}\left[\dfrac{\gamma+1}{4}Ma_1^2 - 1 + \sqrt{(1+\gamma)\left(1+\dfrac{\gamma-1}{2}Ma_1^2+\dfrac{\gamma+1}{16}Ma_1^4\right)}\right] \\[3mm] \tan\theta_{max} = \dfrac{Ma_1^2\sin^2\beta_m - 1}{\left(Ma_1^2\left(\dfrac{\gamma+1}{2}-\sin^2\beta_m\right)+1\right)\tan\beta_m} \end{cases}$$

$$(3.2.24)$$

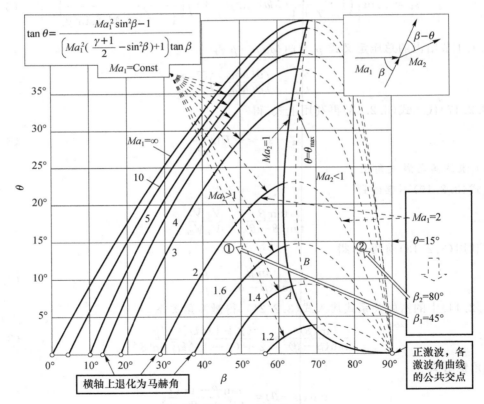

图 3.2-14　激波角图

④ 两个激波角。对于给定的来流马赫数 Ma_1，曲线 $\theta=\theta(\beta)$ 是一条向上凸的线。当 $\theta<\theta_{max}$ 时，对于给定的 θ，有一小一大 2 个激波角，分别记为 β_1 和 β_2。例如，如果 $Ma_1=2$，$\theta=15°$，那么 $\beta_1=45°$ 和 $\beta_2=80°$。

⑤ 气流最大偏转角临界线（曲线 B）。脱体角 θ_{max} 对应的激波角只有一个，记为 β_m。临界

曲线 B 由脱体位置 $\theta_{\max}=\theta_{\max}(\beta_m,Ma_1)$ 定义。

⑥ 声速临界线(曲线 A)。在式(3.2.14)的马赫数关系式中,令 $Ma_2=1$,得到

$$\sin^2(\beta-\theta)=\frac{1+\dfrac{\gamma-1}{2}Ma_1^2\sin^2\beta}{\gamma Ma_1^2\sin^2\beta-\dfrac{\gamma-1}{2}}$$

对于给定的来流马赫数,上式与式(3.2.23)给出一组 β,θ,连成曲线得到图中曲线 A。在该曲线上,下游正好为声速流动;在该曲线左侧,下游为超声速,在右侧,下游为亚声速。

⑦ 强激波和弱激波。对应于给定来流马赫数 Ma_1,如果斜激波关系式给出的解满足 $Ma_2<1$(图中曲线 A 的右侧部分),那么就是强激波解,即当波后为亚声速时,就是强激波。对应于给定来流马赫数 Ma_1,如果斜激波关系式给出的解满足 $Ma_2>1$(图中曲线 A 的左侧部分),那么就是弱激波解,即当波后为超声速时,就是弱激波。

⑧ 强解和弱解。对应于给定来流马赫数 Ma_1,给出一小一大 2 个激波角,对于大波角情况(图中曲线 B 的右侧部分)为强解;对于小波角情况(图中曲线 B 的右左侧部分)为弱解。在具体问题中到底是强解还是弱解,要由产生激波的具体条件——气流的来流马赫数和边界条件来决定。从使用的角度来说,重叠区域,曲线 B 与 A 包含的区域,为弱解、强激波。参数变化则为,穿越斜激波,马赫数减小、法向速度减小、总压减小;密度增加、压力增加、温度增加、熵增加;切向速度不变、总焓不变。

(5) 激波熵增佯谬

激波守恒关系式(3.2.12)只用到了激波上下游质量守恒、动量守恒和能量守恒关系,并不涉及黏性耗散和热传导。可是,求解这些关系式得到的熵增(3.2.19)并不为 0,并且这一熵增与实际激波流动带来的熵增是一致的。实际激波的熵增来源于激波厚度内的黏性耗散与热传导效应。为何理想守恒关系式却给出实际流动的熵增呢?这个问题留给读者思考。

3.2.5　平面斜激波关系式的使用

(1) 给定气流偏转角时附体激波的求解

如图 3.2-15 所示,超声速气流遇到几何折转,且折转角 θ 小于脱体角 $\theta_{\max}(Ma_1)$,那么实验观察表明,一定会产生附体斜激波,激波为直线,且激波角取小的激波角。这种情况对应于给定气流偏转角。

对于图 3.2-15 所示的情况,如果 $\delta^{(U)}<\theta_{\max}(Ma_1)$,$\delta^{(L)}<\theta_{\max}(Ma_1)$,那么上下激波 $S^{(U)}$,$S^{(V)}$ 均为附体直线激波,气流偏转角分别为 $\theta=\delta^{(U)}$,$\theta=\delta^{(L)}$(对应的参数分别用上标 U 和 L 区分)。上下激波关系式可以独立求解。

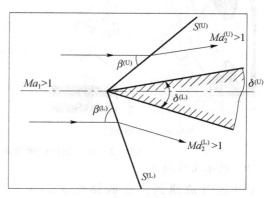

图 3.2-15　附体激波情况

以 $Ma_1=2,\theta=\delta^{(U)}=15°$ 为例,求解式(3.2.23)或从激波角图得 $\beta_1=45°$ 和 $\beta_2=80°$。于是,有物理意义的解为 $\beta=\beta_1=45°$。代入式(3.2.14)、式(3.2.16)和式(3.2.19)得

$$\begin{cases} \dfrac{\rho_2}{\rho_1} = 1.714 \\[4pt] \dfrac{p_2}{p_1} = 2.167 \\[4pt] \dfrac{T_2}{T_1} = 1.26 \\[4pt] Ma_{n2} = 0.733 \\[4pt] Ma_2 = 1.468 \\[4pt] s_2 - s_1 = 13.6 \end{cases}$$

可见，波后依然为超声速即 $Ma_2 > 1$，但基于法向速度的马赫数小于 1。

（2）给定下游压力的斜激波

如果给定激波下游压力与上游压力之比 p_2/p_1，那么由式中的压力关系式，即

$$1 + \frac{2\gamma}{\gamma+1}(Ma_1^2 \sin^2\beta - 1) = \frac{p_2}{p_1}$$

可以唯一确定激波角 β。接着由式（3.2.23）唯一地解出气流偏转角。由式（3.2.14），式（3.2.16）和式（3.2.19）可以得到激波下游的其他参数。依据给定的压力比值的大小，激波可能是强激波，也可能是弱激波。

如图 3.2 - 16 所示，超声速喷口的出口马赫数 Ma_e 以及出口压力 p_e，由发动机内部构造和进气道入口条件决定，是给定的。喷流与环境压力为 p_b 的外界大气接触。如果环境压力 p_b 大于喷口出口压力 p_e，就会产生斜激波来适应该压力的提升。另外，超声速喷流与环境大气的交接面是一道滑移线，穿越该滑移线，压力相等 $p_2 = p_b$，但滑移线方向即斜激波对应的气流偏转角 θ 是未知的。于是，给定的压力比为 $p_2/p_1 = p_b/p_e$。

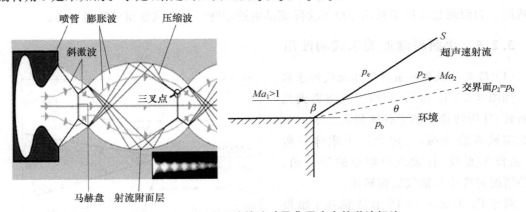

图 3.2 - 16　超声速喷管流动及背压决定的激波标注

（3）脱体曲线激波

超声速气流遇到高于脱体角 $\theta_{\max}(Ma_1)$ 的几何折转或强背压，会产生脱体激波。图 3.2 - 17 是由钝头体产生的脱体激波示意图，由于最前端折转角是 $\pi/2$，远高于脱体角，实验表明，会产生脱体激波。在 6.1 节和 6.2 节还会讨论其他产生脱体激波的情况。与附体激波对应的激波角取小的解不同，脱体激波对应的当地激波角依据位置可能取小的解，也可能取大的解。

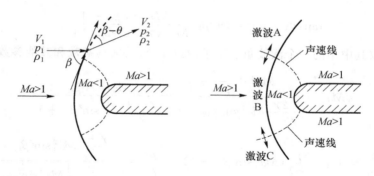

图 3.2 - 17　脱体激波情况

脱体激波包含强激波段(B)和两个弱激波段(A,C)。在激波每一点上,气流偏转角 θ 和激波角 β 是未知的,没有一个是预先给定的,但二者之间处处满足激波角关系式(3.2.23)以及斜激波关系式(3.2.14)、式(3.2.16)和式(3.2.19)。当地气流偏转角已经不是给定的函数,而是待求的函数,激波角也是待求的函数,严格而言需要与激波下游与物面之间的非均匀流场耦合求解才能得到。因此,对于曲线激波,没有一般的关系能给出气流偏转角,从而也无法求出斜激波角,因而由 $dy/dx = \tan\beta$ 定义的激波形状是未知的。在 3.2.7 节,将给出一些拟合关系式。

3.2.6　用激波膨胀波法求菱形翼升阻力系数

如图 3.2 - 18 所示,考虑带迎角的上下左右对称的菱形翼,菱形 A 点顶角为 $2\theta_A$,B 点物面内折钝角为 $2\theta_B$,显然 $\theta_A + \theta_B = \pi/2$。背风面相对于迎风面,外折角度为 $2\theta_A$。

来流相对于翼型轴线的迎角为 α。物面的流场被物面、激波、膨胀波扇形区域的边界和滑移线划出了 7 个流动区域,每个区内的流动参数都是均匀的。

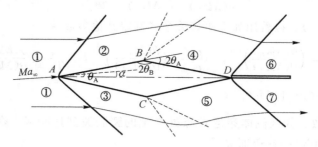

图 3.2 - 18　菱形翼流场,激波或马赫波与物体边界围成的区域是均匀流区

以上翼面为例,在小迎角时,在点 A 产生斜激波,而在大迎角时则产生普朗特-迈耶膨胀波。普朗特-迈耶膨胀波虽然是扇形区域,但在翼面上 只有一点与固体接触,因此不需要知道扇形区里面的流动,而只需要算出下游的流动就得到了物面的压力。以下只考虑 $\theta_A > \alpha$,并且迎角等足够小,菱形翼头部两侧只产生附体斜激波的情况。物面 AB 上的压力即为 A 点上部斜激波波后压力,BD 压力即为 B 点膨胀波后的压力。如果迎角太大,首先需要判断 A 的激波是附体的还是脱体的。如果是脱体激波,计算方法较复杂,但这里只介绍附体激波情况。来流即①区马赫数 Ma_1 和其他参数给定,下面依次求各区流动参数。

② 区流动参数。由①区到②区,气流偏转角给定为 $\theta_{12} = \theta_A - \alpha$。按激波角关系式

$$\tan(\theta_A-\alpha)=2\cot\beta_{12}\frac{Ma_1^2\sin^2\beta_{12}-1}{Ma_1^2(\gamma+\cos2\beta_{12})+2}$$

求激波角 β_{12}。取其中小的一个激波角。有了激波角,求②区马赫数和其他参数的公式如下

$$Ma_2^2=\frac{Ma_1^2+\frac{2}{\gamma-1}}{\frac{2\gamma}{\gamma-1}Ma_1^2\sin^2\beta_{12}-1}+\frac{Ma_1^2\cos^2\beta_{12}}{\frac{\gamma-1}{2}Ma_1^2\sin^2\beta_{12}+1}$$

$$\frac{p_2}{p_1}=1+\frac{2\gamma}{\gamma+1}(Ma_1^2\sin^2\beta_{12}-1),\quad \frac{\rho_2}{\rho_1}=\frac{\frac{\gamma+1}{2}Ma_1^2\sin^2\beta_{12}}{1+\frac{\gamma-1}{2}Ma_1^2\sin^2\beta_{12}}$$

③ 区流动参数。由①区到③区,气流偏转角为 $\theta_{13}=\theta_A+\alpha$,先求激波角 β_{13} 的公式(取小激波角)

$$\tan(\theta_A+\alpha)=2\cot\beta_{13}\frac{Ma_1^2\sin^2\beta_{13}-1}{Ma_1^2(\gamma+\cos2\beta_{13})+2}$$

有了激波角,求③区马赫数和其他参数的公式如下

$$Ma_3^2=\frac{Ma_1^2+\frac{2}{\gamma-1}}{\frac{2\gamma}{\gamma-1}Ma_1^2\sin^2\beta_{13}-1}+\frac{Ma_1^2\cos^2\beta_{13}}{\frac{\gamma-1}{2}Ma_1^2\sin^2\beta_{13}+1}$$

$$\frac{p_3}{p_1}=1+\frac{2\gamma}{\gamma+1}(Ma_1^2\sin^2\beta_{13}-1),\quad \frac{\rho_3}{\rho_1}=\frac{\frac{\gamma+1}{2}Ma_1^2\sin^2\beta_{13}}{1+\frac{\gamma-1}{2}Ma_1^2\sin^2\beta_{13}}$$

④ 区流动参数。②区流体穿越 B 点处产生的膨胀波到达④区。菱形的上顶角折转了角度 $\pi-2\theta_B=2\theta_A$,用普朗特—迈耶关系

$$\nu(Ma_4)-\nu(Ma_2)=2\theta_A$$

确定 Ma_4,见式(3.2.7)。接着用如下等熵关系式确定其他参数

$$\frac{p_4}{p_2}=\left(\frac{\vartheta(Ma_2)}{\vartheta(Ma_4)}\right)^{\frac{\gamma}{\gamma-1}},\quad \frac{\rho_4}{\rho_2}=\left(\frac{\vartheta(Ma_2)}{\vartheta(Ma_4)}\right)^{\frac{1}{\gamma-1}},\quad \frac{T_4}{T_2}=\frac{\vartheta(Ma_2)}{\vartheta(Ma_4)}$$

其中,$\vartheta(Ma)=1+\frac{1}{2}(\gamma-1)Ma^2$。

⑤ 区的流动参数。③区流体穿越 C 点处产生的膨胀波到达⑤区。菱形的下顶角折转了角度 $\pi-2\theta_B=2\theta_A$,用普朗特–迈耶关系

$$\nu(Ma_5)-\nu(Ma_3)=2\theta_A$$

确定 Ma_5。接着用如下等熵关系式确定其他参数

$$\frac{p_5}{p_3}=\left(\frac{\vartheta(Ma_3)}{\vartheta(Ma_5)}\right)^{\frac{\gamma}{\gamma-1}},\quad \frac{\rho_5}{\rho_3}=\left(\frac{\vartheta(Ma_3)}{\vartheta(Ma_5)}\right)^{\frac{1}{\gamma-1}},\quad \frac{T_5}{T_3}=\frac{\vartheta(Ma_3)}{\vartheta(Ma_5)}$$

各平直翼面的压力垂直作用于该平面,这些力沿垂直于来流方向的分量即为升力,如此可得升力系数表达式为

$$c_l=\frac{(p_3-p_4)\cos(\theta_A+\alpha)+(p_5-p_2)\cos(\theta_A-\alpha)}{\rho V_\infty^2\cos\theta_A}\tag{3.2.25}$$

类似于计算升力,各翼面压力作用沿平行于来流的分量为阻力,阻力系数为

$$c_{\mathrm{d}} = \frac{(p_3 - p_4)\sin(\theta_{\mathrm{A}} + \alpha) + (p_2 - p_5)\sin(\theta_{\mathrm{A}} - \alpha)}{\rho V_\infty^2 \cos\theta_{\mathrm{A}}} \tag{3.2.26}$$

升阻比表达式为

$$\frac{L}{D} = \frac{(p_3 - p_4)\cos(\theta_{\mathrm{A}} + \alpha) + (p_5 - p_2)\cos(\theta_{\mathrm{A}} - \alpha)}{(p_3 - p_4)\sin(\theta_{\mathrm{A}} + \alpha) + (p_2 - p_5)\sin(\theta_{\mathrm{A}} - \alpha)} \tag{3.2.27}$$

在 4.1 节,我们将针对平板情况,比较激波膨胀波法与小扰动理论的差异。我们将发现,对于比较小的迎角,激波膨胀波法给出的结果与小扰动线性理论的结果非常接近。

3.2.7　轴对称激波、脱体激波形状、三维激波

(1) 平面问题与轴对称问题

以上介绍了二维平面激波的处理方法。另一类可以进行解析处理的是轴对称问题。尖圆锥也产生附体激波,但波后流场并不与母线平行。

对于轴对称二维激波问题,激波下游的流场并不均匀。图 3.2 – 19 为均匀超声速来流遇到平面二维尖楔的流动与轴对称锥形体的流动的比较。在楔角或锥角较小的情况下,两者都产生附体斜激波。

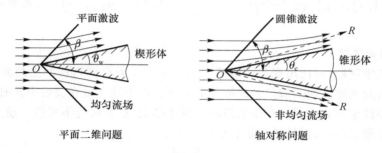

平面二维问题　　　　　　　　轴对称问题

图 3.2 – 19　尖楔二维激波与尖锥圆锥激波流动比较

对于平面二维流动,激波下游是均匀流区,流线与物面平行,下游流动参数为常数,由斜激波关系式给出,当地气流偏转角 θ 等于半楔角 θ_{w}。

(2) 锥型流

对于图 3.2 – 19 所示的尖锥,如果流动参数沿着从顶点 O 发出的射线 OR 是常数,那么这种流动称为锥型流。锥型流在一些没有几何特征尺度的流动中很常见。

对于尖锥产生的激波,下游流场并不均匀,流线在远离锥面的地方并不与锥面平行,只是在贴近锥面的过程中,渐进地与锥面平行。该问题恰好满足锥型流假设,即流动参数沿着射线 OR 为常数。由于紧贴激波下游的流线并不与锥面平行,因此激波各点的气流偏转角并不简单等于半锥角 θ_{c},而需要用复杂的圆锥激波理论求得。但激波面上各点依然满足前面介绍的斜激波关系式,只是当地气流偏转角 θ 也是待求的未知数。由于穿越激波后,流线逐渐弯曲至与锥面平行,因此经过激波的气流偏转角小于锥面半顶角,即 $\theta < \theta_{\mathrm{c}}$。激波角与 θ 之间均满足激波角关系式(3.2.23)。由于平面二维问题有 $\theta = \theta_{\mathrm{w}}$,而轴对称问题有 $\theta < \theta_{\mathrm{c}}$,因此,当锥角相等 $\theta_{\mathrm{c}} = \theta_{\mathrm{w}}$ 时,圆锥激波激波角 β_{c} 小于平面斜激波的激波角。

(3) 脱体激波形状

对于钝头体,产生脱体激波。脱体激波的形状和位置是值得关注的问题。对于具体问题,即给定了壁面形状和来流条件的问题,气流偏转角及当地激波形状是确定的,虽然需要复杂的

数学推导或数值计算才能获得。人们针对各种情况,依据理论分析与数值计算相结合,得到了一些拟合关系式。以球头以及柱头为例,假设后体具有平直母线,球头与圆锥相接,柱头与尖楔相接。在没有迎角时,球头—圆锥问题以及柱头—尖锥问题的脱体激波形状有下面的拟合公式

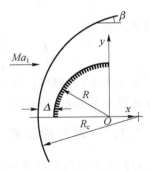

$$x = -R - \Delta + R_c \cot^2\beta \left[\left(1 + \frac{y^2 \tan^2\beta}{R_c^2} \right)^{\frac{1}{2}} - 1 \right]$$

$$(3.2.28)$$

图 3.2 - 20 脱体激波形状示意图

参照图 3.2 - 20,式(3.2.28)中的符号是这样的:R 是球头/柱头半径,是给定的;β 是后体圆锥/尖楔的附体激波角,如果后体母线是水平的,那么 β 就是马赫角;参数 R_c 和 Δ 分别是脱体激波的曲率半径以及脱体激波离开前缘的最短距离,实验拟合公式为

$$\begin{cases} \dfrac{R_c}{R} = 1.386\exp\left(\dfrac{1.8}{(Ma_\infty - 1)^{0.75}} \right), & \dfrac{\Delta}{R} = 0.386\exp\left(\dfrac{4.67}{Ma_\infty^2} \right) & \text{(尖锥-柱头)} \\[3mm] \dfrac{R_c}{R} = 1.143\exp\left(\dfrac{0.54}{(Ma_\infty - 1)^{1.2}} \right), & \dfrac{\Delta}{R} = 0.143\exp\left(\dfrac{3.24}{Ma_\infty^2} \right) & \text{(圆锥-球头)} \end{cases}$$

$$(3.2.29)$$

(4)三维曲面激波

对于实际三维问题,可能出现曲面激波。图 3.2 - 21 为典型物体产生的激波面。舵翼在超声速来流中引起的激波面一般是包住舵翼的曲面。跨声速飞机在接近声速时产生的激波面一般处在飞机中段某位置。陨石产生的激波是脱体激波,形状可能不规则。航天飞机再入时,在机体下方产生激波面,如同航天飞机骑在激波上。

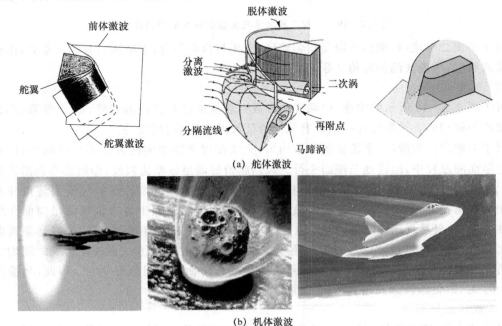

(a)舵体激波

(b)机体激波

图 3.2 - 21 舵翼激波和机体激波

三维激波面上各点依然可以将速度分解为法向速度和切向速度。穿越激波面,切向速度大小和方向不变。因此,在穿过由法向和切向速度矢量构成的平面内,激波上下游参数依然满足前面介绍的斜激波关系式。

（5）三角翼激波

图 3.2 - 22 为带迎角三角翼产生的激波,基于前缘法向速度,可以定义一个马赫数 Ma_n。将来流速度与前缘线的夹角记为 τ,那么,从几何上不难证明

$$\cos \tau = \cos \alpha \sin \chi \qquad (3.2.30)$$

从而

$$Ma_n = Ma_\infty \sin \tau = Ma_\infty \sin \{\arccos(\cos \alpha \sin \chi)\} \qquad (3.2.31)$$

现在考虑 $Ma_n > 1$ 的情况。在前缘附近产生的激波决定于 Ma_n 以及等效迎角 α_{eff}。在 2.2.7 节中已经导出了等效迎角的表达式

$$\alpha_{eff} = \arctan \frac{\tan \alpha}{\cos \chi} \qquad (3.2.32)$$

用 $Ma_1 = Ma_n$,$\theta = \alpha_{eff}$ 作为来流马赫数与气流偏转角,套用斜激波关系式求解,可得三角翼前缘激波解,即图 3.2 - 22 所示的激波 AB 段和 DC 段。离前缘较远的激波面（BC 段）则是曲面激波,曲面激波受三维效应影响,与平面二维问题的激波面相比,更贴近平板。

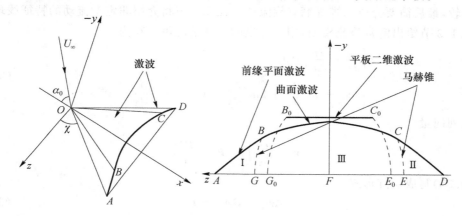

图 3.2 - 22　三角翼激波（为了直观,将 y 轴反转了方向）

3.2.8　特征线理论简介

图 3.2 - 23 所示为前面已经介绍过的定常超声速势流场中的马赫波,马赫波与当地流体速度方向的夹角为马赫角 $\mu = \arcsin\left(\dfrac{1}{Ma}\right)$。如果马赫波所在的位置的流线偏离水平轴的角度为 θ,那么马赫线满足的方程为

$$\frac{\mathrm{d}y}{\mathrm{d}x} = \tan(\theta \pm \mu) \qquad (3.2.33)$$

对于水平气流,穿越等熵马赫波,气流偏转角与马赫数的变化率的关系式由式（3.2.5）给出。

$$\frac{1}{V}\frac{\mathrm{d}V}{\mathrm{d}\theta} = \pm \tan \mu \qquad (3.2.34)$$

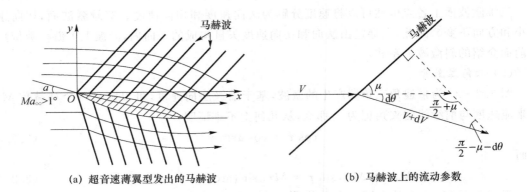

(a) 超音速薄翼型发出的马赫波　　　(b) 马赫波上的流动参数

图 3.2-23　定常超声速势流场中的马赫波

这有两层意义：① 表明沿每道马赫波，流动参数所满足的关系式比欧拉方程简单多了，即问题可以降阶；② 穿越马赫波时流动参数有变化，但沿马赫线没有变化。这等价于说，扰动信号沿着马赫波传播。以上是针对小扰动等熵定常流动得到的定性结论。

下面介绍的特征线理论具有一般性，适应定常流动与非定常流动，也适应小扰动流动与大扰动流动。先以定常二维等熵无旋流动模型为例来介绍特征线理论，并以此与前面介绍的马赫波相比较，最后简要介绍二维等熵有旋流动。在 5.2 节将介绍非定常流动的特征线理论。

在 3.1.3 节给出定常势流模型，用在这里的二维情况可以写为

$$\begin{cases} \dfrac{\partial u}{\partial y} - \dfrac{\partial v}{\partial x} = 0 \\ (u^2 - a^2)\dfrac{\partial u}{\partial x} + 2uv\dfrac{\partial u}{\partial y} + (v^2 - a^2)\dfrac{\partial v}{\partial y} = 0 \end{cases} \tag{3.2.35}$$

通过定义列向量

$$\boldsymbol{w} = \begin{pmatrix} u \\ v \end{pmatrix}, \quad \boldsymbol{F} = \begin{pmatrix} 0 \\ 0 \end{pmatrix}$$

将式(3.2.35)写成矩阵形式

$$\boldsymbol{A}\boldsymbol{w}_y + \boldsymbol{B}\boldsymbol{w}_x = \boldsymbol{F} \tag{3.2.36}$$

其中的系数矩阵不难验证为

$$\boldsymbol{A} = \begin{bmatrix} 1 & 0 \\ 2uv & v^2 - a^2 \end{bmatrix}, \quad \boldsymbol{B} = \begin{bmatrix} 0 & -1 \\ u^2 - a^2 & 0 \end{bmatrix} \tag{3.2.37}$$

将式(3.2.36)左右两端从左侧点乘某行向量 $\boldsymbol{l} = (l_1, l_2)$ 得

$$\boldsymbol{l}\boldsymbol{A}\boldsymbol{w}_y + \boldsymbol{l}\boldsymbol{B}\boldsymbol{w}_x = \boldsymbol{l}\boldsymbol{F} \tag{3.2.38}$$

如果存在 λ，使得 $\boldsymbol{l}\boldsymbol{A}\lambda = \boldsymbol{l}\boldsymbol{B}$，即

$$\boldsymbol{l}(\boldsymbol{B} - \boldsymbol{A}\lambda) = 0 \tag{3.2.39}$$

式(3.2.38)可进一步写成

$$\boldsymbol{l}\boldsymbol{A}(\boldsymbol{w}_y + \lambda\boldsymbol{w}_x) = \boldsymbol{l}\boldsymbol{F} \tag{3.2.40}$$

式(3.2.39)有非零解的充要条件是

$$\det(\boldsymbol{B} - \boldsymbol{A}\lambda) = 0 \tag{3.2.41}$$

考虑如图 3.2-24 所示的由 $\mathrm{d}x/\mathrm{d}y = \lambda$ 定义的曲线上微元段 $(\mathrm{d}x, \mathrm{d}y)$ 上的微分

$$(\mathrm{d}\boldsymbol{w})_\lambda = \boldsymbol{w}_x \mathrm{d}x + \boldsymbol{w}_y \mathrm{d}y = (\boldsymbol{w}_x \lambda + \boldsymbol{w}_y)\mathrm{d}y$$

即
$$\left(\frac{\mathrm{d}\boldsymbol{w}}{\mathrm{d}y}\right)_{\lambda} = \boldsymbol{w}_x\lambda + \boldsymbol{w}_y \tag{3.2.42}$$

利用定义式(3.2.42)将式(3.2.40)写为

$$\boldsymbol{lA}\left(\frac{\mathrm{d}\boldsymbol{w}}{\mathrm{d}y}\right)_{\lambda} = \boldsymbol{lF} \quad （相容关系式） \tag{3.2.43}$$

总结可得，由式(3.2.41)定义的 λ 是**特征值**，由式(3.2.39)给出的 $\boldsymbol{l}$ 是左**特征向量**，以该特征值作为斜率定义的曲线

$$\frac{\mathrm{d}x}{\mathrm{d}y} = \lambda \tag{3.2.44}$$

为**特征线**，沿该特征线成立的常微分方程(3.2.43)称为**相容关系式**。在每点按(3.2.41)可求出 2 个特征值，于是从每点会发出 2 条特征线，分别称为第 I 束特征线（对应小的特征值 λ_1）和第 II 束特征线（对应大的特征值 λ_2）。这与前面介绍的从每点会发出两条马赫波道理是一样的。

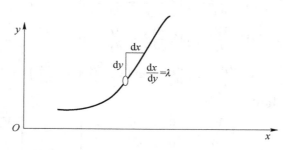

图 3.2 - 24　特征线

将矩阵表达式(3.2.37)代入式(3.2.41)左端，得到

$$\det(\boldsymbol{B}-\boldsymbol{A}\lambda) = \det\begin{bmatrix} -\lambda & -1 \\ u^2-a^2-2uv\lambda & -(v^2-a^2)\lambda \end{bmatrix}$$

令式(3.2.41)成立，并用(3.2.40)求特征向量，得到

$$\begin{cases} \lambda_1 = \dfrac{uv-a^2\sqrt{Ma^2-1}}{v^2-a^2}, & \boldsymbol{l}_1 = (-uv+a^2\sqrt{Ma^2-1},1) \\[3mm] \lambda_2 = \dfrac{uv+a^2\sqrt{Ma^2-1}}{v^2-a^2}, & \boldsymbol{l}_2 = (-uv-a^2\sqrt{Ma^2-1},1) \end{cases} \tag{3.2.45}$$

将式(3.2.45)代入相容关系式(3.2.43)，得沿特征线成立的方程，即相容关系式

$$\begin{cases} (uv+a^2\sqrt{Ma^2-1})\dfrac{\mathrm{d}u}{\mathrm{d}y} + (v^2-a^2)\dfrac{\mathrm{d}v}{\mathrm{d}y} = 0, & \dfrac{\mathrm{d}x}{\mathrm{d}y} = \lambda_1 \\[3mm] (uv-a^2\sqrt{Ma^2-1})\dfrac{\mathrm{d}u}{\mathrm{d}y} + (v^2-a^2)\dfrac{\mathrm{d}v}{\mathrm{d}y} = 0, & \dfrac{\mathrm{d}x}{\mathrm{d}y} = \lambda_2 \end{cases} \tag{3.2.46}$$

进一步，利用 $u=V\cos\theta, v=V\sin\theta, \sin\mu=1/Ma, \tan\mu=1/\sqrt{Ma^2-1}$ 以及 $x=r\cos\theta$，$y=r\sin\theta$ 化简，得

$$\lambda_1 = \frac{1}{\tan(\theta+\mu)}, \quad \lambda_2 = \frac{1}{\tan(\theta-\mu)} \tag{3.2.47}$$

特征线以及在特征线上满足的相容关系式为

$$\begin{cases} \dfrac{\mathrm{d}y}{\mathrm{d}x} = \tan(\theta + \mu), & \dfrac{1}{V}\dfrac{\mathrm{d}V}{\mathrm{d}\theta} = \tan\mu \quad （第 \mathrm{I} 束特征线）\\[3mm] \dfrac{\mathrm{d}y}{\mathrm{d}x} = \tan(\theta - \mu), & \dfrac{1}{V}\dfrac{\mathrm{d}V}{\mathrm{d}\theta} = -\tan\mu \quad （第 \mathrm{II} 束特征线） \end{cases} \tag{3.2.48}$$

小结。比较式(3.2.48)以及式(3.2.33)和式(3.2.34)易见：对于定常等熵无旋流动,特征线就是马赫波,相容关系式就是穿越马赫波成立的参数关系式。对于该简化流动模型,虽然特征线恰好是马赫波,但特征线理论可以推广到无旋流动及非定常流动。有关非定常流动的特征线介绍见 5.2 节。下面简要介绍定常二维等熵有旋流动的特征线以及相容关系式。

对于定常二维等熵超声速无黏流动,用 3.1.2 节给出的欧拉方程的质量方程和 2 个动量方程,以及 3.1.3 节针对等熵流动给出的压力密度方程,做定常二维简化,得

$$\begin{cases} V_x \dfrac{\partial \rho}{\partial x} + V_y \dfrac{\partial \rho}{\partial y} + \rho \dfrac{\partial V_x}{\partial x} + \rho \dfrac{\partial V_y}{\partial y} = 0 \\[3mm] \rho V_x \dfrac{\partial V_x}{\partial x} + \rho V_y \dfrac{\partial V_x}{\partial y} + \dfrac{\partial p}{\partial x} = 0 \\[3mm] \rho V_x \dfrac{\partial V_y}{\partial x} + \rho V_y \dfrac{\partial V_y}{\partial y} + \dfrac{\partial p}{\partial y} = 0 \\[3mm] V_x \dfrac{\partial p}{\partial x} + V_y \dfrac{\partial p}{\partial y} = a^2 \left(V_x \dfrac{\partial \rho}{\partial x} + V_y \dfrac{\partial \rho}{\partial y} \right) \end{cases} \tag{3.2.49}$$

写成矩阵形式(3.2.36),其中

$$\boldsymbol{w} = \begin{bmatrix} \rho \\ p \\ V_x \\ V_y \end{bmatrix}, \quad \boldsymbol{F} = \begin{bmatrix} 0 \\ 0 \\ 0 \\ 0 \end{bmatrix}, \quad \boldsymbol{A} = \begin{bmatrix} V_y & 0 & 0 & \rho \\ 0 & 0 & \rho V_y & 0 \\ 0 & 1 & 0 & \rho V_y \\ a^2 V_y & -V_y & 0 & 0 \end{bmatrix}, \quad \boldsymbol{B} = \begin{bmatrix} V_x & 0 & \rho & 0 \\ 0 & 1 & \rho V_x & 0 \\ 0 & 0 & 0 & \rho V_x \\ a^2 V_x & -V_x & 0 & 0 \end{bmatrix}$$

并将矩阵代入式(3.2.41),得相应的特征值

$$\frac{V_x}{V_y}, \quad \frac{V_x}{V_y}, \quad \frac{V_x V_y - a^2\sqrt{Ma^2 - 1}}{V_y^2 - a^2}, \quad \frac{V_x V_y + a^2\sqrt{Ma^2 - 1}}{V_y^2 - a^2} \tag{3.2.50}$$

其中,$\lambda_{2,3}$ 为重根,但具有 2 个线性无关的特征向量。读者可自行导出特征向量表达式,代入相容关系式(3.2.43),简化后,证明如下结果

$$\begin{cases} \mathrm{d}\theta - \dfrac{\sqrt{Ma^2 - 1}}{\rho V^2}\mathrm{d}p = 0, & \dfrac{\mathrm{d}x}{\mathrm{d}y} = \lambda_1 \\[3mm] \mathrm{d}p - a^2\mathrm{d}\rho = 0, & \dfrac{\mathrm{d}x}{\mathrm{d}y} = \lambda_2 \\[3mm] \rho V \mathrm{d}V + \mathrm{d}p = 0, & \dfrac{\mathrm{d}x}{\mathrm{d}y} = \lambda_3 \\[3mm] \mathrm{d}\theta + \dfrac{\sqrt{Ma^2 - 1}}{\rho V^2}\mathrm{d}p = 0, & \dfrac{\mathrm{d}x}{\mathrm{d}y} = \lambda_4 \end{cases} \tag{3.2.51}$$

特征线理论的使用。在本书中,特征线理论只用于定性讨论和给出具有物理意义的结果,但特征线理论可以直接用于空间超声速流场求解。如图 3.2 - 25 所示,假设在曲线 AB 上的解是已知的,那么在该曲线上划分许多单元,以单元(如 1 和 2)上的已知解,沿特征线(如包含交点 2,4 和 d 的第 I 束特征线,包含交点 1,4,e 的第 II 束特征线)。以点 4 为例,其参数通过第 I 束特征线上的相容关系式与点 2 的参数相关,也通过第 II 束特征线上的相容关系式与点

1 的参数相关,由此可以唯一确定点 4 的参数。其他点类似。接着不断向下游推进,获得恰当定义的离散位置上的解。如果某点的某特征线直接与物体边界相连,而物体边界上的部分参数是未知的,那么需要构造恰当的边界条件。

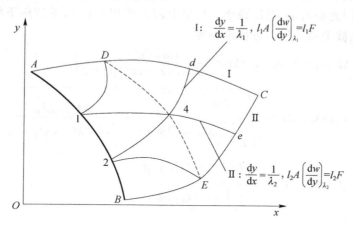

图 3.2 – 25　特征线方法求解思路

特征线意义的其他解释。 考虑斜率为 $dx/dy=\lambda$ 的曲线上相距为 dx,dy 的相邻 2 点,2 点之间的流动参数 w 的差为 dw。如果在该曲线上偏微分 $(w_y)_0,(w_x)_0$ 存在,那么按全微分定义,有 $(w_y)_0 dy + (w_x)_0 dx = dw$,也可以写为 $\boldsymbol{I}(w_y)_0 + \lambda \boldsymbol{I}(w_x)_0 = \dfrac{dw}{dy}$,$\boldsymbol{I}$ 为单位矩阵。另外,$(w_y)_0,(w_x)_0$ 必须满足流体力学基本方程 $\boldsymbol{A}(w_y)_0 + \boldsymbol{B}(w_x)_0 = \boldsymbol{F}$。两式结合,消去比如说 $(w_y)_0$,得

$$(\boldsymbol{B} - \lambda \boldsymbol{A})(w_x)_0 = \boldsymbol{F} - \boldsymbol{A}\frac{dw}{dy} \tag{3.2.52}$$

依据线性代数的概念,式(3.2.52)有唯一解的充要条件是 $\det(\boldsymbol{B} - \lambda \boldsymbol{A}) \neq 0$;或者说,如果曲线斜率 λ 是由 $\det(\boldsymbol{B} - \lambda \boldsymbol{A}) = 0$ 定义的特征值,那么式(3.2.52)便无意义;或者说在曲线 $\dfrac{dx}{dy} = \lambda$ 上没有确定意义的解,即该曲线具有这样的性质:由它上面的信息(扰动) dw 不能定出偏微分 $(w_y)_0,(w_x)_0$,从而该曲线以外但相邻的点的解无法通过某种数学处理(如泰勒级数展开)从该曲线的解获得。因此,该曲线的信息是不外传的,是信息沿之传播的线,称为**特征线**。

3.2.9　要点总结

在超声速流场中,小角度内折与外折产生的扰动以声波传播,影响区域的边界线即马赫波或特征线。这是由超过声速的对流速度限定的以声速传播的压力波的边界,因而方向角(马赫角)与当地马赫数 Ma 之间成立关系式 $\mu = \arcsin(1/Ma)$。沿马赫线流动参数为常数,穿越马赫波,气流偏转角的变化与流速或马赫数的变化满足

$$d\theta = \sqrt{Ma^2 - 1}\,\frac{dV}{V} = \frac{\sqrt{Ma^2 - 1}}{\vartheta(Ma)}\frac{dMa}{Ma}, \quad \vartheta(Ma) \equiv 1 + \frac{\gamma - 1}{2}Ma^2 \tag{3.2.53}$$

其他参数满足等熵关系。内折 $d\theta < 0$ 导致速度和马赫数减小,使马赫角、压力、密度和温度等增加,但熵和总压不变。故内折是压缩波,连续内折使得马赫角越来越大,从而使马赫波靠拢。

当一系列马赫波汇聚在一起时,强梯度会阻止马赫波无限靠近,从而取得某种平衡厚度,但宏观上可以看成无限薄,这种间断面(线)就是激波。由于激波也是压缩波,因此穿越激波,切向速度不变,法向速度和马赫数减小,压力、密度和温度等增加。由于强梯度导致的黏性耗散和热传导不可忽略,因此熵增加,总压减小。如果上游参数用下标1,下游用下标2,那么紧贴激波上下游满足的激波关系式可以方便地写为

$$
\begin{cases}
\theta = f_\theta(Ma_1,\beta) \equiv \arctan\left\{ 2\cot\beta \dfrac{Ma_1^2\sin^2\beta - 1}{Ma_1^2(\gamma + \cos2\beta) + 2} \right\} \\[4mm]
Ma_2 = f_m(Ma_1,\beta) \equiv \sqrt{ \dfrac{Ma_1^2 + \dfrac{2}{\gamma-1}}{\dfrac{2\gamma}{\gamma-1}Ma_1^2\sin^2\beta - 1} + \dfrac{Ma_1^2\cos^2\beta}{\dfrac{\gamma-1}{2}Ma_1^2\sin^2\beta + 1} } \\[4mm]
\rho_2/\rho_1 = f_\rho(Ma_1,\beta) \equiv \dfrac{\dfrac{1}{2}(\gamma+1)Ma_1^2\sin^2\beta}{1 + \dfrac{\gamma-1}{2}Ma_1^2\sin^2\beta} \\[4mm]
p_2/p_1 = f_p(Ma_1,\beta) \equiv 1 + \dfrac{2\gamma}{\gamma+1}(Ma_1^2\sin^2\beta - 1) \\[4mm]
T_2/T_1 = f_T(Ma_1,\beta) \equiv \dfrac{[2\gamma Ma_1^2\sin^2\beta - (\gamma-1)][(\gamma-1)Ma_1^2\sin^2\beta + 2]}{(\gamma+1)^2 Ma_1^2\sin^2\beta} \\[4mm]
s_2 - s_1 = f_s(p_{01},p_{02}) \equiv -R\ln\dfrac{p_{02}}{p_{01}}, \quad R = 287\ \mathrm{J/(mol \cdot K)}
\end{cases}
$$

$$(3.2.54)$$

其中第2式马赫数关系与式(3.2.14)形式上有差异,但可证明是等价的。

如果是物体突然内折引起的激波,那么先判断 θ 是否小于脱体角 $\theta_{\max}$(见式(3.2.24)或图3.2-14中的临界曲线 B)。如果 $\theta > \theta_{\max}$,那么激波脱体,这时最接近物体的激波线是曲线(属于强解),当地气流偏转角、激波角和上下游参数处处满足斜激波关系式,但 θ 是未知的。式(3.2.28)给出了圆头或球头情况下的工程拟合形状,由此形状可以按 $\tan\beta = \mathrm{d}y/\mathrm{d}x$ 定出激波角,再按 $\theta = f_\theta(Ma_1,\beta)$ 定出气流偏转角。如果 $\theta < \theta_{\max}$,那么得到直线附体斜激波(属于弱解),其中 θ 是几何折转角,由 $\theta = f_\theta(Ma_1,\beta)$ 可解出激波角 β(对于内折引起的附体激波,取小的那个值)。有了激波角,下游其他参数按顺序代入上述代数公式即可获得。某些问题的下游压力可给定,此时由 $p_2/p_1 = f_p(Ma_1,\beta)$ 定出激波角,由 $\theta = f_\theta(Ma_1,\beta)$ 定出气流偏转角,由其他斜激波关系式定出其他参数。

对于三维问题,激波一般是曲面,与激波面相切的速度分量不变,其他参数满足当地斜激波关系式。对于后掠翼引起的附体斜激波面,需要用式(3.2.31)和式(3.2.32)确定计算斜激波参数需要的上游马赫数以及气流偏转角。

外折 $\mathrm{d}\theta > 0$ 导致速度和马赫数增加,使马赫角、压力、密度和温度等减小,但熵和总压不变。故外折是膨胀波,连续外折使得马赫角越来越小,从而使马赫波散开。突然外折,从外折点产生的一系列直线马赫波构成扇形区域,这就是普朗特-迈耶流动。扇形区域下游(下标2)参数与上游参数(下标2)之间满足普朗特-迈耶关系

$$
\begin{cases}
\nu(Ma_2) - \nu(Ma_1) = \theta \\
\nu(Ma) = \sqrt{\dfrac{\gamma+1}{\gamma-1}}\arctan\sqrt{\dfrac{\gamma-1}{\gamma+1}(Ma^2-1)} - \arctan\sqrt{Ma^2-1} \\
p_2 = p_1\left(\dfrac{\vartheta(Ma_1)}{\vartheta(Ma_2)}\right)^{\frac{\gamma}{\gamma-1}}, \quad T_2 = T_1\left(\dfrac{\vartheta(Ma_1)}{\vartheta(Ma_2)}\right), \quad \rho_2 = \rho_1\left(\dfrac{\vartheta(Ma_1)}{\vartheta(Ma_2)}\right)^{\frac{1}{\gamma-1}}
\end{cases} \tag{3.2.55}
$$

从折点开始,如果物体表面是平直面,那么平直物面上的气流参数就是该点激波或膨胀波按上述关系得到的参数;如果从平直物面某点开始又出现新的折点,那么以平直面参数作为新的上游参数,进一步用激波或膨胀波关系获得下游参数。

一般超声速飞行器设计的目的是避免或减弱激波强度。等熵压缩波可以看成激波在气流偏转角趋于 0 的极限。在 6.1 节中将看到,一些激波反射、激波干扰会导致强激波出现。在 6.2 和 6.3 节中,我们将看到高超声速飞行器需要做成钝头体,迫使产生激波,以便减少气动加热问题。

习　题

习题 3.1.1　从 3.1.2 节矢量形式的纳维-斯托克斯方程出发,写出柱坐标系(z,r,θ)质量守恒方程与动量方程的分量形式,要求写出推导过程。

提示:

$$
\begin{cases}
\boldsymbol{V} = V_x\boldsymbol{e}_x + V_r\boldsymbol{e}_r + V_\theta\boldsymbol{e}_\theta \\
\nabla\cdot\boldsymbol{V} = \dfrac{\partial V_x}{\partial x} + \dfrac{1}{r}\dfrac{\partial(rV_r)}{\partial r} + \dfrac{1}{r}\dfrac{\partial V_\theta}{\partial \theta} \\
\nabla\varphi = \dfrac{\partial\varphi}{\partial x}\boldsymbol{e}_x + \dfrac{\partial\varphi}{\partial r}\boldsymbol{e}_r + \dfrac{1}{r}\dfrac{\partial\varphi}{\partial\theta}\boldsymbol{e}_\theta \\
\nabla^2\varphi = \dfrac{\partial^2\varphi}{\partial x^2} + \dfrac{1}{r}\left(r\dfrac{\partial\varphi}{\partial r}\right) + \dfrac{1}{r^2}\dfrac{\partial^2\varphi}{\partial\theta^2}
\end{cases}
$$

参考答案:

$$
\begin{cases}
\dfrac{\partial\rho}{\partial t} + \dfrac{1}{r}\dfrac{\partial\rho r v_r}{\partial r} + \dfrac{1}{r}\dfrac{\partial\rho v_\theta}{\partial\theta} + \dfrac{\partial\rho v_z}{\partial z} = 0 \\
\rho\dfrac{\mathrm{D}v_z}{\mathrm{D}t} = \rho f_z + \dfrac{1}{r}\left(\dfrac{\partial(rp_{zr})}{\partial r} + \dfrac{\partial p_{z\theta}}{\partial\theta} + \dfrac{\partial(rp_{zz})}{\partial z}\right) \\
\rho\left(\dfrac{\mathrm{D}v_r}{\mathrm{D}t} - \dfrac{v_\theta^2}{r}\right) = \rho f_r + \dfrac{1}{r}\left(\dfrac{\partial(rp_{rr})}{\partial r} + \dfrac{\partial p_{r\theta}}{\partial\theta} + \dfrac{\partial(rp_{zr})}{\partial z}\right) - \dfrac{p_{\theta\theta}}{r} \\
\rho\left(\dfrac{\mathrm{D}v_\theta}{\mathrm{D}t} + \dfrac{v_r v_\theta}{r}\right) = \rho f_\theta + \dfrac{1}{r}\left(\dfrac{\partial(rp_{r\theta})}{\partial r} + \dfrac{\partial p_{\theta\theta}}{\partial\theta} + \dfrac{\partial(rp_{z\theta})}{\partial z}\right) + \dfrac{p_{r\theta}}{r} \\
p_{rr} = -p + 2\mu\left(\dfrac{\partial v_r}{\partial r} - \dfrac{1}{3}\mathrm{div}\boldsymbol{V}\right), p_{\theta\theta} = -p + 2\mu\left(\dfrac{1}{r}\dfrac{\partial v_\theta}{\partial\theta} + \dfrac{v_r}{r} - \dfrac{1}{3}\mathrm{div}\boldsymbol{V}\right) \\
p_{zz} = -p + 2\mu\left(\dfrac{\partial v_z}{\partial z} - \dfrac{1}{3}\mathrm{div}\boldsymbol{V}\right), p_{r\theta} = p_{\theta r} = \mu\left(\dfrac{\partial v_\theta}{\partial r} + \dfrac{1}{r}\dfrac{\partial v_r}{\partial\theta} - \dfrac{v_\theta}{r}\right) \\
p_{z\theta} = p_{\theta z} = \mu\left(\dfrac{\partial v_\theta}{\partial z} + \dfrac{1}{r}\dfrac{\partial v_z}{\partial\theta}\right), p_{rz} = p_{zr} = \mu\left(\dfrac{\partial v_z}{\partial r} + \dfrac{\partial v_r}{\partial z}\right)
\end{cases}
$$

这里,$\dfrac{D}{Dt} = \dfrac{\partial}{\partial t} + v_z \dfrac{\partial}{\partial z} + v_r \dfrac{\partial}{\partial r} + v_\theta \dfrac{\partial}{r\partial\theta}$,$\text{div } \boldsymbol{V} = \dfrac{1}{r}\dfrac{\partial(rv_r)}{\partial r} + \dfrac{1}{r}\dfrac{\partial v_\theta}{\partial\theta} + \dfrac{\partial v_z}{\partial z}$。

习题 3.1.2(轴对称流动理想势流基本方程)　证明:对于轴对称流动,理想势流基本方程为

$$(V_x^2 - a^2)\frac{\partial V_x}{\partial x} + 2V_x V_r \frac{\partial V_x}{\partial r} + (V_r^2 - a^2)\frac{\partial V_r}{\partial r} - \frac{a^2 V_r}{r} = 0$$

$$a^2 = a_\infty^2 + \frac{\gamma-1}{2}(V_\infty^2 - V^2)$$

这里,x 为来流方向,r 为径向。

提示: 考虑到

$$\begin{cases} \nabla \cdot \boldsymbol{V} = \dfrac{\partial V_x}{\partial x} + \dfrac{1}{r}\dfrac{\partial(rV_r)}{\partial r} + \dfrac{1}{r}\dfrac{\partial V_\theta}{\partial\theta} \\[3mm] \boldsymbol{V} \cdot \nabla \dfrac{V^2}{2} = V_x \dfrac{\partial}{\partial x}\left(\dfrac{V^2}{2}\right) + V_r \dfrac{\partial}{\partial r}\left(\dfrac{V^2}{2}\right) + V_\theta \dfrac{1}{r}\dfrac{\partial}{\partial\theta}\left(\dfrac{V^2}{2}\right) \end{cases}$$

将 3.1.3 节给出的向量形式 $(\boldsymbol{V}\cdot\nabla)V^2/2 = a^2\nabla\cdot\boldsymbol{V}$ 用于柱坐标系下,接着进行轴对称近似:$V_\theta = 0$,$\dfrac{\partial(\cdot)}{\partial\theta} = 0$。

习题 3.1.3　导出二维轴对称流动的动量方程的形式。

参考答案:

$$\begin{cases} \dfrac{\partial\rho}{\partial t} + \dfrac{1}{r}\dfrac{\partial\rho r v_r}{\partial r} + \dfrac{\partial\rho v_z}{\partial z} = 0 \\[3mm] \rho\dfrac{Dv_z}{Dt} = \rho f_z + \dfrac{1}{r}\left(\dfrac{\partial(rp_{zr})}{\partial r} + \dfrac{\partial(rp_{zz})}{\partial z}\right) \\[3mm] \rho\dfrac{Dv_r}{Dt} = \rho f_r + \dfrac{1}{r}\left(\dfrac{\partial(rp_{rr})}{\partial r} + \dfrac{\partial(rp_{zr})}{\partial z}\right) \end{cases} \qquad \begin{cases} p_{rr} = -p + 2\mu\left(\dfrac{\partial v_r}{\partial r} - \dfrac{1}{3}\text{div } \boldsymbol{V}\right) \\[3mm] p_{zz} = -p + 2\mu\left(\dfrac{\partial v_z}{\partial z} - \dfrac{1}{3}\text{div } \boldsymbol{V}\right) \\[3mm] p_{rz} = p_{zr} = \mu\left(\dfrac{\partial v_z}{\partial r} + \dfrac{\partial v_r}{\partial z}\right) \end{cases}$$

这里

$$\frac{D}{Dt} \equiv \frac{\partial}{\partial t} + v_z \frac{\partial}{\partial z} + v_r \frac{\partial}{\partial r}, \quad \text{div } \boldsymbol{V} = \frac{1}{r}\frac{\partial(rv_r)}{\partial r} + \frac{\partial v_z}{\partial z}$$

习题 3.1.4(驻点参数)　某飞行器在 20 km 高度飞行。如果飞行马赫数为 $Ma_\infty = 0.85$,求驻点温度、驻点压力和驻点密度。

提示: 按 1.1.5 节,算得 20 km 高度处大气的参数为,$T = 216.69 \text{ K}$,$p = 5.4716 \text{ kPa}$,$\rho = 0.0882 \text{ kg} \cdot \text{m}^{-3}$。在亚声速条件下,驻点参数由总温、总压和总密度给定(记 $\vartheta(Ma) = 1 + \dfrac{\gamma-1}{2}Ma^2$),$T_0 = \vartheta(Ma_\infty)T$,$p_0 = p\vartheta(Ma_\infty)^{\frac{\gamma}{\gamma-1}}$,$\rho_0 = \rho\vartheta(Ma_\infty)^{\frac{1}{\gamma-1}}$。

习题 3.1.5(压力系数与马赫数的关系)　设来流马赫数为 Ma_∞。证明:对于等熵流动,任一点的马赫数与当地压力系数关系式为

$$\frac{2}{\gamma Ma_\infty^2}\left(\left(1 + \frac{\gamma-1}{2}Ma_\infty^2\right)^{\frac{\gamma}{\gamma-1}}\left(1 + \frac{\gamma-1}{2}Ma^2\right)^{-\frac{\gamma}{\gamma-1}} - 1\right) = C_p$$

习题 3.2.1(激波与膨胀波显式关系)　利用 3.2.9 节的简记符号,激波与普朗特-迈耶关系式写为

$$
\begin{cases}
\theta = f_\theta(Ma_1,\beta) \\
Ma_2 = f_m(Ma_1,\beta) \\
\rho_2/\rho_1 = f_\rho(Ma_1,\beta) \\
p_2/p_1 = f_p(Ma_1,\beta) \quad\text{（激波），} \\
T_2/T_1 = f_T(Ma_1,\beta) \\
s_2 - s_1 = f_s(p_{01},p_{02}) \\
p_{0i}/p_i = \vartheta(Ma_i)
\end{cases}
\qquad
\begin{cases}
\theta = \nu(Ma_2) - \nu(Ma_1) \\[4pt]
p_2 = p_1\left(\dfrac{\vartheta(Ma_1)}{\vartheta(Ma_2)}\right)^{\frac{\gamma}{\gamma-1}} \\[8pt]
T_2 = T_1\left(\dfrac{\vartheta(Ma_1)}{\vartheta(Ma_2)}\right) \quad\text{（膨胀波）} \\[8pt]
\rho_2 = \rho_1\left(\dfrac{\vartheta(Ma_1)}{\vartheta(Ma_2)}\right)^{\frac{1}{\gamma-1}}
\end{cases}
$$

从压力比可以得到压力系数 $C_p \equiv (p_2 - p_1)/\dfrac{1}{2}\rho_1 V_1^2$。**试证明或用具体条件验证**：压力系数可以显式地表示为

$$
\begin{cases}
C_p = b\left[1 - 2\sqrt{q}\cos\dfrac{\pi + \bar\omega}{3}\right] \quad\text{（弱激波）} \\[8pt]
C_p = b\left[1 + 2\sqrt{q}\cos\dfrac{\bar\omega}{3}\right] \quad\text{（强激波）} \\[8pt]
C_p = b\left[1 - 2\sqrt{q}\cos\dfrac{\pi - \bar\omega}{3}\right] \quad\text{（普朗特–迈耶流动）}
\end{cases}
$$

其中

$$
\begin{cases}
b = \dfrac{4}{3(\gamma+1)}\left(1 - \dfrac{1}{Ma_1^2} + \gamma\sin^2\theta\right), \quad \bar\omega = \arccos\dfrac{r}{\sqrt{q^3}} \\[10pt]
q = 1 - \dfrac{4\sin^2\theta}{3b^2}\left(1 - \dfrac{4}{\gamma+1}\dfrac{1}{Ma_1^2}\right), \quad r = \dfrac{3q-1}{2} - \dfrac{8\sin^2\theta}{(\gamma+1)b^3 Ma_1^2}
\end{cases}
$$

将压力比表示为

$$
\frac{p_2}{p_1} = 1 + \frac{1}{2}\gamma Ma_1^2 C_p
$$

证明激波角可表示为

$$
\sin\beta = \frac{1}{Ma_1}\sqrt{1 + \frac{\gamma+1}{4}Ma_1^2 C_p}
$$

习题 3.2.2（驻点压力系数）　以下记 $\vartheta(Ma) = 1 + \dfrac{\gamma-1}{2}Ma^2$，来流参数用下标 ∞。证明：可压缩流动驻点压力系数为

$$
\begin{cases}
C_{p0} = \dfrac{2}{\gamma Ma_\infty^2}\left[\vartheta(Ma_\infty)^{\frac{\gamma}{\gamma-1}} - 1\right], \ Ma_\infty < 1 \\[10pt]
C_{p0} = \dfrac{2}{\gamma}\left[\left(\dfrac{\gamma+1}{2}\right)^{\frac{\gamma}{\gamma-1}} - 1\right], \ Ma_\infty = 1 \\[10pt]
C_{p0} = \dfrac{2}{\gamma Ma_\infty^2}\left\{\left[\dfrac{(\gamma+1)^2 Ma_\infty^2}{4\gamma Ma_\infty^2 - 2(\gamma-1)}\right]^{\frac{\gamma}{\gamma-1}}\dfrac{1-\gamma+2\gamma Ma_\infty^2}{\gamma+1} - 1\right\}, \ Ma_\infty > 1 \\[10pt]
C_{p0} = \left\{\left[\dfrac{(\gamma+1)^2}{4\gamma}\right]^{\frac{\gamma}{\gamma-1}}\dfrac{4}{\gamma+1}\right\}, \ Ma_\infty \gg 1
\end{cases}
$$

并以马赫数为横坐标，压力系数为纵坐标，画出驻点压力系数随马赫数的变化规律。给出 $C_{p0}(0)$，$C_{p0}(1)$，$C_{p0}(\infty)$。

提示：对于亚声速流动，来流总压 $p_{0\infty}=p_{\infty}\vartheta(Ma_{\infty})^{\frac{\gamma}{\gamma-1}}$ 为驻点压力。对于超声速流动，正激波后马赫数 Ma_{sh} 和压力 p_{sh} 按下面的正激波关系式得到

$$\frac{p_{\text{sh}}}{p_{\infty}}=1+\frac{2\gamma}{\gamma+1}(Ma_{\infty}^{2}-1), \quad Ma_{\text{sh}}^{2}=\frac{\vartheta(Ma_{\infty})}{\gamma Ma_{\infty}^{2}-(\gamma-1)/2}$$

驻点压力系数用正激波后的总压 $\dfrac{p_{0\text{sh}}}{p_{0\infty}}=\left(\dfrac{\vartheta(Ma_{\text{sh}})}{\vartheta(Ma_{\infty})}\right)^{\frac{\gamma}{\gamma-1}}\dfrac{p_{\text{sh}}}{p_{\infty}}$。

习题 3.2.3 设空气条件为 $p=101.325$ kPa(1 atm)，$T=288$ K，$p=1.225$ kg/m³，在以马赫数为横坐标的图上，画出来流总温、总压和总密度，驻点温度、压力和密度，以及驻点声速和驻点熵随来流马赫数的变化（马赫数从接近 0 变化至 5）。

提示：亚声速时，驻点温度、压力和密度等于来流总温、总压和总密度。超过声速后，先按正激波关系式求出正激波后的压力、温度和密度，以此作为"来流"条件求总压、总温和总密度作为驻点值，以驻点(s)参数求声速和熵，$a_{\text{s}}=\sqrt{\gamma RT_{\text{s}}}$，$s_{\text{s}}=c_{v}\ln\dfrac{p_{\text{s}}}{\rho_{\text{s}}^{1/\gamma}}$，$c_{v}=\dfrac{R}{\gamma-1}$。

习题 3.2.4 用风速管测得超声速风洞中的气流总压为 79 011.2 N/m²，在风洞壁面上的静压孔测得压力 p_{∞} 为 12 121 N/m²。证明：此风洞的马赫数约为 $Ma_{\infty}=2.33$。

提示：由于在超声速来流情况下，风速管前必有正激波。因此，这里测出的总压是正激波后的总压，即 $p_{0\text{sh}}=\left(1+\dfrac{\gamma-1}{2}Ma_{\text{sh}}^{2}\right)^{\frac{\gamma}{\gamma-1}}p_{\text{sh}}$。这里，下标 sh 为正激波后的值，用正激波关系式得

$$p_{0\text{sh}}=\left[1+\frac{\gamma-1}{2}\left(\frac{1+\frac{\gamma-1}{2}Ma_{\infty}^{2}}{\gamma Ma_{\infty}^{2}-\frac{\gamma-1}{2}}\right)^{2}\right]^{\frac{\gamma}{\gamma-1}}\left[1+\frac{2\gamma}{\gamma+1}(Ma_{\infty}^{2}-1)\right]p_{\infty}$$

习题 3.2.5（普朗特–迈耶流动的流线） 令 $x=r\cos\varphi$，$y=r\sin\varphi$。证明：普朗特–迈耶流动扇形区任一点流线坐标 r,φ 满足的以当地马赫数 Ma 为参数的方程为

$$\begin{cases}\ln r=\dfrac{\gamma+1}{2(\gamma-1)}\ln\left(1+\dfrac{\gamma-1}{2}Ma^{2}\right)+D\\[2mm]\varphi=\nu(Ma_{1})-\nu(Ma)+\arcsin Ma^{-1}\end{cases}$$

这里，$\nu(Ma)$ 为 3.2.3 节给出的普朗特–迈耶函数，D 在一根流线上取常数。将 r,φ 表达式带回 $x=r\cos\varphi$，$y=r\sin\varphi$，消去马赫数，即得到 y 关于 x 的流线方程。

提示：设流场中一点速度与轴夹角为 θ，按马赫角 $\mu=\arcsin Ma^{-1}$（当地马赫线与流线的夹角）定义，$\mu=\varphi+\theta=\arcsin\dfrac{1}{Ma}$。对于普朗特迈耶流动，$\theta=\nu(Ma)-\nu(Ma_{1})$。于是，$\varphi=\nu(Ma_{1})-\nu(Ma)+\arcsin\dfrac{1}{Ma}$。将 $x=r\cos\varphi$，$y=r\sin\varphi$ 代入流线 $\mathrm{d}y/\mathrm{d}x=V_{y}/V_{x}=-\tan\theta$，得到

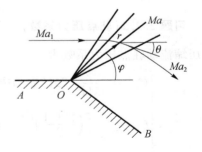

题 3.2 - 5 图

$$\frac{\mathrm{d}r}{r}=\frac{\sin\varphi\tan\theta-\cos\varphi}{\sin\varphi+\cos\varphi\tan\theta}\mathrm{d}\varphi=-\frac{\cos(\varphi+\theta)}{\sin(\varphi+\theta)}\mathrm{d}\varphi=-\cot(\varphi+\theta)\mathrm{d}\varphi$$

即
$$\frac{\mathrm{d}r}{r} = -\cot(\varphi+\theta)\mathrm{d}\varphi = -\cot\mu\,\mathrm{d}\varphi = -\sqrt{Ma^2-1}\,\mathrm{d}\varphi$$

对上面已经得到的 $\varphi=\varphi(Ma)$ 微分后代入上式,得到 $\dfrac{\mathrm{d}r}{r}=\dfrac{\gamma+1}{2}\dfrac{Ma\times\mathrm{d}Ma}{1+\dfrac{1}{2}(\gamma-1)Ma^2}$,积分即得到

所需要的结果。

习题 3.2.6(普朗特-迈耶流动下游参数)　来流条件为 $V_1=500$ m/s,$T_1=300$ K,$p_1=$ 101.325 kPa(1 atm),求折转 $\Delta\theta=15°$ 引起的普朗特-迈耶流动下游参数 V_2,T_2 和 p_2。

提示:来流声速为 $a_1=\sqrt{\gamma RT_1}=347$ m/s,来流马赫数为 $Ma_1=V_1/a_1=1.44$。按普朗特-迈耶关系 $\nu(Ma_2)-\nu(Ma_1)=\Delta\theta=15\pi/180$ 求得气流转折后的马赫数 $Ma_2=1.955$。其他参数按等熵关系式

$$p_2=p_1\left(\frac{\vartheta(Ma_1)}{\vartheta(Ma_2)}\right)^{\frac{\gamma}{\gamma-1}},\quad T_2=T_1\left(\frac{\vartheta(Ma_1)}{\vartheta(Ma_2)}\right),\quad \rho_2=\rho_1\left(\frac{\vartheta(Ma_1)}{\vartheta(Ma_2)}\right)^{\frac{1}{\gamma-1}}$$

这里,$\vartheta(Ma)=1+(\gamma-1)Ma^2/2$。另外,$a_2=\sqrt{\gamma p_2/\rho_2}$,$V_2=Ma_2\times a_2$。

参考答案:$p_2\approx47.42$ kPa(0.468 atm),$\rho_2\approx0.679$ kg/m^3,$T_2\approx240.6$ K,$V_2\approx607.6$ m/s。

习题 3.2.7(给定气流偏转角的问题)　马赫数为 $Ma_1=2$ 的均匀超声速来流,压力为 69.41kPa (0.685 atm)。遇到 $\theta=10°$ 的凹角后产生斜激波,计算激波后的压力、马赫数及熵增。

提示:首先判断激波是否脱体。比较简易的做法是,用 3.2.4 节的激波角图(图 3.2-14),从 $Ma_1=2$ 的曲线 $\theta=\theta(Ma_1,\beta)$ 与脱体线(曲线 A)的交点可以看出,脱体角约为 23°左右。这里给出的折转角远小于脱体角,因此必然产生附体斜激波。激波角关系 $\theta=f_\theta(Ma_1,\beta)$ 针对 $Ma_1=2$ 和 $\theta=10°$ 给出 2 个解,求激波角 $\beta_1,\beta_2,\beta_1<\beta_2$,分别对应弱解和强解。

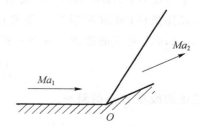

题 3.2-7图　气流经过斜激波示意图

对于这种由几何引起的附体斜激波,实验上只观察到了弱解,于是取小的激波角,即令 $\beta=\beta_1$。得到激波角 β 后,由 $Ma_2=f_m(Ma_1,\beta)$ 得到波后马赫数 Ma_2,由 $p_2=p_1f_p(Ma_1,\beta)$ 求得波后压力 p_2,由 $p_{0i}/p_i=\vartheta(Ma_i)$ 得到波前波后总压 p_{01},p_{02},由 $s_2-s_1=f_s(p_{01},p_{02})$ 得到熵增。

参考答案:$\beta\approx39.31°$,$Ma_2\approx1.64$,$p_2\approx118.45$ kPa(1.169 atm),$s_2-s_1\approx4.66$ J/K。

习题 3.2.8(给定激波角的问题)　①超声速流动参数 $V_1=1\,000$ m/s,$T_1=275$ K,$p_1=50.67$ kPa(0.5 atm)。求历经激波角为 $\beta=33°$ 的附体斜激波对应的气流折转角 θ 及波后流动参数 $\rho_2,p_2,Ma_2,V_2,u_2=V_2\cos\theta,v_2=V_2\sin\theta$。②在超声速流场中,将半顶角为 $\theta=10°$ 的尖楔正对来流,用光学方法测得激波角为 $\beta=33°$,试推算激波前后的马赫数。

提示:对于第①问,先利用波前参数、声速表达式和马赫数定义,计算波前马赫数 Ma_1,接着按 $\theta=f_\theta(Ma_1,\beta)$ 求气流偏转角。按斜激波关系式求 ρ_2,p_2,Ma_2。$a_2=\sqrt{\gamma p_2/\rho_2}$,波后速度及其分量为 $V_2=Ma_2\times a_2$。

参考答案:$\theta=12.84°$,$Ma_2=2.3706$,$p_2=125.45$ kPa(1.238 atm),$T_2=363.824\,4$ K,$V_2=906.4$ m/s。

对于第②问,将 $\theta=10°$,$\beta=33°$代入激波角关系式 $\theta=\theta(Ma_1,\beta)$得到 Ma_1,接着将 Ma_1,β 代入 $Ma_2=f_m(Ma_1,\beta)$得到 Ma_2。

参考答案: $Ma_1=2.4019$,$Ma_2=2.0010$。

习题 3.2.9(由下游压力决定的问题) 超声速射流的流动参数为 $Ma_1=3$,压力为 $p_1=50.67$ kPa(0.5 atm),与压力满足 $p_2>p_1$ 的高压气体相会产生斜激波。求 $p_2=125.45$ kPa (1.238 atm)以及 $p_2=506.65$ kPa(5 atm)时,斜激波激波角、穿越斜激波的气流偏转角以及斜激波下游马赫数,判断激波是强激波还是弱激波。

提示: 按 $p_2/p_1=f_p(Ma_1,\beta)$可唯一确定激波角(只有一个 β)。接着由 $\theta=f_\theta(Ma_1,\beta)$ 和 $Ma_2=f_m(Ma_1,\beta)$求 θ 和 Ma_2。如果 $Ma_2<1$,是强激波,否则为弱激波。

习题 3.2.10(激波极曲线) 激波角图是给定来流马赫数 Ma_1 后,由 $\theta=f_\theta(Ma_1,\beta)$定义的曲线。波前波后压力比 p_2/p_1 以及气流偏转角 θ 满足斜激波关系式

$$\begin{cases}\dfrac{p_2}{p_1}=f_p(Ma_1,\beta)\\ \theta=f_\theta(Ma_1,\beta)\end{cases} \Leftrightarrow \frac{p_2}{p_1}=P(Ma_1,\theta),\quad \mu\leqslant\beta\leqslant\pi-\mu$$

对于给定的 Ma_1,由上式变 β,得到 p_2/p_1 和 θ,以 θ 和 p_2/p_1 分别作为横坐标和纵坐标得到的曲线,称为激波极曲线(也可以采用其他 2 个参数画极曲线)。如题 3.2.10 图所示,极曲线上有 4 个特征点:A,B,C,D,分别表示马赫波($\theta\rightarrow0,\beta\rightarrow\mu$),波后为声速的情况(强弱激波的临界点),脱体条件(强解和弱解的临界点),正激波($\theta\rightarrow0,\beta\rightarrow\pi/2$)。问题:①将 $Ma_1=1,1.2,$ $1.5,2,3,4,5$ 对应的极曲线画在一张图上;②证明极曲线在 A 点的斜率为

$$\frac{d}{d\theta}\left(\frac{p_2}{p_1}\right)_A=\frac{\gamma Ma_1^2}{(Ma_1^2-1)^{1/2}}$$

③求极曲线在 B 点的斜率。

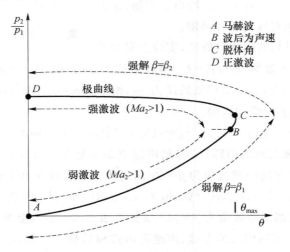

题 3.2-10 图　极曲线示意图(左右对称,只画了右半侧)

习题 3.2.11(两个激波之间的压力平衡) 考虑题 3.2.11 图所示的半顶角为 θ_w 的水平放置的菱形翼,在背风面马赫数分别为 Ma_1,Ma_2 的超声速气流在尾缘汇合后,气流取折中方向,导致上下两股气流等价地遇到内折。从尾缘 te 发出一道滑移线 s,经再压缩激波 RS_1 和

RS_2 产生的气流(3)与(4)均与滑移线平行。讨论产生两道再压缩激波的条件,以及在此条件下,(3)区与(4)区的参数以及滑移线角度与马赫数 Ma_1 和 Ma_2 相对大小之间的关系。

　　提示:只考虑气流(3)相对于气流(1)的偏转角为 $\theta_w - \theta$,由此按 $\theta_w - \theta = f_\theta(Ma_1, \beta_{13})$, $p_3 = p_1 f_p(Ma_1, \beta_{13})$ 得到(3)区压力表达式;气流(4)相对于气流(2)的偏转角为 $\theta_w + \theta$,由此按 $\theta_w + \theta = f_\theta(Ma_2, \beta_{24})$,$p_4 = p_2 f_p(Ma_2, \beta_{24})$ 得到(4)区压力表达式。在滑移线两侧压力平衡,满足 $p_3 = p_4$。这样得到确定 θ 的关系,需要迭代求解。

　　习题 3.2.12(激波反射)　如题 3.2.12 图所示,(1)区超声速气流在 O 点遇到内折 θ,产生一道斜激波 OC,与上壁面相交于 C 点。如果上壁面正好从 C 点向上偏转 δ,那么,如果 $\delta > \theta$,在 C 点产生普朗特-迈耶膨胀波 R;如果 $\delta < \theta$,在 C 点产生斜激波 S。这种问题称为激波反射。令 $Ma_1 = 5$,$\theta = 10°$。①如果取 $\delta = 15°$,求(3)区马赫数。②如果 $\delta = 0°$,求(3)区马赫数。③如果 $\delta = -20°$,还能求(3)区解吗? 此时会发生什么?

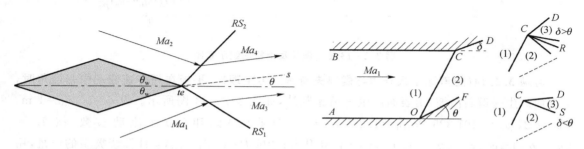

　　题 3.2-11 图　菱形翼尾缘发出的再压缩激波　　　　　　**题 3.2-12 图　激波反射示意图**

　　提示:(1)区气流在 O 点产生斜激波,气流偏转角为 θ。根据斜激波关系式 $\theta = f_\theta(Ma_1, \beta_{12})$ 可以求激波角 β_{12},再根据 $Ma_2 = f_m(Ma_1, \beta_{12})$ 求出(2)区马赫数。①由于 $\theta < \delta$,气流在 C 点外折产生膨胀波,根据 $\nu(Ma_3) - \nu(Ma_2) = \delta - \theta = 5\pi/180$ 可以求出(3)区马赫数。② $\theta > \delta$,气流在 C 点内折产生斜激波,根据 $\theta - \delta = f_\theta(Ma_2, \beta_{23})$ 可以求激波角 β_{23},再根据 $Ma_3 = f_m(Ma_2, \beta_{23})$ 求出(3)区马赫数。③气流在 C 点遇到的内折角过大,需首先判断该内折角是否大于基于 Ma_2 的激波脱体角;如果是这样,则会产生一种复杂的结构称为马赫反射,相关内容将在第 5 章介绍。

　　习题 3.2.13(激波反射极曲线)　如题 3.2.13 图所示,(0)区超声速气流遇到内折 θ_w,产生激波 a,获得气流方向与水平方向成角度 θ_w 的(1)区流动。激波 a 在上壁面反射,使得(1)区气流再内折 θ_w,获得气流在水平方向的(2)区流动。不管在哪个区域,气流相对于水平方向的倾角记为 θ。于是,(1)区解可以看成激波 a 极曲线 $p_1/p_0 = P(Ma_0, \theta)$ 与 $\theta = \theta_w$ 的交点。在平面 $(\theta, p_2/p_0)$ 中,从点(1)出发,做激波 b 极曲线 $p_2/p_0 = P(Ma_1, \theta - \theta_w)p_1/p_0$,由于(2)区气流已经折转为水平方向 $\theta = 0$,故(2)区解就是图中 B 点(弱解)或 A 点(强解),即激波 b 极曲线与纵轴 $\theta = 0$ 的交点。问题:①对于给定 Ma_0,给出 C 点(激波 b 极曲线最左端点,即脱体角位置)落在纵轴 $\theta = 0$ 上时,θ_w 满足的条件(如果 C 点在纵轴右侧,那么出现这种由直线激波 a 和直线激波 b 构成的反射结构不存在)。② D 点为激波 a 极曲线强激波段与纵轴的交点(正激波解),对于给定 Ma_0,给出 B 点与 D 点重合时(激波反射给出的(2)区压力恰好等于(0)区经历一道正激波后的压力),θ_w 满足的条件。

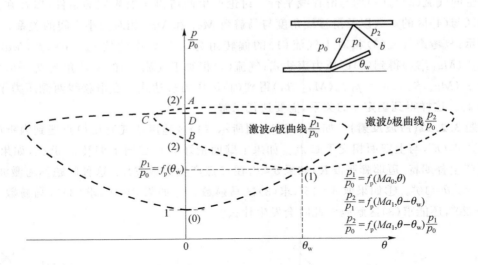

题 3.2－13 图　激波反射极曲线示意图

习题 3.2.14(超声速平板升力与儒科夫斯基升力定理)　平板在超声速流动中带迎角时，下表面产生一道斜激波，上表面产生一道膨胀波，如题 3.2－14 图所示。设 $\alpha=5°$，$c_A=1$ m，$Ma_1=3$，$p_1=101\,325$ Pa，$\rho_1=1.225$ kg/m³。① 求（2）区和（3）区流动参数，按 $L_a=(p_3-p_\infty)c_A\cos\alpha-(p_2-p_\infty)c_A\cos\alpha$ 计算升力；②按 $\Gamma=c_A V_3-c_A V_2$ 计算绕翼型的环量，用未经证明的"儒科夫斯基升力定理"$L_b=-\rho_1 V_1\Gamma$ 计算升力，与①问得到的升力相比较，误差有多大？

参考答案：对于(2)区，用普朗特-迈耶关系得到 $Ma_2=3.27$，$p_2=0.670\,6p_1$，$\rho_2=0.752\rho_1$ 和 $V_2=1051$ m/s。对于(2)区，用附体斜激波求解得到 $Ma_3=2.746$，$p_3=1.463p_1$，$\rho_3=1.310\rho_1$，$V_3=987$ m/s，$L_a=80\,004$ N。

习题 3.2.15(激波膨胀波法求菱形翼升阻力系数)　对于题 3.2.15 图所示菱形翼，给定来流马赫数 $Ma_1=2$ 和来流其他参数 $\rho_1=1.225$ kg/m³，$p_1=101\,325$ Pa，$T_1=300$ K，$a_1=340$ m/s，$V_1=680$ m/s，给定半顶角 $\theta_A=8°$，给定迎角 $\alpha=5°$。求各区流动参数和升力系数、阻力系数。

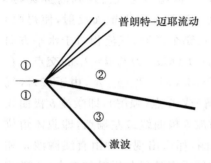

题 3.2－14 图　激波反射示意图

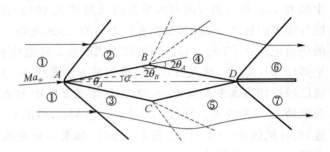

题 3.2－15 图

解　(1)先判断激波脱体条件。已知来流马赫数情况下，激波脱体对应的激波角 $\beta=\beta_m$，

按 3.2.4 节,可由

$$\sin^2\beta_{\mathrm{m}} = \frac{1}{\gamma Ma_1^2}\left[\frac{\gamma+1}{4}Ma_1^2 - 1 + \sqrt{(1+\gamma)\left(1+\frac{\gamma-1}{2}Ma_1^2 + \frac{\gamma+1}{16}Ma_1^4\right)}\right]$$

求得。接着由激波角关系 $\theta_{\max} = f_\theta(Ma_1,\beta_{\mathrm{m}})$ 求最大偏转角 $\theta_{\max}$。

　　参考答案:$\beta_{\mathrm{m}}=1.1287$ rad$=64.669°$,$\theta_{\max}=22.973°$。

　　(2) 气流在(2)区的气流偏转角为 $\theta_{12}=\theta_A-\alpha=3°<\theta_{\max}$,产生附体斜激波。由 $\theta_{12}=f_\theta(Ma_1,\beta_{12})$ 求出 $\beta_{12}=0.567\,29$ rad$=32.503°$,再由 $Ma_2=f_m(Ma_1,\beta_{12})$,$p_2/p_1=f_p(Ma_1,\beta_{12})$,$\rho_2/\rho_1=f_\rho(Ma_1,\beta_{12})$ 可求得

$$\begin{cases} Ma_2 \approx 1.892 \\ p_2/p_1 = 1.810\,8 \Rightarrow p_2 = 1.196\,4\times10^5 \text{ Pa} \\ \rho_2/\rho_1 = 1.125\,9 \Rightarrow \rho_2 = 1.379\,2 \text{ kg/m}^3 \end{cases}$$

进一步求声速和流速,即

$$a_2 = \sqrt{\frac{\gamma p_2}{\rho_2}} = 348 \text{ m/s}, \quad V_2 = Ma_2 \times a_2 = 659.52 \text{ m/s}$$

同理可求出 3 区参数为

$$\begin{cases} \theta_{13} = \alpha+\theta_A = 13°, \beta_{13}=0.741\,95 \text{ rad}=42.511° \\ Ma_3 \approx 1.5348 \\ p_3/p_1 = 1.9642 \Rightarrow p_3 = 1.990\,2\times10^5 \text{ Pa} \\ \rho_3/\rho_1 = 1.6053 \Rightarrow \rho_3 = 1.966\,5 \text{ kg/m}^3 \\ a_3 \approx 376.41 \text{ m/s}, V_3 \approx 577.71 \text{ m/s} \end{cases}$$

　　(3) 气流从(2)到(4)区,在 B 点经外折 $2\theta_A$ 产生普朗特-迈耶膨胀波。根据普朗特-迈耶关系式 $\nu(Ma_4)-\nu(Ma_2)=2\theta_A=16\pi/180$,可得 $Ma_4\approx2.5107$,再根据等熵关系式($\vartheta(Ma)=1+(\gamma-1)Ma^2/2$)有

$$p_4 = p_2\left(\frac{\vartheta(Ma_2)}{\vartheta(Ma_4)}\right)^{\frac{\gamma}{\gamma-1}}, \quad T_4 = T_2\left(\frac{\vartheta(Ma_2)}{\vartheta(Ma_4)}\right), \quad \rho_4 = \rho_2\left(\frac{\vartheta(Ma_2)}{\vartheta(Ma_4)}\right)^{\frac{1}{\gamma-1}}$$

可求得(4)区参数为

$$\begin{cases} p_4/p_2 = 0.381\,26 \Rightarrow p_4 = 45\,614 \text{ Pa} \\ \rho_4/\rho_2 = 0.502\,19 \Rightarrow \rho_4 = 0.692\,62 \text{ kg/m}^3 \\ a_4 = \sqrt{\gamma p_4/\rho_4} = 303.64 \text{ m/s}, V_4 = Ma_4 \times a_4 = 762.35 \text{ m/s} \end{cases}$$

气流从(3)到(5)区,在 C 点经外折 $2\theta_A$ 产生普朗特-迈耶膨胀波,用类似方法求得(5)区参数如下

$$\begin{cases} Ma_5 \approx 2.093\,8 \\ p_5/p_3 = 0.426\,39 \Rightarrow p_5 = 75\,878 \text{ Pa} \\ \rho_5/\rho_3 = 0.543\,97 \Rightarrow \rho_5 = 1.069\,7 \text{ kg/m}^3 \\ a_5 = 315.13 \text{ m/s}, V_5 = 659.82 \text{ m/s} \end{cases}$$

　　(4) 求升阻力系数。以 AC 为例,作用在 AC 段的压力合力为 $(c_A/2\cos\theta_A)p_3$,其引起的升力和阻力分量分别为 $(c_A/2\cos\theta_A)p_3\cos(\theta_A+\alpha)$,$(c_A/2\cos\theta_A)p_3\sin(\theta_A+\alpha)$。其他各面的贡

献可类似求得,于是升力系数和阻力系数分别为

$$\begin{cases} c_1 = \{(p_5 - p_2)\cos(\theta_A - \alpha) + (p_3 - p_4)\cos(\theta_A + \alpha)\}/(\rho_1 V_1^2 \cos\theta_A) \\ c_d = \{(p_2 - p_5)\sin(\theta_A - \alpha) + (p_3 - p_4)\sin(\theta_A + \alpha)\}/(\rho_1 V_1^2 \cos\theta_A) \end{cases}$$

将计算结果代入 $c_1 = 0.188\,25, c_d = 0.065\,492$。

习题 3.2.16(轴对称无旋流动特征线) 证明:轴对称流动无旋流动有 2 束特征线,其中,沿第 Ⅰ 和第 Ⅱ 束特征线,特征线方程与相容关系式分别为

$$\begin{cases} \dfrac{dr}{dx} = \tan(\theta + \mu) \\ \dfrac{1}{V}\dfrac{dV}{d\theta} = \tan\mu + \dfrac{\sin\mu \cdot \tan\mu \cdot \sin\theta}{\sin(\theta + \mu)}\dfrac{1}{r}\dfrac{dr}{d\theta} \\ \dfrac{dr}{dx} = \tan(\theta - \mu) \\ \dfrac{1}{V}\dfrac{dV}{d\theta} = -\tan\mu + \dfrac{\sin\mu \cdot \tan\mu \cdot \sin\theta}{\sin(\theta + \mu)}\dfrac{1}{r}\dfrac{dr}{d\theta} \end{cases}$$

这里,x, r 分别为轴向与径向坐标,对应的速度分量分别为 $V_x = V\cos\theta, V_r = V\sin\theta, \mu$ 为马赫角。

提示: 由习题 3.1.2 知,轴对称无旋流动的速度满足

$$\begin{cases} \dfrac{\partial V_x}{\partial r} - \dfrac{\partial V_r}{\partial x} = 0 \\ (V_x^2 - a^2)\dfrac{\partial V_x}{\partial x} + 2V_x V_r\dfrac{\partial V_x}{\partial r} + (V_r^2 - a^2)\dfrac{\partial V_r}{\partial r} - \dfrac{a^2 V_r}{r} = 0 \end{cases}$$

写成矩阵形式 $A w_r + B w_x = F$,有

$$w = \begin{pmatrix} V_x \\ V_r \end{pmatrix}, \quad A = \begin{pmatrix} 1 & 0 \\ 2V_x V_r & V_r^2 - a^2 \end{pmatrix}, \quad B = \begin{pmatrix} 0 & -1 \\ V_x^2 - a^2 & 0 \end{pmatrix}, \quad F = \begin{pmatrix} 0 \\ \dfrac{a^2 V_r}{r} \end{pmatrix}$$

按 $\det(B - A\lambda) = 0$ 和 $l(B - A\lambda) = 0$ 求得的特征值与特征向量与平面二维无旋流动一致,但由于这里有源项 F,与由 $lA(w_r + \lambda w_x) = lF$ 给出的相容关系式

$$(V_x V_r \pm a^2\sqrt{M^2 - 1})\dfrac{dV_x}{dr} + (V_r^2 - a^2)\dfrac{dV_r}{dr} = \dfrac{a^2 V_r}{r}$$

有所区别。

习题 3.2.17(轴对称突然外折流动) 考虑题 3.2.17 图所示为轴对称旋成体 A 点突然外折引起的流动。考虑 A 点附近的第 Ⅰ 束特征线,接近 A 点,穿越所有特征线,依然 $dx \to 0$,从而 $dr \to 0$。因此,在第 Ⅰ 束特征线相容关系中令 $dr \to 0$ 即可得到 A 点附近前后参数关系

$$\dfrac{dV}{V} - \tan\mu d\theta = 0$$

这与平面二维流动的马赫波关系式完全相同。因此,旋成体折点前后壁面上的流场参数关系

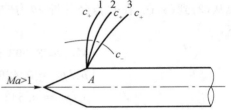

题 3.2-17 图　旋成体上的折点出特征线

可以用平面二维普朗特-迈耶关系式描述,虽然除 A 点外的(弯曲型)扇形区内不是普朗特-迈

耶流动。

习题 3.2.18(流线坐标系下的理想定常势流方程)　考虑流线坐标系 s,n。其中,s 沿当地流线方向,n 与流线垂直且与 s 形成右手系。①证明:流线坐标系下的理想定常势流方程为

$$\begin{cases} (1-Ma^2)\dfrac{1}{V}\dfrac{\partial V}{\partial s}+\dfrac{\partial \theta}{\partial n}=0 \\[3mm] \dfrac{1}{V}\dfrac{\partial V}{\partial n}-\dfrac{\partial \theta}{\partial s}=0 \end{cases}$$

②用流线坐标系下的定常势流方程求特征线与
相容关系式,并与笛卡尔坐标系中的结果进行比较。

提示:先从坐标变换关系式,证明

$$\begin{cases} \mathrm{d}s/\mathrm{d}x=\cos\theta, & \mathrm{d}s/\mathrm{d}y=\sin\theta \\ \mathrm{d}n/\mathrm{d}x=-\sin\theta, & \mathrm{d}n/\mathrm{d}y=\cos\theta \end{cases}$$

再利用连锁微分法则,如 $\dfrac{\partial u}{\partial x}=\dfrac{\partial u}{\partial s}\dfrac{\mathrm{d}s}{\mathrm{d}x}+\dfrac{\partial u}{\partial n}\dfrac{\mathrm{d}n}{\mathrm{d}x}$,置换

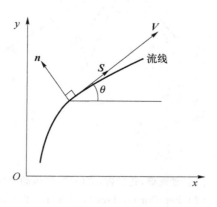

$$\begin{cases} \left(1-\dfrac{u^2}{a^2}\right)\dfrac{\partial u}{\partial x}+\left(1-\dfrac{v^2}{a^2}\right)\dfrac{\partial v}{\partial y}-\dfrac{uv}{a^2}\left(\dfrac{\partial u}{\partial y}+\dfrac{\partial v}{\partial x}\right)=0 \\[3mm] \dfrac{\partial u}{\partial y}-\dfrac{\partial v}{\partial x}=0 \end{cases}$$

中针对笛卡尔坐标的导数,整理即得到结果。为了
使用特征线理论,可将方程写成矩阵形式

题 3.2 - 18 图

$$\boldsymbol{A}w_n+\boldsymbol{B}w_s=0$$

其中　　　　$$\boldsymbol{w}=\begin{pmatrix} V \\ \theta \end{pmatrix},\boldsymbol{A}=\begin{pmatrix} \dfrac{1}{V} & \theta \\ 0 & 1 \end{pmatrix},\boldsymbol{B}=\begin{pmatrix} 0 & -1 \\ \dfrac{1}{V}(1-Ma^2) & 0 \end{pmatrix}$$

习题 3.2.19　考虑后掠角为 χ 的机翼,来流迎角和马赫数分别为 α 和 Ma_∞。证明:来流和前缘的夹角 τ 满足关系式 $\cos\tau=\cos\alpha\sin\chi,\tau=\arccos(\cos\alpha\sin\chi)$。

提示:来流速度在三角翼平面内的切向分量为 $V_\infty\cos\alpha$,在垂直于三角翼平面方向的分量为 $V_\infty\sin\alpha$。该垂直分量在前缘线方向没有投影,只有切向分量在前缘线方向有投影,该投影为 $V_\infty\cos\alpha\sin\chi$。设 τ 为来流与前缘线的夹角,那么来流直接在前缘线方向的投影为 $V_\infty\cos\tau$。两者相等,给出 $\cos\tau=\cos\alpha\sin\chi,\tau=\arccos(\cos\alpha\sin\chi)$。

习题 3.2.20(三角翼附体翼激波面求解)　在大迎角下,考虑三角翼下的激波。考虑其中的平面激波 OAB,以基于法向速度的马赫数和迎角为

$$\begin{cases} Ma_n=Ma_\infty\sin\tau=Ma_\infty\sin\{\arccos(\cos\alpha\sin\chi)\} \\[3mm] \alpha_{\text{eff}}=\arctan\dfrac{\tan\alpha}{\cos\chi} \end{cases}$$

设三角翼后掠角为 $\chi=75°$,设迎角为 $\alpha=10°$,求来流马赫数分别为 $Ma_\infty=10,17$ 时,Ⅰ 区和 Ⅱ 区的压力系数。

参考答案:$C_{\text{p}}(Ma_\infty=10)\approx0.107,C_{\text{p}}(Ma_\infty=17)\approx0.082$。

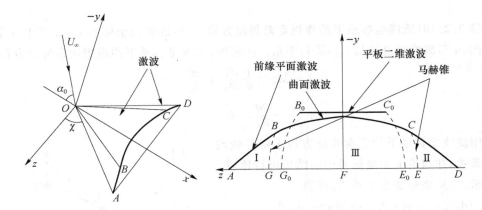

题 3.2 - 20 图

参考文献

[1] 童秉纲,孔祥言,邓国华. 气体动力学. 北京:高等教育出版社,2012.

[2] Ben-Dor G, Igra O, Elperin T. Handbook of Shock Waves, Theory of shock waves (by G. Emanuel). New York: Academic Press 2000, 1: Chaps3.

[3] Billig F S. Shock-wave shapes around spherical- and cylindrical-nosed bodies. Journal of Spacecraft, 1967, 4(6):822-823.

[4] Frederick S B. Shock-Wave Shapes around Sphericalc and Cylindrical-Nosed Bodies. Journal of Spacecraft, 1967,4(6):822-823.

[5] George E K. Shock envelopes of blunt bodies at large angles of attack:NASA TN D1980[R]. Washington: NASA ,1963.

[6] George E K. A method for predicting shock shapes and pressure distributions for a wide variety of blunt bodies at zero angle of attack: NASA TN D4539 [R]. Washington: NASA,1968.

[7] Hui W H. Supersonic and hypersonic flow with attached shock waves over delta wings. Proceedings of Royal Society of London, 1971, A325:251-268.

[8] Mateescu D. Explicit Exact and Third-Order-Accurate Pressure-Deflection Solutions for Oblique Shock and Expansion Waves. The Open Aerospace Engineering Journal, 2010, 3: 1-8.

[9] Oswatitsch K. Gas Dynamics. New York: Academic Press Inc. , 1956.

[10] Sutherland W. The viscosity of gases and molecular force. Philosophical Magazine, 1893,5(36): 507-531.

[11] Yamazaki W, Matsushima K, Nakahashi K. Aerodynamic Design Optimization Using the Drag-Decomposition Method. AIAA Journal, 2008,46:1096-1106.

[12] Yates J E, Donald C D. A Fundamental Study of Drag and an Assessment of Conventional Drag-Due-to LIft Reduction Devices: NASA Sti/recon Technical Report N 86[R]. Washington: NASA, 1986.

第4章 翼型与机翼的小扰动理论与修正理论

本章将介绍求解翼型与机翼气动参数的小扰动势流理论,得到翼型与机翼气动参数的一些定性与定量规律;之后,介绍可压缩流的修正理论,即如何用现有结果加可压缩性修正得到与马赫数相关的一些规律。

4.1 翼型与机翼可压缩小扰动理论

在薄翼和小迎角情况下,将定常势流模型线化,可得到亚声速、跨声速和超声速小扰动模型。本节主要针对超声速情况下求解翼型与机翼的小扰动解,得到翼型与机翼的气动特性,尤其得到气动参数与马赫数的关系。亚声速小扰动模型将在4.2节用于得到亚声速情况下,可压缩性效应对不可压缩流动解的修正。

4.1.1 小扰动假设与基本模型

在3.1.3节中,我们给出了势流模型基本方程,即

$$\begin{cases} \left(1-\dfrac{\Phi_x^2}{a^2}\right)\Phi_{xx}+\left(1-\dfrac{\Phi_y^2}{a^2}\right)\Phi_{yy}+\left(1-\dfrac{\Phi_z^2}{a^2}\right)\Phi_{zz}=2\left(\dfrac{\Phi_x\Phi_y}{a^2}\Phi_{xy}+\dfrac{\Phi_x\Phi_z}{a^2}\Phi_{xz}+\dfrac{\Phi_z\Phi_y}{a^2}\Phi_{zy}\right) \\ a^2=a_\infty^2+\dfrac{\gamma-1}{2}(V_\infty^2-(\Phi_x^2+\Phi_y^2+\Phi_z^2)) \end{cases}$$

$$(4.1.1)$$

下面针对小扰动情况进行线化处理。

考虑如图 4.1-1 所示的机翼流动,采用风轴系,自由来流速度为 V_∞,迎角 α 足够小,机翼足够薄平,将流场中任意点的流体质点速度记为 u,v,w。

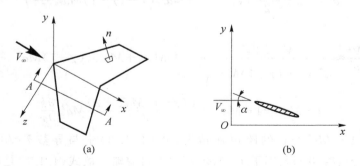

(a)   (b)

图 4.1-1 小扰动模型,采用风轴系

（1）小扰动假设

在小扰动假设下,该速度可看成自由来流速度 V_∞ 叠加小扰动速度 v_x,v_y,v_z 而来

$$u=V_\infty+v_x, \quad v=v_y, \quad w=v_z$$

小扰动速度满足

$$\left|\frac{v_x}{V_\infty}\right|\ll 1, \quad \left|\frac{v_y}{V_\infty}\right|\ll 1, \quad \left|\frac{v_z}{V_\infty}\right|\ll 1, \quad \left|\frac{\partial v_i}{\partial x_j}\right|\ll\frac{V_\infty}{L}$$

这里，L 是物体的特征长度，可以是弦长。在小扰动情况下，将速度势 Φ 分解为均匀来流的速度势 $V_\infty x$ 与扰动势 ϕ 的和，即

$$\Phi=V_\infty x+\phi, \quad v_x=\frac{\partial\phi}{\partial x}, \quad v_y=\frac{\partial\phi}{\partial y}, \quad v_z=\frac{\partial\phi}{\partial z} \tag{4.1.2}$$

（2）小扰动基本方程

将式（4.1.2）代入式（4.1.1）中的势函数方程，经过展开与整理，忽略明显的高阶小量并把低阶项移至左端后，得小扰动势函数满足的方程为

$$\left[1-Ma_\infty^2-(\gamma+1)Ma_\infty^2\frac{v_x}{V_\infty}\right]\frac{\partial^2\phi}{\partial x^2}+\left[1-(\gamma-1)Ma_\infty^2\frac{v_y}{V_\infty}\right]\frac{\partial^2\phi}{\partial y^2}+$$

$$\left[1-(\gamma-1)Ma_\infty^2\frac{v_z}{V_\infty}\right]\frac{\partial^2\phi}{\partial z^2}$$

$$\approx Ma_\infty^2\left\{\frac{v_y}{V_\infty}\left(\frac{\partial v_x}{\partial y}+\frac{\partial v_y}{\partial z}\right)+\frac{v_z}{V_\infty}\left(\frac{\partial v_x}{\partial z}+\frac{\partial v_z}{\partial x}\right)\right\}$$

如果马赫数不是特别高，上式左端第二、三项的高阶量以及右端可以忽略，于是上式进一步简化为

$$\left(1-Ma_\infty^2-\frac{\gamma+1}{V_\infty}Ma_\infty^2\frac{\partial\phi}{\partial x}\right)\frac{\partial^2\phi}{\partial x^2}+\frac{\partial^2\phi}{\partial y^2}+\frac{\partial^2\phi}{\partial z^2}=0 \tag{4.1.3}$$

对于一般超声速和亚声速流动，按马赫数量级，显然 $1-Ma_\infty^2=O[1]$ 成立，从而

$$1-Ma_\infty^2-\frac{\gamma+1}{V_\infty}Ma_\infty^2\frac{\partial\phi}{\partial x}\approx 1-Ma_\infty^2$$

于是式（4.1.3）进一步简化为

$$(1-Ma_\infty^2)\frac{\partial^2\phi}{\partial x^2}+\frac{\partial^2\phi}{\partial y^2}+\frac{\partial^2\phi}{\partial z^2}=0 \tag{4.1.4}$$

对式（4.1.1）中的声速关系式做小扰动展开，去掉高阶量，得

$$a^2=a_\infty^2+\frac{\gamma-1}{2}(V_\infty^2-V^2)\approx a_\infty^2\left(1-(\gamma-1)Ma_\infty^2\frac{v_x}{V_\infty}\right)$$

于是

$$Ma^2=\frac{V^2}{a^2}\approx\frac{V_\infty^2+2V_\infty v_x}{a_\infty^2\left(1-(\gamma-1)Ma_\infty^2\frac{v_x}{V_\infty}\right)}\approx Ma_\infty^2+Ma_\infty^2\left((\gamma-1)Ma_\infty^2+2\right)\frac{v_x}{V_\infty}$$

即

$$1-Ma^2\approx 1-Ma_\infty^2-\frac{((\gamma-1)Ma_\infty^2+2)}{V_\infty}Ma_\infty^2\frac{\partial\phi}{\partial x}$$

因此，对于满足 $1-Ma^2\approx 0$ 的跨声速情况，式（4.1.3）中与导数 $\partial^2\phi/\partial x^2$ 相关的因子 $[(\gamma+1)Ma_\infty^2/V_\infty](\partial\phi/\partial x)$ 与因子 $1-Ma_\infty^2$ 相比不可忽略。故式（4.1.3）是跨声速流动的小扰动方程，而式（4.1.4）是一般亚声速与一般超声速情况下的小扰动方程。

（3）小扰动边界条件

在风轴系下，设机翼上的坐标 y 满足 $y=f(x,z)$（由于这里只考虑薄翼，因此可忽略厚度）。相对于体轴的斜率为 $\partial f/\partial x$，如果机翼是平板，显然 $\partial f/\partial x=-\alpha$。考虑到物面是条流线，即 $v_y/(V_\infty+v_x)=\mathrm{d}y/\mathrm{d}x\approx\partial f/\partial x$。于是，得小扰动条件下的物面边界条件 $v_y(x,f,z)\approx$

$V_\infty(\partial f/\partial x)$。由于考虑的是薄平物体，所以 $v_y(x,f,z)\approx v_y(x,\pm 0,z)$。因此，小扰动物面边界条件为

$$\left.\frac{\partial \phi}{\partial y}\right|_{y=\pm 0}=v_y(x,\pm 0,z)=V_\infty\frac{\partial f}{\partial x} \qquad (4.1.5)$$

下面看远场边界条件。对于亚声速流动，由物体引起的小扰动不会传播到无穷远的地方，因此小扰动条件为

$$v_x=v_y=v_z=0 \qquad (x,y,z)\to\infty \qquad (4.1.6)$$

对于超声速无黏流动，理论上小扰动可以传播到无穷远（下游）但不会无限放大，因此远场条件可以写为

$$|v_x|<\infty, \quad |v_y|<\infty, \quad |v_z|<\infty \quad (x,y,z)\to\infty \qquad (4.1.7)$$

在二维情况下，用 φ 表示小扰动势函数，式(4.1.4)和式(4.1.5)简化为

$$\begin{cases}(1-Ma_\infty^2)\dfrac{\partial^2\varphi}{\partial x^2}+\dfrac{\partial^2\varphi}{\partial y^2}=0\\[2mm] \left.\dfrac{\partial\varphi}{\partial y}\right|_{y=\pm 0}=v_y(x,\pm 0)=V_\infty\dfrac{\mathrm{d}f}{\mathrm{d}x}\end{cases} \qquad (4.1.8)$$

（4）小扰动压力系数

将 $V^2=(V_\infty+v_x)^2+v_y^2+v_z^2$ 代入 3.1.3 节的压力系数表达式(3.1.48)，并进行小扰动展开，得

$$C_p=-\frac{2v_x}{V_\infty}+(Ma_\infty^2-1)\left(\frac{v_x}{V_\infty}\right)^2-\left(\frac{v_y}{V_\infty}\right)^2-\left(\frac{v_z}{V_\infty}\right)^2+\cdots$$

忽略高阶小量，得小扰动压力系数表达式

$$C_p\approx-\frac{2v_x}{V_\infty}=-\frac{2}{V_\infty}\frac{\partial\phi}{\partial x} \qquad (4.1.9)$$

（5）亚声速小扰动模型

对于亚声速流，$Ma_\infty<1$，引入可压缩因子

$$\beta=\sqrt{1-Ma_\infty^2} \qquad (4.1.10)$$

小扰动方程(4.1.4)可写成

$$\beta^2\frac{\partial^2\phi}{\partial x^2}+\frac{\partial^2\phi}{\partial y^2}+\frac{\partial^2\phi}{\partial z^2}=0 \qquad (4.1.11)$$

这是椭圆型的线性二阶偏微分方程。边界条件为

$$\begin{cases}\left.\dfrac{\partial\phi}{\partial y}\right|_{y=\pm 0}=v_y(x,\pm 0,z)=V_\infty\dfrac{\partial f}{\partial x} \quad (\text{wall})\\[2mm] \dfrac{\partial\phi}{\partial x}=\dfrac{\partial\phi}{\partial y}=\dfrac{\partial\phi}{\partial z}=0 \quad (x,y,z)\to\infty\end{cases} \qquad (4.1.12)$$

（6）超声速小扰动模型

对于一般超声速流，$Ma_\infty>1$，记

$$B=\sqrt{Ma_\infty^2-1} \qquad (4.1.13)$$

小扰动方程(4.1.4)可写成

$$B^2\frac{\partial^2\phi}{\partial x^2}-\frac{\partial^2\phi}{\partial y^2}-\frac{\partial^2\phi}{\partial z^2}=0 \qquad (4.1.14)$$

这是双曲型的线性二阶偏微分方程。边界条件为

$$\begin{cases} \left.\dfrac{\partial \phi}{\partial y}\right|_{y=\pm 0}=v_y(x,\pm 0,z)=V_\infty\dfrac{\partial f}{\partial x} \quad (\text{wall}) \\[4mm] \left|\dfrac{\partial \phi}{\partial x}\right|<\infty,\ \left|\dfrac{\partial \phi}{\partial y}\right|<\infty,\ \left|\dfrac{\partial \phi}{\partial z}\right|<\infty \quad (x,y,z)\to\infty \end{cases}$$

$$(4.1.15)$$

(7) 跨声速小扰动模型

跨声速小扰动流基本方程为

$$\left(1-Ma_\infty^2-\frac{\gamma+1}{V_\infty}Ma_\infty^2\frac{\partial\phi}{\partial x}\right)\frac{\partial^2\phi}{\partial x^2}+\frac{\partial^2\phi}{\partial y^2}+\frac{\partial^2\phi}{\partial z^2}=0 \qquad (4.1.16)$$

这是混合型方程,与式(4.1.11)和式(4.1.14)相比,该方程是非线性方程。边界条件为

$$\begin{cases} \left.\dfrac{\partial \phi}{\partial y}\right|_{y=\pm 0}=v_y(x,\pm 0,z)=V_\infty\dfrac{\partial f}{\partial x} \quad (\text{wall}) \\[4mm] \left|\dfrac{\partial \phi}{\partial x}\right|<\infty,\ \left|\dfrac{\partial \phi}{\partial y}\right|<\infty,\ \left|\dfrac{\partial \phi}{\partial z}\right|<\infty \quad (x,y,z)\to\infty \end{cases}$$

$$(4.1.17)$$

(8) 速度与压力系数

无论何种模型,求得小扰动势函数 ϕ 后,小扰动速度用式(4.1.2)得到,压力系数用小扰动压力系数式(4.1.9)得到。

(9) 儒科夫斯基升力定理

利用式(4.1.9)写出 $p-p_\infty=-\rho_\infty V_\infty v_x$。针对翼型上,该压力表达式求积分可得升力为

$$F_y=\oint_C p\,\mathrm{d}x=\oint_C(p-p_\infty)\,\mathrm{d}x=-\oint_C\rho_\infty V_\infty v_x\,\mathrm{d}x$$

上式也可以写为

$$F_y=-\oint_C\rho_\infty V_\infty(V_\infty+v_x)\,\mathrm{d}x$$

即

$$F_y=-\oint_C\rho_\infty V_\infty V_x\,\mathrm{d}x=-\rho_\infty V_\infty\Gamma$$

这里 $\Gamma=\oint_C V_x\,\mathrm{d}x$ 近似定义了环量。因此,在小扰动势流假设下,儒科夫斯基升力定理对可压缩流动,无论是亚声速、超声速还是跨声速都依然成立。

4.1.2　小扰动超声速翼型气动特性分析

本节针对翼型即二维薄翼给出小扰动模型、求解方法、结果以及依据结果进行气动特性的归纳与分析。在二维情况下,将小扰动势函数记为 $\varphi(x,y)$。

1. 超声速翼型小扰动模型及其求解

对于超声速翼型小扰动翼型问题,小扰动势流模型式(4.1.14)和式(4.1.15)可简化为

$$B^2\frac{\partial^2\varphi}{\partial x^2}-\frac{\partial^2\varphi}{\partial y^2}=0 \qquad (4.1.18)$$

$$\left.\frac{\partial\varphi}{\partial y}\right|_{y=\pm 0}=V_\infty\theta_\pm,\quad \theta_\pm=\frac{\mathrm{d}y_\pm}{\mathrm{d}x} \qquad (4.1.19)$$

式中,B 由式(4.1.13)给出,$\theta_\pm$ 为翼型上下表面相对于风轴系的斜率。如图 4.1-2 所示,相对风轴系的当地斜率 θ_+ 和 θ_- 用迎角 α 及翼型对体轴的倾角 σ_+ 和 σ_- 表示。显然

$$\theta_+=\sigma_+-\alpha,\quad \theta_-=\sigma_--\alpha \qquad (4.1.20)$$

注意,θ,σ 和 α 均按逆时针偏转记为正,顺时针偏转记为负,故式涉及的迎角前均为负号。

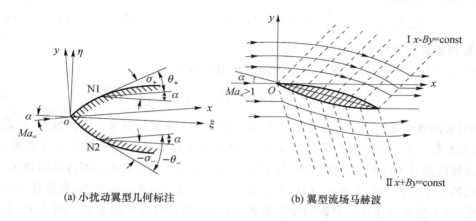

　　　　(a) 小扰动翼型几何标注　　　　　　　　　(b) 翼型流场马赫波

图 4.1 - 2　小扰动翼型及翼流场马赫波

　　小扰动模型的流场解。 对于双曲型方程,采用标准的达朗贝尔法求解,任意以 $x-By$ 和 $x+By$ 为组合自变量的函数 $g(x+By)$ 均为式(4.1.18)的解。显然,如果组合变量满足

$$x - By = \text{Const} \tag{4.1.21}$$

那么,函数 $g(x-By)$ 便为常数,即沿着式(4.1.21)曲线的解为常数。式(4.1.21)恰好就是3.2 节介绍的特征线,为第 Ⅰ 束马赫波。也就是说,函数 $g(x-By)$ 对应的解就是第 Ⅰ 束马赫波,或者说信息沿着第 Ⅰ 束马赫波传播。如图 4.1 - 2 所示,由于式(4.1.21)表示马赫波从物面向下游传播,反映了超声速流场信息只能向下游传播的特征,因此翼型上部流场的通解为

$$\varphi_+(x,y) = g(x-By) \tag{4.1.22}$$

同理,当

$$x + By = \text{Const} \tag{4.1.23}$$

函数 $g(x+By)$ 便为常数,而式(4.1.22)恰好就是第 Ⅱ 束马赫波,或者说信息沿着第 Ⅱ 束马赫波传播。同理,翼型下部流场的通解为

$$\varphi_-(x,y) = g(x+By) \tag{4.1.24}$$

　　将上部流场通解式(4.1.22)代入边界条件式(4.1.18)得

$$-\mathrm{d}g(x)/\mathrm{d}x = (V_\infty/B)(\mathrm{d}y_+(x)/\mathrm{d}x)$$

积分后给出 $g(x) = -V_\infty y_+(x)/B$。用 $x-By$ 置换 x,代入式(4.1.22),可得上部流场的小扰动势函数

$$\varphi_+(x,y) = -\frac{V_\infty}{B} y_+(x-By) \tag{4.1.25}$$

　　同理可求得下部流场的小扰动势函数

$$\varphi_-(x,y) = +\frac{V_\infty}{B} y_-(x+By) \tag{4.1.26}$$

求微分,得小扰动速度表达式

$$v_{x+}(x,y) = -\frac{V_\infty}{B}\theta_+(x-By), \quad v_{x-}(x,y) = +\frac{V_\infty}{B}\theta_-(x+By) \tag{4.1.27}$$

利用线化压力系数表达式(4.1.9),得压力系数关系式

$$C_{p+}(x,y) = +\frac{2}{B}\theta_+(x-By), \quad C_{p-}(x,y) = -\frac{2}{B}\theta_-(x+By) \tag{4.1.28}$$

2. 翼型表面压力特性与波阻

由式(4.1.28)取 $y \to 0$,得翼型上下表面的压力系数为

$$C_{p+}(x) = +\frac{2}{B}\theta_+(x), \quad C_{p-}(x) = -\frac{2}{B}\theta_-(x) \tag{4.1.29}$$

可见,翼型表面各点的压力系数仅取决于当地翼型相对于风轴的斜率。在上翼面,若斜率为正值,则压力系数为正,表示压缩;若斜率为负值,则压力系数为负,表示膨胀。在下翼面,则与此相反。故翼面的前半段即迎风面增压(与来流压力相比增加了),后半段即背风面减压(与来流压力相比减小了),就产生了压差阻力,称为波阻。式(4.1.29)进一步表明,翼型任一点斜率的局部变化,并不像亚声速那样会影响全流场各处,而是只影响该处的参数。图 4.1-3 是相对厚度为 10% 的对称圆弧翼型在 $Ma_\infty = 2.13$ 的来流中,针对 4 个迎角的压力系数沿翼型的分布,同时给出了小扰动理论(4.1.29)的理论值与实验值。可见,线化结果在小迎角时基本上是符合实际的。但当迎角的绝对值大于 8° 时,误差就较显著,尤其在上翼面后缘附近误差较大,这是由于尾部的再压缩激波与附面层干扰引起这一段的增压所致。

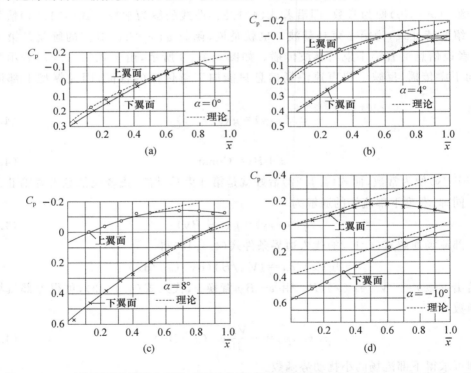

图 4.1-3 对称双弧翼的压力系数,理论(虚线)与实验结果(实线)比较。$\alpha = 0°, 4°, 8°, -10°$

3. 翼型升力系数、波阻系数与力矩系数

将壁面压力系数表达式(4.1.29)代入升力系数、波阻系数和相对于前缘的抬头力矩系数的关系式

$$\begin{cases} c_1 = \dfrac{1}{c_A}\displaystyle\int_0^{c_A}\left[C_{p-} - C_{p+}\right]_w \mathrm{d}x \\[2mm] c_d = \dfrac{1}{c_A}\displaystyle\int_0^{c_A}\left[(C_{p+})_w\theta_+ - (C_{p-})_w\theta_-\right]\mathrm{d}x \\[2mm] c_{m,LE} = -\dfrac{1}{c_A^2}\displaystyle\int_0^{c_A}(C_{p-} - C_{p+})_w x\,\mathrm{d}x \end{cases}$$

将斜率按式(4.1.20)分解并考虑到对于封闭物体必有

$$\int_0^{c_A}\sigma_\pm(x)\,\mathrm{d}x = \int_0^{c_A}\sigma_\pm(\xi)\,\mathrm{d}\xi = 0$$

得升力系数、波阻系数以及力矩系数的表达式

$$\begin{cases} c_1 = \dfrac{4\alpha}{\sqrt{Ma_\infty^2 - 1}} \\[3mm] c_d = \dfrac{4}{\sqrt{Ma_\infty^2 - 1}}\alpha^2 + \dfrac{2}{\sqrt{Ma_\infty^2 - 1}}(\bar{\sigma}_+^2 + \bar{\sigma}_-^2) \\[3mm] c_{m,LE} = -\left[\dfrac{1}{2}c_1 - \dfrac{2}{c_A^2}\dfrac{1}{\sqrt{Ma_\infty^2 - 1}}(A_- - A_+)\right] \end{cases} \tag{4.1.30}$$

式中

$$\bar{\sigma}_+^2 = \frac{1}{c_A}\int_0^{c_A}\sigma_+^2\,\mathrm{d}\xi, \quad \bar{\sigma}_-^2 = \frac{1}{c_A}\int_0^{c_A}\sigma_-^2\,\mathrm{d}\xi \tag{4.1.31}$$

与翼型相对厚度与弯度有关,而

$$A_+ = -\int_0^{c_A}\sigma_+\xi\,\mathrm{d}\xi = \int_0^{c_A}\eta_+\,\mathrm{d}\xi, \quad A_- = \int_0^{c_A}\sigma_-\xi\,\mathrm{d}\xi = -\int_0^{c_A}(\eta)_-\,\mathrm{d}\xi$$

与翼型中弧线分开的截面积有关。可见,超声速小扰动翼型的升力系数只与迎角有关,与翼型几何形状没有关系。波阻系数第一项是由于具有迎角,即由于存在升力而产生的阻力,称为升力波阻或升致波阻(是有用阻力之一);第二项是由于翼型具有厚度和弯度而产生的阻力,称为厚度波阻和弯度波阻,也成为形状波阻。

焦点与零升力矩。 将式(4.1.30)中相对于前缘的力矩系数表达式代入相对于焦点 x_{ac} 的力矩系数,即零升力矩系数关系定义式,可得

$$c_{m,ac} = c_{m,LE} + c_1\frac{x_{ac}}{c_A} = -\left(\frac{1}{2} - \frac{x_{ac}}{c_A}\right)c_1 + \frac{2}{c_A^2 B}(A_- - A_+)$$

根据焦点的定义,$c_{m,ac}$ 与 α 或 c_1 无关,故上式中第一项的系数 $(1/2 - x_{ac}/c_A)$ 必须为零,由此得焦点位置以及零升力矩系数为

$$x_{ac} = \frac{1}{2}c_A, \quad c_{m,ac} = \frac{2}{c_A^2 B}(A_- - A_+) \tag{4.1.32}$$

因此,与低速薄翼的焦点处在 1/4 弦长处不一样,超声速翼型焦点处在 1/2 弦长位置。

4. 超声速翼型与不可压缩翼型的区别

下面总结一下超声速气流和不可压缩气流(包括低亚声速气流)的一些本质区别:

① 不可压缩情况下,扰动离开扰动源(如翼型)会随距离急剧衰减,但会向所有方向传播;超声速(小)扰动按特定的方向直接传播,一直传播到无穷远而不衰减(实际流动因黏性作用而存在衰减)。

② 不可压缩无黏流对于二维物体不存在阻力；超声速流存在波阻，迎角、弯度和厚度均对阻力有贡献。

③ 不可压缩流的局部流动参数与其他地方的物面几何参数有关；超声速线化流的物面压力系数只与当地物面斜率有关。

④ 不可压缩薄翼型的焦点在 1/4 弦长附近，而超声速情况的焦点在 1/2 弦长处。

⑤ 不可压缩情况的翼型弯度贡献升力；下面将进一步说明，而超声速情况下，弯度对升力没有贡献。

⑥ 在 4.2 节将看到，在亚声速情况下，翼型气动特性是不可压缩气动特性的某种代数级的修正（在本节习题 4.1.1 中会给出小扰动波型壁的解，可更清晰地看出亚声速和超声速的区别）。因此，亚声速翼型的气动特性定性上与不可压缩类似，上述超声速翼型与不可压缩翼型的区别，也可以近似看成超声速翼型与亚声速翼型的区别。

5. 压力分布与翼型迎角、厚度与弯度的关系

可将翼型上下表面斜率分解为迎角、当地弯度和当地厚度的影响的线性叠加，即

$$\theta_\pm = -\alpha + \frac{dy_f}{dx} \pm \frac{dy_c}{dx} \tag{4.1.33}$$

(1) 压力系数分解

由式(4.1.29)得

$$\begin{cases} C_{p+} = (C_{p+})_\alpha + (C_{p+})_f + (C_{p+})_c \\ C_{p-} = (C_{p-})_\alpha + (C_{p-})_f + (C_{p-})_c \end{cases}$$

其中

$$(C_{p\pm})_\alpha = \mp\frac{2\alpha}{B}, \quad (C_{p\pm})_f = \mp\frac{2}{B}\left(\frac{dy}{dx}\right)_f, (C_{p\pm})_c = \frac{2}{B}\left(\frac{dy_\pm}{dx}\right)_c \tag{4.1.34}$$

因此，翼型表面的压力系数由纯迎角问题、纯弯度问题和纯厚度绕流所产生的压力系数叠加而得。注意，迎角和弯度带来的压力系数，在上下表面的正负号相反！

(2) 翼型升力系数分解

由式(4.1.30)给出的升力系数只与迎角有关，与弯度和厚度没有关系，即

$$c_1 = \frac{4\alpha}{\sqrt{Ma_\infty^2 - 1}} \tag{4.1.35}$$

这与不可压缩流动有重要区别。对于不可压缩流动，弯度也贡献升力。对于薄翼，不可压缩升力系数为

$$c_1 = 2\pi(\alpha - \alpha_{L=0}) \tag{4.1.36}$$

式中，零升迎角 $\alpha_{L=0}$ 正比于弯度。

(3) 翼型波阻系数分解

将式(4.1.33)代入式(4.1.20)，解出 $\sigma_\pm$ 的分解式，再代入式(4.1.31)，那么式(4.1.30)中波阻系数可分解为

$$c_d = (c_d)_\alpha + (c_d)_f + (c_d)_c$$
$$= \frac{4}{\sqrt{Ma_\infty^2 - 1}}\left\{\alpha^2 + \frac{1}{c_A}\int_0^{c_A}\left[\left(\frac{dy}{dx}\right)_f^2 + \left(\frac{dy}{dx}\right)_c^2\right]dx\right\} \tag{4.1.37}$$

即翼型波阻系数由以下两部分组成：

① 一部分与升力有关，即

$$(c_\mathrm{d})_a = \frac{4\alpha^2}{\sqrt{Ma_\infty^2 - 1}} \tag{4.1.38}$$

该部分波阻称为升致波阻，是有用波阻。

② 另一部分仅与翼型弯度分布和厚度分布有关，称为零升波阻系数，以$(c_\mathrm{d})_0$表示

$$(c_\mathrm{d})_0 = \frac{4}{c_\mathrm{A}\sqrt{Ma_\infty^2 - 1}} \int_0^{c_\mathrm{A}} \left[\left(\frac{\mathrm{d}y}{\mathrm{d}x}\right)_\mathrm{f}^2 + \left(\frac{\mathrm{d}y}{\mathrm{d}x}\right)_\mathrm{c}^2\right]\mathrm{d}x \tag{4.1.39}$$

零升波阻与形状有关，因此也称为形状波阻或无用波阻。由于弯度与升力没有关系，却产生额外波阻，因此超声速翼型一般不带弯度。

6. 四边形机翼分析

考虑如图 4.1-4(a)所示的上下对称四边形翼型。该翼型前后不对称，最大厚度位于弦中点之后 $x = d$ 的位置，弯度为 0。下面计算该翼型的零升波阻系数$(c_\mathrm{d})_0$。

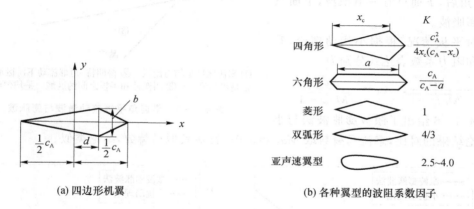

(a) 四边形机翼　　　　　　　(b) 各种翼型的波阻系数因子

图 4.1-4　四边形机翼与各种翼型的波阻系数因子

由已知表达式(4.1.39)去掉弯度，得

$$
\begin{aligned}
(c_\mathrm{d})_0 &= \frac{4}{c_\mathrm{A}\sqrt{Ma_\infty^2 - 1}} \int_0^{c_\mathrm{A}} \left(\frac{\mathrm{d}y}{\mathrm{d}x}\right)_\mathrm{c}^2 \mathrm{d}x \\
&= \frac{4}{c_\mathrm{A}\sqrt{Ma_\infty^2 - 1}} \left\{\int_{-\frac{c_\mathrm{A}}{2}}^{d} \left(\frac{b/2}{c_\mathrm{A}/2 + d}\right)^2 \mathrm{d}x + \int_d^{\frac{c_\mathrm{A}}{2}} \left(-\frac{b/2}{c_\mathrm{A}/2 - d}\right)^2 \mathrm{d}x\right\} \\
&= \frac{4\bar{b}^2}{\sqrt{Ma_\infty^2 - 1}} \left\{\frac{c_\mathrm{A}}{2c_\mathrm{A} + 4d} + \frac{c_\mathrm{A}}{2c_\mathrm{A} - 4d}\right\} \\
&= \frac{4\bar{b}^2}{\sqrt{Ma_\infty^2 - 1}} \left\{\frac{c_\mathrm{A}^2}{c_\mathrm{A}^2 - 4d^2}\right\}
\end{aligned}
$$

对于菱形翼型，由于 $d = 0$，因此其零升波阻系数为

$$(c_\mathrm{d})_0 = \frac{4\bar{b}^2}{\sqrt{Ma_\infty^2 - 1}} \tag{4.1.40}$$

可见，零升波阻正比于相对厚度的平方，因此超声速翼型要求尽量薄平。对于其他翼型，可以将零升波阻系数表示为

$$(c_d)_0 = K\,\frac{4\,\bar{b}^2}{\sqrt{Ma_\infty^2-1}} \tag{4.1.41}$$

式中，K 为超声速情况下翼型的零升波阻系数与菱形翼型的零升波阻系数之比值，即波阻系数因子。对于四边形翼型，K 为

$$K=\frac{c_A^2}{c_A^2-4d^2}>1 \tag{4.1.42}$$

对于其他翼型，均可证明 $K>1$，如图 4.1-4(b) 所示。菱形翼型的波阻系数为最小，而传统亚声速翼型的零升波阻系数非常大。这说明，超声速翼型与传统的亚声速翼型应该存在本质区别，不能用亚声速翼型进行超声速飞行。

7. 小扰动理论与激波膨胀波法的比较

在 3.2.6 节，用激波膨胀波给出了针对菱形翼的升阻力表达式。如图 4.1-5 所示，平板是菱形翼的半顶角为 0 的特例，有迎角后，下面只有一道激波，上面只有一道膨胀波。

针对平板情况，根据小扰动理论，升力系数和阻力系数表达式分别为

$$c_1=\frac{4\alpha}{\sqrt{Ma_\infty^2-1}},\quad c_d=\frac{4\alpha^2}{\sqrt{Ma_\infty^2-1}}$$

图 4.1-6 给出了激波膨胀波法与小扰动理论结果的对比，来流马赫数取 $Ma_\infty=3.0$。针对其他马赫数，结论类似。

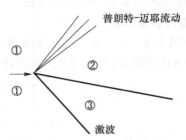

① 来流区域是均匀流区；② 普朗特-迈耶流动下游区域，也是均匀流区；③ 斜激波和平板之间的区域，是均匀流区

图 4.1-5　带迎角平板流动激波与膨胀波

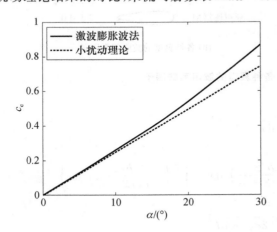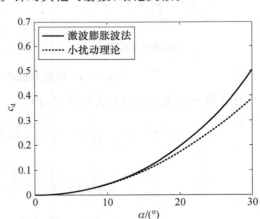

图 4.1-6　平板升力系数与阻力系数随迎角的变化，$Ma_\infty=3.0$

对于给定的来流马赫数 Ma_∞，升力系数 c_1 和阻力系数 c_d 均随着迎角的增大而增大。在迎角较小的时候，激波膨胀波法和小扰动理论的结果很接近；在迎角较大的时候，两者相差较大。一般很少用到迎角为 10° 以上的情况，因此，小扰动理论的结果足够精确。与激波膨胀波法相比，小扰动理论低估了升力系数与波阻系数。

4.1.3　超声速三维机翼上的二维流区与三维流区

无限斜置翼是最简单的三维问题,可以用二维翼型理论加后掠理论处理。对于一般三维机翼,则包含二维流区和三维流区,局部压力系数可分别按无限斜置翼处理以及纯三维问题处理。

由于这里考虑的前缘一般有后掠,因此基于前缘法向速度的来流马赫数 $Ma_{\infty,n}$ 决定了气动特性。3.2.7 节中已经给出了该马赫数表达式

$$Ma_n = Ma_\infty \sin\{\arccos(\cos\alpha\sin\chi)\}$$

对于这里考虑的小扰动情况,$\cos\alpha \approx 1$,因此

$$Ma_{\infty,n} \approx Ma_\infty \cos\chi \tag{4.1.43}$$

如果 $Ma_{\infty,n} > 1$,称为超声速前缘问题;如果 $Ma_{\infty,n} < 1$,称为亚声速前缘问题;如果 $Ma_{\infty,n} = 1$,称为声速前缘。

1. 无限斜置翼

对于无限斜置翼,针对超声速前缘问题,可采用后掠理论修正前面介绍的翼型气动特性。以平板机翼为例,此时由式(4.1.20)得 $\theta_+ = \theta_- = -\alpha$。在 3.1.5 节介绍的后掠理论涉及的正置翼对应的马赫数与等效迎角分别为

$$Ma_{\infty,n} = Ma_\infty \cos\chi, \quad \alpha_n = \arcsin\frac{\sin\alpha}{\cos\chi} \approx \frac{\alpha}{\cos\chi} \tag{4.1.44}$$

按后掠理论,将式(4.1.44)置换翼型压力系数表达式(4.1.29)中的马赫数与迎角,得相应正置翼的压力系数为

$$C_{pn\pm}(\alpha_n, Ma_{\infty,n}) \approx \mp\frac{2\alpha_n}{\sqrt{Ma_{\infty,n}^2 - 1}} = \mp\frac{2\alpha}{\cos\chi\sqrt{Ma_\infty^2\cos^2\chi - 1}} \tag{4.1.45}$$

3.1.5 节的后掠关系式为

$$C_{p\pm}(\alpha, \chi) \approx C_{pn\pm}(\alpha_n, Ma_{\infty,n})\cos^2\chi \tag{4.1.46}$$

这是无限斜置翼的压力系数。将式(4.1.45)代入式(4.1.46),即可得无限斜置翼的压力系数为

$$C_{p\pm}(\alpha, \chi) \approx \mp\frac{2\alpha\cos\chi}{\sqrt{Ma_\infty^2\cos^2\chi - 1}} = \mp\frac{2\alpha}{\sqrt{Ma_\infty^2 - \cos^{-2}\chi}} \tag{4.1.47}$$

同理,利用升阻力系数表达式(4.1.30)和 3.1.5 节的后掠关系式,得

$$\begin{cases} C_l(\alpha, \chi) \approx \dfrac{4\alpha\cos\chi}{\sqrt{Ma_\infty^2\cos^2\chi - 1}} = \dfrac{4\alpha}{\sqrt{Ma_\infty^2 - \cos^{-2}\chi}} \\[3mm] C_d(\alpha, \chi) \approx \dfrac{4\alpha^2\cos\chi}{\sqrt{Ma_\infty^2\cos^2\chi - 1}} = \dfrac{4\alpha^2}{\sqrt{Ma_\infty^2 - \cos^{-2}\chi}} \end{cases} \tag{4.1.48}$$

故后掠增大小扰动超声速机翼压力系数的绝对值,也增大升力系数以及波阻系数。

2. 一般机翼的二维流区与三维流区

如图 4.1-7 所示,在超声速来流中,机翼上一点 $P(x, 0, z)$,仅受位于它的前马赫锥内机翼部分的影响(阴影线部分),而不受机翼的其余部分的影响。落在机翼上的依赖区间以机翼上的前马赫线以及机翼边缘为边界。机翼边缘分为前缘、后缘和侧缘三类。

前缘:机翼与平行于来流方向的直线段交于第一点的边界称为前缘。

后缘：机翼与平行于来流方向的直线段交于第二点的边界称为后缘。

侧缘：与来流方向平行的机翼边界称为侧缘。

对同样的机翼，它的边缘是前缘还是后缘或是侧缘，视来流方向而定。

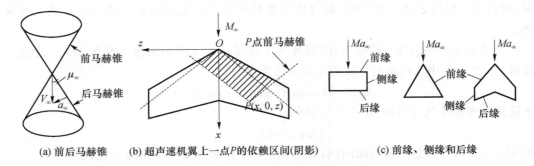

(a) 前后马赫锥　　(b) 超声速机翼上一点P的依赖区间(阴影)　　(c) 前缘、侧缘和后缘

图 4.1-7　超声带机翼的马赫锥、机翼上一点的依赖区间及边缘分类

依赖区间的亚超性质取决于前缘是亚声速前缘、超声速前缘还是声速前缘，分别对应$Ma_{\infty,n}<1,Ma_{\infty,n}>1,Ma_{\infty,n}=1$。不难验证，当顶点发出的左马赫线落在机翼内部时，左侧为超声速前缘，否则为亚声速前缘。对于右侧前缘也有类似结论。

如图 4.1-8 所示，无限正置翼（二维问题）以及无限斜置翼上一点的依赖区间只与前缘相交。每点的压力系数均可按二维翼型理论（正置翼）或加了后掠修正的二维理论（无限斜置翼）处理，均只决定于依赖区间的机翼的形状，依赖区域以外的机翼的形状没有影响。因此，其依赖区间以外的机翼可被随意切掉，该点压力系数不变。

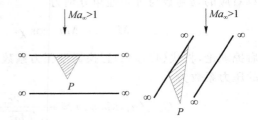

图 4.1-8　正置翼与无限斜置翼上一点 P 的依赖区间

三维问题的二维流区。图 4.1-9 所示的阴影区的压力系数，与图 4.1-8 的类似，只取决于前马赫锥与单一前缘围成的机翼部分，可以由二维翼型理论加上前缘后掠修正获得。这种区域内任一点的前马赫锥只与单一前缘相交的区域称为二维流区。

三维问题的三维流区。区域内任一点的前马赫锥与多个前缘相交的区域称为三维流区，此时不能当作正置翼和无限斜置翼处理。

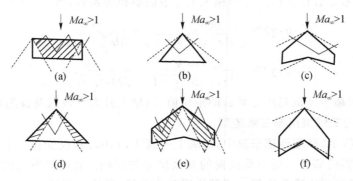

图 4.1-9　机翼上阴影部分为二维流区，白色部分为三维流区

二维流区的压力系数。如果前缘后掠角为 χ，那么，对于平直机翼与小扰动流动，在二维流区机翼上任一点的压力系数可按无限斜置翼处理，为

$$C_{p\pm}(\alpha,\chi)\approx\mp\frac{2\alpha\cos\chi}{\sqrt{Ma_\infty^2\cos^2\chi-1}}=\mp\frac{2\alpha}{\sqrt{Ma_\infty^2-\cos^{-2}\chi}} \tag{4.1.49}$$

如果机翼稍微带曲率，可以用局部斜率加迎角置换迎角。

对于三维流区，则需要构造三维小扰动理论求解，见 4.1.4 节。

4.1.4　超声速三维机翼小扰动理论

三维超声速小扰动势函数满足的方程以及小扰动压力系数关系式为

$$\begin{cases} B^2\dfrac{\partial^2\phi}{\partial x^2}-\dfrac{\partial^2\phi}{\partial y^2}-\dfrac{\partial^2\phi}{\partial z^2}=0, & B=\sqrt{Ma_\infty^2-1} \\[2mm] v_x=\dfrac{\partial\phi}{\partial x}, & C_p=-\dfrac{2v_x}{V_\infty} \end{cases} \tag{4.1.50}$$

考虑图 4.1-10 所示的机翼问题。无论在二维流区还是三维流区，不难验证，具有如下形式的超声速点源解，恰好满足小扰动模型

$$\phi(x,y,z)=-\frac{1}{2\pi}\frac{Q(x',y',z')}{\sqrt{(x-x')^2-B^2(y-y')^2-B^2(z-z')^2}} \tag{4.1.51}$$

式中，$Q(x',y',z')$ 为位于机翼上某点 (x',y',z') 的点源的强度，$\phi(x,y,z)$ 为该点源在位置 $P(x,y,z)$ 诱导的小扰动势函数。根号内函数满足条件

$$(x-x')^2-B^2(y-y')^2-B^2(z-z')^2\geqslant0 \tag{4.1.52}$$

正好等价于点 (x',y',z') 的影响区域（后马赫锥）。

如果前缘为超声速前缘，那么机翼上部与下部流场是相互独立的。在超声速翼型上表面或下表面布置超声速点源（对于这里考虑的薄机翼，直接在 $y=\pm0$ 平面上布置），可分别获得上部流场和下部流场的解。

将机翼上任一点切平面的单位面积上的点源强度记为 $q(x,\pm0,z)$，在机翼某点被诱导的法向速度 $v_{y,\pm}(x,\pm0,z)$ 只与当地源强 $q(x,\pm0,z)$ 有关，且关系式为

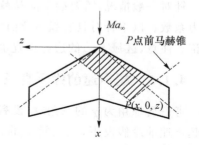

图 4.1-10　机翼上一点 P 的依赖区间（阴影部分 S_{wing}）

$$v_{y,\pm}(x,\pm0,z)=\frac{1}{2}q(x,\pm0,z) \tag{4.1.53}$$

虽然可以直接用式（4.1.51）证明，但如果将局部流场看成点源强度是常数，那么很容易用流量与点源强度的关系说明：点源对应的流量对每一面只有一半，系数 $1/2$ 就是这么来的。

设 $\theta_\pm$ 为物面相对于风轴的倾角（在小扰动假设下足够小），那么按物面是流面的条件，有

$$\frac{v_{y,\pm}}{V_\infty+v_{x,\pm}}=\theta_\pm\Rightarrow v_{y,\pm}=(V_\infty+v_{x,\pm})\theta_\pm=V_\infty\theta_\pm$$

将上式代入式（4.1.53），得点源强度表达式为

$$q(x,\pm0,z)=2V_\infty\theta_\pm \tag{4.1.54}$$

以下只考虑平直机翼情况，于是

$$\theta_\pm=\mp\alpha\Rightarrow q(x,\pm0,z)=\mp2V_\infty\alpha \tag{4.1.55}$$

机翼上某一点 $P(x, \pm 0, z)$ 的小扰动速度势函数是机翼上其他点 $(x', \pm 0, z')$ 的强度为 $q(x', \pm 0, z')$ 的势函数,即

$$\mathrm{d}\varphi(x, y, z) = -\frac{1}{2\pi} \frac{q(x', \pm 0, z') \mathrm{d}x' \mathrm{d}z'}{\sqrt{(x-x')^2 - B^2(y \pm 0)^2 - B^2(z-z')^2}} \qquad (4.1.56)$$

针对点 $P(x, \pm 0, z)$ 的前马赫锥内的机翼区间 S_{wing}(图 4.1-10 中阴影部分)的积分,即

$$\varphi(x, \pm 0, z) = -\frac{1}{2\pi} \iint_{S_{\text{wing}}} \frac{q(x', \pm 0, z') \mathrm{d}x' \mathrm{d}z'}{\sqrt{\sqrt{(x-x')^2 - B^2(z-z')^2}}} \qquad (4.1.57)$$

于是,按

$$v_x(x, \pm 0, z) = \frac{\partial}{\partial x} \phi(x, \pm 0, z)$$

机翼上某点 $(x, \pm 0, z)$ 的风轴方向的小扰动速度分量为

$$v_x(x, \pm 0, z) = -\frac{1}{2\pi} \frac{\partial}{\partial x} \iint_{S_{\text{wing}}} \frac{q(x', \pm 0, z')}{\sqrt{(x-x')^2 - B^2(z-z')^2}} \mathrm{d}x' \mathrm{d}z' \qquad (4.1.58)$$

按压力系数与当地小扰动速度的正比关系 $C_p(x, \pm 0, z) = -2v_x/V_\infty$,得

$$C_p(x, \pm 0, z) = \frac{1}{\pi V_\infty} \frac{\partial}{\partial x} \iint_{S_{\text{wing}}} \frac{q(x', \pm 0, z')}{\sqrt{(x-x')^2 - B^2(z-z')^2}} \mathrm{d}x' \mathrm{d}z' \qquad (4.1.59)$$

由于这里只考虑平直机翼,故由式(4.1.55)得

$$C_p(x, \pm 0, z) = \mp \frac{2\alpha}{\pi} \frac{\partial}{\partial x} \iint_{S_{\text{wing}}} \frac{1}{\sqrt{(x-x')^2 - B^2(z-z')^2}} \mathrm{d}x' \mathrm{d}z' \qquad (4.1.60)$$

针对一般情况,需要确定前马赫锥以及前缘围成的区域 S_{wing} 才能由式(4.1.60)确定各点压力系数。以下针对具有超声速前缘的平直三角翼情况给出解析解,对于矩形翼只讨论定性结论。注意,区域 S_{wing} 的边界位置也与 P 点的坐标 x 有关,因此微分不能放到积分里面去。

4.1.5 超声速前缘平直三角翼的压力特性与升力特性

考虑后掠角为 χ 的三角翼,没有弯度,不考虑厚度,迎角 α 较小,于是在小扰动范围求解。在超声速前缘假设下,三角翼上的二维流区与三维流区求解对应的积分区域如图 4.1-11 所示。

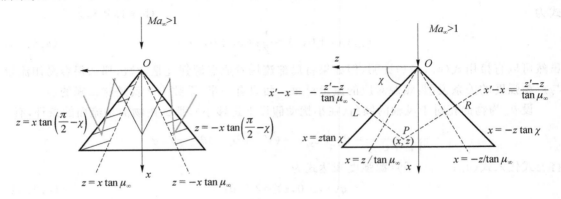

图 4.1-11 三角翼上的二维流区以及三维流区的积分范围

三角翼顶点(坐标原点)发出的两条马赫线为 $x=\pm Bz=\pm z\tan\mu_\infty$，这里 $B=\sqrt{Ma_\infty^2-1}$，$\tan\mu_\infty=1/\sqrt{Ma_\infty^2-1}$。2 条马赫线将机翼分成二维流区(阴影区域)和三维流区(白色区域)。

1. 二维流区的压力系数(阴影区域)

坐标点 $P(x,\pm 0,z)$ 上的压力系数，按无限斜置翼后掠理论与小扰动超声速翼型理论，由式(4.1.49)给出。如果记

$$m=B/\tan\chi=1/(\tan\mu_\infty\tan\chi) \tag{4.1.61}$$

那么式(4.1.49)可以写为

$$C_{p,\pm}=\mp\frac{2\alpha m}{B\ \sqrt{m^2-1}},\quad x<B|z| \tag{4.1.62}$$

原来

$$C_{p,\pm}=\mp\frac{2\alpha m}{m\ \sqrt{Ma_\infty^2-\cos^{-2}\chi}}=\mp\frac{2\alpha m}{B\ \sqrt{\dfrac{Ma_\infty^2}{\tan^2\chi}-\dfrac{1}{\sin^2\chi}}}$$

$$=\mp\frac{2\alpha m}{B\ \sqrt{\dfrac{Ma_\infty^2-1+1}{\tan^2\chi}-\dfrac{1}{\sin^2\chi}}}$$

$$=\mp\frac{2\alpha m}{B\ \sqrt{m^2+\dfrac{\cos^2\chi}{\sin^2\chi}-\dfrac{1}{\sin^2\chi}}}=\mp\frac{2\alpha m}{B\ \sqrt{m^2-1}}$$

2. 三维流区的压力系数(白色区域)

考虑超声速前缘情况，点 $P(x,z)$ 上的压力系数可写为

$$C_p(x,\pm 0,z)=\mp\frac{2\alpha}{\pi}\frac{\partial}{\partial x}\iint\limits_{S_{wing}}\frac{1}{\sqrt{(x-x')^2-B^2(z-z')^2}}dx'dz'$$

下面证明，该点压力系数为

$$C_{p,\pm}(x,z)=\pm\frac{4\alpha m}{\pi B\ \sqrt{m^2-1}}\arccos\sqrt{\frac{1-(Bz/x)^2}{m^2-(Bz/x)^2}},\quad x>B|z| \tag{4.1.63}$$

为了从式(4.1.60)证明上式成立，需要明确积分区域 S_{wing}。如图 4.1-11 所示，该区域为坐标点 $P(x,z)$ 前马赫锥切割下的机翼组成的区域 $PLORP$。其中，PL 和 PR 段在直线 $z'-z=\mp(x'-x)\tan\mu_\infty$ 上。马赫线与前缘的交点 L 和 R 的坐标为

$$\begin{cases}x_L'=\dfrac{x\tan\mu_\infty-z}{\tan\chi+\tan\mu_\infty},&z_L'=\dfrac{z-x\tan\mu_\infty}{\tan\chi+\tan\mu_\infty}\tan\chi\\[2mm]x_R'=\dfrac{x\tan\mu_\infty+z}{\tan\chi+\tan\mu_\infty},&z_R'=\dfrac{z+x\tan\mu_\infty}{\tan\chi+\tan\mu_\infty}\tan\chi\end{cases}$$

于是，有

$$C_{p,\pm}(x,z)=\mp\frac{2\alpha}{\pi}\frac{\partial}{\partial x}\int_{z_L'}^z\int_{x-\frac{z-z}{\tan\mu_\infty}}^{z'\tan\chi}\frac{1}{\sqrt{(x-x')^2-B^2(z-z')^2}}dz'dx'$$

$$\mp\frac{2\alpha}{\pi}\frac{\partial}{\partial x}\int_z^0\int_{x+\frac{z-z}{\tan\mu_\infty}}^{z'\tan\chi}\frac{1}{\sqrt{(x-x')^2-B^2(z-z')^2}}dz'dx'$$

$$\mp\frac{2\alpha}{\pi}\frac{\partial}{\partial x}\int_0^{z_R'}\int_{x+\frac{z'-z}{\tan\mu_\infty}}^{-z'\tan\chi}\frac{1}{\sqrt{(x-x')^2-B^2(z-z')^2}}dz'dx'$$

经过不太难的积分,并进行合理组合,就可以得到式(4.1.63)。

展向与流向剖面压力系数分布。图4.1−12给出了由式(4.1.62)和式(4.1.63)确定的三角翼上某横截剖面与纵剖面的压力分布示意图。可见,三维流区的压力系数比二维流区的小。在机翼上一点的依赖区间表明,在二维流区,依赖区间中包含的机翼面是饱满的;而在三维流区,依赖区间包含的机翼面与二维流的相比,相当于缺掉了一块,即缺少一部分固体的扰动效应,当然压力(的绝对值)就变小了。在顶点$(x,z)=(0,0)$发出的马赫线上,即在$x=\pm Bz$上,由于

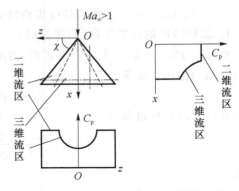

图 4.1−12　三角翼上某展向(横截)面与某流向(纵向)切面的压力分布示意图

$$\arccos\sqrt{\frac{1-(Bz/x)^2}{m^2-(Bz/x)^2}}=\arccos 0=\frac{\pi}{2}$$

因此,二维流区与三维流区交界的地方,压力系数相等。这验证了三维解的正确性。

3. 三角翼升力系数

将压力系数对机翼整个面积S_{ref}积分得

$$C_L(Ma_\infty)=\frac{1}{S_{ref}}\int_{S_{wing}}(C_{p,-}-C_{p,+})\mathrm{d}x\mathrm{d}z$$

经过一些运算,不难得到升力系数表达式为

$$C_L(Ma_\infty)=\frac{4\alpha}{\sqrt{Ma_\infty^2-1}},\quad Ma_{\infty,n}>1 \tag{4.1.64}$$

因此,具有超声速前缘的三角翼的升力系数,与正置翼即二维薄翼的升力系数(见式(4.1.30))一致!

亚声速前缘推广。对于亚声速前缘,机翼上没有二维流区,压力系数表达式和升力系数表达式比超声速前缘情况更复杂。通过复杂计算,得到亚声速前缘情况下的升力系数表达式为

$$C_L(Ma_\infty)=\frac{2m\pi\alpha}{\sqrt{Ma_\infty^2-1}E(k)},\quad Ma_{\infty,n}<1 \tag{4.1.65}$$

这里用到了下面的椭圆积分

$$E(k)=\int_0^{\frac{\pi}{2}}\sqrt{1-k^2\sin^2\varphi}\mathrm{d}\varphi,\quad k=\sqrt{1-m^2}$$

在展弦比较小时,升力系数近似为展弦比的线性函数,且可压缩性因子$B=\sqrt{Ma_\infty^2-1}$对升力系数也无影响,即

$$C_L(Ma_\infty)=\frac{\pi}{2}\lambda\alpha \tag{4.1.66}$$

这与4.2节中,用仿射变换对亚声速三角翼气动特性修正得到的结果一致,即可压缩性对三角翼的升力系数没有修正。

4.1.6　要点总结

在小扰动假设下,亚声速小扰动势函数满足线性椭圆型方程,涉及参数$\beta=\sqrt{1-Ma_\infty^2}$(可

压缩修正因子),超声速小扰动势函数满足线性双曲型方程,涉及参数 $B=\sqrt{Ma_\infty^2-1}$。跨声速情况下,小扰动势函数满足的方程是非线性的。

超声速小扰动翼型流场包含 3.2 节介绍的马赫波或特征线,信息传播具有定向性。薄翼型的壁面压力系数、翼型升力系数与波阻系数分别为

$$C_{p\pm}(Ma_\infty,x)=\pm\frac{2}{\sqrt{Ma_\infty^2-1}}\theta_+(x),\quad c_l(Ma_\infty)=\frac{4\alpha}{\sqrt{Ma_\infty^2-1}},$$

$$c_d(Ma_\infty)=\frac{4\alpha^2}{\sqrt{Ma_\infty^2-1}}+(c_d)_0$$

这里,$\theta_+(x)$ 为物面相对于风轴的当地斜率,因此翼型上一点的超声速薄翼的压力系数只与当地斜率有关;$(c_d)_0$ 为零升波阻系数,与翼型相对厚度与弯度有关。由于升力系数只与迎角有关,因此超声速翼型不带弯度。另外,超声速薄翼的焦点在中弦点,这与亚声速薄翼的焦点在 1/4 弦长点存在本质区别。

后掠角为 χ 的无限斜置平板机翼的压力系数、升力系数以及阻力系数分别为

$$\begin{cases} C_{p\pm}(Ma_\infty,\alpha,\chi)=\mp\dfrac{2\alpha}{\sqrt{Ma_\infty^2-\cos^{-2}\chi}} \\[3mm] C_l(Ma_\infty,\alpha,\chi)=\dfrac{4\alpha}{\sqrt{Ma_\infty^2-\cos^{-2}\chi}} \\[3mm] C_d(Ma_\infty,\alpha,\chi)=\dfrac{4\alpha^2}{\sqrt{Ma_\infty^2-\cos^{-2}\chi}} \end{cases}$$

即后掠增大压力系数、升力系数和波阻系数。

对于具有超声速前缘的小扰动机翼,发自前缘顶点的马赫锥将机翼区分为锥外的二维流区与锥内的三维流区。二维流区可用无限斜置翼的压力系数关系式,三维流区的压力系数绝对值低于二维流区的。

三角翼看上去就很简单,其涉及的气动特性却非常奇特。亚声速时,升力系数为式(4.1.66),即可压缩性没有修正。大迎角时,前缘涡将前缘吸力转 90° 形成升力(见 2.2 节)。超声速(前缘)时,其升力系数与二维翼型的一致!图 4.1-13 是三角翼低速大迎角的升力系数随迎角的变化,以及高速情况下组合升力系数斜率 $BC_{L,\alpha}$ 随组合展弦比 $B\lambda$ 的变化。当 $B\lambda\to0$,即在低亚声速情况下,$BC_L\to\pi B\lambda\alpha/2$,即 $C_L\to\pi\alpha\lambda/2$。

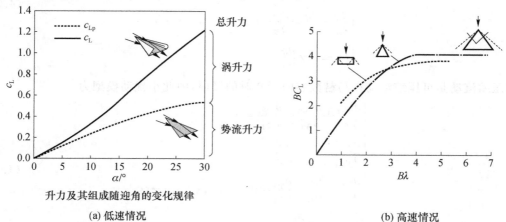

(a) 低速情况　　　　　　　　　　　　(b) 高速情况

图 4.1-13　三角翼升力系数

4.2　可压缩流动翼型与机翼修正理论

本节将利用 4.1 节介绍的亚声速小扰动模型,将亚声速问题看成不可压缩问题添加可压缩性效应修正,给出普朗特-葛劳沃特修正以及戈泰特修正,将来流马赫数的影响显式地反映在气动力中;在高亚声速下,基于速度图法,给出可压缩性对翼型压力系数的修正,得到压力计算的卡门-钱学森法。当来流马赫数超过临界值时,亚声速流场中出现超声速区,从而出现跨声速流动。本节还将给出跨声速流动的典型现象,并且通过外形修正来减弱跨声速负面效应。最后,将基于气流加热的修正,给出考虑可压缩性影响的附面层模型。

4.2.1　小扰动低亚声速问题可压缩效应修正

利用 4.1 节给出的亚声速线化模型,通过仿射变换,可得到可压缩性对不可压缩流压力系数和升力特性的代数修正关系。于是,可由第 1 章得到的不可压缩流动解获得亚声速可压缩流动解。

将可压缩流动的小扰动势函数记为 $\phi = \phi(x,y,z)$,不可压缩流动对应的小扰动势函数记为 $\phi_I = \phi_I(x_I,y_I,z_I)$。对于不可压缩流动,所有自变量和因变量都用下标‘I’表示。下面看两个流场坐标与来流条件如何对应,就会得到 $\phi = \phi(x,y,z)$ 和 $\phi_I = \phi_I(x_I,y_I,z_I)$ 之间简单的代数关系,进一步得到两流场之间的其他解的关系。我们将看到,可压缩流动中的无量纲气动参数与不可压缩的无量纲气动参数可通过可压缩因子 $\beta = \sqrt{1-Ma_\infty^2}$ 按某种比例进行关联。

1. 仿射变换关系与戈泰特法则

对于可压缩流动,4.1 节给出了小扰动势函数的方程。为了推导方便,引入约化势函数 $\varphi = \phi(x,y,z)/V_\infty$,可将小扰动势函数模型写为

$$\begin{cases} \beta^2 \dfrac{\partial^2 \varphi}{\partial x^2} + \dfrac{\partial^2 \varphi}{\partial y^2} + \dfrac{\partial^2 \varphi}{\partial z^2} = 0 \\[2mm] \dfrac{\partial \varphi}{\partial y}\Big|_{y=\pm 0} = \dfrac{\partial f}{\partial x} \\[2mm] \dfrac{\partial \varphi}{\partial x} = \dfrac{\partial \varphi}{\partial y} = \dfrac{\partial \varphi}{\partial z} = 0, \quad (x,y,z) \to \infty \\[2mm] C_p = -2 \dfrac{\partial \varphi}{\partial x} \end{cases} \tag{4.2.1}$$

不可压缩流动是可压缩流动在马赫数趋向于 0 时的极限,因此小扰动模型为

$$\begin{cases} \dfrac{\partial^2 \varphi_I}{\partial x_I^2} + \dfrac{\partial^2 \varphi_I}{\partial y_I^2} + \dfrac{\partial^2 \varphi_I}{\partial z_I^2} = 0 \\[2mm] \dfrac{\partial \varphi_I}{\partial y_I}\Big|_{y=\pm 0} = \dfrac{\partial f_I}{\partial x_I} \\[2mm] \dfrac{\partial \varphi_I}{\partial x_I} = \dfrac{\partial \varphi_I}{\partial y_I} = \dfrac{\partial \varphi_I}{\partial z_I} = 0, \quad (x_I,y_I,z_I) \to \infty \\[2mm] C_{pI} = -2 \dfrac{\partial \varphi_I}{\partial x_I} \end{cases} \tag{4.2.2}$$

不难验证,如果对两流场的坐标与参数进行如下形式的**仿射变换**

$$x = x_I, \quad y = \frac{y_I}{\beta}, \quad z = \frac{z_I}{\beta}, \quad \varphi(x, y, z) = \frac{\varphi_I(x_I, y_I, z_I)}{\beta^2} \tag{4.2.3}$$

那么由式(4.2.1)便可以直接得到式(4.2.2)。也可以说,将式(4.2.3)代入式(4.2.1),便可得到式(4.2.2)。因此,满足模型(4.2.1)的可压缩流场与满足模型(4.2.2)的不可压缩流场,其坐标(包括物面坐标)以及势函数按比例关系式(4.2.3)对应。利用这一对应关系,可以从不可压缩流动的已知解得到亚声速可压缩流动的解,也可以得到可压缩性影响的程度。下面介绍其在机翼与翼型上的应用。

　　戈泰特法则。 按式(4.2.3)中的坐标对应关系,具有同样平面形状和翼型的几何参数(弦长、弯度、厚度)及迎角如果满足以下关系

$$c_A = c_{AI}, \quad \frac{f_I}{f} = \frac{b_I}{b} = \frac{l_I}{l} = \frac{\alpha_I}{\alpha} = \beta \tag{4.2.4}$$

那么可压缩与不可压缩流场解就满足式(4.2.3),这就是戈泰特法则。反过来说,如果机翼参数和迎角按式(4.2.4)对应,那么就可以按式(4.2.3)确定其他坐标对应关系及势函数对应关系。有了势函数对应关系式(4.2.3),小扰动速度分量以及压力系数对应关系就可表达为

$$\begin{cases} (\bar{v}_x, \bar{v}_y, \bar{v}_z)(x, y, z) = \frac{1}{\beta^2}(\bar{v}_{xI}, \bar{v}_{yI}, \bar{v}_{zI})(x_I, y_I, z_I) \\ C_p(x, y, z) = \frac{1}{\beta^2}C_{pI}(x_I, y_I, z_I) \end{cases} \tag{4.2.5}$$

式中,速度的上横杠表示与自由来流速度相比的无量纲量。

　　2. 翼型戈泰特法则与普朗特-葛劳沃特法则

　　如图 4.2-1 所示,c_A,f,b 分别表示机翼弦长、弯度、厚度。

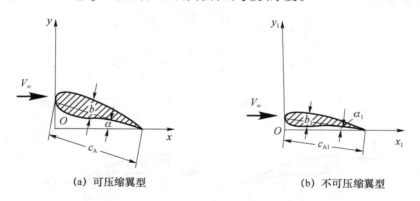

(a) 可压缩翼型　　　　　　　　(b) 不可压缩翼型

图 4.2-1　按戈泰特法则对应的翼型

　　(1) 翼型戈泰特法则

　　对于翼型问题,如果不考虑展弦比,戈泰特法可给出

$$c_A = c_{AI}, \quad \frac{f}{f_I} = \frac{b}{b_I} = \frac{\alpha}{\alpha_I} = \frac{1}{\beta}, \quad C_{p\pm} = \frac{1}{\beta^2}C_{pI\pm} \tag{4.2.6}$$

将上式中的压力系数关系以及 $dx = dx_I$ 代入升力系数与压力系数的关系

$$c_l = \left(\frac{1}{c_A}\right)\int_0^{c_A} [(C_p)_- - (C_p)_+]dx$$

以及力矩系数与压力系数的类似关系,得升力系数以及力矩系数在两流场的对应关系为

$$c_l = \frac{1}{\beta^2} c_{lI}, \quad c_m = \frac{1}{\beta^2} c_{mI} \tag{4.2.7}$$

于是,对于按戈泰特法则变换得到的两个翼型,亚声速翼型的压力系数、升力系数和力矩系数均为相应的低速翼型的 $\frac{1}{\beta^2}$ 倍,亚声速流场中的迎角 α 是相应的低速流场中的迎角 α_I 的 $\frac{1}{\beta}$ 倍。

应用戈泰特法则时,对于给定翼型和来流马赫数 Ma_∞,需要按式(4.2.4)构造用于对应的不可压缩翼型。与可压缩流翼型相比,不可压缩流翼型弦长不变,厚度、弯度和迎角缩小 β 倍。对于该虚构的不可压缩流翼型,通过理论或实验获得压力系数分布、升力系数和力矩系数,然后按式(4.2.6)和式(4.2.7)计算可压缩流翼型的压力系数分布、升力系数和力矩系数。

戈泰特法则建立了两流场不同翼型之间的参数关系。对于不同 Ma_∞,需要虚构的不可压缩流翼型不一样。由于加工一系列的翼型太浪费,所以应用戈泰特法则将不可压缩流实验结果推广到可压缩流是不方便的。

(2) 翼型普朗特-葛劳沃特法则

如图 4.2-2 所示,普朗特-葛劳沃特法则是建立可压缩与不可压缩流场中相同翼型或机翼(且相同迎角),即满足

$$c_A = c_{AI}, \quad f = f_I, \quad b = b_I, \quad \alpha = \alpha_I$$

的翼型之间的气动力系数关系,从而得到可压缩性对同一翼型气动力的影响修正。为了得到相同翼型、相同迎角之间的流场气动参数关系,按戈泰特法则引入一个虚拟的中间不可压缩翼型,参数用上标 m 区别。令

$$\begin{cases} c_A = c_{AI}^{(m)}, & \dfrac{f_I^{(m)}}{f} = \dfrac{b_I^{(m)}}{b} = \dfrac{\alpha_I^{(m)}}{\alpha} = \beta \\ c_A = c_{AI}^{(m)}, & \dfrac{f_I^{(m)}}{f_I} = \dfrac{b_I^{(m)}}{b_I} = \dfrac{\alpha_I^{(m)}}{\alpha_I} = \beta \end{cases} \tag{4.2.8}$$

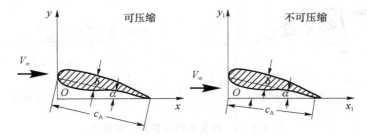

图 4.2-2　按普朗特-葛劳沃特法则对应的翼型

按戈泰特法则,可压缩翼型的气动参数与虚拟中间翼型的关系式为

$$\frac{C_p}{C_{pI}^{(m)}} = \frac{c_l}{c_{lI}^{(m)}} = \frac{c_m}{c_{mI}^{(m)}} = \frac{1}{\beta^2}$$

虚拟不可压缩翼型气动参数与不可压缩翼型 I 的气动参数,按薄翼理论,分别正比于迎角、弯度和相对厚度,于是按比例关系式(4.2.8),得

$$\frac{C_{pI}}{C_{pI}^{(m)}}=\frac{c_{lI}}{c_{lI}^{(m)}}=\frac{c_{mI}}{c_{mI}^{(m)}}=\frac{\alpha}{\alpha^{(m)}}=\frac{1}{\beta}$$

以上两式相除,得普朗特-葛劳沃特修正关系为

$$\frac{C_{p}}{C_{pI}}=\frac{c_{l}}{c_{lI}}=\frac{c_{m}}{c_{mI}}=\frac{1}{\beta}\quad(\text{普朗特-葛劳沃特})\tag{4.2.9}$$

（3）普朗特-葛劳沃特法则的应用

对于来流马赫数为 Ma_∞、迎角为 α 的给定翼型,假设该翼型对应的不可压缩流动解为 C_{pI},c_{lI},c_{mI},那么可压缩流动解 C_p,c_l,c_m 由式(4.2.9)给出。它表明二维亚声速薄翼的可压缩修正因子为 $\frac{1}{\beta}$。将式(4.2.9)应用于两个马赫数,然后相除,便得到不同马赫数的气动参数之间的关系。如此,由一个马赫数的实验解,就可以反推另外一个马赫数的解。例如,当来流 $Ma_{\infty1}$ 和 $Ma_{\infty2}$ 在相同迎角下绕同一翼型流动时,翼面压力系数、升力系数和力矩系数之间的关系为

$$\frac{(C_p^{(1)})_w}{(C_p^{(2)})_w}=\frac{c_l^{(1)}}{c_l^{(2)}}=\frac{c_m^{(1)}}{c_m^{(2)}}=\frac{\sqrt{1-Ma_{\infty2}^2}}{\sqrt{1-Ma_{\infty1}^2}}$$

式中,$(C_p^{(1)})_w$ 和 $(C_p^{(2)})_w$ 分别表示 Ma_∞ 等于 $Ma_{\infty1}$ 和 $Ma_{\infty2}$ 时同一翼型表面上的压力系数,等等。以 $Ma_{\infty1}=0.40$ 为例,NACA0012 翼型表面上的压力系数 $(C_p)_{0.40}$ 已由实验测得,如图 4.2-3(a)所示。当 $Ma_{\infty2}=0.60$ 时,翼面上的压力系数可按上式计算得

$$(C_p)_{0.60}=(C_p)_{0.40}\frac{\sqrt{1-(0.40)^2}}{\sqrt{1-(0.60)^2}}=1.146(C_p)_{0.40}$$

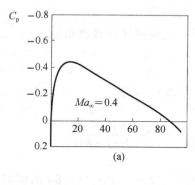 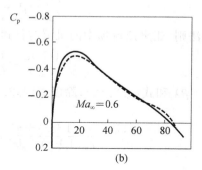
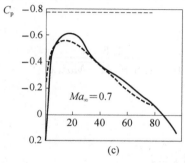 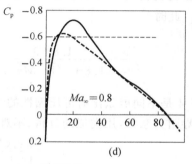

———— 实验曲线　　------- 计算曲线

图 4.2-3　普朗特-葛劳沃特法则与实验的比较。图中横坐标为弦线上离开前缘的距离(×100)

将实验测得的$(C_p)_{0.40}$代入上式，便得$(C_p)_{0.60}$。由此计算的结果与实验数据的比较见图 4.2-3(b)，可见用普朗特-葛劳沃特法则得到的计算结果与实验结果很接近。另外，图 4.2-3(c)和图 4.2-3(d)分别表示 $Ma_{\infty 2}=0.7$ 和 0.8 时的情形。从图中可以看出，$Ma_\infty >0.7$ 时，普朗特-葛劳沃特法则的误差较大。这是因为，小扰动方程式(4.2.1)是在来流马赫数远离 1 的亚声速情况下近似而来的。对于来流马赫数接近 1 的流动，将由后面介绍的卡门-钱学森法处理。

3. 大展弦比机翼应用

令薄翼的弦长为 c_A，展长为 l，展弦比 $\lambda = \dfrac{l}{c_A}$，放置在来流均匀的亚声速流场中，来流速度 V_∞ 沿 x 轴向，迎角为 α_0。与推导普朗特-葛劳沃特法则类似，这里也虚构 2 个不可压缩机翼，机翼 1 用戈泰特法则(4.2.6)定义，机翼 2 与可压缩机翼的一致，即

$$\begin{cases} x=x_1, \quad \dfrac{y_1}{y}=\dfrac{z_1}{z}=\dfrac{\lambda_1}{\lambda}=\dfrac{\alpha_1}{\alpha}=\beta \\[2mm] x=x_2, \quad \dfrac{y_2}{y}=\dfrac{z_2}{z}=\dfrac{\lambda_2}{\lambda}=\dfrac{\alpha_2}{\alpha}=1 \end{cases} \tag{4.2.10}$$

下面，将对 2 个不可压缩机翼使用 2.2 节升力线理论。利用 2.2.4 节(2.2.33)，可将 2 个不可压缩机翼的升力系数写为

$$C_{L1}=\frac{\pi\lambda_1\alpha_1}{(1+\tau)+\pi\lambda_1/c_a}, \quad C_{L2}=\frac{\pi\lambda_2\alpha_2}{(1+\tau)+\pi\lambda_2/c_a} \tag{4.2.11}$$

相除并利用式(4.2.10)得

$$\frac{C_{L1}}{C_{L2}}=\beta^2\frac{c_a(1+\tau)+\pi\lambda_2}{c_a(1+\tau)+\pi\lambda_1} \tag{4.2.12}$$

根据戈泰特法则，亚声速流场中的机翼与低速机翼 1 之间的气动参数满足

$$\frac{(C_p)_w}{(C_{p1})_w}=\frac{C_L}{C_{L1}}=\frac{C_M}{C_{M1}}=\frac{1}{\beta^2} \tag{4.2.13}$$

将 $\lambda_2=\lambda$，$\lambda_1=\beta\lambda$ 和式(4.2.12)，除以式(4.2.13)，消去 C_{L1}，得

$$\frac{C_L}{C_{L2}}=\frac{c_a(1+\tau)+\pi\lambda}{c_a(1+\tau)+\beta\pi\lambda}, \quad \frac{\dfrac{dC_L}{d\alpha}}{\dfrac{dC_{L2}}{d\alpha_2}}=\frac{c_a(1+\tau)+\pi\lambda}{c_a(1+\tau)+\beta\pi\lambda} \tag{4.2.14}$$

这就是大展弦比机翼的升力系数的可压缩性效应修正公式。以 $c_a \approx 1.8\pi$ 的椭圆机翼为例进行定量分析。此时

$$\frac{C_L}{C_{L2}}=\frac{1.8+\lambda}{1.8+\sqrt{1-Ma_\infty^2}\,\lambda}, \quad \frac{\dfrac{dC_L}{d\alpha}}{\dfrac{dC_{L2}}{d\alpha_2}}=\frac{1.8+\lambda}{1.8+\sqrt{1-Ma_\infty^2}\,\lambda}$$

图 4.2-4 是不同展弦比对可压缩性的影响。

对于诱导阻力系数，用类似的分析，不难得到

$$C_{xi}=\left[\frac{c_a(1+\tau)+\pi\lambda}{c_a(1+\tau)+\beta\pi\lambda}\right]^2 C_{xi2} \tag{4.2.15}$$

可见展弦比较小的机翼的诱导阻力系数的可压缩性影响小于展弦比较大的机翼。

当 $\lambda \to \infty$ 时，则转化为对翼型所导出的普朗特-葛劳沃特法则。

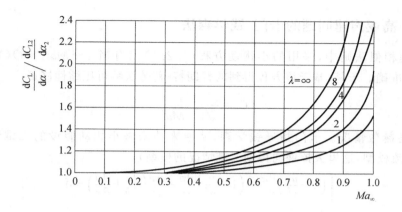

图 4.2 - 4　在不同展弦比 λ 下，升力曲线斜率与 Ma_∞ 的关系

4. 细长三角翼问题

在小迎角、小展弦比三角形机翼的情况下，按 2.2.6 节 (2.2.36)，不可压缩流动三角翼的升力系数公式为

$$C_{LI}=\frac{\pi}{2}\lambda_I \alpha_I \qquad\qquad (4.2.16)$$

在不可压缩流场中再虚构一个与可压缩机翼一致的机翼，标号为 g，迎角和展弦比与不可压缩翼型之间满足 $\alpha_g = \beta\alpha_I$，$\lambda_g = \beta\lambda_I$，于是按式 (4.2.16)，有

$$C_{LI}=\frac{\pi}{2}\beta^2 \lambda_g \alpha_g = \beta^2 C_{Lg} \qquad\qquad (4.2.17)$$

可压缩机翼与不可压缩机翼 I 之间按戈泰特法则有

$$C_L=\frac{1}{\beta^2}C_{LI} \qquad\qquad (4.2.18)$$

故由式 (4.2.17) 和式 (4.2.18) 得

$$C_L=C_{Lg} \qquad\qquad (4.2.19)$$

可见，小展弦比机翼的升力系数和升力曲线斜率与 Ma_∞ 无关。也就是说，可压缩性对于小展弦比机翼的升力系数没有影响。

5. 无限斜置翼

对于后掠角为 χ 的无限斜置翼，针对基于法向速度的马赫数 $Ma_{\infty,n}=Ma_\infty \cos\chi$ 小于 1 的情况（亚声速前缘），可采用后掠理论修正前面介绍的翼型气动特性。以薄翼平板为例，将

$$Ma_{\infty,n}=Ma_\infty \cos\chi, \qquad \alpha_n = \arcsin\frac{\sin\alpha}{\cos\chi}\approx\frac{\alpha}{\cos\chi}$$

代入由薄翼理论以及普朗特–葛劳沃特修正的翼型升力系数表达式

$$c_n(\alpha)\approx\frac{2\pi\alpha_n}{\sqrt{1-Ma_{\infty,n}^2}}$$

并利用 3.1 节的后掠关系式，得无限斜置翼的升力系数为

$$C_l(\alpha,\chi)\approx\frac{2\pi\alpha\cos\chi}{\sqrt{1-Ma_\infty^2\cos^2\chi}}=\frac{2\pi\alpha}{\sqrt{\cos^{-2}\chi-Ma_\infty^2}}$$

可见，对于亚声速前缘 $Ma_{\infty,n}<1$，后掠减小升力系数。

4.2.2　高亚声速问题的卡门-钱学森法

在亚声速相似法则中，采用的小扰动方程(4.2.1)只有当 $1-Ma_\infty^2=O(1)$，即马赫数 $Ma_\infty\ll1$ 时才准确。于是，基于该方程得到的普朗特-葛劳沃特可压缩性修正

$$C_p=\frac{C_{pI}}{\sqrt{1-Ma_\infty^2}}\tag{4.2.20}$$

无法用到高马赫数情况。卡门指导钱学森，从原来的未做小扰动假设的二维势流模型(见 3.1.3节的势流模型，这里去掉展向得到二维情况的模型)

$$\begin{cases}\left(1-\dfrac{u^2}{a^2}\right)\dfrac{\partial u}{\partial x}+\left(1-\dfrac{v^2}{a^2}\right)\dfrac{\partial v}{\partial y}-\dfrac{uv}{a^2}\left(\dfrac{\partial u}{\partial y}+\dfrac{\partial v}{\partial x}\right)=0\\[2mm]\dfrac{\partial u}{\partial y}-\dfrac{\partial v}{\partial x}=0\end{cases}\tag{4.2.21}$$

出发，经过数学上的速度图变换，得到压力系数的可压缩性修正

$$C_p=\frac{C_{pI}}{\sqrt{1-Ma_\infty^2}+\dfrac{1}{2}C_{pI}(1-\sqrt{1-Ma_\infty^2})}\qquad(卡门-钱学森法则)\tag{4.2.22}$$

称为卡门-钱学森公式。这个公式可以用到更高马赫数。虽然如此，卡门和钱学森还是引入了某种只针对薄翼和小迎角有效的所谓卡门-钱学森近似，以便得到可压缩修正的解析表达式。

其中，包含了两个影响方向相反的方面，恰巧抵消负面效应，以致在应用时的精度很高。

图 4.2-5 为迎角为 $\alpha=-2°$ 时，NACA4412翼型上表面离前缘 30%弦长处的压力系数随马赫数的变化。按普朗特-葛劳沃特公式计算的结果，在马赫数小于0.2范围内与实验符合，而卡门-钱学森公式一直到大约 $Ma_\infty\le0.7$ 的范围内都是适用的。卡门-钱学森公式对高亚声速的有效性，使它可用于研究跨声速流动出现的临界条件。

卡门-钱学森公式虽然简单实用，但其导出需要用到复杂的速度图变换以及在近

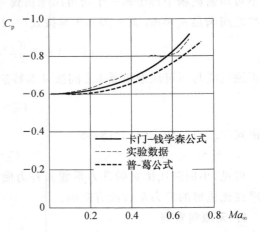

图 4.2-5　NACA4412 翼型上某点压力系数

似情况下的一些代数运算。以下只列出主要步骤和思路，具体细节见附录 B。

恰普雷津对定常势流方程(4.2.21)作变换，将自变量从图 4.2-6 所示的物理平面 (x,y) 变换到速度平面 (V,θ)，从而将方程变为线性方程，得到著名的恰普雷津方程。针对势函数 Φ 和流函数 Ψ 的恰普雷津方程为

$$\frac{\varrho V}{\rho_o}\frac{\partial\Phi}{\partial V}+(1-Ma^2)\frac{\partial\Psi}{\partial\theta}=0,\quad V\frac{\partial\Psi}{\partial V}-\frac{\rho}{\rho_o}\frac{\partial\Phi}{\partial\theta}=0\tag{4.2.23}$$

这种变换方法也称为**速度图法**。这里 $\rho_0=\rho\left(1+\dfrac{1}{2}(\gamma-1)Ma^2\right)^{\frac{1}{\gamma-1}}$ 是3.1.4节介绍的总密度。

进一步，如果引入过渡参数

$$
\begin{cases}
K = (1 - Ma^2)\left(\dfrac{\rho_0}{\rho}\right)^2 \\[2mm]
S \equiv \ln W, \quad \dfrac{\mathrm{d}W}{W} = \sqrt{1 - Ma^2}\,\dfrac{\mathrm{d}V}{V}
\end{cases}
\tag{4.2.24}
$$

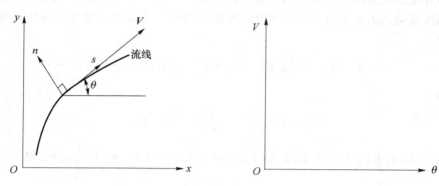

图 4.2 - 6　物理平面与速度平面

则不难将式(4.2.23)写为恰普雷津方程的精简形式

$$
\frac{\partial \Phi}{\partial S} + \sqrt{K}\frac{\partial \Psi}{\partial \theta} = 0, \quad \frac{\partial \Phi}{\partial \theta} - \sqrt{K}\frac{\partial \Psi}{\partial S} = 0
\tag{4.2.25}
$$

　　为了把系数 K 化为常数,卡门指导钱学森在如图 4.2 - 7 所示的以 $1/\rho$ 为横坐标、以 p 为纵坐标的坐标系中,将等熵曲线 $p/\rho^\gamma = C$ 在来流处($\rho = \rho_\infty$, $p = p_\infty$)的切线

$$
p - p_\infty = -\rho_\infty^2 a_\infty^2 (\rho^{-1} - \rho_\infty^{-1}) \quad (\text{卡门-钱学森近似})
\tag{4.2.26}
$$

近似。这里,$-\rho_\infty^2 a_\infty^2$ 为曲线 $p/\rho^\gamma = C$ 在该点的切线的斜率。采用该近似后,便可证明
$K = (1 - Ma^2)\left(\dfrac{\rho_0}{\rho}\right)^2 = 1$,于是恰普雷津方程可进一步近似为

$$
\frac{\partial \Phi}{\partial S} + \frac{\partial \Psi}{\partial \theta} = 0, \quad \frac{\partial \Phi}{\partial \theta} - \frac{\partial \Psi}{\partial S} = 0
\tag{4.2.27}
$$

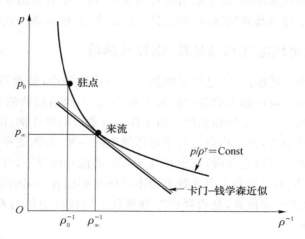

图 4.2 - 7　压力密度图上的等熵关系式以及卡门-钱学森近似

在不可压缩流情况下,显然 $K = 1$,从而不可压缩流成立

$$\frac{\partial \Phi_{\mathrm{I}}}{\partial S_{\mathrm{I}}}+\frac{\partial \Psi_{\mathrm{I}}}{\partial \theta_{\mathrm{I}}}=0, \quad \frac{\partial \Phi_{\mathrm{I}}}{\partial \theta_{\mathrm{I}}}-\frac{\partial \Psi_{\mathrm{I}}}{\partial S_{\mathrm{I}}}=0 \tag{4.2.28}$$

于是,可压缩流与不可压缩流的恰普雷津方程(4.2.27)和式(4.2.28)具有相同的线性形式。类似于前面介绍的低亚声速情况下的仿射变换以及戈泰特法则与普朗特-葛劳沃特法则,就可以找出可压缩流动压力系数与不可压缩流动的压力系数的关系式。对于不可压缩流动,利用伯努利方程

$$p_{\mathrm{I}}-p_{\mathrm{I},\infty}=\frac{1}{2}\rho_{\mathrm{I}}V_{\mathrm{I},\infty}^{2}-\frac{1}{2}\rho_{\mathrm{I}}V_{\mathrm{I}}^{2}=\frac{1}{2}\rho_{\mathrm{I}}(V_{\mathrm{I},\infty}^{2}-V_{\mathrm{I}}^{2})$$

得压力系数

$$C_{p\mathrm{I}}=1-\frac{V_{\mathrm{I}}^{2}}{V_{\mathrm{I},\infty}^{2}}, \quad \frac{V_{\mathrm{I}}}{V_{\mathrm{I}\infty}}=\sqrt{1-C_{p\mathrm{I}}} \tag{4.2.29}$$

对于可压缩流动,由卡门-钱学森近似式(4.2.26)代入 $C_{p}=(p-p_{\infty})/\frac{1}{2}\rho_{\infty}V_{\infty}^{2}$ 得

$$C_{p}=\frac{2}{Ma_{\infty}^{2}}\left(1-\frac{\rho_{\infty}}{\rho}\right) \tag{4.2.30}$$

为了求 C_{p} 与 $C_{p\mathrm{I}}$ 之间的修正关系,显然需要求 $\dfrac{\rho_{\infty}}{\rho}$ 与 $\dfrac{V_{\mathrm{I}}^{2}}{V_{\mathrm{I},\infty}^{2}}$ 之间的关系。这正是得到式(4.2.22)的方法。

附录 B 将归纳得到式(4.2.23)和式(4.2.22)的主要步骤。

卡门-钱学森公式的价值。与实验结果比较表明,卡门-钱学森公式甚至可以用到 $Ma<0.8$。基于等熵曲线的切线估算压力,因此会低估压力。另外,在推导过程中,在变换平面令 $W=W_{\mathrm{I}}$ 和 $\theta=\theta_{\mathrm{I}}$ 时,不可压缩翼型实际上比可压缩翼型厚,因此采用同样翼型之间的关系会高估了压力。两个相反的误差效应恰好抵消,使得其精度不错。因此,卡门-钱学森方法的重要价值并不在于它的良好的理论基础,更主要是在于它的实际应用。缺点在于只能给出对应点压力系数关系,不能直接给出升力系数关系。但相比于普朗特-葛劳沃特法则,可用到更高马赫数。在研究跨声速流动时,需要给出临界马赫数(流场中首次出现超声速对应的来流马赫数),而此时对应的来流马赫数足够高,因此只能依据卡门-钱学森公式确定。

4.2.3　亚声速可压缩性与马赫数,临界马赫数

前面基于仿射变换与速度图法,已经了解到在亚声速流场中,随着马赫数的提高,压力系数等气动参数可以看成不可压缩流的某种比例关系,并且不同马赫数的亚声速流场与不可压缩流场的其他流动参数存在一定的相似性。由于压力系数成同样比例,因此对于亚声速翼型,不存在黏性阻力以外的阻力,并且焦点也与不可压缩流的一致,即薄亚声速翼型的焦点位置近似处在 1/4 弦长的地方。可以这样说,至少在马赫数足够低的情况下,可压缩流动与不可压缩流动定性地相似,只是压力系数和升力系数等与不可压缩相比有一定的定量修正。

那么,随着马赫数进一步提高,是否存在定性变化? 以流场中压力系数变化为例,将 3.1 节介绍的压力等熵关系式

$$\frac{p}{p_{\infty}}=\left(\frac{1+\dfrac{\gamma-1}{2}Ma_{\infty}^{2}}{1+\dfrac{\gamma-1}{2}Ma^{2}}\right)^{\frac{\gamma}{\gamma-1}}$$

表示成压力系数 $C_p \equiv \dfrac{(p-p_\infty)}{\left(\dfrac{1}{2}\rho_\infty V_\infty^2\right)}$ 得

$$C_p = \frac{2}{\gamma Ma_\infty^2}\left(\left(\frac{1+\dfrac{\gamma-1}{2}Ma_\infty^2}{1+\dfrac{\gamma-1}{2}Ma^2}\right)^{\frac{\gamma}{\gamma-1}} - 1\right) \tag{4.2.31}$$

对于一个给定翼型,利用卡门-钱学森公式,当地压力系数与不可压缩流之间的压力系数可以表示为

$$C_p = \frac{C_{pI}}{\sqrt{1-Ma_\infty^2}+\dfrac{1}{2}C_{pI}(1-\sqrt{1-Ma_\infty^2})} \tag{4.2.32}$$

将以上两式结合消去 C_p,解出 Ma

$$Ma = \left\{\frac{2}{\gamma-1}\left\{\left(1+\frac{\gamma-1}{2}Ma^2\right)\left(1+\frac{\gamma Ma_\infty^2 C_{pI}}{2\sqrt{1-Ma_\infty^2}+C_{pI}(1-\sqrt{1-Ma_\infty^2})}\right)^{-\frac{\gamma-1}{\gamma}} - 1\right\}\right\}^{\frac{1}{2}}$$

图 4.2-8 为按上式取 $C_{pI}=0.5,0,-0.5,-1$ 时得到的当地马赫数随来流马赫数的变化。可见,当 $C_{pI}<0$ 时,一定存在来流马赫数 $Ma_\infty<1$,使得当地马赫数大于 1,即虽然是亚声速来流,在那些压力系数为负的区域,可能出现超声速流动。来流马赫数越大,越容易出现超声速,来流马赫数给定后,当地不可压缩流压力系数负数绝对值越大的地方,越容易加速到超声速。因此,一定存在一个来流马赫数,当地压力最低的地方,刚好马赫数为 1,即出现孤立声速点。

临界马赫数。孤立声速点出现时对应的来流马赫数,即流场内部刚开始出现超声速时对应的来流马赫数 Ma_∞ 称为临界马赫数,记为 Ma_{cr}。

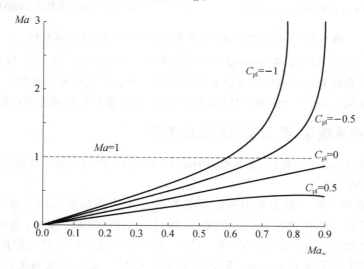

图 4.2-8 给定 C_{pI} 的点上,当地马赫数随来流马赫数的变化

对于一个给定翼型,设不可压缩流对应的最低点压力系数为 C_{pImin},当来流马赫数等于临界马赫数时,该点为孤立声速点,即在该点有 $Ma=1$。此时该点的压力系数称为临界压力系数,记为 $C_{p,cr}$。在式(4.2.31)中,令 $C_p=C_{p,cr}$,$Ma=1$,$Ma_\infty=Ma_{cr}$,在式(4.2.32)中,令 $C_{pI}=$

$C_{\mathrm{pI,min}}$，$Ma_\infty = Ma_{\mathrm{cr}}$，得确定临界马赫数和临界压力的两个关系式

$$\begin{cases} C_{\mathrm{p,cr}} = \dfrac{2}{\gamma Ma_{\mathrm{cr}}^2}\left[\left(\dfrac{2}{\gamma+1}+\dfrac{\gamma-1}{\gamma+1}Ma_{\mathrm{cr}}^2\right)^{\frac{\gamma}{\gamma-1}}-1\right] \\ C_{\mathrm{p,cr}} = \dfrac{C_{\mathrm{pI,min}}}{\sqrt{1-Ma_{\mathrm{cr}}^2}+\dfrac{1}{2}C_{\mathrm{pI,min}}(1-\sqrt{1-Ma_{\mathrm{cr}}^2})} \end{cases} \quad (4.2.33)$$

注意:临界马赫数是指来流马赫数,临界压力是指孤立声速点的压力。对于图 4.2-9 所示的翼型,按 1.3 节不可压缩流势流理论,压力最低点一般出现在刚过前缘的翼型上部表面上,那里有吸力峰,即最低压力点。也可以从小扰动方程的椭圆性知,由于椭圆型方程的极值只能出现在边界,因此孤立声速点一般出现在翼型表面。

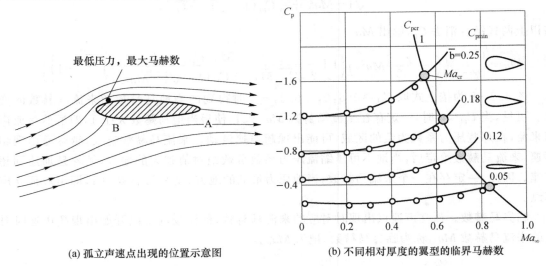

(a) 孤立声速点出现的位置示意图   (b) 不同相对厚度的翼型的临界马赫数

图 4.2-9   孤立声速点的位置及不同厚度翼型的临界马赫数

图 4.2-9 也给出了针对几组不同相对厚度的翼型,式(4.2.33)的卡门-钱学森公式对应的曲线与临界压力关系式对应的曲线的交点位置对应的马赫数就是临界马赫数。可见,翼型越厚,那么由于负压峰值越大,临界马赫数就越低;也就是说,越容易在翼型附近出现超声速现象。

4.2.4   跨声速现象,阻力发散与激波失速

来流马赫数超过临界马赫数后,在翼型周围出现局部超声速区,这种流动称为跨声速流动。

1. 跨声速流场

图 4.2-10 是对于同一翼型几组来流马赫数接近 1 的流场示意图。对于 $Ma_\infty < 1$ 的流动,翼型附近出现局部超声速区,由声速线(s)和再压缩激波(Sr)围成,再压缩激波甚至呈 lambda 型,这是与附面层相互作用的结果。注意,再压缩激波的长度是有限的,但来流马赫数为 1 时,再压缩激波可延伸至无穷远。超声速区的大小与来流马赫数相关。当马赫数趋于 1 时(如 0.95),超声速区几乎覆盖了整个翼型上表面。与 4.1 节介绍的超声速翼型流动相似,迎风面压缩,背风面膨胀,因此必然产生波阻。当来流马赫数稍大于 1 时,出现脱体激波(Sd),脱体激波下游有局部亚声速区,经过声速线后,再次加速到超声速,超声速区结束的地方出现再压缩激波。亚声速区的大小与来流马赫数相关,马赫数越接近 1,亚声速区越大。因

此,对于这种来流马赫数,从亚声速或超声速接近 1 的流动,亚声速区和超声速区均不可忽略,属于跨声速流动。声速来流的情况比较复杂,此时,再压缩激波和声速线均延伸至无穷远,且超声速区存在一条极限特征线,在其上游,翼面发出的马赫波向上游与声速线汇聚;在其下游,翼面发出的马赫波向下游与再压缩激波汇聚。

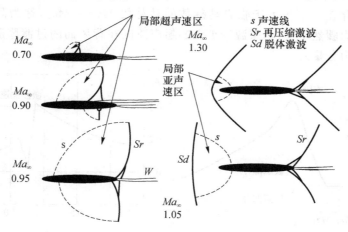

图 4.2 - 10　几组马赫数接近 1 的跨声速流动

很难从理论直接获得图 4.2 - 10 所示的流场,但通过实验或现代计算流体力学可以得到。对于小扰动翼型流动,如果按亚声速卡门-钱学森修正公式和超声速小扰动理论求一点的压力系数,分别为

$$C_p = \frac{C_{pI}}{\sqrt{1-Ma_\infty^2} + \frac{1}{2}C_{pI}\left(1 - \sqrt{1-Ma_\infty^2}\right)}, \quad Ma_\infty < 1; \quad C_P = \frac{2\theta}{\sqrt{Ma_\infty^2 - 1}}, \quad Ma_\infty > 1$$

故当 $Ma_\infty \to 1$,有 $C_p \to \infty$。无穷大显然违背物理准则。

实际上,压力系数分布如图 4.2 - 11 所示。在跨声速区,压力系数由虚线给定,有一极值,而不是趋向无穷大。这是因为,按 4.1.1 节给出的跨声速流动的小扰动模型

$$\left(1 - Ma_\infty^2 - \frac{\gamma+1}{V_\infty}Ma_\infty^2\frac{\partial\phi}{\partial x}\right)\frac{\partial^2\phi}{\partial x^2} + \frac{\partial^2\phi}{\partial y^2} + \frac{\partial^2\phi}{\partial z^2} = 0$$

小扰动势函数满足的方程是非线性的,不能将线性超声速小扰动模型(线性双曲型方程)的解取极限直接套过来。

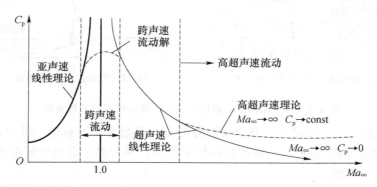

图 4.2 - 11　翼型上一点的压力系数随来流马赫数的变化

2. 阻力发散与声障

超声速区的存在会产生波阻。3.1.2节介绍的中场法表明,波阻可以与经过再压缩激波引起的熵增进行关联。由于波阻的存在,翼型的阻力系数与来流马赫数之间的关系呈图4.2-12所示的变化规律。当来流马赫数小于临界马赫数 Ma_{cr} 时,主要是摩阻(可压缩性带来的修正将在下面介绍)。存在一个稍大于临界马赫数的马赫数 $Ma_{\infty}=Ma_{d}$,称为阻力发散马赫数。超过该马赫数,阻力骤然增加,这来源于扩大的超声速区在背风面的过渡膨胀(导致在背风面极高负压,形成阻力分量)。

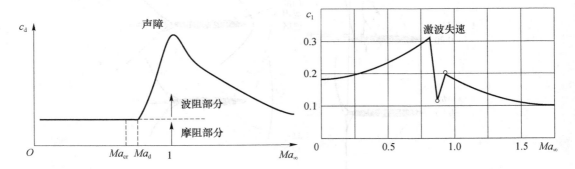

图 4.2-12　阻力系数与升力系数随来流马赫数的变化

图4.2-13(a)给出了条件为 $Ma_{\infty}=0.85,\alpha=1°$ 时,NACA0012翼型无黏流场压力系数云图与等值线图,也画出了压力系数($-C_{p}$)沿翼型表面的分布曲线(高的属于上表面,低的属于下表面)。可见,在超声速区,越靠近背风面下游,负压越大,在来流方向形成阻力分量。图4.2-13(b)是实际黏性流动示意图。附面层在再压缩激波升压作用下,产生逆压梯度,引起分离。依据2.1节介绍的附面层分离模型,从分离点开始,保留分离点的低压,因此也产生分离阻力。这种由于激波干扰导致的分离阻力,也可看成波阻,也是阻力骤然增加的原因。由于在来流马赫数突破1的过程中,阻力太大,因此早期把这一现象看成声障。当然随着后掠等措施的采用,以及发动机推力的提升,人造飞行器早已突破声障。

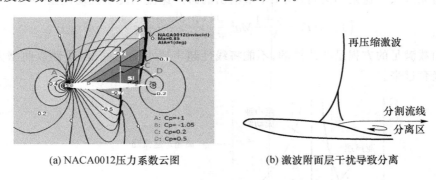

(a) NACA0012压力系数云图　　　　　　　(b) 激波附面层干扰导致分离

图 4.2-13　无黏流场的压力系数云图和附面层干扰分离

激波失速。图4.2-12给出了升力系数随来流马赫数变化示意图。可见,当马赫数接近1时,升力系数突然下降,这归结于激波附面层干扰导致的分离。分离引起失速的机制与第1章低速附面层是一样的。

激波附面层干扰。在可压缩流场中,如果在物面上产生激波,那么激波与附面层会发生干扰,导致十分复杂的干扰现象。图 4.2-13(b)给出了激波附面层干扰示意图。再压缩激波与附面层干扰导致增压,在局部产生逆压梯度传到附面层内引起分离,带来额外的分离压差阻力。

跨声速波阻。上面提到了超声速区背风面的膨胀带来的直接波阻,以及再压缩激波诱导附面层分离带来的额外分离阻力。二者分别是膨胀波与激波的作用导致的,合起来称为跨声速波阻。

整机跨声速现象。对于整机,机身与机翼的链接部分在接近声速时,也会产生局部超声速区以及再压缩激波。单独机翼的阻力系数与翼型类似,也存在阻力发散,整机阻力系数也存在阻力发散,如图 4.2-14 所示。

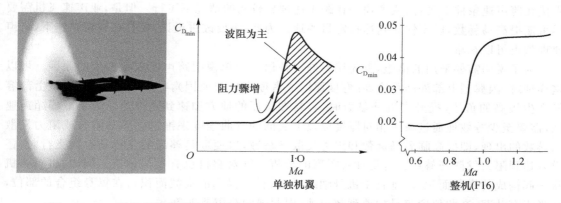

图 4.2-14　整机再压缩激波(白色部分,因穿越激波压增导致水蒸气凝结成可肉眼观察到激波面),单独机翼的阻力系数与整机阻力系数

3. 可压缩流动按来流马赫数分类

人们希望知道,在什么情况下流场可以按亚声速流动处理、跨声速流动处理、超声速流动处理。对于一般情况,很难严格这么做。到底属于什么流动,需要看是否出现这种类型的流动对应的特殊现象。对于满足小扰动近似的翼型、机身与机翼流动,在定常流动假设下,可以近似按来流马赫数区分。

① 不可压缩流动: $Ma_\infty \leqslant 0.3$。在这种情况下,完全按第 1 章介绍的不可压缩空气动力学方法处理,得到的解与实际情况很接近。

② 亚声速流动: $0.3 \leqslant Ma_\infty \leqslant 0.8 (\approx 0.8)$。此时,需要考虑可压缩性效应修正,但没有跨声速现象或者跨声速现象的影响可以忽略。压力系数满足卡门-钱学森公式。焦点位置接近不可压缩流动的位置,即 1/4 弦长位置。亚声速流动对应的来流马赫数上限取决于翼型形状。例如,对于超临界翼型,上限更高。

③ 跨声速流动:约 $0.8 \leqslant Ma_\infty \leqslant 1.2$。在这个范围,即使针对小扰动流动,也出现超声速区与亚声速区并存的现象,出现阻力骤然增加、激波失速与激波附面层干扰。当然,采用适当的措施,如后掠、超临界翼型的使用、跨声速面积律的使用,可以推迟这些现象出现的马赫数,或减弱这些现象。

④ 一般超声速流动:约 $1.2 \leqslant Ma_\infty \leqslant 6$。这时,可以用超声速小扰动理论求解。当然,如果采用圆前缘,局部也存在亚声速区。但超声速翼型一般采用尖前缘,以减弱波阻。

⑤ 高超声速流动: $Ma_\infty \geqslant 6$。很少将扁平机翼用于这样高的马赫数。原来,在这么高的马赫数下,气动加热非常严重,需要采用热防护措施,因而机翼和机身比较厚实。这样的流动问

题,会出现一些特有的高超声速流动现象,详见 6.2 节和 6.3 节。

对于非定常流动,是否在极低马赫数下需要考虑可压缩效应,与具体问题有关。5.2 节将考虑这样的问题。

4.2.5 后掠、超临界翼型与面积律等外形修正措施的作用

跨声速流动非常复杂,以上主要介绍了一些定性结论。由于在跨声速条件下,存在阻力骤然增加与激波失速等现象(实际上,激波附面层干扰会导致非定常分离与压力脉动,容易引起机翼抖振,破坏结构强度,引起事故),因此跨声速飞行只是加速到超声速飞行的过渡,一般不直接在跨声速条件下飞行,或者顶多在跨声速现象较弱的情况下飞行。但是,亚声速飞机需要尽可能提高马赫数,以便快速到达指定目的地。为此,需要改进设计,使得在高亚声速下,跨声速现象也可以忽略。

为了说明需要采用的措施,首先用另外一种语言简单说明跨声速现象产生的原因。可以这样理解,因翼型上部外凸程度高(弯度原因或者厚度分布原因),在低速情况下,翼型上部容易产生极高的负压,提升来流马赫数时,容易在负压的地方加速到超声速。为了减弱超声速区,需要至少等效地通过减小相对厚度以及上表面的弯曲程度来推迟临界马赫数或阻力发散马赫数的出现,即提高临界马赫数和阻力发散马赫数,以便取足够高的飞行马赫数飞行时,还没有达到阻力发散马赫数。这是针对翼型的分析。针对整机也有类似分析。例如,机翼和机身一起构成的横截面积(以垂直于机身轴线平面相切,得到的横截面积),在翼身组合的部位,相当于有凸起,在此位置容易加速到超声速,引起强的跨声速现象。

为此,人们先后提出了机翼后掠、超临界翼型和跨声速面积律等概念。

(1) 后掠机翼的作用

机翼后掠导致基于法向速度的马赫数 $Ma_{\infty,n} = Ma_{\infty} \cos \chi$ 减小了,自然推迟了阻力发散马赫数。

(2) 超临界翼型

如图 4.2-15 所示的超临界翼型上部平坦,下部外凸(升力不足由尾缘向下偏转形成额外弯度或襟翼效应补偿),正好与传统翼型相反。即使上部有超声速区,也很弱,不会形成极高负压,也不会产生强激波,且由于平坦,在来流方向很难形成阻力分量。

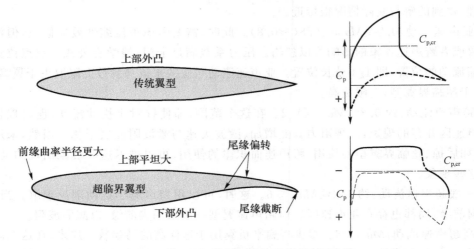

图 4.2-15 超临界翼型与压力分布示意图

　　因此,同样来流马赫数情况下,超临界翼型的升力系数比传统翼型更大,且阻力系数更小,如图 4.2－16 所示。

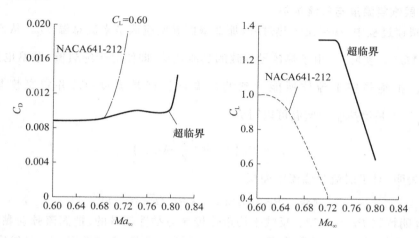

图 4.2－16　超临界翼型与传统翼型的升力系数与阻力系数

（3）跨声速面积律

　　所谓跨声速面积律,就是在一定假设下,一架飞机的阻力系数,与一个横截面积一样的当量旋成体的阻力系数接近。对于旋成体,横截面积如果沿轴线方向没有突变而是光滑变化,那么这样的旋成体阻力很小。如图 4.2－17 所示,普通飞机横截面积沿机身轴线到了机翼位置,由于机翼的存在而突然增加。采用了跨声速面积律的飞机,要么将机翼位置的机身瘦腰,要么将机头适当加粗,使得其当量旋成体具有光滑过渡的母线,从而可以大幅度减弱跨声速效应,降低跨声速区的波阻。图 4.2－17 给出了 2 个翼身组合体的阻力系数随马赫数的变化,采用跨声速面积律将翼身连接处的机身缩小后,阻力系数在马赫数接近 1 时,降低 50％左右。正因为如此,一些现代高亚声速飞机(如波音 747,空客 A380)都采用了跨声速面积律。

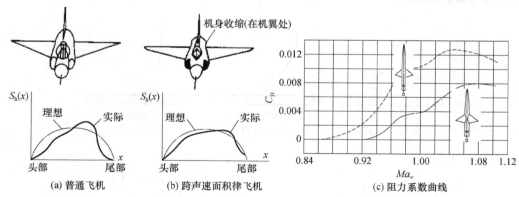

图 4.2－17　横截面积分布以及阻力系数

4.2.6　气流加热与附面层模型可压缩效应修正

　　高速气流在附面层内减速,黏性耗散将动能转换成热能,热传导将部分热能迁移到温度低的地方。二者的相对影响显然与普朗特数有关,即

$$Pr = \frac{\nu = \mu/\rho}{\sigma = k/\rho c_p} = \frac{\text{黏性耗散率}}{\text{热扩散率}} = \frac{c_p \mu}{\kappa}$$

1. 附面层恢复温度与气流加热

气流在减速过程中,如果是绝热过程,那么壁面温度应该是来流总温 $T_{0\infty}$,从而 $T_{0\infty} - T_{\infty}$ $= \frac{1}{2}(\gamma - 1)Ma_{\infty}^2$。实际上,由于热传导导致的热能迁移,即使对于绝热壁,壁温也只能达到总温的一部分。把绝热壁上流体所能达到的静温称为恢复温度 T_r,并定义恢复因子 $\mathscr{R} = \frac{(T_r - T_{\infty})}{(T_{0\infty} - T_{\infty})}$。于是绝热壁的壁温可以写成

$$T_r = T_{\infty}\left(1 + \mathscr{R}\frac{\gamma - 1}{2}Ma_{\infty}^2\right) \tag{4.2.34}$$

理论和实验表明,对于层流和湍流附面层

$$\mathscr{R}_l \approx \sqrt{Pr_l} \approx 0.85, \quad \mathscr{R}_t \approx \sqrt[3]{Pr_t} \approx 0.89 \tag{4.2.35}$$

式中,层流普朗特数 $Pr_l = 0.72$。反映平均量热传导与黏性耗散的、把湍流脉动黏度与热传导系数也考虑进去的湍流普朗特数为 $Pr_t \approx 0.70$。除了绝热壁,有时壁温 T_{wall} 是给定的,称为等温壁。将壁面上流体的温度记为 T_w,于是有

$$T_w = T_{wall} \quad (\text{等温壁}), \quad T_w = T_r \quad (\text{绝热壁}) \tag{4.2.36}$$

由于空气普朗特数小于 1,即黏性扩散比热扩散能力小,因此速度附面层比温度附面层薄。注意,速度附面层外边界定义为当地速度等于来流速度 99% 的地方,而对于温度,是当地温度与壁温差等于来流温度与壁温差的 99% 的地方,即

$$u_{y=\delta} = 0.99u_{\infty}, \quad (T - T_w)_{y=\delta_T} = 0.99(T_{\infty} - T_w)$$

图 4.2-18 给出了平板速度附面层与温度附面层示意图,分别给出了冷壁、热壁和绝热壁的情况。接近壁面的气流减速生成的热能,通过热传导向上迁移,导致出现局部高温,这种现象称为**气流加热**,也称为**附面层加热**。有激波时,穿越激波空气静温也增加,因此也是一种气流加热,称为**激波加热**。

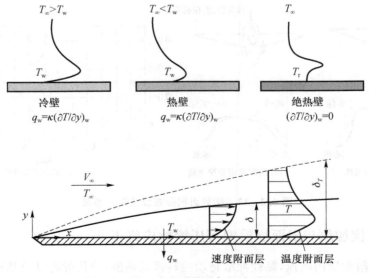

图 4.2-18　速度附面层与温度附面层

注意,对于绝热壁,温度的法向梯度为 0,因此不加热物体。对于等温壁,该梯度不为 0,且只要气流加热足够强,无论是冷壁还是热壁,该温度梯度均为正,从而加热物体,即有热量通过热传导定律 $q_w = k\mathrm{d}T/\mathrm{d}y$ 加热物体,这种种现象称为**气动加热**。6.3 节将专门讨论气动加热现象。

对于可压缩流动,附面层流动由于气流加热变得更复杂,甚至会受壁面类型的影响。类似于不可压缩附面层的勃拉修斯变换,可压缩平板附面层可以通过李斯—德罗尼津变换

$$\xi = \int_0^x \rho_e u_e \mu_e \mathrm{d}x, \quad \eta = \frac{u_e}{\sqrt{2\xi}} \int_0^y \rho \mathrm{d}y \qquad (4.2.37)$$

得到相似解。但这里不考虑这种方法,而介绍一种参考温度法,从不可压缩附面层的结果直接通过可压缩性修正,即气流加热修正来得到可压缩流的附面层参数。

2. 附面层求解参考温度法

用拟合的某种平均温度(参考温度)来反映被加热的附面层,记为 T^*。基于理论和实验,发现用于模拟附面层可压缩效应的参考温度 T^* 可以表示为壁面温度 T_w 和恢复温度 T_r 的代数函数,即

$$\frac{T^*}{T_\infty} = 0.5 + 0.5\frac{T_w}{T_\infty} + 0.22\left(\frac{T_r}{T_\infty} - 1\right) \qquad (4.2.38)$$

式中,壁面流体温度 T_w 由式(4.2.36)确定,恢复温度 T_r 由式(4.2.34)确定。注意,不同文献来源的参考温度拟合表达式会有些出入。附面层内压力依然等于外部无黏流动的压力,附面层参数中涉及的密度 ρ_∞ 和雷诺数 $Re_x = \rho_\infty V_\infty x/\mu_\infty$ 要用基于参考温度的参考密度和参考雷诺数,即

$$\frac{\rho^*}{\rho_\infty} = \frac{T_\infty}{T^*}, \quad Re_x^* = \frac{\rho^* V_\infty x}{\mu^*} = \frac{1}{c}Re_x, \quad c = \frac{\nu^*}{\nu_\infty} = \frac{\rho_\infty \mu^*}{\rho^* \mu^*} \qquad (4.2.39)$$

置换。这里,依然假定了压力沿附面层法向不变。

黏度 μ^* 可以按萨特兰公式表示成参考温度的函数,也可以近似令

$$\frac{\mu^*}{\mu_\infty} \approx C\frac{T^*}{T_\infty} \qquad (4.2.40)$$

式中,C 由式 $\mu_w/\mu_\infty = CT_w/T_\infty$ 确定。考虑到状态方程以及沿附面层法向压力近似等于常数,有 $T_w/T_\infty = \rho_\infty/\rho_w$。于是

$$C = \frac{\rho_w \mu_w}{\rho_\infty \mu_\infty} \quad (查普曼–罗宾逊数) \qquad (4.2.41)$$

将式(4.2.40)代入式(4.2.39)中的 c,并考虑到 $\rho^* T^* = \rho_\infty T_\infty$,得

$$c = C = \frac{\rho_w \mu_w}{\rho_\infty \mu_\infty} \qquad (4.2.42)$$

以平板附面层为例,2.1 节给出的一种不可压缩流动的附面层参数,即

$$\begin{cases} c_f^I = \dfrac{0.664}{\sqrt{Re_x}}, & \delta^I(x) = \dfrac{5.2x}{\sqrt{Re_x}} \quad (层流) \\[3mm] c_f^I = \dfrac{0.0576}{\sqrt[5]{Re_x}}, & \delta^I(x) = \dfrac{0.37}{\sqrt[5]{Re_x}} \quad (湍流) \end{cases} \qquad (4.2.43)$$

用参考雷诺数置换上面的雷诺数,用参考密度定义参考动压 $q^* = \frac{1}{2}\rho^* V_\infty^2$,可得基于参考

温度法的、考虑了可压缩性效应即气流加热修正的附面层摩擦系数和附面层厚度表达式

$$
\begin{cases}
c_f^* \equiv \dfrac{\tau_w^*}{q^*} = \dfrac{0.664}{\sqrt{Re_x^*}} = \dfrac{0.664\sqrt{c}}{\sqrt{Re_x}}, \quad \delta^*(x) = \dfrac{5.2x}{\sqrt{Re_x^*}} = \dfrac{5.2\sqrt{c}\,x}{\sqrt{Re_x}} \quad (\text{层流}) \\[3mm]
c_f^* \equiv \dfrac{\tau_w^*}{q^*} = \dfrac{0.0576}{\sqrt[5]{Re_x^*}} = \dfrac{0.0576\sqrt[5]{c}}{\sqrt[5]{Re_x}}, \quad \delta^*(x) = \dfrac{0.37x}{\sqrt[5]{Re_x^*}} = \dfrac{0.37\sqrt[5]{c}\,x}{\sqrt[5]{Re_x}} \quad (\text{湍流})
\end{cases}
\tag{4.2.44}
$$

对于单面摩阻系数,同样有

$$
C_f^* \equiv \dfrac{D}{q^*L} = \dfrac{1.378}{\sqrt{Re_L^*}} = \dfrac{1.378\sqrt{c}}{\sqrt{Re_L}} \quad (\text{层流}); \quad C_f^* \equiv \dfrac{D}{q^*L} = \dfrac{0.072}{\sqrt[5]{Re_L^*}} = \dfrac{1.378\sqrt[5]{c}}{\sqrt[5]{Re_L}} \quad (\text{湍流})
\tag{4.2.45}
$$

参考温度法也可以类似地用到 2.1 节介绍的卡门动量积分方法,包括针对翼型的怀特-米歇尔-西德(Thwaites-Michel-Head)方法中,需要恰当地把其中的雷诺数置换成参考雷诺数,密度置换成参考密度。

如果用来流密度定义的动压置换上面的参考动压定义摩擦系数 $c_f^{(c)}$ 与摩阻系数 $C_f^{(c)}$,那么

$$
c_f^{(c)} \equiv \dfrac{\tau_w^*}{\frac{1}{2}\rho_\infty V_\infty^2} = \dfrac{\rho^*}{\rho_\infty} c_f^* = \dfrac{T_\infty}{T^*} c_f^*, \quad C_f^{(c)} \equiv \dfrac{D}{\frac{1}{2}\rho_\infty V_\infty^2 L} = \dfrac{\rho^*}{\rho_\infty} C_f^* = \dfrac{T_\infty}{T^*} C_f^*
\tag{4.2.46}
$$

附面层可压缩效应修正总结。依据式(4.2.44)以及式(4.2.46)进行定性分析可知,在相同雷诺数 Re_x 条件下:①可压缩流附面层摩擦系数 $c_f^{(c)}$ 比不可压缩流摩擦系数要小,因此摩阻系数 $C_f^{(c)}$ 在相同雷诺数条件下是马赫数的减函数;② 可压缩附面层比不可压缩附面层厚,即气流加热(因增大了黏度从而减小了等效雷诺数)增大了附面层厚度。依据前面的恢复温度表达式,不难证明,当马赫数足够高时,附面层厚度正比于 Ma_∞^2。

4.2.7　要点总结

对于小扰动翼型,当来流马赫数远小于 1 时,压力系数、升力系数和力矩系数与不可压缩流这些参数的关系式是

$$
\dfrac{C_p}{C_{pI}} = \dfrac{c_l}{c_{lI}} = \dfrac{c_m}{c_{mI}} = \dfrac{1}{\beta} \quad (\text{普朗特-葛劳沃特})
$$

这里,下标 I 表示不可压缩流的值,$\beta = \sqrt{1 - Ma_\infty^2}$ 是普朗特-葛劳沃特修正因子。当马赫数接近 1 但尚未超过临界马赫数时,卡门-钱学森修正可给出更准确的关系

$$
C_p = \dfrac{C_{pI}}{\sqrt{1 - Ma_\infty^2} + \frac{1}{2}C_{pI}\left(1 - \sqrt{1 - Ma_\infty^2}\right)} \quad (\text{卡门-钱学森法则})
$$

该关系式虽然也基于某种近似,但一些误差正好相互抵消,可用到 $Ma_\infty \leqslant 0.8$。该关系不足之处是,它是关于 C_{pI} 的非线性函数,无法直接用于导出建议的升力系数关系。

当来流马赫数超过临界马赫数 Ma_{cr} 时,翼型凸起部位附近出现超声速区,这就是所谓的跨声速流动。跨声速流动除了亚声速区和超声速区并存外,背风面的膨胀会导致波阻。另外,还产生再压缩激波,进一步与附面层干扰,通过传递逆压梯度诱导附面层分离,引起额外的分离阻力。于是,存在稍高于临界马赫数的阻力发散马赫数,当来流马赫数超过阻力发散马赫数

时,阻力骤然增加且出现激波失速。因此,这些跨声速现象是有害的,但可通过后掠降低基于前缘法向速度的临界马赫数来推迟阻力发散,也可以通过超临界翼型(二维)或面积律设计(三维)减弱物面凸起程度,避免加速到强超声速流来减弱跨声速现象。后掠和面积律也为突破声障起到了作用。

对于附面层,可压缩性效应主要来源于气流加热,增加了附面层内的温度,从而增加黏度并降低密度,这等效地降低了雷诺数,从而增加附面层厚度。除此之外,基于来流动压定义的摩擦系数和摩阻系数却被可压缩性效应减弱了。处理这种问题的一种简易方法就是参考温度法。基于实验可以拟合参考温度与马赫数的代数关系,令附面层内压力依然等于外边界压力,那么以此参考温度得到的参考密度与参考黏度定义等效雷诺数,将不可压缩流附面层参数的关系中的雷诺数用等效雷诺数置换,就可以得到基于参考温度修正的可压缩附面层参数,可以用到超声速流情况。例如,对于平板

$$\begin{cases} c_{\mathrm{f}}^{(\mathrm{c})}=\dfrac{0.664}{\sqrt{Re_x}}\dfrac{T_\infty}{T^*}\sqrt{c}, & \delta^{(\mathrm{c})}(x)=\dfrac{5.2\sqrt{cx}}{\sqrt{Re_x}}(\text{层流}), & C_{\mathrm{f}}^{(\mathrm{c})}=\dfrac{1.378}{\sqrt{Re_L}}\dfrac{T_\infty}{T^*}\sqrt{c}\,(\text{层流})\\[3mm] c_{\mathrm{f}}^{(\mathrm{c})}=\dfrac{0.0576}{\sqrt[5]{Re_x}}\dfrac{T_\infty}{T^*}\sqrt[5]{c}, & \delta^{(\mathrm{c})}(x)=\dfrac{0.37\sqrt[5]{cx}}{\sqrt[5]{Re_x}}, & C_{\mathrm{f}}^{(\mathrm{c})}=\dfrac{1.378}{\sqrt[5]{Re_L}}\dfrac{T_\infty}{T^*}\sqrt[5]{c}\quad(\text{湍流}) \end{cases}$$

其中,c 为式(4.2.39)定义的查普曼-罗宾逊数,T^* 为可按式(4.2.38)计算的考虑了气流加热的参考温度。

习　题

习题 4.1.1（阿克莱经典问题）　考虑无限长小波幅波形壁的二维定常流动,波形壁面的方程为 $y_{\mathrm{w}}=\varepsilon\cos(2\pi x/\lambda)$,$\varepsilon$ 为壁面的波幅,λ 为壁面波长,$\dfrac{\varepsilon}{\lambda}\ll1$。小扰动势函数 φ 满足的小扰动方程以及壁面与远场边界条件,对于亚声速和超声速可分别写为

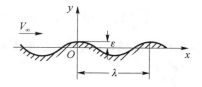

题 4.1-1 图　波形壁的几何形状

$$\begin{cases} \beta^2\dfrac{\partial^2\varphi}{\partial x^2}+\dfrac{\partial^2\varphi}{\partial y^2}=0, & \beta=\sqrt{1-Ma_\infty^2}\\[2mm] \left.\dfrac{\partial\varphi}{\partial y}\right|_{z=0}=V_\infty\left(\dfrac{\mathrm{d}y}{\mathrm{d}x}\right)_{\mathrm{w}}=-\dfrac{2\pi\varepsilon V_\infty}{\lambda}\sin\dfrac{2\pi}{\lambda}x\\[2mm] \left(\dfrac{\partial\varphi}{\partial x},\dfrac{\partial\varphi}{\partial y}\right)_{y\to\infty}=0 \end{cases} \qquad \begin{cases} B^2\dfrac{\partial^2\varphi}{\partial x^2}-\dfrac{\partial^2\varphi}{\partial y^2}=0, & B=\sqrt{Ma_\infty^2-1}\\[2mm] \left.\dfrac{\partial\varphi}{\partial y}\right|_{z=0}=V_\infty\left(\dfrac{\mathrm{d}y}{\mathrm{d}x}\right)_{\mathrm{w}}=-\dfrac{2\pi\varepsilon V_\infty}{\lambda}\sin\dfrac{2\pi}{\lambda}x\\[2mm] \left(\dfrac{\partial\varphi}{\partial x},\dfrac{\partial\varphi}{\partial y}\right)_{y\to\infty}<\infty \end{cases}$$

① 在亚声速情况下,用分离变量法求解,即令 $\varphi(x,y)=X(x)Y(y)$,则有 $X(x)=A\sin kx+B\cos kx$ 且 $Y(y)=Ce^{-\beta ky}+De^{\beta ky}$。利用边界条件,定出系数,证明:小扰动势函数满足从而扰动速度以及压力系数表达式为

$$
\begin{cases}
\varphi(x,y)=\dfrac{\epsilon V_\infty}{\beta}\exp\left(-\dfrac{2\pi\beta}{\lambda}y\right)\sin\dfrac{2\pi}{\lambda}x \\[2mm]
v_x=\dfrac{\partial\varphi}{\partial x}=\dfrac{2\pi\epsilon V_\infty}{\beta\lambda}\exp\left(-\dfrac{2\pi\beta}{\lambda}y\right)\cos\dfrac{2\pi x}{\lambda} \\[2mm]
v_y=\dfrac{\partial\varphi}{\partial y}=-\dfrac{2\pi\epsilon V_\infty}{\lambda}\exp\left(-\dfrac{2\pi\beta}{\lambda}y\right)\sin\dfrac{2\pi x}{\lambda} \\[2mm]
C_p=-\dfrac{2}{V_\infty}v_x=-\dfrac{4\pi\epsilon}{\beta\lambda}\exp\left(-\dfrac{2\pi\beta}{\lambda}y\right)\cos\dfrac{2\pi x}{\lambda}
\end{cases}
$$

② 超声速情况下,用达朗贝尔法求解,即令 $\varphi(x,y)=f(x\pm By)$,代入边界条件定出函数 f,证明:

$$
\begin{cases}
\varphi(x,y)=-\dfrac{\epsilon V_\infty}{B}\cos\left[\dfrac{2\pi}{\lambda}(x-By)\right] \\[2mm]
v_x=\dfrac{\partial\varphi}{\partial x}=\dfrac{2\pi\epsilon V_\infty}{B\lambda}\sin\left[\dfrac{2\pi}{\lambda}(x-By)\right] \\[2mm]
v_y=\dfrac{\partial\varphi}{\partial y}=-\dfrac{2\pi\epsilon V_\infty}{\lambda}\sin\left[\dfrac{2\pi}{\lambda}(x-By)\right] \\[2mm]
C_p=-\dfrac{2}{V_\infty}v_x=-\dfrac{4\pi\epsilon}{B\lambda}\sin\left[\dfrac{2\pi}{\lambda}(x-By)\right]
\end{cases}
$$

③ 在压力系数表达式中,令 $y\to0$,得到壁面压力系数 $(C_p)_w$,将作用在壁面的压力投影到水平方向,得到阻力分量与阻力系数。证明:单位波长的波形壁的阻力系数 $C_D=\lambda^{-1}\int_0^\lambda(C_p)_w\left(\dfrac{dy}{dx}\right)_w dx$ 为

$$
C_{D,Ma_\infty<1}=0;\quad C_{D,Ma_\infty>1}=\dfrac{2}{B\lambda}\int_0^\lambda\left(\dfrac{dy}{dx}\right)_w^2 dx>0
$$

④ 将速度分量代入流线 $dy/dx=v_y/(V_\infty+v_x)$,证明:流线满足的近似方程为

$$
\begin{cases}
y\approx\dfrac{\lambda}{2\pi\beta}\ln\left(\dfrac{2\pi\beta\epsilon}{\lambda}\cos\dfrac{2\pi x}{\lambda}+C\right),\quad Ma_\infty<1 \\[2mm]
y\approx C+\epsilon\cos\left[\dfrac{2\pi}{\lambda}(x-BC)\right],\quad Ma_\infty>1
\end{cases}
$$

式中,C 为积分常数;由不同位置发出的流线,该积分常数取不同值。对于超声速情况,证明:精确的流线方程为 $\left(M=\dfrac{2\pi}{\lambda},N=\dfrac{4\pi^2\epsilon B}{\lambda^2}\right)$

$$
y=\dfrac{1}{B}\left\{x-\dfrac{\lambda}{\pi}\arctan\left\{\dfrac{1}{M}\left[N-\sqrt{M^2-N^2}\tan\left(-\dfrac{\sqrt{M^2-N^2}x}{2}+C\right)\right]\right\}\right\}
$$

⑤ 画出流线图(从 $x=0,y=0.1\lambda,0.5\lambda,\lambda,5\lambda$ 画出 4 条流线),画出压力系数沿壁面分曲线,比较亚声速和超声速的区别。

习题 4.1.2(波阻) 二维超声速线化势流在坐标为 $y_w=-\epsilon\cos(2\pi x/\lambda)$ 波形薄翼(厚度为 0)的上面和下面流过,试证明:一个波长的壁面上升力系数和波阻系数分别为 $c_l=0,c_d=\dfrac{8\pi^2\epsilon^2}{B\lambda^2}$,$B=\sqrt{Ma_\infty^2-1}$。

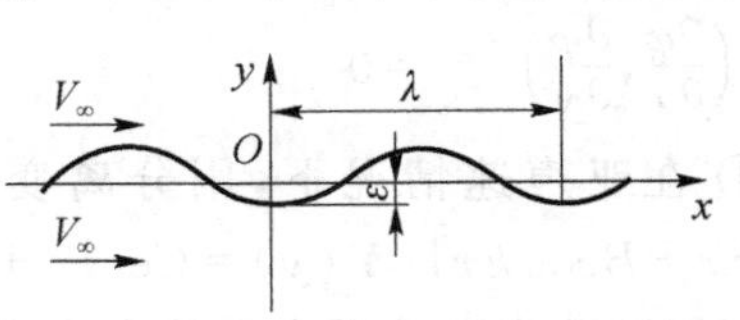

提示:按 4.1.2 超声速小扰动理论,上下表面

题 4.1-2图　超声速气流沿波形壁上下表面流动

压力系数分别为

$$C_{p\pm} \approx \pm \frac{2\theta(x)}{B} = \pm \frac{2}{B}\left(\frac{dy_w}{dx}\right) = \pm \frac{4\pi\varepsilon}{B\lambda}\sin\frac{2\pi x}{\lambda}$$

一个波长的壁面升力系数和波阻系数计算式为

$$c_l = \frac{1}{\lambda}\int_0^\lambda [C_{p-} - C_{p+}]_w dx, \quad c_d = \frac{1}{\lambda}\int_0^\lambda \left[(C_{p+})_w\left(\frac{dy}{dx}\right)_w - (C_{p-})_w\left(\frac{dy}{dx}\right)_w\right]d\xi$$

习题 4.1.3（超声速局部凸起物气动力） 考虑 $Ma_\infty = 2, p_\infty = 50$ Pa 的超声速气流，流过题 4.1-3 图所示的带有小尖拱的平板壁面。用超声速小扰动理论，求作用在尖拱上力的垂直分量和水平分量。

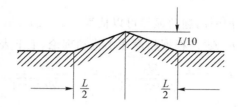

图 4.1-3 超声速气流流经一带有尖拱的平壁

提示：拱尖迎风面和背风面的斜率 θ 分别为 $\pm 1/5$。按小扰动理论，作用在小拱尖迎风面和背风面的压力系数均可写为 $2\theta/B$。

参考答案：$Y = 0$，$X = \dfrac{2\gamma p_\infty Ma_\infty^2 L}{25B}$。

习题 4.1.4（亚声速局部凸起物） 一架亚声速飞机，由于制造不完善，在翼面上出现了一

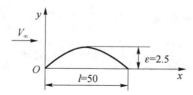

题 4.1-4 图 亚声速气流经过壁面隆起区示意图

块正弦曲线形状的隆起区，该区顺风方向长度为 50 mm，最高点 2.5 mm。在某次飞行中，隆起区前的来流马赫数为 0.70。如果作为近似，用习题 4.1.2 波形壁结果，试问隆起区最高点的马赫数数是多少？

提示：如果按波形壁结果，那么按习题 4.1.2，顶点压力系数可按

$$C_p = -\frac{4\pi\varepsilon}{\lambda}\frac{1}{\sqrt{1 - Ma_\infty^2}}\cos\frac{2\pi x}{\lambda}$$

近似。当地马赫数与当地压力系数的关系，见习题 3.1.5。

参考答案：最高点压力系数 $C_p \approx -0.44$，马赫数 $Ma \approx 0.87$。

习题 4.1.5（抛物形翼型升阻力特性） 超声速水平来流遇到由抛物线 $y = -hx^2/c^2$ 作为中弧线的薄翼型，假定 $h \ll c$。用小扰动线化理论求：①上下翼面压力系数、升力系数、阻力系数和力矩系数的解析表达式。②针对具体条件 $Ma_\infty = 2$ 和 $h = 0.1c$，给出上下翼面压力分布。③当 $Ma_\infty = 2$ 和 $h = 0.1c$ 时，计算波阻系数并和 10% 相对厚度的菱形、平板翼型的波阻进行

比较(假设三种翼型的升力系数相同)。

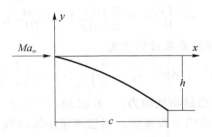

题 4.1-5 图　抛物线翼型升阻特性

解　弦长为 $c_A=\sqrt{c^2+h^2}\approx c$，迎角显然可以估算为 $\alpha=\arctan(h/c)\approx h/c$。翼型相对于风轴的斜率为 $\theta=\mathrm{d}y/\mathrm{d}x=-2hx/c^2$。根据超声速小扰动理论，上下表面压力系数为

$$C_{p\pm}=\pm\frac{2\theta_\pm}{\sqrt{Ma_\infty^2-1}}\simeq\mp\frac{4hx}{c^2}\frac{}{\sqrt{Ma_\infty^2-1}}$$

升力系数和升致波阻分别为

$$c_1=\frac{4\alpha}{\sqrt{Ma_\infty^2-1}}\simeq\frac{4h}{c}\frac{}{\sqrt{Ma_\infty^2-1}},\quad (c_d)_\alpha=\frac{4\alpha^2}{\sqrt{Ma_\infty^2-1}}\simeq\frac{4h^2}{c^2}\frac{}{\sqrt{Ma_\infty^2-1}}$$

零升波阻系数为

$$(c_d)_0=\frac{2}{\sqrt{Ma_\infty^2-1}}\left\{\frac{1}{c_A}\int_0^{c_A}\left[\sigma_+^2+\sigma_-^2\right]\mathrm{d}\xi\right\}$$

翼型相对于风轴的斜率为 $\theta=\mathrm{d}y/\mathrm{d}x=-2hx/c^2$，相对于体轴(弦线)的斜率为

$$\sigma_\pm=\theta+\alpha=\frac{h}{c}\left(1-\frac{2x}{c}\right)\approx\frac{h}{c}\left(1-\frac{2\xi}{c}\right)$$

故
$$(c_d)_0=\frac{4h^2}{c_A c^2}\frac{}{\sqrt{Ma_\infty^2-1}}\int_0^{c_A}\left(1-\frac{2\xi}{c}\right)^2\mathrm{d}\xi\approx\frac{4h^2}{3c^2}\frac{}{\sqrt{Ma_\infty^2-1}}$$

故波阻系数为

$$c_d=(c_d)_\alpha+(c_d)_0=\frac{16h^2}{3c^2}\frac{}{\sqrt{Ma_\infty^2-1}}$$

由于 $A_\pm=\mp\int_0^{c_A}\sigma_+\xi\mathrm{d}\xi\approx0$，相对于前缘的力矩系数为

$$c_{m,LE}=-\frac{1}{2}c_1+\frac{2}{c_A^2\sqrt{Ma_\infty^2-1}}(A_--A_+)=-\frac{1}{2}c_1-\frac{2h}{c}\frac{}{\sqrt{Ma_\infty^2-1}}$$

将 $Ma_\infty=2$ 和 $h/c=0.1$ 代入升力系数和阻力系数中，得

$$c_1=\frac{4h}{c}\frac{}{\sqrt{Ma_\infty^2-1}}\approx0.231,\quad c_d=\frac{16h^2}{3c^2}\frac{}{\sqrt{Ma_\infty^2-1}}\approx0.0308$$

根据超声速小扰动解，对于任何薄翼的升力系数表达式均为

$$c_1=\frac{4\alpha}{\sqrt{Ma_\infty^2-1}}$$

如果要求题目中三种翼型给出相同升力系数，那么迎角必须一样，即由 4.1.2 节，相对厚度为 10% 的菱形翼型的波阻系数为

$$c_\mathrm{d}=\frac{4}{\sqrt{Ma_\infty^2-1}}\left[\alpha^2+\overline{b}^2\right]=0.046\ 2$$

而平板翼型的波阻系数为

$$c_\mathrm{d1}=\frac{4}{\sqrt{Ma_\infty^2-1}}\alpha^2=0.023\ 1$$

抛物线薄翼有弯度波阻、菱形翼有厚度波阻,而平板翼型则只有升致波阻。

习题 4.1.6(小扰动理论求菱形翼压力系数和升阻力系数)　对于题 4.1-6 图所示菱形翼,给定来流马赫数 $Ma_1=2$ 和来流其他参数 $\rho_1=1.225\ \mathrm{kg/m^3}$,$p_1=101\ 325\ \mathrm{Pa}$,$T_1=300\ \mathrm{K}$,$a_1=340\ \mathrm{m/s}$,$V_1=680\ \mathrm{m/s}$,给定半顶角 $\theta_A=8°$,给定迎角 $\alpha=5°$。用小扰动理论、各区压力系数,求升力系数和阻力系数,并与习题 3.2.15 比较。

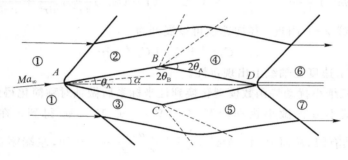

题 4.1-6 图

提示:压力系数为

$$(C_{\mathrm{p}+})_\mathrm{w}=\frac{2}{\sqrt{Ma_\infty^2-1}}(\sigma_+-\alpha),\qquad(C_{\mathrm{p}-})_\mathrm{w}=\frac{-2}{\sqrt{Ma_\infty^2-1}}(\sigma_--\alpha)$$

这里,$\alpha=5°$;对于②区与④区,σ_+ 分别为 θ_A 和 $-\theta_A$;对于③区与⑤区,σ_- 分别为 θ_A 和 $-\theta_A$。按 4.1.2 节,升力系数和阻力系数分别为

$$c_\mathrm{l}=\frac{4\alpha}{\sqrt{Ma_\infty^2-1}},\qquad c_\mathrm{d}=\frac{4\alpha^2}{\sqrt{Ma_\infty^2-1}}+\frac{4\overline{b}^2}{\sqrt{Ma_\infty^2-1}},\qquad\overline{b}=\tan\theta_A\approx\theta_A$$

参考答案:$c_\mathrm{l}\approx0.201$,$c_\mathrm{d}\approx0.088$。

习题 4.1.7(亚声速点源)　记 $\beta=\sqrt{1-Ma_\infty^2}$,并记

$$r_\beta=\begin{cases}\sqrt{(x-\xi)^2+\beta^2(y-\eta)^2} & (2\mathrm{D})\\[4pt]\sqrt{(x-\xi)^2+\beta^2(y-\eta)^2+\beta^2(z-\zeta)^2} & (3\mathrm{D})\end{cases}$$

证明:势函数 $\phi=\dfrac{q}{2\pi}\ln r_\beta$ 和 $\phi=-\dfrac{q}{4\pi}\dfrac{1}{r_\beta}$ 分别满足亚声速小扰动方程 $\beta^2\phi_{xx}+\phi_{yy}=0$ 和 $\beta^2\phi_{xx}+\phi_{yy}+\phi_{zz}=0$,并且由速度 $v_r=\partial\phi/\partial r$ 决定的以 (ξ,η) 或 (ξ,η,ζ) 为中心点的任意封闭曲线或曲面的体积流量正好等于 q。

提示:直接代入进行验证。

习题 4.1.8(超声速点源)　记 $B=\sqrt{Ma_\infty^2-1}$,并记 $r_B=\sqrt{(x-\xi)^2-B^2(y-\eta)^2-B^2(z-\zeta)^2}$。

证明:势函数

$$\phi=\begin{cases}-\dfrac{q}{2\pi}\dfrac{1}{r_B}, & (x-\xi)^2\geqslant B^2(y-\eta)^2+B^2(z-\zeta)^2 & (后马赫锥)\\[8pt]0, & (x-\xi)^2<B^2(y-\eta)^2+B^2(z-\zeta)^2\end{cases}$$

满足超声速小扰动方程 $B^2\phi_{xx}-\phi_{yy}-\phi_{zz}=0$，并且由速度 $v_r=\partial\phi/\partial r$ 决定的以 (ξ,η,ζ) 为中心点的任意封闭曲面的体积流量正好等于 q。

提示：直接代入进行验证。注意，与亚声速相比，这里分母为 2π 而不是 4π，原因在于对于超声速流动，点源产生的流量只指向后马赫锥。

习题 4.1.9（轴对称问题小扰动模型）　由习题 3.2.1 知，圆柱坐标系下轴对称无旋流动模型为

$$(V_x^2-a^2)\frac{\partial V_x}{\partial x}+2V_xV_r\frac{\partial V_x}{\partial r}+(V_r^2-a^2)\frac{\partial V_r}{\partial r}-\frac{a^2V_r}{r}=0$$

① 证明：一般亚声速和超声速情况下的小扰动速度势线化方程为

$$(1-Ma_\infty^2)\frac{\partial v_x}{\partial x}+\frac{1}{r}\frac{\partial(rv_r)}{\partial r}=0 \quad 或 \quad (1-Ma_\infty^2)\frac{\partial^2\varphi}{\partial x^2}+\frac{\partial^2\varphi}{\partial r^2}+\frac{1}{r}\frac{\partial\varphi}{\partial r}=0$$

② 证明：在轴线 $r\to 0$ 附近，径向速度可以展开为

$$v_r=C_0r^{-1}+C_2r+C_3r^2+\cdots$$

即在小扰动假设下，速度在轴线上出现奇性。

提示：可以由三维小扰动势函数模型转换到柱坐标系后做轴对称简化得到，也可以直接从轴对称无旋流动基本方程做小扰动展开 $V_x=V_\infty+v_x$，$V_r=v_r$ 得到。在轴线附近，显然 $(1-Ma_\infty^2)\dfrac{\partial v_x}{\partial x}$ 必然有限，从而由 $(1-Ma_\infty^2)\dfrac{\partial v_x}{\partial x}+\dfrac{1}{r}\dfrac{\partial(rv_r)}{\partial r}=0$ 知，左端第二项也有限，即在轴线附近应有 $\left|\lim\limits_{r\to 0}\dfrac{1}{r}\dfrac{\partial(rv_r)}{\partial r}\right|<\infty$。以此可证明速度在轴线上的奇异性。

习题 4.1.10　旋成体的半径分布记为 $R(x)$。证明：在没有迎角时，绕细长旋成体流动小扰动势函数在旋成体表面或轴线上满足的边界条件可写为

$$\left(\frac{\partial\varphi}{\partial r}\right)_{r=R(x)}=V_\infty\frac{\mathrm{d}R(x)}{\mathrm{d}x} \quad 或 \quad \left(r\frac{\partial\varphi}{\partial r}\right)_{r=0}=V_\infty R(x)\frac{\mathrm{d}R(x)}{\mathrm{d}x}$$

提示：第一式显然成立，表明气流方向与物面相切。按题 4.1.7，当 $r\to 0$ 时，有 $v_r=\dfrac{\partial\varphi}{\partial r}\sim r^{-1}$，为了避免造成无限大，将第一式两端同时乘以 $R(x)$，于是有

$$\left(R(x)\frac{\partial\varphi}{\partial r}\right)_{r=R(x)}=V_\infty R(x)\frac{\mathrm{d}R(x)}{\mathrm{d}x}$$

而当 $r\to 0$ 时也有 $R(x)\to 0$，因此上式便可写成

$$\left(r\frac{\partial\varphi}{\partial r}\right)_{r=0}=V_\infty R(x)\frac{\mathrm{d}R(x)}{\mathrm{d}x}$$

习题 4.1.11　利用展开习题 4.1.9，$v_r=C_0r^{-1}+C_2r+C_3r^{-2}+\cdots$ 以及无旋条件 $\partial v_r/\partial x=\partial v_x/\partial r$，证明：在细长旋成体轴线附近有 $v_r^2\sim v_x$；进一步证明，对于轴对称小扰动流动，线化压力系数表达式为

$$C_p=-\frac{2v_x}{V_\infty}-\left(\frac{v_r}{V_\infty}\right)^2$$

证明　在细长旋成体轴线附近 $r\to 0$，有 $v_r\approx C_0r^{-1}$，故从无旋条件 $\partial v_r/\partial x=\partial v_x/\partial r$ 知，$v_x\sim r^{-2}$ 即 $v_x\sim v_r^2$。因此，与 v_x 相比，v_r^2 不可忽略。对 1.2.2 节无旋流动的压力系数表达式 $C_p=1-V^2/V_\infty^2$ 做小扰动展开，在轴对称情况下，保留与 v_x,v_r^2 相关的项，得

$$C_{\mathrm{p}} \approx -\frac{2v_x}{V_\infty} - \left(\frac{v_r}{V_\infty}\right)^2$$

证毕。

习题 4.1.12(亚声速轴对称流动基本方程)　旋成体的半径分布记为 $R(x)$，从旋成体顶点 O 至底部 L，沿轴线布置强度为 $q(\xi)$ 的点源，以模拟旋成体对来流的扰动。证明：确定点源的基本方程为

$$\frac{\beta^2 R(x)}{4\pi}\int_O^L \frac{q(\xi)\mathrm{d}\xi}{[(x-\xi)^2+\beta^2 R^2]^{3/2}} = V_\infty \frac{\mathrm{d}R(x)}{\mathrm{d}x}, \quad \beta = \sqrt{1-Ma_\infty^2}$$

提示：设 ξ 为 x 轴上点源的坐标，单位长度上点源的强度为 $q(\xi)$。由习题 4.1.7 知，亚声速情况下，任一点 $p(x,r)$ 的诱导势函数为

$$\varphi(x,r) = -\frac{1}{4\pi}\int_O^L \frac{q(\xi)\mathrm{d}\xi}{\sqrt{(x-\xi)^2+\beta^2 r^2}}, \quad \beta = \sqrt{1-Ma_\infty^2}$$

将 $\varphi(x,r)$ 代入习题 4.1.10 的边界条件即得到所需要结果。

习题 4.1.13 (极细长旋成体亚声速轴对称流动)　对于极细长旋成体，可以假设各点点源的流量只是从侧面流出，从而 $v_r = q(\xi)/2\pi r$，由此并利用边界条件证明

$$q(\xi) = 2\pi R(\xi)V_\infty \frac{\mathrm{d}R(\xi)}{\mathrm{d}\xi} = V_\infty S'(\xi), \quad S'(\xi) = \frac{\mathrm{d}S(\xi)}{\mathrm{d}\xi}$$

其中，$S(\xi)$ 为旋成体横截面积。由此表达式证明：势函数表达式为

$$\varphi(x,r) = -\frac{V_\infty}{4\pi}\int_O^L \frac{S'(\xi)\mathrm{d}\xi}{\sqrt{(x-\xi)^2+\beta^2 r^2}}, \quad \beta = \sqrt{1-Ma_\infty^2}$$

提示：将 $v_r = q(\xi)/2\pi r$ 代入到边界条件 $v_r\big|_{r=R(x)} = V_\infty R'(x)$ 中，得到点源分布后，再代入

$$\varphi(x,r) = -\frac{1}{4\pi}\int_0^L \frac{q(\xi)\mathrm{d}\xi}{\sqrt{(x-\xi)^2+\beta^2 r^2}}$$

习题 4.1.14(极细长旋成体超声速轴对称流动)　考虑如题 4.1–14 图所示的绕极细长旋成体超声速流动，在体轴上布置强度为 $q(x)$ 的超声速点源，其中 OQ 段的点源对 $P(x,r)$ 点有影响，Q 点为 P 点前马赫锥与体轴的交点。

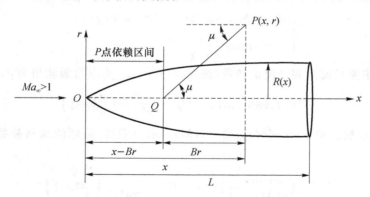

题 4.1 – 14 图

① 仿习题 4.1.12，利用习题 4.1.8 超声速点源解以及习题 4.1.10 中的边界条件，证明轴对称超声速流动基本方程为

$$\frac{1}{2\pi R(x)}\int_O^{x-Br}\frac{q(\xi)(x-\xi)\mathrm{d}\xi}{\sqrt{(x-\xi)^2-B^2R^2}}=V_\infty\frac{\mathrm{d}R(x)}{\mathrm{d}x},\quad B=\sqrt{Ma_\infty^2-1}$$

这里,积分区域的上限 $x-Br$ 考虑到了只有前马赫锥中的点源才对当地有影响。

② 验证该基本方程的解为

$$\varphi(x,r)=\frac{V_\infty}{2\pi}\frac{\mathrm{d}S(x)}{\mathrm{d}x}\ln\frac{Br}{2}-\frac{V_\infty}{2\pi}\int_O^x S''(\xi)\ln(x-\xi)\mathrm{d}\xi$$

③ 将 $v_x=\partial\varphi/\partial x, v_r=\partial\varphi/\partial r$ 代入习题 4.1.11 中的小扰动压力系数关系式,证明:

$$C_p=-\frac{S''(x)}{\pi}\ln\frac{BR}{2}-(R'(x))^2+\frac{1}{\pi}\frac{\mathrm{d}}{\mathrm{d}x}\int_O^x S''(\xi)\ln(x-\xi)\mathrm{d}\xi$$

④ 将压力系数沿旋成体表面积分,投影到轴线方向,除以旋成体最大横面积 $S_{\max}$,并假定旋成体末端横截面积满足 $S'(L)=0$。证明:由此得到的波阻系数为

$$C_D=-\frac{1}{\pi S_{\max}}\int_O^L\int_O^x S''(\xi)S''(x)\ln(x-\xi)\mathrm{d}\xi\mathrm{d}x$$

提示:这里没有考虑旋成体底部压力的积分带来的阻力,这种阻力称为底阻,与尾部流动有关。

习题 4.1.15(三角翼二维流区压力系数) 设三角翼后掠角为 $\chi=75°$,设迎角为 $\alpha=10°$,分别用小扰动理论和激波法,求来流马赫数为 $Ma_\infty=2.5$ 时,下表面二维流区的压力系数。

提示:激波求解法参考习题 3.2.20,用小扰动理论时,压力系数为 $C_{p-}(\alpha,\chi)=$

$$+\frac{2\alpha}{\sqrt{Ma_\infty^2-\cos^{-2}\chi}}。$$

习题 4.1.16(无限斜置翼的激波膨胀波法与小扰动理论解) 考虑无限斜置平板翼,迎角为 $\alpha=10°$。后掠角取三组值 $\chi=0°,5°,75°$,来流马赫数取三组值 $Ma_\infty=3,5,10$ 时,求机翼上下表面的压力系数、升力系数和阻力系数。要求:分别按小扰动理论和激波膨胀波法求解,比较在什么条件下小扰动理论误差可以接受。

提示:小扰动理论是在一般超声速情况下建立的模型,因此对于高马赫数流动,误差应较大。对于激波膨胀波法,基于法向速度的马赫数和迎角为

$$\begin{cases}Ma_n=Ma_\infty\sin\{\arccos(\cos\alpha\sin\chi)\}\\ \alpha_{\text{eff}}=\arctan\dfrac{\tan\alpha}{\cos\chi}\end{cases}$$

用 Ma_n,α_{eff} 作为来流马赫数和气流偏转角,按 $\alpha_{\text{eff}}=f_\beta(Ma_n,\beta)$ 求得激波角为 β,按

$$\frac{p_{\text{sh}}}{p_\infty}=f_p(Ma_n,\beta),\quad C_{p-}=\frac{2}{\gamma Ma_\infty^2}\left(\frac{p_{\text{sh}}}{p_\infty}-1\right)$$

求得下表面压力系数。按 $\alpha_{\text{eff}}=\nu(Ma_{\text{pm},n})-\nu(Ma_n)$ 求普朗特-迈耶流动马赫数的下游马赫数 $Ma_{\text{pm},n}$,按

$$\frac{p_{\text{pm}}}{p_\infty}=\left(\frac{\vartheta(Ma_n)}{\vartheta(Ma_{\text{pm},n})}\right)^{\frac{\gamma}{\gamma-1}},\quad C_{p+}=\frac{2}{\gamma Ma_\infty^2}\left(\frac{p_{\text{pm}}}{p_\infty}-1\right)$$

求上表面压力系数。按

$$C_L=(C_{P-}-C_{P+})\cos\alpha,\quad C_D=(C_{P-}-C_{P+})\sin\alpha$$

得升力系数与波阻系数。

对于小扰动理论,压力系数分别为

$$C_{p\pm}(\alpha,\chi)=\mp\frac{2\alpha}{\sqrt{Ma_\infty^2-\cos^{-2}\chi}}$$

升力系数和波阻系数分别

$$C_L(\alpha,\chi)=\frac{4\alpha}{\sqrt{Ma_\infty^2-\cos^{-2}\chi}},\quad C_D(\alpha,\chi)=\frac{4\alpha^2}{\sqrt{Ma_\infty^2-\cos^{-2}\chi}}$$

习题 4.2.1（用仿射变换得到亚声速与超声速空间点源势函数）　对于不可压缩流动，位于 (ξ_1,η_1,ξ_1) 空间点源（总体积流量为 q）诱导的势函数表达式为

$$\varphi(x_I,y_I,z_I)=-\frac{q}{4\pi r_I}=-\frac{q}{4\pi\sqrt{(x_I-\xi_1)^2+(y_I-\eta_I)^2+(z_I-\zeta_I)^2}}$$

① 记 $\beta=\sqrt{1-Ma_\infty^2}$，证明：在亚声速情况下，势函数表达式为

$$\varphi(x,y,z)=-\frac{q}{4\pi r_\beta},\quad r_\beta=\sqrt{(x-\xi)^2+\beta^2(y-\eta)^2+\beta^2(z-\zeta)^2}$$

② 记 $B=\sqrt{Ma_\infty^2-1}$，证明：在超声速情况下，势函数表达式为

$$\varphi(x,y,z)=\begin{cases}-\dfrac{q}{2\pi r_B},&x-\xi>B\sqrt{(y-\eta)^2+(z-\zeta)^2}\\[2mm]0,&x-\xi<B\sqrt{(y-\eta)^2+(z-\zeta)^2}\end{cases}$$

$$r_B=\sqrt{(x-\xi)^2-B^2(y-\eta)^2-B^2(z-\zeta)^2}$$

提示：将亚声速仿射变换 $x=x_I,y=y_I/\beta,z=z_I/\beta$ 直接代入不可压点源势函数表达式即可证明。

在超声速情况下，则使用 $x=x_I,y=\mathrm{i}y_I/B,z=\mathrm{i}z_I/\beta$。如此会得到 $\varphi(x,y,z)=-q/4\pi r_B$。但对于超声速点源，物理上只能向后马赫锥流，所以前马赫锥内的势函数为 0，而后马赫锥内的势函数要变为原来 2 倍，即 $\varphi(x,y,z)=-q/2\pi r_B$。

习题 4.2.2（亚声速局部凸起物）　一架亚声速飞机，由于制造不完善，在翼面上出现了一块正弦曲线形状的隆起区，该区顺风方向长度为 50 mm，最高点 2.5 mm。在某次飞行中，隆起区前的来流马赫数 0.70。用薄翼厚度理论估算顶点压力系数，并用卡门-钱学森法进行压力系数修正。试问隆起区最高点的马赫数数是多少？如果用普朗特-葛劳沃特法则，则是多少？

提示：由习题 1.4.1 知，不可压缩情况下的压力系数为

$$C_{pI}(x,y_w)=\int_0^{c_A}\frac{\xi-x}{\pi((\xi-x)^2+(y_c(x)/2)^2)}\frac{\mathrm{d}y_c(\xi)}{\mathrm{d}\xi}\mathrm{d}\xi$$

这里

$$c_A=50\times10^{-3}\,\mathrm{m},\quad y_w(x)=\frac{1}{2}y_c(x)=2.5\times10^{-3}\sin\frac{2\pi x}{100\times10^{-3}}$$

求得不可压顶点压力系数 C_{pI}。将该数值以及 $Ma_\infty=0.7$ 代入卡门-钱学森公式得

$$C_p=\frac{C_{pI}}{\sqrt{1-Ma_\infty^2}+\dfrac{1}{2}C_{pI}(1-\sqrt{1-Ma_\infty^2})}$$

得定点压力系数。将 $Ma_\infty=0.7,C_p\approx-0.336$ 代入压力系数与马赫数的关系式

$$\frac{2}{\gamma Ma_\infty^2}\left(\left(1+\frac{\gamma-1}{2}Ma_\infty^2\right)^{\frac{\gamma}{\gamma-1}}\left(1+\frac{\gamma-1}{2}Ma^2\right)^{-\frac{\gamma}{\gamma-1}}-1\right)=C_p$$

解得定点马赫数。

参考答案：$C_p \approx -0.336, Ma \approx 0.825$。

习题 4.2.3　设有来流马赫数 $Ma_\infty = 0.4, \alpha = 1°$ 的亚声速薄翼型流动，翼型上某点的压力系数为 $C_p = 0.35$。分别用普朗特-葛劳沃特法则和卡门-钱学森法则，求马赫数 $Ma_\infty = 0.0$ 和 0.8 时，相同迎角相同位置的压力系数。

提示：来流马赫数为 Ma_∞ 对应的压力系数关系式用

$$C_p(Ma_\infty) = \frac{C_{pI}}{\sqrt{1-Ma_\infty^2} + \frac{\bar{\omega}}{2}C_{pI}(1-\sqrt{1-Ma_\infty^2})}$$

对于卡门-钱学森法则，$\bar{\omega}=1$；对于普朗特-葛劳沃特法则，$\bar{\omega}=0$。给定某马赫数压力系数，由上式求出不可压缩情况下，该点的压力系数，再代入另一马赫数对应的公式，求对应的压力系数。

习题 4.2.4（亚声速升力系数可压缩性修正）　NACA4412 翼型的亚声速实验所测得的升力系数为 $c_l(Ma_\infty)$ 为 $c_a(0.2)=0.108, c_a(0.3)=0.113, c_a(0.4)=0.124, c_a(0.6)=0.130, c_a(0.65)=0.132, c_a(0.70)=0.127, c_a(0.75)=0.100$。用普朗特-葛劳沃特法则，根据 $Ma_\infty=0.2$ 的解，推算其他 Ma_∞ 数下 c_l 的值。

参考答案：根据普朗特-葛劳沃特法则有，$\dfrac{c_{l1}}{c_{l2}} = \dfrac{\sqrt{1-Ma_{\infty 2}^2}}{\sqrt{1-Ma_{\infty 1}^2}}$。

习题 4.2.5（临界马赫数）　在不可压缩流动中，相对厚度 $\bar{b}$ 分别取 0.25，0.18，0.12 和 0.05 的翼型上，最小压力系数 $C_{pmin,I}$ 分别为 $-1.20, -0.75, -0.50$ 和 -0.20。求翼型的临界马赫数。

提示：在卡门-钱学森公式中代入临界压力系数 $C_{p,cr}$ 和临界马赫数 Ma_{cr} 得

$$C_{p,cr}(\bar{b}) = \frac{C_{pmin,I}(\bar{b})}{\sqrt{1-Ma_{cr}^2} + \frac{1}{2}C_{pmin,I}(\bar{b})(1-\sqrt{1-Ma_{cr}^2})}$$

另外，临界马赫数和临界压力满足通用的等熵关系

$$C_{p,cr} = \frac{2}{\gamma Ma_{cr}^2}\left[\left(\frac{2}{\gamma+1} + \frac{\gamma-1}{\gamma+1}Ma_{cr}^2\right)^{\frac{\gamma}{\gamma-1}} - 1\right]$$

将不同相对厚度的不可压缩最小压力系数代入，解得 $C_{p,cr}$ 和 Ma_{cr}。

参考答案（临界马赫数）：0.5527，0.6345，0.7002，0.8204。

习题 4.2.6（后掠翼的临界马赫数估计）　考虑习题 4.2.5 的翼型与条件，用到无限斜置翼上，设后掠角为 $\chi=30°$，迎角足够小，问习题 4.2.5 给出的临界马赫数分别变为多少？

提示：按 $Ma_n = Ma_\infty \sin\{\arccos(\cos\alpha\sin\chi)\} \approx Ma_\infty\cos\chi$ 从而 $Ma_{cr,n} \approx Ma_{cr,\infty}\cos\chi$ 建立正置翼与无限斜置翼的临界马赫数关系。习题 4.2.5 给出的临界马赫数当作 $Ma_{cr,n}$，用 $Ma_{cr,n}/\cos\chi$ 得带无限斜置翼的临界马赫数 $Ma_{cr,\infty}$。

习题 4.2.7（旋成体轴对称小扰动方程）　证明：旋成体轴对称绕流跨声速小扰动速度势方程为

$$\left(1-M_\infty^2 - \frac{\gamma+1}{V_\infty}M_\infty^2\frac{\partial\varphi}{\partial x}\right)\frac{\partial^2\varphi}{\partial x^2} + \frac{\partial^2\varphi}{\partial r^2} + \frac{1}{r}\frac{\partial\varphi}{\partial r} = 0$$

提示：将直角坐标系下的跨声速小扰动方程写成矢量形式

$$\nabla^2\phi-\left(M_\infty^2-\frac{\gamma+1}{V_\infty}Ma_\infty^2\frac{\partial\phi}{\partial x}\right)\frac{\partial^2\phi}{\partial x^2}=0$$

并利用柱坐标系下拉普拉斯算子的展开式

$$\nabla^2\phi=\frac{1}{r}\frac{\partial}{\partial r}\left(\frac{\partial\phi}{\partial r}\right)+\frac{1}{r^2}\frac{\partial^2\phi}{\partial\theta^2}+\frac{\partial^2\phi}{\partial z^2}$$

以及轴对称假设,即可证明结果。

习题 4.2.8(驻点区域的小扰动方程)　在驻点邻域,将 v_y,v_z 看成小量,将扰动速度分量 v_x 看成低一级的量。试证明:扰动速度势方程为

$$\frac{1-Ma_\infty^2-\frac{\gamma+1}{V_\infty}Ma_\infty^2\varphi_x-\frac{\gamma+1}{2V_\infty^2}Ma_\infty^2\varphi_x^2}{1-\frac{\gamma-1}{V_\infty}Ma_\infty^2\varphi_x-\frac{\gamma-1}{2V_\infty^2}Ma_\infty^2\varphi_x^2}\varphi_{xx}+\varphi_{yy}+\varphi_{zz}=0$$

提示:小扰动展开后,本来得到 $(1-Ma_\infty^2)\varphi_{xx}+\varphi_{yy}+\varphi_{zz}=Ma_\infty^2\Theta$。其中,右端 Θ 与 v_x 相关的不可忽略的量为

$$\Theta=\left[(\gamma+1)\frac{v_x}{V_\infty}+\frac{\gamma+1}{2}\frac{v_x^2}{V_\infty^2}\right]\frac{\partial v_x}{\partial x}+\left[(\gamma-1)\frac{v_x}{V_\infty}+\frac{\gamma-1}{2}\frac{v_x^2}{V_\infty^2}\right]\frac{\partial v_y}{\partial y}+\left[(\gamma-1)\frac{v_x}{V_\infty}+\frac{\gamma-1}{2}\frac{v_x^2}{V_\infty^2}\right]\frac{\partial v_z}{\partial z}$$

习题 4.2.9　推导可压缩定常轴对称旋成体流动的附面层方程。

提示:按习题 2.1.1 标注,不难得到

$$\begin{cases}\frac{\partial}{\partial x}(\rho r_0 V_x)+\frac{\partial}{\partial y}(\rho r_0 V_y)=0\\[2mm]\rho\left(V_x\frac{\partial V_x}{\partial x}+V_y\frac{\partial V_x}{\partial y}\right)=-\frac{\mathrm{d}p}{\mathrm{d}x}+\frac{\partial}{\partial y}\left(\mu\frac{\partial V_x}{\partial y}\right)\end{cases}$$

习题 4.2.10(平板附面层可压缩性效应修正)　用与习题 2.1.8 相同条件,即考虑长度为 $L=1\,\mathrm{m}$ 的平板,雷诺数为 $Re_L=1.37\times10^8$。用到可压缩情况,来流马赫数为 $Ma_1=2.94$,来流温度为 $T_1=273K$。考虑绝热与等温壁两种情况。对于等温壁,壁面温度为 $T_w=320\,K$。用基于卡门动量积分关系的平板附面层参数公式,求在平板末端的附面层厚度、当地摩擦系数、位移厚度,以及平板单面摩阻系数。采用湍流公式(见题 2.1.8),以及由 2.4.6 节参考温度法求可压缩性修正。参考温度采用

$$\frac{T^*}{T_1}=0.5+0.5\frac{T_w}{T_1}+0.22\left(\frac{T_r}{T_1}-1\right),\quad T_r=T_1\left(1+\mathscr{R}\frac{\gamma-1}{2}Ma_1^2\right),\quad \mathscr{R}=0.89$$

提示:可压缩性修正后的附面层参数为

$$\delta^*(x)=\sqrt[5]{c}\,\delta(x),\quad c_f^*\equiv\frac{\tau_w^*}{q^*}=\sqrt[5]{c}\,c_f,\quad C_f^*\equiv\frac{D}{q^*}=\sqrt[5]{c}\,C_f$$

其中,$c=\rho_1\mu(T^*)/\rho(T^*)\mu(T_1)$ 为查普曼—罗宾逊数。可压缩流结果用星号标注。动压、附面层内参考密度和黏度计算式为

$$q^*=\frac{1}{2}\rho(T^*)V_1^2,\quad \rho^*=\frac{T_1}{T^*}\rho_1,\quad \mu(T)=1.716\times10^{-5}\times\frac{273+110.4}{T+110.4}\left(\frac{T}{273}\right)^{1.5}$$

基于来流动压 $q_1=\frac{1}{2}\rho_1V_1^2$,摩擦系数与摩阻系数为

$$c_f^{(c)}\equiv\frac{\tau_w^*}{q_1}=\sqrt[5]{c}\,\frac{T_1}{T^*}c_f,\quad C_f^{(c)}\equiv\frac{D}{q_1}=\sqrt[5]{c}\,\frac{T_1}{T^*}C_f$$

参考答案(部分结果)　$T_r\approx693.027\,K$,对于绝热壁,$T^*\approx2.108T_1$,$C\approx3.6067$,考虑可

压缩效应修正后,摩擦系数是不可压缩解的 61%。对于等温壁,$T^* \approx 1.426 T_1$,$C \approx 1.861$,考虑可压缩效应修正后,摩擦系数是不可压缩流解的 79%。

习题 4.2.11(平板翼型升阻比)　考虑两组马赫数 $Ma_\infty = 0.5, 3$,来流温度为 $T_\infty = 226.6\,\text{K}$,等温壁壁温为 $T_w = 593.4\,\text{K}$,弦长为 c_A 的平板翼型迎角为 $10°$,来流雷诺数取两组 $Re_{c_A} = 10^6$ 和 $Re_{c_A} = 10^7$,分别按照层流和湍流估算升阻比。

提示:亚声速情况下升力系数按薄翼理论与普朗特-葛劳沃特修正为,$c_1 = 2\pi\alpha / \sqrt{1 - Ma_\infty^2}$。超声速情况下的升力系数和波阻系数按小扰动理论分别为 $c_1 = 4\alpha / \sqrt{Ma_\infty^2 - 1}$,$c_{d,w} = 4\alpha^2 / \sqrt{Ma_\infty^2 - 1}$。摩阻系数,按卡门-波尔豪森不可压缩解以及参考温度修正,可写为

$$C_{f,层流} = \sqrt{c}\frac{T_\infty}{T^*}\frac{1.38}{Re_{c_A}^{1/2}}, \quad C_{f,湍流} = \sqrt[5]{c}\frac{T_\infty}{T^*}\frac{0.072}{Re_{c_A}^{1/5}}, \quad c = \frac{\rho_\infty \mu(T^*)}{\rho(T^*)\mu(T_\infty)} \approx \frac{T^* \mu(T^*)}{T_\infty \mu(T_\infty)}$$

参考温度求法为

$$\frac{T^*}{T_\infty} = 0.5 + 0.5\frac{T_w}{T_\infty} + 0.22\left(\frac{T_r}{T_\infty} - 1\right), \quad \frac{T_r}{T_\infty} = 1 + \mathscr{R}\frac{\gamma-1}{2}Ma_\infty^2$$

层流和湍流的恢复因子 $\mathscr{R}$ 分别为 $0.85, 0.89$。黏度按萨特兰公式计算。最后,升阻比计算式为 $K = c_1 / (c_{d,w} + 2C_f)$。

参考文献

[1] 陈再新,刘福长,龚鼎一,等.飞行器空气动力学.北京:[出版者不详],1985.

[2] Emmos H W, Brainerd J G. Temperature Effects in a Laminar Compressible Fluid Boundary Layer along a Flat Plate. Journal of Applied Mechanics, 1941,8: A 105.

[3] Richard E. Airfoil Design and Data. Berlin: Springer-Verlag, 1990.

[4] Heaslet M A, Lomax H. The Use of Source-Sinkand Doublet Distributions Extended to the Solution ofArbitrary Boundary Value Problems in Supersonic Flow: NACA TN No. 1515[R]. Washington: NACA, I947.

[5] Babinsky H, Harvey J K. Shock Wave-Boundary-Layer Interactions. Cambridge: Cambridge University Press,2012.

[6] Landau L D ,Lifshtz E M. Fluid Mechanics. 2 ed. Oxford: Butterworth-Heinemann, , 1987.

[7] Lomax H, Heaslet M A, Fuller F B, et al. Two-and three-dimensional unsteady lift problems in high-speed flight: NACA Report [R]. Washington: NACA, 1952;1077.

[9] Zhang Y S , Bi W T, Hussain F, et al. Mach-number-invariant mean-velocity profile of compressible turbulent boundary layers. Physical Review Letters, 2012,109:054502.

[9] Zhang Y S; Bi W T, Hussain F , et al. A generalized Reynolds analogy for compressible wall-bounded turbulent flows. Journal of Fluid Mechanics ,2014,739:392 -420.

第三篇
非定常与高速空气动力学问题

第5章 非定常空气动力学理论基础

本章介绍不可压缩非定常空气动力学和可压缩非定常空气动力学的一些处理方法。

5.1 不可压缩非定常流动简介

本节首先介绍任意运动带来的额外气动力,包括附加惯性力、物体旋转作用力、自由涡升力以及黏性导致的作用力;接着介绍物体外部有自由涡时的镜像法以及考虑自由涡涡升力的处理方法;最后介绍突然启动问题带来的气动力。这些内容只涉及二维不可压缩非定常流动。作为应用,将定性讨论扑翼飞行的气动力问题。

5.1.1 任意刚体运动附加惯性力、旋转气动力、自由涡升力和黏性力

刚体动力学中,一个物体相对于地面参照系的运动可以分解为 3 个方向的平动和围绕 3 个轴的转动,但也可以看成是沿某方向的平动和某轴的转动。如果存在转动,那么绕 z,x,y 这 3 个方向的转动分别称为俯仰、横滚和偏航,如图 5.1-1 所示。促成或阻碍俯仰、横滚和偏航的力矩分别称为俯仰力矩、滚转力矩和偏航力矩。这些转动可以分别由升降舵、副翼差动和方向舵的故意偏转产生俯仰力矩、滚转力矩和偏航力矩后获得,由此可用于控制飞机的爬升、转弯等。

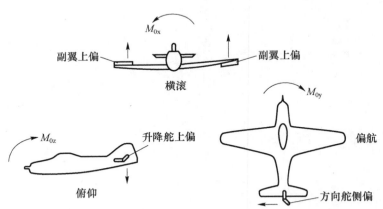

图 5.1-1 横滚、俯仰与偏航运动

下面先介绍三维问题附加惯性力的一般求法,接着介绍任意三维物体做任意运动,在考虑理想和实际流动情况下的力的分解,由此得到一般问题的附加惯性力、旋转气动力、广义儒科夫斯基升力、自由涡作用力(包含镜像涡作用)以及黏性力。

1. 物体一般运动、控制体以及虚拟单位运动势函数

这里采用地面坐标系,即将远方空气看成静止的,物体相对于地面坐标系做任意运动。在地面坐标系中,任意物体的几何中心坐标记为 $x_0(t)$,其平动速度为 $V_0 = \mathrm{d}x_0(t)/\mathrm{d}t$ 如图

5.1-2所示。任意固定在物体上的点 $\boldsymbol{x}_b$ 相对于几何中心 $\boldsymbol{x}_0(t)$ 做转动，转动角速度矢量记为 $\boldsymbol{\omega}_b$，于是点 $\boldsymbol{x}_b$ 相对于静止坐标系的速度为

$$\boldsymbol{V}_b = \boldsymbol{V}_0 + \boldsymbol{\omega}_b \times (\boldsymbol{x}_b - \boldsymbol{x}_0) \tag{5.1.1}$$

物体 (B) 的边界记为 S_b，另外取由流体质点构成的物质面 S_∞。该曲面一方面包含所考虑的物体，另一方面足够远，以致在该曲面上，流动可以看成无旋的，并且由该曲面包含的流体的总涡量为0，外部流体没有涡量。

需要用到虚拟的单位运动势函数。物体单独以单位速度沿着 x_i 方向做匀速运动引起的无旋流动的势函数记为 $\phi_i^{(*)}$。物体单独以单位角速度绕过 $\boldsymbol{x}_0(t)$ 的 x_i 轴做匀速转动引起的无旋流动势函数记为 $\chi_i^{(*)}$。对于一般情况，可以用理论或计算流体力学方法求解这种单位运动引起的无旋流动的速度场，再用某种方法积分出 $\phi_i^{(*)}$ 和 $\chi_i^{(*)}$。这里只给出圆柱例子。在 1.3 节中，给出了来流向右的定常圆柱绕流势函数，改成来流向左后，$\phi = -V_\infty x - V_\infty a^2 r^{-1} \cos\theta$。取 $V_\infty = 1$，转换到地面坐标系（从而圆柱以单位速度向右移动），那么势函数为

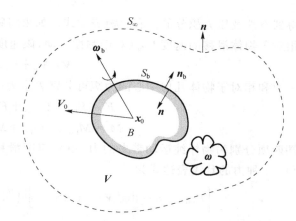

图 5.1-2　体积为 V_b 的物体 B，控制体 Ω_f 由物体边界 S_b 和物质面边界 S_∞ 围成。物质面边界的法向移动速度等于当地流速

$$\phi = -a^2 \frac{\cos\theta}{r} = -a^2 \frac{x}{x^2 + y^2}$$

同理，可构造竖直方向的单位势函数。总之，半径为 a 的圆柱沿两个方向 x,y 平动的单位势函数分别为

$$\phi_1^* = -\frac{a^2 x}{x^2 + y^2}, \quad \phi_2^* = -\frac{a^2 y}{x^2 + y^2} \tag{5.1.2}$$

在物面上，法向流速等于当地物面的法向速度，于是单位势函数满足

$$\frac{\partial \phi_i^{(*)}}{\partial \boldsymbol{n}} = \nabla \phi_i^{(*)} \cdot \boldsymbol{n}_b = n_{b,i}, \quad \frac{\partial \chi_i^{(*)}}{\partial \boldsymbol{n}} = \nabla \chi_i^{(*)} \cdot \boldsymbol{n}_b = ((\boldsymbol{x}_b - \boldsymbol{x}_0) \times \boldsymbol{n}_b)_i \tag{5.1.3}$$

物体做任意运动引起的无旋流动的势函数 Φ 满足线性拉普拉斯方程 $\nabla \Phi = 0$，因此，可以看成基本运动引起的势函数的线性叠加，即

$$\Phi = \phi_j^{(*)} V_{0j} + \chi_j^{(*)} \omega_{bj} \tag{5.1.4}$$

这里用到了爱因斯坦求和法则（余下部分如果涉及，也采用该法则）。于是，任一点的流速 $\boldsymbol{V} = \nabla \Phi$ 的 3 个分量可表示为

$$V_i = V_{0j} \frac{\partial \phi_j^{(*)}}{\partial x_i} + \omega_{bj} \frac{\partial \chi_j^{(*)}}{\partial x_i} \tag{5.1.5}$$

2. 一般三维问题 5 种基础力的分解

针对图 5.1-2 所示的运动物体 B 和控制体 Ω_f，对每个方向 x_i，Howe 引入基于前面定义的单位运动势函数 $\phi_i^{(*)}$ 的调和函数 X_i，即

$$\begin{cases} X_i = x_i - x_{0,i} - \phi_i^{(*)} \\ \nabla X_i = e_i - \nabla \phi_i^{(*)}, \nabla^2 X_i = 0, \dfrac{\partial X_i}{\partial t} = -V_{0,i} \\ \nabla X_i \cdot \boldsymbol{n}_b = \dfrac{\partial X_i}{\partial \boldsymbol{n}} = 0, \boldsymbol{x} \in S_b \\ \nabla X_i \cdot \boldsymbol{n} = \dfrac{\partial X_i}{\partial \boldsymbol{n}} = 1, \boldsymbol{x} \in S_\infty \end{cases} \tag{5.1.6}$$

以得到不涉及压力积分的力和力矩表达式。如果将物体表面 S_b 的流速 $\boldsymbol{V}$ 分解为物体速度 $\boldsymbol{V}_b$ 与相对于物体滑移的速度 $\boldsymbol{V}_{slip}$（对于黏性流动，该速度滑移为 0），即

$$\boldsymbol{V} = \boldsymbol{V}_b + \boldsymbol{V}_{slip}$$

那么力和相对于物体几何中心的力矩可分别表示为（具体证明见附录 D）

$$F_i = F_{b,i} + F_{slip,i} + F_{\omega,i} + F_{\mu,i} \tag{5.1.8}$$
$$M_i = M_{b,i} + M_{slip,i} + M_{\omega,i} + M_{\mu,i} \tag{5.1.9}$$

右端四项分别为物体纯运动带来的力（矩）、速度滑移力（矩）、自由涡作用力（矩）以及黏性力（矩）。4 种力的具体表达式为

$$\begin{cases} F_{b,i} = \rho \dfrac{\partial}{\partial t} \iint\limits_{S_b} \varphi_i^* \boldsymbol{V}_b \cdot \boldsymbol{n}_b \mathrm{d}S + \rho \iint\limits_{S_b} \left(\dfrac{\partial X_i}{\partial t} + \boldsymbol{V}_b \cdot \nabla X_i \right) \boldsymbol{V}_b \cdot \boldsymbol{n}_b \mathrm{d}S \\ F_{slip,i} = \rho \iint\limits_{S_b} (\boldsymbol{V}_{slip} \cdot \nabla X_i) \boldsymbol{V}_b \cdot \boldsymbol{n}_b \mathrm{d}S \\ F_{\omega,i} = \rho \iiint\limits_{\Omega_f} \nabla X_i \cdot \boldsymbol{\omega} \times \boldsymbol{V} \mathrm{d}\Omega \\ F_{\mu,i} = -\mu \iint\limits_{S_b} \boldsymbol{\omega} \times \nabla X_i \cdot \boldsymbol{n}_b \mathrm{d}S \end{cases} \tag{5.1.10}$$

相对于坐标系原点的 4 种力矩表达式为

$$\begin{cases} M_{b,i} = -\rho \dfrac{\partial}{\partial t} \iint\limits_{S_b} \chi_i^* \boldsymbol{V}_b \cdot \boldsymbol{n}_b \mathrm{d}S + \rho \iint\limits_{S_b} \left(\dfrac{\partial \chi_i^*}{\partial t} - \boldsymbol{V}_b \cdot (e_i \times (\boldsymbol{x} - \boldsymbol{x}_0) - \nabla \chi_i^*) \right) \boldsymbol{V}_b \cdot \boldsymbol{n}_b \mathrm{d}S \\ M_{slip,i} = -\rho \iint\limits_{S_b} (\boldsymbol{V}_{slip} \cdot (e_i \times (\boldsymbol{x} - \boldsymbol{x}_0) - \nabla \chi_i^*)) \boldsymbol{V}_b \cdot \boldsymbol{n}_b \mathrm{d}S \\ M_{\omega,i} = \rho \iiint\limits_{\Omega_f} (e_i \times (\boldsymbol{x} - \boldsymbol{x}_0) - \nabla \chi_i^*) \cdot (\boldsymbol{\omega} \times \boldsymbol{V}) \mathrm{d}\Omega \\ M_{\mu,i} = \mu \iint\limits_{S_b} (\boldsymbol{\omega} - 2\boldsymbol{\omega}_b) \times (e_i \times (\boldsymbol{x} - \boldsymbol{x}_0) - \nabla \chi_i^*) \cdot \boldsymbol{n}_b \mathrm{d}S \end{cases}$$

$$(5.1.11)$$

使用方法。对于一个给定的物体，用虚拟势函数 ϕ_i^* 和 χ_i^* 由式（5.1.6）定义的调和函数 X_i 是给定的，可以由前面介绍的方法单独求出，与需要考虑的运动与流动状态无关。对于一个给定的物体运动，这里涉及的物体表面任一点 $\boldsymbol{x}_b$ 的运动速度 $\boldsymbol{V}_b$ 与物体的平动速度 $\boldsymbol{V}_0$ 以及转动角速度 $\boldsymbol{\omega}_b$ 之间的关系由式（5.1.1）给定。因此，一旦知道了流体的速度场 $\boldsymbol{V}$ 和涡量场 $\boldsymbol{\omega}$，那么由式（5.1.10）即可分析物体的力与物体运动以及涡量场和黏性的关系，同理可以用（5.1.11）分

析力矩。

　　力的分解作用。利用这样的表达式可以分析物体因加速平动与转动引起的附加惯性力和物体转动效应带来的旋转作用力(第 1 章的升力定理只考虑了物体匀速平动带来的力)、自由涡及其镜像涡的作用力,以及黏性带来的摩擦力。因此,可以揭示较多的物理机制,并针对一些特定情况可以给出力的解析解。为了方便,引入置换符号

$$\varepsilon_{ijk}=\begin{cases} 0, & i,j,k \text{ 中有两个以上指标相同时} \\ 1, & i,j,k \text{ 为偶排列(如 }\varepsilon_{123},\varepsilon_{231},\varepsilon_{312}) \\ -1, & i,j,k \text{ 为奇排列(如 }\varepsilon_{213},\varepsilon_{321},\varepsilon_{132}) \end{cases} \quad (5.1.12)$$

　　二维问题可视为三维问题去掉第三个方向影响而获得的,但必须保证在控制体内满足总涡量为 0 的条件(以便在推导过程中,速度等在外边界满足需要的渐进展开条件)。此时,式(5.1.10)依然可以直接使用,只是积分区域沿第三个方向可以取单位长度,流速和涡量等参数沿该方向不变,速度分量 $v_3=0$,涡量分量 $\omega_1=\omega_2=0$。这样得到的力即为单位展向长度的物体所受的力。

　　考虑单位展长的二维物体,并忽略展向流动,保留展向涡量。对于二维问题有

$$\begin{cases} \boldsymbol{n}_b \mathrm{d}S=-\mathrm{d}y\boldsymbol{e}_x+\mathrm{d}x\boldsymbol{e}_y, \quad \mathrm{d}z=1 \\ \boldsymbol{V}_b=V_{bx}\boldsymbol{e}_x+V_{by}\boldsymbol{e}_y, \quad \boldsymbol{V}=V_x\boldsymbol{e}_x+V_y\boldsymbol{e}_y, \quad \boldsymbol{\omega}=\boldsymbol{e}_z\omega_z \\ \nabla X_i=\dfrac{\partial X_i}{\partial x}\boldsymbol{e}_x+\dfrac{\partial X_i}{\partial y}\boldsymbol{e}_y \end{cases} \quad (5.1.13)$$

将式(5.1.13)代入式(5.1.10)各项,即得二维问题简化。针对 S_b 的面积分可以用针对柱状物体的一个展向切面的表面 l_b 积分。

5.1.2　各种力的讨论

　　将式(5.1.10)中的 $F_{b,i}$ 分解为 $F_{b,i}=F_{b,i}^{(add)}+F_{b,i}^{(rot)}$,其中

$$F_{b,i}^{(add)}=\rho\frac{\partial}{\partial t}\iint_{S_b}\varphi_i^*\boldsymbol{V}_b\cdot\boldsymbol{n}_b\mathrm{d}S, \quad F_{b,i}^{(rot)}=\rho\iint_{S_b}\left(\frac{\partial X_i}{\partial t}+\boldsymbol{V}_b\cdot\nabla X_i\right)\boldsymbol{V}_b\cdot\boldsymbol{n}_b\mathrm{d}S \quad (5.1.14)$$

下面将看到,第一项就是常见的附加惯性力,而第二项包括一部分附加惯性力,也包括与附加惯性力无关的物体转动力,即马格劳斯效应。其他力的分量与流动相关。对于黏性流动,由于没有速度滑移,因此滑移力 $F_{slip,i}=0$。式(5.1.10)中的黏性作用力

$$F_{\mu,i}=-\mu\iint_{S_b}(\boldsymbol{\omega}\times\nabla X_i)\cdot\boldsymbol{n}_b\mathrm{d}S \quad (5.1.15)$$

与黏度 μ 成正比,来自于摩擦力。对于理想流动,这项消失。

　　虽然这里的分解看似包含了独立的效应,但对于具体问题来说,一些物理机制有可能被重复包含在不同项中。例如,对于理想无旋流动,将 $F_{b,i}^{(rot)}$ 与 $F_{slip,i}$ 合在一起给出

$$F_{rot+slip}=\rho\iint_{S_b}\left(\frac{\partial X_i}{\partial t}+\boldsymbol{V}\cdot\nabla X_i\right)\boldsymbol{V}_b\cdot\boldsymbol{n}_b\mathrm{d}S=\rho\iint_{S_b}\left(\frac{\partial X_i}{\partial t}+\nabla\Phi\cdot\nabla X_i\right)\boldsymbol{V}_b\cdot\boldsymbol{n}_b\mathrm{d}S$$

$$=\rho\iint_{S_b}\left(\frac{\partial X_i}{\partial t}+\nabla\Phi\cdot\nabla X_i\right)\boldsymbol{V}_b\cdot\boldsymbol{n}_b\mathrm{d}S$$

利用 $\boldsymbol{V}=\nabla\Phi$ 以及分解式(5.1.4),得到

$$F_{\text{rot+slip}} = \rho \iint\limits_{S_{\text{b}}} \left(\frac{\partial X_i}{\partial t} + \nabla \phi_j^{(*)} \cdot \nabla X_i V_{0j} + \nabla \chi_j^{(*)} \cdot \nabla X_i \omega_{\text{b}j} \right) \boldsymbol{V}_{\text{b}} \cdot \boldsymbol{n}_{\text{b}} \, \mathrm{d}S$$

不难证明，$F_{\text{rot+slip}} = 0$。

1. 物体纯粹运动引起的附加惯性力与旋转作用力

（1）第一项

利用式（5.1.1），将式（5.1.14）中 $F_{\text{b},i}^{(\text{add})}$ 表示为

$$F_{\text{b},i}^{(\text{add})} = \rho \frac{\partial}{\partial t} \iint\limits_{S_{\text{b}}} \varphi_i^* \left(\boldsymbol{V}_0 + \boldsymbol{\omega}_{\text{b}} \times (\boldsymbol{x}_{\text{b}} - \boldsymbol{x}_0) \right) \cdot \boldsymbol{n}_{\text{b}} \, \mathrm{d}S \qquad (5.1.16)$$

利用矢量恒等式

$$(\boldsymbol{\omega}_{\text{b}} \times (\boldsymbol{x}_{\text{b}} - \boldsymbol{x}_0)) \cdot \boldsymbol{n}_{\text{b}} = \boldsymbol{\omega}_{\text{b}} \cdot ((\boldsymbol{x}_{\text{b}} - \boldsymbol{x}_0) \times \boldsymbol{n}_{\text{b}})$$

将式（5.1.16）改写为

$$\begin{aligned} F_{\text{b},i}^{(\text{add})} &= \rho \frac{\partial}{\partial t} \left(\boldsymbol{V}_0 \cdot \iint\limits_{S_{\text{b}}} \phi_i^* \boldsymbol{n}_{\text{b}} \, \mathrm{d}S \right) + \rho \frac{\partial}{\partial t} \left(\boldsymbol{\omega}_{\text{b}} \cdot \iint\limits_{S_{\text{b}}} \phi_i^* ((\boldsymbol{x}_{\text{b}} - \boldsymbol{x}_0) \times \boldsymbol{n}_{\text{b}}) \, \mathrm{d}S \right) \\ &= \rho \frac{\partial}{\partial t} \left(V_{0j} \iint\limits_{S_{\text{b}}} \phi_i^* n_{\text{b}j} \, \mathrm{d}S \right) + \rho \frac{\partial}{\partial t} \left(\omega_{\text{b}j} \iint\limits_{S_{\text{b}}} \phi_i^* ((\boldsymbol{x}_{\text{b}} - \boldsymbol{x}_0) \times \boldsymbol{n}_{\text{b}})_j \, \mathrm{d}S \right) \end{aligned}$$
$$(5.1.17)$$

进一步利用式（5.1.3），得附加惯性力为

$$F_{\text{b},i}^{(\text{add})} = \rho \frac{\partial}{\partial t} (V_{0j} A_{ij} + \omega_{\text{b}j} C_{ij}) \qquad (5.1.18)$$

其中

$$A_{ij} = \iint\limits_{S_{\text{b}}} \phi_i^* \frac{\partial \phi_j^{(*)}}{\partial n} \, \mathrm{d}S, \qquad C_{ij} = \iint\limits_{S_{\text{b}}} \phi_i^* \frac{\partial \chi_i^{(*)}}{\partial n} \, \mathrm{d}S \qquad (5.1.19)$$

为附加惯性系数。以圆柱的 A_{11} 为例，2 个方向的单位势函数由式（5.1.2）给出。在圆柱圆周上，$x = a\cos\theta$，$y = a\sin\theta$，于是由式（5.1.2）得 $\phi_1^* = a\cos\theta$。另外 $n_{\text{b},1} = \boldsymbol{n}_{\text{b}} \cdot \boldsymbol{e}_x = \cos\theta$。于是

$$A_{11} = -\rho \int_0^1 \int_0^{2\pi} \phi_1^{(*)} n_{\text{b},1} a \, \mathrm{d}\theta \mathrm{d}z - 2 \int_0^a \int_0^{2\pi} \phi_1^{(*)} n_{\text{b},1} a \, \mathrm{d}\theta \mathrm{d}r$$

其中，右端第一项为圆周表面，被积函数为 $\phi_1^* = a\cos\theta$，$n_{\text{b},1} = \cos\theta$，积分后给出 $-\pi\rho a^2$。第二项为 2 个侧边 $z = \pm 1/2$，被积函数为 $\phi_1^* = r\cos\theta(1 + a^2/r^2)$，$n_{\text{b},1} = 1$，积分后给出 0。因此 $A_{11} = -\pi\rho a^2$。

式（5.1.18）表示的附加惯性力也可以展开为

$$F_{\text{b},i}^{(\text{add})} = \rho \left(A_{ij} \frac{\mathrm{d}V_{0j}}{\mathrm{d}t} + C_{ij} \frac{\mathrm{d}\omega_{\text{b}j}}{\mathrm{d}t} \right) + \rho \left(V_{0j} \frac{\mathrm{d}A_{ij}}{\mathrm{d}t} + \omega_{\text{b}j} \frac{\mathrm{d}C_{ij}}{\mathrm{d}t} \right) \qquad (5.1.20)$$

对式（5.1.19）求导，经过积分求导运算，可得到

$$\frac{\mathrm{d}A_{ij}}{\mathrm{d}t} = \varepsilon_{ikl} \omega_{\text{b}k} A_{lj} + \varepsilon_{jkl} \omega_{\text{b}k} A_{il} \qquad (5.1.21)$$

从而式（5.1.20）变为

$$F_{\text{b},i}^{(\text{add})} = \rho \left(A_{ij} \frac{\mathrm{d}V_{0j}}{\mathrm{d}t} + C_{ij} \frac{\mathrm{d}\omega_{\text{b}j}}{\mathrm{d}t} \right) + \rho \omega_{\text{b}j} (\varepsilon_{ljk} V_{0l} A_{ik} + \varepsilon_{ijk} (V_{0l} A_{kl} + \omega_{\text{b}l} C_{kl})) \qquad (5.1.22)$$

于是，附加惯性力包含了加速平动（如 $\mathrm{d}V_{0j}/\mathrm{d}t$）和加速转动（如 $\mathrm{d}\omega_{\text{b}j}/\mathrm{d}t$）带来的力、转动与平动耦合（如 $V_{0j}\omega_{\text{b}j}$）带来的力，以及转动（正比于 $\omega_{\text{b}j}\omega_{\text{b}l}$）带来的力。对于纯粹平动问题，附加惯性力简单得多，表达式为

$$F_{\text{b},i}^{(\text{add})} = \rho A_{ij}\frac{\mathrm{d}V_{0j}}{\mathrm{d}t} \tag{5.1.23}$$

（2）第二项

现在讨论 $F_{\text{b},i}^{(\text{rot})}$。式（5.1.6）中给出 $\dfrac{\partial X_i}{\partial t} = -V_{0,i}$，于是

$$F_{\text{b},i}^{(\text{rot})} = -\rho \iint\limits_{S_{\text{b}}} V_{0,i}\boldsymbol{V}_{\text{b}} \cdot \boldsymbol{n}_{\text{b}}\mathrm{d}S + \rho \iint\limits_{S_{\text{b}}} (\boldsymbol{V}_{\text{b}} \cdot \nabla X_i)\boldsymbol{V}_{\text{b}} \cdot \boldsymbol{n}_{\text{b}}\mathrm{d}S$$

进一步将式（5.1.1）代入上式后，整理得

$$F_{\text{b},i}^{(\text{rot})} = \rho V_B(\boldsymbol{V}_0 \times \boldsymbol{\omega}_{\text{b}})_i + \rho \varepsilon_{ijk}\omega_{\text{b}j}(V_{0j}A_{kl} + \omega_{\text{b}l}C_{kl}) \tag{5.1.24}$$

这里，$V_B = -\iint\limits_{S_{\text{b}}} \boldsymbol{x}_{\text{b}} \cdot \boldsymbol{n}_{\text{b}}\mathrm{d}S$ 为物体的体积。对于平动问题，$F_{\text{b},i}^{(\text{rot})} = 0$。式（5.1.24）左端第二项也与附加惯性有关。第一项

$$F_{\text{b},i}^{(\text{rot})} = \rho\Omega_v(\boldsymbol{V}_0 \times \boldsymbol{\omega}_{\text{b}})_i \tag{5.1.25}$$

是与附加惯性系数无关的旋转作用力。对于黏性流动，速度滑移力 $F_{\text{slip},i}$ 不存在，于是 $F_{\text{b},i}^{(\text{rot})}$ 与通常所说的马格劳斯效应有联系。这个力的方向与物体运动方向矢量和物体旋转轴构成右手系，是既与运动方向垂直又与旋转方向垂直的侧向力。在二维情况下，则

$$F_{\text{b},x}^{(\text{rot})} = \rho\Omega_v\omega_{\text{b}}V_{0y}, \qquad F_{\text{b},y}^{(\text{rot})} = -\rho\Omega_v\omega_{\text{b}}V_{0x} \tag{5.1.26}$$

2. 理想流动速度滑移力，广义儒科夫斯基升力定理

对于理想无黏流动，壁面有滑移。由式（5.1.6）知，矢量 ∇X_i 与物体壁面相切，因此 $\boldsymbol{V}_{\text{slip}} \cdot \nabla X_i \neq 0$，从而 $F_{\text{slip},i} \neq 0$，即壁面滑移也导致一个力

$$\begin{aligned} F_{\text{slip},i} &= \rho \iint\limits_{S_{\text{b}}} (\boldsymbol{V}_{\text{slip}} \cdot \nabla X_i)\boldsymbol{V}_{\text{b}} \cdot \boldsymbol{n}_{\text{b}}\mathrm{d}S \\ &= \rho \iint\limits_{S_{\text{b}}} (\boldsymbol{V}_{\text{slip}} \cdot \boldsymbol{e}_i)\boldsymbol{V}_{\text{b}} \cdot \boldsymbol{n}_{\text{b}}\mathrm{d}S - \rho \iint\limits_{S_{\text{b}}} (\boldsymbol{V}_{\text{slip}} \cdot \nabla \phi_i^*)\boldsymbol{V}_{\text{b}} \cdot \boldsymbol{n}_{\text{b}}\mathrm{d}S \end{aligned} \tag{5.1.27}$$

其中，右端第二式利用了 $\nabla X_i = \boldsymbol{e}_i - \nabla \phi_i^*$。如果物体没有转动，$\boldsymbol{V}_{\text{b}} = \boldsymbol{V}_0$，那么

$$F_{\text{slip},i} = \rho\boldsymbol{V}_0 \cdot \iint\limits_{S_{\text{b}}} (\boldsymbol{V}_{\text{slip}} \cdot \boldsymbol{e}_i)\boldsymbol{n}_{\text{b}}\mathrm{d}S + \rho\boldsymbol{V}_0 \cdot \iint\limits_{S_{\text{b}}} (\boldsymbol{V}_s \cdot \nabla \phi_i^*)\boldsymbol{n}_{\text{b}}\mathrm{d}S \tag{5.1.28}$$

在二维情况下，这种壁面滑移的积分与所谓的环量可以关联起来。因此，$F_{X,i}^{(\text{slip})}$ 与产生儒科夫斯基升力的机制是一致的，故称为广义儒科夫斯基升力。滑移作用力简化为

$$\begin{cases} F_{X,y}^{(\text{slip})} = \rho \oint\limits_{l_{\text{b}}} \left(V_{sx}\dfrac{\partial X_y}{\partial x} + V_{sy}\dfrac{\partial X_y}{\partial y} \right)(-V_{\text{b}x}\mathrm{d}y + V_{\text{b}y}\mathrm{d}x) \\ F_{X,x}^{(\text{slip})} = \rho \oint\limits_{l_{\text{b}}} \left(V_{sx}\dfrac{\partial X_x}{\partial x} + V_{sy}\dfrac{\partial X_x}{\partial y} \right)(-V_{\text{b}x}\mathrm{d}y + V_{\text{b}y}\mathrm{d}x) \end{cases} \tag{5.1.29}$$

3. 自由涡作用力

自由涡作用力

$$F_{\omega,i} = \rho \iiint\limits_{\Omega_{\text{f}}} \nabla X_i \cdot (\boldsymbol{\omega} \times \boldsymbol{V})\mathrm{d}\Omega \tag{5.1.30}$$

表面上只涉及流场内部的涡量 $\boldsymbol{\omega}$，即自由涡的涡量，但虚拟函数 ∇X_i 将自由涡在物体内部的镜像涡的作用也考虑进去了。事实上，$\nabla X_i = \nabla x_i - \nabla \phi_i^{(*)}$ 中右端第二项即反映了镜像涡的作用。

对于圆柱,等价于 5.1.3 节介绍的镜像法中的反演点坐标的梯度。对于一个具体物体,如果求得单位运动势函数 $\phi_i^{(*)}$,那么利用式(5.1.30)就可以分析任意流场中自由涡对力的贡献。翼型与机翼的大迎角运动有自由涡产生,导致力的增强或减弱,并且随时间演化,因此需要用这类方法分析自由涡的作用。

对于二维问题,自由涡作用力简化为

$$F_{\omega,i} = -\iint\limits_{\Omega_f}\left(V_y\frac{\partial X_i}{\partial x} - V_x\frac{\partial X_i}{\partial y}\right)\omega_z\,\mathrm{d}\Omega \tag{5.1.31}$$

也可以写成

$$F_{\omega,i} = -\iint\limits_{\Omega_f}\boldsymbol{V}\cdot\boldsymbol{\Lambda}\omega_z\,\mathrm{d}\Omega \tag{5.1.32}$$

其中

$$\boldsymbol{\Lambda} = \left(-\frac{\partial X_i}{\partial y},\frac{\partial X_i}{\partial x}\right) \tag{5.1.33}$$

为涡力线矢量。

4. 纯平动问题

(1) 黏流流动中的纯平动问题

对于这种情况,不难证明,式(5.1.10)可简化为

$$F_i = A_{ij}\frac{\mathrm{d}V_{bj}}{\mathrm{d}t} + \rho\iiint\limits_{\Omega_f}\nabla X_i\cdot\boldsymbol{\omega}\times\boldsymbol{V}_{\mathrm{ref}}\,\mathrm{d}\Omega - \mu\iint\limits_{S_b}\boldsymbol{\omega}\times\nabla X_i\cdot\boldsymbol{n}\mathrm{d}S \tag{5.1.34}$$

式中,$\boldsymbol{V}_{\mathrm{ref}} = \boldsymbol{V} - \boldsymbol{V}_0$ 为相对速度,因此,也等于物体坐标系中的流速。下面简要给出证明思路。

对于黏性流动有 $\boldsymbol{V}_b = \boldsymbol{V}$,即满足无滑移条件。故 $F_{\mathrm{slip},i} = 0$。另外,在平动假设下,$\boldsymbol{V}_b = \boldsymbol{V}_0$,$F_{b,i} = -A_{ij}\mathrm{d}V_{bj}/\mathrm{d}t$。利用用格林定理,不难证明

$$\iiint\limits_{\Omega_f}\nabla X_i\cdot(\boldsymbol{\omega}\times\boldsymbol{V}_0)\mathrm{d}\Omega = 0 \tag{5.1.35}$$

从而

$$F_{\omega,i} = \rho\iiint\limits_{\Omega_f}\nabla X_i\cdot\boldsymbol{\omega}\times\boldsymbol{V}_{\mathrm{ref}}\,\mathrm{d}\Omega \tag{5.1.36}$$

于是可得到式(5.1.34)。

(2) 理想流纯平动问题

对于理想流问题,$F_{\mu,i} = 0$,其他表达式不变。对于平动问题,有

$$F_i = A_{ij}\frac{\mathrm{d}V_{bj}}{\mathrm{d}t} + F_{\mathrm{slip},i} + \rho\iiint\limits_{\Omega_f}\nabla X_i\cdot\boldsymbol{\omega}\times\boldsymbol{V}_{\mathrm{ref}}\,\mathrm{d}\Omega \tag{5.1.37}$$

这里利用了式(5.1.35)。

5. 椭圆运动无旋流动举例

对于二维椭圆翼型问题,如果是无旋流动,则可以利用地面惯性坐标系中的伯努利方程(见 1.2.4 节)

$$\rho\frac{\partial\Phi}{\partial t} + p + \rho\frac{V^2}{2} = C \tag{5.1.38}$$

将其解出的压力沿物体表面积分,可得到非定常流动的勃拉修斯定理(注意,在绝对坐标系下,

物面已经不是一条流线),接着用类似于儒科夫斯基升力定理的证明方法,可得任意运动物体在理想无旋流动情况下的升阻力与力矩表达式。具体的数学细节参阅 Milne-Thomson 的专著。这里只给出结果,推导细节留给读者。椭圆相对于静止流体做任意运动,引起的无旋流动在单位圆平面(半径为 1,圆心在原点)ζ 的复势函数为

$$w^*(\zeta) = -\frac{bV_{0,x}+\mathrm{i}aV_{0,y}}{\zeta} + \frac{\Gamma}{2\pi\mathrm{i}}\ln\zeta - \frac{\mathrm{i}\omega_\mathrm{b}}{4}(a^2-b^2)\frac{1}{\zeta^2} \qquad (5.1.39)$$

在椭圆平面 z,复势函数由变换

$$z = \frac{a+b}{2}\zeta + \frac{a-b}{2}\frac{1}{\zeta} \qquad (5.1.40)$$

得到。在椭圆平面的复速度为

$$v(z) = \frac{\mathrm{d}w^*(\zeta)}{\mathrm{d}\zeta}\frac{\mathrm{d}\zeta}{\mathrm{d}z} = \frac{\zeta^2}{\frac{a+b}{2}\zeta^2-\frac{a-b}{2}}\left(\frac{bV_{0,x}+\mathrm{i}aV_{0,y}}{\zeta^2} + \frac{\Gamma}{2\pi\mathrm{i}\zeta} + \frac{\mathrm{i}\omega_\mathrm{b}}{2}(a^2-b^2)\frac{1}{\zeta^3}\right) \qquad (5.1.41)$$

将 $\zeta=\mathrm{e}^{\mathrm{i}\vartheta}$ 代入上式,得椭圆表面的复速度为

$$v(\zeta_\mathrm{b}) = \frac{1}{\frac{a+b}{2}\mathrm{e}^{2\mathrm{i}\vartheta}-\frac{a-b}{2}}\left(bV_{0,x}+\mathrm{i}aV_{0,y} + \frac{\Gamma\mathrm{e}^{\mathrm{i}\vartheta}}{2\pi\mathrm{i}\zeta} + \frac{\mathrm{i}\omega_\mathrm{b}}{2}(a^2-b^2)\mathrm{e}^{-\mathrm{i}\vartheta}\right) \qquad (5.1.42)$$

读者可自行完成证明:上式给的速度投影到物体法向后,与式(5.1.1)是一致的,即验证了式(5.1.39)是针对任意运动的椭圆的在单位圆平面的复势函数。

从式(5.1.39)可得单位势函数表达式为

$$\begin{cases} \phi_1^* = -Re\,\dfrac{bV_{0,x}}{\zeta} \\[2mm] \phi_2^* = -Re\,\dfrac{\mathrm{i}aV_{0,y}}{\zeta} \\[2mm] \chi_3^* = -Re\,\dfrac{\mathrm{i}}{4}(a^2-b^2)\dfrac{1}{\zeta^2} \end{cases} \qquad (5.1.43)$$

将单位运动势函数代入 Howe 的分解表达式,得到

$$\begin{cases} F_x = -\rho\Gamma V_{0,y} + m_{22}\dfrac{\mathrm{d}V_{0,x}}{\mathrm{d}t} - m_{11}\omega_\mathrm{b}V_{0,y} \\[2mm] F_y = \rho\Gamma V_{0,x} + m_{11}\dfrac{\mathrm{d}V_{0,y}}{\mathrm{d}t} + m_{22}\omega_\mathrm{b}V_{0,x} \end{cases} \qquad (5.1.44)$$

$$M_0 = -(m_{11}-m_{22})V_{0,x}V_{0,y} + I_a\frac{\mathrm{d}\omega_{\mathrm{b},z}}{\mathrm{d}t} \qquad (5.1.45)$$

其中,m_{11},m_{22} 为附加惯性系数,I_a 为转动惯量。对于长短轴分别为 $2a$,$2b$ 的椭圆翼型有

$$m_{11} = -\rho\pi a^2, \quad m_{22} = -\rho\pi b^2, \quad I_a = \frac{\pi\rho}{8}(a^2-b^2)^2 \qquad (5.1.46)$$

式(5.1.44)右端第一项代表附着涡的力,即儒科夫斯基升力定理给出的力。第二项为物体加速度代表的附加惯性力(阻止运动的力)。第三项为物体旋转带来的气动力(也称为 Kramer 效应)。式(5.1.45)右端第一项为物体平动带来的力矩,第二项为旋转加速度带来的力矩。

以迎角为 α,物体的 2 个速度分量为 $u_\mathrm{b}=V_\infty\cos\alpha$,$v_\mathrm{b}=V_\infty\sin\alpha$ 为例,力矩第一项为

$$M_0 = \frac{1}{2}\rho\pi(a^2-b^2)V_\infty^2\sin2\alpha \qquad (5.1.47)$$

对于平板，$a = c_A/2$，$b = 0$，式（5.1.47）给出 $M_0 = \dfrac{1}{8}\rho\pi c_A V_\infty^2 \sin 2\alpha$，这与 1.3.6 节给出的对称儒科夫斯基翼型在没有厚度时的力矩是一样的。

5.1.3　含自由涡的理想二维非定常流动涡作用力

首先简要介绍镜像法；接着介绍自由涡、镜像涡与附着涡单独对力的贡献。将物体的作用用布置点涡的奇点法模拟后，就得到计算非定常涡升力的点涡法。这里将给出涡生成导致的力。涡生成力对分析卡门涡街的阻力以及具有翅膀打开合拢过程的昆虫气动力有作用。最后给出卡门涡街导致的阻力表达式。

1. 镜像法简介

考虑圆心在 z_0 的半径为 c 的理想圆柱流动，来流速度为 V_∞，迎角为 $\alpha = 0°$。于是，复势函数与复速度为

$$W(z) = V_\infty\left((z - z_0) + \frac{c^2}{z - z_0}\right), \quad v(z) = \frac{\mathrm{d}W(z)}{\mathrm{d}z} = V_\infty\left(1 - \frac{c^2}{(z - z_0)^2}\right) \quad (5.1.48)$$

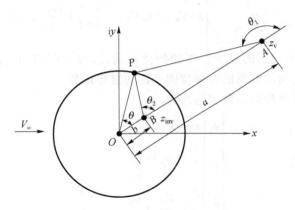

图 5.1 - 3　镜像法示意图

现在假定在外部某位置 z_v（如图中 A 点）有强度为 Γ 的点涡，简称自由涡或实有涡。

圆定理（镜像法）。为了得到受该实有涡影响的流场，在反演点 z_{inv}（如图中 B 点）布置强度为 $-\Gamma$ 的点涡，得到的复势函数和复速度分别为

$$\begin{cases} W(z) = V_\infty\left((z - z_0) + \dfrac{c^2}{z - z_0}\right) + \dfrac{\Gamma}{2\pi i}\ln(z - z_v) - \dfrac{\Gamma}{2\pi i}\ln(z - z_{inv}) \\ v(z) = \dfrac{\mathrm{d}W(z)}{\mathrm{d}z} = V_\infty\left(1 - \dfrac{c^2}{(z - z_0)^2}\right) + \dfrac{\Gamma}{2\pi i}\dfrac{1}{z - z_v} - \dfrac{\Gamma}{2\pi i}\dfrac{1}{z - z_{inv}} \end{cases} \quad (5.1.49)$$

反演点与实有涡位置的关系为

$$z_{inv}\overline{z}_v = c^2 \quad 或 \quad ab = c^2 \quad (5.1.50)$$

其中，在反演点的涡称为实有涡的镜像涡。这种有自由涡时，通过在反演点布置镜像涡获得流场的方法称为镜像法。

证明很简单。设 z 为圆周上某点，那么 $z - z_v = PA\exp(i\theta_1)$，$z - z_{inv} = PB\exp(i\theta_2)$。按三角几何关系可得，$PA = \dfrac{a}{b}PB$。于是，在圆周上由实有涡和镜像涡导致的额外复势函数为

$$\frac{\Gamma}{2\pi i}\ln\frac{z-z_v}{z-z_{inv}}=\frac{\Gamma}{2\pi i}\ln\frac{PA\exp(i\theta_1)}{PB\exp(i\theta_2)}=\frac{\Gamma}{2\pi i}\ln\frac{\exp(i(\theta_2-\theta_1))}{b/a}=\frac{\Gamma}{2\pi i}\ln\frac{a}{b}+\frac{\Gamma}{2\pi}(\theta_2-\theta_1)$$

于是,虚部即流函数为常数。也就是说,圆柱表面依然为一条流线。

图 5.1-4 给出了圆心在 $z_0=0$ 的半径为 $c=1$ 的圆柱,在没有自由涡时的流线与在位置为 $z_v=-0.7050+1.3757i$ 有涡强为 $\Gamma=100$ 的实有涡时的流线。

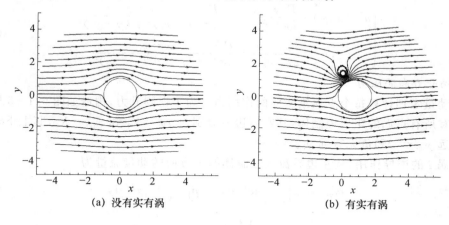

(a) 没有实有涡　　　　　　　　　　(b) 有实有涡

图 5.1-4　实有涡对圆柱流场的影响

如果在圆柱外有任意多个位置和强度分别为 $z_{v,j}$ 和 Γ_j 的点涡,那么按 $z_{inv,j}\overline{z_{v,j}}=c^2$ 得到每个实有涡的反演点 $z_{inv,j}$。在反演点 $z_{inv,j}$ 布置强度为 $-\Gamma_j$ 的镜像涡,得圆柱绕流的复势函数和复速度分别为

$$\begin{cases}W(z)=V_\infty\left((z-z_0)+\dfrac{c^2}{z-z_0}\right)+\sum_j\dfrac{\Gamma_j}{2\pi i}\ln(z-z_{v,j})-\sum_j\dfrac{\Gamma_j}{2\pi i}\ln(z-z_{inv,j})\\ v(z)=V_\infty\left(1-\dfrac{c^2}{(z-z_0)^2}\right)+\dfrac{1}{2\pi i}\sum_j\dfrac{\Gamma_j}{z-z_{v,j}}-\dfrac{1}{2\pi i}\sum_j\dfrac{\Gamma_j}{z-z_{inv,j}}\end{cases}$$
(5.1.51)

对于位于平面 ζ 内的任意形状的翼型绕流,设在 ζ_v 有强度为 Γ 的实有涡,那么可通过保角变换 $\zeta=f(z)$ 转换到圆平面 z,圆平面实有点涡的位置 z_v 满足 $\zeta_v=f(z_v)$。于是在圆平面用镜像法得到形如(5.1.49)的复势函数和复速度,即

$$\begin{cases}W(z)=V_\infty\left((z-z_0)+\dfrac{c^2}{z-z_0}\right)+\dfrac{\Gamma_0}{2\pi i}\ln(z-z_0)+\dfrac{\Gamma}{2\pi i}\ln(z-z_v)-\dfrac{\Gamma}{2\pi i}\ln(z-z_{inv})\\ v(z)=V_\infty\left(1-\dfrac{c^2}{(z-z_0)^2}\right)+\dfrac{\Gamma_0}{2\pi i}\dfrac{1}{z-z_0}+\dfrac{\Gamma}{2\pi i}\dfrac{1}{z-z_v}-\dfrac{\Gamma}{2\pi i}\dfrac{1}{z-z_{inv}}\end{cases}$$
(5.1.52)

这里,Γ_0 为在尖尾缘对应的 $z=z_A$ 满足库塔条件 $v(z_A)=0$,即

$$V_\infty\left(1-\frac{c^2}{(z_A-z_0)^2}\right)+\frac{\Gamma_0}{2\pi i}\frac{1}{z_A-z_0}+\frac{\Gamma}{2\pi i}\frac{1}{z_A-z_v}-\frac{\Gamma}{2\pi i}\frac{1}{z_A-z_{inv}}=0$$
(5.1.53)

得到的位于圆心的涡的环量。转换到翼型平面,得到翼型平面的复势函数和复速度

$$W^*(\zeta)=W(z(\zeta)),\quad v^*(\zeta)=\frac{v(z)}{f'(z)}$$
(5.1.54)

2. 含自由涡的理想非定常流动涡升力理论

在 t 时刻,设空间存在数目为 I 的点涡,包括自由涡、附着涡和镜像涡。每个点涡的涡强

和位置分别记为 Γ_i(逆时针为正)和 (x_i,y_i),这里 $i=1,2,\cdots,I$。一般情况下,假定涡强满足开尔文定理,即

$$\sum_i \Gamma_i = 0 \tag{5.1.55}$$

在流场任一点 (x,y) 由点涡 i 诱导的速度为

$$\begin{cases} u^{(i)}(x,y) = \dfrac{\Gamma_i}{2\pi}\dfrac{y-y_i}{r_i^2} = -\dfrac{\Gamma_i}{2\pi}\dfrac{y-y_i}{(x-x_i)^2+(y-y_i)^2} \\[2mm] v^{(i)}(x,y) = \dfrac{\Gamma_i}{2\pi}\dfrac{x-x_i}{r_i^2} = \dfrac{\Gamma_i}{2\pi}\dfrac{x-x_i}{(x-x_i)^2+(y-y_i)^2} \end{cases} \tag{5.1.56}$$

(1) 涡升力和涡阻力

使用动量定理计算每个点涡给物体的作用力。为了得到升力,构造如图 5.1-5 所示的包含了物体和所有点涡的矩形控制体,其左右边界分别为 $x_{\mathrm{lft}}=X_1$ 和 $x_{\mathrm{rgt}}=X_2$,其上下边界分别为正无穷远 $y_{\mathrm{up}}=\infty$ 和负无穷远 $y_{\mathrm{low}}=-\infty$。

由点涡 i 的诱导作用,从左边界流入控制体的 y 方向的动量流量为

$$m_{y,1}^{(i)} = \rho\int_{x=X_1} uv^{(i)}\,\mathrm{d}y = \rho\int_{x=X_1} V_\infty v^{(i)}\,\mathrm{d}y \tag{5.1.57}$$

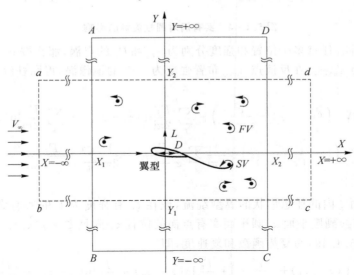

图 5.1-5　动量法的控制体

这里,假设 X_1 与点涡的距离足够远,因此当地的水平流速满足 $u\to V_\infty$。同理,该点涡使得右边界流出的 y 方向动量流量为

$$m_{y,2}^{(i)} = \rho\int_{x=X_2} V_\infty v^{(i)}\,\mathrm{d}y \tag{5.1.58}$$

由于点涡 i 的运动导致的控制体内流体 y 方向动量随时间的变化率为

$$\mathrm{d}m_y^{(i)}/\mathrm{d}t - L_{\mathrm{av}}^{(i)}$$

这里　　　$$\frac{\mathrm{d}m_y^{(i)}}{\mathrm{d}t} = \frac{\mathrm{d}}{\mathrm{d}t}\int_{X_1}^{X_2}\int_{-\infty}^{\infty} \rho v^{(i)}\,\mathrm{d}y\mathrm{d}x, \quad L_{\mathrm{av}}^{(i)} = \frac{\mathrm{d}}{\mathrm{d}t}\iint_{\mathrm{Body}} \rho v^{(i)}\,\mathrm{d}y\mathrm{d}x \tag{5.1.59}$$

第二项为第一项把物体也考虑在内而减去与物体内部相关的项。与物体加速运动有关,

在 5.1.1 节已经有讨论。以下将不考虑加速运动，从而令 $L_{av}^{(i)}=0$。

由动量定理可知，物体所受的升力为

$$L_v = \sum_i m_{y,1}^{(i)} - \sum_i m_{y,2}^{(i)} - \sum_i \frac{dm_y^{(i)}}{dt} \tag{5.1.60}$$

将点涡诱导的速度表达式(5.1.56)代入式(5.1.57)～式(5.1.59)，并利用积分恒等式 $\int_{-\infty}^{\infty} c/(b^2+(y-d)^2)dy = \pi c/|b|$，可得

$$\begin{cases} m_{y,1}^{(i)} = -\frac{1}{2}\rho V_\infty \Gamma_i \\[2mm] m_{y,2}^{(i)} = \frac{1}{2}\rho V_\infty \Gamma_i \\[2mm] \dfrac{dm_y^{(i)}}{dt} = -\rho \Gamma_i \dfrac{d(\Gamma_i x_i)}{dt} + \rho \dfrac{\pi(X_2+X_1)}{2\pi}\dfrac{d\Gamma_i}{dt} \end{cases} \tag{5.1.61}$$

将式(5.1.61)代入力的表达式(5.1.60)可得

$$L_v = -\rho \sum_i \left(V_\infty \Gamma_i - \frac{d(\Gamma_i x_i)}{dt} \right) - \frac{1}{2}(X_2+X_1)\rho \sum_i \frac{d\Gamma_i}{dt} \tag{5.1.62}$$

由开尔文定理(5.1.55)知 $\sum_{i=1}^{I} d\Gamma_i/dt = 0$，因此上式可以简化为

$$L_v = -\rho \sum_i \left(V_\infty \Gamma_i - \frac{d(\Gamma_i x_i)}{dt} \right) = \rho \sum_i \frac{d(\Gamma_i x_i)}{dt} \tag{5.1.63}$$

对于(涡诱导)阻力，用类似的方法适当选取控制体可得

$$D_v = -\rho \sum_i \frac{d(\Gamma_i y_i)}{dt} \tag{5.1.64}$$

于是，每一个点涡贡献的升阻力分别为 $L_{vi}=\rho \dfrac{d(\Gamma_i x_i)}{dt}$ 和 $D_{vi} = -\dfrac{d(\Gamma_i y_i)}{dt}$，也称为涡升力和涡阻力。

考虑定常流动的升力。对于定常流动，在物体坐标系下，涡强为 $\Gamma_i = -\Gamma_b$ 的附着涡没有移动速度，那么按式 $L_{vi}=\rho d(\Gamma_i x_i)/dt$ 似乎不贡献升力。但由于这里的理论用到了总涡量为 0 的开尔文定理。即使对于定常问题，由于附着涡的存在，在流场到达定常状态前的启动过程中，必然有强度为 $\Gamma_i = -\Gamma_b$ 的启动涡。翼型附近流场达到定常状态后，启动涡到了下游无穷远的地方，移动速度为 $dx_i/dt = V_\infty$，于是物体所受的升力为

$$L_{vi} = \rho \frac{d(\Gamma_i x_i)}{dt} = -\rho V_\infty \Gamma_b$$

这就是儒科夫斯基升力定理。

(2) 基于诱导速度的升阻力表达式

将点涡分为两类：物体外部的自由涡(free)和物体内部的镜像涡(image，也包括附着涡)。由于式(5.1.63)和式(5.1.64)涉及的自由涡的速度可以给出显式表达式，我们将得到涡升阻力的一种更有用的形式。

将各点涡的移动速度表示为自由来流速度、物体内部镜像涡以及流场内自由涡的诱导速度之和，即

$$\frac{dx_i}{dt} = V_\infty - \sum_k^{image} \Gamma_k Y_{ik} - \sum_{k,k\neq i}^{free} \Gamma_k Y_{ik}, \qquad \frac{dy_i}{dt} = \sum_k^{image} \Gamma_k X_{ik} + \sum_{k,k\neq i}^{free} \Gamma_k X_{ik} \tag{5.1.65}$$

其中

$$X_{ik} = \frac{x_i - x_k}{2\pi((x_i - x_k)^2 + (y_i - y_k)^2)}, \quad Y_{ik} = \frac{y_i - y_k}{2\pi((x_i - x_k)^2 + (y_i - y_k)^2)} \quad (5.1.66)$$

将式(5.1.65)代入式(5.1.63)和式(5.1.64)，并整理得

$$L_{\mathrm{v}} = L_{\mathrm{b}} + L_{\mathrm{ind}} + L_{\mathrm{image}} + L_{\mathrm{p}}, \quad D_{\mathrm{v}} = D_{\mathrm{ind}} + D_{\mathrm{image}} + D_{\mathrm{p}} \quad (5.1.67)$$

其中，右端各项都有明确的物理意义，具体如下。

① 升力第一项 L_{b} 为儒科夫斯基升力，表达式为

$$L_{\mathrm{b}} = -\rho V_{\infty} \Gamma_{\mathrm{b}}, \quad \Gamma_{\mathrm{b}} = \sum_k^{\mathrm{image}} \Gamma_k \quad (5.1.68)$$

② $(L_{\mathrm{ind}}, D_{\mathrm{ind}})$ 为自由涡在镜像涡位置的诱导速度

$$\begin{cases} u_{\mathrm{ind},k} = -\sum_j^{\mathrm{free}} \dfrac{\Gamma_j(y_k - y_j)}{2\pi((x_k - x_j)^2 + (y_k - y_j)^2)} \\[4mm] v_{\mathrm{ind},k} = \sum_j^{\mathrm{free}} \dfrac{\Gamma_j(x_k - x_j)}{2\pi((x_k - x_j)^2 + (y_k - y_j)^2)} \end{cases} \quad (5.1.69)$$

导致的诱导升力和诱导阻力，表达式为

$$L_{\mathrm{ind}} = -\rho \sum_k^{\mathrm{image}} u_{\mathrm{ind},k} \Gamma_k, \quad D_{\mathrm{ind}} = \rho \sum_k^{\mathrm{image}} v_{\mathrm{ind},k} \Gamma_k \quad (5.1.70)$$

③ $(L_{\mathrm{image}}, D_{\mathrm{image}})$ 为镜像涡升阻力，来源于物体内部各点镜像涡的涡强变化率以及移动，表达式为

$$L_{\mathrm{image}} = \rho \sum_k^{\mathrm{image}} \frac{\mathrm{d}(\Gamma_i x_i)}{\mathrm{d}t}, \quad D_{\mathrm{image}} = -\rho \sum_k^{\mathrm{image}} \frac{\mathrm{d}(\Gamma_i y_i)}{\mathrm{d}t} \quad (5.1.71)$$

④ $(L_{\mathrm{p}}, D_{\mathrm{p}})$ 为自由涡涡强变化导致的涡量生成力，表达式为

$$L_{\mathrm{P}} = \rho \sum_k^{\mathrm{free}} x_k \frac{\mathrm{d}\Gamma_k}{\mathrm{d}t}, \quad D_{\mathrm{p}} = -\rho \sum_k^{\mathrm{free}} y_k \frac{\mathrm{d}\Gamma_k}{\mathrm{d}t} \quad (5.1.72)$$

自由涡一旦离开物体，涡强其实是不变的（开尔文定理），但在物体表面有新的涡生成（尖尾缘涡生成）时，该项有意义。集中旋涡总是成对生成。假设流场中有一对涡强分别为 Γ_n、$-\Gamma_n$、位置分别为 (x_n, y_n)，$(\hat{x}_n, \hat{y}_n)$ 的涡正在生成，那么式(5.1.72)可表示为

$$L_{\mathrm{P}} = \rho(x_n - \hat{x}_n) \frac{\mathrm{d}\Gamma_n}{\mathrm{d}t}, \quad D_n = -\rho(y_n - \hat{y}_n) \frac{\mathrm{d}\Gamma_k}{\mathrm{d}t} \quad (5.1.73)$$

稍后会针对卡门涡街给出应用，在 5.1.5 节针对蝴蝶翅膀打开导致的旋涡生成给出定性应用。

（3）多物体问题单个物体的受力

在 1.3 节和 1.4 节已经看到，单个物体的流场可以通过将物体用点涡或偶极子模拟来得到。如果流场中有多个物体，那么为了考虑当前物体所受的力，可以把其他物体的作用用一系列点涡来表示（注意，偶极子可以看成点涡对，因此这里只需要看成一系列点涡）。外部的点涡无论是自由涡还是模拟物体作用的点涡，对当前物体的诱导速度形式是一样的，从而当前物体的力的表达式依然可以用基于诱导速度的表达式(5.1.67)。

3. 卡门涡街涡阻力表达式。

涡量生成力表达式(5.1.73)可用于得到如图 5.1 - 6 所示的卡门涡街导致的压差阻力。这里假设物体在静止空气中以速度 V_{∞} 向左移动。卡门涡街由垂直距离为 b 的两排反转的点涡组成，每一个点涡的涡强绝对值均为 Γ。上面一排为顺时针旋转，从而各点涡涡强为 $-\Gamma$；下

面一排点涡涡强为 Γ。每一排相邻两点涡相距 a，上下两排点涡错位距离为 $\frac{1}{2}a$。两排点涡相对于静止空气的向左移动速度为

$$V=\frac{\Gamma\pi}{a}\tanh\frac{\pi b}{a} \tag{5.1.74}$$

参数 a,b,Γ 与来流速度、物体形状和雷诺数有关，这里可视为给定的参数。显然，涡脱落的周期为

$$T=\frac{a}{V_\infty-V}=\frac{a}{V_\infty-\frac{\Gamma\pi}{a}\tanh\frac{\pi b}{a}} \tag{5.1.75}$$

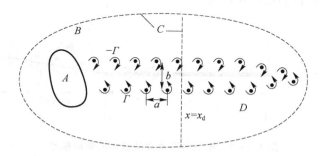

图 5.1-6　卡门涡街示意图

依据式（5.1.73），在一个涡脱落周期内，相距 $y_n-\hat{y}_n=b$ 的一对新涡生成导致的平均阻力为

$$D_n=\rho\frac{1}{T}\int_0^T(y_n-\hat{y}_n)\mathrm{d}\Gamma_n=\frac{\rho b\Gamma}{T}$$

将式（5.1.75）代入可得

$$D_n=\frac{\rho b\Gamma}{a}\left(V_\infty-\frac{\pi\Gamma}{a}\tan\frac{\pi b}{a}\right) \tag{5.1.76}$$

这便是卡门涡街给出由新涡生成导致的阻力部分。除此之外，已经生成的点涡也会诱导阻力，由式（5.1.64）并考虑到点涡序列的性质，不难证明，诱导阻力为

$$D_s=\frac{\Gamma^2}{2a^2}\left(\frac{a}{\pi}-b\tanh\frac{\pi b}{a}\right) \tag{5.1.77}$$

因此，由卡门涡街导致的总压差阻力为

$$D=\frac{\rho b\Gamma}{a}\left(V_\infty-\frac{\pi\Gamma}{a}\tan\frac{\pi b}{a}\right)+\frac{\Gamma^2}{2a^2}\left(\frac{a}{\pi}-b\tanh\frac{\pi b}{a}\right) \tag{5.1.78}$$

5.1.4　理想流动的突然启动问题与大迎角问题

这里以突然启动问题为例，来介绍自由涡涡升力理论的应用。所谓突然启动问题，就是机翼在静止空气中突然获得带迎角的速度，或者有速度没迎角情况下突然获得迎角。机翼通过加速达到匀速运动状态，或者通过俯仰运动获得固定迎角，如果加速或俯仰过程在极短时间完成，那么就可以看成突然启动问题。机翼在气动弹性作用下突然获得位移、在阵风作用下的响应问题、一些控制面操纵等均可把流场看成一系列突然启动过程的叠加。

在定常流动状态，流体速度与空间坐标有关，物面是条流线。而对于突然启动问题，在物体坐标系看来，初始时刻的流场速度处处为 V_∞，迎角为 α，但在物面满足无穿透条件。这种无

穿透条件的满足以旋涡的生成与运动形式扰动均匀流场(而对于 5.2 节介绍的可压缩突然启动问题,还有迎风面压缩波以及背风面的膨胀波的影响)。在突然启动问题分析中,需要用解析方法或数值方法得到流场中的自由涡,再利用涡作用力关系式得到机翼气动力随时间的演化曲线。

这里只考虑平板薄翼情况,小迎角突然启动问题称为 Wagner 问题,有理论解。人们近期也得到了大迎角情况下的流动规律以及升力演化曲线。

1. 小迎角突然启动问题(Wagner 问题)

如图 5.1-7 所示,突然启动后,由于在物面满足无穿透条件,导致在翼型上下表面产生流速差,这种差别可用 1.4 节介绍的薄翼理论中在翼型中弧线上布置点涡来模拟。同时,这种速度差从尾缘开始向下游以涡层形式传播。

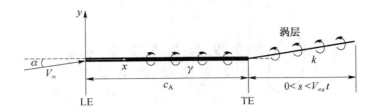

图 5.1-7　平板小迎角突然启动问题涡模型

在迎角较小时,自由涡可以假定以涡层形式分布在离尾缘 $0<s<V_\infty t$ 的范围内,单位长度的涡层的涡强记为 $k(s,t)$。涡层越来越长,但维持在沿自由来流方向的直线上。涡强 $k(s,t)$ 需要与镜像涡一起按开尔文定理和边界条件确定。自由涡层近似以自由来流速度移动,因而其质点导数为 0,即

$$\mathrm{D}k/\mathrm{D}t\equiv\partial k/\partial t+V_\infty\partial k/\partial x=0 \tag{5.1.79}$$

类似于 1.4 节薄翼理论,在平板上布置单位长度强度为 $\gamma(x)$ 的点涡(简称镜像涡,实际上包括了传统意义下的附着涡)。涡强由平板是条流线,即由

$$\frac{1}{V_\infty}v_\mathrm{A}\approx\mathrm{d}y_\mathrm{f}/\mathrm{d}x-\alpha \tag{5.1.80}$$

确定。这里,v_A 是自由涡 $k(s,t)$ 以及镜像涡 $\gamma(x)$ 诱导的速度。显然

$$v_\mathrm{A}=\int_0^{V_\infty t}\frac{k(s,t)\mathrm{d}s}{2\pi(c_\mathrm{A}+s-x)}+\int_0^{c_\mathrm{A}}\frac{\gamma(\xi)\mathrm{d}\xi}{2\pi(x-\xi)} \tag{5.1.81}$$

将式(5.1.81)代入式(5.1.80),并考虑到对于平板有 $\dfrac{\mathrm{d}y_\mathrm{f}}{\mathrm{d}x}=0$,得确定 $\gamma(x)$ 和 $k(s,t)$ 的第一个方程

$$\frac{1}{V_\infty}\int_0^{c_\mathrm{A}}\frac{\gamma(\xi)\mathrm{d}\xi}{2\pi(x-\xi)}=-\alpha+\frac{1}{V_\infty}\int_0^{V_\infty t}\frac{k(s,t)\mathrm{d}s}{2\pi(c_\mathrm{A}+s-x)} \tag{5.1.82}$$

另一个方程是开尔文涡强守恒定理,即

$$\Gamma_\mathrm{b}+\int_0^{V_\infty t}k(s,t)\mathrm{d}s=0 \tag{5.1.83}$$

这里

$$\Gamma_\mathrm{b}=\int_0^{c_\mathrm{A}}\gamma(x)\mathrm{d}x \tag{5.1.84}$$

为绕平板的环量。往下还需要求涡量矩

$$\Omega_b = \int_0^{c_A} \gamma x \, \mathrm{d}x \tag{5.1.85}$$

式(5.1.82)的求解可仿 1.4 节薄翼理论,引入变换

$$\xi = \frac{c_A}{2}(1 - \cos\theta), \quad x = \frac{c_A}{2}(1 - \cos\beta) \tag{5.1.86}$$

并将解表示为

$$\gamma(\theta) = -2V_\infty \left(A_0 \frac{1 + \cos\theta}{\sin\theta} + \sum_{n=1}^\infty A_n \sin(n\theta) \right) \tag{5.1.87}$$

将式(5.1.87)代入式(5.1.84)和式(5.1.85),得环量与涡量矩为

$$\Gamma_b = A_0 + \frac{1}{2}A_1, \quad \Omega_b = A_0 + A_1 - \frac{1}{2}A_2 \tag{5.1.88}$$

将式(5.1.87)代入式(5.1.82),经过烦琐但并不复杂的整理可得

$$\begin{cases} A_0 = -\alpha + \dfrac{1}{2\pi^2 V_\infty} \displaystyle\int_0^{V_\infty t} \int_0^\pi \dfrac{\mathrm{d}\beta}{\frac{1}{2}c_A(\cos\beta + 1) + s} k(s,t)\mathrm{d}s \\[4mm] A_{n,n>0} = \dfrac{1}{2\pi^2 V_\infty} \displaystyle\int_0^{V_\infty t} \int_0^\pi \dfrac{-2\cos n\beta\,\mathrm{d}\beta}{\frac{1}{2}c_A(\cos\beta + 1) + s} k(s,t)\mathrm{d}s \end{cases} \tag{5.1.89}$$

将式(5.1.89)代入式(5.1.88)得

$$\begin{cases} \Gamma_b = -\alpha + \dfrac{1}{2\pi^2 V_\infty} \displaystyle\int_0^{V_\infty t} \int_0^\pi \dfrac{(\cos\beta - 1)\,\mathrm{d}\beta}{\frac{1}{2}c_A(\cos\beta + 1) + s} k(s,t)\mathrm{d}s \\[4mm] \Omega_b = -\alpha + \dfrac{1}{2\pi^2 V_\infty} \displaystyle\int_0^{V_\infty t} \int_0^\pi \dfrac{2(\cos^2\beta - \cos\beta)\,\mathrm{d}\beta}{\frac{1}{2}c_A(\cos\beta + 1) + s} k(s,t)\mathrm{d}s \end{cases} \tag{5.1.90}$$

进一步利用恒等式

$$\begin{cases} \displaystyle\int_0^\pi \dfrac{\mathrm{d}\beta}{\frac{1}{2}c_A(\cos\beta + 1) + s} = \dfrac{\pi}{\sqrt{s}\,\sqrt{c_A + s}} \\[5mm] \dfrac{\cos\beta - 1}{\frac{1}{2}c_A(\cos\beta + 1) + s} = \dfrac{2}{c_A} - \dfrac{2(c_A + s)}{c_A\left(\frac{1}{2}c_A(\cos\beta + 1) + s\right)} \\[5mm] \dfrac{\cos^2\beta - \cos\beta}{\frac{1}{2}c_A(\cos\beta + 1) + s} = \dfrac{2\cos\beta}{c_A} - \dfrac{4(c_A + s)}{c_A^2} + \dfrac{2(c_A + 2s)(c_A + s)}{c_A^2\left(\frac{1}{2}c_A(\cos\beta + 1) + s\right)} \end{cases}$$

简化式(5.1.90)得

$$\begin{cases} \Gamma_b = -\alpha + \dfrac{1}{\pi V_\infty c_A} \displaystyle\int_0^{V_\infty t} \left(1 - \dfrac{\sqrt{c_A + s}}{\sqrt{s}}\right) k(s,t)\mathrm{d}s \\[5mm] \Omega_b = -\alpha - \dfrac{1}{\pi V_\infty} \displaystyle\int_0^{V_\infty t} \left\{ \dfrac{4}{c_A^2}(s - \sqrt{sc_A + s^2}) - \dfrac{2}{c_A}\dfrac{\sqrt{c_A + s}}{\sqrt{s}} + \dfrac{4}{c_A} \right\} k(s,t)\mathrm{d}s \end{cases} \tag{5.1.91}$$

将式(5.1.91)中的 Γ_b 表达式代入开尔文定理(5.1.83)可得确定 $k(s,t)$ 的方程为

$$\int_0^{V_\infty t} \frac{\sqrt{c_A + s}}{\sqrt{s}} k(s,t) \mathrm{d}s = \pi c_A V_\infty \alpha \qquad (5.1.92)$$

该方程没法直接给出解析解,但可采用拉普拉斯变换求解。

下面分析平板所受的力。将 5.1.3 节涡升力(5.1.63)和阻力(5.1.64)用在连续分布的自由涡 k 与镜像涡 γ,写成积分形式,可得

$$\begin{cases} L_v = -\rho V_\infty \Gamma_b + \rho V_\infty \dfrac{\mathrm{d}\Omega_b}{\mathrm{d}t} - \rho V_\infty \displaystyle\int_0^{V_\infty t} k(s,t)\mathrm{d}s + \rho V_\infty \dfrac{\mathrm{d}}{\mathrm{d}t}\int_0^{V_\infty t}(c_A + s)k(s,t)\mathrm{d}x \\[3mm] D_v = -\rho \dfrac{\mathrm{d}}{\mathrm{d}t}\displaystyle\int_0^{c_A} y\gamma \,\mathrm{d}x - \rho \dfrac{\mathrm{d}}{\mathrm{d}t}\int_0^{V_\infty t} yk(s,t)\mathrm{d}s \end{cases} \qquad (5.1.93)$$

以下只考虑升力。将式(5.1.91)中的涡量矩表达式代入式(5.1.93),整理可得升力表达式为

$$L_v = \rho \frac{\mathrm{d}}{\mathrm{d}t}\int_0^{V_\infty t} \sqrt{sc_A + s^2}\, k(s,t)\mathrm{d}s \qquad (5.1.94)$$

利用式(5.1.79)可得

$$\frac{\mathrm{d}}{\mathrm{d}t}\int_0^{V_\infty t} sk(s,t)\mathrm{d}s = \int_0^{V_\infty t} V_\infty k(s,t)\mathrm{d}s = V_\infty \int_0^{V_\infty t} k(s,t)\mathrm{d}s = -V_\infty \Gamma_b$$

因此,式(5.1.94)也可以写成

$$L_v = -\rho V_\infty \Gamma_b + \rho \frac{\mathrm{d}}{\mathrm{d}t}\int_0^{V_\infty t}(\sqrt{sc_A + s^2} - s)k(s,t)\mathrm{d}s \qquad (5.1.95)$$

式(5.1.94)或式(5.1.95)为确定平板升力的最终表达式,其中 $k(s,t)$ 由方程(5.1.92)给出。

① 式(5.1.92)无法给出 $k(s,t)$ 的解析解。Wagner 给出了积分方程的数值解,将数值解代入式(5.1.91)和式(5.1.94)后,得到了环量以及升力随时间的演化曲线。后来人们把这些曲线用简易代数式拟合,得到

$$\Gamma_b(\tau) = F(\tau)\Gamma_{b,\infty}, \quad L(\tau) = \Phi(\tau)L_\infty \qquad (5.1.96)$$

式中,$\Gamma_{b,\infty} = -\pi V_\infty c_A \alpha$,$L_\infty = \pi\rho V_\infty^2 c_A \alpha$ 为定常流动的解。

$$\begin{cases} F(\tau) \approx 1 - 0.812\,3\mathrm{e}^{-\frac{\sqrt{\tau}}{1.276}} - 0.188\mathrm{e}^{-\frac{\tau}{1.211}} + 0.326\,83 \times 10^{-3}\mathrm{e}^{-\frac{\tau^2}{0.892}} \\[3mm] \Phi(\tau) = 1 - \dfrac{1}{2 + \tau} \end{cases} \qquad (5.1.97)$$

为近似 Wagner 函数(见图 5.1-8),

$$\tau = \frac{V_\infty t}{c_A} \qquad (5.1.98)$$

为无量纲时间,表示当前时刻,平板已经移动的弦长的个数。

② 对于 $t \to 0: L(0) = \dfrac{1}{2}L_\infty$,即突然启动问题的初始升力为最终定常升力的一半。初始升力来源于环量随时间的变化。同样可以得到初始阻力为

$$D_v = -\frac{1}{4}\pi V_\infty^2 c_A \alpha^2 \qquad (5.1.99)$$

③ 翼型突然启动后,建立环量伴随着旋涡从尾缘脱落的过程,需一定的时间才可以完成,

这就是所谓的 Wagner 滞后效应。Wagner 的结果可以这样总结,对于小迎角突然启动的薄
翼,虽然附着涡的初始环量为 0,但初始升力却等于定常升力的一半。翼型的环量和升力随着时间按 Wagner 函数 $F(\tau)$ 和 $\Phi(\tau)$ 逐渐增加,在无量纲时刻等于 7,即翼型移动了 7 个弦长时,升力达到了最终定常升力的 90%。Wagner 的结果在 1931 年被 Walker 用实验证实。

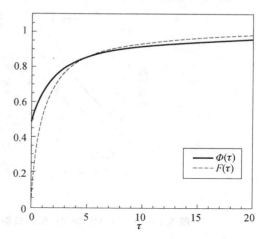

图 5.1-8　附着涡环量和升力的 Wagner 函数

2. 大迎角突然启动问题和大迎角流动问题

2015 年,人们将平板 Wagner 问题推广到了迎角至 $\alpha \leqslant 20°$ 的情况,此时在前缘也有涡脱落,产生前缘涡(LEV),见图 5.1-9。前缘涡对 Wagner 问题产生修正作用。从定性角度看,如果把包含前缘涡的分割流线看成等效物面,那么前缘涡相当于增加了局部弯度,进而增加升力。也可以用 2.2.7 节的前缘吸力比拟理解额外的涡升力。

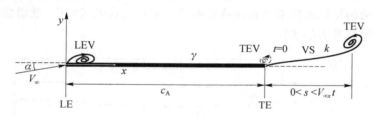

图 5.1-9　中等迎角突然启动问题,有前缘涡(LEV)的影响

图 5.1-10 为迎角 20° 时,突然启动问题的升力演化曲线与不考虑前缘涡时,同样迎角的 Wagner 升力曲线的比较。可见,在 $\tau < 7$ 时,有前缘涡的升力曲线明显高于 Wagner 曲线。这就是前缘涡升力增强机制。当时间足够长时,前缘涡到了下游,并且有新的尾涡脱落,导致升力下降。接着又会交替产生前缘涡,如同卡门涡街,因此出现升力曲线周期性振荡。在 5.1.5 节介绍的昆虫扑翼飞行中,翅膀一个拍动周期涉及的时间一般小于 $\tau < 4$,因此,升力下掉之前,翅膀翻转了,又进入新一轮升力增强机制。

如果把镜像涡的影响也考虑进去,那么在自由涡作用下,平板所受的法向力表达式为

$$F_n = \sum \rho \boldsymbol{\Lambda}(x_i, y_i) \cdot \boldsymbol{U}_i \Gamma_i \tag{5.1.100}$$

式中,$\boldsymbol{U}_i$ 是自由涡相对于平板的移动速度,Γ_i 是点涡环量,$\boldsymbol{\Lambda} = \boldsymbol{\Lambda}(x, y)$ 是涡作用力矢量(见式 5.1.32),与流场无关,只与相对于平板中心的坐标 (x, y) 有关。

涡力线地图。图 5.1-11 涡力线地图是以 $\boldsymbol{\Lambda} = \boldsymbol{\Lambda}(x, y)$ 为矢量做成的平板通用涡作用力分析图,p, q 为无量纲坐标,定义式为

$$p = (x - c_A / 2)(c_A / 2), \quad q = y / (c_A / 2)$$

涡力线(带箭头的实线,不带箭头的实线是 Λ 的等值线)与当地矢量 $\boldsymbol{\Lambda}$ 平行,与流动状态(包括迎角、时刻、来流速度)没有关系,只与坐标相关。依据环量的符号以及当地涡速度矢量与涡力线的夹角,可以判断该点涡产生的力(包括了自由涡及其镜像涡的影响)的正负。图中 l_A 为前

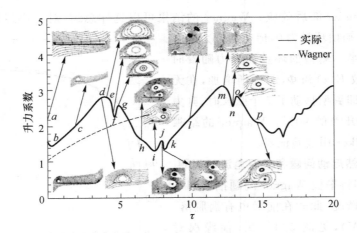

图 5.1 - 10 迎角为 20°时,突然启动问题升力演化曲线与 Wagner 曲线的比较

缘涡(一般有 $\Gamma_i < 0$)沿 $\sigma = 45°$ 方向运动时,涡作用力为 0 的临界曲线。以该方向运动的前缘涡如果处在该临界曲线与平板包含的区域中,就增强升力,因此该区域也称为前缘涡增强升力临界区。同理,图中 l_B 为尾缘涡(一般有 $\Gamma_i > 0$)沿角度 $\sigma = 135°$ 运动时,涡作用力为 0 的临界曲线。以该方向运动的尾缘涡如果处在该临界曲线与平板包含的区域中,就增强升力,因此该区域也称为尾缘涡增强升力临界区。

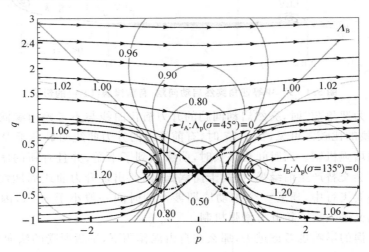

图 5.1 - 11 涡力线地图

对于一般方向 σ 运动的涡,将矢量 $\boldsymbol{\Lambda}$ 投影到该方向,得投影涡力线因子

$$\Lambda_\sigma = \boldsymbol{\Lambda} \cdot (\cos\sigma, \sin\sigma) \tag{5.1.101}$$

前缘涡升力增强临界区。 对于沿方向 σ 移动的具有 $\Gamma_i < 0$ 的前缘涡,法向力在满足 $\Lambda_\sigma < 0$ 的区域为正。图 5.1 - 12 给出了不同角度 σ 时的由 $\Lambda_\sigma = 0$ 定义的靠近前缘的临界曲线 $l_{\text{LEV}}(0° < \sigma < 90°)$ 和靠近尾缘的临界曲线 $l_{\text{TEV}}(90° < \sigma < 180°)$。对于给定的 σ,临界曲线 l_{LEV} 与平板围成的区域即临界区域中,有 $\Lambda_\sigma < 0$,从而对于 $\Gamma_i < 0$ 的前缘涡,其法向力为正。因此,临界区域界定了前缘涡增强法向力的区域,称为前缘法向力从而升力增强区。

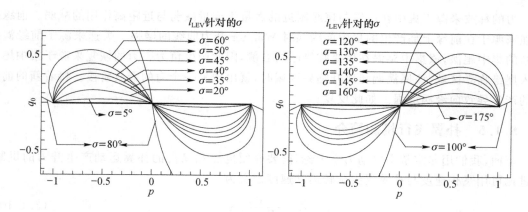

图 5.1 - 12　投影涡力线图

　　尾缘涡升力增强临界区。同理,临界曲线 l_{TEV} 与平板围成的区域称为尾缘临界区,在该区域内 $\Lambda_\sigma > 0$。因此对于尾缘产生的一般满足 $\Gamma_1 > 0$ 的尾涡,以 $90° < \sigma < 180°$ 的角度进入尾部临界区,也会导致正的法向力从而产生正的升力。

　　力的释放、增强、失速与恢复。图 5.1 - 13 为平板以 $45°$ 迎角突然启动后典型时刻的流线图以及法向力系数随时间的演化。法向力演化曲线的各阶段与前缘与尾缘产生的集中涡密切相关。可以分为可周期重复的四个阶段:力的释放阶段、力的前缘涡增强阶段、失速即快速下掉阶段以及力的恢复阶段。从图中的时刻 $\tau \approx 4$ 开始,重复力的释放、增强、失速和恢复四个阶段。该曲线由突然启动问题获得。但不管初始流场如何建立,经过足够长时间的演化,这四个阶段将交替出现。

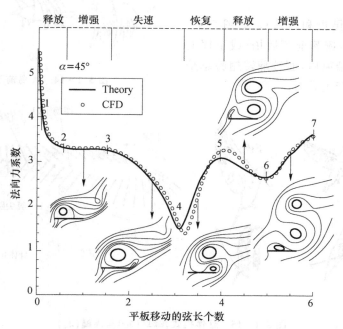

图 5.1 - 13　以 $45°$ 迎角突然启动的平板绕流流场与法向力系数随时间的演化曲线

力的释放来源于集中在前缘与尾缘附近的涡量生成量减弱与近距离作用的减弱。前缘涡增强来源于在前缘上部产生的集中前缘涡对 Wagner 升力曲线的增强。失速来源于前缘涡诱导新的集中尾涡,该集中尾涡在尾缘临界区的右侧,因此产生负力。力的恢复来源于集中尾涡进入尾缘临界区域,该尾涡调转离开临界区域时,就出现另一个力的释放阶段。接着新的前缘涡的产生导致前缘涡增强。如此反复。

5.1.5　扑翼飞行机制简介

下面,我们用非定常空气动力学理论,简要介绍昆虫和鸟类的扑翼运动产生升力的机制。前进比可用飞行速度与扑翼翼尖旋转运动速度定义为

$$\bar{\omega}=\frac{V_\infty}{\pi R_{\text{wing}}\omega_{\text{wing}}} \tag{5.1.102}$$

式中,R_{wing}为单侧翅膀长度,ω_{wing}为翼尖角速度。固定翼飞行时 $\bar{\omega}\to\infty$,悬停时 $\bar{\omega}\to 0$。

一般可以分为如下三种飞行模式(一种模式中的动作也可能存在于另一种模式中)。

① 扑翼前飞模式(大鸟)。如图 5.1-14 所示,翅膀扑动时,利用外侧翅膀当地飞行方向的调节和迎角的变化,使得既能产生足够的升力来平衡重力,也能产生推力来平衡阻力。

② 悬停模式(昆虫和蜂鸟)。如图 5.1-15 所示,在悬停时,翅膀前挥后拍(或下挥上拍)。前挥或后拍结束后,通过翻转翅膀总是形成正迎角飞行,产生升力。

图 5.1-14　大鸟前飞模式

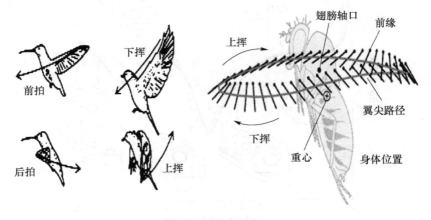

图 5.1-15　悬停模式,蜂鸟(左)与果蝇(右)

③ 打开合拢模式(蝴蝶等)。如 5.1-16 所示,一些蝴蝶或小黄蜂的翅膀有打开合拢运动,看单片翅膀,也相当于大迎角启动运动,因此会产生前缘涡。两个翅膀就会产生一对涡。

两个涡的生成,引起涡生成升力。

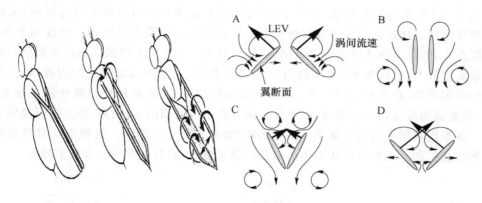

图 5.1-16　打开合拢机制

(1) 扑翼前飞模式产生推力的机制

如图 5.1-17 所示,大鸟在前飞时,翅膀在一个周期内包含下拍运动与上挥运动。翅膀可以看成内侧翅膀与外侧翅膀两部分。内侧翅膀近似于固定翼,运动路径几乎是飞行路径,故只产生升力(以及摩擦阻力)。外侧翅膀在下拍过程,运动方向向右偏下,产生垂直于该运动方向的儒科夫斯基升力,这个力除了在垂直方向有投影(贡献升力)外,还在飞行方向有投影(贡献推力)。在上挥过程,局部迎角变小,产生的儒科夫斯基升力对推力的贡献可以忽略。因此,平均到一个周期,可产生净推力,用于克服摩擦阻力等。

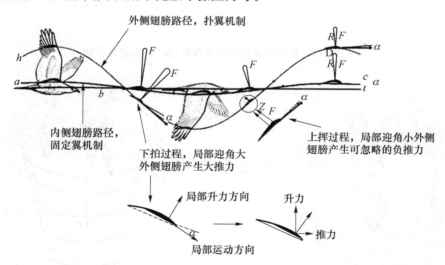

图 5.1-17　鸟前飞过程外侧翅膀与内侧翅膀运动轨迹、局部迎角与力的方向

快飞模式接近于固定翼机制,慢飞模式接近于昆虫模式。如果翅膀停止扑动,那么依靠已有速度会滑翔飞行,即一边前进一边下落高度,利用升阻力平衡。不难验证,滑翔角(滑翔方向与水平方向的夹角)满足 $\tan\theta = 1/(L/D)$,即为升阻比的倒数。对于升阻比达到 30 的翅膀,滑翔角约为 2°。进一步,如果当地存在上升下降气流,在地面看来处于滑翔状态的鸟,进行翱翔运动。

（2）悬停高升力机制

图 5.1－18 所示为悬停机制,在半个周期内,翅膀运动以近似分解为加速运动、大迎角平动以及翻转运动。加速运动过程有前面介绍的附加惯性力以及平动升力。大迎角平动时,有前缘涡脱产生,因此出现前缘涡增强机制,这是高升力产生的根本原因。前缘涡脱落前的翻转运动导致旋转升力(也称为 Kramer 机制)。在半个周期内,加速运动建立起附着涡,由开尔文涡强守恒原理可知,必然在尖尾缘产生尾涡(简称启动涡)。大迎角平动额外建立起前缘涡。翻转时,附着涡和前缘涡一起脱落,形成停止涡。在半个周期内,启动涡、停止涡以及翼尖涡形成闭环。各半周期形成的闭环就是一串串涡环,如图 5.1－19 所示。这种涡环对升力的作用简称尾涡捕获机制。人们曾经认为尾涡捕获增强了升力,但后来发现它降低了升力。

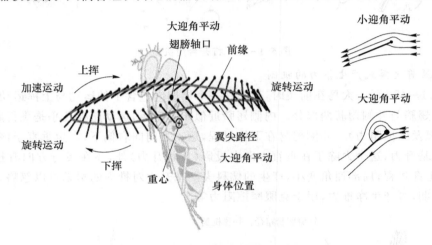

图 5.1－18 悬停翅膀运动包含旋转、加速、大迎角平动

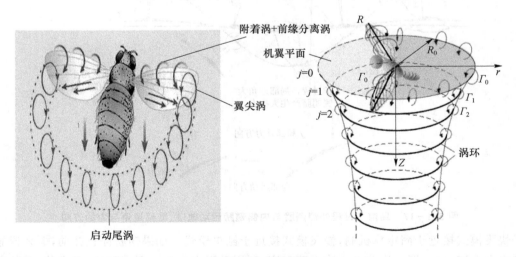

图 5.1－19 昆虫扑翼悬停产生的涡环

（3）打开合拢机制

Weis－Fogh 在研究台湾小黄蜂飞行特性时发现,小黄蜂翅膀运动的雷诺数只有 20 左右。这么低的雷诺数,按照常规固定翼飞行,无法产生平衡重力的升力。但在每一次下拍翅膀前,

两翅在背部合拢,然后快速打开,如图 5.1 - 16 所示。合拢后快速打开过程中,单个翅膀类似于大迎角运动,产生一对涡,按式(5.1.73)产生涡生成力,这种机制简称 Weis - Fogh 机制。

总之,昆虫翅膀的运动过程有翻转(合拢打开)、向前加速、向前平移、停止、逆向翻转、向后加速、向后平移、减速、停止、再翻转,如此循环。于是,有翻转运动带来的旋转升力或打开合拢带来的涡生成力,突然大迎角加速时类似于突然启动问题的前缘涡增升机制,正常平动时儒科夫斯基升力机制,加速运动带来的附加惯性效应等。当然,由于每一个周期产生的涡会脱落,这些脱落的涡对升力也会有一定的影响。

5.1.6　要点总结

物体加速运动时,也会带动周围流体一起加速运动,从而导致与加速度成正比的附加惯性力。物体在旋转时,也带动周围流体一起旋转,这种旋转叠加平动后,物体受力也类似于儒科夫斯基升力定理产生升力的机制,从而也会产生与物体旋转相关的力。这种任意刚体运动带来的附加力叠加在经典的儒科夫斯基升力上。

大迎角等运动一般会导致自由涡的产生。这种自由涡有两方面作用:在物体周围产生诱导速度场从而等效地改变当地来流条件,在物体内部产生镜像涡从而改变附着涡的环量。这使得物体会受到与自由涡相关的力。

据此,可以将一般情况下的物体受力分解为附加惯性力,速度滑移力(包含儒科夫斯基升力),自由涡作用力以及黏性导致的摩擦力。

翼型突然启动时,物体对均匀流场的扰动以涡量形式产生并传播。由于存在自由涡生成力,会导致突然启动问题物体受力随时间演化。如果存在定常解,那么经过足够长演化后最终气动力就是定常气动力。在小迎角情况下,突然启动问题的气动力随时间的演化有解析解(Wagner 解)。

对于大迎角问题,前缘产生的前缘涡,由于涡会产生吸力,从而会增强升力。这就是前缘涡升力增强机制。前缘涡脱落到达尾缘附近后,诱导新的集中尾缘涡,这种尾缘涡首先处在紧贴尾缘的下游,从而在尾缘下方产生较大的诱导速度和负压,从而降低升力,这是失速的根本原因。接着,尾缘涡运动到翼型后部上方,类似于前缘涡产生吸力,导致失去的升力得以恢复。这种本书第一和第三作者 2016 年提出的升力增强、失速、恢复和释放,会周期性地重复,从而可以揭示昆虫扑翼飞行的主要机制。

5.2　可压缩非定常流动

本节将介绍可压缩非定常流动中常见的基本结构,尤其是特征线、简单波、接触间断、激波,以及包含这几类基本结构的黎曼问题的解;讨论出现这些基本结构的典型应用,如机翼突然改变迎角时的气动力响应,还介绍现代计算流体力学的最基本原理。

5.2.1　一维非定常等熵流动特征线理论

3.1 节给出了一般情况下可压缩流体力学基本方程的各种形式。针对一维问题,有一个质量守恒方程、一个动量守恒方程以及一个能量守恒方程。由于这里只考虑等熵流动,因此可以用基于熵的质点导数为 0 而得到的压力密度方程替代能量方程,即

$$\begin{cases} \dfrac{\partial \rho}{\partial t} + V\dfrac{\partial \rho}{\partial x} + \rho\dfrac{\partial V}{\partial x} = 0 \\[2mm] \rho\dfrac{\partial V}{\partial t} + \rho V\dfrac{\partial V}{\partial x} + \dfrac{\partial p}{\partial x} = 0 \\[2mm] \dfrac{\partial p}{\partial t} + V\dfrac{\partial p}{\partial x} - a^2\left(\dfrac{\partial \rho}{\partial t} + V\dfrac{\partial \rho}{\partial x}\right) = 0 \end{cases} \tag{5.2.1}$$

为了求特征线以及沿特征线的约化方程(相容关系式),将式(5.2.1)写成矩阵形式,为

$$\boldsymbol{AW}_t + \boldsymbol{BW}_x = \boldsymbol{F}, \quad \boldsymbol{W} = \begin{pmatrix} \rho \\ V \\ p \end{pmatrix}, \quad \boldsymbol{F} = \begin{pmatrix} 0 \\ 0 \\ 0 \end{pmatrix} \tag{5.2.2}$$

式中,系数矩阵为

$$\boldsymbol{A} = \begin{pmatrix} 1 & 0 & 0 \\ 0 & \rho & 0 \\ -a^2 & 0 & 1 \end{pmatrix}, \quad \boldsymbol{B} = \begin{pmatrix} V & \rho & 0 \\ 0 & \rho V & 1 \\ -a^2 V & 0 & V \end{pmatrix} \tag{5.2.3}$$

式(5.2.2)与3.2节介绍的特征线理论基于的矩阵形式流动模型的形式相同,只是把 y 置换成了 t。于是,按特征线理论的标准方法,特征值 λ 由关系式

$$\det(\boldsymbol{B} - \lambda\boldsymbol{A}) = 0 \tag{5.2.4}$$

确定。不难求得,本问题有3个特征值,按由小到大的顺序,3个特征值分别为

$$\lambda_1 = V - a, \quad \lambda_2 = V, \quad \lambda_3 = V + a \tag{5.2.5}$$

这3个特征值物理意义十分明显:它们就是流速和声速的线性叠加;第一个特征值 $\lambda_1 = V - a$ 是声波在所选参照系中向左传播的速度,第二个特征值 $\lambda_2 = V$ 就是流体质点的速度,第三个特征值 $\lambda_3 = V + a$ 是声波在所选参照系中向右传播的速度。这几个速度在可压缩流动力学中都有重要的物理意义。除此之外,还有非定常流动激波的传播速度,这将在下面介绍。

下面讨论沿每束特征线流动方程的简化,即相容关系式。为此,先对每个特征值 λ_k,按 $\boldsymbol{l}_k(\boldsymbol{B} - \lambda_k\boldsymbol{A}) = 0$ 求特征向量。不难求得

$$\begin{cases} \boldsymbol{l}_1 = (a^2, -a, 1), & \lambda_1 = V - a \\ \boldsymbol{l}_2 = (0, 0, 1), & \lambda_2 = V \\ \boldsymbol{l}_3 = (a^2, a, 1), & \lambda_3 = V + a \end{cases} \tag{5.2.6}$$

第 I 束特征线,沿第 I 束特征线

$$\frac{\mathrm{d}x}{\mathrm{d}t} = V - a \tag{5.2.7}$$

相容关系式由式(5.2.2)投影到 $\boldsymbol{l}_1$,即由 $\boldsymbol{l}_1(\boldsymbol{AW}_t + \boldsymbol{BW}_x) = \boldsymbol{l}_1\boldsymbol{F}$ 求得。该式可给出

$$(a^2, -a, 1)\left\{ \begin{pmatrix} 1 & 0 & 0 \\ 0 & \rho & 0 \\ -a^2 & 0 & 1 \end{pmatrix}\begin{pmatrix} \rho \\ V \\ p \end{pmatrix}_t + \begin{pmatrix} V & \rho & 0 \\ 0 & \rho V & 1 \\ -a^2 V & 0 & V \end{pmatrix}\begin{pmatrix} \rho \\ V \\ p \end{pmatrix}_x \right\} = 0$$

整理得

$$\frac{1}{\rho a}\frac{\mathrm{d}p}{\mathrm{d}t} - \frac{\mathrm{d}V}{\mathrm{d}t} = 0 \tag{5.2.8}$$

即沿特征线(5.2.7),成立常微分关系式(5.2.8)。该关系式也称为沿第 I 束特征线的相容关系式。

第Ⅱ束特征线。沿第Ⅱ束特征线

$$\frac{\mathrm{d}x}{\mathrm{d}t}=V \tag{5.2.9}$$

相容关系式由式(5.2.2)投影到 l_2，即由 $l_2(AW_t+BW_x)=l_2F$ 求得。该式可给出

$$(0,0,1)\left\{\begin{pmatrix}1&0&0\\0&\rho&0\\-a^2&0&1\end{pmatrix}\begin{pmatrix}\rho\\V\\p\end{pmatrix}_t+\begin{pmatrix}V&\rho&0\\0&\rho V&1\\-a^2V&0&V\end{pmatrix}\begin{pmatrix}\rho\\V\\p\end{pmatrix}_x\right\}=0$$

整理得 $-a^2\dfrac{\mathrm{d}\rho}{\mathrm{d}t}+\dfrac{\mathrm{d}p}{\mathrm{d}t}=0$，即

$$-\gamma\frac{1}{\rho}\frac{\mathrm{d}\rho}{\mathrm{d}t}+\frac{1}{p}\frac{\mathrm{d}p}{\mathrm{d}t}=0 \tag{5.2.10}$$

即沿特征线(5.2.9)，成立常微分关系式(5.2.10)。该关系式也称为沿第Ⅱ束特征线的相容关系式。

第Ⅲ束特征线。沿第Ⅲ束特征线

$$\frac{\mathrm{d}x}{\mathrm{d}t}=V+a \tag{5.2.11}$$

相容关系式由式(5.2.2)投影到 l_3，即由 $l_3(AW_t+BW_x)=l_3F$ 求得。该式可给出

$$(a^2,a,1)\left\{\begin{pmatrix}1&0&0\\0&\rho&0\\-a^2&0&1\end{pmatrix}\begin{pmatrix}\rho\\V\\p\end{pmatrix}_t+\begin{pmatrix}V&\rho&0\\0&\rho V&1\\-a^2V&0&V\end{pmatrix}\begin{pmatrix}\rho\\V\\p\end{pmatrix}_x\right\}=0$$

整理得

$$\frac{1}{\rho a}\frac{\mathrm{d}p}{\mathrm{d}t}+\frac{\mathrm{d}V}{\mathrm{d}t}=0 \tag{5.2.12}$$

即沿特征线(5.2.11)，成立常微分关系式(5.2.12)。该关系式也称为沿第Ⅲ束特征线的相容关系式。

均熵流动相容关系式的积分与黎曼不变量。考虑均熵流动 $\sqrt[\gamma]{p}/\rho=\sqrt[\gamma]{p_\infty}/\rho_\infty$。为了积分相容关系式，将 ρa 表示为

$$\rho a=\rho\sqrt{\frac{\gamma p}{\rho}}=\sqrt{\gamma\rho p}=\sqrt{\frac{\gamma\rho}{\sqrt[\gamma]{p}}p\sqrt[\gamma]{p}}=\sqrt{\frac{\gamma\rho_\infty}{\sqrt[\gamma]{p_\infty}}}p^{\frac{\gamma+1}{2\gamma}}$$

故

$$\int\frac{1}{\rho a}\mathrm{d}p=\frac{1}{\sqrt{\frac{\gamma\rho_\infty}{\sqrt[\gamma]{p_\infty}}}}\int\frac{1}{p^{\frac{\gamma+1}{2\gamma}}}\mathrm{d}p=\frac{1}{\sqrt{\frac{\gamma\rho}{\sqrt[\gamma]{p}}}}\frac{1}{-\frac{\gamma+1}{2\gamma}+1}p^{-\frac{\gamma+1}{2\gamma}+1}=\frac{2a}{\gamma-1}$$

针对第Ⅰ束特征线，将相容关系式(5.2.8)积分得，$-V+\dfrac{2}{\gamma-1}a=\mathrm{Const}$。记

$$I_-=-V+\frac{2}{\gamma-1}a \tag{5.2.13}$$

于是，沿第Ⅰ束特征线，I_- 是常数。由式(5.2.13)定义的量 I_- 也称为黎曼不变量。

同理，针对第Ⅱ束特征线，将相容关系式(5.2.10)积分得，$s=\dfrac{p}{\rho^\gamma}=C$，即沿着第Ⅱ束特征线，熵不变。

针对第Ⅲ束特征线,将相容关系式(5.2.12)积分得,$V+\frac{2}{\gamma-1}a=$Const。记

$$I_+=V+\frac{2}{\gamma-1}a \tag{5.2.14}$$

于是,沿第Ⅲ束特征线,I_+是常数。由式(5.2.14)定义的量I_+也是黎曼不变量。

重要结论。对于一维非定常均熵流动,沿特征线 $dx/dt=V\mp a$,黎曼不变量 $I_\mp=V\mp\frac{2}{\gamma-1}a$ 是常数。在一些计算区域的进出口,依据特征线传播方向,可把给定对应的黎曼不变量的值作为边界条件。

5.2.2　简单波理论

在求平板附面层勃拉修斯解时,通过引入组合自变量得到相似解,将偏微分方程求解转换成常微分方程求解。现在的问题却是针对因变量进行约化处理,将所有因变量看成某一个因变量分量的单值函数,以此来减少因变量数。如果流动参数跟随一个因变量协同变化,流场就显得简单一些。因此,如果一个空间区域的解满足所有流动参数是某流动参数单值函数这一条件,就是简单波解。

在可压缩流体力学中,简单波经常出现在一些特定流动中。例如,下面要介绍的所谓黎曼问题与活塞问题的解就是简单波解。普朗特-迈耶流动也是一种定常流动的简单波。

下面介绍一维等熵流动寻求满足简单波假设的解的形式。将一维等熵流动满足的欧拉方程写为

$$\frac{\partial\rho}{\partial t}+V\frac{\partial\rho}{\partial x}+\rho\frac{\partial V}{\partial x}=0,\quad \rho\frac{\partial V}{\partial t}+\rho V\frac{\partial V}{\partial x}+\frac{\partial p}{\partial x}=0,\quad \frac{\partial s}{\partial t}+V\frac{\partial s}{\partial x}=0 \tag{5.2.15}$$

其中,第三个方程表示质点所携带的熵 $s=\frac{p}{\rho^\gamma}$ 等于常数。第二个方程的压力项可以写成 $p_x=\frac{\partial p}{\partial\rho}\rho_x+\frac{\partial p}{\partial s}s_x$。于是,方程可以整理成如下的矩阵形式

$$\boldsymbol{w}_t+\boldsymbol{B}\boldsymbol{w}_x=0,\quad \boldsymbol{w}=\begin{pmatrix}\rho\\V\\s\end{pmatrix},\quad \boldsymbol{B}=\begin{bmatrix}V&\rho&0\\\frac{1}{\rho}\frac{\partial p}{\partial\rho}&V&\frac{1}{\rho}\frac{\partial p}{\partial s}\\0&0&V\end{bmatrix} \tag{5.2.16}$$

在简单波区,待求的流动参数表示为某个流动参数分量 χ 的单值函数 $\boldsymbol{w}=\boldsymbol{w}(\chi)$。这里,$\chi$可以是密度,也可以是速度的某个分量,如 $\chi=V_x$。将微分 $d\boldsymbol{w}=\boldsymbol{w}'(\chi)d\chi$ 代入方程(5.2.16)得

$$(\chi_t+\boldsymbol{B}\chi_x)\boldsymbol{w}'(\chi)=0 \tag{5.2.17}$$

显然,方程(5.2.17)对未知数 $\boldsymbol{w}'(\chi)$ 有非零解的充要条件是系数矩阵的行列式为0,即 $\det(\chi_t+\boldsymbol{B}\chi_x)=0$,亦即 $\det(\boldsymbol{B}-\lambda\boldsymbol{I})=0$,其中 $\lambda=-\chi_t/\chi_x$ 就是矩阵 $\boldsymbol{B}$ 的特征值。所以式(5.2.17)可以写成

$$(\boldsymbol{B}-\lambda\boldsymbol{I})\boldsymbol{w}'(\chi)=0 \tag{5.2.18}$$

因此,对每个特征值 λ_k,$\boldsymbol{w}'(\chi)$ 就是矩阵 $\boldsymbol{B}$ 的右特征向量 $\boldsymbol{r}_k$,即

$$\frac{d\boldsymbol{w}}{d\chi}=\boldsymbol{r}_k \tag{5.2.19}$$

由 $\det(\boldsymbol{B}-\lambda\boldsymbol{I})=0$ 给出的3个特征值依然为

$$\lambda_1 = V - a, \quad \lambda_2 = V, \quad \lambda_3 = V + a \tag{5.2.20}$$

对于每个特征值,右特征向量 $\boldsymbol{r}_k$ 按 $(\boldsymbol{B} - \lambda_k \boldsymbol{I})\boldsymbol{r}_k = 0$ 计算,得到

$$\boldsymbol{r}_1 = \begin{bmatrix} 1 \\ -\dfrac{a}{\rho} \\ 0 \end{bmatrix}, \quad \boldsymbol{r}_2 = \begin{bmatrix} -\dfrac{\partial p}{\partial s} \\ 0 \\ \dfrac{\partial p}{\partial \rho} \end{bmatrix}, \quad \boldsymbol{r}_3 = \begin{bmatrix} 1 \\ \dfrac{a}{\rho} \\ 0 \end{bmatrix} \tag{5.2.21}$$

1-简单波区。针对第 1 个特征值 $\lambda_1 = V - a$,如果式(5.2.19)满足,那么该区域称为 1-简单波区。将式(5.2.19)展开成分量形式,得

$$\frac{\mathrm{d}\rho}{\mathrm{d}\chi} = r_1^{(1)} = 1, \quad \frac{\mathrm{d}V}{\mathrm{d}\chi} = r_1^{(2)} = -\frac{a}{\rho}, \quad \frac{\mathrm{d}s}{\mathrm{d}\chi} = r_1^{(3)} = 0 \tag{5.2.22}$$

将第 2 式除以第 1 式,第 3 式除以第 1 式,得

$$\frac{\mathrm{d}V}{\mathrm{d}\rho} = \frac{r_1^{(2)}}{r_1^{(1)}} = -\frac{a}{\rho}, \quad \frac{\mathrm{d}s}{\mathrm{d}\rho} = \frac{r_1^{(3)}}{r_1^{(1)}} = 0 \tag{5.2.23}$$

将上式对密度积分,给出的积分为

$$J_1^{(1)} = V + \int \frac{a}{\rho}\mathrm{d}\rho = \mathrm{Const}, \quad J_1^{(2)} = s = \mathrm{Const} \tag{5.2.24}$$

又由于 $s \equiv \dfrac{p}{\rho^\gamma} = \mathrm{Const}$,故 $\dfrac{\gamma p}{\rho}\dfrac{1}{\gamma\rho^{r-1}} = \dfrac{a^2}{\gamma\rho^{r-1}} = \mathrm{Const}$,从而 $a = C\sqrt{\gamma\rho^{r-1}}$。因此

$$\int \frac{a}{\rho}\mathrm{d}\rho = C\int \frac{\sqrt{\gamma\rho^{r-1}}}{\rho}\mathrm{d}\rho = C\sqrt{\gamma}\int \rho^{\frac{r-3}{2}}\mathrm{d}\rho = \frac{2C}{r-1}\sqrt{\gamma\rho^{r-1}} = \frac{2a}{r-1} \tag{5.2.25}$$

因此,$J_1^{(1)} = V + \dfrac{2}{\gamma - 1}a$。

总之,如果所在区域为 1-简单波区,那么在该区域有

$$V + \frac{2}{\gamma - 1}a = \mathrm{Const}, \quad s \equiv \frac{p}{\rho^\gamma} = \mathrm{Const} \tag{5.2.26}$$

一般将

$$J_1^{(1)} \equiv V + \frac{2}{\gamma - 1}a, \quad J_1^{(2)} \equiv s \tag{5.2.27}$$

称为第 1 族广义黎曼不变量。也就是说,在 1-简单波区,第 1 族广义黎曼不变量为常数(这些黎曼不变量在该区域与坐标无关)。

2-简单波。针对第 2 个特征值,$\lambda_2 = V$,如果解满足式(5.2.19),那么该区域称为 2-简单波。在 2-简单波区,对应得第 2 族广义黎曼不变量为

$$J_2^{(1)} \equiv V, \quad J_2^{(2)} \equiv p \tag{5.2.28}$$

即在 2-简单波区,有

$$V = \mathrm{Const}, \quad p = \mathrm{Const} \tag{5.2.29}$$

接触间断。密度有间断而速度和压力为常数的区域,显然属于 2-简单波区。这种密度的间断称为接触间断(类似于二维定常超声速流动中的滑移线)。

3-简单波。针对第 3 个特征值,$\lambda_3 = V + a$,如果解满足式(5.2.19),那么该区域称为 3-简单波。在 3-简单波区,对应的第 3 族广义黎曼不变量为

$$J_3^{(1)} \equiv V - \frac{2}{\gamma-1}a, \quad J_3^{(2)} \equiv s \tag{5.2.30}$$

即在 3-简单波区,有

$$V - \frac{2}{\gamma-1}a = \text{Const}, \quad s = \text{Const} \tag{5.2.31}$$

均熵流动简单波区的特征线。在 1-简单波区,2 个广义黎曼不变量 $J_1^{(1)}$,$J_1^{(2)}$ 为常数。进一步,沿其中的第 I 束特征线 $\dfrac{\mathrm{d}x}{\mathrm{d}t} = V-a$,黎曼不变量 I_- 也为常数。于是,在 1-简单波区,沿第 I 束特征线,3 个组合变量为常数,即

$$V + \frac{2}{\gamma-1}a = C_1, \quad s = C_2, \quad -V + \frac{2}{\gamma-1}a = C_3 \tag{5.2.32}$$

从这 3 个独立关系式,补充状态方程和均熵关系式后,可以解出所有流动参数均为常数的结论。因此,在 1-简单波区,沿第 I 束特征线,所有流动参数均为常数,从而特征值 $V-a$ 也为常数,从而第 I 束特征线为直线。

同理,在 2-简单波区,第 II 束特征线为直线,在 3-简单波区,第 III 束特征线为直线。

膨胀波和压缩波。如果在 k-简单波区,特征值 λ_k 在流线方向的投影满足 $\nabla\lambda_k \cdot \boldsymbol{V} > 0$,即后面的波的波速比前面的慢(同时刻从不同位置发出的声波,在后面时刻拉得越来越开),那么该简单波就是膨胀波;反过来,特征值 λ_k 满足 $\nabla\lambda_k \cdot \boldsymbol{V} < 0$,那么该简单波就是压缩波。膨胀波和压缩波对应的在 (x,t) 平面的特征线如图 5.2-1 所示。

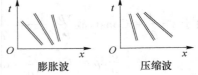

图 5.2-1　膨胀波与压缩波特征线示意图

中心稀疏波。已经证明,在 1-简单波区,第 I 束特征线

$$\frac{\mathrm{d}x}{\mathrm{d}t} = V-a$$

为直线,即 $V-a$ 为常数。于是,该特征线可以积分为 $x = (V-a)t + C(x)$,其中积分常数 $C(x)$ 与时间无关。进一步,如果该特征线可以写为

$$x - x_0 = (V-a)(t-t_0) \tag{5.2.33}$$

那么,1-简单波区可以看成从中心点 (x_0, t_0) 发出的简单波,简称左行中心稀疏波,一般标记为 R^-。之所以称为左行,是因为在跟随流体质点运动的坐标系看来,特征值(波的传播速度)为负。

同理,对于 3-简单波区,如果第 III 束特征线可以写成

$$x - x_0 = (V+a)(t-t_0) \tag{5.2.34}$$

那么,3-简单波区是从中心点 (x_0, t_0) 发出的简单波,简称右行中心稀疏波,一般标记为 R^+。之所以称为右行,是因为在跟随流体质点运动的坐标系看来,特征值(波的传播速度)为正。

图 5.2-2 给出了在平面 (x,t) 上,从某中心点发出的左行中心稀疏波的第 I 束和右行中心稀疏波的第 III 束特征线。作为约定,一般画 3 条特征线。可见,中心稀疏波的特征线从一个点发出,呈扇形散开。这与定常流动的普朗特-迈耶流动非常类似。事实上,定常流动的普朗特-迈耶流动也是一种简单波,读者不难用类似方法进行分析。

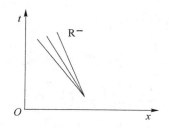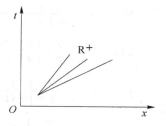

图 5.2 - 2　左行中心稀疏波 R^- 和右行中心稀疏波 R^+

图 5.2 - 3 给出了 2 - 简单波（接触间断）的第 Ⅱ 束特征线示意图。

将所考虑的简单波区的左右边界分别记为 $x_l(t)$，$x_r(t)$，那么这个简单波区就处在区域 $x_l(t) < x < x_r(t)$ 中。如果在起始时刻 $t = t_0$，成立 x_l $(t_0) = x_r(t_0) = x_0$，那么就是中心稀疏波，即简单波是从中心点 (x_0, t_0) 出发的。其边界当然由下面式子给出

$$x_l = x_0 + (V_l - a_l)(t - t_0), \quad x_r = x_0 + (V_r - a_r)(t - t_0)$$

$$(5.2.35)$$

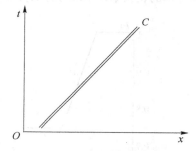

图 5.2 - 3　接触间断的特征线

1 - 简单波区流场解析解表达式。将 1 - 简单波区左边的流动参数记为 V_l, a_l, p_l, ρ_l，右边的记为 V_r, a_r，p_r, ρ_r。在这里，这些参数是给定的。在下面介绍的黎曼问题和活塞理论中，会讲述如何给定这些状态。由于是 1 - 简单波区，因此，对应的 2 个广义黎曼不变量是常数，即

$$\begin{cases} V + \dfrac{2}{\gamma - 1} a = C_0 \\ \dfrac{p}{\rho^\gamma} = C_s \end{cases} \qquad \forall (x, t) \in (x_l < x < x_r) \qquad (5.2.36)$$

式(5.2.36)用于中心波区域的左右边界上，给出

$$\begin{cases} V_l + \dfrac{2}{\gamma - 1} a_l = V_r + \dfrac{2}{\gamma - 1} a_r = C_0 \\ \dfrac{p_l}{\rho_l^\gamma} = \dfrac{p_r}{\rho_r^\gamma} = C_s \end{cases} \qquad (5.2.37)$$

反过来也可以这样说，如果在某时刻，出现相邻的左右 2 个均匀流区，对应的初始状态满足式 (5.2.37)，那么它在下一时刻的解就是 1 - 简单波，其左右边界的位置由(5.2.35)给定，流动参数满足(5.2.36)。

由于第 Ⅰ 束特征线在 1 - 简单波区是直线，因此 $x - x_0 = (V - a)(t - t_0)$ 成立，即

$$V - a = \frac{x - x_0}{t - t_0} \qquad (5.2.38)$$

于是，在由式(5.2.35)界定的 1 - 简单波区中，式(5.2.36)和式(5.2.38)成立，联立求解，并利用声速定义 $a = \left(\dfrac{\gamma p}{\rho}\right)^{\frac{1}{2}}$，$a_l = \left(\dfrac{\gamma p_l}{\rho_l}\right)^{\frac{1}{2}}$ 可得

$$
\begin{cases}
V(x,t) = \dfrac{2}{\gamma+1}\dfrac{x-x_0}{t-t_0} + \dfrac{\gamma-1}{\gamma+1}V_1 + \dfrac{2}{\gamma+1}a_1 \\[2mm]
a(x,t) = -\dfrac{\gamma-1}{\gamma+1}\dfrac{x-x_0}{t-t_0} + \dfrac{\gamma-1}{\gamma+1}V_1 + \dfrac{2}{\gamma+1}a_1 \\[2mm]
\rho(x,t) = \left(-\dfrac{\gamma-1}{\gamma+1}\dfrac{x-x_0}{a_1(t-t_0)} + \dfrac{\gamma-1}{\gamma+1}\dfrac{V_1}{a_1} + \dfrac{2}{\gamma+1}\right)^{\frac{2}{\gamma-1}}\rho_1 \\[2mm]
p(x,t) = \left(-\dfrac{\gamma-1}{\gamma+1}\dfrac{x-x_0}{a_1(t-t_0)} + \dfrac{\gamma-1}{\gamma+1}\dfrac{V_1}{a_1} + \dfrac{2}{\gamma+1}\right)^{\frac{2\gamma}{\gamma-1}}p_1
\end{cases}
\tag{5.2.39}
$$

因此,给定左右两个状态,如果它们满足式(5.2.37),那么后期时刻的解就是 1-简单波解,其区域覆盖范围为 $x_1 < x < x_r$;在该区域,解由式(5.2.39)给出。图 5.2-4 为某左行中心稀疏波在某时刻的密度、压力和马赫数分布。3-简单波留给读者,见习题 5.2.1。

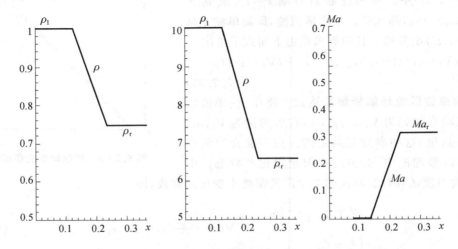

图 5.2-4　某条件下左行中心稀疏波某时刻的密度、压力和马赫数

5.2.3　气动弹性活塞理论以及时间响应

下面考虑简单波关系式在气动弹性活塞理论中的应用。假设飞行器表面的原有法向速度为 V_{ref}。在气动力作用下,飞行器机翼等表面可能会产生法向位移运动增量,位移运动增量对应的速度增量可记为 V_p。叠加该增量后,法向流速变为 $V = V_{ref} + V_p$。在表面各位置,把法向位移引起的流动参数变化问题看成沿法向的一维问题,如同管道中的活塞突然运动一样。这种运动引起的流动可以看成简单波。现在,我们把它当成活塞问题考虑。

如果活塞在空气左边,那么活塞突然运动,只有特征值为 $V+a$ 的右行简单波才能向右扰动空气,因此为 3-简单波,从而流动参数满足 3-简单波关系

$$
V - \frac{2}{\gamma-1}a = V_{ref} - \frac{2}{\gamma-1}a_{ref}
\tag{5.2.40}
$$

如果活塞在右边,只有特征值为 $V-a$ 的简单波才能向左扰动空气,因此为 1-简单波,从而流动参数满足 1-简单波关系

$$
V + \frac{2}{\gamma-1}a = V_{ref} + \frac{2}{\gamma-1}a_{ref}
\tag{5.2.41}
$$

其中,下标 ref 表示某参考点的流动参数。由上面两式可以分别解出

$$\frac{a}{a_{\text{ref}}} = 1 \pm \frac{\gamma - 1}{2} \frac{V_{\text{ref}} - V}{a_{\text{ref}}} \tag{5.2.42}$$

正号对应活塞在右边,负号对应活塞在左边。利用等熵关系以及声速的定义式,不难得到

$$\frac{p}{p_{\text{ref}}} = \left(\frac{a}{a_{\text{ref}}}\right)^{\frac{2\gamma}{\gamma - 1}} \tag{5.2.43}$$

将式(5.2.42)代入式(5.2.43),得

$$\frac{p}{p_{\text{ref}}} = \left(1 \pm \frac{\gamma - 1}{2} \frac{V_{\text{ref}} - V}{a_{\text{ref}}}\right)^{\frac{2\gamma}{\gamma - 1}} \tag{5.2.44}$$

将基于一维简单波理论得到的式(5.2.44),用在突然以法向速度 $V = V_{\text{ref}} + V_{\text{p}}$ 在原有流场中运动的翼型或机翼上下表面上,得该运动产生的压力为

$$p = \left(1 \mp \frac{\gamma - 1}{2} \frac{V_{\text{p}}}{a_{\text{ref}}}\right)^{\frac{2\gamma}{\gamma - 1}} p_{\text{ref}} \tag{5.2.45}$$

一般只考虑远小于声速的速度增量,因而可采用式(5.2.45)的一阶泰勒展开近似,整理得

$$p - p_{\text{ref}} \approx \mp \rho_{\text{ref}} a_{\text{ref}} V_{\text{p}} \tag{5.2.46}$$

考虑一块在静止空气中以速度 V_∞ 顺着平板长度方向向左运动的平板机翼,在某时刻突然有法向速度 V_{p}(向下为正),即突然获得迎角 $\Delta \alpha_{\text{p}} = V_{\text{p}}/V_\infty$,按式(5.2.46),由此引起的平板上的压力为 $p - p_\infty \approx \mp \rho_\infty a_\infty V_{\text{p}} = \mp \rho_\infty a_\infty V_\infty \Delta \alpha_{\text{p}}$(负号为上表面,正号为下表面)。于是,平板单位面积所受的气动力增量为 $2\rho_\infty a_\infty V_\infty \Delta \alpha_{\text{p}}$,平板所受的法向气动力系数为

$$c_{\text{n}} = \frac{4}{Ma_\infty} \Delta \alpha_{\text{p}} \tag{5.2.47}$$

这就是气动弹性理论中用于计算瞬间位移引起的初始气动力修正的活塞理论,可以用于亚声速和超声速情况下的任何马赫数。因此,当马赫数趋于 0 时,该式给出的气动力系数为无穷大。但是,对于不可压缩流动,5.1 节介绍的 Wagner 问题(不可压缩突然启动问题)给出的初始升力系数为定常升力系数的一半。

对于气动弹性问题,式(5.2.47)给出的是瞬间位移引起的初始气动力系数。如果不再产生新的瞬间位移,那么在初始扰动基础上,流场会经过漫长的演化,达到新的定常流动状态。演化过程中的气动力会随时间变化。这种问题可以统一称为突然启动问题,即突然改变迎角或突然获得速度的问题。针对超声速情况下的平板问题,突然改变迎角引起的流动,如果迎角改变较小,就可以构造小扰动势函数理论。下面给出非定常流动的势流模型。

非定常势流模型。定常可压缩流动的势流模型已经在 3.1.3 节给出。推广到非定常流动后,势流模型为

$$\begin{cases} \left(1 - \dfrac{\Phi_x^2}{a^2}\right)\Phi_{xx} + \left(1 - \dfrac{\Phi_y^2}{a^2}\right)\Phi_{yy} + \left(1 - \dfrac{\Phi_z^2}{a^2}\right)\Phi_{zz} - \dfrac{\Phi_{tt} + 2\Phi_x \Phi_{xt} + 2\Phi_y \Phi_{yt} + 2\Phi_z \Phi_{zt}}{a^2} \\ \quad = 2\left(\dfrac{\Phi_x \Phi_y}{a^2}\Phi_{xy} + \dfrac{\Phi_x \Phi_z}{a^2}\Phi_{xz} + \dfrac{\Phi_z \Phi_y}{a^2}\Phi_{zy}\right) \\ a^2 = a_\infty^2\left[1 + \dfrac{(\gamma - 1)}{a_\infty^2}\left(\dfrac{1}{2}(V_\infty^2 - \Phi_x^2 - \Phi_y^2 - \Phi_z^2) - \Phi_t\right)\right] \end{cases}$$

$$\tag{5.2.48}$$

求得势函数后,速度、密度和压力计算式为

$$\begin{cases} V^2 = \Phi_x^2 + \Phi_y^2 + \Phi_z^2 \\ \rho = \rho_\infty \left[1 + \frac{(\gamma-1)}{a_\infty^2} \left(\frac{1}{2}(V_\infty^2 - V^2) - \Phi_t \right) \right]^{\frac{1}{\gamma-1}} \\ p = p_\infty \left[1 + \frac{(\gamma-1)}{a_\infty^2} \left(\frac{1}{2}(V_\infty^2 - V^2) - \Phi_t \right) \right]^{\frac{\gamma}{\gamma-1}} \end{cases} \tag{5.2.49}$$

具体推导过程见附录 C。

在小扰动情况下,可以对式(5.2.48)进行简化,获得突然启动后流场与压力系数随时间的演化规律。读者不难证明,在二维情况下,由式(5.2.48)进行小扰动展开得到的小扰动势函数满足的方程为

$$(1 - Ma_\infty^2)\frac{\partial^2 \phi}{\partial x^2} + \frac{\partial^2 \phi}{\partial y^2} - \frac{2Ma_\infty}{a_\infty}\frac{\partial^2 \phi}{\partial x \partial t} - \frac{1}{a_\infty^2}\frac{\partial^2 \phi}{\partial t^2} = 0 \tag{5.2.50}$$

现在考虑超声速情况。引入变换

$$x' = x - u_\infty t, \quad y' = y, \quad t' = a_\infty t \tag{5.2.51}$$

式(5.2.50)可简化为

$$\frac{\partial^2 \phi}{\partial t'^2} - \frac{\partial^2 \phi}{\partial x'^2} - \frac{\partial^2 \phi}{\partial y'^2} = 0 \tag{5.2.52}$$

这与 4.1 节的超声速小扰动方程的形式相同,只是这里 $B=1$。于是,可以用与 4.1.5 节相似方法,在"三维机翼"上布置源项求解。这里所指的三维是把 t' 轴当作展向坐标,采用 4.1.5 节类似的三维超声速点源法求解。

对于超声速二维平板翼型,Heaslet 和 Lomax 用如下方法得到了压力沿壁面的分布函数

$$\begin{cases} C_p = \mp \dfrac{4\alpha}{\sqrt{Ma_\infty^2 - 1}}, \quad 0 < x < (u_\infty - a_\infty)t \\ C_p = \mp \dfrac{4\alpha}{\pi\sqrt{Ma_\infty^2 - 1}} \arccos \dfrac{M(x - u_\infty t) + a_\infty t}{x} \mp \dfrac{4\alpha}{\pi Ma_\infty}\left(\dfrac{\pi}{2} + \arcsin \dfrac{x - u_\infty t}{a_\infty t} \right), \\ \qquad (u_\infty - a_\infty)t < x < (u_\infty + a_\infty)t \\ C_p = \mp \dfrac{2\alpha}{Ma_\infty}, \quad (u_\infty + a_\infty)t < x \end{cases} \tag{5.2.53}$$

积分后,得到升力系数随时间的演化解析表达式为

$$\begin{cases} c_l = \dfrac{4\alpha_p}{Ma_\infty}, \qquad\qquad\qquad\qquad\qquad\qquad 0 < t < \dfrac{c_A}{u_\infty + a_\infty t} \\ c_l = \dfrac{4\alpha_p}{\pi Ma_\infty}\left(\dfrac{1}{2} + \arcsin \dfrac{c_A - u_\infty t}{a_\infty t} \right) + \dfrac{4\alpha_p}{\pi\sqrt{Ma_\infty^2 - 1}} \arcsin \dfrac{a_\infty t + Ma_\infty c_A - Ma_\infty^2 a_\infty t}{c_A} + \\ \qquad \dfrac{4\alpha_p\sqrt{a_\infty^2 t^2 - (c_A - u_\infty t^2)}}{\pi Ma_\infty c_A}, \qquad \dfrac{c_A}{u_\infty + a_\infty t} < t < \dfrac{c_A}{u_\infty - a_\infty t} \\ c_l = \dfrac{4\alpha_p}{\sqrt{Ma_\infty^2 - 1}}, \quad t > \dfrac{c_A}{u_\infty - a_\infty t} \end{cases} \tag{5.2.54}$$

亚声速情况更复杂。图 5.2-5 为几组马赫数下,突然启动平板翼型的法向气动力系数斜率随无量纲时间的演化。初始时刻气动力系数由活塞理论式(5.2.47)给出,其他时刻的解由

小扰动理论给出。无量纲时间

$$\tau = \frac{V_\infty t}{c_A} \tag{5.2.55}$$

等价于机翼在时刻 t 已经移动的距离与弦长之比。气动力系数,无论是法向力系数 c_n,还是在小迎角下与法向力差异可忽略的升力系数随时间的演化,都可以表示为

$$c_l(\tau) = c_{l,\infty} \Phi(\tau) \tag{5.2.56}$$

这里,$c_{n,\infty}$ 是达到定常状态后的值(见 4.1 节),为

$$c_{l,\infty} = \frac{4\Delta\alpha_p}{\sqrt{Ma_\infty^2 - 1}}$$

在初始时刻,由活塞理论式(5.2.47)给出,即

$$c_l(0) = \frac{4\Delta\alpha_p}{Ma_\infty} \tag{5.2.57}$$

满足 $\Phi(\infty) = 1$ 的函数 $\Phi(\tau)$ 可称为响应函数,即响应突然启动的函数。由图 5.2-5 可见,对于不可压缩情况($Ma_\infty = 0$),除了初始时刻有孤立奇点 $c_l \to \infty$,其他时刻的曲线与 5.1 节介绍的 Wagner 曲线完全重合。对于亚声速情况,如图中的 $Ma_\infty = 0.5, 0.8$,气动力系数从活塞理论给出的值开始,先下降,再上升,最后达到定常值。与不可压缩流动的 Wagner 曲线相比,可压缩性导致气动力系数提高了。

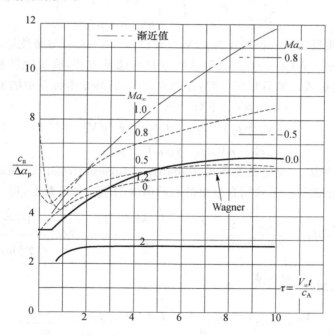

图 5.2-5 几种典型来流马赫数下气动力系数斜率随无量纲时间 τ 的演化规律

图 5.2-5 给出的 $Ma_\infty = 1.2$ 和 2 时升力系数斜率的演化曲线由式(5.2.54)给出。在初始时段为常数,接着开始单调上升,当时间满足 $(V_\infty - a)t > c_A$ 后,稳定在 2.3 节介绍的小扰动超声速翼型定常解。最近,人们获得了大迎角情况的解析解。

以上考虑了突然启动问题,即翼型与机翼突然获得速度或迎角后,维持该速度和迎角不再变化时的气动力随时间的演化。如果物体不断改变速度(迎角),那么各时刻的影响可以按

Duhamel 原理进行叠加。假设翼型迎角并不是突然启动就不变了,而是随时间变化,即 $\alpha_p = \alpha_p(\tau)$ 并且 $\alpha_p(0) \approx 0$。按能将历史效应考虑进去的 Duhamel 原理,翼型升力系数斜率为

$$c_1(\tau) = \left\{ \alpha_p(0)\Phi(\tau) + \int_0^\tau \frac{d\alpha_p(\sigma)}{d\sigma}\Phi(\tau-\sigma)d\sigma \right\} c_{a,\infty} \tag{5.2.58}$$

式中,$c_{a,\infty}$ 为定常流动的升力系数斜率,$\Phi(\tau)$ 为单一突然启动问题对应的响应函数,如 Wagner 函数。

5.2.4 运动激波关系式

3.2 节介绍了定常激波(静止激波)关系式。如果激波运动,那么可以在跟随激波运动的参照系(激波参照系)上求解激波。在激波参照系上,左右流动参数满足的激波关系式与静止激波中完全一致,因此唯一缺省的未知数就是激波速度。将相对于当前参照系流速记为 V,激波运动速度记为 ϕ_s。在激波坐标系上,流动参数加横杆以示区别。在激波坐标系上,流体的速度变为 $\overline{V} = V - \phi_s$,总能变为 $\overline{E} = e + \frac{1}{2}\rho\overline{V}^2$。于是,按静止激波理论,激波上下游参数满足的质量守恒、动量守恒定与能量守恒关系式为

$$\begin{pmatrix} \rho\overline{V} \\ \rho\overline{V}^2 + p \\ \rho\overline{V}(\overline{E}+p/\rho) \end{pmatrix}_1 = \begin{pmatrix} \rho\overline{V} \\ \rho\overline{V}^2 + p \\ \rho\overline{V}(\overline{E}+p/\rho) \end{pmatrix}_r \tag{5.2.59}$$

将式(5.2.59)中的质量守恒方程展开为 $\rho_1(V_1 - \phi_s) = \rho_r(V_r - \phi_s)$,与激波运动速度相关的项移到右边,得 $\rho_r V_r - \rho_1 V_1 = \phi_s(\rho_r - \rho_1)$。对于动量方程与能量方程,将流速转换为静止坐标系流速,不难给出相似表达式。最后写在一起,穿越运动激波,静止坐标系中的上下游参数满足

$$\begin{cases} \rho_r V_r - \rho_1 V_1 = \phi_s(\rho_r - \rho_1) \\ (\rho_r V_r^2 + p_r) - (\rho_1 V_1^2 + p_1) = \phi_s(\rho_r V_r - \rho_1 V_1) \\ \rho_r V_r H_r - \rho_1 V_1 H_1 = \phi_s(\rho_r E_r - \rho_1 E_1) \end{cases} \tag{5.2.60}$$

这就是运动激波的兰金-于戈尼奥关系式(Rankine - Hugoniot relation,简称 R - H 关系式)。

将 3.2 节定常正激波关系式用在这里的运动激波的激波参照系上,得

$$\frac{p_r}{p_1} = \frac{2\gamma}{\gamma+1}\overline{Ma}_1^2 - \frac{\gamma-1}{\gamma+1}, \quad \frac{\overline{V}_r}{\overline{V}_1} = \frac{1 + \frac{\gamma-1}{\gamma+1}(\overline{Ma}_1^2-1)}{\overline{Ma}_1^2}, \quad \overline{Ma}_r^2 = \frac{1+\frac{\gamma-1}{2}\overline{Ma}_1^2}{\gamma\overline{Ma}_1^2 - \frac{\gamma-1}{2}} \tag{5.2.61}$$

式中,$\overline{Ma}_1 = \frac{V_1 - \phi_s}{a_1}$,$\overline{Ma}_r = \frac{V_r - \phi_s}{a_r}$。由于

$$\frac{V_r - V_1}{a_1} = \frac{V_r - \phi_s - (V_1 - \phi_s)}{a_1} = \frac{V_r - \phi_s}{a_r}\frac{a_r}{a_1} - \frac{V_1 - \phi_s}{a_1}$$

因此

$$\frac{V_r - V_1}{a_1} = \overline{Ma}_r\sqrt{\frac{p_r}{p_1}\frac{\rho_1}{\rho_r}} - \overline{Ma}_1 \tag{5.2.62}$$

激波速度表达式。将式(5.2.61)中压力关系式展开为

$$\frac{p_r}{p_1} = \frac{2\gamma}{\gamma+1}\left(\frac{V_1 - \phi_s}{a_1}\right)^2 - \frac{\gamma-1}{\gamma+1}$$

由此解出激波速度为

$$\phi_s = V_1 \pm a_1 \sqrt{\frac{\gamma+1}{2\gamma}\frac{p_r}{p_1}+\frac{\gamma-1}{2\gamma}} \tag{5.2.63}$$

显然，负号表示激波相对流体质点向左运动，对应的是左行激波；正号是右行激波。

速度压力关系式。将式(5.2.63)代入式(5.2.61)中的速度比关系，不难解出，对于左行激波，有

$$V_r = V_1 - \frac{a_1}{\gamma}\left(\frac{p_r}{p_1}-1\right)\left(\frac{\gamma+1}{2\gamma}\frac{p_r}{p_1}+\frac{\gamma-1}{2\gamma}\right)^{-\frac{1}{2}} \tag{5.2.64}$$

对于右行激波，有

$$V_r = V_1 + \frac{a_1}{\gamma}\left(\frac{p_r}{p_1}-1\right)\left(\frac{\gamma+1}{2\gamma}\frac{p_r}{p_1}+\frac{\gamma-1}{2\gamma}\right)^{-\frac{1}{2}} \tag{5.2.65}$$

密度比关系。密度比与压力比与参照系无关，按定常激波关系式为

$$\frac{p_r}{p_1} = \frac{\dfrac{\gamma+1}{\gamma-1}\dfrac{\rho_r}{\rho_1}-1}{\dfrac{\gamma+1}{\gamma-1}-\dfrac{\rho_r}{\rho_1}} \tag{5.2.66}$$

如果左右流动状态满足关系式(5.2.66)以及式(5.2.64)或式(5.2.65)，那么这就是一个运动激波，其速度由式(5.2.63)给出。

5.2.5　黎曼问题

在许多应用中，需要考虑带初始间断的流动。如果记 $w=(\rho,V,p)$，那么处在 $x=x_d$ 的初始间断可记为

$$w(x,0)=w_1,x<x_d;\quad w(x,0)=w_r,x>x_d \tag{5.2.67}$$

在激波风洞中，用隔膜将高低压气体分开。隔膜去掉后，两股气体发生作用，产生的流动中会出现激波和超声速气流。在现代计算流体中，相邻两个离散网格单元的数值解有差别，这种差别也可以当作在它们交界面上的初始间断，演化出下一时刻的解。

给定初始间断，求流场解的问题就是黎曼问题。那么黎曼问题的解是什么？物质世界越简单越稳定。

1. 黎曼问题的定性分析

一般利用图 5.2-6 表示三类基本解：左行或右行中心稀疏波、接触间断、左行或右行运动激波。箭头表示相对于运动流体的方向。

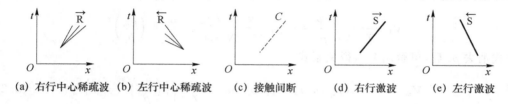

(a) 右行中心稀疏波　(b) 左行中心稀疏波　(c) 接触间断　(d) 右行激波　(e) 左行激波

图 5.2-6　三类基本解示意图

经过比较这些基本解能提供的独立关系式的个数和可能存在的未知数的个数，人们发现：一般情况下，流场解如图 5.2-7 所示，即流场被 3 个波(间断)分割成 2 个均匀流区。左边的间断是左行中心稀疏波或左行激波，中间的间断是接触间断(也可能是 2 个接触间断，二者之

间是真空),右边间断为右行激波或右行中心稀疏波。也就是说,存在图 5.2－8 所示的 5 种形态,可以简记为：RCS,SCS, RCVCR, SCR,RCR,其中 RCVCR 较特殊,有两个接触间断,中间为真空。下面先给出各种情况下的解析解,再给出判断依据。我们关心的解析解包括各种波的速度、中间区域的流速 V_m 和压力 p_m,以及中间 2 个区域的密度 ρ_{ml},ρ_{mr}。

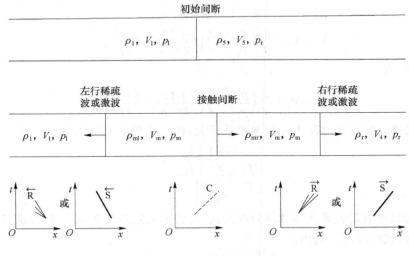

图 5.2 － 7 黎曼问题的解

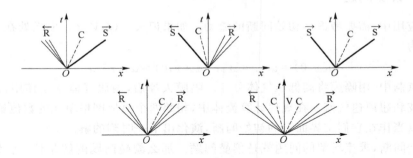

图 5.2 － 8 黎曼问题的 5 种可能波态(V 表示真空)

2. 类型 RCS 的解析解

中间偏左的区域的解,通过中心稀疏波与最左边的状态关联,下面求这个关联式。左行中心稀疏波的关系式(5.2.36)用在这里,并将声速表示为 $a=\sqrt{\gamma p/\rho}$,得

$$V_1+\frac{2}{\gamma-1}\sqrt{\frac{\gamma p_1}{\rho_1}}=V_m+\frac{2}{\gamma-1}\sqrt{\frac{\gamma p_m}{\rho_{ml}}}, \quad \frac{\rho_{ml}}{\rho_1}=\left(\frac{p_m}{p_1}\right)^{\frac{1}{\gamma}}$$

从上式消去 ρ_{ml} 后,可解出 V_m,得关系式

$$V_m=V_1-f_1(p_m,w_1), \quad f_1(p_m,w_1)=\frac{2a_1}{\gamma-1}\left(\left(\frac{p_m}{p_1}\right)^{\frac{\gamma-1}{2\gamma}}-1\right) \tag{5.2.68}$$

中间区右边的区域,通过右行激波与右边状态相连。下面求关联式。对于这里的右移激波,将激波关系式(5.2.60)中的前 2 个关系式写为

$$\begin{cases} Q_r=\rho_r(V_r-\phi_s)=\rho_{mr}(V_m-\varphi_s) \\ Q_rV_r+p_r=Q_rV_m+p_m \end{cases} \tag{5.2.69}$$

第二个关系式解出 $V_m = V_r + \dfrac{p_r - p_m}{Q_r}$，于是

$$Q_r = -\frac{p_r - p_m}{V_r - V_m} = -\frac{p_r - p_m}{(V_r - \varphi) - (V_m - \varphi)} \tag{5.2.70}$$

利用式（5.2.69）的第一个关系式，可得

$$Q_r = -\frac{p_r - p_m}{\dfrac{Q_r}{\rho_r} - \dfrac{Q_r}{\rho_{mr}}} \rightarrow Q_r^2 = -\frac{p_r - p_m}{\dfrac{1}{\rho_r} - \dfrac{1}{\rho_{mr}}} = -\frac{\rho_r(p_r - p_m)}{1 - \dfrac{\rho_r}{\rho_{mr}}}$$

该式与当前右行激波的压力密度比关系为

$$\frac{p_r}{p_m} = \frac{\dfrac{\gamma+1}{\gamma-1}\dfrac{\rho_r}{\rho_{mr}} - 1}{\dfrac{\gamma+1}{\gamma-1} - \dfrac{\rho_r}{\rho_{mr}}} \tag{5.2.71}$$

联立，消去 ρ_{mr}，得

$$Q_r = \left[\frac{p_m + B_r}{A_r}\right]^{\frac{1}{2}}, \quad A_r = \frac{2}{(\gamma+1)\rho_r}, \quad B_r = \frac{\gamma-1}{\gamma+1}p_r \tag{5.2.72}$$

将上式代入式（5.2.69）的第 2 式可得

$$V_m = V_r + f_r(p_m, w_r), \quad f_r(p_m, w_r) = (p_m - p_r)\left[\frac{A_r}{p_m + B_r}\right]^{\frac{1}{2}} \tag{5.2.73}$$

确定中间状态的最终关系式。将式（5.2.68）和式（5.2.73）相减，得到

$$f_l(p_m, w_l) + f_r(p_m, w_r) + V_r - V_l = 0 \tag{5.2.74}$$

给定初始间断，式（5.2.74）给出压力 p_m。将式（5.2.68）和式（5.2.73）相加可得确定速度 V_m 的表达式为

$$V_m = \frac{1}{2}(V_l + V_r) + \frac{1}{2}(f_r(p_m, w_r) - f_l(p_m, w_l)) \tag{5.2.75}$$

得到压力 p_m 后，代入式（5.2.75）就得到速度 V_m。再代入等熵关系式

$$\frac{\rho_{ml}}{\rho_l} = \left(\frac{p_m}{p_l}\right)^{\frac{1}{\gamma}} \tag{5.2.76}$$

就可以确定密度 ρ_{ml}；代入式（5.2.71）就可以确定密度 ρ_{mr}。中间 2 个区的声速分别按 $a_{ml} = \sqrt{\gamma p_m / \rho_{ml}}$ 和 $a_{mr} = \sqrt{\gamma p_m / \rho_{mr}}$ 确定。

各区边界及波的移动速度。左行稀疏波覆盖一个逐渐扩大的区域，其在任意时刻的 2 个边界分别由 $x_l^{(R)} = (V_l - a_l)t$ 和 $x_r^{(R)} = (V_m - a_{ml})t$ 确定。右边激波是右行激波，其坐标按其移动速度表达式可写为

$$x_s = \varphi_s t = V_m t + \sqrt{\frac{\gamma+1}{2\gamma}\frac{p_r}{p_m} + \frac{\gamma-1}{2\gamma}} a_{mr} t$$

各区参数定性分析。不难理解，$p_l > p_m > p_r$，这是因为稀疏波让左边状态膨胀到低压区，激波让右边状态升压到高压区。

对于其他类型，如 SCS，RCR，RCS 等，也可以做类似分析，得到各区的流动参数以及波的移动速度。下面统一总结基本关系式（包括 RCS 情况）。

3. 黎曼问题解析解归纳

给定初始间断，左边状态记为 $w_l = (\rho_l, V_l, p_l)$，右边状态记为 $w_r = (\rho_r, V_r, p_r)$。初始间断

将分解为一个左行稀疏波或激波,一个接触间断(不考虑包含真空的情况)和一个右行激波或稀疏波。中间被接触间断隔断的 2 个区为均匀流区,压力 p_m 和速度 V_m 为常数,中间偏左区域的密度 ρ_{ml} 和声速 a_{ml} 为常数,中间偏右区域的密度 ρ_{mr} 和声速 a_{mr} 为常数。将中间区域的速度、压力与左侧参数和右侧参数的关系统一表示为

$$V_m = V_1 - f_1(p_m, w_1), \quad V_m = V_r + f_r(p_m, w_r) \tag{5.2.77}$$

确定 p_m 的一般方程为

$$f_1(p_m, w_1) + f_r(p_m, w_r) + V_r - V_1 = 0 \tag{5.2.78}$$

确定中间区流速的关系式为

$$V_m = \frac{1}{2}(V_1 + V_r) + \frac{1}{2}(f_r(p_m, w_r) - f_1(p_m, w_1)) \tag{5.2.79}$$

式中

$$f_1(p_m, w_1) = \begin{cases} (p_m - p_1)\left(\dfrac{A_1}{p_m + B_1}\right)^{\frac{1}{2}}, & p_m > p_1 \quad (左行激波) \\ \dfrac{2a_1}{\gamma-1}\left(\left(\dfrac{p_m}{p_1}\right)^{\frac{\gamma-1}{2\gamma}} - 1\right), & p_m \leqslant p_1 \quad (左行稀疏波) \end{cases} \tag{5.2.80}$$

$$f_r(p_m, w_r) = \begin{cases} (p_m - p_r)\left(\dfrac{A_r}{p_m + B_r}\right)^{\frac{1}{2}}, & p_m > p_r \quad (右行激波) \\ \dfrac{2a_r}{\gamma-1}\left(\left(\dfrac{p_m}{p_r}\right)^{\frac{\gamma-1}{2\gamma}} - 1\right), & p_m \leqslant p_r \quad (右行稀疏波) \end{cases} \tag{5.2.81}$$

$$A_1 = \frac{2}{(\gamma+1)\rho_1}, \quad B_1 = \frac{\gamma-1}{\gamma+1}p_1, \quad A_r = \frac{2}{(\gamma+1)\rho_r}, \quad B_r = \frac{\gamma-1}{\gamma+1}p_r \tag{5.2.82}$$

无论是何种初始间断,式(5.2.78)可以统一进行迭代求解。迭代过程中,压力 p_m 可先按 $p_m = (p_1 + p_r)/2$ 预估。收敛后得到的 p_m,如果满足 $p_m > p_1$,那么左侧就是左行激波,否则是左行稀疏波;如果满足 $p_m > p_r$,那么右侧就是右行激波,否则是右行稀疏波。得到中间区压力后,按式(5.2.79)确定流速,确定中间左侧区域的密度关系式为

$$\begin{cases} \rho_{ml} = \left(\dfrac{p_1}{p_m} + \dfrac{\gamma+1}{\gamma-1}\right)\left(\dfrac{p_1}{p_m}\dfrac{\gamma+1}{\gamma-1} + 1\right)^{-1}\rho_1, & p_m > p_1 \quad (左行激波) \\ \rho_{ml} = \rho_1\left(\dfrac{p_m}{p_1}\right)^{\frac{1}{\gamma}}, & p_m < p_1 \quad (左行稀疏波) \end{cases} \tag{5.2.83}$$

中间右侧区域密度关系式为

$$\begin{cases} \rho_{mr} = \left(\dfrac{p_r}{p_m} + \dfrac{\gamma+1}{\gamma-1}\right)\left(\dfrac{p_r}{p_m}\dfrac{\gamma+1}{\gamma-1} + 1\right)^{-1}\rho_r, & p_m > p_r \quad (右行激波) \\ \rho_{mr} = \rho_r\left(\dfrac{p_m}{p_r}\right)^{\frac{1}{\gamma}}, & p_m < p_r \quad (右行稀疏波) \end{cases} \tag{5.2.84}$$

中间 2 个区域的声速为

$$a_{ml} = \sqrt{\gamma p_m/\rho_{ml}}, \quad a_{mr} = \sqrt{\gamma p_m/\rho_{mr}} \tag{5.2.85}$$

如果左侧是左行稀疏波,其 2 个边界由 $x_1 = (V_1 - a_1)t$ 和 $x_r = (V_m - a_{ml})t$ 确定;如果是左行激波,激波速度及其位置为

$$\phi_s = V_m - a_{ml}\sqrt{\frac{\gamma+1}{2\gamma}\frac{p_1}{p_m} + \frac{\gamma-1}{2\gamma}}, \quad x_s = \phi_s t \tag{5.2.86}$$

如果右侧是右行稀疏波,其 2 个边界由 $x_1=(V_m+a_{mr})t$ 和 $x_r=(V_r+a_r)t$ 确定;如果是右行激波,激波速度及其位置为

$$\phi_s=V_m+a_{mr}\sqrt{\frac{\gamma+1}{2\gamma}\frac{p_r}{p_m}+\frac{\gamma-1}{2\gamma}}, \quad x_s=\phi_s t \tag{5.2.87}$$

4. 5 种类型的判据

左边或为稀疏波,或为激波,其临界条件对应退化情况,即 $p_m=p_1$, $V_m=V_1$。如果右侧是激波,那么按式(5.2.77)以及式(5.2.81)可得

$$V_m=V_r+(p_m-p_r)\left(\frac{A_r}{p_m+B_r}\right)^{\frac{1}{2}}$$

在上式中,令 $p_m=p_1$, $V_m=V_1$,可得

$$V_1=V_r+(p_1-p_r)\left(\frac{A_r}{p_1+B_r}\right)^{\frac{1}{2}}$$

这就是左边为退化波,右边为激波的情况,可简记为 NCS。类似可得各种情况的临界条件。以下是 5 条临界曲线,即 5 种波态的边界。

$$\begin{cases} V_r=V_1-(p_r-p_1)\left(\dfrac{A_1}{p_r+B_1}\right)^{\frac{1}{2}} & (\text{SCN}) \\[2mm] V_1=V_r+(p_1-p_r)\left(\dfrac{A_r}{p_1+B_r}\right)^{\frac{1}{2}} & (\text{NCS}) \\[2mm] V_r=V_1-\dfrac{2a_1}{\gamma-1}\left(\left(\dfrac{p_r}{p_1}\right)^{\frac{\gamma-1}{2\gamma}}-1\right) & (\text{RCN}) \\[2mm] V_1=V_r+\dfrac{2a_r}{\gamma-1}\left(\left(\dfrac{p_r}{p_1}\right)^{\frac{\gamma-1}{2\gamma}}-1\right) & (\text{NCR}) \\[2mm] V_r=V_1+\dfrac{2a_1}{\gamma-1}+\dfrac{2a_r}{\gamma-1} & (\text{RCVR}) \end{cases} \tag{5.2.88}$$

图 5.2-9 给出了压力速度平面上的以上 5 条临界曲线,简称黎曼问题 5 种波态临界曲线图。

5. 黎曼问题求解举例

在 $x=0.3$ 的位置有初始间断,左侧流动参数为 $\rho_1=1$, $p_1=1$, $V_1=0$,右侧为 $\rho_r=0.5$, $p_r=0.25$, $V_r=0$。首先判断解的类型。由于左右两侧速度相等,并且左侧压力比右侧压力大,从图 5.2-9 不难看出,流动形态为 RCS,即左边一道稀疏波、中间一道接触间断、右边一道激波。先求中间压力和速度。对于 RCS,式(5.2.78)给出

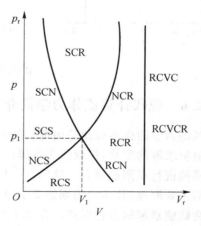

图 5.2-9　压力速度图 p,V 上,5 条临界曲线
(SCN, NCS, NCR,RCN,RCVC),
将 5 种波态出现的区域分开

$$\frac{2a_1}{\gamma-1}\left(\left(\frac{p_\mathrm{m}}{p_1}\right)^{\frac{\gamma-1}{2\gamma}}-1\right)+(p_\mathrm{m}-p_\mathrm{r})\left[\frac{\dfrac{2}{(\gamma+1)\rho_\mathrm{r}}}{p_\mathrm{m}+\dfrac{\gamma-1}{\gamma+1}p_\mathrm{r}}\right]^{\frac{1}{2}}+V_\mathrm{r}-V_1=0$$

不难求得 $p_\mathrm{m}=0.543$。将该压力条件代入(5.2.79)得 $V_\mathrm{m}=0.4945$。余下的参数不难从前面给出的表达式求出。在稀疏波区 $(V_1-a_1)t<x-0.3<(V_\mathrm{m}-a_\mathrm{ml})t$ 的流动参数按式(5.2.39)可写为

$$\begin{cases}V(x,t)=\dfrac{2}{\gamma+1}\dfrac{x-0.3}{t}+\dfrac{\gamma-1}{\gamma+1}V_1+\dfrac{2}{\gamma+1}a_1\\[2mm]a(x,t)=-\dfrac{\gamma-1}{\gamma+1}\dfrac{x-0.3}{t}+\dfrac{\gamma-1}{\gamma+1}V_1+\dfrac{2}{\gamma+1}a_1\\[2mm]\rho(x,t)=\left(-\dfrac{\gamma-1}{\gamma+1}\dfrac{x-0.3}{a_1t}+\dfrac{\gamma-1}{\gamma+1}\dfrac{V_1}{a_1}+\dfrac{2}{\gamma+1}\right)^{\frac{2}{\gamma-1}}\rho_1\\[2mm]p(x,t)=\left(-\dfrac{\gamma-1}{\gamma+1}\dfrac{x-0.3}{a_1t}+\dfrac{\gamma-1}{\gamma+1}\dfrac{V_1}{a_1}+\dfrac{2}{\gamma+1}\right)^{\frac{2\gamma}{\gamma-1}}p_1\end{cases}$$

某时刻的密度、压力和马赫数见图 5.2 - 10。

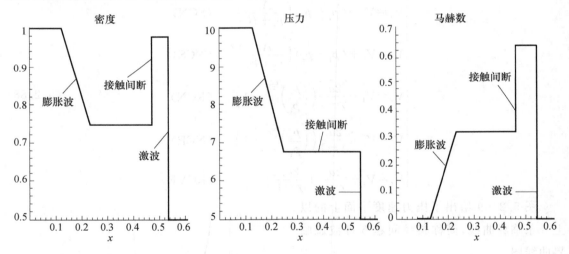

图 5.2 - 10　黎曼问题解

5.2.6　现代计算流体力学简介

空气动力学的许多规律是用解析的方法得到的。以往在设计飞行器及其部件时,往往设计成可解析求解的形状,但现代飞行器往往设计成非标准形状,此时的流场细节需要通过实验或数值模拟进行预测或研究。这里以一维可压缩非定常流动问题为例,简要介绍计算流体力学涉及的主要原理,具体应用则需要学习计算流体力学的内容。

适合数值求解的方程形式。在 3.1 节,将流体力学基本方程写成了各种各样的形式。但为了进行数值求解并且能自动捕获激波等间断,需要将可压缩流体力学基本方程写成守恒形式。守恒形式的一维流体力学基本方程可写成

$$\frac{\partial \boldsymbol{w}}{\partial t}+\frac{\partial \boldsymbol{f}}{\partial x}=0 \quad (0<x<x_0) \tag{5.2.89}$$

式中，$w=\begin{pmatrix}\rho\\\rho V\\\rho E\end{pmatrix}$ 称为守恒变量，$f=f(w)=\begin{pmatrix}\rho V\\\rho V^2+p\\V(\rho E+p)\end{pmatrix}$ 称为通量函数。所谓守恒，就是将式

(5.2.89)对空间$(-\infty,\infty)$积分后，得到

$$\frac{\mathrm{d}I}{\mathrm{d}t}=f(x=0)-f(x=1),\quad I=\int_{-\infty}^{\infty}w\mathrm{d}x \tag{5.2.90}$$

即守恒量 w 的积分 I（如总的质量）只取决于区域边界的通量差，而与区域内流动参数的分布细节毫无关系。如果用基于守恒形式的方程构造数值方法，且数值方法也满足数值意义的守恒形式（见下面的定义），那么从数学上可以证明，可以自动正确地捕获激波等间断结构。

初始条件。以某初始条件出发，求解方程(5.2.89)。初始条件是坐标的函数，可写成

$$w(x,0)=w_0(x)\quad(0<x<x_0) \tag{5.2.91}$$

亚声速入口条件。以入口在左边为例，即 $V(0,t)>0$。在入口处的 3 束特征线为

$$\frac{\mathrm{d}x}{\mathrm{d}t}=V-a,\quad\frac{\mathrm{d}x}{\mathrm{d}t}=V,\quad\frac{\mathrm{d}x}{\mathrm{d}t}=V+a$$

特征线是信息传播的曲线，代表了信息传播的方向。因此，边界上特征值的符号决定了需要给多少物理条件。对于亚声速入口，由于 $0<V(0,t)<a(0,t)$，因此 $V-a<0,V>0,V+a>0$。于是，第 2 个和第 3 个特征值为正，需要给 2 个物理条件。由于相容关系式沿特征线成立，满足相容关系式的信息沿特征值为正的特征线传播到流场内部，因此称为**入射波**。

对于特征线 $\frac{\mathrm{d}x}{\mathrm{d}t}=V$，边界条件由相容关系式(5.2.20)给定，即

$$-\gamma\frac{1}{\rho}\frac{\mathrm{d}\rho}{\mathrm{d}t}+\frac{1}{p}\frac{\mathrm{d}p}{\mathrm{d}t}=0 \tag{5.2.92}$$

对于特征线 $\frac{\mathrm{d}x}{\mathrm{d}t}=V+a$，边界条件由式(5.2.12)给定，即

$$\frac{1}{\rho a}\frac{\mathrm{d}p}{\mathrm{d}t}+\frac{\mathrm{d}V}{\mathrm{d}t}=0 \tag{5.2.93}$$

式(5.2.92)和式(5.2.93)也可以写为

$$\frac{\mathrm{d}s}{\mathrm{d}t}=g_1(t),\quad\frac{\mathrm{d}I_+}{\mathrm{d}t}=g_2(t) \tag{5.2.94}$$

其中

$$s=c_v\ln\frac{p}{\rho^\gamma},\quad I_+=V+\frac{2}{\gamma-1}a \tag{5.2.95}$$

特征线 $\frac{\mathrm{d}x}{\mathrm{d}t}=V-a$ 携带的信息向外传播，称为**出口波**。物理上可能有一部分在入口反射为入射波。在等熵假设下，该出口波携带黎曼不变量 $I_-=V-\frac{2}{\gamma-1}a$ 向外传播。入口波加入了这种出口波的反射后，式(5.2.94)可改写为

$$\frac{\mathrm{d}s}{\mathrm{d}t}=r_{f_1}\frac{\mathrm{d}I_-}{\mathrm{d}t}+g_1(t),\quad\frac{\mathrm{d}I_+}{\mathrm{d}t}=r_{f_2}\frac{\mathrm{d}I_-}{\mathrm{d}t}+g_2(t) \tag{5.2.96}$$

式中，r_{f_1},r_{f_2} 称为反射系数。式(5.2.96)展开后，可写为

$$\begin{cases}\left(\frac{1}{p}+\frac{r_{f_1}}{\rho a}\right)\frac{\mathrm{d}p}{\mathrm{d}t}-r_{f_1}\frac{\mathrm{d}V}{\mathrm{d}t}-\gamma\frac{1}{\rho}\frac{\mathrm{d}\rho}{\mathrm{d}t}=g_1(t)\\(1+r_{f_2})\frac{1}{\rho a}\frac{\mathrm{d}p}{\mathrm{d}t}+(1-r_{f_2})\frac{\mathrm{d}V}{\mathrm{d}t}=g_2(t)\end{cases} \tag{5.2.97}$$

压力速度条件(病态不能用)。给定 $\mathrm{d}p/\mathrm{d}t=f_1$，$\mathrm{d}V/\mathrm{d}t=f_2$，那么由式(5.2.97)无法唯一确定 r_{f_1}，即这样的边界条件无法与式(5.2.97)等价。因此，在数学上属于病态条件，不能采用。

密度速度条件(可用)。给定 $\mathrm{d}\rho/\mathrm{d}t=f_1$，$\mathrm{d}V/\mathrm{d}t=f_2$，则等价于式(5.2.97)取如下系数的情况

$$r_{f_1}=-\frac{\rho a}{p}, \quad r_{f_2}=-1, \quad g_1=\frac{\rho a}{p}f_2-\frac{\gamma}{\rho}f_1, \quad g_2=2f_2$$

这从而数学上是适定的，即可用的。

不难验证，在亚声速入口直接给 (H,s)、(ρ,V)、(ρ,p)、(s,I_+) 中的任一项，都满足等价形式(5.2.96)，即数学上适定。

人们习惯上直接测量入口的压力、速度和密度等，故直接给定这些原始变量，而不是直接测熵和黎曼不变量。

超声速入口条件。对于超声速入口，3 个特征值均为正，因此，需要给定 3 个条件。类似于以上的分析表明，可直接给密度、速度和压力。

亚声速出口条件。以出口在右侧为例，只有一个特征值为负，因此只能给一个条件。类似分析表明，直接给 I_- 或密度、压力、速度中的任一项均满足要求。对于出口，人们一般直接给压力。

超声速出口条件。对于超声速出口，不需要给任何条件。

以上只讨论了物理条件。在数值求解时，数值离散可能会需要的更多的边界条件，从而比由特征值正负决定的边界条件多，因此需要补充数值边界条件，人们往往用插值来解决。

解的离散。如图 5.2-11 所示，将定义数值解的网格点序列记为 j，$j=1,2,3,\cdots,J$，将网格点上的数值解记为 $w_j^n \approx w(x_j,t_n)$，其中，x_j 为网格坐标，t_n 为离散时刻。如果采用均匀网格尺寸 Δx 和均匀时间步长 Δt，那么 $x_j=j\Delta x$，$t_n=n\Delta t$。现在给定初始时刻的解，如

$$(\rho,p,V)=(1,1,0), \quad 0<x<0.3; \quad (\rho,p,V)=(0.5,0.25,0), \quad 0.6>x>0.3$$
$$(5.2.98)$$

接着求各时刻的解。

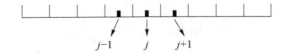

图 5.2-11 一维问题网格划分

方程的离散，中心差分法。人们发展了求解式(5.2.89)的多种方法。一种是先对时间进行离散，再进行空间离散，如果已知时刻 t_n 的解 w_j^n，那么时刻 t_{n+1} 的解可表示为

$$w_j^{n+1}=w_j^n+\Delta t(w_t)_j^n+\frac{1}{2}\Delta t^2(w_{tt})_j^n+O(\Delta t^3) \qquad (5.2.99)$$

定义通量函数 $F(w)$ 的雅克比矩阵 $\boldsymbol{A}=\dfrac{\mathrm{d}f(w)}{\mathrm{d}w}$，利用(5.2.89)可得 $w_t=-f_x$，则

$$w_{tt}=-(f_x)_t=-(f_t)_x=-(\boldsymbol{A}w_t)_x=(\boldsymbol{A}f_x)_x$$

于是，式(5.2.99)可以写成

$$w_j^{n+1}\approx w_j^n-\Delta t(f_x)_j^n+\frac{1}{2}\Delta t^2((\boldsymbol{A}f_x)_x)_j^n \qquad (5.2.100)$$

进一步,用中心差分

$$(f_x)_j^n = \frac{f_{j+1}^n - f_{j-1}^n}{2\Delta x}, \quad ((Af_x)_x)_j^n = \frac{1}{\Delta x}\left(\frac{\boldsymbol{A}_{j+\frac{1}{2}}^n(f_{j+1}^n - f_j^n)}{\Delta x} - \frac{\boldsymbol{A}_{j-\frac{1}{2}}^n(f_j^n - f_{j-1}^n)}{\Delta x}\right)$$

那么,可将式(5.2.100)写成

$$w_j^{n+1} \approx w_j^n - \sigma(F_{j+\frac{1}{2}}^n - F_{j-\frac{1}{2}}^n) \tag{5.2.101}$$

这里,$\sigma = \dfrac{\Delta t}{\Delta x}$为步长比,而

$$F_{j+\frac{1}{2}}^n = \frac{1}{2}(f_j^n + f_{j+1}^n) + \frac{1}{2}\sigma \boldsymbol{A}_{j+\frac{1}{2}}^n(f_{j+1}^n - f_j^n) \tag{5.2.102}$$

为数值通量。记号规范为 $f_j^n = f(w_j^n), \boldsymbol{A}_{j+\frac{1}{2}}^n = \frac{1}{2}(\boldsymbol{A}_{j+1}^n + \boldsymbol{A}_j^n), \boldsymbol{A}_j^n = \boldsymbol{A}(w_j^n)$。

形如式(5.2.101)的差分格式是守恒形式,因为将各点的格式相加后,数值解的积分的时间增量也满足守恒关系式(5.2.89)。

当数值通量由式(5.2.102)给出时,这种格式称为 Lax – Wendroff 格式,属于一种中心差分格式。

数值误差,频散与耗散,数值黏性。人们针对欧拉方程构造了 Lax – Wendroff 格式。如果针对标量方程 $\phi_t + \phi_x = 0$,那么用类似处理得到的 Lax – Wendroff 格式为

$$\phi_j^{n+1} - \phi_j^n \approx -\frac{1}{2}\sigma(\phi_{j+1}^n - \phi_{j-1}^n) + \frac{1}{2}\sigma^2(\phi_{j+1}^n - 2\phi_j^n + \phi_{j-1}^n) \tag{5.2.103}$$

上式右端两项,用泰勒展开后给出

$$\begin{cases} \phi_{j+1}^n - \phi_{j-1}^n = 2\Delta x(\phi_x)_j^n + \frac{1}{3}\Delta x^3(\phi_{xxx})_j^n + O(\Delta x^5) \\ \phi_{j+1}^n - 2\phi_j^n + \phi_{j-1}^n = \Delta x^2(\phi_{xx})_j^n \end{cases}$$

于是,式(5.2.103)可展开为

$$\phi_j^{n+1} - \phi_j^n \approx -\Delta t(\phi_x)_j^n - \frac{1}{6}\Delta t \Delta x^2(\phi_{xxx})_j^n + \frac{1}{2}\Delta t^2(\phi_{xx})_j^n$$

右端第 2 项涉及 3 阶微分,属于频散项;第 3 项涉及 2 阶微分,与黏性耗散类似,属于数值黏性项。这种数值误差分别改变一个谐波的波长与波幅,属于典型的数值误差。

迎风差分法,通量差方法。设法找到一个矩阵 $\boldsymbol{B}$ 及其逆矩阵 $\boldsymbol{B}^{-1}$ 将通量函数表示为

$$f(w) \equiv \begin{pmatrix} \rho V \\ \rho V^2 + p \\ V(\rho E + p) \end{pmatrix} = \boldsymbol{B}^{-1}\begin{pmatrix} \lambda_1 & 0 & 0 \\ 0 & \lambda_2 & 0 \\ 0 & 0 & \lambda_3 \end{pmatrix}\boldsymbol{B}, \quad \begin{cases} \lambda_1 = V - a \\ \lambda_2 = V \\ \lambda_3 = V + a \end{cases}$$

用正特征值 $\lambda_i^+ = \dfrac{|\lambda_i| + \lambda_i}{2}$ 定义 $f^+(w)$,负特征值 $\lambda_i^- = -\dfrac{|\lambda_i| - \lambda_i}{2}$ 定义 $f^-(w)$,即

$$f^+(w) = \boldsymbol{B}^{-1}\begin{pmatrix} \lambda_1^+ & 0 & 0 \\ 0 & \lambda_2^+ & 0 \\ 0 & 0 & \lambda_3^+ \end{pmatrix}\boldsymbol{B}, \quad f^-(w) = \boldsymbol{B}^{-1}\begin{pmatrix} \lambda_1^- & 0 & 0 \\ 0 & \lambda_2^- & 0 \\ 0 & 0 & \lambda_3^- \end{pmatrix}\boldsymbol{B}$$

那么 $f(w) = f^+(w) + f^-(w)$。格式依然写成守恒形式(5.2.101),但针对 $f^+(w)$ 采用向左差分(因为对于正特征值,信息从左边而来),对 $f^-(w)$ 采用向右差分(因为对于负特征值,信息从右边而来)。如果采用一节迎风差分,那么数值通量为

$$F_{j+\frac{1}{2}}^n = f_j^+ + f_{j+1}^- \tag{5.2.104}$$

这种方法也称为通量差方法。

Godunov 格式。Godunov 在 1959 年提出了一种基于黎曼问题的计算方法，这种计算方法后来称为 Godunov 方法。该方法构成了现代可压缩计算空气动力学的基础。这里只简要介绍它的基本原理。如图 5.2 - 12 所示，以 j 为例，Godunov 把 $j-1$ 和 j 的界面 $j-\frac{1}{2}$ 看成的间断面，从而作为黎曼问题处理。黎曼问题左边的状态为 $W_1 = w_{j-1}^n$，右边的状态为 $W_r = w_j^n$。以此求出该黎曼问题的中间区的压力 p_m 和速度 V_m。进一步求出中间区的密度 ρ_{ml} 和 ρ_{mr}。

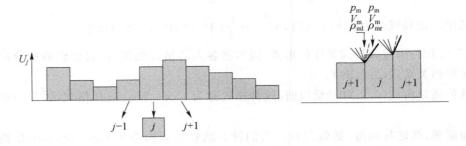

图 5.2 - 12　分段常数假设和局部黎曼问题

有了这些值，就可以确定界面 $j-1/2$ 的流动参数 $w_{j-1/2}^n = w(x_{j-1/2}, t_n)$。显然，在下一时刻，界面 $j-1/2$ 落在黎曼问题的中间区域，从而

$$p_{j-1/2}^n = p_m, \quad V_{j-1/2}^n = V_m, \quad \rho_{j-1/2}^n = \begin{cases} \rho_{ml} & V_m > 0 \\ \rho_{mr} & V_m < 0 \end{cases}$$

这里，依据 V_m 的正负，可以判断接触间断是向右移还是左移。有了界面流动参数，就可按下式计算数值通量

$$\boldsymbol{F}_{j-\frac{1}{2}} = \begin{pmatrix} \rho_{j-1/2}^n V_{j-1/2}^n \\ \rho_{j-1/2}^n (V_{j-1/2}^n)^2 + p_{j-1/2}^n \\ V_{j-1/2}^n (\rho_{j-1/2}^n E_{j-1/2}^n + p_{j-1/2}^n) \end{pmatrix}, \quad E_{j-1/2}^n = \frac{1}{\gamma-1} \frac{p_{j-1/2}^n}{\rho_{j-1/2}^n} + \frac{1}{2}(V_{j-1/2}^n)^2$$

得到了各交界面的数值通量后，可按守恒形式(5.2.101)得到 Godunov 格式。

计算结果。针对初始条件(5.2.98)，采用 120 个网格点，且

$$\rho = 1, p = 1, V = 0, \quad x < 0.3$$
$$\rho = 0.5, p = 0.25, V = 0, \quad x > 0.3$$

计算域为 $x \in [0, 0.6]$，计算网格 120 个(等分)，时间步长按下面介绍的稳定性条件选取。计算得到的某时刻的解如图 5.2 - 13 所示。图中圆圈是部分网格点的位置。从图 5.2 - 13 中可以看出，在该时刻激波在 $x = 0.55$ 附近，接触间断在 $x = 0.46$ 附近，膨胀波大概在区域 $0.1 \leqslant x \leqslant 0.26$。接触间断两侧密度和速度有跳跃，但是压强是连续的。

将数值解与精确解相比可以看出，虽然精确解的接触间断和激波都是突然变化，但数值解却存在一种过渡，即被抹平了一些。具体来说，数值接触间断跨越了许多个网格点，数值激波则跨越了较少的网格点。这是数值耗散产生的结果。所谓数值耗散(数值黏性)，就是计算格式与原偏微分方程相比，即差分与偏微分相比，存在一定的误差，这些误差产生了一种扩散作用(数值黏性)；正扩散导致抹平；如果格式的扩散作用是负的，则产生线性不稳定。另外，从密

度分布可以看出,在接触间断的下侧,密度跳到正常值以下,这是所谓的数值振荡现象。如果格式的精度更高,接触间断或激波附近的密度或压力可能会振荡到负值,这就是典型的非线性不稳定问题。格式的精度越高,抹平效应就越弱,即数值激波与接触间断就越陡峭,也称为分辨率越高。但越精确,数值振荡现象可能会越严重。现代计算流体力学发展的高分辨率计算方法,可以获得陡峭的激波与接触间断,并且尽量避免数值振荡。

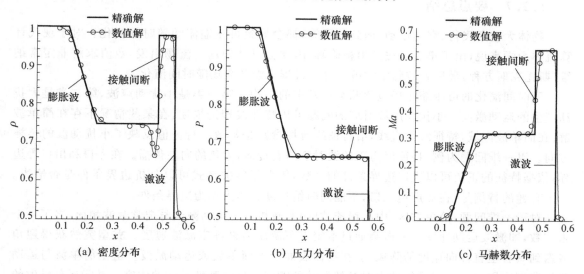

(a) 密度分布　　　　　　　(b) 压力分布　　　　　　　(c) 马赫数分布

图 5.2 - 13　黎曼问题的数值解

时间步长的选取与稳定性条件,CFL 数。 在可压缩流动中,有几个波的移动速度,包括 1 - 简单波、2 - 简单波、3 - 简单波和激波。这些波的移动速度分别是

$$\begin{cases} \lambda_1 = V - a, \quad \lambda_2 = V, \quad \lambda_3 = V + a \\ \phi_s = V_1 \pm a_1 \sqrt{\dfrac{\gamma+1}{2\gamma}\dfrac{p_r}{p_1} + \dfrac{\gamma-1}{2\gamma}} \end{cases}$$

如果只考虑简单波,那么在每一时间步长 Δt,最快移动的波以波速 $\lambda_{\max} = a + |V|$ 移动的距离为 $\Delta_{\text{wave}} = \lambda_{\max} \Delta t$。该距离除以网格尺寸 Δx,就定义了一个无量纲参数

$$\text{CFL} = \frac{(a + |V|)\Delta t}{\Delta x}$$

也称为 CFL 数,或 Courant 数。这是 Courant, Friedrichs 和 Lewy 于 1928 年提出的,表示每一时间步内最快移动的波所移动的网格点的数目(当然,可以不为整数)。当 CFL < 1 时,表明每一时间步,最快移动的波移动不到一个网格的距离;如果 CFL > 1,则表示超过一个网格的距离。

如果用三点显式格式求解,即计算任一点 j 在新时刻的解时,差分方法只用到了前一时刻相邻 3 个点 $j-1, j, j+1$ 的值,那么在这一时间步,由差分方法得到的解,就只考虑了相邻 3 个点 $j-1, j, j+1$ 的信息的作用,更远的点的信息就没有考虑到。因此时间步长必须满足条件 CFL ≤ 1。

假如不满足条件,那么在这样一个时间步长里,当前点的解,从物理上受到了更远的点的解影响。但是,这里三点显式差分格式又只用到了周围 3 个点的影响。因此,对于这样的计算方法,选取 CFL > 1 就违背了问题的物理本质。实际用计算机计算时,就会出现数值不稳定,

数值解被无限放大或出现密度为负等异常现象。为了避免显式三点格式不稳定，至少要求时间步长满足条件 CFL≤1，这样的条件有时称为 CFL 条件，有时称为 Courant 条件。冯·诺依曼发明了分析不稳定的不动点理论。依据该理论，人们可以分析某一具体差分格式，保证数值稳定的条件。人们可以通过构造涉及更多网格点的格式，来增加保证稳定的 CFL 数。

5.2.7　要点总结

物体大迎角飞行、突然运动、遇到阵风等，都会导致可压缩流动随时间演化。对于现代计算流体力学来说，由于事先无法给出精确解，因此会以某种均匀流场出发，数值求解非定常纳维-斯托克斯方程，最后收敛到定常解。这一过程也涉及流场随时间演化。

随时间演化的可压缩流场包含两类最基本的结构。第一类是小扰动声波，第二类是大扰动产生的运动激波。小扰动声波对应的问题可用特征线理论描述，在某些情况下存在简单波解；在简单波区域，特征线为直线，沿特征线流场参数是常数。特征值反映了小扰动波的传播方向。以一维问题为例，特征值为正的波对应向右传播，为负的向左传播。在入口和出口等边界，依据特征的正负可以决定边界条件的个数，依据相容关系式可以分析边界条件是否恰当。一个有趣的特例是，在亚声速入口，不能同时给速度和压力作为边界条件。

对于一维问题，简单波区（中心稀疏波区）有解析解。运动激波与定常激波相比，多了一个未知数，即激波运动速度。一般会通过给定上下游压力来确定激波速度。翼型突然获得迎角或遇到具有垂直方向速度的阵风，会在物体表面产生简单波或运动激波。这是简单波与运动激波典型应用之一。翼型气动力对突然运动的响应是气动弹性关注的内容。基元运动导致的气动力随时间的演化有解析解，任意运动的气动力可以看成基元运动气动力的 Duhamel 积分叠加。

激波管和计算流体力学涉及黎曼问题求解，即给定流动参数的初始间断，求解的时间演化。黎曼问题的解包含一个向左运动的激波或中心稀疏波，中间一个接触间断，以及一个向右移动的激波或中心稀疏波。给定了初始状态，就可以给出这些波的解析解。用到计算流体力学问题，每一时刻，各网格单元对应的解已知，可以将各网格单元的解在相邻两个网格单元的交界面上的间断看成黎曼问题，进行解析求解。解析求解的结果可以用于获得下一时刻的解，如此重复推进。

因此，本节内容可以当作进入气动弹性问题以及计算流体力学问题的基础。

习　题

习题 5.1.1　证明：由 $A_{ij} = \iint\limits_{S_b} \phi_i^* \dfrac{\partial \phi_j^{(*)}}{\partial n} \mathrm{d}S$ 定义的附加惯性系数满足 $A_{ij} = A_{ji}$。

习题 5.1.2　对于理想无旋流动，力矩剩下前两项，合并后给出

$$M_i = -\rho \frac{\partial}{\partial t} \iint\limits_{S_b} \chi_i^* \boldsymbol{V} \cdot \boldsymbol{n}_b \mathrm{d}S + \rho \iint\limits_{S_b} \left(\frac{\partial \chi_i^*}{\partial t} - \boldsymbol{V}_b \cdot (\boldsymbol{e}_i \times (\boldsymbol{x} - \boldsymbol{x}_0) - \nabla \chi_i^*) \right) \boldsymbol{V}_b \cdot \boldsymbol{n}_b \mathrm{d}S$$

在无旋假设下，令 $\boldsymbol{V} = \nabla \Phi = V_{0j} \nabla \phi_j^{(*)} + \omega_{bj} \nabla \chi_j^{(*)}$（这里用到了 5.1.1 节势函数的分解），证明：

$$M_i = \rho \frac{\partial}{\partial t} \iint\limits_{S_b} \chi_i^* \boldsymbol{V}_b \cdot \boldsymbol{n}_b \mathrm{d}S + \rho \varepsilon_{ijk} V_{0j} \iint\limits_{S_b} \phi_k^* \boldsymbol{V}_b \cdot \boldsymbol{n}_b \mathrm{d}S$$

$$= \frac{\partial}{\partial t}(V_{0j} C_{ji} + \omega_{bj} B_{ji}) + \varepsilon_{ijk} V_{0j} (V_{0l} A_{kl} + \omega_{bl} C_{kl})$$

这里，B_{ij} 为与转动相关的附加惯性系数 $B_{ij} = \iint\limits_{S_b} \chi_i^{(*)} \dfrac{\partial \chi_j^{(*)}}{\partial n} \mathrm{d}S = B_{ji}$。

习题 5.1.3（理想流动二维圆柱流动的滑移力与儒科夫斯基升力）　以水平向右运动的半径为 a 的圆柱流动为例，证明：二维平动情况下，理想流动的速度滑移力 $F_{\mathrm{slip},i}$（见 5.1.2 节）等于 1.3 节给出的儒科夫斯基升力。

证明　在二维情况下，滑移力简化为

$$F_{\mathrm{slip},x} = \rho \oint (\boldsymbol{V}_{\mathrm{slip}} \cdot \nabla X_1) \boldsymbol{V}_0 \cdot \boldsymbol{n}_b \mathrm{d}l, \quad F_{\mathrm{slip},y} = \rho \oint (\boldsymbol{V}_{\mathrm{slip}} \cdot \nabla X_2) \boldsymbol{V}_0 \cdot \boldsymbol{n}_b \mathrm{d}l$$

由 5.1.1 节知，对于圆柱流动，有

$$\phi_1^* = -\frac{a^2 x}{x^2 + y^2}, \quad \phi_2^* = -\frac{a^2 y}{x^2 + y^2}$$

只考虑升力。用极坐标 (r, θ)。求得圆柱表面上 $\nabla \phi_2^{(*)} = \sin 2\theta\, \boldsymbol{e}_x - \cos 2\theta\, \boldsymbol{e}_y$。因而 $\nabla X_2 = \boldsymbol{e}_y - \nabla \phi_2^{(*)} = -\sin 2\theta\, \boldsymbol{e}_x + (1 + \cos 2\theta) \boldsymbol{e}_y$。对于向右运动，$\boldsymbol{V}_0 \cdot \boldsymbol{n}_b = V_0 \cos \theta$。按 1.3.2 节，圆柱绕流表面切向速度关系式为

$$v_\theta = V_\infty \sin \theta - V_\infty a \frac{\sin 2\theta}{r} + \frac{\Gamma}{2\pi} \frac{1}{r}$$

经验证，与环量无关的滑移速度贡献积分后为 0，与环量相关的滑移速度显然满足 $\boldsymbol{V}_{\mathrm{slip}} = (-\sin \theta\, \boldsymbol{e}_x + \cos \theta\, \boldsymbol{e}_y) V_\theta$，$V_\theta = \Gamma/2\pi a$，于是

$$(\boldsymbol{V}_{\mathrm{slip}} \cdot \nabla X_2) \boldsymbol{V}_0 \cdot \boldsymbol{n}_b = \frac{V_0 \Gamma}{2\pi a} (\sin \theta \sin 2\theta + \cos \theta (1 + \cos 2\theta)) \cos \theta$$

升力为 $F_{\mathrm{slip},y} = \rho \displaystyle\int_0^{2\pi} (\boldsymbol{V}_{\mathrm{slip}} \cdot \nabla X_2) \boldsymbol{V}_0 \cdot \boldsymbol{n}_b a \mathrm{d}\theta$。由于

$$\int_0^{2\pi} (\sin \theta \sin 2\theta + \cos \theta (1 + \cos 2\theta)) \cos \theta \mathrm{d}\theta = 2\pi$$

故 $F_{\mathrm{slip},y} = \rho V_0 \Gamma$。这与儒科夫斯基升力定理给出的一致。注意，这里考虑物体向右运动，因此只有逆时针环量产生正升力，故与原始儒科夫斯基升力定理差了一个符号。

习题 5.1.4（黏性流动大展弦比机翼的升力与诱导阻力）　考虑黏性流动纯平动问题自由涡作用力，其一般表达式为

$$F_{\omega,i} = \rho \iiint\limits_{\Omega_f} \nabla X_i \cdot (\boldsymbol{\omega} \times \boldsymbol{V}_{\mathrm{ref}}) \mathrm{d}\Omega$$

这里，下标 ref 表示在物体坐标系上。

提示：机翼展向（x_3）任意横截面对应的翼型流动都可看成附面层流动，附面层从尾缘拖出的剪切层在三维坐标系看来是流向涡，按流向涡定义，对应的 $\boldsymbol{\omega}$ 与 $\boldsymbol{V}_{\mathrm{ref}}$ 平行，从而 $\boldsymbol{\omega} \times \boldsymbol{V}_{\mathrm{ref}} = 0$，即流向涡对自由涡作用力直接贡献为 0。在附面层内有涡量，但涡矢量沿展向，且在附面层内，$\boldsymbol{V}_{\mathrm{ref}}$ 近似平行于物面，从而矢量 $\boldsymbol{\omega} \times \boldsymbol{V}_{\mathrm{ref}}$ 近似垂直于物面法向。因此 $\nabla X_i \cdot (\boldsymbol{\omega} \times \boldsymbol{V}_{\mathrm{ref}}) = \dfrac{\partial X_i}{\partial n_b}$

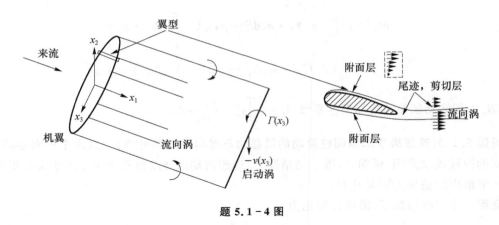

题 5.1 - 4 图

$(\boldsymbol{\omega} \times \boldsymbol{V}_{\mathrm{ref}})_{n_{\mathrm{b}}}$。由于在物面 $\dfrac{\partial X_i}{\partial n_{\mathrm{b}}}=0$ 且附面层的厚度可以看作非常小,因此在附面层区域近似有

$\dfrac{\partial X_i}{\partial n_{\mathrm{b}}}=0$。总而言之,在附面层区域和流向涡区域这些有涡量的区域,按给定的自由涡作用力计算方法,对力的直接贡献为 0。但该理论采用了积分区域包括所有涡量(以满足开尔文涡量守恒定理)的前提,因此积分区域需要包括在机翼下游的启动涡。这是机翼获得流场过程中尾部积累的横向涡。经过足够长时间演化,该启动涡到了足够远的下游。启动涡涡强为 $\Gamma=\Gamma(x_3)$。如果是二维问题,即展弦比为无穷大的矩形机翼问题,那么按二维流动开尔文定理,启动涡涡强等于附着涡涡强(反符号)。不难验证,针对启动涡,自由涡作用力为

$$F_{\omega,2}=\rho V_{\infty}\int_{-l/2}^{l/2}\Gamma(x_3)\left(1-\frac{\partial \varphi_i^{(*)}}{\partial x_2}\right)\mathrm{d}x_3, \quad F_{\omega,1}=-\rho V_{\infty}\int_{-l/2}^{l/2}\Gamma(x_3)v(x_3)\mathrm{d}x_3$$

这里,$\partial \phi_i^{(*)}/\partial x_2$ 和诱导速度分量 $v(x_3)$ 均在启动涡位置取值。这与 2.2 节升力线理论给出的结果类似,只是升力线理论针对附着涡求积分,而这里针对启动涡求积分。对于二维定常流动,启动涡在无穷远且当地 $\partial \phi_i^{(*)}/\partial x_2=0$,$v(x_3)=0$,因此 $F_{\omega,2}=\rho V_{\infty}\Gamma$,$F_{\omega,1}=0$,即得到儒科夫斯基升力定理。

习题 5.1.5　在 5.1.2 节,给出了二维椭圆翼型单位运动的虚拟势函数

$$\phi_1^*=-\mathrm{Re}\,\frac{bV_{0,x}}{\zeta}, \quad \phi_2^*=-\mathrm{Re}\,\frac{iaV_{0,y}}{\zeta}, \quad \chi_3^*=-\mathrm{Re}\,\frac{\mathrm{i}}{4}(a^2-b^2)\frac{1}{\zeta^2}$$

对于理想无旋运动,用 Howe 方法证明带环量的椭圆的力与力矩表达式为

$$\begin{cases} F_x=-\rho\Gamma V_{0,y}+m_{22}\dfrac{\mathrm{d}V_{0,x}}{\mathrm{d}t}-m_{11}\omega_{\mathrm{b}}V_{0,y} \\[2mm] F_y=\rho\Gamma V_{0,x}+m_{11}\dfrac{\mathrm{d}V_{0,y}}{\mathrm{d}t}+m_{22}\omega_{\mathrm{b}}V_{0,x} \\[2mm] M_o=-(m_{11}-m_{22})V_{0,x}V_{0,y}+I_{\mathrm{a}}\dfrac{\mathrm{d}\omega_{\mathrm{b},z}}{\mathrm{d}t} \end{cases}$$

其中,$m_{11}=\rho A_{11}=-\rho\pi a^2$,$m_{22}=\rho A_{22}=-\rho\pi b^2$,$I_a=\rho B_{33}=\dfrac{\pi\rho}{8}(a^2-b^2)^2$。

习题 5.1.6(附面层摩擦阻力与尾迹区的积分)　用 $F_1=-\mu\displaystyle\iint_{\Omega_f}\boldsymbol{\omega}\times\nabla X_1\cdot\boldsymbol{n}\mathrm{d}S$ 计算二维平板附面层摩擦阻力,其中 x_1 和 x_2 分别沿平板方向和法向。

提示:沿平板方向的运动给出 $\phi_1^{(*)}=0, X_1=x_1$,在平板附面层内

$$\boldsymbol{\omega}=\left(\frac{\partial v}{\partial x}-\frac{\partial u}{\partial y}\right)\boldsymbol{e}_z, \quad \frac{\partial X_1}{\partial x_2}=0, \quad \boldsymbol{\omega}\times\nabla X_1=\frac{\partial X_1}{\partial x_1}\left(\frac{\partial v}{\partial x}-\frac{\partial u}{\partial y}\right)\approx-\frac{\partial u}{\partial y}$$

于是

$$F_1\approx\mu\int_0^L\int_0^{\delta_+(x)}\frac{\partial V_1}{\partial y}\mathrm{d}y\mathrm{d}x+\mu\int_0^L\int_{-\delta_-(x)}^0\frac{\partial V_1}{\partial y}\mathrm{d}y\mathrm{d}x-\mu\iint_{\Omega_{\mathrm{wake}}}\boldsymbol{\omega}\times\nabla X_1\cdot\boldsymbol{n}\mathrm{d}S$$

$$=\mu(V_1^{(e)}(\delta_+(x))-V_1^{(e)}(-\delta_-(x)))-\mu\iint_{\Omega_{\mathrm{wake}}}\boldsymbol{\omega}\times\nabla X_1\cdot\boldsymbol{n}\mathrm{d}S$$

这里,$V_1^{(e)}V_1^{(e)}(\delta_+(x)), V_1^{(e)}(\delta_-(x))$ 为上下附面层势流区的速度,对于平板附面层可近似取 $V_1^{(e)}(\delta_+(x))=V_1^{(e)}(\delta_-(x))=V_\infty$。因此,余下右端第二项为从尾缘开始拖出的尾迹涡量的贡献。读者不难针对尾迹区完成第二项的展开讨论。可见,单纯针对附面层区域的积分对摩擦阻力的贡献近似为 0,即针对该方法,需要将尾迹区考虑进来。

习题 5.1.7(涡作用力中的镜像涡问题) 由 5.1.2 节知,如果半径为 c 的圆柱外某位置 (x_v, y_v) 有一强度为 Γ_v 的自由涡,那么在镜像位置 $(x_{\mathrm{inv}}, y_{\mathrm{inv}})$ 有一强度为 $-\Gamma_{\mathrm{inv}}$ 的镜像涡。镜像位置为反演点,坐标满足 $(x_{\mathrm{inv}}+\mathrm{i}y_{\mathrm{inv}})(x_v-\mathrm{i}y_v)=c^2$。按 5.1.3 节,考虑一个自由涡与其镜像涡的涡作用力表达式为

$$\begin{cases}F_{v,x}=-\rho\Gamma_v\dfrac{\mathrm{d}y_v}{\mathrm{d}t}+\rho\Gamma_v\dfrac{\mathrm{d}y_{\mathrm{inv}}}{\mathrm{d}t}=\rho\Gamma_v\dfrac{\partial y_{\mathrm{inv}}}{\partial x_v}\dfrac{\mathrm{d}x_v}{\mathrm{d}t}-\rho\Gamma_v\left(1-\dfrac{\partial y_{\mathrm{inv}}}{\partial y_v}\right)\dfrac{\mathrm{d}y_v}{\mathrm{d}t}\\[3mm]F_{v,y}=\rho\Gamma_v\dfrac{\mathrm{d}x_v}{\mathrm{d}t}-\rho\Gamma_v\dfrac{\mathrm{d}x_{\mathrm{inv}}}{\mathrm{d}t}=\rho\Gamma_v\left(1-\dfrac{\partial x_{\mathrm{inv}}}{\partial x_v}\right)\dfrac{\mathrm{d}x_v}{\mathrm{d}t}-\rho\Gamma_v\dfrac{\partial x_{\mathrm{inv}}}{\partial y_v}\dfrac{\mathrm{d}y_v}{\mathrm{d}t}\end{cases}$$

按 5.1.2 节 Howe 方法,自由涡作用力针对二维问题可简化为

$$F_{\omega,i}=\rho\iiint_{\Omega_f}\nabla X_i\cdot(\boldsymbol{\omega}\times\boldsymbol{V}_{\mathrm{ref}})\mathrm{d}\Omega=\rho\iint_{S_f}\left(-\left(\frac{\partial x_i}{\partial x_1}-\frac{\partial\phi_i^{(*)}}{\partial x_1}\right)v_{\mathrm{ref}}+\left(\frac{\partial x_i}{\partial x_2}-\frac{\partial\phi_i^{(*)}}{\partial x_2}\right)u_{\mathrm{ref}}\right)\omega\mathrm{d}S$$

写成分量形式为

$$\begin{cases}F_{\omega,x}=\rho\iint_{S_f}\left(\left(\frac{\partial x_1}{\partial x_2}-\frac{\partial\phi_1^{(*)}}{\partial x_2}\right)u_{\mathrm{ref}}-\left(\frac{\partial x_1}{\partial x_1}-\frac{\partial\phi_1^{(*)}}{\partial x_1}\right)v_{\mathrm{ref}}\right)\omega\mathrm{d}S\\[3mm]F_{\omega,y}=\rho\iint_{S_f}\left(\left(\frac{\partial x_2}{\partial x_2}-\frac{\partial\phi_2^{(*)}}{\partial x_2}\right)u_{\mathrm{ref}}-\left(\frac{\partial x_2}{\partial x_1}-\frac{\partial\phi_2^{(*)}}{\partial x_1}\right)v_{\mathrm{ref}}\right)\omega\mathrm{d}S\end{cases}$$

针对圆柱问题,讨论 $\frac{\partial x_{\mathrm{inv}}}{\partial x_v}$ 等与 $\frac{\partial\phi_i^{(*)}}{\partial x_j}$ 等是否相等。

提示:由 $(x_{\mathrm{inv}}+\mathrm{i}y_{\mathrm{inv}})(x_v-\mathrm{i}y_v)=c^2$ 得

$$x_{\mathrm{inv}}+\mathrm{i}y_{\mathrm{inv}}=\frac{c^2(x_v+\mathrm{i}y_v)}{(x_v-\mathrm{i}y_v)(x_v+\mathrm{i}y_v)}=\frac{x_vc^2}{x_v^2+y_v^2}+\frac{y_vc^2}{x_v^2+y_v^2}\mathrm{i}$$

由此可得系数

$$\begin{cases}\dfrac{\partial y_{\mathrm{inv}}}{\partial x_v}=-\dfrac{2x_vy_vc^2}{(x_v^2+y_v^2)^2}\\[3mm]-\left(1-\dfrac{\partial y_{\mathrm{inv}}}{\partial y_v}\right)=\dfrac{c^2(x_v^2-y_v^2)}{(x_v^2+y_v^2)^2}-1\end{cases}, \quad \begin{cases}1-\dfrac{\partial x_{\mathrm{inv}}}{\partial x_v}=1+\dfrac{(x_v^2-y_v^2)c^2}{(x_v^2+y_v^2)^2}\\[3mm]-\dfrac{\partial x_{\mathrm{inv}}}{\partial y_v}=\dfrac{2x_vy_vc^2}{(x_v^2+y_v^2)^2}\end{cases}$$

由习题 5.1.3 给出了 $\phi_i^{(*)}$ 的表达式为

$$\phi_1^* = -\frac{c^2 x}{x^2+y^2}, \quad \phi_2^* = -\frac{c^2 y}{x^2+y^2}$$

分别对 x 和 y 求导得

$$\begin{cases} \dfrac{\partial x_1}{\partial x_2} - \dfrac{\partial \phi_1^{(*)}}{\partial x_2} = \dfrac{-2xyc^2}{(x^2+y^2)^2} \\ -\left(\dfrac{\partial x_1}{\partial x_1} - \dfrac{\partial \phi_1^{(*)}}{\partial x_1}\right) = \dfrac{c^2(x^2-y^2)}{(x^2+y^2)^2} - 1 \end{cases}, \quad \begin{cases} \dfrac{\partial x_2}{\partial x_2} - \dfrac{\partial \phi_2^{(*)}}{\partial x_2} = \dfrac{(x^2-y^2)c^2}{(x^2+y^2)^2} \\ -\left(\dfrac{\partial x_2}{\partial x_1} - \dfrac{\partial \phi_2^{(*)}}{\partial x_1}\right) = \dfrac{2xyc^2}{(x^2+y^2)^2} \end{cases}$$

因此,两组系数分别相等。

习题 5.1.8(圆柱流动的涡力线地图) 用习题 5.1.3 给出的 $\phi_i^{(*)}$ 求圆柱流动的涡作用力因子 $\boldsymbol{\Lambda} = \left(-\dfrac{\partial X_i}{\partial y}, \dfrac{\partial X_i}{\partial x}\right)$,制作涡力线地图,讨论卡门涡街各点涡的影响。

提示: 涡力线地图及使用方法见 5.1.4 节。

习题 5.1.9(儒科夫斯基翼型涡作用力因子) 考虑儒科夫斯基翼型的涡作用力(法向力)因子 $\boldsymbol{\Lambda} = \left(-\dfrac{\partial X_2}{\partial y}, \dfrac{\partial X_2}{\partial x}\right)$,证明:

$$\frac{\partial X_2}{\partial y} = -\frac{\partial}{\partial x}\left(-\frac{a^2}{\zeta} + \bar{\zeta}\right), \quad \frac{\partial X_2}{\partial x} = \frac{\partial}{\partial y}\left(-\frac{a^2}{\zeta} + \bar{\zeta}\right)$$

其中,$\zeta = \xi + \mathrm{i}\eta$ 为圆平面坐标,通过儒科夫斯基变换 $z = \zeta + a^2/\zeta$ 与翼型平面坐标 $z = x + \mathrm{i}y$ 关联。

习题 5.1.10(涡管涡作用力) 用 $F_{\omega,i} = \rho \iiint\limits_{\Omega_f} \nabla X_i \cdot (\boldsymbol{\omega} \times \boldsymbol{V}_{\mathrm{ref}}) \mathrm{d}\Omega$ 导出离物体足够远的一段涡管的涡作用力。

提示: 在足够远的位置,$\nabla X_i = \boldsymbol{e}_i$,涡管涡量表示成 $\boldsymbol{\omega} = \Gamma\delta(\boldsymbol{x} - \boldsymbol{x}_\omega)\boldsymbol{n}_\omega$,这里 $\boldsymbol{n}_\omega$ 为涡轴方向,$\boldsymbol{x}_\omega$ 为涡轴坐标,狄拉克函数 $\delta(\boldsymbol{x} - \boldsymbol{x}_\omega)$ 满足 $\int_S F(\boldsymbol{x})\delta(\boldsymbol{x} - \boldsymbol{x}_\omega)\mathrm{d}S = F(\boldsymbol{x}_\omega)$,这里 S 表示涡管横截面上的积分区域。

习题 5.2.1(3 - 简单波) 考虑处在 $x_1 < x < x_r$ 的 3 - 简单波,其中 $x_1 = x_0 + (V_1 + a_1)(t - t_0)$,$x_r = x_0 + (V_r + a_r)(t - t_0)$。证明:3-简单波区域的解满足

$$\begin{cases} V = \dfrac{2}{\gamma+1}\dfrac{x-x_0}{t-t_0} + \dfrac{\gamma-1}{\gamma+1}V_r - \dfrac{2}{\gamma+1}a_r \\[2mm] a = \dfrac{\gamma-1}{\gamma+1}\dfrac{x-x_0}{t-t_0} - \dfrac{\gamma-1}{\gamma+1}V_r + \dfrac{2}{\gamma+1}a_r \\[2mm] p = \left(\dfrac{\gamma-1}{\gamma+1}\dfrac{x-x_0}{a_r(t-t_0)} - \dfrac{\gamma-1}{\gamma+1}\dfrac{V_r}{a_r} + \dfrac{2}{\gamma+1}\right)^{\frac{2\gamma}{\gamma-1}} p_r \\[2mm] \rho = \left(\dfrac{\gamma-1}{\gamma+1}\dfrac{x-x_0}{a_r(t-t_0)} - \dfrac{\gamma-1}{\gamma+1}\dfrac{V_r}{a_r} + \dfrac{2}{\gamma+1}\right)^{\frac{2}{\gamma-1}} \rho_r \end{cases}$$

习题 5.2.2(运动正激波速度) 运动正激波左边流动参数为 $\rho_1 = 1.225 \ \mathrm{kg/m^3}$,$p_1 = 101\,325 \ \mathrm{Pa}$,$Ma_1 = 0.443$,右边压力为 $p_r = 7.214 \times 10^5 \ \mathrm{Pa}$。求运动正激波的移动速度以及右侧密度和速度。

提示: 由于右侧压力高于左侧压力,因此这是左行激波,激波速度按式(5.2.63)求,右端取负号;右侧速度按式(5.2.64)求,密度按式(5.2.66)求。

参考答案:激波速度−700 m/s。

习题 5.2.3(运动正激波追赶与合并)　有 2 道左行运动正激波。左边运动激波左侧流动参数为 $\rho_1^{(L)}=1.225$ kg/m³，$p_1^{(L)}=101\,325$ Pa，$Ma_1^{(L)}=0.443$，中间压力为 $p_m=7.214\times10^5$ Pa，右边运动激波右侧压力为 $p_r^{(R)}=9\times10^5\,Pa$。在初始时刻，两者相距 1 m，问:① 右边激波追上左边激波的时刻。② 两者合并后,用最左边状态和最右边状态作为初始间断条件,求黎曼问题解。

提示:用习题 5.2.2 结果作为中间区域状态,再将右侧激波按左行激波处理,用类似方法得到其运动速度以及最右侧的其他参数。

习题 5.2.4(大迎角突然启动平板运动)　顺置于马赫数为 $Ma_\infty=3$ 的超声速来流中的长度为 $c_A=1$ m 的平板 OP,突然获得 $\alpha=15°$ 的迎角后固定不动。来流其他参数按标准大气压下的空气取值($\rho_\infty=1.225$ kg/m³，$p_\infty=101\,325$ Pa)。在下表面产生一道从前缘 O 点发出的定常斜激波 Oe 和一道运动正激波 fQ,在上表面产生一道从 O 点发出的定常普朗特-迈耶膨胀波和一道稀疏波(3-简单波)。① 按定常正激波理论,求下表面Ⅰ区流动参数。② 按运动正激波理论,求下表面Ⅲ区流动参数以及激波运动速度。③ 用Ⅰ区参数和Ⅲ区参数作为黎曼问题的初始间断条件,求解黎曼问题,给出左行波的性质和右行波的性质,以及黎曼问题中间各区流动参数。④ 针对上表面,求Ⅰ区和Ⅲ区参数(Ⅲ区之上是右行中心稀疏波),并且将Ⅰ区参数与Ⅲ区参数作为黎曼问题初始间断条件,求这样定义的黎曼问题解。

提示:① 激波下方基于法向速度分量的马赫数为 $Ma_\infty\sin\alpha$,以此作为左边状态,速度分量为 $V_1=V_\infty\sin\alpha$;将Ⅲ区作为右边状态,速度分量为 V_r,采用左行激波速度压力表达式(5.2.64),求出Ⅲ区压力,进一步由式(5.2.66)求出Ⅲ区密度,由式(5.2.63)将右端取负号求激波速度。

参考答案:② 下表面Ⅲ区流动参数为:$p_{Ⅲ}^{lower}=274\,150$ Pa，$\rho_{Ⅲ}^{lower}=2.425$ kg/m³，$T_{Ⅲ}^{lower}=393.9$ K，$a_{Ⅲ}^{lower}=397.83$ m/s，$Ma_{Ⅲ}^{lower}=2.478\,7$。运动正激波速度为:$\phi_3=-269.72$ m/s。

③ Ⅲ区流动参数为:$p_{Ⅲ}^{upper}=31\,093$ Pa，$\rho'^{upper}_{Ⅲ}=0.526\,8$ kg/m³，$T_{Ⅲ}^{upper}=205.6$ K，$a_{Ⅲ}^{upper}=287.45$ m/s，$Ma_{Ⅲ}^{upper}=3.43$。

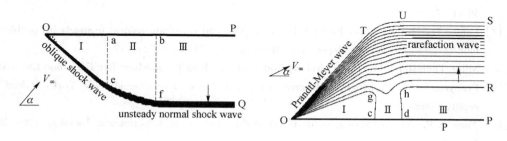

题 5.2.4 图

参考文献

[1] 任玉新. 计算流体力学基础. 北京:清华大学出版社,2006.

[2] 童秉纲、孔祥言、邓国华. 气体动力学. 北京:高等教育出版社,2012.

[3] 吴子牛,白晨媛,徐珊姝,等. 突然启动问题,从不可压缩到高超声速流动.航空学报,2015,36:

2578-2590.

[4] Ashley H, Zartarian G. Piston theory-a new aerodynamic tool for the aeroelastician. Journal of the Aeronautical Sciences, 1956, 23(12): 1109-1118.

[5] Bai C Y, Wu Z N. Hypersonic starting flow at high angle of attack. Chinese Journal of Aeronautics, 2016,29:297-304.

[6] Bai C Y, Li J, Wu Z N. Generalized Kutta-Joukowski theorem for multi-vortex and multi-airfoil flow with vortex production - A general model. Chinese Journal of Aeronautics, 2014,27（5）: 1037-1050.

[7] Bisplinghoff R L, Ashley H, Halfman R L. Aeroelasticity. New York: Dover Pubblications, Inc, 1996.

[8] Fung Y C. An Introduction to the Theory of Aeroelasticity . Phoenix ed. New York:Dover Publications. 2002.

[9] Ghoreyshi M, Cummings R M. Challenges in the Aerodynamics Modeling of an Oscillating and Translating Airfoil at Large Incidence Angles. Aerospace Science and Technology, 2013, 28: 176-190.

[10] Gottlieb J J, Groth C P T. Assessment of Riemann Solvers for Unsteady One-Dimensional Inviscid Flows of Perfect Gases. Journal of Computational Physics, 1988,78(2): 437-458.

[11] Heaslet M A, Lomax H. Two-dimensional unsteady lift problems in supersonic flight[R]. Washington:Technical Report Archive & Image Library 945, 1949.

[12] Howe M S. On the force and moment on a body in an incompressible fluid, with application to rigid bodies and bubbles at high and low Reynolds numbers. Quarterly Journal of Applied Mathematics, 1995,8(3): 401-426.

[13] Lamb H. Hydrodynamics. 6th ed. Cambridge,Eng: Cambridge University Press,1932.

[14] Li J, Wu Z N. Unsteady lift for the Wagner problem in the presence of additional leading/trailing edge vortices. Journal of Fluid Mechanics, 2015, 769:182-217.

[15] Li J, Wu Z N. A vortex force study for a flat plate at high angle of attack. Journal of Fluid Mechanics, 2016,801:222-249.

[16] Lighthill M J. On the Weis-Fogh mechanism of lift generation. Journal of Fluid Mechanics, 1973, 60 :1-17.

[17] Lomax H, Heaslet M A, Fuller F B, et al. Two-and three-dimensional unsteady lift problems in high-speed flight: NACA Report[R]. Washington:NACA , 1952:1077.

[18] Milne-Thomson L M. Theoretical Hydrodynamics. Hong Kong:Macmillan Education Ltd. , 1986.

[19] Pennycuick C J. Bird flight performance: a practical calculation manual. New York: Oxford University Press, 1989.

[20] Sane S P. The aerodynamics of insect flight. Journal of Experimental Biology, 2003, 206 : 4191-4208.

[21] Sankar L N, Smith M J. Advanced Compressible Flow II. Atlanta: Georgia Institute of Technology, 1995.

[22] Saffman P G . Vortex Dynamics. Cambridge,Eng: Cambridge University Press, 1992.

[23] Streitlien K, Triantafyllou M S. Force and moment on a Joukowski profile in the presence of point vortices. AIAA Journal, 1995, 33 :603-610.

[24] Shyy W, Mats Berg, Daniel Ljungqvist. Flapping and flexible wings for biological and Micro Air Vehicles. Progress in Aerospace Sciences, 1999,35:455-505.

[25] Sun M. Insect flight dynamics: Stability and control, Insect flight dynamics: Stability and control. REVIEWS OF MODERN PHYSICS,2014,86: 615-646.

[26] Tennekes H. The simple science of flight (from insects to jumbo jets). Cambridgedn: MIT Press, 1999.

[27] Wagner H. Uber die enstehung des dynamischen auftreibes von tragflugeln. Zeitschrift fuer angewandte Mathematik und Mechanik ,1925,5:1735.

[28] Walker P B. Growth of circulation about a wing and an apparatus for measuring fluid motion[R]. [S. l.]:Reports and Memory, Aeronautical Research Communication, 1931, 1402.

第6章 高速流动特殊问题处理

本章将介绍激波反射、激波相交和激波干扰等波系结构干扰理论,并介绍高超声速空气动力学涉及的经典内容和高温真实气体效应的处理,最后介绍气动热问题。

6.1 激波反射、激波相交与激波干扰

如图 6.1-1 所示,机体激波与舵翼激波、机体激波与发动机进气道唇口的脱体激波或者超声速进气道内部不同壁面产生的激波之间可能会相交,一些激波可能会与物体相交。这导致激波在壁面或对称面上反射、2 个激波相交或干扰。1967 年 10 月美国 X - 15A - 2 研究机以马赫数 6.7 试飞,虽然对飞机构件进行了烧蚀防护,激波干扰产生的高热流仍然给试飞的发动机模型和模型吊架造成了严重损伤。1968 年,Edney 通过实验研究了斜激波入射到钝头体前的弓形激波的流动,首次定义了六类激波/激波相互作用的形式,后来称为六类激波干扰。

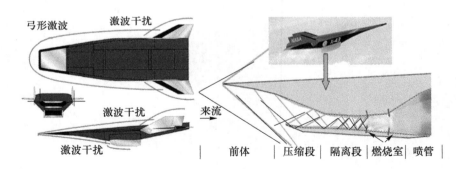

图 6.1-1 实际问题中激波反射、相交与干扰

本节将介绍定常超声速气流中激波反射、激波相交以及直线激波与曲线激波干扰(六类干扰)等典型流动现象、流动参数满足的数学关系式以及对气动特性的影响。

6.1.1 激波关系式简写

激波反射、相交与干扰的分析涉及激波关系式的重复调用。如果把激波上游参数用下标 u,下游参数用下标 d,那么关联上下游参数与激波角的斜激波关系式可写成

$$\begin{cases} \theta_d = f_\theta(Ma_u, \beta_d) \\ Ma_d = f_m(Ma_u, \beta_d) \\ \rho_d = \rho_u f_\rho(Ma_u, \beta_d) \\ p_d = p_u f_p(Ma_u, \beta_d) \\ T_d = T_u f_T(Ma_u, \beta_d) \end{cases} \tag{6.1.1}$$

式中

$$
\begin{cases}
f_\theta(Ma_u,\beta_d)=\arctan\left\{2\cot\beta_d\,\dfrac{Ma_u^2\sin^2\beta_d-1}{Ma_u^2(\gamma+\cos 2\beta_d)+2}\right\} \\[4mm]
f_m(Ma_u,\beta_d)=\sqrt{\dfrac{Ma_u^2+\dfrac{2}{\gamma-1}}{\dfrac{2\gamma}{\gamma-1}Ma_u^2\sin^2\beta_d-1}+\dfrac{Ma_u^2\cos^2\beta_d}{\dfrac{\gamma-1}{2}Ma_u^2\sin^2\beta_d+1}} \\[4mm]
f_\rho(Ma_u,\beta_d)=\dfrac{\dfrac{\gamma+1}{2}Ma_u^2\sin^2\beta_d}{1+\dfrac{\gamma-1}{2}Ma_u^2\sin^2\beta_d} \\[4mm]
f_p(Ma_u,\beta_d)=1+\dfrac{2\gamma}{\gamma+1}(Ma_u^2\sin^2\beta_d-1) \\[4mm]
f_T(Ma_u,\beta_d)=\dfrac{[2\gamma Ma_u^2\sin^2\beta_d-(\gamma-1)][(\gamma-1)Ma_u^2\sin^2\beta_d+2]}{(\gamma+1)^2Ma_u^2\sin^2\beta_d}
\end{cases}
\tag{6.1.2}
$$

注意：在大多数情况下，第一个关系式 $\theta_d=f_\theta(Ma_u,\theta_d)$ 用于求激波角 β_d。

6.1.2　激波反射现象、类型与临界条件

考虑无黏情况，入射激波打在壁面或对称面上，调整流动方向形成反射激波的现象称为激波反射。超乎想象的是，依据来流条件的不同，激波反射导致的流场结构分为截然不同的规则反射与非规则反射两种，也称为正规反射与马赫反射。下面介绍两种反射的具体流动结构、产生的基本原因以及给出出现两种情况对应的临界条件。

1. 正规反射（规则反射）

考虑如图 6.1-2 所示的马赫数为 Ma_0 的水平超声速来流，尖楔 OC 使得气流向下偏转 $\theta=\theta_W$，与尖楔下壁面平行，从而产生斜激波 i，简称入射激波。超声速来流经入射斜激波 i，进入气流方向向下偏转 $\theta_1=\theta_W$ 的均匀超声速区(1)。

向下偏转 $\theta_1=\theta_W$ 的(1)区的超声速气流，遇到具有水平方向的反射面 AB，必然再次向上偏转 $\theta_2=\theta_W$。这相当于超声速气流(1)遇到向上的气流偏转角为 $\theta_2=\theta_W$ 的内折，必然产生第二道激波。如果来流参数和气流偏转角使得第二道激波依然满足激波不脱体条件，那么第二道激波直接产生于入射激波与反射面相交的反射点 G。于是，第二道激波可以看成从反射点反射的激波，因此称为反射激波 r。这样的反射类型称为规则反射，也称为正规反射。

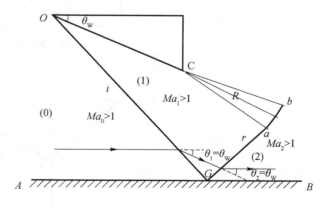

图 6.1-2　激波在反射面上发生正规反射示意图

如果第二道激波对应的条件满足激波脱体条件，那么就会出现往下将要介绍的不规则反射（也称为马赫反射）。

下面对图 6.1-2 所示的正规反射进行描述。首先,在 $\theta = \theta_w$ 小于马赫数 Ma_0 对应的脱体角情况下,入射激波 i 是直的斜激波。此时(1)为均匀超声速区。反射激波至少在靠近反射点的那段也属于直的斜激波。经过这段直的斜激波后的区域(2),也是均匀超声速区,气流方向与反射面 AB 平行。另外,从尖楔的尾端发出的普朗特-迈耶膨胀波(R)将与反射激波 r 相交,先交于如图 6.1-2 所示的 a 点,最后交于 b 点。膨胀波 R 与反射激波 r 相交,会导致激波 r 弯曲。这就是所谓的激波与膨胀波干扰(相交)的问题,这种相交将在本节稍后介绍。

2. 马赫反射(不规则反射)

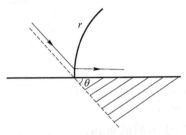

图 6.1-3 反射激波脱体示意图

先考虑图 6.1-2 所示的情况,(1)区马赫数 Ma_1 比(0)区小,因此,具有相同气流偏转角的反射激波比入射激波更容易进入激波脱体条件(见 3.2.4 节介绍的激波角图)。如果反射激波满足脱体条件,那么至少对应于靠近反射点 G 的那段反射激波是曲线激波,且波后为亚声速,见图 6.1-3。实验观察表明,在这种情况下的反射形态如图 6.1-4 所示。马赫于 1878 年从实验中观察到了这一现象,因此称为马赫反射。

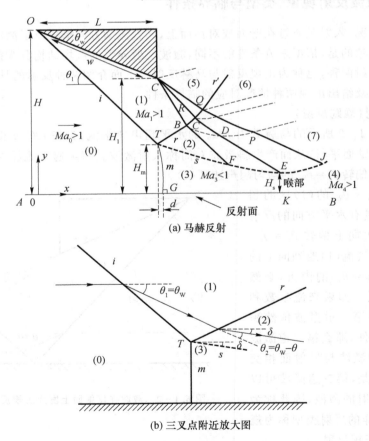

(a) 马赫反射

(b) 三叉点附近放大图

图 6.1-4 马赫反射以及三叉点附近放大图

马赫反射现象描述。马赫反射结构如图 6.1-4 所示,入射激波(i)与反射激波(r)交于 T

点。T 点不在反射面 AB 上,而是与一段强激波 m 相连。T 点因此也称为三叉点。强激波 m 与反射面交于 G 点,也称为马赫杆。G 点就是反射点。马赫杆在反射点与反射面垂直。从三叉点 T 向下游还拖出一道滑移线 s,首先略微向下偏转,接着在从 C 点发来的膨胀波(R)的作用下最后转平,在 E 点后开始上翘,转平起始点 E 即为喉部,喉部与马赫杆之间的流动区域 (3) 为亚声速区,喉部下游在滑移线以下 (4) 为超声速区,喉部按一维流是声速位置。反射激波与滑移线围成的接近三叉点的区域 (2) 在大多数情况下为超声速区(但也存在亚声速区的情况)。马赫反射 (1) 区(也是均匀流区)的参数与正规反射一样,完全决定于来流参数以及尖楔角 θ_W。

3. 临界条件:脱体准则与压力平衡准则

冯·诺依曼给出了一个充分条件和一个必要条件。反射激波正好脱体对应的是充分条件,称为脱体准则。马赫杆高度趋于 0 时,马赫杆导致的压增与正规反射导致的压增正好平衡时对应的条件是必要条件,称为压力平衡准则,也称为冯·诺依曼准则。给定来流马赫数 Ma_0,把脱体准则和压力平衡准则对应的 θ_W 角分别记为

$$\theta_W = \theta_D(Ma_0), \quad \theta_W = \theta_N(Ma_0) \tag{6.1.3}$$

下面来求这两个准则。

脱体准则。给定 Ma_0。设 $\theta_W = \theta_D$ 为恰好使反射激波脱体的楔角。由式(6.1.1)可知,求入射激波角 β_1(取小的那个)和 (1) 区马赫数 Ma_1 的斜激波关系为

$$\theta_D = f_\theta(Ma_0, \beta_1), \quad Ma_1 = f_m(Ma_0, \beta_1) \tag{6.1.4}$$

把 3.2.4 节中的脱体角关系式用到反射激波脱体,有

$$\begin{cases} \sin^2\beta_m = \dfrac{1}{\gamma Ma_1^2}\left[\dfrac{\gamma+1}{4}Ma_1^2 - 1 + \sqrt{(1+\gamma)\left(1 + \dfrac{\gamma-1}{2}Ma_1^2 + \dfrac{\gamma+1}{16}Ma_1^4\right)}\right] \\ \tan\theta_D = \dfrac{Ma_1^2\sin^2\beta_m - 1}{\left(Ma_1^2\left(\dfrac{\gamma+1}{2} - \sin^2\beta_m\right) + 1\right)\tan\beta_m} \end{cases} \tag{6.1.5}$$

对于每个 Ma_0,式(6.1.4)和式(6.1.5)可联立求解得到 $\theta_D = \theta_D(Ma_0)$。如果

$$\theta_W > \theta_D(Ma_0) \tag{6.1.6}$$

那么一定产生马赫反射。

压力平衡条件。如图 6.1-5 所示,马赫杆高度趋于 0 时,马赫杆可按正激波处理,其下游 (3) 区的压力 p_3 按斜激波取激波角 $\beta_3 = \dfrac{1}{2}\pi$,即

$$p_3 = p_0 f_p\left(Ma_0, \dfrac{1}{2}\pi\right) \tag{6.1.7}$$

正规反射导致的 (2) 区压力为先后经过 2 个气流偏转角均为 θ_N 的斜激波所致。先按

$$\theta_N = f_\theta(Ma_0, \beta_1), \quad p_1 = p_0 f_p(Ma_0, \beta_1), \quad Ma_1 = f_m(Ma_0, \beta_1) \tag{6.1.8}$$

得到 (1) 区压力 p_1 和马赫数 Ma_1,再按

$$\theta_N = f_\theta(Ma_1, \beta_2), \quad p_2 = p_1 f_p(Ma_1, \beta_2) = p_0 f_p(Ma_0, \beta_1) f_p(Ma_1, \beta_2) \tag{6.1.9}$$

得到 (2) 区的压力 p_2。其中 β_1 和 β_2 均取小的那个解。令 $p_3 = p_2$,即

$$f_p\left(Ma_0, \dfrac{1}{2}\pi\right) = f_p(Ma_0, \beta_1) f_p(Ma_1, \beta_2) \tag{6.1.10}$$

按式(6.1.10)即可求出 $\theta_N = \theta_N(Ma_0)$。

如果

$$\theta_W < \theta_N(Ma_0) \qquad\qquad (6.1.11)$$

那么必然出现正规反射,否则压力不平衡。

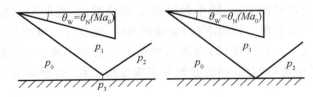

图 6.1 - 5　马赫杆高度趋于 0 的马赫反射与正规反射 $\theta_N = \theta_N(Ma_0)$

4. 激波反射临界曲线、双解区与滞后回线现象

用 Ma_0 作为横坐标,用 θ_W 作为纵坐标,将以上得到的激波脱体准则 $\theta_W = \theta_D(Ma_0)$ 以及压力平衡准则 $\theta_W = \theta_N(Ma_0)$ 放在一张图上,如图 6.1 - 6 所示。可见,脱体准则曲线高于压力平衡准则。当来流条件 (Ma_0, θ_W) 对应的点高于脱体准则曲线时,必然为马赫反射;低于压力平衡准则时,必然为正规反射。

双解区与滞后回线现象。 在 2 条临界曲线之间,即当条件 (Ma_0, θ_W) 满足

$$\theta_N(Ma_0) < \theta_W < \theta_D(Ma_0) \qquad\qquad (6.1.12)$$

时,理论上既可以产生正规反射,也可以产生马赫反射,该区域称为双解区。在双解区到底会发生何种现象,在 20 世纪 70 年代开始就引起过极大的争议。例如,1979 年,Hornung 等假设中间区域既可出现正规反射,也可出现马赫反射,属于所谓的双解区域。但 1975 和 1979 年,Henderson 等从实验中没有发现双解,而是发现双解区域只存在马赫反射。由此认为,中间区域的正规反射不稳定。1979 年,Hornung 等再次从实验证实 Henderson 等人的结果。1989 年,Teshukov

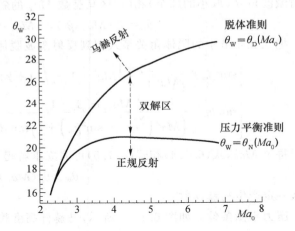

图 6.1 - 6　脱体准则与压力平衡准则

用理论证明,双解区域的正规反射是稳定的。1996 年,Li 等人用别的理论证明双解区域的正规反射稳定。直到 1995 年,Chpoun 等才第一个从实验上观测到了双解区域的正规反射,之后一直有实验研究这个问题。1995 年,Vuillon 等人第一次从数值实验上观测到了在双解区域可以存在正规反射与马赫反射。

既然在同样条件下,既可以存在正规反射,也可以存在马赫反射,那么实际上到底会出现何种情况呢?原来,实际解与解的建立过程的历史有关。具体是哪一种反射类型,取决于历史条件,即进入双解区的解一般保留上一状态解的类型,至少在条件改变比较缓慢时会如此,如马赫数或楔角的改变缓慢进行时就会如此。因此,来流条件从不同方向(双解区的上方和下方)进入双解区,解的类型就不一样,这就是所谓的滞后回线现象。

这里,我们假想在做激波反射实验。如图 6.1-7 所示,对于给定的马赫数 $Ma_0 = 5$,先以 $\theta_w = 20° < \theta_N$ 得到正规反射。以该解为初始条件,缓慢增大 θ_w 至 22.15°这时 $\theta_w > \theta_N$ (此时已进入双解区),再固定该角度,获得定常解。此时,发现解仍然为正规反射,虽然已经处在双解区。类似得到 $\theta_w = 24°$ 和 27.5°的解,仍在双解区,解仍然为正规反射,甚至一直到 $\theta_w = 27.9° = \theta_D$,还是正规反射。以 $\theta_w = 27.9°$正规反射的解为初始条件,当角度增大至 $\theta_w = 28° > \theta_D$ 时(此时进入脱体区),便得不到正规反射解了,此时得到的是马赫反射解。

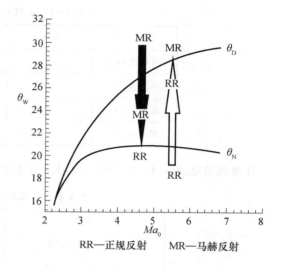

RR—正规反射　　MR—马赫反射

图 6.1-7　滞后回线现象

反过来,以 $\theta_w = 28° > \theta_D$ 的马赫反射解为初始条件,缓慢减小尖楔角至 $\theta_w = 27.5°$,则依然得到马赫反射解,与从正规反射方向进入该条件的正规反射相反。类似地,以马赫反射作为初始条件,继续减小楔角至 $\theta_w = 24°$ 和 22.15°,仍然获得马赫反射解。以 $\theta_w = 22.15°$的马赫反射解为初始条件,将楔角进一步减小到 $\theta_w = 20° < \theta_N$ 时,便得到正规反射解。

超声速进气道中,存在激波反射与相交现象。如果对应的飞行条件在双解区,那么发动机性能则与进入飞行条件的历史有关。因此,发动机设计时需要考虑到这点。

5. 正规反射各区流动参数

图 6.1-2 所示的正规反射的均匀流区(1)区和(2)区流场参数可以按顺序用斜激波理论求解。给定来流参数 Ma_0, ρ_0, p_0, T_0 以及楔角 θ_w,(1)区和(2)区的流动参数,按斜激波关系式 (6.1.1),为

$$\begin{cases} \theta_w = f_\theta(Ma_0, \beta_1) \\ Ma_1 = f_m(Ma_0, \beta_1) \\ \rho_1 = \rho_0 f_\rho(Ma_0, \beta_1) \\ p_1 = p_0 f_p(Ma_0, \beta_1) \\ T_1 = T_0 f_T(Ma_0, \beta_1) \end{cases} \tag{6.1.13a}$$

$$\begin{cases} \theta_w = f_\theta(Ma_1, \beta_2) \\ Ma_2 = f_m(Ma_1, \beta_2) \\ \rho_2 = \rho_1 f_\rho(Ma_1, \beta_2) \\ p_2 = p_1 f_p(Ma_1, \beta_2) \\ T_2 = T_1 f_T(Ma_1, \beta_2) \end{cases} \tag{6.1.13b}$$

其中,β_1, β_2 均取小的解。

令楔角 $\theta_w = 10°$,来流马赫数为 $Ma_0 = 5$,依据图 6.1-6,处在压力平衡准则下方,发生正规反射。各区参数见表 6.1-1。可见(2)区压力比来流压力放大了 7 倍多。

表 6.1-1　正规反射各区物理参数

物理参数	0 区	1 区	2 区
马赫数 Ma_j	5	3.999	3.285
压力 p_j/p_0	1	3.044	7.626
温度 T_j/T_0	1	1.429	1.899
密度 ρ_j/ρ_0	1	2.130	4.015

各激波角如表 6.1-2 所列。反射激波相对于反射面的角度为 12.237°。

表 6.1-2　正规反射各激波角度

激波	激波角/(°)
入射激波 i 激波角	19.376
反射激波 r 激波角	22.237

6. 马赫反射各区流动参数

先由式(6.1.13)求(1)区流动参数。如图 6.1-4 所示,由于滑移线 s 向下偏转 θ,所以(2)区对应的气流偏转角 $\theta_2=\theta_w-\theta$ 是未知的,不能按式(6.1.13)进行该区参数计算。另外,马赫杆实际上也是曲线(虽然曲率较小),因此只能求紧贴三叉点的(3)区参数,从(0)区到该区气流偏转角为 $\theta_3=\theta$。于是,在三叉点紧邻,反射激波与马赫杆对应的斜激波关系式为

$$\begin{cases} \theta_w-\theta=f_\beta(Ma_1,\beta_2) \\ Ma_2=f_m(Ma_1,\beta_2) \\ \rho_2=\rho_1 f_\rho(Ma_1,\beta_2) \\ p_2=p_1 f_p(Ma_1,\beta_2) \\ T_2=T_1 f_T(Ma_1,\beta_2) \end{cases} \quad (6.1.14a)$$

$$\begin{cases} \theta=f_\beta(Ma_0,\beta_3) \\ Ma_3=f_m(Ma_0,\beta_3) \\ \rho_3=\rho_0 f_\rho(Ma_0,\beta_3) \\ p_3=p_0 f_p(Ma_0,\beta_3) \\ T_3=T_0 f_T(Ma_0,\beta_3) \end{cases} \quad (6.1.14b)$$

另外,滑移线两侧压力平衡,故补充压力条件

$$p_2=p_3 \quad (6.1.15)$$

有了(1)区流动参数 Ma_1,p_1,ρ_1,T_1,式(6.1.14)和式(6.1.15)定义了 11 个独立关系式,用于求 $\beta_2,Ma_2,p_2,\rho_2,T_2,\beta_3,Ma_3,p_3,\rho_3,T_3$ 以及 θ 这 11 个未知数。其中,θ 需要迭代求解。由 2 个激波角关系式、2 个压力关系式和式(6.1.15)即可构造该迭代求解所需要的方程。注意,β_3 取大的激波角(强激波解)。而 β_2 取小的那个解(弱激波解)。

例如,令楔角 $\theta_w=30°$,来流马赫数为 $Ma_0=5$,按图 6.1-6 满足脱体条件,只会发生马赫反射。各区参数见表 6.1-3。显然,得到了三叉点附近滑移线两侧压力相等的结果。

表 6.1-3　马赫反射各区物理参数

物理参数	0 区	1 区	2 区	3 区
马赫数 Ma_j	5	2.136	1.586	0.441
压力 p_j/p_0	1	13.067	28.85	28.85
温度 T_j/T_0	1	3.138	3.991	5.776
密度 ρ_j/ρ_0	1	4.164	7.229	5.776

各激波激波角和滑移线下偏角见表 6.1-4。

表 6.1-4　马赫反射各激波角度

激波	激波角/(°)
入射激波 i 激波角	42.344
反射激波 r 激波角	41.918
马赫杆激波角	85.950
滑移线 s 下偏角	15.429

7. 马赫反射精细结构与无黏激波反射理论的价值

如图 6.1-4 所示,马赫杆并不一定是直线。理论研究表明,马赫杆可以近似看成一段圆弧,圆心为 $\left(H_{\mathrm{m}}\sqrt{\left(\dfrac{\alpha}{\theta_3}\right)^2-1},0\right)$,半径为 $\alpha_{\mathrm{h}}H_{\mathrm{m}}/\theta_3$。其中,$H_{\mathrm{m}}$ 为马赫杆高度,θ_3 为三叉点处滑移线向下的偏角,α_{h} 为

$$\alpha_{\mathrm{h}}=\frac{2(Ma_0^2-1)}{2+(\gamma-1)Ma_0^2} \tag{6.1.16}$$

马赫杆的高度与来流条件以及楔长有关:① 固定楔角,随着来流马赫数增加,马赫杆高度下降;② 固定来流马赫数,随着尖楔角增加,马赫杆高度上升。

以上介绍了激波在无黏壁面上的反射。实际壁面均有附面层,因此激波必然与附面层发生干扰。这种情况将在 6.3 节介绍。虽然如此,远离附面层的激波结构还可由近似由无黏激波反射理论给出。并且,在 6.3 节介绍热流放大的压力比拟法中,需要用无黏激波反射给出的压增。除此之外,下面介绍的异侧激波相交,从交点会发出一道滑移线。该滑移线可以看成对称面或者无黏反射面。在对称情况下,以上介绍的激波反射理论完全可以照用。

6.1.3　激波相交

从异侧发出的两道激波或从同侧发出的两道相邻激波,必然会相交。相关问题与分析方法与激波反射类似,因此只做简要介绍。另外,这些相交理论也将在 6.1.4 节介绍的激波干扰理论中用到。

1. 异侧激波正规相交与马赫相交现象,临界条件

如图 6.1-8 所示,两道异侧发出的斜激波相交,与激波反射相似,也会出现规则相交(正规相交)和不规则相交(马赫相交)的情况。这在完全对称情况下不难理解,因为对称面可以看成无黏反射面。对于不对称情况,上尖楔楔角记为 θ_{W1}(下壁面偏离来流的角度),下尖楔楔角

记为 θ_{w2}（上壁面偏离来流的角度）。

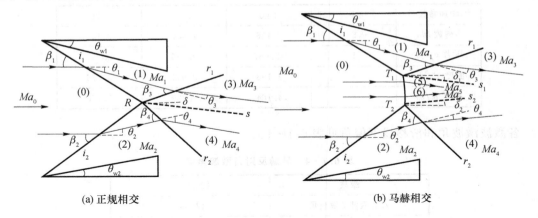

(a) 正规相交   (b) 马赫相交

图 6.1-8　异侧激波正规相交与马赫相交

正规相交。两道入射激波 i_1 与 i_2 发生正规相交时，i_1 与 i_2 相交于 R 点，产生两道反射激波 r_1, r_2 与一道滑移线 s，滑移线上下压力相等且流体方向相同，但流体速度可能不相同。流场被入射激波和反射激波分为 5 个均匀流区域，即来流 (0) 区、入射激波 i_1 波后 (1) 区、入射激波 i_2 波后 (2) 区、反射激波 r_1 波后 (3) 区、反射激波 r_2 波后 (4) 区。只考虑了入射激波 i_1 与 i_2 和反射激波 r_1 与 r_2 均为弱斜激波情况，故各区流场均为超声速。

马赫相交。两道入射激波 i_1 与 i_2 发生马赫相交时，i_1 与 i_2 不直接相交，而是通过马赫杆 m 相连，同时产生两道反射激波 r_1, r_2 与两道滑移线 s_1, s_2。入射激波 i_k、反射激波 r_k、滑移线 s_k 交于一点 T_k，形成三激波结构（$k=1,2$）。流场被各波系分为 7 个区域，即来流 (0) 区、入射激波 i_1 波后 (1) 区、入射激波 i_2 波后 (2) 区、反射激波 r_1 波后 (3) 区、反射激波 r_2 波后滑移线 s_2 下方 (4) 区、滑移线 s_1 下方靠近三激波点 T_1 的 (5) 区、滑移线 s_2 下方靠近三激波点 T_2 的 (6) 区。马赫杆为强激波，超声速气流穿过马赫杆 m 变为亚声速，两道滑移线形成先收缩后扩张的拉瓦尔喷管，喉部流体达到声速，然后加速到超声速。

临界条件。类似于激波反射，也可以得到脱体准则和压力平衡准则。但现在有来流马赫数 Ma_0 以及 2 个楔角。针对每个来流马赫数 Ma_0，可得到如图 6.1-9 所示的以上尖楔楔角 θ_{w1} 为横坐标、以下尖楔楔角 θ_{w2} 为纵坐标的脱体与压力平衡临界曲线

$$\theta_{w2}=\theta_2^D(Ma_0,\theta_{w1}),\quad \theta_{w2}=\theta_2^N(Ma_0,\theta_{w1})$$

$$(6.1.17)$$

对于给定 Ma_0，若楔角 $\theta_{w2}<\theta_2^N$，只能发生正规相交；若楔角 $\theta_{w2}>\theta_2^D$，只能发生马赫相交。在这 2 条曲线之间的区域为双解区，两种相交均可发生。与激波反射类似，具体如何与建立条件的历史有关。下面给出确定临界曲线 $\theta_2^N(Ma_0,\theta_{w1})$ 与 θ_2^D (Ma_0,θ_{w1}) 的理论方法。

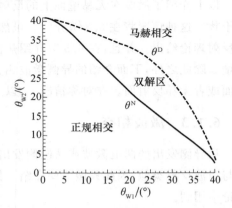

图 6.1-9　异侧激波相交临界曲线（来流马赫数 $Ma_0=4.96$，θ^D: 脱体条件，θ^N: 压力平衡条件）

压力平衡临界曲线。对于给定的来流马赫数 Ma_0 与上尖楔楔角 θ_{w1},压力平衡准则 $\theta_2 = \theta_2^N(M_0,\theta_1)$ 对应 $p_3=p_4=p_n$,这里 p_n 为来流直接经过一道正激波的压力。假设滑移线向下偏转角度为 δ,于是反射激波 r_1,r_2 分别对应偏转角 $\theta_3=\theta_{w1}-\delta$,$\theta_4=\theta_{w2}+\delta$。以此建立确定压力 p_3 和 p_4 的关系式,从 $p_3=p_4=p_n$ 即可得到确定 δ 和 $\theta_{w2}=\theta_2^N$ 的关系。

脱体条件。给定来流马赫数 Ma_0 与上尖楔楔角 θ_{w1},假设滑移线向下偏转角度 δ,则穿越反射激波 r_1 和 r_2 对应的气流偏转角分别为 $\theta_3=\theta_{w1}-\delta$ 和 $\theta_4=\theta_{w2}+\delta$。如果 θ_{w2} 使得 θ_3 或 θ_4 正好对应脱体角,那么 $\theta_{w2}=\theta_2^D$。

2. 异侧正规相交各区流动参数计算

确定(1)区和(2)区参数的斜激波关系式为

$$\begin{cases} \theta_{w1}=f_\theta(Ma_0,\beta_1) \\ Ma_1=f_m(Ma_0,\beta_1) \\ \rho_1=\rho_0 f_\rho(Ma_0,\beta_1) \\ p_1=p_0 f_p(Ma_0,\beta_1) \\ T_1=T_0 f_T(Ma_0,\beta_1) \end{cases} \tag{6.1.18a}$$

$$\begin{cases} \theta_{w2}=f_\theta(Ma_0,\beta_2) \\ Ma_2=f_m(Ma_0,\beta_2) \\ \rho_2=\rho_0 f_\rho(Ma_0,\beta_2) \\ p_2=p_0 f_p(Ma_0,\beta_2) \\ T_2=T_0 f_T(Ma_0,\beta_2) \end{cases} \tag{6.1.18b}$$

假设滑移线 s 向下偏转角度 δ,则确定(3)区和(4)流场参数的斜激波关系式为

$$\begin{cases} \theta_3=f_\theta(Ma_1,\beta_3) \\ Ma_3=f_m(Ma_1,\beta_3) \\ \rho_3=\rho_1 f_\rho(Ma_1,\beta_3) \\ p_3=p_1 f_p(Ma_1,\beta_3) \\ T_3=T_1 f_T(Ma_1,\beta_3) \end{cases} \tag{6.1.19a}$$

$$\begin{cases} \theta_4=f_\theta(Ma_2,\beta_4) \\ Ma_4=f_m(Ma_2,\beta_4) \\ \rho_4=\rho_2 f_\rho(Ma_2,\beta_4) \\ p_4=p_2 f_p(Ma_2,\beta_4) \\ T_4=T_2 f_T(Ma_2,\beta_4) \end{cases} \tag{6.1.19b}$$

式中,$\theta_3=\theta_{w1}-\delta$,$\theta_4=\theta_{w2}+\delta$。确定下偏角 δ 对应的补充关系式为滑移线两侧压力相等,即

$$p_3=p_4 \tag{6.1.20}$$

例如,令上楔角 $\theta_{w1}=20°$,下楔角 $\theta_{w2}=10°$,来流马赫数为 $Ma_0=5$,各区参数见表 6.1-5,激波角与滑移线下偏角见表 6.1-6。

表 6.1 - 5　正规相交流场各区域参数

物理参数	0 区	1 区	2 区	3 区	4 区
马赫数 Ma_j	5	3.022	3.999	2.490	2.617
压力 p_j/p_0	1	7.037	3.044	15.182	15.182
温度 T_j/T_0	1	2.123	1.429	2.679	2.532
密度 ρ_j/ρ_0	1	3.315	2.130	5.667	5.995

表格 6.1 - 6　正规相交流场各激波角

激波	激波角/(°)
入射激波 i_1 激波角	29.8
入射激波 i_2 激波角	19.38
反射激波 r_1 激波角	27.84
反射激波 r_2 激波角	31.71
滑移线 s 下偏角	9.33

3. 异侧马赫相交各区流动参数计算

确定(1)区和(2)区参数的斜激波关系式依然为式(6.1.18)。假设上滑移线 s_1 下偏角为 δ_1，类似于马赫反射三叉点下游参数计算，确定(3)区和(5)区紧邻三叉点 T_1 的参数的激波关系式为

$$\begin{cases} \theta_3 = f_\theta(Ma_1, \beta_3) \\ Ma_3 = f_m(Ma_1, \beta_3) \\ \rho_3 = \rho_1 f_\rho(Ma_1, \beta_3) \\ p_3 = p_1 f_p(Ma_1, \beta_3) \\ T_3 = T_1 f_T(Ma_1, \beta_3) \end{cases} \tag{6.1.21a}$$

$$\begin{cases} \delta_1 = f_\theta(Ma_0, \beta_5) \\ Ma_5 = f_m(Ma_0, \beta_5) \\ \rho_5 = \rho_0 f_\rho(Ma_0, \beta_5) \\ p_5 = p_0 f_p(Ma_0, \beta_5) \\ T_5 = T_0 f_T(Ma_0, \beta_5) \end{cases} \tag{6.1.21b}$$

式中，$\theta_3 = \theta_{w1} - \delta_1$，其中为了确定 δ_1，需要补充滑移线两侧的压力平衡关系

$$p_3 = p_5 \tag{6.1.22}$$

同理，令下滑移线向上偏转角度 δ_2，令 $p_4 = p_6$，并构造三叉点 T_2 激波关系式，可得到(4)区与(6)区的参数。方法与前面介绍的确定马赫反射三叉点附近流动参数一致。

例如，令上楔角 $\theta_{w1} = 35°$，下楔角 $\theta_{w2} = 30°$，来流马赫数为 $Ma_0 = 5$，各区参数、激波角与滑移线下偏角分别见表 6.1 - 7 和表 6.1 - 8。

表 6.1-7　马赫相交流场各区域参数

物理参数	0 区	1 区	2 区	3 区	4 区	5 区	6 区
马赫数 Ma_j	5	1.716	2.136	1.345	1.586	0.487	0.441
压力 p_j/p_0	1	16.876	13.067	28.568	28.855	28.57	28.855
温度 T_j/T_0	1	3.775	3.138	4.407	3.99	5.728	5.776
密度 ρ_j/ρ_0	1	4.47	4.164	6.483	7.229	4.987	4.996

表 6.1-8　马赫相交流场各激波角

激波	激波角/(°)
入射激波 i_1 激波角	49.855
入射激波 i_2 激波角	42.344
反射激波 r_1 激波角	47.351
反射激波 r_2 激波角	41.918
上滑移线 s_1 偏角	24.47
下滑移线 s_2 偏角	15.43
三叉点 T_1 附近马赫杆激波角	83.01
三叉点 T_2 附近马赫杆激波角	85.95

这里只考虑了异侧弱激波相交的情况。如果是一道弱激波与一道异侧强激波相交,则合并成一段激波,这里不做讨论,但在 6.1.4 节中的第Ⅲ类激波干扰会出现这种情况。

4. 同侧激波相交简介

同侧激波相交的详细计算方法将在 6.1.4 节的激波干扰理论中出现,因此这里只给出机理分析。图 6.1-10 是同侧激波正规相交示意图。来自于一个平面的 2 个不同折点 A 和 B 的斜激波 AC 和 BC 在 C 点相交。出现透射(或合并)激波 CD。由于 CD 是一道激波,因此其激波角必然比 AC 的激波角大,以便尽可能满足 $p_5=p_3$。但如果严格满足 $p_5=p_3$,那么(3)区和(5)区很难同时满足气流平行这一条件。最终出现 $p_3 \neq p_5$,而产生一道膨胀波或压缩激波 CE 来适应二者的差别,历经 CE,得到(4)区,让(4)区的压力与(5)区的压力相等,同时保证(4)区与(5)区气流方向平行,由一道滑移线隔开。滑移线两侧的熵、密度和速度大小可能不一样。读者不难自己构造相关关系式来确定各区流动参数。首先,(2)区和(3)区流动参数可按顺序从斜激波关系式以及给定的物面内折角求得。假定滑移线向上偏转 δ,那么(5)区流动参数可按气流偏转角为 $\theta_5=\delta$ 由斜激波关系式(弱激波)求出。得到的压力 p_5 等于(4)区的压力 p_4。如果 $p_4>p_3$,那么 CE 为激波,按 $p_4/p_3=f_p(Ma_3,\beta_{CE})$ 确定 CE 的激波角等。如果 $p_4<p_3$,那么 CE 为普朗特-迈耶流动,按给定 p_4/p_3 以及等熵关系式来确定其他参数。如此最终均可以得到(4)区气流方向。如果这样得到的方向与(5)区一致,那么假定的 CE 类型就正确,否则就换成另外一种类型求解。

图 6.1-11 是同侧激波马赫相交示意图。来自于一个平面的两个不同折点 A 和 C 的较强斜激波 AB 和 CD 不能直接相交,而是通过一道强激波 BD(马赫杆)相连,同时出现透射激

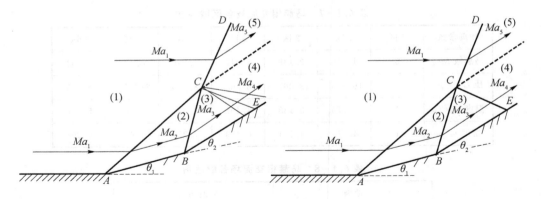

图 6.1 - 10　同侧激波正规相交

波 BE 和 DF,以及滑移线 DH 和由滑移线 BG 和 BH 围成的超声速射流,在射流中交替出现激波和膨胀波,以满足与射流外边界的压力平衡。其中,(5)区为超声速,(4)区和(6)区为亚声速,(7)区为超声速。B 点不能同时和两段强激波(BD,BE)直接相连,否则压力无法平衡。马赫杆 BD 为强激波,因此近邻 B 的反射激波段 Bb 必然为弱斜激波。将 B 点附近流场放大看,Bb 后的超声速气流遇到 bE 后的高压亚声速气流,出现反射激波 bc. 反射激波在滑移线 BH 上反射为膨胀波,后者在滑移线 bG 上反射。Bb 后的气流即超声速射流。

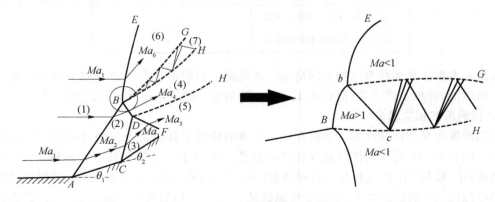

图 6.1 - 11 同侧激波马赫相交

5. 其他波系反射与相交现象

　　前面介绍的激波也适应马赫波的情况。将马赫波看成气流偏转角 $\theta \to \pm 0$(正号对应压缩马赫波,负号对应膨胀马赫波)的激波。如果一道普朗特-迈耶膨胀波与激波相交,那么可以把膨胀波看成若干马赫波来分段考虑,也可以当作一个整体处理。作为示例,考虑如图 6.1 - 12 所示的激波与普朗特-迈耶膨胀波异侧干扰的情况。

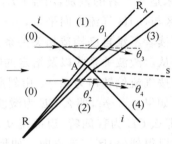

图 6.1 - 12　激波膨胀波异侧干扰示意图

　　入射激波 i 与入射膨胀波 R 相交,膨胀波后(2)区的参数以及激波后(1)区的参数可以分别按普朗特-迈耶关系以及斜激波关系求得。透射膨胀波下游区域(3)和透射激波下游区域(4)的参数需要假定滑移线(s)的下偏角 δ。假设入射激波对应气流偏转角 θ_1，普朗特–迈耶流动对应 θ_2，均向下偏为正。确定(1)区参数的斜激波关系式为

$$
\begin{cases}
\theta_1 = f_\theta(Ma_0, \beta_1) \\
Ma_1^2 = f_m(Ma_0, \beta_1) \\
\rho_1 = \rho_0 f_\rho(Ma_0, \beta_1) \\
p_1 = p_0 f_p(Ma_0, \beta_1) \\
T_1 = T_0 f_T(Ma_0, \beta_1)
\end{cases}
\tag{6.1.23}
$$

确定(2)区的普朗特–迈耶流关系式与等熵关系式为

$$
\theta_2 = \nu(Ma_2) - v(Ma_0), \quad \frac{p_2}{p_0} = \left(\frac{\vartheta(Ma_0)}{\vartheta(Ma_2)}\right)^{\frac{\gamma}{\gamma-1}}, \quad \frac{\rho_2}{\rho_0} = \left(\frac{\vartheta(Ma_0)}{\vartheta(Ma_2)}\right)^{\frac{1}{\gamma-1}}, \quad \frac{T_2}{T_0} = \frac{\vartheta(Ma_0)}{\vartheta(Ma_2)}
$$

$$
\tag{6.1.24}
$$

式中

$$
\nu(Ma) = \sqrt{\frac{\gamma+1}{\gamma-1}} \arctan\sqrt{\frac{\gamma-1}{\gamma+1}(Ma^2-1)} - \arctan\sqrt{Ma^2-1}, \quad \vartheta(Ma) = 1 + \frac{1}{2}(\gamma-1)Ma^2
$$

设滑移线向下偏转 δ，那么透射激波对应的气流偏转角为 $\theta_4 = \delta - \theta_2$，从而(4)区参数满足的斜激波关系式为

$$
\begin{cases}
\theta_4 = f_\theta(Ma_2, \beta_4) \\
Ma_4 = f_m(Ma_2, \beta_4) \\
\rho_4 = \rho_0 f_\rho(Ma_2, \beta_4) \\
p_4 = p_0 f_p(Ma_2, \beta_4) \\
T_4 = T_0 f_T(Ma_2, \beta_4)
\end{cases}
\tag{6.1.25}
$$

而(3)区参数可按(1)区外折了 $\theta_3 = \delta - \theta_1$ 的普朗特–迈耶关系以及等熵关系

$$
\theta_3 = \nu(Ma_3) - v(Ma_1), \quad \frac{p_3}{p_1} = \left(\frac{\vartheta(Ma_1)}{\vartheta(Ma_3)}\right)^{\frac{\gamma}{\gamma-1}}, \quad \frac{\rho_3}{\rho_1} = \left(\frac{\vartheta(Ma_1)}{\vartheta(Ma_3)}\right)^{\frac{1}{\gamma-1}}, \quad \frac{T_3}{T_1} = \frac{\vartheta(Ma_1)}{\vartheta(Ma_3)}
$$

$$
\tag{6.1.26}
$$

近似求解。注意，由于激波与膨胀波相交的那段会拖出滑移线，因此(3)区与(1)区之间并不处处满足等熵假设，这里只是给出一种近似方法。令

$$
p_3 = p_4 \tag{6.1.27}
$$

得到确定滑移线下偏角的补充关系。

6.1.4　六类激波干扰

前面介绍的激波相交实际上也是一种激波干扰。通常，激波干扰是指一个入射直线激波与脱体激波相交的情况。与脱体激波直线段相交，会得到前面介绍的同侧或异侧激波相交情况；与曲线段相交，则将得到异常复杂的情况。

1. 六类激波干扰简介与判断

如图 6.1-13 所示，入射直线激波从各个角度与钝头体脱体激波相交，一般有 6 种干扰类型，分别称为第Ⅰ类、第Ⅱ类、第Ⅲ类、第Ⅳ类、第Ⅴ类和第Ⅵ类干扰。第Ⅰ类和第Ⅱ类干扰是与脱体激波的直线段相交，属于前面介绍的异侧激波正规相交与马赫相交。第Ⅴ类和第Ⅵ类

干扰是与脱体激波的上部直线段相交,属于前面介绍的同侧激波正规相交与马赫相交。

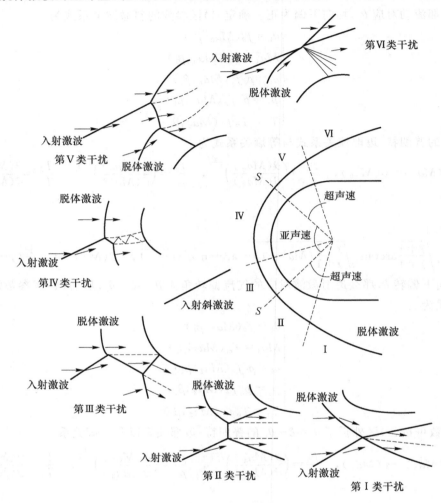

图 6.1-13 六类激波干扰现象

3.2.7 节介绍了脱体激波的形状估算公式。图 6.1-14 为无干扰时确定脱体激波形状的相关几何标注。给定脱体激波下游直线段的激波角 β,前缘曲率半径 R,脱体激波坐标 (x,y) 就满足以下拟合形状公式

$$x=-R-\Delta+R_c\cot^2\beta\Big[\Big(1+\frac{y^2\tan^2\beta}{R_c^2}\Big)^{\frac{1}{2}}-1\Big]$$

$$(6.1.28)$$

其中,Δ 和 R_c 分别为脱体激波距离和曲率半径。对于平面二维问题,如果来流马赫数为 Ma_1,那么拟合公式为

$$\frac{R_c}{R}=1.386\exp\Big(\frac{1.8}{(Ma_1-1)^{0.75}}\Big),\qquad \frac{\Delta}{R}=0.386\exp\Big(\frac{4.67}{Ma_1^2}\Big)$$

给定产生入射激波的气流偏转角 θ_w 或入射激波角,给定入射激波与物体前缘曲率中心的垂直距离 d,就可以与式(6.1.28)结合,定出入射激波与无干扰时脱体激波的交点

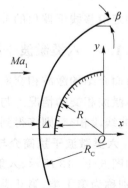

图 6.1-14　脱体激波形状示意图

A。进一步,由式(6.1.28)定出该点的斜率,作为当地脱体激波的激波角 β_d,根据来流马赫数 Ma_1 以及激波角 β_d 计算无干扰时脱体激波 A 点的波后马赫数 Ma_A,即

$$Ma_A = \sqrt{\frac{2+(\gamma-1)Ma_1^2\sin^2\beta_d}{2\gamma Ma_1^2\sin^2\beta_d-(\gamma-1)}}\qquad(6.1.29)$$

如果 $Ma_A > 1$,则 A 点在脱体激波的弱激波段。进一步,若入射激波与脱体激波异侧相交,则干扰类型属于第 I/II 类(先假设发生第 I 类干扰,求解激波同侧正规相交,若有解则为第 I 类激波干扰,否则发生第 II 类激波干扰);若入射激波与脱体激波同侧相交,则干扰类型属于第 V/VI 类(假定发生第 VI 类干扰,计算激波异侧正规相交,若有解则第 VI 类激波干扰的假设成立,反之,发生第 V 类激波干扰)。如果 $Ma_A < 1$,则 A 点在脱体激波的强激波段,干扰类型属于第 III/IV 类(先假定属于其中一种,如果有解,那么就是该种类型,否则就是另外一种类型)。

2. 第 I 类干扰

第 I 类激波干扰中,入射斜激波与脱体激波最下方的超声速段(弱解)发生正规相交,如图 6.1 - 15 所示。

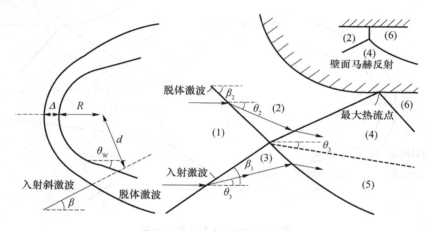

图 6.1 - 15　第 I 类激波干扰

各区参数计算方法与异侧激波正规相交一样。

① 已知入射激波角度 β_1 和脱体激波当地角度 β_2,将(1)区参数代入斜激波关系计算(2)、(3)区参数;

② 根据斜激波关系式、滑移线两侧的压力平衡条件和转角相等条件

$$\begin{cases}\theta_4-\theta_2=f_\theta(Ma_2,\beta_4), & \dfrac{p_4}{p_2}=f_p(Ma_2,\beta_4)\\[2mm]\theta_5-\theta_3=f_\theta(Ma_3,\beta_5), & \dfrac{p_5}{p_3}=f_p(Ma_3,\beta_5)\\[2mm]\theta_s=\theta_4=\theta_5, & p_4=p_5\end{cases}\qquad(6.1.30)$$

迭代计算滑移线角度 θ_s,即可得到(4),(5)区参数。

③ 若物面和透射激波存在交点,则可计算得到反射点 C 的位置。设为 C 点当地物面的倾角为 δ_0,若满足正规反射的发生条件

$$\theta_4-\delta_0<\theta_{\max,4}\qquad(6.1.31)$$

则发生正规反射,由(4)区参数可计算得到(6)区参数;否则发生马赫反射,由(2)区和(4)区参数可以计算得到三叉点后的参数。

例如，一个发生第Ⅰ类干扰的典型工况如下：来流马赫数 $Ma_1=10$，$R=1.0$ m，$\theta_w=20°$，$d=-2$ m，$\beta=20°$，算得的各个流区的参数见表6.1-9。

表6.1-9　第Ⅰ类激波反射各区域参数

	(2)区	(3)区	(4)区	(5)区	(6)区
压力比 p_i/p_1	53.8	13.5	169.2	169.2	286.9
温度比 T_i/T_1	9.9	3.2	14.4	9.8	11.45
密度比 ρ_i/ρ_1	5.47	4.25	11.88	17.46	25.06
马赫数 Ma_i	2.36	5.26	1.52	2.39	2.04
气流转角 $\theta_i/(°)$	−33.1	15.0	−12.7	−12.7	−20

3. 第Ⅱ类干扰

第Ⅱ类激波干扰中，入射斜激波与脱体激波的超声速段（弱解）发生马赫相交，如图6.1-16所示。

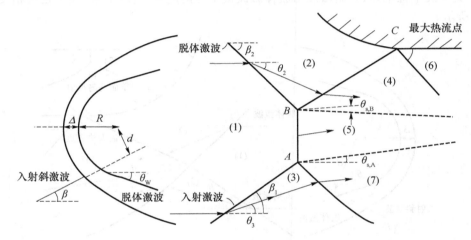

图6.1-16　第Ⅱ类激波干扰

各区参数计算方法与异侧激波马赫相交一样。

① 已知入射激波角度 β_1 和脱体激波当地角度 β_2，将(1)区参数代入斜激波关系计算(2)、(3)区参数；

② 根据斜激波关系式和滑移线两侧气流转角相同、压力平衡的条件

$$\begin{cases} \theta_4-\theta_2=f_\theta(Ma_2,\beta_4),\quad \dfrac{p_4}{p_2}=f_p(Ma_2,\beta_4)\\[2mm] \theta_7-\theta_3=f_\theta(Ma_3,\beta_7),\quad \dfrac{p_7}{p_3}=f_p(Ma_3,\beta_7)\\[2mm] \theta_{5,A}=f_\theta(Ma_1,\beta_{5,A}),\quad \dfrac{p_{5,A}}{p_1}=f_p(Ma_1,\beta_{5,A})\\[2mm] \theta_{5,B}=f_\theta(Ma_1,\beta_{5,B}),\quad \dfrac{p_{5,B}}{p_1}=f_p(Ma_1,\beta_{5,B})\\[2mm] \theta_{s,A}=\theta_7=\theta_{5,A},\quad \theta_{s,B}=\theta_4=\theta_{5,B}\\[2mm] p_7=p_{5,A},\quad p_4=p_{5,B} \end{cases} \quad (6.1.32)$$

求解滑移线角度 $\theta_{s,A}$ 和 $\theta_{s,B}$，由此可得(4)区和(7)区参数。

③ 若物面和透射激波存在交点,则可计算得到反射点 C 的位置。究竟为正规或马赫反射,判断方法与第Ⅰ类干扰相同。

例如,一个发生第Ⅱ类干扰的典型工况如下:来流马赫数 $Ma_1=10$,$R=1.0$ m,$\theta_w=10°$,$d=-1.6$ m,$\beta=20°$。上述方法算得的各个流区的参数见表 6.1-10。

表 6.1-10　第Ⅱ类激波反射各区域参数

	(2)区	(3)区	(4)区	(5)区	(6)区	(7)区
压力比 p_i/p_1	60.7	13.5	248.3	116.45	276.2	49.0
温度比 T_i/T_1	11.1	3.2	17.9	20.4	18.4	4.9
密度比 ρ_i/ρ_1	5.52	4.23	13.97	5.76	14.97	10.03
马赫数 Ma_i	2.11	5.27	1.12	0.39	1.03	4.04
气流转角 $\theta_i/(°)$	−35.45	15.05	−5.31	−5.31~3.76	−10	3.76

4. 第Ⅲ类干扰

在第Ⅲ类干扰中,入射激波和弓型激波在声速点上部形成异侧激波相交,属于异侧弱激波(入射激波)和强激波相交的情形。这种情况没有介绍过,因而详细讨论。如图 6.1-17 所示,从交点 A 发出透射激波(AB),另外产生滑移线 AC。滑移线 AC 与物面交于 C 点。如果把滑移线 AC 当成无黏壁面,那么平行于 AC 的(4)区气流,在 C 点撞击物面,相当于在 C 点遇到内折(内折角度为 δ),产生斜激波 CB。激波 CB 与脱体激波交于 B 点。

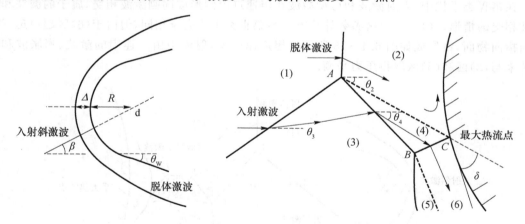

图 6.1-17 第Ⅲ类激波干扰(a)

各区参数计算方法如下:

① 将(1)区参数代入斜激波关系计算(3)区参数;

② 假设滑移线 AC 向下偏转角度 θ_s,利用滑移线两侧的压力平衡和转角相等条件,迭代求解得到(2)区和(4)区参数,即

$$
\begin{cases}
\theta_4-\theta_3=f_\theta(Ma_3,\beta_4), & \dfrac{p_4}{p_3}=f_p(Ma_3,\beta_4) \\[2mm]
\theta_2=f_\theta(Ma_1,\beta_2), & \dfrac{p_2}{p_1}=f_p(Ma_1,\beta_2) \\[2mm]
\theta_s=\theta_2=\theta_4, & p_2=p_4
\end{cases}
\tag{6.1.33}
$$

几何求解滑移线与壁面的交点 C,其中滑移线视为一条直线。

③ 设 C 点当地物面的倾角为 δ_0。根据压力平衡条件 $p_5 = p_6$,可由(6)区参数求解(5)区参数。设解得的气流转角为 δ_{s2},若 $|\delta_{s2}| > |\delta_0|$,则气流方向远离物面,发生第Ⅲ类干扰的假设成立。(4)区和(6)区之间的斜激波 BC 对应的气流转角 $\delta = \delta_0 - \theta_4$。将(4)区参数和 δ 代入斜激波关系式即可得到(6)区参数。

例如,一个发生第Ⅲ类干扰的典型工况如下:来流马赫数 $Ma_1 = 10$,$R = 1.0$ m,$\theta_w = 10°$,$d = -0.1$,$\beta = 25°$。上述方法算得的各个流区的参数见表 6.1 – 11。

表 6.1 – 11　第Ⅲ类激波反射各区域参数

	(2)区	(3)区	(4)区	(5)区	(6)区
压力比 p_i/p_1	116.5	20.7	114.2	416.1	416.1
温度比 T_i/T_1	20.4	4.4	8.2	19.4	12.6
密度比 ρ_i/ρ_1	5.71	4.69	13.89	21.45	33.02
马赫数 Ma_i	0.39	4.34	2.79	0.63	1.82
气流转角 $\theta_i/(°)$	0.01	19.3	0.01	$-15.6(\delta_0)$	$-15.6(\delta_0)$

5. 第Ⅳ类干扰

在第Ⅳ类干扰中,入射激波和弓型激波在声速点内侧形成同侧激波相交,属于弱激波和强激波相交的情形。(1)~(6)区参数计算方法与第Ⅲ类干扰完全相同,但由于(6)区超声速气流方向指向物面,将形成如图 6.1 – 18 所示的超声速射流,射流中由一连串的激波、膨胀波和压缩波来与(2)区和(5)区取得压力平衡。

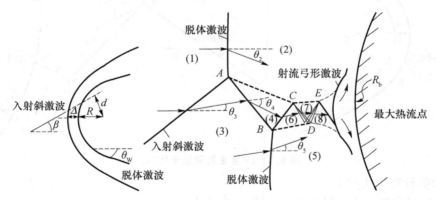

图 6.1 – 18 第Ⅳ类激波干扰

例如,已知 $p_7 = p_2$,(7)区参数可由普朗特-迈耶膨胀波关系求得

$$\frac{p_7}{p_6} = h(Ma_7, Ma_6), \quad \theta_7 = \lambda_{PM}(Ma_7) - \lambda_{PM}(Ma_6) \tag{6.1.34}$$

式中,$\lambda_{PM}(Ma)$ 为普朗特-迈耶函数。令膨胀波系与 B 点发出的滑移线相交,可以解得 D 点坐标。再次利用压力平衡条件,可得到从 D 点反射的压缩波参数。依此类推,可以得到(8)区及射流下游其他区域的参数。

例如,一个发生第Ⅳ类干扰的典型工况如下:来流马赫数 $Ma_1=10$, $R=1.0m$, $\theta_\mathrm{w}=10°$, $d=0.1\,\mathrm{m}$, $\beta=20°$。上述方法算得的各个流区的参数见表 6.1-12。

表 6.1-12　第Ⅳ类激波反射各区域参数

	(2)区	(3)区	(4)区	(5)区	(6)区
压力比 p_i/p_1	116.4	13.4	116.4	434.0	434.0
温度比 T_i/T_1	20.4	3.2	7.7	20.3	11.9
密度比 ρ_i/ρ_1	5.71	4.20	15.17	21.36	36.46
马赫数 Ma_i	0.39	5.26	2.95	0.41	1.95
气流转角 $\theta_i/(°)$	−6.77	15.05	−6.77	13.34	13.34

6. 第 Ⅴ 类干扰

在第Ⅴ类干扰中,入射激波和弓型激波在超声速段形成同侧激波马赫相交。

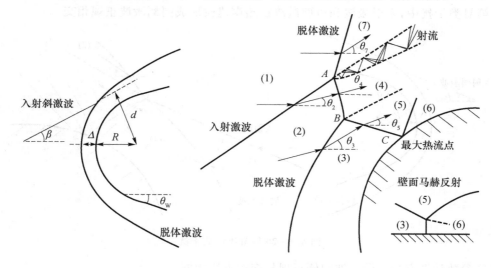

图 6.1-19 第Ⅴ类激波干扰

各区参数计算方法与弱激波同侧马赫相交的方法相同。

① 将(1)区参数代入斜激波关系计算(2)区参数。

② 根据脱体激波在交点的当地激波角,将(2)区参数代入斜激波关系计算(3)区参数。

③ 已知(2)(3)区参数求解三波点 B。假设一个滑移线角度 θ_s,利用斜激波关系式和滑移线两侧的压力平衡条件、转角相等条件可得

$$
\begin{cases}
\theta_5-\theta_3=f_\theta(Ma_3,\beta_5), \quad \dfrac{p_5}{p_3}=f_p(Ma_3,\beta_5) \\[2mm]
\theta_4-\theta_2=f_\theta(Ma_2,\beta_4), \quad \dfrac{p_4}{p_2}=f_p(Ma_2,\beta_4) \\[2mm]
\theta_S=\theta_4=\theta_5, \quad p_4=p_5
\end{cases}
\tag{6.1.35}
$$

迭代求解得到(4)区和(5)区参数。

④ 由 B 点发出的激波与物面相交,可计算得到反射点 C 的位置。究竟为正规或马赫反射,判断方法与第Ⅰ类干扰相同。

例如,一个发生第Ⅴ类干扰的典型工况如下:来流马赫数 $Ma_1=10$, $R=1.0\,\mathrm{m}$, $\theta_\mathrm{w}=10°$,

$d=1.5$ m，$\beta=20°$。上述方法算得的各个流区的参数见表 6.1-13。

表 6.1-13　第Ⅴ类激波反射各区域参数

	(2)区	(3)区	(4)区	(5)区	(6)区
压力比 p_i/p_1	13.4	125.1	430.2	422.2	942.0
温度比 T_i/T_1	3.2	8.0	20.2	11.9	15.2
密度比 ρ_i/ρ_1	4.20	15.60	21.3	35.47	48.8
马赫数 Ma_i	5.26	2.83	0.41	1.93	1.35
气流转角 $\theta_i/(°)$	15.05	38.08	11.03	11.03	38.2(δ_0)

7. 第Ⅵ类干扰

在第Ⅵ类干扰中，入射激波和弓型激波在超声速段形成同侧激波正规相交。

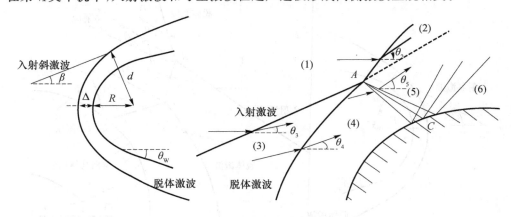

图 6.1-20 第Ⅵ类激波干扰

各区参数计算方法与弱激波同侧正规相交的方法相同。

① 将(1)区参数代入斜激波关系计算(3)区参数。

② 根据脱体激波在交点 A 的当地激波角，将(3)区参数代入斜激波关系计算(4)区参数。

③ 已知(3)(4)区参数求解(2)(5)区参数。假设滑移线角度为 θ_s，则根据斜激波关系、膨胀波关系及气流转角相等、压力平衡的条件

$$
\begin{cases}
\theta_2-\theta_1=f_\theta(Ma_1,\beta_2), & \dfrac{p_2}{p_1}=f_p(Ma_1,\beta_2) \\[2mm]
\theta_4-\theta_3=f_\theta(Ma_3,\beta_4), & \dfrac{p_4}{p_3}=f_p(Ma_3,\beta_4) \\[2mm]
\theta_5-\theta_4=\lambda_{PM}(Ma_5)-\lambda_{PM}(Ma_4), & \dfrac{p_5}{p_4}=h(Ma_5,Ma_4) \\[2mm]
\theta_1=0,\theta_s=\theta_2=\theta_5, & p_2=p_5
\end{cases}
\tag{6.1.36}
$$

可以迭代解得(2)(5)区参数。

例如，一个发生第Ⅵ类干扰的典型工况如下：来流马赫数 $Ma_1=10$，$R=1.0$ m，$\theta_w=10°$，$d=2$ m，$\beta=20°$。上述方法算得的各个流区的参数见表 6.1-14。

表 6.1-14　第Ⅵ类激波反射各区域参数

	(2)区	(3)区	(4)区	(5)区
压力比 p_i/p_1	78.1	13.5	111.4	78.1
温度比 T_i/T_1	14.0	3.2	9.2	6.7
密度比 ρ_i/ρ_1	5.58	4.21	14.91	11.56
马赫数 Ma_i	1.58	5.27	3.01	3.25
气流转角 $\theta_i/(°)$	40.6	15.1	36.2	40.6

6.1.5　要点总结

对于一般超声速问题，翼型应尽量薄平，从而流场与气动力可以用小扰动马赫波描述。但对于高超声速飞行器，在进气道内部和其他地方会出现激波反射和激波相交，机体激波与唇口脱体激波之间、机体激波与舵翼激波之间会出现干扰。

激波反射、激波相交和激波干扰会产生新的激波结构以及滑移线和膨胀波等，会引起压力增加以及流场不均匀；如果激波打在物面上还会干扰附面层并引起气动热。因此，对这些问题的理解和分析具有重要意义。

激波反射包括正规反射和马赫反射两种基本类型。正规反射只涉及入射激波和反射激波。马赫反射除了入射激波和反射激波，还有马赫杆和滑移线。入射激波、反射激波、马赫杆和滑移线的交点不在物面上，而是离物面有段距离。

在由来流马赫数和入射激波气流偏转角作为横轴和纵轴构成的二维平面上，存在两条临界曲线：压力平衡曲线和脱体线。低于前者一定出现正规反射，高于后者一定出现马赫反射，在二者之间为双解区，二者皆有可能出现。在双解区具体出现何种反射，与进入双解区的历史有关，一般会保留历史时刻的反射类型。

正规反射和马赫反射由入射激波与反射激波等（马赫反射还有滑移线）将流场分割成几个区域，各区的流动参数可以精确或近似按激波关系式、气流偏转角几何关系式以及滑移线两侧的压力平衡关系式求解。

入射激波与脱体激波干扰导致六类干扰结构。其中第Ⅰ类和第Ⅱ类可以看成异侧激波相交，类似于激波反射，分别对应正规相交（在交点产生两道透射激波）和马赫相交（每一侧激波有一道透射激波，每一侧的交点通过马赫杆相连）。两种情况下，都会有一道透射激波打在物面上。第Ⅴ类和第Ⅵ类属于同侧激波相交，同侧激波相交类似于压缩波汇聚，会合并出一道更强的激波，并从交点发出一道激波（第Ⅴ类）或膨胀波（第Ⅵ类）打在物面上。

第Ⅲ类和第Ⅳ类均对应入射激波与脱体激波的强激波段干扰。第Ⅲ类从交点产生一道滑移线打在物面上。滑移线和物面等效地构成一个压缩拐角，前方超声速气流遇到物面产生一道压缩激波，压缩激波与脱体激波进一步相交。因此，此类型可以用压缩拐角（超声速气流遇到内折产生附体斜激波）问题来分析。第Ⅳ类干扰最复杂。由于在强激波段直接相交不能保证压力平衡，这种情况会产生超声速射流。超声速射流直接打在物面上，相当于前缘遇到被增强了马赫数的来流。激波干扰会导致强的气动热放大，这些无黏分析理论将在 6.3 节中讨论。

6.2　高超声速流动简介

　　一般的亚声速与超声速飞行器具有流线型外形,机翼薄平且机身细长。它们在小迎角和高雷诺数条件下飞行,大多数情况下做定常飞行。马赫数大于6(也有人说大于5)的飞行器属于高超声速飞行器。由于气动加热和结构强度等因素的限制,高超声速飞行器外形不一定薄平,因此除了高马赫数带来的流动问题外,还有特殊外形带来的问题,某些问题将在6.3节讲述。图6.2-1给出了几种典型飞行器外形,其中,航天飞机、返回舱和X-37B等马赫数20以上的飞行器外形厚实。将超声速流动的一些基本规律取马赫数趋于无穷大的极限,可以得到一些定性规律,如:一些气动系数与马赫数无关(马赫数无关原理)、压力与惯性力相比足够小从而可以基于速度导出物面压力正比于当地倾角的正弦平方(牛顿模型)、附面层足够厚从而黏性对势流区的影响不可忽略(黏性干扰)。另外,在激波减速或附面层减速作用下,气流温度非常高,空气出现振动能激发、分子离解和电离等化学反应。这些化学反应改变空气组分从而改变比热比和其他物性参数,另一方面是吸热反应,从而改变了温度场和压力场。

再入类　　　　　　　　　　巡航类　　　　　　　　　　滑翔类

$Ma=O[20]$　$Ma=O[30]$　　$Ma=O[1]$　　　$Ma=O[10]$　　　$Ma=O[10\text{-}20]$

航天飞机　　返回舱　　第四代战机F22　X43高超声速飞行器　X-37B高超声速导弹

图6.2-1　各种类型飞行器

6.2.1　超声速流动高马赫数极限

　　在马赫数足够大时,马赫数无关原理成立,压力和气动力近似满足简化的牛顿模型,附面层增厚(使平板附面层也会出现附面层太厚导致的黏性干扰,如压力沿平板不再刻意看成常数),升阻比有极限。

1. 马赫数无关原理

　　依据实验和相似分析,Oswatitsch提出了高超声速马赫数无关原理,即当马赫数足够高(高于4~6,与外形有关),以下气动参数便与马赫数近似没有关系:

　　① 气动力系数和气动力矩系数;

　　② 压力系数和速度比V/V_∞及密度比ρ/ρ_∞;

　　③ 脱体激波形状,以及脱体激波相对距离;

　　④ 流线形态,声速面形态,以及超声速区的马赫波形态。

　　图6.2-2给出了两种物体的阻力系数随马赫数的变化关系。对于球状物体,马赫数大于4,阻力系数就近似与马赫数没有关系了。对于尖锥状物体,马赫数大于6,就与马赫数近似没有关系了。由于高超物体无可避免地存在激波,因此激波下游流动参数无可避免地与组合参数$Ma_\infty^2\sin^2\beta$有关,其中Ma_∞为马赫数,β为激波角。例如,激波下游压力与上游压力比为

$$\frac{p_{\text{sh}}}{p_\infty}=1+\frac{2\gamma}{\gamma+1}(Ma_\infty^2\sin^2\beta-1)$$

马赫数无关原理是在马赫数取极限 $Ma_\infty \to \infty$ 得到的。由于激波相关的参数与 $Ma_\infty^2 \sin^2\beta$ 有关,因此实际上要求 $Ma_\infty^2 \sin^2\beta$ 取极限 $Ma_\infty^2 \sin^2\beta \to \infty$。故马赫数无关原理要求同时满足

$$Ma_\infty^2 \gg 1; \quad Ma_\infty^2 \sin^2\beta \gg 1 \tag{6.2.1}$$

因此,钝体(球)出现马赫无关的临界马赫数比细长体(锥-柱)低。原来对于钝体,激波角 β 比较大而细长体 β 比较小,因而相同来流马赫数条件下钝体的 $Ma_\infty^2 \sin^2\beta$ 比细长体的大,因而钝体无关马赫数与细长体相比要低一些。

Oswatitsch 的高超声速马赫数无关原理对高超声速飞行器设计很重要。该原理表明:当马赫数足够高,一些气动特性与马赫数就没有关系了。于是,在做地面试验时,就不需要考虑实际飞行马赫数,用处在马赫数无关原理成立的马赫数就够了。利用马赫数无关原理,可以把较低马赫数情况下压力系数和升阻力系数的实验结果推广到较高的马赫数使用。

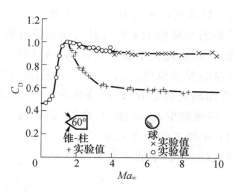

图 6.2 - 2　两种物体的阻力系数随马赫数的变化关系

(1) 马赫数无关原理的推导

采用理想流动欧拉方程、固壁无穿透条件以及斜激波关系式,很容易导出马赫数无关原理。针对有黏性的情况,人们在近期开展了一些研究。这里先给出理想流动的马赫数无关原理推导,再简要介绍黏性情况的结果。用物体特征尺度 L、来流密度 ρ_∞、来流速度 V_∞ 为参考量,定义如下无量纲量(用横杠表示)

$$\bar{x} = x/L, \quad \bar{y} = y/L, \quad \bar{V} = V/V_\infty, \quad \bar{p} = p/\rho_\infty V_\infty^2, \quad \bar{\rho} = \rho/\rho_\infty$$

于是,描述等熵流动区域的定常高超声速无黏流动的无量纲欧拉方程可以写为

$$\nabla \cdot (\bar{\rho}\,\bar{V}) = 0, \quad \bar{\rho}\,\bar{V} \cdot \nabla \bar{V} + \nabla \bar{p} = 0, \quad \bar{V} \cdot \nabla \bar{s} = 0 \tag{6.2.2}$$

上面最后一个方程用到了熵 $\bar{s} = \bar{p}/\bar{\rho}^\gamma$ 作为变量。在定常流动中,物面上流动速度与物面相切。用 $\boldsymbol{n}$ 表示物面单位法向矢量,那么物面的无穿透边界条件可以写成

$$\bar{V} \cdot \boldsymbol{n} = 0 \tag{6.2.3}$$

对于激波,激波上游近似用来流条件,激波下游参数用下标 sh。考虑到 $\bar{p}_{sh} = \dfrac{p_{sh}}{\rho_\infty V_\infty^2} = \dfrac{p_{sh}}{p_\infty}\dfrac{p_\infty}{\rho_\infty V_\infty^2} = \dfrac{p_{sh}}{p_\infty}\dfrac{1}{\gamma Ma_\infty^2}$,斜激波关系式为

$$\begin{cases} \bar{p}_{sh} = \dfrac{1}{\gamma Ma_\infty^2} + \dfrac{2}{\gamma+1}\left(\sin^2\beta - \dfrac{1}{Ma_\infty^2}\right), & \bar{\rho}_{sh} = \dfrac{(\gamma+1)Ma_\infty^2\sin^2\beta}{(\gamma-1)Ma_\infty^2\sin^2\beta+2} \\[3mm] \bar{u}_{sh} = 1 - \dfrac{2(Ma_\infty^2\sin^2\beta-1)}{(\gamma+1)Ma_\infty^2}, & \bar{v}_{sh} = \dfrac{2(Ma_\infty^2\sin^2\beta-1)\cot\beta}{(\gamma+1)Ma_\infty^2} \end{cases} \tag{6.2.4}$$

令条件(6.2.1)成立,那式(6.2.4)可简化为

$$\bar{p}_{sh} \to \dfrac{2\sin^2\beta}{\gamma+1}, \quad \bar{\rho}_{sh} \to \dfrac{\gamma+1}{\gamma-1}, \quad \bar{u}_{sh} \to 1 - \dfrac{2\sin^2\beta}{\gamma+1}, \quad \bar{v}_{sh} \to \dfrac{\sin 2\beta}{\gamma+1} \tag{6.2.5}$$

同时,激波角与当地气流偏转角关系简化为

$$\dfrac{\tan(\beta)}{\tan(\beta-\theta)} = \dfrac{(\gamma+1)Ma_\infty^2\sin^2\beta}{2+(\gamma-1)Ma_\infty^2\sin^2\beta} \to \dfrac{\gamma+1}{\gamma-1} \tag{6.2.6}$$

式(6.2.3)、式(6.2.4)、式(6.2.5)和式(6.2.6)表明,当条件(6.2.1)成立时,针对无量纲参数的流体力学模型与马赫数无关,即对于一个给定物体的定常高超声速流动,它的流场由无量纲欧拉方程、物面边界条件以及激波边界条件所决定,而这些控制方程和边界条件中均不出现马赫数。因此,高马赫数的高超声速流动的无量纲解与来流马赫数无关。当然,这样的解转回到有量纲解后,还是与来流马赫数有关。但对于像压力系数、升阻力系数那样的流动参数,只决定于无量纲参数,因此与来流马赫数无关。

(2) 黏性流动的马赫数无关原理

原始的马赫数无关原理是由无黏流方程导出的,但对于高雷诺数钝体或者大迎角细长体黏性绕流,压力远大于黏性力,这时马赫数无关原理还可以使用。最近,人们考虑黏性流动,研究了马赫数无关原理。他们的结论是:对于黏性绝热壁流动,马赫数无关原理仍然成立。但是,当壁面辐射热量时,即使马赫数大于16,增加马赫数还是减小升力系数,增加阻力系数。

2. 牛顿模型、Lees 模型、切楔/切锥法

(1) 牛顿正弦平方定律

将式(6.2.4)中的压力关系写为

$$\frac{p_{sh}}{p_\infty}\frac{1}{\gamma Ma_\infty^2} = \frac{1}{\gamma Ma_\infty^2} + \frac{2}{\gamma+1}\left(\sin^2\beta - \frac{1}{Ma_\infty^2}\right) \tag{6.2.7}$$

由式(6.2.6)知,当 $\gamma \to 1$ 时,必然有 $\beta \to \theta$,从而激波紧贴物面,p_{sh} 可以看成壁面压力。进一步,由式(6.2.7)取极限(6.2.1),得壁面压力近似为

$$\frac{p_{sh}}{\rho_\infty V_\infty^2} \to \frac{2}{\gamma+1}\sin^2\theta \tag{6.2.8}$$

令 $\gamma \to 1$ 并考虑到对于高超极限有 $p_{sh} \gg p_\infty$,那么就可由式(6.2.8)得壁面压力系数

$$C_p = \frac{p_{sh} - p_\infty}{\frac{1}{2}\rho_\infty V_\infty^2} = 2\sin^2\theta \tag{6.2.9}$$

牛顿在其 1687 年出版《自然哲学的数学原理》一书中研究了流体与物体的相互作用问题,将流体质点的运动看作直线运动的粒子,流体粒子撞击到物体表面后,法向动量完全损失而切向动量保留(图 6.2-3(a)),由此证明,物面压力系数满足正弦平方定理式(6.2.9)。牛顿正弦平方定理虽然对低速流动不适应,但其采用的假设恰好符合图 6.2-3(b)所示的激波贴体后的情况。在这种情况下,法向动量完全损失而切向动量保留。牛顿模型在 $Ma_\infty \to \infty, \gamma \to 1$ 时,比较符合实际情况。

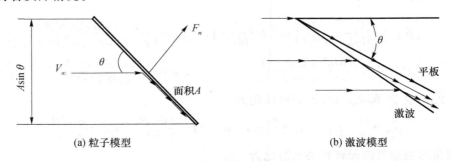

(a) 粒子模型　　　　　　　　　　(b) 激波模型

图 6.2-3　牛顿的粒子模型与激波模型

（2）Lees 驻点修正模型

对于来流马赫数为有限的情况，Lees 提出了牛顿压力公式的修正式。Lees 的原理是，在气流正对物面时，压力系数应该等于驻点压力系数。因此，当 $\theta = \pi/2$ 时，应该有 $C_p = C_{pmax}$。C_{pmax} 是正激波后的驻点压力系数，即

$$C_{pmax} = \frac{p_{0sh} - p_\infty}{\frac{1}{2}\rho_\infty V_\infty^2} \tag{6.2.10}$$

式中，p_{0sh} 是正激波后的总压，即驻点压力。通过总压定义与激波下游压力 p_{sh} 与马赫数 Ma_{sh} 关联，即

$$p_{0sh} = \left(1 + \frac{\gamma-1}{2}Ma_{sh}^2\right)^{\frac{\gamma}{\gamma-1}} p_{sh} \tag{6.2.11}$$

另由正激波理论

$$\frac{p_{sh}}{p_\infty} = 1 + \frac{2\gamma}{\gamma+1}(Ma_\infty^2 - 1), \quad Ma_{sh}^2 = \frac{2 + (\gamma-1)Ma_\infty^2}{2\gamma Ma_\infty^2 - (\gamma-1)}$$

求出 p_{sh} 与马赫数 Ma_{sh}，代入式（6.2.11）得

$$\frac{p_{0sh}}{p_\infty} = \left[\frac{(\gamma+1)^2 Ma_\infty^2}{4\gamma Ma_\infty^2 - 2(\gamma-1)}\right]^{\frac{\gamma}{\gamma-1}} \left(\frac{1-\gamma+2\gamma Ma_\infty^2}{\gamma+1}\right) \tag{6.2.12}$$

将式（6.2.12）代入式（6.2.10），得驻点压力系数表达式为

$$C_{pmax} = \frac{2}{\gamma Ma_\infty^2}\left\{\left[\frac{(\gamma+1)^2 Ma_\infty^2}{4\gamma M_\infty^2 - 2(\gamma-1)}\right]^{\frac{\gamma}{\gamma-1}}\frac{1-\gamma+2\gamma Ma_\infty^2}{\gamma+1} - 1\right\} \tag{6.2.13}$$

于是，Lees 将牛顿公式修正为

$$C_p = \frac{2}{\gamma Ma_\infty^2}\left\{\left[\frac{(\gamma+1)^2 Ma_\infty^2}{4\gamma M_\infty^2 - 2(\gamma-1)}\right]^{\frac{\gamma}{\gamma-1}}\frac{1-\gamma+2\gamma Ma_\infty^2}{\gamma+1} - 1\right\}\sin^2\theta \tag{6.2.14}$$

考虑图 6.2-4 椭球体在来流马赫数为 8 时，沿母线的表面相对压力

$$\frac{p}{p_{0sh}} = \frac{p_\infty}{p_{0sh}} + \frac{1}{2}\frac{\rho_\infty V_\infty^2}{p_{0sh}}C_p$$

沿母线的分布。其中，CFD 表示现代计算流体力学，在这里可以看成足够精确的参考结果。可见，Lees 修正后的牛顿理论的预测结果更为精确。

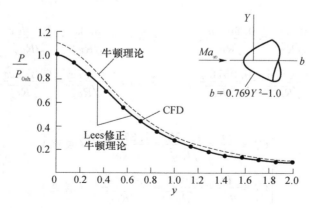

图 6.2-4　某椭球体 $Ma_\infty = 8$ 时沿物面压力分布各种方法比较

除了原始牛顿公式和 Lees 驻点修正公式,还有 Busemann 的曲面物体的离心力修正公式。

（3）切楔法/切锥法

基于当地物面倾角的斜激波法求压力系数的方法称为切楔法/切锥法,分别针对二维平面/轴对称体。这类方法也可以归入牛顿法。考虑如图 6.2-5 切楔法/切锥法示意图物面上 i 点的压力系数,把该点的当地物面倾角 θ_i 当作斜激波的气流偏转角。对于切楔法,用该倾角从斜激波激波角关系式求激波角 β_i（如果当地倾角超过脱体角,那么可近似按等于脱体角处理）。再利用斜激波关系式求波后即物面压力系数以及其他参数。对于切锥法,则需要用到圆锥激波关系式。对于切锥法,在高超声速条件下,可求得锥形流的近似解析解,圆锥激波角 β 与圆锥半顶角 δ 的近似关系为

$$\frac{\beta}{\delta} = \frac{\gamma+1}{\gamma+3}\left[1+\sqrt{1+\frac{2(\gamma+3)}{(\gamma+1)^2 Ma_\infty^2 \delta^2}}\right]$$

激波至物面的流动为等熵压缩,因此物体表面压力可由激波后压力通过等熵条件得到

$$\frac{C_p}{\delta^2} = \frac{4}{\gamma+1}\left(\frac{\beta^2}{\delta^2} - \frac{1}{Ma_\infty^2 \delta^2}\right) + \frac{2(\gamma+1)Ma_\infty^2 \delta^2}{2\delta^2/\beta^2 + (\gamma-1)Ma_\infty^2 \delta^2}\left(\frac{\beta}{\delta} - 1\right)^2$$

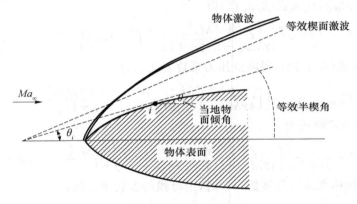

图 6.2-5　切楔法/切锥法示意图

3. 高超声速附面层

4.2.6 节给出了基于参考温度法的可压缩附面层参数确定方法。对于平板,一些附面层参数有下面的估计式

$$\begin{cases} c_f^* \equiv \dfrac{\tau_w^*}{q^*} = \dfrac{0.664}{\sqrt{Re_x^*}} = \dfrac{0.664\sqrt{c}}{\sqrt{Re_x}}, & \delta^*(x) = \dfrac{5.2x}{\sqrt{Re_x^*}} = \dfrac{5.2\sqrt{c}x}{\sqrt{Re_x}} \quad （层流）\\[4mm] c_f^* \equiv \dfrac{\tau_w^*}{q^*} = \dfrac{0.0576}{\sqrt[5]{Re_x^*}} = \dfrac{0.0576\sqrt[5]{c}}{\sqrt[5]{Re_x}}, & \delta^*(x) = \dfrac{0.37x}{\sqrt[5]{Re_x^*}} = \dfrac{0.37\sqrt[5]{c}x}{\sqrt[5]{Re_x}} \quad （湍流）\end{cases} \tag{6.2.15}$$

单面摩阻系数为

$$\begin{cases} C_f^* \equiv \dfrac{D}{q^*} = \dfrac{1.378}{\sqrt{Re_L^*}} = \dfrac{1.378\sqrt{c}}{\sqrt{Re_L}} & （层流）\\[4mm] C_f^* \equiv \dfrac{D}{q^*} = \dfrac{0.072}{\sqrt[5]{Re_L^*}} = \dfrac{1.378\sqrt[5]{c}}{\sqrt[5]{Re_L}} & （湍流）\end{cases} \tag{6.2.16}$$

式中,$q^* = \frac{1}{2}\rho^* V_\infty^2$ 为基于参考密度的动压,$c = \rho_\infty \mu^*/\rho^* \mu_\infty$。考虑了附面层气流加热的参考

温度与参考密度可分别近似为

$$\frac{T^*}{T_\infty}=1+0.032Ma_\infty^2+0.58\left(\frac{T_w}{T_\infty}-1\right),\qquad \rho^*=\frac{\rho_\infty T_\infty}{T^*} \tag{6.2.17}$$

这里已经把附面层内的压力当作常数了(实际上,由于黏性干扰,附面层内的压力沿流向的变化不可忽略)。在高超极限下,式(6.2.17)可近似为

$$T^*\propto T_\infty Ma_\infty^2,\qquad \rho^*=\frac{\rho_\infty}{Ma_\infty^2}$$

进一步,黏度可用下式近似

$$\frac{\mu^*}{\mu_\infty}\propto\frac{T^*}{T_\infty}$$

于是

$$c=\frac{\rho_\infty\mu^*}{\rho^*\mu_\infty}\propto Ma_\infty^4$$

针对层流,将此代入式(6.2.15)和式(6.2.16)得

$$\frac{\delta_c}{x}\propto\frac{Ma_\infty^2}{\sqrt{Re_x}},\qquad c_f^*=\frac{Ma_\infty^2}{\sqrt{Re_x}},\qquad C_f^*=\frac{Ma_\infty^2}{\sqrt{Re_L}} \tag{6.2.18}$$

式(6.2.18)表明,马赫数越高,附面层厚度越大。如果用来流动压定义摩擦系数和摩阻系数,则

$$c_{fc}\equiv\frac{\tau_w}{\frac{1}{2}\rho_\infty V_\infty^2}=\frac{\rho^*}{\rho_\infty}\frac{\tau_w}{\frac{1}{2}\rho_\infty V_\infty^2}=\frac{T_\infty}{T^*}c_f^*,\qquad C_{fc}\equiv\frac{D}{\frac{1}{2}\rho_\infty V_\infty^2}=\frac{T_\infty}{T^*}C_f^*$$

显然,摩擦系数与摩阻系数与马赫数关系不大。进一步分析表明,马赫数越高,基于来流动压的摩擦系数与摩阻系数越小。

针对高超声速平板附面层,也可以采用类似于勃拉修斯变换的方法求相似解,只是勃拉修斯变换要用李斯-德罗尼津变换

$$\xi=\int_0^x\rho_e u_e\mu_e\mathrm{d}x,\qquad \eta=\frac{u_e}{\sqrt{2\xi}}\int_0^y\rho_e\mathrm{d}y$$

替换。图6.2-6给出了平板附面层相似解。可见,马赫数越高,附面层越厚,单面摩阻系数是马赫数的减函数。绝热平板因为热量损失不大,因此气动加热的影响更严重。

4. 黏性干扰

如图6.2-7所示,高超声速气流顺着流过平板,如果没有黏性或者附面层较薄,那么沿着平板方向,压力近似等于常数。但对于高超声速附面层,前面已经提到

$$\frac{\delta_c}{x}\propto\frac{Ma_\infty^2}{\sqrt{Re_x}}$$

因此,当马赫数较高时,附面层非常厚,附面层对外部主流的作用,相当于使得物体向流场推移了一个等于位移厚度 $\delta_1=\frac{1}{3}\delta_c\propto\frac{Ma_\infty^2}{\sqrt{Re_x}}x$ 的距离。这相当于流体遇到了当地倾角等于

$$\theta_{\delta_1}=\frac{\mathrm{d}\delta_1^*}{\mathrm{d}x} \tag{6.2.19}$$

的曲面物体,于是产生了曲面激波。

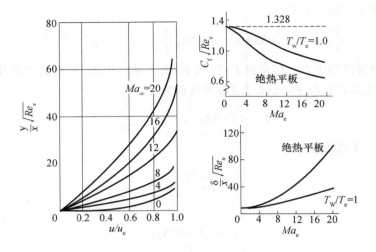

图 6.2 - 6　高超声速条件下平板附面层相似解

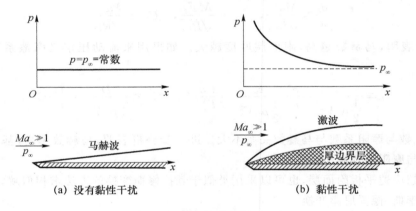

(a) 没有黏性干扰　　　　　　　(b) 黏性干扰

图 6.2 - 7　平板附面层黏性干扰

由于位移厚度按 $\delta_1 \propto \dfrac{Ma_\infty^2}{\sqrt{Re_{\infty x}}}\sqrt{x}$ 增长，所以气流偏转角 θ_{δ_1} 在前缘较大，往下游渐渐减小，从而激波不是直线，而是渐渐向下弯曲。在高超声速条件下，厚附面层使之产生了弓形激波。越靠近前缘，激波越强，压力增加越大。到了下游，激波渐渐变弱，从而压力恢复到来流压力。平板上的压力 p_e 不等于来流压力，而是斜激波后的压力。

（1）位移厚度

对于层流，位移厚度估计为

$$\delta_1^* = \frac{1}{3}\delta^*(x) = \frac{5.2x}{3\sqrt{Re_x^*}} = \frac{5.2x}{3\sqrt{Re_x}}\sqrt{\frac{\mu^*}{\rho^*}\frac{\rho_\infty}{\mu_\infty}} \tag{6.2.20}$$

按状态方程 $\rho^* = \dfrac{p_e}{RT^*}$，这里 p_e 是附面层内的压力，在考虑黏性干扰时，是待求量；黏度 μ^* 可以按萨特兰公式表示为参考温度的函数。也可以近似令

$$\frac{\mu^*}{\mu_\infty} \approx C\frac{T^*}{T_\infty} \tag{6.2.21}$$

式中,C 由式 $\mu_w/\mu_e = CT_w/T_e$ 确定。这里,下标 e 表示附面层外边界(激波以内)的参数。考虑到状态方程以及沿附面层法向压力近似等于常数,有 $T_w/T_e = \rho_e/\rho_w$。于是

$$C = \frac{\rho_w \mu_w}{\rho_e \mu_e} \quad (查普曼-罗宾逊数) \tag{6.2.22}$$

将式(6.2.21)代入式(6.2.22),并考虑到 $\rho^* = p_e/RT^*$,得

$$\delta_1^* \approx \frac{5.2x}{3} \frac{1}{\sqrt{Re_x}} \sqrt{C \frac{p_\infty}{p_e} \frac{T^*}{T_\infty}}$$

在马赫数较高的情况下,参考温度可近似为 $T^* \propto Ma_\infty^2 T_\infty$。因此

$$\delta_1^* \propto \frac{Ma_\infty^2 x}{\sqrt{Re_x}} \sqrt{C \frac{p_\infty}{p_e}} \tag{6.2.23}$$

(2) 平板压力关系

平板添加了位移厚度 δ_1^*,变成了当地斜率为 $\theta = \dfrac{\mathrm{d}\delta_1^*}{\mathrm{d}x}$ 的曲线。采用切楔法求压力,可以得当地压力即当地斜激波后的压力的表达式。利用斜激波关系式,并假设 θ 足够小,不难得到

$$\frac{p_e}{p_\infty} = 1 + \frac{\gamma(\gamma+1)}{4} K^2 + \gamma K^2 \sqrt{\left(\frac{\gamma+1}{4}\right)^2 + \frac{1}{K^2}} \tag{6.2.24}$$

式中,$K = Ma_\infty \theta$。

(3) 位移厚度关系式

由式(6.2.23)和式(6.2.24)消去压力,得位移厚度满足的微分方程为

$$\delta_1^* \propto \frac{Ma_\infty^2 \sqrt{C} x}{\sqrt{Re_x}} \sqrt{\left(1 + \frac{\gamma(\gamma+1)}{4} K^2 + \gamma K^2 \sqrt{\left(\frac{\gamma+1}{4}\right)^2 + K^{-2}}\right)^{-1}} \tag{6.2.25}$$

(4) 强干扰情况下的平板压力

对于强干扰,$K = Ma_\infty \dfrac{\mathrm{d}\delta_1^*}{\mathrm{d}x} \gg 1$,于是式(6.2.25)可以简化为

$$\delta_1^* \frac{\mathrm{d}\delta_1^*}{\mathrm{d}x} \propto \frac{Ma_\infty^2 \sqrt{C} x}{\sqrt{Re_x}}$$

由此不难求得

$$\delta_1^* \propto (Re_1/C)^{-1/4} Ma_\infty^{1/2} x^{3/4}, \qquad \frac{\mathrm{d}\delta_1^*}{\mathrm{d}x} \propto (Re_1/C)^{-1/4} Ma_\infty^{1/2} x^{-1/4}$$

这里,$Re_1 = \dfrac{\rho_\infty V_\infty}{\mu_\infty}$ 是单位长度的雷诺数。于是

$$K^2 = Ma_\infty^2 \theta^2 = Ma_\infty^2 \left(\frac{\mathrm{d}\delta_1^*}{\mathrm{d}x}\right)^2 \propto \frac{Ma_\infty^3 \sqrt{C}}{\sqrt{Re_x}}$$

故式(6.2.22)可以简写成

$$\frac{p_e}{p_\infty} = 1 + a_1 \frac{Ma_\infty^3 \sqrt{C}}{\sqrt{Re_x}} \tag{6.2.26}$$

(5) 弱干扰情况下的平板压力

对于弱干扰,$K = Ma_\infty \dfrac{\mathrm{d}\delta_1^*}{\mathrm{d}x} \ll 1$,可从式(6.2.25)简化得

$$\delta_1^* \propto \frac{Ma_\infty^2 \sqrt{C}}{\sqrt{Re_x}} x, \quad \frac{\mathrm{d}\delta_1^*}{\mathrm{d}x} \propto \frac{Ma_\infty^2 \sqrt{C}}{\sqrt{Re_x}}$$

于是

$$K^2 \propto \frac{Ma_\infty^3 C}{\sqrt{Re_x}}$$

故式(6.2.24)可以写成

$$\frac{p_e}{p_\infty} = 1 + b_1 \frac{Ma_\infty^3 \sqrt{C}}{\sqrt{Re_x}} + b_2 \left(\frac{Ma_\infty^3 \sqrt{C}}{\sqrt{Re_x}}\right)^2 \tag{6.2.27}$$

（6）干扰因子

由式(6.2.26)和式(6.2.27)知,无论对于强干扰还是弱干扰,压力分布都与参数

$$\chi = \frac{Ma_\infty^3 \sqrt{C}}{\sqrt{Re_x}} \tag{6.2.28}$$

有关。该参数称为黏性干扰因子。其中,$C = \frac{\rho_w \mu_w}{\rho_e \mu_e}$为查普曼-罗宾逊数常数。

（7）平板压力准确表达式

以上只是近似分析,Hayes&Probstein 给出了更准确的关系式

$$\begin{cases} \dfrac{p_e}{p_\infty} = 0.759 + 0.514\chi & \text{（绝热壁,强干扰）} \\[2mm] \dfrac{p_e}{p_\infty} = 1 + 0.31\chi + 0.05\chi^2 & \text{（绝热壁,弱干扰）} \end{cases}$$

$$\begin{cases} \dfrac{p_e}{p_\infty} = 1 + 0.15\chi & \text{（冷等温壁,强干扰）} \\[2mm] \dfrac{p_e}{p_\infty} = 1 + 0.078\chi & \text{（冷等温壁,弱干扰）} \end{cases}$$

这里,强弱分解的临界参数近似取 $\chi_{cr} \approx 3$,强干扰对应 $\chi > \chi_{cr}$。

5. 高超飞行器黏性干扰因子与升阻比极限

高超声速飞行器除了波阻外,摩擦阻力也非常大。除了压力受黏性干扰影响外,还要考虑摩擦力。但对于摩擦力,干扰效应稍微弱一点,并且不会出现干扰因子 χ。对于飞行器,如果关心升阻比,那么由于同时考虑摩擦力的存在,因此干扰因子在这里被定义为 $\chi = Ma_\infty / \sqrt{Re_L}$。图 6.2-8 给出了一些飞行器最大升阻比与干扰因子 $\chi = Ma_\infty / \sqrt{Re_L}$ 的关系。

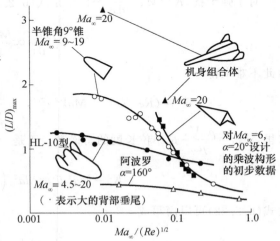

图 6.2-8　高超声速飞行器升阻比与干扰因子的关系

整体而言,高超声速飞行器的升阻比不可能太大,甚至有极限。对于传统外形,升阻比极限由 Kuchemann 经验公式给出,即

$$\left(\frac{L}{D}\right)_{\max}=\frac{4(Ma_\infty+3)}{Ma_\infty}\rightarrow 4$$

经过优化后的外形,升阻比可以略微提高。Anderson 给出了一些乘波体(驾驭激波的构型)的升阻比极限公式为

$$\left(\frac{L}{D}\right)_{\max}=\frac{6(Ma+2)}{Ma}\rightarrow 6$$

图 6.2-9 给出了一些高超声飞行器的升阻比以及上述升阻比拟合公式对应的曲线。

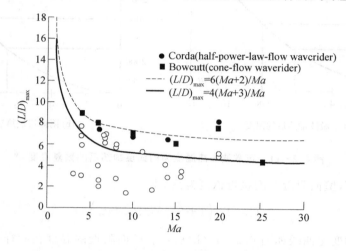

图 6.2-9 升阻比极限与一些高超声速飞行器的升阻比

6.2.2 高速流动的热力学模型

如图 6.2-10 所示,高超声速飞行器因激波加热和壁面摩擦加热,导致温度升高。一方面在激波下游温度升高,另一方面在附面层温度升高。脱体激波各段强弱不同,因此温度升高程度不一样。正激波段温度升高最明显。

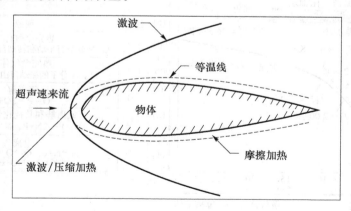

图 6.2-10 激波加热与摩擦加热

1. 气流加热与高温真实气体效应
以正激波为例,历经正激波引起的温度增加为

$$\frac{T}{T_\infty} = \frac{[2\gamma Ma_\infty^2 - (\gamma-1)][(\gamma-1)Ma_\infty^2 + 2]}{(\gamma+1)^2 Ma_\infty^2}$$

取 $T_\infty = 300\,\mathrm{K}$，$\gamma = 1.4$，正激波后的温度随马赫数的变化曲线见图 6.2 – 11(a)。

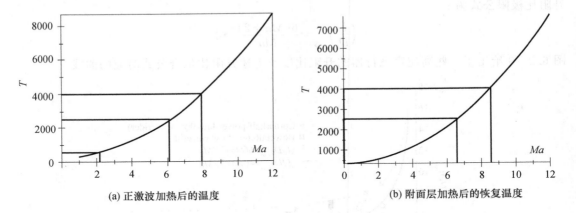

(a) 正激波加热后的温度　　　　　　　(b) 附面层加热后的恢复温度

图 6.2 – 11　正激波加热温度和附面层加热后的恢复温度

在绝热情况下，壁面附近温度接近恢复温度，即

$$T_r = T_\infty \left(1 + \frac{\gamma-1}{2}\sqrt{Pr}\,Ma_\infty^2\right)$$

该温度随马赫数的变化曲线如图 6.2 – 11(b)所示。壁面附近的温度在同样马赫数下，比正激波后的温度略小。对于实际问题，因为激波加热后流动带走一部分热量及壁面换热，导致壁面温度会比恢复温度低许多。

当马赫数稍高于 3 时，温度就可以达到 600 K。稍高于 6 时，就可以达到 2 500 K。稍高于 8，就可以达到 4 000 K。来流马赫数达到 12，温度可达到 9 000 K。当然，这么高的温度会导致吸热化学反应，因此在高马赫数下，正激波后的温度可能没有曲线给的那么高，如图 6.2 – 12 所示。

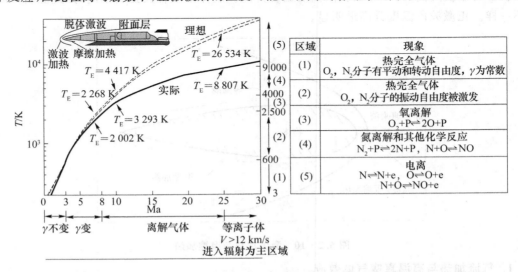

区域	现象
(1)	热完全气体 O_2，N_2分子有平动和转动自由度，γ为常数
(2)	热完全气体 O_2，N_2分子的振动自由度被激发
(3)	氧离解 $O_2 + P \rightleftharpoons 2O + P$
(4)	氮离解和其他化学反应 $N_2 + P \rightleftharpoons 2N + P$，$N + O \rightleftharpoons NO$
(5)	电离 $N \rightleftharpoons N + e$，$O \rightleftharpoons O + e$ $N + O \rightleftharpoons NO + e$

图 6.2 – 12　激波加热或附面层加热导致气流温度(虚线)，以及考虑吸热反应后的实际温度

空气在不同温度下,会分别出现平动、转动、振动、氧离解、氮离解(包括一氧化氮生成)和电离等化学反应。平动和转动在 3 K 以上的温度就能有效激发,振动则需要 600 K 以上才能出现,氧离解、氮离解和电离反应对应的起始温度分别为 2 500 K,4 000K 和 9 000 K。对于 300 K 左右的常温,只需要考虑平动和转动,并且处于平动和转动平衡状态。于是,只有 600 K 以上,才具备高温真实气体效应。此时,分子的内能、比热容、比热比甚至组元浓度,都与温度有关。

高温真实气体效应。化学反应导致空气的一些物理特性(如比热比)不再等于常数,从而流动基本方程需要与化学热力学与统计热力学的一些关系式耦合求解。总而言之,这些高温真实气体效应会:① 降低驻点温度和驻点热流密度(例如,阿波罗宇宙飞船在马赫数 36 时,按冻结流处理,驻点温度为 60 000 K 左右,考虑了高温真实气体效应后,驻点温度实际上只有 11 000 K左右)。② 拉近脱体激波与头部的距离。高温效应导致波后温度降低,从而压力降低。于是平衡激波位置的下游压力降低了,从而脱体激波与冻结流相比,更贴近物体。③ 降低比热比等,这些都会定量改变流场结构。例如,斜激波角是比热比的增函数,高温效应使得比热比降低后,斜激波角更小了。

2. 混合物的热力学参数与关系式

(1)组元、分子量和零点生成能

当温度足够高时,空气离解和电离导致组元包含氮气、氧气、氮原子、氧原子、一氧化氮,以及这 5 种组元的离子和电子。我们用下标 i 表示不同组元。表 6.21 给出了各组元的符号、分子量 M_i 和零点生成能 h_{fi}^0。各组元的浓度与流动参数尤其是温度和压力有关,与流场相关的温度和压力也与各组元浓度有关,因此需要耦合求解。

表 6.2 - 1　各组元名称、符号、分子量与零点生成能

组元(i)	符号 X_i	$M_i/(\mathrm{kg \cdot kmol^{-1}})$	$h_{fi}^0/(\mathrm{J \cdot kg^{-1}})$
氮原子	N	14	33.89×10^6
氧原子	O	16	15.62×10^6
氮分子	N$_2$	28	0
氧分子	O$_2$	32	0
一氧化氮	NO	30	3.02×10^6
氮离子	N$^+$	14	134.91×10^6
氧离子	O$_2^+$	16	98.40×10^6
氮分子离子	N$_2^+$	28	54.74×10^6
氧分子离子	O$_2^+$	32	36.78×10^6
一氧化氮离子	NO$^+$	30	33.26×10^6
电子	e^-	0.000 548 6	0

(2)热力学参数与关系

组元 i 涉及的常用热力学参数见表 6.2 - 2 和表 6.2 - 3。统计力学表明,振动达到平衡状态后,组元 i 的振动能为

$$e_{vi} = \frac{R_i T_{vei}}{\exp(T_{vei}/T) - 1} \tag{6.2.29}$$

式中,T_{vei} 为振动特征温度。这里只有双原子分子有振动,且

$$T_{veO_2} = 2\,239\mathrm{K}, \quad T_{veN_2} = 3\,354 \ \mathrm{K}, \quad T_{veNO} = 2\,720 \ \mathrm{K} \tag{6.2.30}$$

当温度为常温时,式(6.2.29)表明 $e_{vi}\rightarrow0$。

表 6.2-2 为组元 i 的一部分参数,其中 V_g 为气体体积。

表 6.2-2 组元 i 的参数(一)

参数	关系式	参数	关系式
质量比数 c_i	$c_i=\rho_i/\rho$	分密度 ρ_i	$\rho_i=n_iM_i/V$
摩尔数 n_i,n	$n=\sum n_i$	分压 p_i	$p_i/p=n_i/n,p_i=\rho_iR_iT$
摩尔密度 $[X_i]$	$[X_i]=n_i/V_g$	内能 e_i	$e_i=l_iR_iT/2+e_{vi}+h_{fi}^0$
摩尔比数 $x_i\rho_j/\rho_0$	$x_i=n_i/n$	焓 h_i	$h_i=(l_i+2)R_iT/2+e_{vi}+h_{fi}^0$

表 6.2-3 组元 i 的基他参数。其中,$R_0=8\,314\,\text{J}/(\text{kmol}\cdot\text{K})$ 是普适气体常数。

表 6.2-3 组元 i 的参数(二)

参数	关系式
气体常数 R_i	$R_i=R_0/M_i$
单元子分子自由度 l_i	$l_i=3(3$ 个平动$)$
双原子分子自由度 l_i	$l_i=5(3$ 个平动加 2 个转动$)$
平衡振动能 e_{vi}	见式(6.2.29)
振动特征温度 T_{vei}	见式(6.2.30)

求解混合物的流体力学方程时,涉及混合物的总能和总焓,定义式为

$$E=e+\frac{1}{2}V^2,\quad H=h+\frac{1}{2}V^2 \tag{6.2.31}$$

混合物的内能和静焓与各组元的内能和静焓,通过质量比数关联,即

$$e=\sum_i c_ie_i,\quad h=\sum_i c_ih_i \tag{6.2.32}$$

6.2.3 节会给出确定质量比数 c_i 的方程。考虑到表 6.2-2 给出的 e_i 和 h_i 定义式后,有

$$e=\sum_i c_i(l_iR_iT/2+e_{vi}(T)+h_{fi}^0) \tag{6.2.33}$$

求解流体力学基本方程获得总能 E 和速度 V^2 后,通过式(6.2.31)求出内能 e,接着从(6.2.33)得到温度 T。进一步,压力由状态方程

$$p=\rho RT \tag{6.2.34}$$

给出。这里,气体常数 R 定义式为

$$R=\frac{R_0}{\overline{M}},\quad \frac{1}{\overline{M}}=\sum_i \frac{c_i}{M_i} \tag{6.2.35}$$

$\overline{M}$ 为混合气体的分子量。常温空气的 $\overline{M}=28.95\,\text{kg/kmol}$,$R=287\,\text{J}/(\text{kg}\cdot\text{K})$。组元分压与流体压力由道尔顿分压定律关联,即

$$\sum_{i=1}^N p_i=p \tag{6.2.36}$$

定容比热和定压比热,按定义与式(6.2.32),为

$$\begin{cases} c_v = \left(\dfrac{\partial e}{\partial T}\right)_v = \sum_{i=1}^{N} c_i \dfrac{\partial e_i}{\partial T} + \sum_{i=1}^{N} e_i \left(\dfrac{\partial c_i}{\partial T}\right)_v \\ c_p = \left(\dfrac{\partial h}{\partial T}\right)_v = \sum_{i=1}^{N} c_i \dfrac{\partial h_i}{\partial T} + \sum_{i=1}^{N} h_i \left(\dfrac{\partial c_i}{\partial T}\right)_p \end{cases} \tag{6.2.37}$$

往往针对摩尔密度 $[X_i]$ 写出化学反应关系式,给出 $\mathrm{d}[X_i]/\mathrm{d}t$ 或 $[X_i]$。由于 $[X_i]=n_i/V_g$, $\rho_i=n_i M_i/V_g$。因此

$$\rho_i = M_i[X_i], \quad \dfrac{\mathrm{d}\rho_i}{\mathrm{d}t} = M_i \dfrac{\mathrm{d}[X_i]}{\mathrm{d}t} \tag{6.2.38}$$

利用 $p_i = \rho_i R_i T$,也可以写出

$$p_i = T R_i M_i [X_i] \tag{6.2.39}$$

总结。对于 6.2.3 要考虑的非平衡化学反应模型,将直接利用式(6.2.38)作为分密度满足的质量守恒方程的源项求分密度 ρ_i,由 $\sum_i \rho_i = \rho$ 得到密度,由 $c_i = \rho_i/\rho$ 得到以上关系式需要的质量比数 c_i。如果是平衡反应模型,则有求分压 p_i 的平衡关系式;有了分压,从 $p_i = \rho_i R_i T$ 求分密度 ρ_i,再求质量比数 c_i。

3. 平衡反应的混合物声速

对于平衡反应,化学热力学表明,化学反应过程是等熵过程,则不破坏声波传播过程依然是等熵过程的结论。于是,声速计算式依然为

$$a^2 = \left(\dfrac{\mathrm{d}p}{\mathrm{d}\rho}\right)_s = \dfrac{\mathrm{d}p}{\mathrm{d}\rho} \tag{6.2.40}$$

定义比容 $v=1/\rho$。由热力学基本方程可知

$$\mathrm{d}e = T\mathrm{d}s - p\mathrm{d}v, \quad \mathrm{d}h = T\mathrm{d}s + v\mathrm{d}p$$

并假设声波是等熵过程,所以有 $\mathrm{d}s=0$,从而可简化为

$$\mathrm{d}e + p\mathrm{d}v = 0, \quad \mathrm{d}h - v\mathrm{d}p = 0 \tag{6.2.41}$$

对于平衡气体,把内能看成温度与比容的函数,焓看成压力与温度的函数,得

$$\mathrm{d}e = \left(\dfrac{\partial e}{\partial v}\right)_T \mathrm{d}v + c_v \mathrm{d}T, \quad \mathrm{d}h = \left(\dfrac{\partial h}{\partial p}\right)_T \mathrm{d}p + c_p \mathrm{d}T \tag{6.2.42}$$

由式(6.2.41)和式(6.2.42)消去 $\mathrm{d}e, \mathrm{d}h$,得

$$c_v \mathrm{d}T = -\left(\left(\dfrac{\partial e}{\partial v}\right)_T + p\right)\mathrm{d}v, \quad c_p \mathrm{d}T = -\left(\left(\dfrac{\partial h}{\partial p}\right)_T - v\right)\mathrm{d}p$$

两式相除消去温度,并考虑到比容与密度的关系式,得

$$\gamma \equiv \dfrac{c_p}{c_v} = \dfrac{(\partial h/\partial p)_T - v}{(\partial e/\partial v)_T + p}\dfrac{\mathrm{d}p}{\mathrm{d}v} = -\rho^2 \dfrac{(\partial h/\partial p)_T - v}{(\partial e/\partial v)_T + p}\dfrac{\mathrm{d}p}{\mathrm{d}\rho}$$

由上式解出 $\mathrm{d}p/\mathrm{d}\rho$,并利用声速关系(6.2.40),得

$$a = a_{\mathrm{perf}}\sqrt{\dfrac{1+(\partial e/\partial v)_T/p}{1-\rho(\partial h/\partial p)_T}} \quad (\text{平衡气体声速公式}) \tag{6.2.43}$$

式中,$a_{\mathrm{perf}} = \sqrt{\gamma p/\rho}$ 为按完全气体得到的声速。

6.2.3　空气化学反应流动模型

当气流加热严重时,化学反应参与到流动中,通过改变比热比等参数与流场进行耦合。下面介绍相关化学反应模型以及流动模型。

1. 空气化学反应基本模型

在低温情况下,空气按体积有 21% 的氧和 78% 的氮,稀有气体占 0.94% 左右。稀有气体不参与化学反应。表 6.2-4 给出了本节用到的 8 种化学反应方程式,涉及表 6.2-1 列举的 11 个组元。

表 6.2-4　几种化学反应及反应速度常数

r	反应方程式	$k_f(r)/[(\mathrm{cm}^3/\mathrm{mol})^{-\alpha(r)}\cdot\mathrm{s}^{-1}]$	$k_b(r)/[(\mathrm{cm}^3/\mathrm{mol})^{-\beta(r)}\cdot\mathrm{s}^{-1}]$
1	$O_2 \leftrightarrow 2O$	$3.61\times10^{18}T^{-1}\exp(-5.94\times10^4/T)$	$3.01\times10^{15}T^{-0.5}$
2	$N_2 \leftrightarrow 2N$	$1.92\times10^{17}T^{-0.5}\exp(-1.131\times10^5/T)$	$1.09\times10^{16}T^{-0.5}$
3	$NO \leftrightarrow N+O$	$3.97\times10^{20}T^{-1.5}\exp(-7.56\times10^4/T)$	$1.01\times10^{20}T^{-1.5}$
4	$N+O \leftrightarrow NO^+ + e^-$	$9.03\times10^{9}T^{0.5}\exp(-3.24\times10^4/T)$	$1.80\times10^{19}T^{-1.0}$
5	$O \leftrightarrow O^+ + e^-$	$3.6\times10^{31}T^{-2.91}\exp(-1.58\times10^5/T)$	$2.2\times10^{40}T^{-4.5}$
6	$N \leftrightarrow N^+ + e^-$	$1.1\times10^{32}T^{-3.14}\exp(-1.69\times10^5/T)$	$2.2\times10^{40}T^{-4.5}$
7	$O+O \leftrightarrow O_2^+ + e^-$	$1.6\times10^{17}T^{-0.98}\exp(-8.08\times10^4/T)$	$8.02\times10^{21}T^{-1.5}$
8	$N+N \leftrightarrow N_2^+ + e^-$	$1.4\times10^{13}\exp(-6.78\times10^4/T)$	$1.5\times10^{22}T^{-1.5}$

(1) 化学非平衡引起的摩尔密度变化

任何一个化学反应,比如说表 6.2-4 中的第 r 个化学反应,引起的组元 i 的摩尔密度变化率为

$$\frac{\mathrm{d}[X_i]}{\mathrm{d}t} = (b(i,r)-a(i,r))\left\{k_f(r)\prod_j[X_j]^{a(j,r)} - k_b(r)\prod_j[X_j]^{b(j,r)}\right\} \tag{6.2.44}$$

式中,$k_f(r)$ 为正向反应速度常数,系数 $k_b(r)$ 称为逆向反应速度系数,它们与温度的拟合关系式见表 6.2-4。其中 $k_f(r)$ 可以拟合成如下表达式

$$k_f(r) = A(r)T^{\alpha(r)}\exp\left(-\frac{\theta(r)}{T}\right) \quad (\text{Arrhenius 模型}) \tag{6.2.45}$$

(2) 化学计量系数

式 (6.2.44) 中的 $a(i,r)$ 和 $b(i,r)$ 为化学反应 r 对应组元 i 的化学计量系数。例如,反应 $N_2 + O_2 = N_2 + 2O$ 的计量系数为

$$\begin{cases} a_1=1, a_2=1, a_3=0, a_4=0, a_5=0 \\ b_1=0, b_2=1, b_3=0, b_4=2, b_5=0 \end{cases}$$

其中下标分别对应 5 个组元 N_2, O_2, N, O, NO,表示在左端有 1 个氮分子和 1 个氧分子参与,右端有 1 个氮分子和 2 个氧原子参与。其他计量系数的数目可用类似方法得到。计量系数为 0 时,表明该反应中组元 i 不出现。

(3) 组元 i 的摩尔密度变化率

全部反应引起的组元 i 的摩尔密度的变化率为式 (6.2.44) 中对各反应相加,即

$$\frac{\mathrm{d}[X_i]}{\mathrm{d}t} = \sum_r (b(i,r)-a(i,r))\left\{k_f(r)\prod_j[X_j]^{a(j,r)} - k_b(r)\prod_j[X_j]^{b(j,r)}\right\} \tag{6.2.46}$$

2. 振动能模型

双原子分子振动的激发也是因为分子之间相互碰撞引起的。统计力学证明,组元 i 的振

动能变化率满足关系式

$$\frac{\mathrm{d}e_{vi}}{\mathrm{d}t}=\frac{1}{\tau_{vi}}(e_{vi}^{eq}-e_{vi})\tag{6.2.47}$$

式中

$$e_{vi}^{eq}=\frac{R_i T_{vei}}{e^{T_{vei}/T}-1},\quad \tau_{vi}=\frac{1}{k_{1,0}(1-e^{-hv_i/kT})}\tag{6.2.48}$$

分别为平衡振动能与振动驰豫时间(恢复到平衡态需要的特征时间)。平衡振动能涉及的特征温度由式(6.2.30)给出。两组元相互碰撞对应的振动驰豫时间为

$$\tau_{ij}=\alpha_{ij}\frac{T^{\beta_{ij}}}{p}\exp(\gamma_{ij}T^{-\frac{1}{3}}-\delta_{ij})$$

具体而言,对于空气的几个组元,有

$$\begin{cases}\tau_{O_2,O_2}=\dfrac{1.692\times10^{-9}}{p}\exp(101.44T^{-\frac{1}{3}})\approx\tau_{O_2,NO}\approx\tau_{O_2,N_2}\\[3mm]\tau_{N_2,N_2}=\dfrac{1.1\times10^{-11}}{p}\exp(154.0T^{-\frac{1}{3}})\approx\tau_{N_2,NO}\approx\tau_{N_2,O_2}\\[3mm]\tau_{O_2,O}=\dfrac{T^{2/3}}{p}\exp(55.2T^{-\frac{1}{3}}-26.95)\approx\tau_{O_2,N}\\[3mm]\tau_{N_2,O}=\dfrac{T^{2/3}}{p}\exp(70.3T^{-\frac{1}{3}}-24.35)\approx\tau_{N_2,N}\end{cases}$$

考虑各组元碰撞后,组元 i 的振动驰豫时间可表示为

$$\tau_{vi}^{-1}=\sum_j\frac{\rho_j}{\rho}\frac{M}{M_j}\tau_{ij}^{-1}$$

3. 平衡反应模型

(1) 化学平衡与摩尔密度关系式

当处于化学平衡时,各组元的摩尔密度不再随时间变化,即 $\dfrac{\mathrm{d}[X_i]}{\mathrm{d}t}=0$。令式(6.2.44)左端为 0,得到化学平衡状态下分子数密度满足的关系式

$$\frac{\prod_j[X_j]^{b(j,r)}}{\prod_j[X_j]^{a(j,r)}}=K_c(r),\quad K_c(r)=\frac{k_f(r)}{k_b(r)}\tag{6.2.49}$$

式中,$K_c(r)$定义了浓度平衡常数。

(2) 压力平衡关系式

利用式(6.2.39)将摩尔密度置换为分压,得压力平衡关系式

$$\frac{\prod_j p_i^{b(j,r)}}{\prod_j p_i^{a(j,r)}}=K_{pr}(T)\tag{6.2.50}$$

式中

$$K_{pr}(T)=(TR_0)^{\sum_j a(j,r)-\sum_j b(j,r)}K_c(r)\tag{6.2.51}$$

称为压力平衡常数。对于 11 组元参与的 8 反应模型,压力平衡关系式见表 6.2-5。

表 6.2 - 5　化学反应压力平衡关系式

r	反应方程式	平衡关系式	压力平衡常数
1	$O_2 \leftrightarrow 2O$	$p_O^2/p_{O_2} = K_{p1}(T)$	$K_{p1}(T) = (k_{f,1}/k_{b,1})R_0T$
2	$N_2 \leftrightarrow 2N$	$p_N^2/p_{N_2} = K_{p2}(T)$	$K_{p2}(T) = (k_{f,2}/k_{b,2})R_0T$
3	$NO \leftrightarrow N+O$	$p_N p_O/p_{NO} = K_{p3}(T)$	$K_{p3}(T) = (k_{f,3}/k_{b,3})R_0T$
4	$N+O \leftrightarrow NO^+ + e^-$	$p_{NO^+} p_{e^-}/p_N p_O = K_{p4}(T)$	$K_{p4}(T) = (k_{f,4}/k_{b,4})$
5	$O \leftrightarrow O^+ + e^-$	$p_{O^+} p_{e^-}/p_O = K_{p5}(T)$	$K_{p5}(T) = (k_{f,5}/k_{b,5})R_0T$
6	$N \leftrightarrow N^+ + e^-$	$p_{N^+} p_{e^-}/p_N = K_{p6}(T)$	$K_{p6}(T) = (k_{f,6}/k_{b,6})R_0T$
7	$O+O \leftrightarrow O_2^+ + e^-$	$p_{O_2^+} p_{e^-}/p_O p_O = K_{p7}(T)$	$K_{p7}(T) = (k_{f,7}/k_{b,7})R_0T$
8	$N+N \leftrightarrow N_2^+ + e^-$	$p_{N_2^+} p_{e^-}/p_N^2 = K_{p8}(T)$	$K_{p8}(T) = (k_{f,8}/k_{b,8})$

（3）氧核守恒与氮核守恒

化学反应不会改变氧核和氮核的个数，于是

$$\begin{cases} 2[O_2]+[O]+[NO]=[O]_{air} \\ 2[N_2]+[N]+[NO]=[N]_{air} \end{cases} \tag{6.2.52}$$

这里，$[O]_{air}$，$[N]_{air}$ 分别是单位体积的空气中独立的和组成了分子的氧核和氮核总的物质的量（摩尔数）。考虑密度为 ρ 的空气，忽略惰性气体的存在。按原子数目，氮气约占 79%，氧气约占 21%。因此，$[O]_{air}=0.21\rho/\overline{M}$，$[N]_{air}=0.79\rho/\overline{M}$。这里，$\overline{M}$ 为混合物的分子量。将式（6.2.52）的两式相除，得

$$\frac{2p_{O_2}+p_O+2p_{O_2^+}+p_{O^+}+p_{NO}+p_{NO^+}}{2p_{N_2}+p_N+2p_{N_2^+}+p_{N^+}+p_{NO}+p_{NO^+}}=\frac{n_O}{n_N}=\frac{1}{4} \tag{6.2.53a}$$

电荷守恒关系式

$$p_{NO^+}+p_{O^+}+p_{N^+}+p_{O_2^+}+p_{N_2^+}=p_{e^-} \tag{6.2.53b}$$

如果流场中的压力 p 与温度 T 给定，那么式（6.2.36）（道尔顿分压定律）、表 6.2 - 5（平衡关系式）以及式（6.2.53a）（原子核比例守恒）和式（6.2.53b）给出了 11 个关系式，从而可以求出 11 个分压 p_{O_2}，p_{N_2}，p_O，p_N，p_{NO}，$p_{O_2^+}$，$p_{N_2^+}$，p_{O^+}，p_{N^+}，p_{NO^+}，p_{e^-}。对于流动问题，压力 p 与温度 T 需要和流体力学基本方程或其他关系式进行耦合求解。

有了分压 p_i，按式（6.2.39）可反求出物质的摩尔密度 $[X]_i$，按式（6.2.38）求分密度 ρ_i，按 $c_i=\rho_i/\rho$ 求质量比数，按式（6.2.37）求定容比热和定压比热。注意，为了求 $\partial c_i/\partial T$，需要求两个相邻温度下的解，再用差分得到微分。最后，比热比按式 $\gamma=c_p/c_v$ 求。按式（6.2.35）求气体常数。图 6.2 - 13 给出了

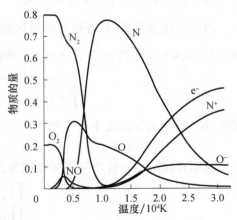

图 6.2 - 13　一个大气压下各组元物质的量比数随温度的变化

一个大气压[①]下，平衡空气各组元物质的量比数随温度的变化。可见，在 5 000 K 左右，氧原子达到极大值，在 10 000 K 左右时，氮原子达到峰值，接着电子和各种离子物质的量比数开始

[①]　一个大气压即 1 atm，1 atm=101.325 kPa。

增加。

图 6.2 - 14 为一个大气压下,气体常数、定容比热、比热比以及内能随温度的变化。可见,在 5 000 K 左右,比热比接近 1。比热比随温度增加并不是单调变化,其变化规律实际上与各组元的变化规律有关联。

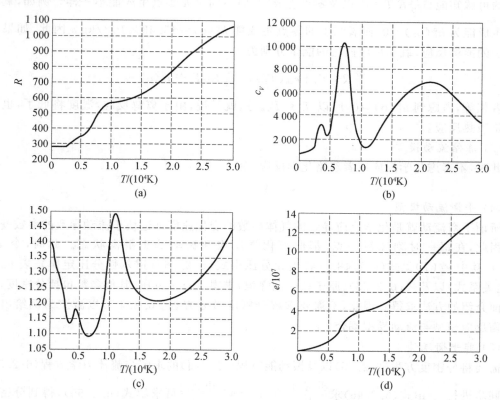

图 6.2 - 14　一个大气压下气体常数、定容比热、比热比以及内能随温度变化

4. 冻结流模型、平衡流模型与非平衡流模型

以无黏流动为例,给出高温气体流动满足的方程。此时,欧拉方程依然可以写为

$$\begin{cases} \dfrac{\partial \rho}{\partial t} + \nabla \cdot (\rho \boldsymbol{V}) = 0 \\[2mm] \dfrac{\partial \rho \boldsymbol{V}}{\partial t} + \nabla \cdot (\rho \boldsymbol{V}\boldsymbol{V} + pI) = 0 \\[2mm] \dfrac{\partial \rho E}{\partial t} + \nabla \cdot (\rho \boldsymbol{V}H) = 0 \end{cases} \tag{6.2.54}$$

(1) 组元分密度与质量比数

第 i 个组元的分密度 ρ_i 满足的连续性方程为

$$\frac{\partial \rho_i}{\partial t} + \nabla \cdot (\rho \boldsymbol{V}) = \dot{w}_i \tag{6.2.55}$$

式中,w_i 表示由化学反应引起的 ρ_i 的当地变化率。定义质量比数 $c_i = \rho_i / \rho$,上式还可以改写成如下形式

$$\frac{\partial \rho c_i}{\partial t} + \nabla \cdot (\rho \boldsymbol{V} c_i) = \dot{w}_i \tag{6.2.56}$$

（2）吸热反应的本质

既然有化学反应，为何在能量方程中没有代表化学反应产生热量的项？原来，化学反应的产热与吸热，来自于整个系统内部能量之间的转换。总的能量是守恒的，总的能量包括与温度相关的可感知能量 $\frac{l_i}{2}R_iT+e_{vi}$ 以及零点生成能，但不同组元零点生成能不一样。例如，氧分子零点生成能为 $h_f^o(o_2)=0$，而氧原子的零点生成能 $h_f^o(o)=15.43\times10^{65}/\text{kg}$。因此，如果出现氧分子的离解反应，氧在反应前后的能量分别为

$$\frac{5}{2}Ro_2T_b+e_{vb}(T_b),\quad \frac{3}{2}RoT_a+h_f^o(o)$$

令二者相等，考虑到 $h_f^o(o)>0$，所以 $T_a<T_b$。这就是说，由于离解反应，温度将低了，也可以说成是吸热反应。

（3）冻结流动模型

此时，不考虑化学反应或者忽略化学反应，令

$$\dot{w}_i=0,\quad e_{vi}=0$$

（4）平衡流动模型

所谓平衡流动就是化学反应导致的气体参数的变化速度远远快于流动导致的参数变化速度。因此，在每一时刻和每一点，都假设化学反应和振动处于平衡状态。此时，令 $e_{vi}=e_{vi}^{eq}(T)$，其中 $e_{vi}^{eq}(T)$ 见式（6.2.48）。各组元分压由式（6.2.36）（道尔顿分压定律）、表 6.2-5（平衡关系式）以及式（6.2.53）（原子核比例守恒）求得。有了分压，其他参数包括分密度，即可按上面介绍的方法求得。因此，不需要求解分密度微分方程。6.2.4 节以激波为例给出如何将平衡反应模型与流动模型耦合。

（5）非平衡流动

需要将分密度方程（6.2.55）以及振动能方程（见下面）的求解与流体力学方程（6.2.54）的求解同步进行。由式（6.2.46）求 $\frac{d[X_i]}{dt}$，令 $\dot{w}_i=M_i\frac{d[X_i]}{dt}$ 可求解式（6.2.55），得到分密度及质量比数。由式 $p_i=\rho_iR_iT$ 求分压。由

$$\frac{\partial\rho e_{vi}}{\partial t}+\nabla\cdot(\rho\mathbf{V}e_{vi})=\rho\frac{e_{vi}^{eq}-e_{vi}}{\tau_i}$$

求解双原子分子的振动能。有了这些，由前面介绍的热力学关系，就可以求得其他参数。

6.2.4　考虑高温真实气体效应的激波与膨胀波

3.2 节介绍了冻结流激波关系式和膨胀波关系式。对于冻结流，比热比为常数。这里考虑有化学反应的情况。

1. 正激波下游平衡流模型

如图 6.2-15 所示，激波上游流动参数记为 $\rho_1,V_1,p_1,T_1,\gamma_1$。经历激波过程中，空气分子在几个分子平均自由程厚度内碰撞，迅速达到波后冻结流动状态 $\rho_2,V_2,p_2,T_2,\gamma_1$，比热比依然与上游的一样，因此下游状态依然由 3.2 节介绍的冻结流正激波关系式给定。此时，温度 T_2 远高于 T_1，振动能激发且发生其他化学反应。这些反应一边改变 γ，一边改变流动参数，处于非平衡流状态，流动参数 $\rho_n,V_n,p_n,T_n,\gamma_n$ 是坐标 x 的函数。经过几十万次碰撞，即经过数万个分子平均自由程距离，达到平衡流状态。达到平衡状态后的参数记为 $\rho_e,V_e,p_e,T_e,\gamma_e$。

此时,流场内有 11 个组元,各组元的分压为

$$p_{O_2}, p_{N_2}, p_O, p_N, p_{NO}, p_{O_2^+}, p_{N_2^+}, p_{O^+}, p_{N^+}, p_{NO^+}, p_{e^-}$$

分压满足表 6.2-5 给出的 8 个平衡关系,其中涉及的温度为 $T = T_e$。另外,还满足原子核比例守恒关系式(6.2.53)以及道尔顿分压定律,即

$$p_{O_2} + p_{N_2} + p_O + p_N + p_{NO} + p_{O_2^+} + p_{N_2^+} + p_{O^+} + p_{N^+} + p_{NO^+} + p_{e^-} = p_e \quad (6.2.57)$$

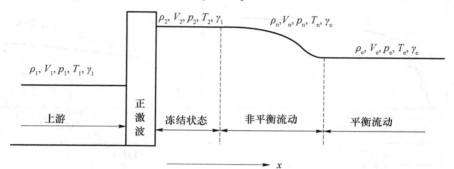

图 6.2-15　考虑高温真实气体效应的正激波流动

于是,一共有了 11 个关系,11 个分压和 p_e,T_e 这 2 个未知量作为待求量。未知数总数达到了 13 个,需要补充额外关系式。由于是经历了正激波,因此上下游参数依然满足正激波质量守恒、动量守恒和能量守恒关系,即

$$\begin{cases} \rho_1 V_1 = \rho_e V_e \\ \rho_1 V_1^2 + p_1 = \rho_e V_e^2 + p_e \\ h_1 + \dfrac{V_1^2}{2} = h_e + \dfrac{V_e^2}{2} \end{cases} \quad (6.2.58)$$

这多了 3 个关系,从而总共有 14 个关系。但同时又多了 3 个未知数 ρ_e,V_e,h_e。故一共有了 16 个未知数。需要补充热力学关系。第一个是

$$\rho_e = \frac{p_e}{RT_e} = \frac{\overline{M} p_e}{R_0 T_e}, \quad \frac{1}{M} = \sum_i \frac{c_i}{M_i} \quad (6.2.59)$$

式中,质量比数计算式为

$$c_i = \frac{\rho_i}{\rho_e}, \quad \rho_i = \frac{p_i}{R_i T_e} \quad (6.2.60)$$

静焓 h_e 为

$$h_e = \sum_i c_i \left(\frac{l_i + 2}{2} R_i T_e + e_{vi} + h_{fi}^0 \right), \quad e_{vi} = \frac{R_i T_{vei}}{\exp(T_{vei}/T_e) - 1} \quad (6.2.61)$$

以上给出了确定平衡流区各分压以及 ρ_e,V_e,p_e,T_e 的全部关系式。所涉及的分子量、零点生成能、振动特征温度以及化学反应速度常数,均已在前面介绍的相应表格中给出。

图 6.2-16 给出了两组来流条件,即波后平衡流区温度和密度随来流速度的关系。可见,由于吸热反应,平衡流中正激波波后温度显著低于冻结流,波后密度高于冻结流。

图 6.2-17 给出了不同来流温度和压力时,平衡流区马赫数与波前马赫数的变化关系。其中,马赫数计算所用到的声速表达式见(6.2.43)。

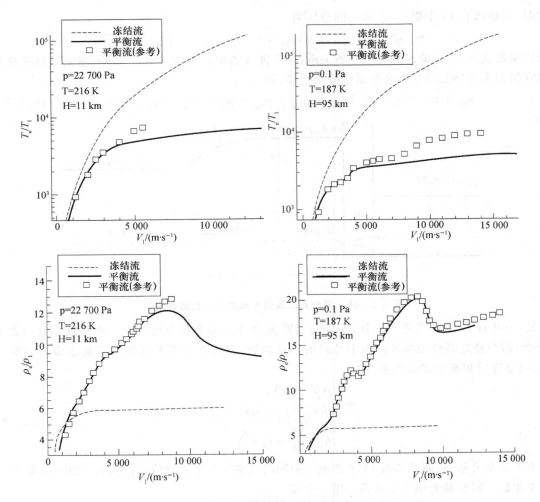

图 6.2-16 平衡流中正激波波后参数(参考值由 Huber 给出)

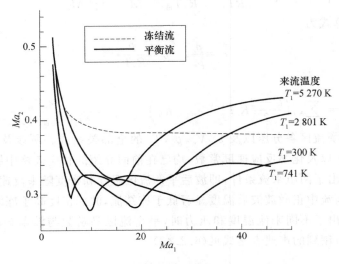

图 6.2-17 平衡流区马赫数与波前马赫数的关系

2. 斜激波与普朗特-迈耶流平衡流区的参数

对于斜激波与普朗特-迈耶流,可按正激波进行类似处理。斜激波可被视为沿着激波切向叠加上一个速度的正激波。因此,其法向分量的上下游参数依然满足正激波质量守恒、动量守恒和能量守恒关系,即

$$\begin{cases} \rho_1 V_{1,n} = \rho_e V_{e,n} \\ \rho_1 V_{1,n}^2 + p_1 = \rho_e V_{e,n}^2 + p_e \\ h_1 + \dfrac{V_{1,n}^2}{2} = h_e + \dfrac{V_{e,n}^2}{2} \end{cases} \tag{6.2.62}$$

穿越激波的过程中,速度的切向分量保持不变:

$$V_{1,t} = V_{e,t} \tag{6.2.63}$$

式中

$$\begin{aligned} V_{1,n} &= V_1 \sin\beta, & V_{e,n} &= V_e \sin(\beta-\theta) \\ V_{1,t} &= V_1 \cos\beta, & V_{e,t} &= V_e \cos(\beta-\theta) \end{aligned} \tag{6.2.64}$$

在正激波的基础上,斜激波增加了 2 个参数(激波角 β 和气流转角 θ),增加了一个方程(6.2.63)。因此,给定气流转角或激波角后即可求解。

对于一组来流条件,斜激波的激波角与气流偏转角的关系如图 6.2-18 所示。可见,考虑高温真实气体效应后,斜激波的最大气流转角(脱体临界角)增大,使得斜激波更不易脱体。另外,对于同样的来流马赫数的气流偏转角,高温真实气体效应减小弱激波角,增大强激波角。

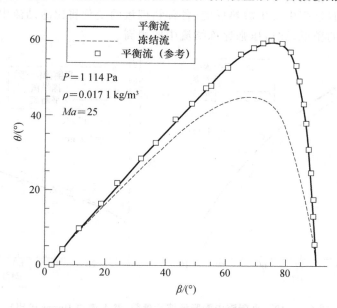

图 6.2-18　平衡流中斜激波激波角(参考值由 Moeckel 给出)

对于普朗特-迈耶流动,无论化学反应产生与否,质量守恒关系必须满足。因此,联系气流转角与马赫数的普朗特-迈耶关系式仍然成立,即

$$\theta = \int_{V_1}^{V_e} \sqrt{Ma^2-1}\,\frac{dV}{V} \tag{6.2.65}$$

式中,计算马赫数时所用到的声速表达式(6.2.43)是压强 p_e 和温度 T_e 的二元函数。在穿越

膨胀波的过程中,它们通过等熵关系和总焓关系与流动速度相联系。在高温平衡流中,普朗特-迈耶流动仍是等熵的,即

$$s_1 = s_e \tag{6.2.66}$$

由平衡态热力学可以导出混合气体熵的表达式为

$$s = \sum_{i=1} c_i \left(\frac{7}{2} \frac{R_0}{M_i} \ln(T) - \frac{R_0}{M_i} \ln(p) + s_{0,i} + \int \left(\frac{T_{ve,i}}{T} \right)^2 \frac{\exp\left(\frac{T_{ve,i}}{T} \right)}{\left(\exp\left(\frac{T_{ve,i}}{T} \right) - 1 \right)^2} \frac{dT}{T} \right) \tag{6.2.67}$$

式中,$s_{0,i}$ 为气体组分在标准状态下的熵,定积分的起点即为标准状态。可见,平衡态混合气体的熵是压强 p_e 和温度 T_e 的二元函数。

再补充总焓守恒关系式,即

$$h_1 + \frac{V_1^2}{2} = h_e + \frac{V_e^2}{2} \tag{6.2.68}$$

与前述的正激波类似,平衡化学反应给出了 11 个关系和 13 个变量,还需要补充关系式。普朗特-迈耶流动增加了 V_e, h_e, s_e, c_e 共 4 个参数,给出了 3 个基本关系式(6.2.65)、式(6.2.66)和式(6.2.68),加上声速、熵和比焓的表达式,共增加了 6 个关系式。因此,一共有 17 个关系式和 17 个参数,给定气流转角后即可求解普朗特-迈耶流动。

在超声速绕外凸角流动中,一组来流条件对应的膨胀波波后参数如图 6.2 - 19 所示。由于高温气体的在膨胀过程中发生放热反应,各种物理量的变化将比冻结流中的有所缓和,波后马赫数比冻结流中的稍低,波后压强比冻结流中的稍高。

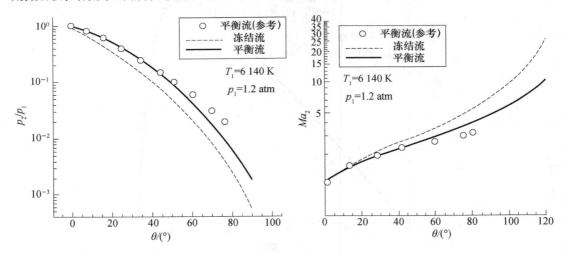

图 6.2 - 19　平衡流中膨胀波波后参数(参考值由 Heims 给出)

3. 黑障简介

飞行器再入大气层时,激波加热和附面层加热导致高温真实气体效应。在马赫数足够高时,烧蚀和化学反应使物体被电离气体所包围,其周围形成一个强电离且非均匀的等离子体薄层,称为等离子体鞘。等离子体鞘会吸收和反射电磁波,使再入飞信器与地面的通信信号衰减甚至中断,这种情况称作黑障。信号衰减程度与电子数密度有关。

有一通信截止频率,定义式为

$$f_p = \frac{1}{2\pi}\sqrt{\frac{q^2 n_e}{\varepsilon_0 m_e}} \tag{6.2.69}$$

其中,f_p 为截止频率(Hz),n_e 为电子数密度(电子数/m³),q 为电子电荷量(1.6×10^{-19} C),m_e 为电子质量(9.1×10^{-31} kg),ε_0 为真空中介电常数(8.85×10^{-12} F/m²)。当通信频率 f_{link} 低于 f_p 时,通信无法正常进行。由于返回舱的头部温度高,电子数密度大,因此一般不会将天线放在头部,而是放在飞行器尾流区,因为当地电子数密度较小(图 6.2 - 20)。

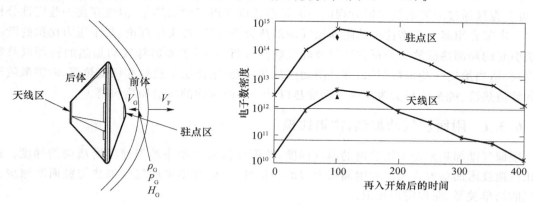

图 6.2 - 20　驻点与尾迹区电子数密度随再入时间的变化

飞行器再入稠密大气时,速度可达 5~11 km/s,脱体激波令空气发生电离,产生自由电子;当自由电子密度超过某值时,将屏蔽部分电磁波,如果屏蔽效应足够强,通信将中断,这就是黑障现象。地球大气中,黑障发生的高度范围一般为 35~80 km,速度范围一般为 5 km/s 以上。

6.2.5　要点总结

高超声速问题涉及两个方面:首先,来流马赫数超过 6 以后,作为极限问题有哪些结论,作为定性问题又有哪些新的现象;第二个方面是高超声速飞行器与普通飞行器必须有何区别,原因是什么。

对于第一方面问题中的高马赫数极限问题,气动力系数和流场形态满足马赫数无关原理,壁面压力系数满足正比于当地斜率的正弦平方的牛顿定理。由于这些简化,给高超气动力的粗略分析带来了极大的方便。但是,高马赫数导致的气流加热,会导致附面层异常厚,使得物面等效形状发生不可忽略的变化,即使对于平板,也会出现沿流向的压力梯度。由于马赫数越高,激波越贴近物面,因此厚附面层与薄激波层会发生干扰。这些影响统称为黏性干扰。低速情况下,附面层对势流区的干扰是可以忽略的(见 2.2 节),但对于高超声速问题,却存在这种不可忽略黏性干扰。因此,高马赫数极限问题,既带来简化的一面,也带来复杂的一面。

作为第二个方面,激波加热和附面层加热使得空气温度会超过 600 K,这导致出现分子振动(600 K 以上)、氧离解(2 500 K 以上)、氮离解和一氧化氮复合反应(4 000 K 以上),甚至电离(7 000 K 以上)。这些化学反应一般是吸热反应,导致实际温度会比不考虑化学反应相比有较大幅度的降低。同时,新的组元出现会改变比热容、比热比和气体常数等物性参数。这种高温真实气体效应会协同改变流场,流体力学方程与化学反应方程必须耦合求解。在极高温度下,电离导致的电子会引起黑障。

由于 6.3 涉及的气动热问题,高超声速飞行器往往具有钝头体和厚实的外形。

6.3　气动热问题

如同摩擦应力正比于壁面速度梯度,壁面热流密度正比于壁面流体的法向温度梯度。于是,可以直接通过求解能量守恒方程的附面层形式以获得气动加热量,但也存在一些定性分析方法。本节介绍基于雷诺比拟的附面层气动加热分析方法、钝头体理论、基于压力比拟的激波干扰引起的局部热流放大分析方法以及驻点热流分析方法;主要解释气动加热的机理以及影响因素,适当给出一些定量结果;涉及附面层加热、激波附面层干扰局部峰值热流、六类激波干扰的峰值热流、钝头体与尖锐前缘气动加热以及一些凸起物的气动加热问题。

6.3.1　附面层气动加热,雷诺比拟

壁面气动加热来源于沿法向的温度梯度,壁面摩擦应力则来源于速度沿法向的梯度。通过比较速度附面层方程与温度附面层方程的相似性,可以找出壁面气流加热与壁面摩擦应力之间的简单关系,简称雷诺比拟。

(1) 摩擦系数与换热系数关系

壁面黏性应力与热流密度,分别按牛顿黏性定律和傅里叶热传导定律写为

$$\begin{cases} \tau_w = \mu_\infty \dfrac{\partial u}{\partial y}\Big|_w = V_\infty \mu_\infty \dfrac{\partial \bar{u}}{\partial y}\Big|_w, & \bar{u} = \dfrac{u}{V_\infty} \\[2mm] q_w = \kappa_\infty \dfrac{\partial T}{\partial y}\Big|_w = \kappa_\infty (T_\infty - T_w) \dfrac{\partial \bar{T}}{\partial y}\Big|_w, & \bar{T} = \dfrac{T - T_w}{T_\infty - T_w} \end{cases} \tag{6.3.1}$$

摩擦系数 c_f 和反映无量纲热流密度的斯坦顿数 St 分别定义为

$$c_f = \frac{2\tau_w}{\rho_\infty V_\infty^2}, \quad St = \frac{q_w}{\rho_\infty V_\infty c_p (T_\infty - T_w)} \tag{6.3.2}$$

将式(6.3.1)代入式(6.3.2)得

$$c_f = \frac{2\mu_\infty}{\rho_\infty V_\infty} \frac{\partial \bar{u}}{\partial y}, \quad St = \frac{\kappa_\infty}{\rho_\infty V_\infty C_p} \frac{\partial \bar{T}}{\partial y} \tag{6.3.3}$$

将式(6.3.3)两式相除得

$$\frac{c_f}{St} = 2Pr \frac{\partial \bar{u}/\partial y}{\partial \bar{T}/\partial y}, \quad Pr = \frac{C_p \mu_\infty}{\kappa_\infty} \tag{6.3.4}$$

对于平板,普朗特附面层微分方程的动量方程及其满足的边界条件为

$$u \frac{\partial \bar{u}}{\partial x} + v \frac{\partial \bar{u}}{\partial y} = \mu_\infty \frac{\partial^2 \bar{u}}{\partial y^2}, \quad \bar{u}(x,0) = 0, \quad \bar{u}(x,\delta) = 1 \tag{6.3.5}$$

同理,可以得到平板温度附面层满足的方程为

$$u \frac{\partial \bar{T}}{\partial x} + v \frac{\partial \bar{T}}{\partial y} = \frac{k_\infty}{C_p} \frac{\partial^2 \bar{T}}{\partial y^2} = \frac{\mu_\infty}{Pr} \frac{\partial^2 \bar{T}}{\partial y^2}, \quad \bar{T}(x,0) = 0, \quad \bar{T}(x,\delta_T) = 1 \tag{6.3.6}$$

思路是这样的:由纳维-斯托克斯方程的动量方程矢量形式点乘速度矢量,不难得动能 $\frac{1}{2}V^2$ 满足的方程

$$\rho \frac{\mathrm{D}}{\mathrm{D}t}\left(\frac{1}{2}V^2\right) = -\boldsymbol{V} \cdot (\nabla p) + \rho \boldsymbol{V} \cdot \boldsymbol{f}_v + \boldsymbol{V} \cdot (\nabla \cdot \boldsymbol{\tau})$$

接着用总能满足的能量方程减去该动能方程,便可得到内能或温度满足的方程。仿速度附面层,进行温度附面层近似后,便得到式(6.3.6)。

对于平板附面层流动,如果普朗特数 $Pr=1$,那么在低速情况下,速度附面层方程(6.3.5)以及温度附面层方程(6.3.6)具有相同形式,只是符号不一样。因此无量纲温度和速度解完全相同,即 $\frac{\partial \bar{u}}{\partial y} = \frac{\partial \bar{T}}{\partial y}$。将此代入式(6.3.4)得,$St = \frac{c_f}{2}$。这就是 $Pr=1$ 时的雷诺比拟。对于普朗特数不为 1 的情况,则

$$q_w = \kappa_\infty \frac{\partial T}{\partial y}\bigg|_w = \kappa_\infty (T_\infty - T_w) \frac{\partial \eta}{\partial y} \frac{\mathrm{d}\bar{T}}{\mathrm{d}\eta}\bigg|_w$$

这里 $\frac{\partial \eta}{\partial y} = \sqrt{\frac{\rho_\infty V_\infty}{(\mu_\infty x)}}$,于是

$$St = \frac{\kappa_\infty (T_\infty - T_w)\sqrt{u_e/\nu x}\frac{\mathrm{d}\bar{T}}{\mathrm{d}\eta}\bigg|_w}{\rho_\infty u_\infty c_{p\infty}(T_\infty - T_w)} = \frac{1}{Pr\sqrt{Re_x}}\frac{\mathrm{d}\bar{T}}{\mathrm{d}\eta}\bigg|_w$$

(2) 不可压缩流动雷诺比拟

无论是层流还是湍流,用类似于速度附面层的卡门波尔豪森法求解温度附面层方程(6.3.6),可得 $\frac{\mathrm{d}\bar{T}}{\mathrm{d}\eta}\bigg|_w \sim Pr^{1/3}$,而对于速度附面层,$c_f \sim \frac{1}{\sqrt{Re_x}}$,从而雷诺比拟关系可写为

$$St = \frac{c_f}{2Pr^{2/3}} \quad (\text{雷诺比拟}) \tag{6.3.7}$$

上式对层流湍流都成立。

(3) 可压缩流动雷诺比拟

4.2.6 节介绍了估算可压缩性对附面层参数(如摩擦系数)修正的参考温度法。在 6.2.1 节推广到了高超声速附面层。计算参考温度 T^*、参考密度 ρ^* 以及基于参考温度的附面层摩擦系数 c_f^* 的方法见 4.2.6 节。现在用参考温度法将雷诺比拟推广到可压缩情况。基于参考温度定义的摩擦系数与斯坦顿数分别为

$$c_f^* = \frac{2\tau_w}{\rho^* V_\infty^2}, \quad St^{(*)} = \frac{q_w}{\rho^* V_\infty c_p^* (T^* - T_w)} \tag{6.3.8}$$

于是,雷诺比拟为

$$St^* = \frac{c_f^*}{2Pr^{2/3}} \tag{6.3.9}$$

依据上式以及 $St^{(*)}$ 的定义式,用参考温度法求得摩擦系数 c_f^* 后,热流密度按下式求

$$\frac{q_w}{\rho^* V_\infty c_p^* (T^* - T_w)} = \frac{c_f^*}{2Pr^{2/3}}, \quad q_w = \frac{c_f^*}{2Pr^{2/3}}\rho^* V_\infty c_p^* (T^* - T_w) \tag{6.3.10}$$

式中,带星号的均用参考温度求。带星号的密度按状态方程可写为

$$\rho^* = \rho_\infty T_\infty / T^*$$

注意:式(6.3.10)中涉及的气动加热 q_w 以加热物体为正。无论壁温相对于来流温度如何,当马赫数足够高时,参考温度可高于壁温,从而加热物体。另外,c_p^* 以及普朗特数对温度不太敏感,因此可以用自由来流的值。

6.3.2　钝头体问题:气流加热与物体加热

高超声速弹道导弹、航天飞机以及返回舱等做成钝头体,显然波阻会很大,但可以减少气动加热。这是因为,钝头体产生脱体激波,脱体激波预先把气流加热,部分热量被波后气流带走了,因此直接加热物体的热量变小了。这就是著名的 Allen 钝头体理论。下面简单给出这一理论的数学表述。

(1) 气动加热率与当前飞行器速度关系

定义整个物体加热的斯坦顿数

$$St = \frac{\mathrm{d}Q/\mathrm{d}t}{\rho_\infty V_\infty (h_0 - h_w) S} \tag{6.3.11}$$

式中,ρ_∞ 和 V_∞ 分别为自由来流密度和速度,h_0 指来流总焓,h_w 指基于壁温的气体焓。S 为参考面积,不同的再入飞行器,S 的含义不同,对于 Apollo 等类似球形的再入飞行器,S 指横截面积,对于航天飞机等飞机型再入飞行器 S 指机翼的参考面积,即投影面积。$\mathrm{d}Q/\mathrm{d}t$ 指整个 S 表面的单位时间的气动加热率。采用雷诺比拟将斯坦顿数表示为摩擦阻力系数 C_f

$$St \approx \frac{1}{2} C_f \tag{6.3.12}$$

在高超声速假设下,$h_0 \gg h_w$,$h_0 = h_\infty + \dfrac{V_\infty^2}{2} \approx \dfrac{V_\infty^2}{2}$,于是,可令

$$h_0 - h_w \approx \frac{V_\infty^2}{2} \tag{6.3.13}$$

将式(6.3.12)和式(6.3.13)代入式(6.3.11),可解出

$$\frac{\mathrm{d}Q}{\mathrm{d}t} = \frac{1}{4} \rho_\infty V_\infty^3 S C_f \tag{6.3.14}$$

因此,对于高超声速飞行器,**单位时间气动加热率随速度的三次方变化**。气动阻力一般只随速度的平方变化,所以对于高超声速飞行,气动加热远比气动阻力更值得重视。

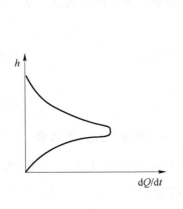

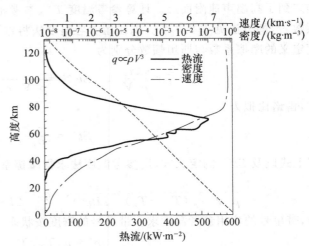

(a) 再入飞行器气动加热率随高度变化　　　　　(b) 航天飞机驻点热流

图 6.3 - 1　再入飞行器气动加热率与高度的关系

如图 6.3-1(a)所示,对于再入早期,随着高度下降,大气密度的增加导致气动加热率增加。到了再入后期,速度的迅速减小导致气动加热率降低。因此,气动加热率存在最大值。6.3-1(b)是航天飞机驻点热流随再入高度的变化。驻点峰值加热高度在 $60\sim70$ km,驻点峰值热流约为 500 kW/m²。图中给出了密度和速度的曲线,二者趋势相反,导致热流出现极大值。

（2）气动加热量与再入速度

再入过程中,由于阻力而减速。如果再入飞行器的质量为 m,阻力为

$$D = \frac{1}{2}\rho_{\infty}V_{\infty}^2 S C_D$$

那么,速度衰减满足的方程为

$$\frac{dV_{\infty}}{dt} = -\frac{D}{m} = -\frac{1}{2m}\rho_{\infty}V_{\infty}^2 S C_D \tag{6.3.15}$$

将式(6.3.14)和式(6.3.15)代入 $\dfrac{dQ}{dt} = \dfrac{dQ}{dV_{\infty}}\dfrac{dV_{\infty}}{dt}$,整理得

$$\frac{dQ}{dV_{\infty}} = -\frac{1}{2}\frac{C_f}{C_D}mV_{\infty}$$

将上式从再入开始状态($Q=0, V_{\infty}=V_E$)积分到再入结束($Q=Q_{\text{total}}, V_{\infty}=0$),得

$$Q_{\text{total}} = \frac{1}{2}\frac{C_f}{C_D}\left(\frac{1}{2}mV_E^2\right) \tag{6.3.16}$$

式(6.3.16)给出了两条重要的结论:

① 再入飞行器总气动加热直接正比于再入前的初始动能 $\dfrac{1}{2}mV_E^2$。

② 再入飞行器总气动加热直接正比于摩擦系数和阻力系数的比 C_f/C_D。这就是 Allen 的重要的钝头体理论的出发点。

（3）钝头体理论

总阻力等于压差阻力和摩擦阻力之和,即 $C_D = C_{Dp} + C_f$。于是,式(6.3.16)可写为

$$Q_{\text{total}} = \frac{1}{2}\frac{C_f}{C_{Dp}+C_f}\left(\frac{1}{2}mV_E^2\right) \tag{6.3.17}$$

因此,为了减小总的气动加热,可增加压差阻力。为此,可以将物体设计为钝头体,这样会产生很强的脱体激波,带来压差阻力,从而减小气动加热(同时也避免了尖头物体因曲率半径太小引起的驻点高热流)。所有实际成功的再入飞行器,从洲际弹道导弹到 Appolo 号返回舱等,也确实都采用了圆的钝头。

Allen 的钝头体理论,从原理上可以这么理解,物体从高超声速再入到地面,速度变为零,能量到哪里去了？能量分成了两部分:① 经过激波加热,一些被主流直接带走了,一些被用于参与吸热反应,变成化学能了。② 驻点与摩擦加热,即滞止到物面,变成热能,以热传导形式,一些直接传入物体,加热物体,一些传入主流被带走。这一部分加热物体,容易烧坏物体,需要尽量减少。

采用钝头体,能产生很强的脱体激波,使得激波加热部分比例增加了,这样减小了驻点与摩擦加热,使得物体不容易烧坏。

6.3.3 不可压缩驻点流动与热流相似解

对于高速流动,驻点前周围气流经过激波减速,接近不可压缩流动状态。于是,利用脱体激波后参数,套用不可压缩流动驻点热流关系式,就可以得到高超声速驻点热流解。为此,先给出不可压缩流动驻点热流相似解。

1. 不可压缩驻点热流相似解方程

考虑如图 6.3-2 所示的驻点附面层。驻点附面层外缘的参数用下标 e 标注。按 2.1 节,驻点起始附面层厚度 δ 不为 0。在驻点附近,沿壁面切向的势流速度按一阶泰勒展开为

$$u_e(x) \approx \frac{\mathrm{d}u_e}{\mathrm{d}x}x \qquad (6.3.18)$$

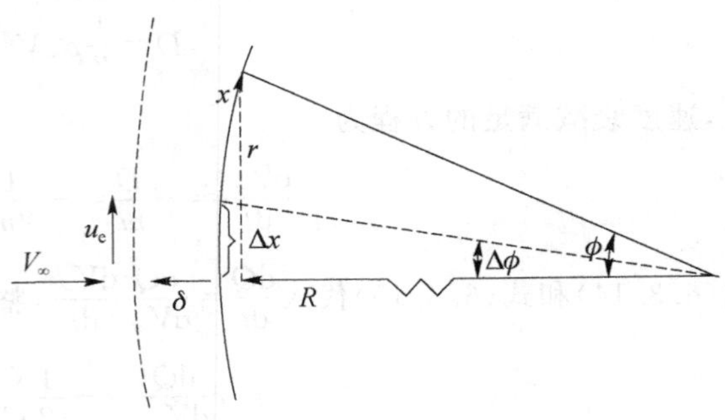

对于圆柱绕流,由 1.3 节介绍的理想圆柱绕流解,得

$$u_e(x) = 2V_\infty \sin \varphi = 2V_\infty \sin \frac{x}{R} \approx \frac{2V_\infty}{R}x$$

即

图 6.3-2 驻点附面层示意图

$$\frac{\mathrm{d}u_e}{\mathrm{d}x} = \frac{2V_\infty}{R} \qquad (6.3.19)$$

忽略黏性耗散对温度的影响,可将附面层方程写为

$$\begin{cases} \dfrac{\partial u}{\partial x} + \dfrac{\partial v}{\partial y} = 0 \\[2mm] u\dfrac{\partial u}{\partial x} + v\dfrac{\partial u}{\partial y} = u_e\dfrac{\mathrm{d}u_e}{\mathrm{d}x} + \dfrac{\partial}{\partial y}\left(\dfrac{\mu}{\rho}\dfrac{\partial u}{\partial y}\right) \\[2mm] u\dfrac{\partial h}{\partial x} + v\dfrac{\partial h}{\partial y} = -uu_e\dfrac{\mathrm{d}u_e}{\mathrm{d}x} + \dfrac{\kappa}{\rho C_p}\dfrac{\partial^2 h}{\partial y^2} + \dfrac{\mu}{\rho}\left(\dfrac{\partial u}{\partial y}\right)^2 \end{cases} \qquad (6.3.20)$$

下面求相似解。由式(6.3.19)知,外缘速度 u_e 不是常数,因此求相似解不方便。引入变换

$$\frac{\mathrm{d}\xi}{\mathrm{d}x} = \rho\mu u_e \Rightarrow \xi = \xi(x) = \frac{1}{2}\rho\mu u_e' x^2 \qquad (6.3.21)$$

则相对于 ξ,外缘速度可以看成常数。仿照勃拉休斯变换 $\eta = y/\sqrt{\nu\xi/u_e}$,引入

$$\eta = \frac{\rho u_e}{\sqrt{2\xi}}y, \quad \frac{u}{u_e} = \frac{\mathrm{d}f}{\mathrm{d}\eta} = f'$$

于是

$$\begin{cases} \dfrac{\partial \xi}{\partial x} = \rho\mu u_e, \quad \dfrac{\partial \xi}{\partial y} = 0, \quad \dfrac{\partial \eta}{\partial x} = 0, \quad \dfrac{\partial \eta}{\partial y} = \dfrac{\rho u_e}{\sqrt{2\xi}} \\[2mm] \dfrac{\partial}{\partial x} = \rho\mu u_e\dfrac{\partial}{\partial \xi}, \quad \dfrac{\partial}{\partial y} = \dfrac{\rho u_e}{\sqrt{2\xi}}\dfrac{\partial}{\partial \eta} \end{cases} \qquad (6.3.22)$$

相似解假设各流动参数无量纲量均是 η 的函数。

2. 相似解满足的动量方程

引入流函数

$$\frac{\partial \psi}{\partial y}=u=u_{e}f' \Rightarrow \frac{\rho u_{e}}{\sqrt{2\xi}}\frac{\partial \psi}{\partial \eta}=u_{e}\frac{\mathrm{d}f}{\mathrm{d}\eta} \Rightarrow \psi=\frac{\sqrt{2\xi}}{\rho}f$$

于是

$$v=-\frac{\partial \psi}{\partial x}=-\frac{\mu u_{e}}{\sqrt{2\xi}}f \tag{6.3.23}$$

利用式(6.3.22),得

$$\begin{cases} \frac{\partial u}{\partial x}=\frac{\mathrm{d}\xi}{\mathrm{d}x}\frac{\partial u}{\partial \xi}=\rho\mu u_{e}\frac{\partial u}{\partial \xi}=\rho\mu u_{e}\frac{\partial u_{e}}{\partial \xi}f'=\rho\mu u_{e}u_{e}'\frac{\mathrm{d}x}{\mathrm{d}\xi}f'=u_{e}'f' \\[2mm] \frac{\partial u}{\partial y}=\frac{\mathrm{d}\xi}{\mathrm{d}y}\frac{\partial u}{\partial \xi}=\frac{\rho u_{e}}{\sqrt{2\xi}}u_{e}f'' \\[2mm] \frac{\partial^{2}u}{\partial y^{2}}=\frac{\rho u_{e}}{\sqrt{2\xi}}\frac{\partial}{\partial \eta}\left(\frac{\rho u_{e}}{\sqrt{2\xi}}u_{e}f''\right)=\left(\frac{\rho u_{e}}{\sqrt{2\xi}}\right)^{2}u_{e}f''' \end{cases}$$

将上式及式(6.3.23)代入式(6.3.20)中的动量方程,得

$$u_{e}f'u_{e}'f'-\frac{\mu u_{e}}{\sqrt{2\xi}}f\frac{\rho u_{e}}{\sqrt{2\xi}}u_{e}f''=u_{e}u_{e}'+\frac{\mu}{\rho}\left(\frac{\rho u_{e}}{\sqrt{2\xi}}\right)^{2}u_{e}f'''$$

简化得

$$u_{e}u_{e}'(f')^{2}-\frac{\rho\mu u_{e}^{3}}{2\xi}ff''=u_{e}u_{e}'+\rho\mu\frac{u_{e}^{3}}{2\xi}f'' \Rightarrow$$

$$(f')^{2}-\frac{\rho\mu u_{e}^{2}}{2\xi u_{e}'}ff''=1+\frac{\rho\mu u_{e}^{2}}{2\xi u_{e}'}f''$$

将

$$\xi=\frac{1}{2}\rho\mu u_{e}'x^{2},\ u_{e}=u_{e}'x \Rightarrow \frac{\rho\mu u_{e}^{2}}{2\xi u_{e}'}=1$$

代入上式得

$$(f')^{2}-ff''=1+f''' \tag{6.3.24}$$

3. 相似解满足的能量方程

引入 $\theta=\frac{h-h_{w}}{h_{e}-h_{w}}$,将式(6.3.20)中的能量方程写为

$$u\frac{\partial \theta}{\partial x}+v\frac{\partial \theta}{\partial y}=-\frac{u_{e}u_{e}'}{h_{e}-h_{w}}u+\frac{\kappa}{\rho c_{p}}\frac{\partial^{2}\theta}{\partial y^{2}}+\frac{\mu}{h_{e}-h_{w}}\left(\frac{\partial u}{\partial y}\right)^{2}$$

类似动量方程的处理,将

$$\begin{cases} \frac{\partial \theta}{\partial x}=\rho\mu u_{e}\frac{\partial \theta}{\partial \xi}=0,\quad \frac{\partial \theta}{\partial y}=\frac{\rho u_{e}}{\sqrt{2\xi}}\theta' \\[2mm] \frac{\partial^{2}\theta}{\partial y^{2}}=\frac{\rho u_{e}}{\sqrt{2\xi}}\frac{\partial}{\partial \eta}\left(\frac{\rho u_{e}}{\sqrt{2\xi}}\theta'\right)=\left(\frac{\rho u_{e}}{\sqrt{2\xi}}\right)^{2}\theta'' \\[2mm] \frac{\partial u}{\partial y}=\frac{\rho u_{e}}{\sqrt{2\xi}}u_{e}f'',u=u_{e}f',v=-\frac{\mu u_{e}}{\sqrt{2\xi}}f \end{cases} \tag{6.3.25}$$

代入上式,简化得

$$-\frac{\mu u_e}{\sqrt{2\xi}}f\,\frac{\rho u_e}{\sqrt{2\xi}}\theta'=-\frac{u_e u_e'}{h_e-h_w}u_e f'+\frac{\kappa}{\rho c_p}\Big(\frac{\rho u_e}{\sqrt{2\xi}}\Big)^2\theta''+\frac{\mu}{h_e-h_w}\Big(\frac{\rho u_e}{\sqrt{2\xi}}u_e f''\Big)^2$$

即

$$-\frac{\rho\mu u_e^2}{2\xi}f\theta'=-\frac{u_e u_e'}{h_e-h_w}u_e f'+\frac{\rho\kappa u_e^2}{2c_p\xi}\theta''+\frac{\mu}{h_e-h_w}\frac{\rho u_e^3}{2\xi}(f'')^2$$

对于不可压缩流动,近似成立

$$\frac{u_e^2}{h_e-h_w}\approx 0$$

于是能量方程为

$$-\frac{\rho\mu u_e^2}{2\xi}f\theta'=\frac{\rho\kappa u_e^2}{2c_p\xi}\theta''$$

即

$$Pr\theta''+f\theta'=0 \tag{6.3.26}$$

4. 驻点相似解满足的方程

由式(6.3.24)和式(6.3.26)知,平面二维驻点流动相似解满足的方程为

$$\begin{cases} f'''+ff''=(f')^2-1 \\ \dfrac{1}{Pr}\theta''+f\theta'=0 \end{cases} \tag{6.3.27}$$

类似地,轴对称条件下,附面层满足的方程可证明为

$$\begin{cases} f'''+ff''=\dfrac{1}{2}\big[(f')^2-1\big] \\ \dfrac{1}{Pr}\theta''+f\theta'=0 \end{cases} \tag{6.3.28}$$

对应的边界条件为

$$\begin{cases} u_w/u_e=f'(0)=0, & \theta_w=0 \\ u(\delta)/u_e=f'(1)=1, & \theta'(1)=1 \\ u'(\delta)/u_e=f''(1)=0, & \theta'(1)=0 \end{cases}$$

驻点摩擦系数为(注意,这里只有 v)

$$\tau_w=\mu\Big(\frac{\partial u}{\partial y}+\frac{\partial v}{\partial x}\Big)=\mu\frac{\partial v}{\partial x}$$

用数值方法求解式(6.3.27)或式(6.3.28)中的能量方程,不难得到

$$\theta'(0)=0.57Pr^{-0.1} \tag{6.3.29}$$

5. 驻点热流表达式

下面求热流表达式。利用式(6.3.25)中关于 $\partial\theta/\partial y$ 的表达式,得

$$q_w=\kappa\frac{\partial T}{\partial y}\Big|_w=\frac{\kappa\rho u_e}{C_p\sqrt{2\xi}}(h_e-h_w)\frac{\partial\theta}{\partial\eta}\Big|_w$$

考虑到

$$\xi=\frac{1}{2}\rho\mu u_e' x^2,\quad u_e=u_e' x\Rightarrow\frac{\kappa\rho u_e}{\sqrt{2\xi}}=\frac{\kappa\sqrt{\rho}}{\sqrt{\mu}}\sqrt{\frac{\mathrm{d}u_e}{\mathrm{d}x}}$$

于是

$$q_w = \kappa \frac{\partial T}{\partial y}\Big|_w = \sqrt{\frac{\rho\mu}{Pr}}\sqrt{\frac{\mathrm{d}u_e}{\mathrm{d}x}}\theta'(0)(h_e - h_w)$$

将式(6.3.29)代入上式,得

$$q_w = 0.57 Pr^{-0.6}(\rho\mu)^{\frac{1}{2}}\sqrt{\frac{\mathrm{d}u_e}{\mathrm{d}x}}(h_e - h_w) \tag{6.3.30}$$

将驻点势流看成圆柱势流的驻点,用式(6.3.19)代入上式,得

$$q_w = 0.57 Pr^{-0.6}(\rho_e\mu_e)^{\frac{1}{2}}\sqrt{\frac{2V_\infty}{R}}(h_e - h_w) \tag{6.3.31}$$

可见,圆柱绕流驻点热流与曲率半径平方根成反比。对于圆球,采用轴对称驻点相似解方程,可以证明

$$q_w = 0.763 Pr^{-0.6}(\rho_e\mu_e)^{\frac{1}{2}}\sqrt{\frac{\mathrm{d}u_e}{\mathrm{d}x}}(h_e - h_w) \tag{6.3.32}$$

6.3.4　高超声速驻点热流问题

如图 6.3-3 所示,超声速驻点前有脱体激波,激波减速后的流场在驻点附近有驻点附面层。来流温度为 T_∞,经激波提升为 T_{sh}(可按正激波计算),接着在到达驻点之前,气流先等熵地减速,静温和静压进一步增加。进入驻点附面层区域后,如果是绝热壁,那么温度一直单调增加到驻点,在驻点达到最大。这里考虑等温壁,其壁温 T_w 给定。那么静温在驻点附面层内达到最大值,其原理类似于 4.2.6 节的可压缩附面层中的静温分布。接着逐渐下降,到达驻点时,降为壁面温度 T_w。

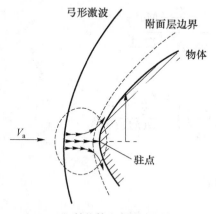

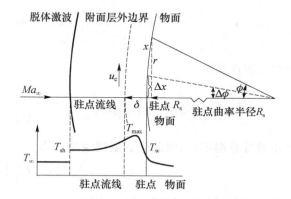

(a) 钝体前驻点附面层与脱体激波　　　　　(b) 钝体驻点区域流场结构示意图

图 6.3-3　驻点流动

对于高超声速流动,历经脱体激波后,流体减速到低亚声速,驻点附近的流动可以按不可压缩流动驻点流动处理。即由脱体激波后的高超声速流场,直接由式(6.3.30)或式(6.3.32)得到驻点热流。但主流流速分布不能直接采用不可压缩圆柱和圆球势流的结果,因为这里的

主流仍然满足高超声速流动规律。这里,直接采用牛顿流理论来计算$\sqrt{\dfrac{\mathrm{d}u_\mathrm{e}}{\mathrm{d}x}}$。另外,附面层外边界的焓也是历经脱体激波后的焓。

1. 驻点热流表达式

下面将证明,由此得到驻点热流公式为

$$q_{\text{圆柱}}=0.57Pr^{-0.6}(\rho_\mathrm{s}\mu_\mathrm{s})^{\frac{1}{2}}(h_{\mathrm{aw}}-h_\mathrm{w})\frac{1}{\sqrt{R_\mathrm{s}}}\left[\frac{2(p_\mathrm{s}-p_\infty)}{\rho_\mathrm{s}}\right]^{\frac{1}{4}} \tag{6.3.33}$$

$$q_{\text{圆球}}=0.763Pr^{-0.6}(\rho_\mathrm{s}\mu_\mathrm{s})^{\frac{1}{2}}(h_{\mathrm{aw}}-h_\mathrm{w})\frac{1}{\sqrt{R_\mathrm{s}}}\left[\frac{2(p_\mathrm{s}-p_\infty)}{\rho_\mathrm{s}}\right]^{\frac{1}{4}} \tag{6.3.34}$$

式中,带下标 s 的参数为正激波后的驻点参数。其中,用了壁面恢复焓 h_{aw}(基于绝热壁恢复温度定义的焓)来近似替代脱体激波后的焓。这里

$$\frac{h_{\mathrm{aw}}}{h_\infty}=1+R\frac{\gamma-1}{2}Ma_\infty^2$$

其中,$R_{\mathrm{lami}}\approx\sqrt{Pr_{\mathrm{lami}}}\approx0.85 \quad R_{\mathrm{turb}}\approx\sqrt[3]{Pr_{\mathrm{turb}}}\approx0.89$

对于超声速流动,驻点前面有激波,按正激波处理。来流总压,总密度与总温为

$$p_{0\infty}=\vartheta(Ma_\infty)^{\frac{\gamma}{\gamma-1}}p_\infty, \quad \rho_{0\infty}=\vartheta(Ma_\infty)^{\frac{1}{\gamma-1}}\rho_\infty, \quad T_{0\infty}=\vartheta(Ma_\infty)T_\infty$$

$$\vartheta(Ma_\infty)=1+\frac{\gamma-1}{2}Ma_\infty^2$$

总压经历正激波后变为 p_s,由下面的正激波关系式给出

$$\frac{p_\mathrm{s}}{p_{0\infty}}=\left[\frac{(\gamma+1)Ma_\infty^2}{(\gamma-1)Ma_\infty^2+2}\right]^{\frac{\gamma}{\gamma-1}}\left[1+\frac{2\gamma}{\gamma+1}(Ma_\infty^2-1)\right]^{-\frac{1}{\gamma-1}}$$

正激波后密度和马赫数分别为

$$\frac{\rho}{\rho_\infty}=\frac{\dfrac{\gamma+1}{2}Ma_\infty^2}{1+\dfrac{\gamma-1}{2}Ma_\infty^2}, \quad Ma^2=\frac{1+\dfrac{\gamma-1}{2}Ma_\infty^2}{\gamma Ma_\infty^2-\dfrac{\gamma-1}{2}}$$

从而驻点密度满足

$$\rho_\mathrm{s}=\vartheta(Ma)^{\frac{1}{\gamma-1}}\rho=\left(1+\frac{\gamma-1}{2}\frac{\vartheta(Ma_\infty)}{\gamma Ma_\infty^2-\dfrac{\gamma-1}{2}}\right)^{\frac{1}{\gamma-1}}\frac{\dfrac{\gamma+1}{2}Ma_\infty^2}{\vartheta(Ma_\infty)}\rho_\infty$$

历经正激波总温不变,因此驻点温度表达式为

$$\frac{T_\mathrm{s}}{T_\infty}=1+\frac{\gamma-1}{2}Ma_\infty^2$$

总而言之,超声速情况下驻点参数为

$$\begin{cases} \dfrac{p_\mathrm{s}}{p_\infty}=\left[\dfrac{(\gamma+1)Ma_\infty^2}{(\gamma-1)Ma_\infty^2+2}\right]^{\frac{\gamma}{\gamma-1}}\left[1+\dfrac{2\gamma}{\gamma+1}(Ma_\infty^2-1)\right]^{-\frac{1}{\gamma-1}}\vartheta(Ma_\infty)^{\frac{\gamma}{\gamma-1}} \\[3mm] \dfrac{\rho_\mathrm{s}}{\rho_\infty}=\left(1+\dfrac{\gamma-1}{2}\dfrac{\vartheta(Ma_\infty)}{\gamma Ma_\infty^2-\dfrac{\gamma-1}{2}}\right)^{\frac{1}{\gamma-1}}\dfrac{\dfrac{\gamma+1}{2}Ma_\infty^2}{\vartheta(Ma_\infty)} \\[3mm] \dfrac{T_\mathrm{s}}{T_\infty}=1+\dfrac{\gamma-1}{2}Ma_\infty^2 \end{cases} \tag{6.3.35}$$

驻点压力系数 $C_{\mathrm{ps}}\equiv\dfrac{p_{\mathrm{s}}-p_{\infty}}{\frac{1}{2}\rho_{\infty}V_{\infty}^2}$ 可表示为

$$C_{\mathrm{ps}}=\frac{2}{\gamma Ma_{\infty}^2}\left(\left[\frac{(\gamma+1)Ma_{\infty}^2}{(\gamma-1)Ma_{\infty}^2+2}\right]^{\frac{\gamma}{\gamma-1}}\left[1+\frac{2\gamma}{\gamma+1}(Ma_{\infty}^2-1)\right]^{-\frac{1}{\gamma-1}}\vartheta(Ma_{\infty})^{\frac{\gamma}{\gamma-1}}-1\right)$$

显然

$$C_{\mathrm{ps}}(1)=\frac{2}{\gamma}\left\{\left(1+\frac{\gamma-1}{2}\right)^{\frac{\gamma}{\gamma-1}}-1\right\}\approx1.2756 \quad\text{（与亚声速情况趋于同一值）}$$

$$C_{\mathrm{ps}}(\infty)=\frac{2}{\gamma}\left[\frac{(\gamma+1)}{(\gamma-1)}\right]^{\frac{\gamma}{\gamma-1}}\left[\frac{2\gamma}{\gamma+1}\right]^{-\frac{1}{\gamma-1}}\left(\frac{\gamma-1}{2}\right)^{\frac{\gamma}{\gamma-1}}\approx1.84 \quad\text{（马赫数无关原理）}$$

2. 驻点热流表达式的证明

为了从式(6.3.30)或式(6.3.32)得到式(6.3.33)或式(6.3.34)，需要知道 $\sqrt{\dfrac{\mathrm{d}u_{\mathrm{e}}}{\mathrm{d}x}}$。首先，利用附面层外缘的欧拉方程将该梯度与压力梯度联系起来

$$\frac{\mathrm{d}u_{\mathrm{e}}}{\mathrm{d}x}=-\frac{1}{\rho_{\mathrm{e}}u_{\mathrm{e}}}\frac{\mathrm{d}p_{\mathrm{e}}}{\mathrm{d}x} \tag{6.3.36}$$

如图 6.3-3 所示，壁面在驻点位置的曲率半径为 R_{s}。如果驻点邻域壁面某点离开驻点的弧线距离为 Δx，那么该点圆心角为 $\Delta\varphi=\Delta x/R_{\mathrm{s}}$，从而

$$\frac{\partial\varphi}{\partial x}=\frac{1}{R_{\mathrm{s}}} \tag{6.3.37}$$

考虑了驻点压力修正的牛顿正弦平方定理(见 6.2 节)为

$$p_{\mathrm{e}}-p_{\infty}=(p_{\mathrm{s}}-p_{\infty})\sin^2\theta$$

这里，θ 为当地物面切线的倾角。该角度与圆心角的关系为 $\sin\theta=\cos\Delta\varphi$，于是牛顿正弦平方定理可给出

$$p_{\mathrm{e}}-p_{\infty}=(p_{\mathrm{s}}-p_{\infty})\cos^2\Delta\varphi$$

该式可等价地写为 $p_{\mathrm{e}}=p_{\mathrm{s}}\cos^2\varphi+p_{\infty}\sin^2\varphi$。求导得

$$\frac{\mathrm{d}p_{\mathrm{e}}}{\mathrm{d}x}=p_{\mathrm{s}}(-2\sin\varphi\cos\varphi)\frac{\partial\varphi}{\partial x}+p_{\infty}(2\sin\varphi\cos\varphi)\frac{\partial\varphi}{\partial x}$$

将式(6.3.37)代入式(6.3.38)，并考虑到在驻点附近近似有

$$\varphi\to0,\quad\cos\varphi\to1,\quad\sin\varphi\to\varphi\to\frac{x}{R}\to\frac{\Delta x}{R} \tag{6.3.38}$$

得

$$\frac{\mathrm{d}p_{\mathrm{e}}}{\mathrm{d}x}=-2(p_{\mathrm{s}}-p_{\infty})\frac{1}{R_{\mathrm{s}}}\frac{\Delta x}{R_{\mathrm{s}}}$$

将上式代入欧拉方程(6.3.36)并注意到 $u_{\mathrm{e}}=\left(\dfrac{\mathrm{d}u_{\mathrm{e}}}{\mathrm{d}x}\right)_{\mathrm{s}}\Delta x$，得

$$\left(\frac{\mathrm{d}u_{\mathrm{e}}}{\mathrm{d}x}\right)_{\mathrm{s}}=-\frac{1}{\rho_{\mathrm{e}}u_{\mathrm{e}}}\frac{\mathrm{d}p_{\mathrm{e}}}{\mathrm{d}x}=\frac{-1}{\rho_{\mathrm{e}}\left(\dfrac{\mathrm{d}u_{\mathrm{e}}}{\mathrm{d}x}\right)_{\mathrm{s}}\Delta x}\left[-2(p_{\mathrm{s}}-p_{\infty})\frac{1}{R_{\mathrm{s}}}\frac{\Delta x}{R_{\mathrm{s}}}\right]$$

求解上式给出所需要的速度梯度关系式

$$\left(\frac{\mathrm{d}u_{\mathrm{e}}}{\mathrm{d}x}\right)_{\mathrm{s}} = \frac{1}{R_{\mathrm{s}}}\sqrt{\frac{2(p_{\mathrm{s}} - p_{\infty})}{\rho_{\mathrm{s}}}} \qquad (6.3.39)$$

因此,速度梯度与驻点物面曲率半径成反比。

将式(6.3.39)代入式(6.3.30)或式(6.3.32),并用正激波后势流解的驻点参数替代不可压缩流的来流参数,得式(6.3.33)或式(6.3.34)。

气动力与气动热矛盾。从式(6.3.33)或式(6.3.34)可知,热流与驻点曲率半径 R_{s} 的平方根成反比。这就是说,尖的物体热流大,容易被烧毁。由于 p_{s} 为正激波后的驻点压力,$h_{\mathrm{aw}} - h_{\mathrm{w}}$ 为恢复焓与壁面焓之差,因此驻点热流与来流马赫数成增函数关系。于是,钝体设计存在两个相互矛盾的制约因素。

① 前缘设计越尖,阻力越小,推进效率越高。

② 前缘设计越钝,热流越小,并且因物体体积增大,热容量越大。

故高超声速飞行器气动设计与气动热设计需要折衷考虑。

3. 驻点热流工程估算

基于以上思路,人们对相似解进行了推广和修正,拟合出了一些有用的工程估算公式。

(1) Fay – Riddell 公式

Fay – Riddell 考虑了化学反应修正,以圆球驻点为例,将式(6.3.33)改写为

$$q_{\mathrm{FR}} = 0.763 Pr^{-0.6}\left(\frac{\rho_{\mathrm{w}}\mu_{\mathrm{w}}}{\rho_{\mathrm{s}}\mu_{\mathrm{s}}}\right)^{0.1}(\rho_{\mathrm{s}}\mu_{\mathrm{s}})^{0.5}\sqrt{\left(\frac{\mathrm{d}u_{\mathrm{e}}}{\mathrm{d}x}\right)_{\mathrm{s}}} \cdot \left[1 + (Le^{\alpha} - 1)\frac{H_{\mathrm{D}}}{H_{\mathrm{s}}}\right](H_{\mathrm{s}} - H_{\mathrm{w}})$$

式中,ρ_{w} 和 ρ_{s} 分别是壁面和正激波后驻点处的气体密度,μ_{w} 和 μ_{s} 分别是壁面和正激波后驻点处的气体黏度,u_{e} 是驻点附面层外缘速度,Le 是路易斯数(热扩散系数与质量扩散系数之比),α 等于 0.52(平衡气体)或 0.63(冻结气体),H_{D} 是气体的离解焓,H_{w} 和 H_{s} 分别是壁面焓和驻点焓。其中,速度梯度由式(6.3.39)给出。

空气的路易斯数接近于 1,并且 $\left(\dfrac{\rho_{\mathrm{w}}\mu_{\mathrm{w}}}{\rho_{\mathrm{s}}\mu_{\mathrm{s}}}\right)^{0.1} \approx 1$,于是 Fay – Riddell 公式可化简为

$$q_{\mathrm{st}} = 0.763 Pr^{-0.6}(\rho_{\mathrm{s}}\mu_{\mathrm{s}})^{0.5}\sqrt{\left(\frac{\mathrm{d}u_{\mathrm{e}}}{\mathrm{d}x}\right)_{\mathrm{s}}}(H_{\mathrm{s}} - H_{\mathrm{w}})$$

图 6.3 – 4 是阿波罗返回舱再入过程中驻点热流随时间的变化。峰值加热高度在 60～70 km(再入 70 s 左右),驻点温度可达 2 300 K,驻点热流约为 2 100 kW/m²。

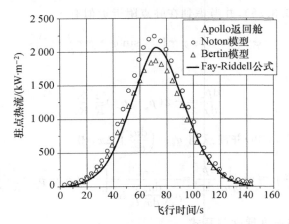

图 6.3 – 4　Apollo 返回舱驻点热流随时间的变化

（2）Lees 公式

在高冷壁假设下，Lees 从驻点附面层动量方程中略去压力梯度项，并假设 $\frac{\rho_\text{w}\mu_\text{w}}{\rho_\text{s}\mu_\text{s}}=1$，在不考虑气体组分扩散影响情况下得到驻点热流估算的 Lees 公式，即

$$q=0.71Pr^{-0.67}(\rho_\text{s}\mu_\text{s})^{0.5}\sqrt{\left(\frac{\text{d}u_\text{e}}{\text{d}x}\right)_\text{s}}(H_\text{s}-H_\text{w})$$

与 Fay-Riddell 公式类似，可利用修正牛顿公式化简 Lees 公式中的驻点速度梯度，得到

$$q_\text{st}=\frac{0.71Pr^{-0.67}(\rho_\text{s}\mu_\text{s})^{0.5}}{\sqrt{R}}\left[\frac{2(p_\text{s}-p_\infty)}{\rho_\text{s}}\right]^{0.25}(H_\text{s}-H_\text{w})$$

图 6.3-5 给出了某条件下圆柱绕流对应的物面压力和热流分布。可见，在驻点 $\theta=0°$，压力最高，热流密度最大。

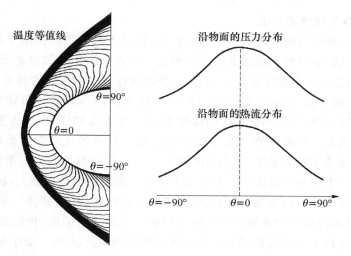

图 6.3-5　二维圆柱流动的压力等值线，以及沿壁面的压力与热流分布

（$Ma_\infty=8.01, T_\infty=124.94°, T_\text{w}=294.44°, Re=1.835\times10^5$）

6.3.5　激波干扰气动加热，压力比拟

除附面层本身会加热物体外，如果局部有入射激波，那么入射激波会提升压力，形成压力梯度，压力梯度反过来会引起局部强温度梯度。于是，当地热流相对于没有激波干扰的壁面热流 q_ref 会放大，尤其出现峰值热流 q_peak。

1. 压力比拟法

所谓压力比拟，就是把峰值热流与无干扰热流的比与激波干扰导致的压增关联起来。最简单的压力比拟可以写成

$$\frac{q_\text{peak}}{q_\text{ref}}=\left(\frac{p_\text{peak}}{p_\text{ref}}\right)^N \tag{6.3.40}$$

式中，p_ref 是干扰点无干扰时的压力值，压力峰值 p_peak 往往可以通过无黏激波反射理论求得，或通过实验测量，如此便可以定出峰值热流放大倍数。对于高超声速飞行器，存在局部凸起或射流（图 6.3-6），引起激波，这种激波与壁面附面层干扰，导致局部热流比没有干扰时要大。

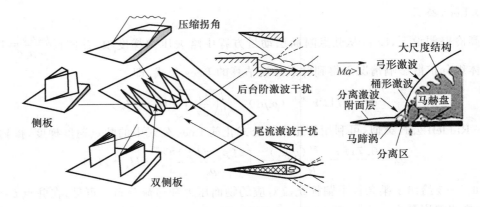

图 6.3－6　各种部件或侧喷流引起的激波干扰

2. 激波附面层干扰峰值热流

图 6.3－7 为几种典型激波附面层干扰示意图,包括入射激波附面层干扰、压缩拐角产生的激波与附面层干扰、后台阶再压缩激波与附面层干扰以及跨声速翼型再压缩激波与附面层干扰。激波与附面层干扰会改变附面层形态,这种改变反过来产生新的波系。以图 6.3－8 所示的入射激波附面层干扰为例,入射激波(IS,可以由上面的内折壁面诱导)打在下壁面附面层上,由于激波增压,在附面层内部产生逆压梯度,如果激波足够强,那么该逆压梯度会诱导附面层分离,产生分离泡。分离泡使得流线脱离物面,前方超声速气流等价地遇到内折,产生压缩马赫波,压缩马赫波汇聚成激波,称为分离激波(SS)。分离激波与入射激波相交,形成正规相交或马赫相交,产生两道透射激波。其中朝下的透射激波打在分离泡上,试图改变分离泡内部的压力,但分离泡不支持压力突变,因此必然产生一道膨胀波(R)降压。这使得在分离泡迎风面向上偏转的气流改成在分离泡背风面向下偏转。在分离泡结束(再附点)位置,气流最终偏转至水平时,产生再压缩马赫波(RW),并合并成再压缩激波(RS)。图中标注了壁面上一些典型位置,包括:

① 干扰起始点(I)。从该点起产生压缩马赫波,压力和热流开始提升,摩擦系数急剧下降。

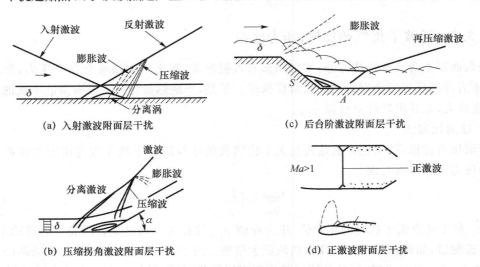

图 6.3－7　典型激波附面层干扰示意图

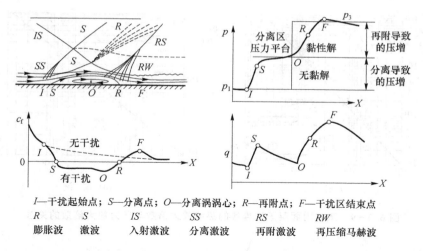

I—干扰起始点；S—分离点；O—分离涡涡心；R—再附点；F—干扰区结束点

R	S	IS	SS	RS	RW
膨胀波	激波	入射激波	分离激波	再附激波	再压缩马赫波

图 6.3 - 8　入射激波附面层干扰流场结构、压力分布、摩擦系数分布和热流分布示意图

② 分离点(S)。该点摩擦系数为 0，压力称为分离压力(p_s)，也称为平台压力，对应第一个局部热流峰值。平台压力可以由自由干扰流理论确定，平台压力也可以看成分离激波后的压力，有了该压力，可以按 $\dfrac{p_s}{p_\infty}=1+\dfrac{2\gamma}{\gamma+1}(Ma_\infty^2\sin^2\beta-1)$ 确定分离激波角 β。

③ 分离泡中心(O)。从该点开始，压力会因后面再压缩马赫波进一步提升，当地以及在整个分离区摩擦系数为负，热流在 O 点达到当地极小值。

④ 再附点(R)。当地摩擦系数反转为 0，往下变为正的。

⑤ 干扰区结束点(F)。当地附面层最薄，沿附面层法向的速度梯度和温度梯度最大，压力达到最大值，热流达到最大值。

目前，人们构造了一整套波系结构的分析方法，可以定出各点的坐标以及平台压力等。但对应 F 点的压力 p_3 可以用无黏激波反射理论求得。如图 6.3 - 9 所示，将入射激波前的压力记为 p_1，入射激波后按入射激波激波关系式求得的压力记为 p_2，反射激波后的压力记为 p_3。这样按无黏正规反射得到的压力 p_3 可近似看成 F 点的压力。以此压力，采用压力比拟式(6.3.40)，得

$$\frac{q_{\text{peak}}}{q_{\text{ref}}}=\left(\frac{p_{\text{peak}}}{p_{\text{ref}}}\right)^N=\left(\frac{p_3}{p_1}\right)^N \tag{6.3.41}$$

实验拟合表面，对于层流附面层 $N=0.7$，对于湍流附面层 $N=0.8$。对于压缩拐角导致的压缩激波附面层干扰，按无黏流理论计算得到的压缩激波后压力与波前压力比，也遵循式(6.3.41)。

3. 六类激波干扰热流放大

6.1.6 节已经给出了六类干扰的构型与各流区的参数计算方法。由此，可以求解热流峰值点的位置，并通过压力比拟等估算干扰引起的热流放大情况。在下面给出的一些计算中，采用将 $Ma_1=10$，$R=1.0$ m，$\theta_w=20°$，$d=-2$ m，$\beta=20°$ 时。在 6.1.6 节针对这样的条件给出了几种干扰情况下各区的压力。

(1) 第 I 类干扰

第 I 类干扰中，峰值热流由激波在物面反射产生，最大热流点位于透射激波在物面的反射点 C，热流放大倍数可达 10 倍左右，如图 6.3 - 10 所示。一般用压力比拟方法对该峰值进行

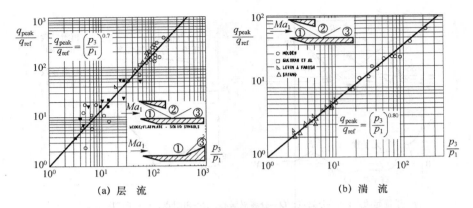

(a) 层　流　　　　　　　　　(b) 湍　流

图 6.3 - 9　激波附面层干扰导致的热流放大倍数与压力放大倍数的关系

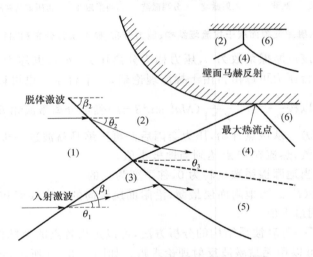

图 6.3 - 10　第 I 类干扰引起热流放大

估算,即

$$\frac{q_{peak}}{q_0} = \left(\frac{p_6}{p_2}\right)^N, \quad N_{湍流} = 0.85, \quad N_{层流} = 1.3 \quad\quad (6.3.42)$$

式中,q_0 是干扰点处的物面在未受扰时的热流值。在 6.1.6 节中已求得 $p_6/p_1 = 286.9$,$p_2/p_1 = 53.8$。于是,$p_6/p_2 = 5.33$。假定流动为湍流,式(6.3.42)给出的峰值热流是无干扰情形下热流的 4.14 倍;若假定为层流,则是 8.8 倍。

(2) 第 II 类干扰

第 II 类干扰的热流产生原因及估算方法与第 I 类干扰完全一致,同样可用式(6.3.42)估算,热流放大倍数一般在 5 倍左右,如图 6.3 - 11 所示。在 6.1.6 节已经给出 $p_6/p_1 = 276.2$,$p_6/p_2 = 60.7$。于是 $p_6/p_2 = 5.33$。设流动为湍流,估算的热流峰值为无干扰热流的 3.62 倍;若为层流,则是 7.15 倍。

(3) 第 III 类干扰

在第 III 类干扰中,热流峰值点位于剪切层 AC 与物面的碰撞点 C,由剪切层与边界层相互作用引起,热流放大可达 5 倍,如图 6.3 - 12 所示。该流动类似于压缩拐角。原来,剪切层可以看成附面层,在 C 点遇到物体,相当于遇到拐角,产生压缩拐角激波附面层干扰。在压力比

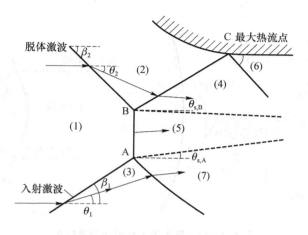

图 6.3 - 11　第Ⅱ类干扰引起热流放大

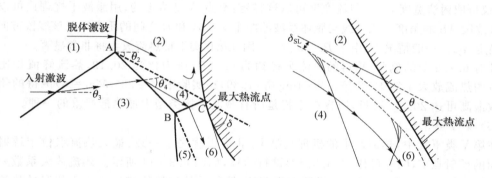

图 6.3 - 12　第Ⅲ类干扰引起热流放大

拟介绍中,提到了压缩拐角与入射激波附面层干扰具有等价性。据此,利用(4)区的参数作为压缩拐角来流参数,并把(6)区参数当作压缩拐角下游参数,套用式(6.3.42)即可近似得到压力放大系数。以6.1.6节给出的压力值 $p_6/p_4 = 416.1/114.2$ 为例,在湍流情况下,利用式(6.3.42)算得热流峰值相比于无干扰的热流放大约为 3 倍。这样的方法不够准确,后来人们提出了一些更准确的方法。

（4）第Ⅳ类干扰

第Ⅳ类干扰中,峰值热流由超声速射流在物面碰撞产生,热流放大可达 17 倍,如图 6.3 - 13 所示。此时,可以看成驻点热流问题,只是来流是超声速射流。在驻点热流分析中,已经指出热流正比于速度梯度的平方根,因此相对于无射流的比值为

$$\frac{q_{\text{peak}}}{q_0} \propto \sqrt{\left(\frac{\mathrm{d}u_{\text{jet}}}{\mathrm{d}x}\right)_{\text{s}}} \tag{6.3.43}$$

如果射流足够宽,那么可用式(6.3.39)确定射流速度的梯度与射流驻点压力 $p_{\text{jet,s}}$ 的关系。但这里的射流特征尺度 $R_{\text{b}} = w_{\text{jet}}$ 并不能覆盖整个钝头体,因此式(6.3.39)不能简单套用。但这样的推理表明,热流放大系数必然与驻点压力以及射流尺度有关。据此,实验拟合给出

$$\frac{q_{\text{peak}}}{q_0} = 1.41 \left(\frac{p_{\text{s}}}{p_2}\right)^{0.5} \left(\frac{R}{R_{\text{b}}}\right)^{0.5} \tag{6.3.44}$$

式中,q_0 为无干扰情况下的热流,此处取半径为 R 的圆柱前缘驻点热流。p_{s} 为射流后驻点压强,可用(6)区或(7)区参数所对应的正激波波后参数计算滞止压强得到。R_{b} 为射流特征尺度,Ed-

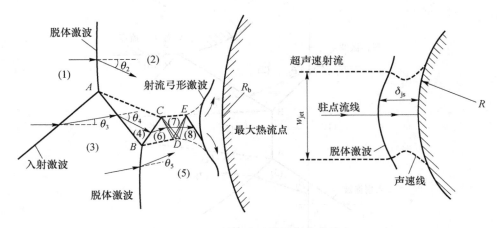

图 6.3 - 13　第Ⅳ类干扰引起热流放大

ney 建议可取射流宽度 w_{jet}。射流宽度可以这样定：交点 A 是给定的，用激波干扰理论可以算出直线激波段 AB 的角度。该直线与脱体激波的两个交点 A 和 B 之间的距离以及该线段方向即可用于确定 w_{jet}。一般情况下，由于 $R_b = w_{jet} \ll R$，因此第Ⅳ类干扰热流放大将非常显著。

针对 6.1.6 节的例子，算得的射流半径约为 $0.12R$，压力比为 20.12，热流峰值相比于无干扰时的热流放大了约 18.2 倍。Wieting 等（1989）在实验中（$\beta = 20°$，$Ma_1 = 8$）测得的热流放大系数最高可达 20.3。可见，第Ⅳ类干扰是所有激波干扰类型中加热最严重的一种。

（5）第Ⅴ类干扰

在第Ⅴ类干扰中，热流产生的机理与第Ⅰ/Ⅱ类干扰完全一致，最大热流点位于透射激波在物面的反射点 C，同样可用式(6.3.42)进行估算，如图 6.3 - 14 所示。热流放大系数一般在 5 倍左右。在 6.1.6 节的工况下，设流动为湍流，算得的热流峰值相比于无干扰时的热流增量约为 5.56 倍。

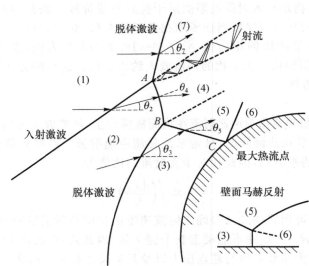

图 6.3 - 14　第Ⅴ类干扰引起热流放大

（6）第Ⅵ类干扰

第Ⅵ类干扰中，与物面相交的流动结构不是激波，而是膨胀波，因此不会在物面产生局部的大压力梯度,不会产生热流放大。

4. 舵翼干扰热流放大

舵翼是超声速飞行器的典型部件。超声速流中的舵翼将产生激波,而它所在的平板上存在边界层,二者相互作用,是典型的三维激波边界层干扰问题。这种干扰将在舵翼根部和舵翼前缘引起高热流。

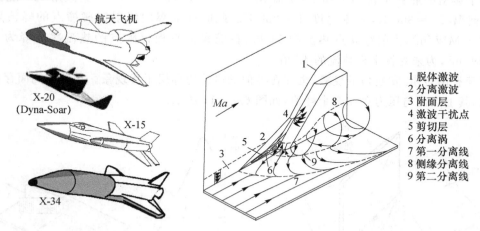

航天飞机

X-20
(Dyna-Soar)

X-15

X-34

1 脱体激波
2 分离激波
3 附面层
4 激波干扰点
5 剪切层
6 分离涡
7 第一分离线
8 侧缘分离线
9 第二分离线

图 6.3-15　高超声速飞行器的舵翼及其干扰流场典型结构

舵翼干扰中热流产生机理如下:舵翼在靠近机体的地方,近似于压缩拐角;远离机体地方,可能单独引起脱体激波。激波与边界层干扰,导致分离激波,再与舵翼前脱体激波发生三维干扰(第Ⅳ类),产生射流撞击于舵翼前缘,产生全场热流最高峰。在舵翼所在平板上,沿着流向热流曲线呈现峰—谷—峰构型,如图 6.3-16 所示。热流次高峰位于舵翼前方平板上的再附点(C 点)。热流平台值(A 点)来自于分离激波引起的压力梯度。压力谷值(B 点)对应于舵翼根部分离泡中的 1~2 个涡结构。

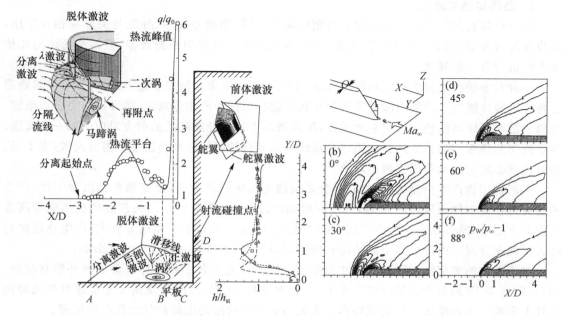

图 6.3-16　舵翼干扰热流分布(参考自 McMaster(1989)等人的工作)

与下面的凸起物类似,舵翼相对于边界层的高度 H/δ、前缘直径 D、前缘倾角 α 都将影响舵翼干扰流场和热流。这些参数将影响其是否分离、分离激波与脱体激波是否发生相交、改变激波干扰的类型等,详见下面的"凸起物热流放大"部分。因此,热流的估算方法多为关于无量纲参数(H/δ, H/D 等)和来流参数的表达式。

一个典型的舵翼干扰结果如下:来流 $Ma = 7.8$,$Re = 9.6 \times 10^6$,舵翼倾角 50°,舵翼高度 $H \gg \delta$,壁温 $T_w = 300$ K,来流温度 $T = 288$ K。此时在舵翼前缘射流碰撞点的峰值热流为 $q_{max} = 7.5$ MW/m²,为前缘驻点热流的 11 倍;在舵翼前平板再附点的热流次高峰为 $q_{peak} = 5.8$ MW/m²,为未受扰平板热流的 45 倍。

对于有偏转角/安装角的舵翼,也存在类似的激波边界层干扰现象。在舵翼侧面存在 2 个分离线,其上热流与压力存在 2 个峰值,如图 6.3 – 17 所示。

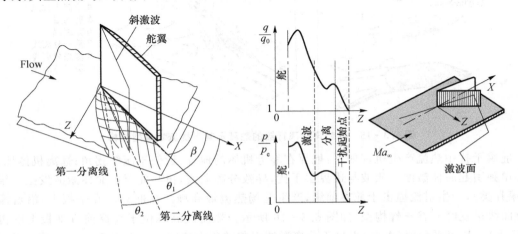

图 6.3 – 17 带偏转角的舵翼干扰流场(由 Rodi 等给出)

5. 凸起物热流放大

在飞行器表面往往存在突起物。当超声速飞行时,物面边界层、外流与突起物相互作用,形成激波边界层干扰和激波相交/干扰,引起热流放大。突起物种类繁多,但其流场结构和热流产生机理有一般规律。

一种典型的突起物干扰流场如图 6.3 – 18 所示,由于突起物立于超声速气流中,突起物前方将产生脱体激波。激波引起的逆压梯度在突起物前诱导产生分离泡,诱导出一道分离激波。分离激波与脱体激波相交于突起物前方,形成激波干扰。分离激波的前方对应于第一分离线,在靠近突起物根部的位置还存在第二分离线。在某些情况下可能会出现多道分离线/多个涡,亦可出现非定常脉动等丰富流动现象。

突起物干扰产生热流的机理如下:分离激波与脱体激波相交,发生第 Ⅳ 类激波干扰,产生的射流打在突起物迎风表面 E 点,引起压增和热流放大,见图 6.3 – 19;E 点的高压驱动高温气流向下运动,撞击在突起物根部前方的平板上(C 点),引起压增和热流放大,产生热流次高峰。由此在分离区内产生多个涡结构和剪切层,对压强和热流分布产生显著影响。

对于具体的突起物,其形态、尺寸和在飞行器表面的位置多种多样。常见的外形有楔台、圆柱、圆环等,其相对于边界层的高度 H/δ、相对宽度 H/D、迎风面倾角 α 等参数对热流峰值有较大影响。下面给出三种工程外形上常见的突起物的流动图画和气动热产生机理。

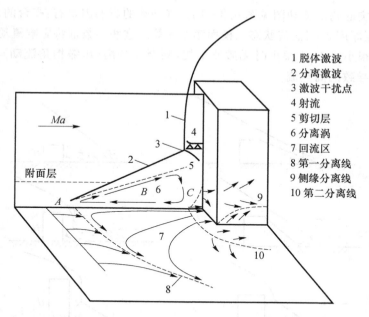

1 脱体激波
2 分离激波
3 激波干扰点
4 射流
5 剪切层
6 分离涡
7 回流区
8 第一分离线
9 侧缘分离线
10 第二分离线

图 6.3-18　突起物干扰流场典型结构（参考自李素循等（2007））

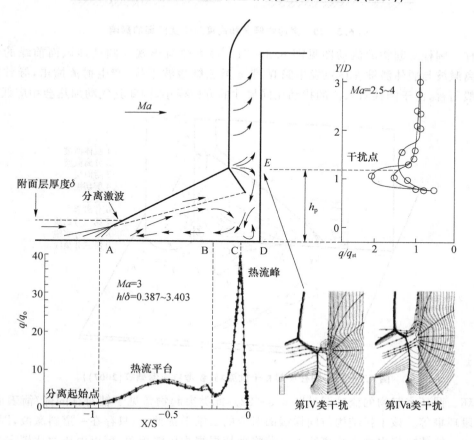

图 6.3-19　突起物附近热流分布及产生机理

楔台。楔台突起物的流动图见图 6.3-18。气动热的影响因素有:楔台的高度 H、在箭体上的位置(边界层厚度 δ、层湍流状态)、楔面倾角 α 等。这些参数都将影响流动结构,如图 6.3-20 所示。当 α 很小或 H/δ 很小时无激波干扰,甚至无分离(压缩拐角流动),使得楔台迎风面没有射流碰撞导致的高热流。

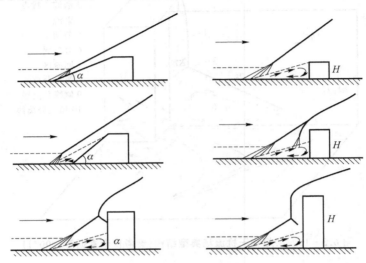

图 6.3-20 突起物倾角和高度对干扰流场的影响

圆柱。圆柱突起物的流动图见图 6.3-21。最大热流出现在圆柱迎风面前缘的干扰点处。分离激波与脱体激波在该点发生第Ⅳ/Ⅳa 类三维激波干扰,产生射流撞击,导致热流放大。一般而言,由于圆柱对来流的扰动比同尺寸的方柱要小,因此其气动加热会相应低一些。

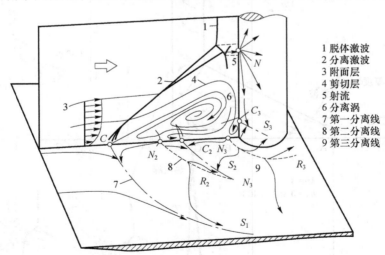

1 脱体激波
2 分离激波
3 附面层
4 剪切层
5 射流
6 分离涡
7 第一分离线
8 第二分离线
9 第三分离线

图 6.3-21 圆柱突起物干扰流场(参考自李素循等(2007))

圆环。圆环突起物的流动图见图 6.3-22。此类突起物常见于轴对称的弹/箭表面,如火箭级间段环框等。该干扰结构与同样截面对应的二维干扰类似,只存在一道斜激波,因此没有激波干扰。峰值热流出现在分离线上。若将剪切层视为压缩拐角,可以由压力比拟方法(6.3.

41）估算该热流峰值。

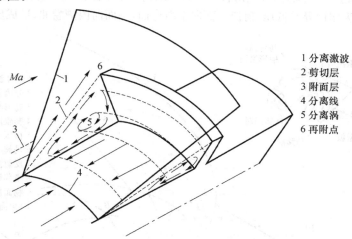

图 6.3 - 22　圆环突起物干扰流场

凸起物间的有利干扰。在某些特殊情况下，可能会出现凸起物间的有利干扰。如两个突起物间距较小时，二者的分离区将合并为一个，令分离区长度 S 显著增加，从而改变分离激波的形态及整个干扰流场的类型。例如在某个工况下，单独的凸起物会因为第 Ⅳ 类激波干扰而产生高热流，而两个相互靠近的突起物将愈来愈接近于一个尺寸更大的单个凸起物，会令分离激波显著前移，分离泡变大，在某些工况下会使得分离激波离开凸起物前缘，从而产生有利干扰。

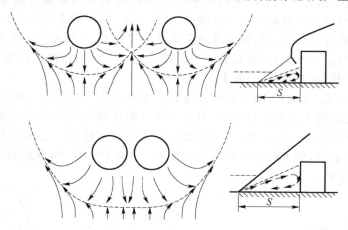

图 6.3 - 23　突起物间有利干扰流场

6. 侧喷流局部热环境

侧喷流常见于飞行器的姿态控制系统，以及冲压发动机燃料喷注装置等。在超声速来流中，侧喷流将产生复杂的激波波系，其干扰和反射将导致喷口附近的壁面出现热流放大。

侧喷流干扰的典型流场结构包括分离激波、脱体激波、筒形激波、马赫盘等组成的波系，以及喷流下游的反转涡对、马蹄涡等涡系，如图 6.3 - 24 所示。其产生机理如下：侧向喷流进入到超声速主流中，作用相当于物面上的钝头凸起物，产生脱体弓形激波，喷流上游气流遇到阻碍在附面层内形成高压，导致分离，诱导分离激波。另一方面，喷流在侧向方向减速引起桶形激波，桶形激波在远处汇聚时，为了让过度膨胀的低压区（6）恢复到弓形激波后的压力，会产生一个马赫盘,并由此产生三叉点(环)、滑移线(面)等结构。桶形激波和马赫盘都在主流的作用下下游偏转。因喷流抽吸作用导致低压,射流一面向下游弯曲,一面向内侧卷曲,形成反转涡对。

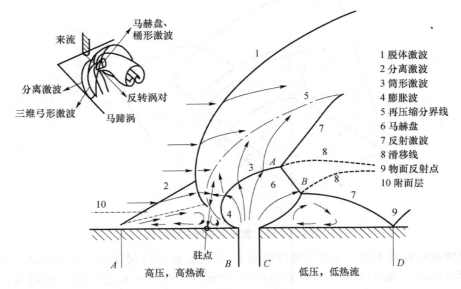

1 脱体激波
2 分离激波
3 筒形激波
4 膨胀波
5 再压缩分界线
6 马赫盘
7 反射激波
8 滑移线
9 物面反射点
10 附面层

图 6.3-24 超声速侧喷流典型波系结构(参考自 Viti V 等(2009)的工作)

喷流可被视为一个"虚拟"的突起物,它引起气动热的机理与突起物干扰类似:分离激波产生的压力梯度在喷口前方平板上产生热流平台(A-B 段);分离激波与脱体激波相交产生三岔激波,与穿越筒形激波向前流动的气体碰撞,产生高压,高压驱动气体向下冲击,在喷流前方物面上产生驻点,此处是全场最高热流区域。在某些工况下,马赫盘后的反射激波将弯曲至与物面相交,在下游发生一次反射,引起另一个高热流点(D 点)。在喷流背风面的分离区,压力与热流都低于无干扰时的值(C-D 段)。

在对称面上,喷流干扰的压力与热流分布曲线如图 6.3-25 所示。由于机理相近,热流和压强曲线形状与突起物干扰中的很相似,但其峰值一般比同样尺寸的突起物要小一些。分离激波引起 A-B 段的压力与热流平台,筒形激波前方的物面驻点产生压力与热流最高峰。据此,可以用与突起物类似的方法进行热环境的估算。在某些工况下,该点的最大热流增幅可达无干扰情形的 30 多倍。

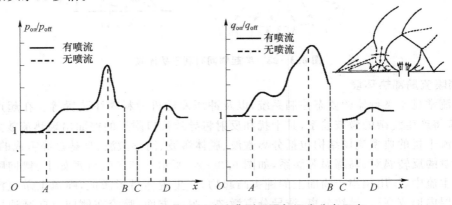

图 6.3-25 超声速侧喷流典型压强与温度分布示意

6.3.6　要点总结

气动热涉及整体气动热和局部气动热两个方面。由于气流减速导致附面层内气温较高（可以由参考温度给出），导致即使来流温度低于壁面温度，也会产生向物体加热的温度梯度。这种气动加热量按傅里叶定律正比于温度梯度，可以通过求解温度满足的方程来获得温度梯度。但可以通过不可压缩流成立的雷诺比拟以及参考温度修正来获得附面层气动加热。

驻点领域温度梯度较大，不可压缩流的驻点速度和温度及热流密度有相似解。对于高超声速流动，驻点前有脱体激波，历经脱体激波，驻点周围的马赫数足够低，可以用激波下游参数作为来流参数，套用不可压缩流驻点热流方法获得驻点热流密度。驻点热流密度与驻点物面曲率半径的平方根成反比，因此高超声速飞行器的前缘必须具备一定大小的曲率半径。对于极高马赫数的再入类飞行器（如航天飞机、弹道洲际导弹），必须做成钝头体来减弱驻点气动加热。

激波附面层干扰、六类激波干扰中出现的第 Ⅰ,Ⅱ,Ⅲ,Ⅴ 类干扰，会导致与局部压力放大相关的热流放大，这种放大系数可以看成是压力放大系数的函数，压力放大系数可以由无黏激波反射与干扰获得。本质上，压力放大导致温度梯度放大，这是干扰导致局部气动热放大的本质原因。对于第 Ⅳ 类干扰，产生的超声速射流打在前缘，相当于被增强了来流马赫数的气流的驻点加热问题，因此这类情况气动加热非常严重。

习　题

习题 6.1.1（斜激波关系式和普朗特-迈耶关系式在气流偏转角趋于 0 的极限）　考虑第 3.2.6 节斜激波关系式和普朗特-迈耶关系式。在极限 $\theta = \mathrm{d}\theta \to 0$ 情况下，给出激波关系式与普朗特-迈耶关系式的小扰动展开。

提示：将 $\beta = \mu + \mathrm{d}\beta, Ma_2 = Ma_1 + \mathrm{d}Ma, p_2 = p_1 + \mathrm{d}p$ 等分别代入斜激波关系式和普朗特-迈耶关系式，求出 $\mathrm{d}Ma, \mathrm{d}p, \mathrm{d}\rho, \mathrm{d}T, \mathrm{d}s$ 等与气流偏转角 $\mathrm{d}\theta$ 的关系。

习题 6.1.2　如题 6.1-2 图所示，马赫数为 Ma_∞ 的均匀超声速来流，壁面从 A 点开始连续内折，气流经过曲面时产生一系列马赫波。试给出曲面坐标满足何种条件时，来流经过曲面形成的马赫波汇聚到 O 点。其中，O 点距 A 点的水平距离为 L，垂直距离为 H。

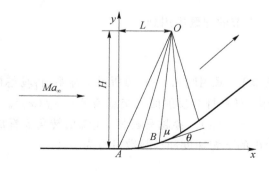

题 6.1－2 图

提示：每一道马赫波与当地壁面切线的夹角为马赫角 $\mu=\arcsin(1/Ma)$，当地斜率记为 $\tan\theta=\mathrm{d}y/\mathrm{d}x$。显然，如果各马赫波在 O 点汇聚，那么成立几何条件

$$\tan(\mu+\theta)=\frac{H-y}{L-x}$$

从而

$$\tan\left(\arcsin\frac{1}{Ma}+\arctan\frac{\mathrm{d}y}{\mathrm{d}x}\right)=\frac{H-y}{L-x}$$

其中，马赫数按普朗特-迈耶微分关系 $-\theta=v(Ma)-v(Ma_\infty)$。故有

$$-\arctan\frac{\mathrm{d}y}{\mathrm{d}x}=v(Ma)-v(Ma_\infty)$$

于是，确定型线的方程组为

$$\begin{cases}\tan\left(\arcsin\dfrac{1}{Ma}+\arctan\dfrac{\mathrm{d}y}{\mathrm{d}x}\right)=\dfrac{H-y}{L-x}\\[2mm]-\arctan\dfrac{\mathrm{d}y}{\mathrm{d}x}=v(Ma)-v(Ma_\infty)\end{cases}$$

消去马赫数，即得到型线。

习题 6.1.3（正规反射各区参数） 产生入射激波的斜角为 $\theta_\mathrm{w}=10°$，来流马赫数为 $Ma_0=5$，发生如题 6.1.3 图所示的正规反射。以这些条件求解各区流动参数，验证 6.1.2 节相同条件情况下给出的结果。在此基础上，令 $\theta_\mathrm{w}=5°$，$Ma_0=5$，求正规反射各区流动参数。

习题 6.1.4（马赫反射各区参数） 产生入射激波的斜角为 $\theta_\mathrm{w}=30°$，来流马赫数为 $Ma_0=5$，发生题 6.1-3 图所示的马赫反射。以这些条件求解各区流动参数，验证第 6.1.2 节相同条件情况下给出的结果。在此基础上，令 $\theta_\mathrm{w}=35°$，$Ma_0=5$，求马赫反射各区流动参数。

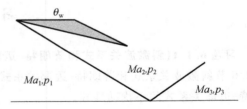

题 6.1-3 图 激波反射

习题 6.1.5（正规反射压力放大倍数） 来流马赫数为 $Ma_1=2.94$，来流其他参数为 $\rho_1=1.225\ \mathrm{kg/m^3}$，$p_1=101\ 325\ \mathrm{Pa}$，$T_1=273\ \mathrm{K}$。入射激波对应的气流偏转角为 $\theta_\mathrm{w}=10°$，产生正规反射。求 $\dfrac{p_3}{p_1}$。

提示：此题结果将在 6.3 节的习题中用到。

参考答案：$\dfrac{p_3}{p_1}=3.753$。

习题 6.1.6（马赫杆形状） 采用题 6.1-6 图所示坐标系，将马赫杆形状表示为 $y=f(x)$，马赫杆高度 $H_\mathrm{m}=f(0)$ 给定，马赫杆与反射面的交点满足 $0=f(x_G)$。马赫杆各点激波角 β 可以表示为 $\tan\beta=-\mathrm{d}y/\mathrm{d}x=-f'(x)$。穿越马赫杆，气流偏转角 θ 看成小量。马赫数为 Ma_∞ 的超声速流历经正激波给出的下游速度和马赫数可写为

$$V_0 = a_\infty \frac{(\gamma-1)Ma_\infty^2 + 2}{(\gamma+1)Ma_\infty}, \quad Ma_0 = \sqrt{\frac{1 + \frac{1}{2}(\gamma-1)Ma_\infty^2}{\gamma Ma_\infty^2 - \frac{1}{2}(\gamma-1)}}$$

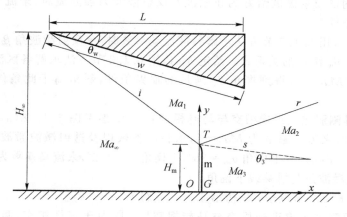

题 6.1-6 图　马赫杆

① 由马赫杆满足的斜激波关系式,证明:当 θ 为小量时,近似成立

$$\begin{cases} \theta = \alpha_h \cos\beta, \quad \alpha_h = \dfrac{2(Ma_\infty^2 - 1)}{2 + (\gamma-1)Ma_\infty^2} \\[3mm] U = V_0 + \dfrac{\gamma+1}{2a_\infty(Ma_\infty^2 - 1)^2}\theta^2 \end{cases}$$

这里 U 为斜激波关系式给出的激波下游速度分量。

② 将马赫杆下游(3)区速度分量记为 $U = V_0 + u, V = v$,忽略(3)区熵梯度,将该区域的正激波解看成由来流得到的正激波解添加小扰动势流解,小扰动速度满足的数学模型为

$$\begin{cases} (1 - Ma_0^2)u_x + v_y = 0 \\[1mm] v(x, 0) = 0 & \text{(反射面条件)} \\[1mm] v(x, H_m) = -V_0\theta_3 & \text{(三叉点条件)} \\[1mm] u(x \to 0, y) = \dfrac{\gamma+1}{2a_\infty(Ma_\infty^2 - 1)^2}\theta^2 \to 0 & \text{(激波条件)} \end{cases}$$

其中三叉点条件是指,用马赫反射理论可以求出三叉点滑移线的下偏角 θ_3,即把该角度看成已知量。激波条件来自于第①问第二条结论。试验证:在 x 为小量时,有

$$u = \frac{V_0\theta_3}{H_m(1 - Ma_0^2)}x, \quad v = -\frac{V_0\theta_3}{H_m}y$$

③ 利用

$$\frac{\mathrm{d}y}{\mathrm{d}x} = -\tan\beta = -\frac{\sqrt{1 - \cos^2\beta}}{\cos\beta}, \quad \cos\beta = \frac{\theta}{\alpha_h}, \quad \theta \approx \frac{v}{V_0 + u} \approx -\frac{\theta_3}{H_m}y$$

得到马赫杆形状满足的关系式

$$\frac{\mathrm{d}y}{\mathrm{d}x} = -\frac{\sqrt{1 - (\theta_3/\alpha_h H_m)^2 y^2}}{(\theta_3/\alpha_h H_m)y}$$

证明:马赫杆形状方程为

$$\left(x+H_{\mathrm{m}}\sqrt{\left(\frac{\alpha_{\mathrm{h}}}{\theta_3}\right)^2-1}\right)^2+y^2=\left(\frac{\alpha_{\mathrm{h}}H_{\mathrm{m}}}{\theta_3}\right)^2$$

习题 6.1.7(反射激波为强激波和正激波的条件)　来流马赫数 Ma_1 以及楔角 θ_{w} 满足什么条件时,马赫反射的反射激波恰好为正激波? 反射激波为强激波时,来流马赫数 Ma_1 以及楔角 θ_{w} 满足什么条件?

提示: 给定 Ma_1,用 6.1.2 节方法求解各区流动参数时,令反射激波角 $\beta_2=\pi/2$,得到使反射激波为正激波时,θ_{w} 满足的关系式。给定 Ma_1,用 6.1.2 节方法求解各区流动参数时,令反射激波下游马赫数 $Ma_2=1$,得到楔角 θ_{w} 满足的临界条件,斜角高于此条件,反射激波为强激波。

习题 6.1.8(异侧弱激波正规相交与马赫相交)　① 参考图 6.1-8(a),令上楔角 $\theta_{\mathrm{w1}}=15°$,下楔角 $\theta_{\mathrm{w2}}=8°$,来流马赫数为 $Ma_0=5$,求各区参数以及透射激波激波角与滑移线下偏角。② 参考图 6.1-8(b),令上楔角 $\theta_{\mathrm{w1}}=36°$,下楔角 $\theta_{\mathrm{w2}}=32°$,来流马赫数为 $Ma_0=5$,求各区参数以及透射激波激波角与滑移线下偏角。

提示: ① 仿第 6.1.3 节例子;② 仿第 6.1.3 节例子。

习题 6.1.9(同侧弱激波正规相交与马赫相交)　① 对于正规相交,两内折产生的激波 AD 和 BD 在 D 相交,合并成激波 DE,在 D 点拖出滑移线并产生另外一道波 DF。将来流马赫数看成固定值,θ_1,θ_2 满足什么条件时,DF 是膨胀波或激波。② 对于马赫相交,给出求(3)区和(4)区紧邻交点 T 的参数关系式。

提示: ①(3)区参数直接由(1)区经过(2)区得到。预设滑移线上偏角 θ_{s},由此得到(5)区参数。在 DF 既是膨胀波又是激波的退化临界情况,(3)区压力与(4)区压力相等,由此得到确定 θ_{s} 的关系式。进一步令(3)区和(4)区的其他参数相等,得到 θ_1,θ_2 满足的关系式。

② 预设滑移线 TS 上偏角,既可以得到确定这两个区域参数的关系式,令两区压力相等,即可确定滑移线上偏角。

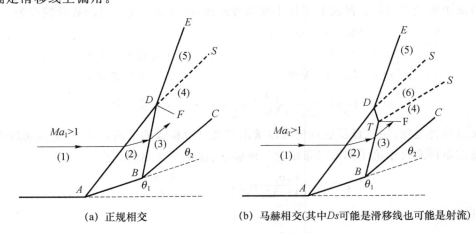

(a) 正规相交　　　　　(b) 马赫相交(其中 Ds 可能是滑移线也可能是射流)

题 6.1-9 图

习题 6.1.10(弱激波与强激波相交)　讨论弱激波与同侧或异侧强激波相交时,相交点附近参数满足的关系式。其中,入射强弱激波的波前参数以及对应的气流偏转角(或激波角)给定。**补充讨论(等效压缩拐角问题):** 对于弱激波与异侧强激波相交情况,将滑移线 AH 用无黏壁面替代,从 H 点发出的流线也用壁面替代,得到等效压缩拐角流动,讨论压缩拐角产生的

激波 HB 是强激波和弱激波的临界条件。

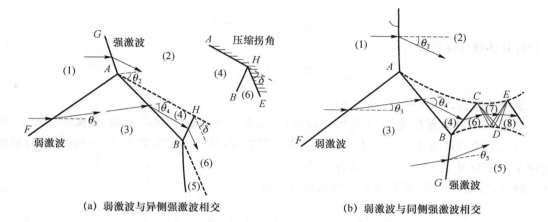

(a) 弱激波与异侧强激波相交　　　　　(b) 弱激波与同侧强激波相交

题 6.1－10 图

习题 6.2.1(平板高超声速附面层)　考虑习题 4.2.10，来流马赫数取 $Ma_1=6$ 和 10 两组值，其他条件与习题 4.2.10 完全相同。① 重复习题 4.2.10 计算。② 用参考温度法获得位移厚度 $\delta_1^*(x)$ 沿平板分布，计算等效倾角 $\theta=\mathrm{d}\delta_1^*(x)/\mathrm{d}x$，以此等效迎角，采用牛顿正弦平方定理，计算压力系数沿平板的分布。

提示:由式(6.2.19)和式(6.2.20)以及 $K=Ma_1\theta=Ma_1\mathrm{d}\delta_1^*/\mathrm{d}x$ 得到确定 δ_1^* 分布和 θ 分布的方程，由 $C_p=C_{p\max}\sin^2\theta$ 确定压力系数，其中 $C_{p\max}$ 为驻点压力系数。

习题 6.2.2(三角翼附体激波求解)　考虑习题 3.2.20 的问题与条件，由三角翼顶点发出 2 道马赫波，将三角翼表面分为靠近前缘的二维流区和靠近轴线的三维流区。用习题 3.2.20 激波求解获得二维流区的压力系数，由加了驻点修正的牛顿正弦平方定理获得三维流区的压力系数，估算三角翼由下表面压力分布给出的升力系数(注意，这种方法的精度有待验证)。两者针对两组马赫数得到的升力系数满足马赫数无关原理吗?

习题 6.2.3(马赫数无关原理)　某飞行器的升力为 5 000 N，飞行速度为 9 000 m/s，当地密度为 0.05 kg/m³。用马赫数无关原理估算飞行速度改为 12 000 m/s，当地密度改为 0.04 kg/m³时，飞行器的升力大小。

参考答案:两种情况下升力系数相等，由此给出 7 111 N。

习题 6.2.4 (阿波罗宇宙飞船正激波后温度和驻点温度)　阿波罗宇宙飞船马赫数为 36，当地来流温度取为 200 K，压力取为 50 Pa。① 按冻结流模型，求正激波下游温度和驻点温度(总温)。② 用平衡流模型，求正激波下游温度和驻点温度(用总温表示)。

提示:用 6.2.4 给出的方法求解。注意:对于实际情况，辐射换热还会进一步降低驻点温度。

习题 6.3.1(平板附面层热流)　考虑题 4.2.10 的条件。用题 4.2.10 给出的当地摩擦系数，用参考温度法求温度为 $T_w=320$ K 的等温壁的热流密度。

提示:用题 4.2.10 给出的基于参考温度的摩擦系数 $c_f^* \equiv \dfrac{D}{(q^*L)}$，参考温度 T^*，参考密度为 ρ^*，把湍流脉动黏度与热导率也考虑进去的湍流普朗特数为 $Pr_t \approx 0.70$，由于定压比热 c_p 随温度变化很小，可将 c_p 视为常数，$c_p^*=1004.5$ J/kg·K。由雷诺比拟 $St^*=c_f^*/$

$(2Pr^{2/3})$以及

$$St^{(*)} = \frac{q_w}{\rho^* V_\infty c_p^* (T^* - T_w)}$$

得到计算热流密度的公式

$$q_w = \frac{c_f^* \rho^* V_\infty c_p^* (T^* - T_w)}{2Pr^{2/3}}$$

参考答案：$q_w = 70.69 \, \text{J}/(\text{m}^2 \cdot \text{s})$。

习题 6.3.2（驻点热流）　考虑圆柱驻点热流，来流马赫数为 $Ma_\infty = 10$，来流压力为 $p_\infty = 1\,000 \, \text{Pa}$，来流密度为 $T_\infty = 240 \, \text{K}$。驻点壁面为等温壁，壁面温度给定为 $T_w = 350 \, \text{K}$。驻点壁面曲率半径为 $R_s = 5 \times 10^{-3} \, \text{m}$。求驻点热流密度。

提示：按 6.3.4 节，圆柱驻点热流密度公式为

$$q_{圆柱} = 0.57 Pr^{-0.6} \sqrt{\rho_s \mu_s}(h_{aw} - h_w) \frac{1}{\sqrt{R_s}} \sqrt[4]{\frac{2(p_s - p_\infty)}{\rho_s}}$$

普朗特数取 0.72，历经正激波后的无黏驻点压力、驻点温度和驻点密度（下标 s）按 6.3.4 节相关表达式计算，驻点黏度按萨特兰公式计算，壁面恢复焓 h_{aw} 按壁面恢复温度 T_r 计算，壁面焓 h_w 按壁温计算，其中定压比热近似取 $c_p^* = 1\,004.5 \, \text{J/kg} \cdot \text{K}$。

习题 6.3.3（激波附面层干扰导致的热流放大）　考虑入射激波附面层干扰的热流放大。设 F 点在无干扰情况下，当地雷诺数为 $Re_F = 1.37 \times 10^8$，来流马赫数为 $Ma_1 = 2.94$，壁面温度为 $T_w = 320 \, \text{K}$，来流温度为 $T_1 = 273 \, \text{K}$。入射激波对应的气流偏转角为 $\theta = 10°$。求干扰点的热流。

提示：习题 6.3.1 给出同样的情况下干扰点无干扰时的热流。有干扰后，干扰点热流，按湍流压力比拟公式 $q_w^{(\text{peak})} = \left(\dfrac{p_3}{p_1}\right)^{0.8} q_w$ 计算干扰点峰值热流。其中，p_1 为来流压力，p_3 为干扰点下游压力，按入射激波正规反射来确定（见习题 6.1.5）。

参考答案：$203.64 \, \text{J}/(\text{m}^2 \cdot \text{s})$。

习题 6.3.4（激波干扰热流放大系数）　参考题 6.3.4 图，令上楔角 $\theta_{w1} = 15°$，下楔角 $\theta_{w2} = 8°$，来流马赫数为 $Ma_0 = 5$。下楔面尾端 a 点至 b 点为平板壁面，透射激波 r_2 在该壁面 c 点反射，求反射点热流放大倍数。

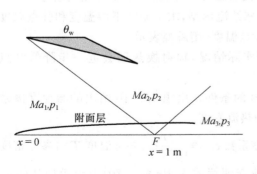

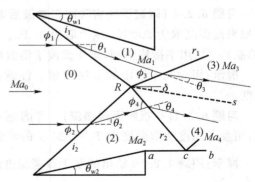

题 6.3.3 图　　　　　　　　　　　　**题 6.3.4 图**

提示：利用习题 6.1.8 第①问的结果作为出发点。本来在 a 点会发出膨胀波，干扰透射激波 r_2，本题可忽略这道膨胀波的影响。

参考文献

[1] 卞荫贵，徐立功. 气动热力学. 合肥：中国科学技术大学出版社，1997.

[2] 李洁，陈伟芳，任兵. 二维过渡区喷流干扰流场的 DSMC/EPS 仿真. 推进技术，2003，24(6)：495-499.

[3] 李素循. 激波与边界层主导的复杂流动. 北京：科学出版社，2007：80.

[4] 潘宏禄，李俊红，张学军. 突起物及其干扰区热环境影响范围分析. 计算物理，2013，30(6)：825-832.

[5] 杨欢，宗鹏. 再入飞船通信环境建模研究. 航天器环境工程，2010 (5).

[6] 吴子牛，白晨媛，李娟，等. 高超声速飞行器流动特征分析. 航空学报，2015，36：58-85.

[7] Bertin J J, Cummings R M. Fifty years of hypersonics: where we've been, where we're going. Progress in Aerospace Sciences, 2003, 39：511-536.

[8] Bertin J J. Hypersonic Aerothermodynamics. Washington：AIAA Inc. , 1994.

[9] Ben-Dor, G. Shock Wave Reflection Phenomena. Berlin：Springer, 2007.

[10] Ben-Dor G, Elperin T, Vasiliev E I. Flow Mach number induced hysteresis phenomena in the interaction of conical shock waves - a numerical investigation[J]. Journal of Fluid Mechenics, 2003, 496：335-354.

[11] Ben-Dor G, Ivanov M, Vasiliev E I, et al. Hysteresis processes in the regular reflection <-> Mach reflection transition in steady flows. Prog. Aerospace Sci. , 2002, 38：347-387.

[12] Bird G A. Molecular Gas Dynamics and the Direct Simulation of Gas Flows. Oxford：Clarendon Press, 1994.

[13] Bushnell. Correlation of Peak Heating for Reattachment of Separated Flows[J]. Spacecraft &Rockets, 1968, 5(9)：1111-1112.

[14] Kliche D, Mundt Ch, Hirschel E H. The hypersonic Mach number independence principle in thecaseofviscous flow. Shock Waves, 2011, 21：307-314.

[15] Eeims S P. Prandtl-Meyer expansion of chemically reacting gases in local chemical and thermodynamic equilibrium[J]. 1958.

[16] Edney B. Anomalous Heat Transfer and Pressure Distributions on Blunt Bodies at Hypersonic Speeds in the Presence of an Impinging Shock. [S. l.]：Aeronautical Research Inst. of Sweden, 1968, 115.

[17] Edney B. Anomalous Heat Transfer and Pressure Distributions on Blunt Bodies at Hypersonic Speeds in the Presence of an Impinging Shock [R]. [S. l.]：Stockholm (Sweden), 1968.

[18] Estruch D, MacManus D G, Stollery J L, et al. Hypersonic interference heating in the vicinity of surface protuberances[J]. Experiments in fluids, 2010, 49(3)：683-699.

[19] Gao B, Wu Z N. A study of the flow structure for Mach reflection in steady supersonic flow[J]. Journal of Fluid Mechanics, 2010, 656：29-50.

[20] Gnoffo P A, Gupta R N, Shinn J L. Conservation Equations and Physical Models for Hypersonic Air Flows in Thermal and Chemical Nonequilibrium：NASA TP-2867 [R]. Washington：NASA, 1989.

[21] Gnoffo P A, Gupta R N, Shinn J L, Conservation equations and physical models for hypersonic air flows in thermal and chemical nonequilibrium: NASA TP 2867[R]. Washington: NASA,1989.

[22] Hans F D, Keyes J W. Shock interference heating in hypersonic flows. AIAA Journal, 1972,10 (11), 1441-1447.

[23] Heiser W H, Pratt D T. Hypersonic Airbreathing propulsion. Washington: American Institute of Aeronautics and Astronautics Inc. , 1994.

[24] Hendersin L F, Lozzi A. Further experiments on transition of Mach reflection[J]. Journal of Fluid Mechanics. , 1979, 94:541-559.

[25] Henderson L F, Lozzi A. Experiments on transition of Mach reflection[J]. Journal of Fluid Mechanics 1975,68:139-155.

[26] Hirschel E H, Weil C. Selected Aerothermodynamic Design Problems of Hypersonic Flight Vehicles. Berlin :Springer-Verlag, 2009.

[27] Babinsky H, Harvey J K. , Shock Wave-Boundary-Layer Interactions. Cambridge: Cambridge University Press, 2014.

[28] Hornung H G, Robinson M L. Transition from regular to MR of shock waves. Part 2. The steady flow criterion[J]. Fluid Mech. ,1982,123:155-164.

[29] Hornung H G, Oertel H, Sandeman R J. Transition to Mach reflection of shock waves in steady and pseudo-steady flows with and without relaxation[J]. Fluid Mech. ,1979,90: 541-560.

[30] Huber P W. Hypersonic shock-heated flow parameters for velocities to 46,000 feet per second and altitudes to 323,000 feet[J]. Washington: Nasa Technical Report, 1963.

[31] Ivanov M S, Gimelshein S F, Beylich A E. Hysteresis eflect in stationary reflection of shock waves. Phys. Fluids1995, 7:685-687.

[32] Kawai S, Lele S K. Large-eddy simulation of jet mixing in supersonic crossflows[J]. AIAA Journal, 2010,48(9): 2063-2083.

[33] Keyes J W, Hains F D. Analytical and experimental studies of shock interference heating in hypersonic flows:NASA TN D-7139[R]. Washington: NASA, 1973.

[34] Keyes J W, Hains F D. Analytical and experimental studies of shock interference heating in hypersonic flows: NASA TN D-7139[R]. Washington:NASA, 1973.

[35] Li H, Ben-Dor G. Application of the principle of minimum entropy production to shock wave reflections. I. Steady flows[J]. Appl. Phys. 1996,80:2027-2037.

[36] Li H, Chpoun A, Ben-Dor G. Analytical and experimental investigations of the reflection of asymmetric shock waves in steady flows[J]. Journal of Fluid Mechanics, 1999,390:25-43.

[37] Lockwood M K, Pettey D H, Martin J G, Hunt J L. Airbreathing hypersonic vehicle design and analysis methods and interactions. Progress in Aerospace Science, 1999,35:1-32.

[38] McMaster D L, Shang J S. A numerical study of three-dimensional separated flows around a sweptback blunt fin[R]. Dayton Ohio: Universal Energy System Inc 1989.

[39] Moeckel W E. Oblique-shock relations at hypersonic speeds for air in chemical equilibrium[M]. Washington: National Advisory Committee for Aeronautics, 1957.

[40] Morabito D D. The spacecraft communications blackout problem encountered during passage or entry of planetary atmospheres[J]. The Interplanetary Network Progress Report 42-150 2002. Jet Propulsion Laboratory, California Institute of Technology.

[41] Oswatitsch K. Ahnlichkeitsgesetz für Hyperschallstromung. ZAMP, 1951,2:249-264.

[42] Rodi P E, Dolling D S. Behavior of pressure and heat transfer in sharp fin-induced turbulent inter-

actions[J]. AIAA Journal, 1995,33(11): 2013-2019.

[43] Sedney R, Kitchens C W. Separation ahead of protuberances in supersonic turbulent boundary layers[J]. AIAA Journal, 1977, 15(4): 546-552.

[44] Simeonides G , Haase W, Manna M. Experimental, analytical, and computational methods applied to hypersonic compression ramp flows[J]. AIAA journal, 1994, 32(2): 301-310.

[45] Spencer D E. An evaluation of the communication blackout problem for a blunt Mars-entry capsule and a potential method for the elimination of blackout, Jet Propulsion Laboratory, California Institute of Technology, 1964.

[46] Tan L H, Ren Y X, Wu Z N. Analytical and numerical study of the near flow fleld and shape of the Mach stem in steady flows[J]. Journal of Fluid Mechanics. , 2006,546:341-362.

[47] Viti V, Neel R, Schetz J A. Detailed flow physics of the supersonic jet interaction flow field[J]. Physics of Fluids (1994-present), 2009,21(4): 046101.

[48] von Neumann J. Oblique reflection of shock:Explos. Res. Rep. 12[R]. Washington, DC: Navy Dept. Bureau of Ordinance,,1943.

[49] von Neumann J. Refraction, intersection and reflection of shock waves: NAVORD Rep. [R]. Washington, DC : Navy Dept. , Bureau of Ordinance,. 1945:203-245.

[50] Wieting A R, Holden M S. Experimental shock-wave interference heating on a cylinder at Mach 6and 8[J]. AIAA journal, 1989, 27(11): 1557-1565.

附录 A　复变函数与保角变换相关知识

这里简要介绍本书要用到的复变函数内容。值得注意的是，Miline - Thomson 在他的 Theoretical Hydrodynamics 中首次系统地将复变函数理论用于无旋流动分析。

A.1　复变量基本定义与基本运算公式

将复数平面坐标表示为

$$z = x + iy = re^{i\theta} = r(\cos\theta + i\sin\theta)$$

这里，$i = \sqrt{-1}$ 为虚数符号，z 为复平面中的任一点，r, θ 分别为向径和幅角。复数 z 的共扼复数记为 $\bar{z} = x - iy = re^{-i\theta}$。利用 $z = x + iy$，读者很容易验证这样的关系式：如果 f, g 均为复数，那么有

$$\overline{f \pm g} = \bar{f} \pm \bar{g}, \quad \overline{cf} = c\bar{f}$$

这里，c 为实数。利用 $z = re^{i\theta}$，同样容易验证这样的关系式：如果 f, g 均为复数，那么有

$$\overline{fg} = \overline{f}\,\overline{g}, \quad \overline{\left(\frac{f}{g}\right)} = \frac{\bar{f}}{\bar{g}} \quad 。以 \overline{\left(\frac{f}{g}\right)} = \frac{\bar{f}}{\bar{g}} 为例，令 f = r_f e^{i\theta_f}, g = r_g e^{i\theta_g}，于是有$$

$$\overline{\left(\frac{f}{g}\right)} = \overline{\left(\frac{r_f e^{i\theta_f}}{r_g e^{i\theta_g}}\right)} = \overline{\frac{r_f}{r_g} e^{i(\theta_f - \theta_g)}} = \frac{r_f}{r_g} e^{-i(\theta_f - \theta_g)} = \frac{r_f e^{-i\theta_f}}{r_g e^{-i\theta_g}} = \frac{\bar{f}}{\bar{g}}$$

A.2　解析函数

解析函数的定义是：如果在复平面某一曲线围成的区域内的每一点上，复变函数 $f(z)$ 都是确定的单值，且其导数 $f'(z)$ 存在并且是有限的，那么该函数在这一区域内是解析函数。

考虑复平面 $z = x + iy$ 上的任意解析函数 $f(z)$，按实部 $\xi(z)$ 和虚部 $\eta(z)$ 展开成

$$f(z) = \xi + i\eta \tag{A.1}$$

由于

$$\frac{\partial f(z)}{\partial x} = \frac{\mathrm{d}f(z)}{\mathrm{d}z}\frac{\partial z}{\partial x} = \frac{\mathrm{d}f(z)}{\mathrm{d}z}\frac{\partial(x+iy)}{\partial x} = \frac{\mathrm{d}f(z)}{\mathrm{d}z}$$

$$\frac{\partial f(z)}{\partial y} = \frac{\mathrm{d}f(z)}{\mathrm{d}z}\frac{\partial z}{\partial y} = \frac{\mathrm{d}f(z)}{\mathrm{d}z}\frac{\partial(x+iy)}{\partial y} = i\frac{\mathrm{d}f(z)}{\mathrm{d}z}$$

因此，解析函数的导数与求导方向无关，即对于任一解析函数 $f(z)$，有

$$\frac{\mathrm{d}f(z)}{\mathrm{d}z} = \frac{\partial f(z)}{\partial x} = \frac{\partial f(z)}{\partial(iy)} \tag{A.2}$$

式(A.2)可以写成 $\dfrac{\partial(\xi+i\eta)}{\partial x} = \dfrac{\partial(\xi+i\eta)}{\partial(iy)}$，即 $\dfrac{\partial\xi}{\partial x} + i\dfrac{\partial\eta}{\partial x} = -i\dfrac{\partial\xi}{\partial y} + \dfrac{\partial\eta}{\partial y}$。于是

$$\frac{\partial\xi}{\partial x} = \frac{\partial\eta}{\partial y}, \quad \frac{\partial\xi}{\partial y} = -\frac{\partial\eta}{\partial x} \tag{A.3}$$

式(A.3)也称为柯西—黎曼条件。因此,函数 $f(z)$ 为解析函数的充分必要条件是,它的实部和虚部满足柯西-黎曼条件。由式(A.3)第一式对 x 求导,第二式对 y 求导,并相加得

$$\frac{\partial^2 \xi}{\partial x^2} + \frac{\partial^2 \xi}{\partial y^2} = \frac{\partial^2 \eta}{\partial y \partial x} - \frac{\partial^2 \eta}{\partial x \partial y} = 0$$

因此,解析函数的实部满足拉普拉斯方程,即属于调和函数。同理可以证明,解析函数的虚部也满足拉普拉斯方程,属于调和函数。

A.3　极值与留数定理

如果某复变函数在某区域内几个孤立点上不解析,那么该复变函数在该区域边界的线积分就等可以与这些孤立点上的函数值存在联系,从而简化积分求解。这就是留数定理所涉及的内容。

罗朗展开定理(证明从略)　函数 $f(z)$ 在其解析的域内,可以展开成如下的级数形式

$$f(z) = \sum_{n=-\infty}^{n=+\infty} c_n (z-\alpha)^n \tag{A.4}$$

如果对于某 $n<0, c_n \neq 0$,那么点 $z=\alpha$ 称为极点。函数 $f(z)$ 在极点变为无穷大(该点不解析),并且在该点的邻域内任一其他点都是解析的,但函数 $f(z)$ 在极点外的解析域有罗朗展开(A.4)。如果 $c_{-n}=0, n=m+1, m+2, \cdots$,而 $c_{-m} \neq 0$,则称 α 为 $f(z)$ 的 m 阶极点。

对于极点 α,$1/(z-\alpha)$ 的系数 c_{-1} 称为 $f(z)$ 在 α 的留数(也称残值),记作 $R(\alpha)$,即 $R(\alpha)=c_{-1}$。

为了考虑极点的性质,考虑积分

$$\oint_{|z-\alpha|=R} (z-\alpha)^n \mathrm{d}z$$

显然,在圆周 $|z-\alpha|=R$ 上,有 $z-\alpha=R\mathrm{e}^{i\theta}$,从而

$$\oint_{|z-\alpha|=R} (z-\alpha)^n \mathrm{d}z = \int_0^{2\pi} R^{n+1} \mathrm{e}^{i(n+1)\theta} i\mathrm{d}\theta = \begin{cases} 0, & n \neq -1 \\ 2\pi i, & n = -1 \end{cases} \tag{A.5}$$

由于式(A.4)和式(A.5),下面的柯西定理显然成立。

柯西定理(留数定理)　如果在某封闭曲线 C 内有 1 个孤立极点,坐标为 $z=\alpha$,留数为 $R(\alpha)$,函数 $f(z)$ 在极点外区域解析,那么有

$$\oint_C f(z) \mathrm{d}z = 2\pi i R(\alpha) \tag{A.6}$$

注意,这里积分是沿闭路的逆时针方向,如图 A-1 所示。

如果 $f(z)$ 在 C 内解析,或者 $f(z)$ 为常数,显然有 $\oint_C f(z) \mathrm{d}z = 0$。

如果存在多个极点,那么有下面的多极点柯西定理。

多极点柯西定理(留数定理)　如果在某封闭曲线 C 内有 n 个极点,坐标分别为 $z=\alpha_1, \alpha_2, \cdots, \alpha_n$,且各极点对应的留数分别为 $R(\alpha_1), R(\alpha_2), \cdots, R(\alpha_n)$,

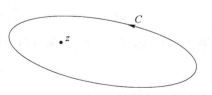

图 A-1　闭路 C 及其走向

函数 $f(z)$ 在除这 n 个有限极点外区域解析，那么有

$$\oint_C f(z)\mathrm{d}z = 2\pi\mathrm{i}\sum_{i=1}^n R(\alpha_i) \tag{A.7}$$

A.4 保角变换

我们很容易构造理想圆柱绕流的解。在复数平面通过坐标变换，可以将翼型的解与理想圆柱绕流的解关联起来，如图 A-2 所示。除个别几何奇点外，这种坐标变换如果采用解析函数，那么物面曲线在变换关联的两个平面之前具有保角性质，因此也称为保角变换。虽然如此，这里不讨论那些保角性质，而只介绍所需的相关知识。

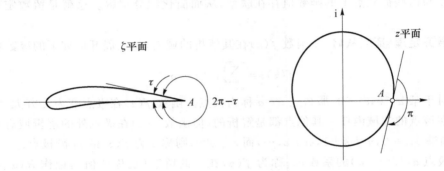

图 A-2　保角变换示意图(除了尖尾缘 A，其他地方保角)

保角变换的目标是，给定 ζ 平面中物面(如翼型)的形状，求满足一定条件的变换，使得物面在平面 z 变为半径为 a 的圆。这里的条件主要包括两个方面：

(1) 变换不改变两平面之前的流动均是无旋流动的性质；

(2) 变换不改变无穷远来流迎角大小与速度大小。

黎曼定理　将任意封闭物体(如翼型)所在的复数平面记为 $\zeta=\xi+\mathrm{i}\eta$，将圆柱所在的复数平面记为 $z=x+\mathrm{i}y$。那么，一定存在一个坐标变换

$$\zeta=f(z) \tag{A.8}$$

将两平面关联起来。如果 ζ_c 是圆周对应的坐标，那么 z 平面内的物体表面坐标 z_c 满足 $\zeta_c=f(z_c)$。

保角性　如图 A-3 所示，考虑 z 平面上的微线段 $\mathrm{d}z$，它对应 ζ 平面的微线段 $\mathrm{d}\zeta$。将微线段 $\mathrm{d}z$ 逆时针旋转 α 角，变为微线段 $\mathrm{d}z'=\mathrm{d}z\mathrm{e}^{\mathrm{i}\alpha}$。下面看 $\mathrm{d}z'$ 对应在 ζ 平面的 $\mathrm{d}\xi$ 与 $\mathrm{d}\zeta$ 的夹角。由于 $\zeta=f(z)$，从而 $\zeta'=f(z')$，因此有

$$\frac{\mathrm{d}\zeta}{\mathrm{d}z}=f'(z), \quad \frac{\mathrm{d}\zeta'}{\mathrm{d}z'}=f'(z)$$

如果 $f'(z)\neq0$, $f'(z)\neq\infty$，那么以上两式可以相除，相除后得

$$\mathrm{d}\zeta'=\mathrm{d}\zeta\frac{\mathrm{d}z'}{\mathrm{d}z}=\mathrm{d}\zeta\cdot\mathrm{e}^{\mathrm{i}\alpha}$$

上式表明，$\mathrm{d}\zeta'$ 相对 $\mathrm{d}\zeta$ 也转了同样的角度 α，这就是称为保角变换的原因；即如果 $f'(z)\neq0$, $f'(z)\neq\infty$，那么经过变换，任意两相交线段的夹角不变。

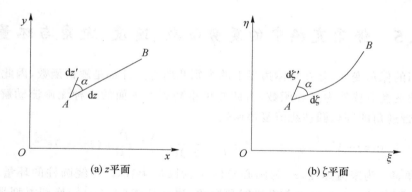

(a) z 平面   (b) ζ 平面

图 A - 3 线段与角度的变换关系

角点变换的非保角性。如果处处保角,那么无法把翼型尖尾缘与圆柱对应起来。因此需要考虑的保角变换至少在尖尾缘那样的地方不保角。设解析函数 $F(z)$ 在 z_0 点既不为 0,也不为无限大。构造变换 $\zeta-\zeta_0=(z-z_0)^n F(z)$。显然,当 $n>1$ 时,有 $f'(z_0)=0$。因此,在点 z_0 不满足保角性。求微分

$$\frac{\mathrm{d}\zeta}{\mathrm{d}z}=\frac{\mathrm{d}f(z)}{\mathrm{d}z}=n(z-z_0)^{n-1}F(z)+(z-z_0)^n F'(z)$$

依然考虑如图 A - 3 所示的微元段。让 $z-z_0 \to \mathrm{d}z$,则上式简化成 $\frac{\mathrm{d}\zeta}{\mathrm{d}z^n}=nF(z)$。同理,$\frac{\mathrm{d}\zeta'}{\mathrm{d}z'^n}=nF(z)$,从而有 $\frac{\mathrm{d}\zeta'}{\mathrm{d}\zeta}=\left(\frac{\mathrm{d}z'}{\mathrm{d}z}\right)^n=(\mathrm{e}^{\mathrm{i}\alpha})^n=\mathrm{e}^{\mathrm{i}n\alpha}$,即在 ζ 平面内,角度比在 z 平面放大了 n 倍,即两角度之比为 n。如果令 $\zeta-\zeta_0=(z-z_0)^{-n}F(z)$。那么,当 $n>1$ 时,有 $f'(z)=\infty$,那么取 $n>1$。同理可以证明,在 ζ 平面角度比在 z 平面缩小 n 倍,即两角度之比为 $1/n$。

这种奇点的性质,正好可以用到带角点的实际物体如带尖尾缘的翼型上。设翼型后缘角为 τ,其补角为 $2\pi-\tau$。如图 A - 1 所示,经变换 $\zeta=\zeta(z)$ 变成圆时,角度成了 π,因此变换函数可设计为

$$\zeta=\zeta_0+(z-z_A)^{\frac{\pi}{2\pi-\tau}}F(z)$$

Karman - Trefftz 变换与 Karman - Trefftz 翼型。考虑 Karman - Trefftz 变换

$$\frac{\zeta-ka}{\zeta+ka}=\left(\frac{z-a}{z+a}\right)^k \tag{A.9}$$

该变换把半径为 a 的圆柱变成一个翼型,称为 Karman - Trefftz 翼型,如图 A - 4 所示。不难证明,该翼型的后缘角为 $\tau=\pi(2-k)$。

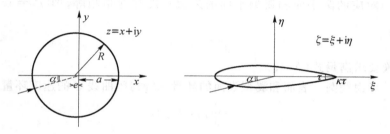

图 A - 4 Karman - Trefftz 翼型

A.5　保角变换中的复势函数、速度、迎角与环量

我们采用的保角变换,除在物体边界上的个别几何奇点外都是解析函数,因此圆平面的复势函数经保角变换后依然为复势函数,由此便可得到翼型平面的一种无旋流动解。在 1.3.2 节中,给出了带迎角的理想圆柱绕流复势函数

$$w(z) = V_\infty \left((z-z_0) e^{-i\alpha} + \frac{c^2}{(z-z_0) e^{-i\alpha}} \right) + \frac{\Gamma}{2\pi i} \ln(z-z_0) e^{-i\alpha} \tag{A.10}$$

这里,α 为迎角,V_∞ 为来流速度,z_0 为圆心坐标,c 为圆周半径,Γ 为绕圆柱的环量。要求采用的变换满足如下条件:① 不改变来流速度和迎角,这样从式(A.10)转换到翼型平面时,依然是迎角为 α 速度为 V_∞ 的来流;② 不改变环量大小,以便在翼型平面定出确定环量的物理机制,在圆平面写成可方便求解的数学形式。为了区别,将翼型平面的解用星号区别。

翼型平面复势函数。 在保角变换 $\zeta = f(z)$ 下,两平面上的复势函数存在下面的直接对应关系

$$w^*(\zeta) = w^*(f(z)) = w(z) \tag{A.11}$$

式中,圆平面的一般复势函数由(A.10)给出。从给定翼型和恰当的变换 $\zeta = f(z)$,可以定出圆平面参数 z_0 和 c。以下将以儒科夫斯基翼型为例来说明。环量是未知的,这在 1.3.4 节中依据翼型平面的物理条件确定。有了这些参数,由式(A.10)和(A.11)即可唯一定出翼型平面的复势函数。

两平面复速度。 复速度定义为

$$u^* - iv^* = \frac{dw^*}{d\zeta}, \quad u - iv = \frac{dw}{dz}$$

考虑到式(A.11),于是

$$u^* - iv^* = \frac{dw^*}{d\zeta} = \frac{dw}{dz} \frac{dz}{d\zeta} = \frac{u - iv}{f'(z)}$$

于是在 ζ 平面的速度 $v^* = u^* - iv^*$ 与在 z 平面的速度 $v = u - iv$ 之间存在如下关系

$$v^* = \frac{v}{f'(z)} \tag{A.12}$$

来流速度与迎角不变的条件。 将式(A.12)用在无穷远的来流,得到

$$v_\infty^* = \frac{v_\infty}{f'(\infty)}$$

为使按 $\zeta = f(z)$ 对应的圆平面和翼型平面的来流速度和迎角相等,即 $v_\infty^* = v_\infty$,只需令变换满足

$$f'(\infty) = 1 \tag{A.13}$$

采用的保角变换要求满足式(A.13)。

环量关系。 考虑绕圆柱表面和翼型表面的环量。绕封闭曲线 C 的速度环量定义为

$$\Gamma = \oint u dx + v dy \tag{A.14}$$

注意,积分是沿逆时针方向的。此时,环量是流体在物面的切向速度绕物面一圈的积分,反映了流体绕物面的旋转效应。由于 $u - iv = dw/dz$,$dx + idy = dz$,所以有下面的恒等式

$$dw=(u-iv)dz=(u-iv)(dx+idy)=udx+vdy$$

在上面最后一个等式中,用到了物面是条流线这一条件,即 $udy-vdx=0$。将上式代入式(A.14),得

$$\Gamma=\oint dw \tag{A.15}$$

因此,绕物面的环量等于复势函数 w 绕一圈后的增量。由于保角变换不改变 w 的大小(见式(A.14)),所以

$$\oint dw=\oint dw^*$$

从而

$$\Gamma^*=\Gamma \tag{A.16}$$

即保角变换不改变环量大小。

　　1.3.4 节中已证明,对无旋流动来说,升力与环量成正比,也和来流速度成正比。因此,可以构造这样的变换,使得该变换不改变来流速度,从而在两个平面上,物体的升力一样大。

A.6　儒科夫斯基变换与儒科夫斯基翼型

儒科夫斯基变换定义式为

$$\zeta=f(z)=z+\frac{a^2}{z} \tag{A.17}$$

儒科夫斯基变换的逆变换为

$$z=\frac{\zeta}{2}\pm\sqrt{\frac{\zeta^2-4a^2}{4}} \tag{A.18}$$

式中,正号对应复数平面的右半边,负号对应左半边。

　　将儒科夫斯基变换应用于如图 A-5 所示的偏心圆上。偏心圆是这样的:在 z 实轴右端取 A 点,坐标为 $x_A=a$。从 A 点向虚轴上高度为 f 的 B 点画直线并延伸至圆心 z_0。圆心 z_0 离开 A 点的直线距离为 $c=AB(1+\varepsilon)=\sqrt{a^2+f^2}(1+\varepsilon)$。于是,圆心 z_0 的坐标可以表示为

$$z_0=a-\sqrt{a^2+f^2}(1+\varepsilon)\exp(-i\varphi_B),\quad \tan\varphi_B=\frac{f}{a} \tag{A.19}$$

以式(A.19)定义的 z_0 为圆心,以 $c=\sqrt{a^2+f^2}(1+\varepsilon)$ 为半径定义 z 平面圆柱。将儒科夫斯基变换(A.17)直接用到该圆周上,得到的翼型称为儒科夫斯基翼型,如图 A-5 所示。圆柱表面的坐标可表示为

$$z=z_0+ce^{i\theta},\quad 0\leqslant\theta\leqslant2\pi \tag{A.20}$$

将(A.20)代入儒科夫斯基变换(A.17),得翼型表面坐标关系式

$$\zeta=z_0+ce^{i\theta}+\frac{a^2}{z_0+ce^{i\theta}} \tag{A.21}$$

如果令 $f=0$,且让 $\varepsilon\approx0$,那么从(A.21)容易证明,翼型坐标 (ξ,η) 满足方程

$$\xi=2a\cos\theta,\quad \eta=2a\varepsilon(1-\cos\theta)\sin\theta,\quad 0\leqslant\theta\leqslant2\pi$$

因此关于横轴对称,即为对称翼型。上式定义的封闭物面称为儒科夫斯基对称翼型,其尾缘点坐标为 $\xi=2a\cos0=2a$,前缘点坐标为 $\xi=2a\cos\pi=-2a$。翼型的长度由 ξ 在 $-2a\sim2a$ 之间,

即弦长为 $c_A \approx 4a$，最厚的地方①对应的坐标为 $\zeta=-a$（对应 $\theta=2\pi/3$），翼型在该点的高度为 $3\sqrt{3}a\varepsilon/2$。因此，翼型的厚度为 $b_{max}=3\sqrt{3}a\varepsilon$。儒科夫斯基翼型的后缘角为 0°。由于机械加工与强度的原因，严格的儒科夫斯基翼型是不可用的，可用的翼型后缘角必须大于 0。

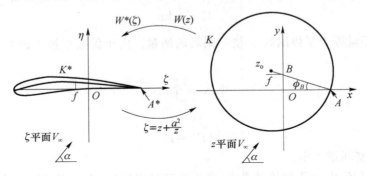

图 A-5　儒科夫斯基变换与儒科夫斯基翼型

如果 $f\neq0$，那么儒科夫斯基翼型具有弯度，且弯度大小为 f。读者不难自行完成相关分析。

---

① 由 $\eta=2a\varepsilon(1-\cos\theta)\sin\theta$ 和 $\mathrm{d}\eta/\mathrm{d}\theta=0$ 得 $\cos\theta+\sin^2\theta-\cos^2\theta=0$，即 $\theta=\frac{2}{3}\pi$。因此，最大厚度对应 $\theta=\frac{2}{3}\pi$，并且有 $\xi\left(\frac{2}{3}\pi\right)=-a,\eta\left(\frac{2}{3}\pi\right)=3\sqrt{3}a\varepsilon$。

附录 B 卡门−钱学森法主要步骤推导

1. 流线坐标系下的方程

流线坐标系跟物理坐标系的转化存在以下简单几何关系

$$\begin{cases} dx = ds\cos\theta - dn\sin\theta \\ dy = ds\sin\theta + dn\cos\theta \end{cases} \Rightarrow \begin{cases} ds = \sin\theta dy + \cos\theta dx \\ dn = \cos\theta dy - \sin\theta dx \end{cases}$$

$$\Rightarrow \begin{cases} ds/dx = -\cos\theta, & ds/dy = \sin\theta \\ dn/dx = -\sin\theta, & dn/dy = \cos\theta \end{cases}$$

利用偏微分的求导法则

$$\begin{cases} \dfrac{\partial u}{\partial x} = \dfrac{\partial u}{\partial s}\dfrac{ds}{dx} + \dfrac{\partial u}{\partial n}\dfrac{dn}{dx}, & \dfrac{\partial u}{\partial y} = \dfrac{\partial u}{\partial s}\dfrac{ds}{dy} + \dfrac{\partial u}{\partial n}\dfrac{dn}{dy} \\[2mm] \dfrac{\partial v}{\partial x} = \dfrac{\partial v}{\partial s}\dfrac{ds}{dx} + \dfrac{\partial v}{\partial n}\dfrac{dn}{dx}, & \dfrac{\partial v}{\partial y} = \dfrac{\partial v}{\partial s}\dfrac{ds}{dy} + \dfrac{\partial v}{\partial n}\dfrac{dn}{dy} \end{cases}$$

并利用关系式 $Ma = V/a, u = V\cos\theta, v = V\sin\theta$, 不难从式(4.2.21)得到流线坐标系下方程的等价形式

$$(1 - Ma^2)\frac{1}{V}\frac{\partial V}{\partial s} + \frac{\partial\theta}{\partial n} = 0 \tag{B.1a}$$

$$\frac{1}{V}\frac{\partial V}{\partial n} - \frac{\partial\theta}{\partial s} = 0 \tag{B.1b}$$

2. 恰普雷津方程的证明

把速度和流线附仰角看成势函数 Φ 和流函数 Ψ 的函数 $V = V(\Phi, \Psi)$, $\theta = \theta(\Phi, \Psi)$。求微分得

$$\begin{cases} \dfrac{\partial V}{\partial s} = \dfrac{\partial V}{\partial \Phi}\dfrac{\partial \Phi}{\partial s} + \dfrac{\partial V}{\partial \Psi}\dfrac{\partial \Psi}{\partial s}, & \dfrac{\partial V}{\partial n} = \dfrac{\partial V}{\partial \Phi}\dfrac{\partial \Phi}{\partial n} + \dfrac{\partial V}{\partial \Psi}\dfrac{\partial \Psi}{\partial n} \\[2mm] \dfrac{\partial \theta}{\partial s} = \dfrac{\partial \theta}{\partial \Phi}\dfrac{\partial \Phi}{\partial s} + \dfrac{\partial \theta}{\partial \Psi}\dfrac{\partial \Psi}{\partial s}, & \dfrac{\partial \theta}{\partial n} = \dfrac{\partial \theta}{\partial \Phi}\dfrac{\partial \Phi}{\partial n} + \dfrac{\partial \theta}{\partial \Psi}\dfrac{\partial \Psi}{\partial n} \end{cases}$$

将可压缩流流函数和势函数定义关系式

$$V = \frac{\partial \Phi}{\partial s}, \quad 0 = \frac{\partial \Phi}{\partial n}, \quad \frac{\rho V}{\rho_0} = \frac{\partial \Psi}{\partial n}, \quad 0 = \frac{\partial \Psi}{\partial s}$$

代入上面的关系式, 得以流线坐标为自变量的导数和以势函数和流函数为自变量的导数之间的关系

$$\frac{\partial V}{\partial s} = V\frac{\partial V}{\partial \Phi}, \quad \frac{\partial V}{\partial n} = \frac{\rho V}{\rho_0}\frac{\partial V}{\partial \Psi}, \quad \frac{\partial \theta}{\partial s} = V\frac{\partial \theta}{\partial \Phi}, \quad \frac{\partial \theta}{\partial n} = \frac{\rho V}{\rho_0}\frac{\partial \theta}{\partial \Psi}$$

将这些关系式代入式(4.2.29)和式(4.2.30), 得势函数−流函数平面内的方程如下

$$\frac{\rho V}{\rho_0}\frac{\partial \theta}{\partial \Psi} + (1 - Ma^2)\frac{\partial V}{\partial \Phi} = 0 \tag{B.2a}$$

$$\frac{\rho V}{\rho_0}\frac{\partial \theta}{\partial \Phi} - \frac{\partial V}{\partial \Psi} = 0 \tag{B.2b}$$

为了将偏微分顺序颠倒过来，将势函数和流函数看成速度的函数 $\Phi = \Phi(V, \theta)$，$\Psi = \Psi(V, \theta)$，求微分得

$$\mathrm{d}\Phi = \frac{\partial \Phi}{\partial V}\mathrm{d}V + \frac{\partial \Phi}{\partial \theta}\mathrm{d}\theta, \quad \mathrm{d}\Psi = \frac{\partial \Psi}{\partial V}\mathrm{d}V + \frac{\partial \Psi}{\partial \theta}\mathrm{d}\theta$$

从上面的式子可以解出

$$\begin{cases} \mathrm{d}V = \dfrac{1}{\Delta}\left(\dfrac{\partial \Psi}{\partial \theta}\mathrm{d}\Phi - \dfrac{\partial \Phi}{\partial \theta}\mathrm{d}\Psi\right) \\ \mathrm{d}\theta = \dfrac{1}{\Delta}\left(-\dfrac{\partial \Psi}{\partial V}\mathrm{d}\Phi + \dfrac{\partial \Phi}{\partial V}\mathrm{d}\Psi\right) \end{cases} \tag{B.3}$$

另一方面，把速度和流线附仰角看成势函数 Φ 和流函数 Ψ 的函数，即令 $V = V(\Phi, \Psi)$，$\theta = \theta(\Phi, \Psi)$，按全微分知识得

$$\mathrm{d}V = \frac{\partial V}{\partial \Phi}\mathrm{d}\Phi + \frac{\partial V}{\partial \Psi}\mathrm{d}\Psi, \quad \mathrm{d}\theta = \frac{\partial \theta}{\partial \Phi}\mathrm{d}\Phi + \frac{\partial \theta}{\partial \Psi}\mathrm{d}\Psi \tag{B.4}$$

比较式(B.1)(a)和(B.1)(b)得

$$\frac{\partial V}{\partial \Phi} = \frac{1}{\Delta}\frac{\partial \Psi}{\partial \theta}, \quad \frac{\partial V}{\partial \Psi} = -\frac{1}{\Delta}\frac{\partial \Phi}{\partial \theta}, \quad \frac{\partial \theta}{\partial \Phi} = -\frac{1}{\Delta}\frac{\partial \Psi}{\partial V}, \quad \frac{\partial \theta}{\partial \Psi} = \frac{1}{\Delta}\frac{\partial \Phi}{\partial V}$$

将这些关系式代入式(B.2a)和式(B.2b)，便得到式(4.2.23)。按式(4.2.24)替换成新的自变量后，得到精简形式(4.2.25)。

3. 卡门-钱学森近似下的进一步简化

对卡门-钱学森近似式(4.2.26)两端求微分，得到的结果再代入到等熵流动的声速表达式 $a^2 = \mathrm{d}p/\mathrm{d}\rho$，得

$$\rho a = \rho_\infty a_\infty \tag{B.5}$$

由流线上的动量方程 $\rho V \mathrm{d}V + \mathrm{d}p = 0$，得 $\rho V\left(\dfrac{\mathrm{d}V}{\mathrm{d}\rho}\right) + a^2 = 0$，代入由 $\rho a = \rho_\infty a_\infty$ 解出的声速后，得 $\rho V\left(\dfrac{\mathrm{d}V}{\mathrm{d}\rho}\right) + \dfrac{\rho_\infty^2 a_\infty^2}{\rho^2} = 0$。该式积分后给出速度与密度的关系为

$$V^2 = \rho_\infty^2 a_\infty^2\left(\frac{1}{\rho^2} - \frac{1}{\rho_0^2}\right) \Rightarrow \left(\frac{\rho_0}{\rho}\right)^2 = \frac{\rho_\infty^2 a_\infty^2}{\rho_\infty^2 a_\infty^2 - \rho^2 V^2}$$

利用式(B.5)，得 $\left(\dfrac{\rho_0}{\rho}\right)^2 = \dfrac{1}{(1 - Ma^2)}$。因此

$$\sqrt{K} = \sqrt{1 - Ma^2}\,\frac{\rho_0}{\rho} = 1 \tag{B.6}$$

上式也可以写成 $\left(1 - \dfrac{V^2}{a^2}\right)\left(\dfrac{\rho_0}{\rho}\right)^2 = 1$。考虑到式 $\rho a = \rho_\infty a_\infty$ 后，上式给出

$$a^2 - V^2 = \frac{\rho^2 a^2}{\rho_0^2} = \frac{\rho_\infty^2 a_\infty^2}{\rho_0^2} = \text{Const}$$

因此，以下关系式成立

$$a^2 - V^2 = a_\infty^2 - V_\infty^2 = a_0^2 \tag{B.7}$$

由式(B.6)解出 $\sqrt{1 - Ma^2}$，代入式(4.2.24)，并利用(B.5)和(B.7)，得

$$\frac{\mathrm{d}W}{W} = \frac{\rho}{\rho_0}\frac{\mathrm{d}V}{V} = \frac{\rho_\infty a_\infty}{\rho_0 a}\frac{\mathrm{d}V}{V} = \frac{\rho_\infty a_\infty}{\rho_0 \sqrt{a_0^2 + V^2}}\frac{\mathrm{d}V}{V} = \frac{\rho_0 a_0}{\rho_0 \sqrt{a_0^2 + V^2}}\frac{\mathrm{d}V}{V}$$

积分后给出

$$W = \frac{2V}{1 + \sqrt{1 + \dfrac{V^2}{a_0^2}}}, \quad V = \frac{4a_0^2 W}{4a_0^2 - W^2} \tag{B.8}$$

用在不可压缩流情况,得

$$W_{\mathrm{I}} = V_{\mathrm{I}} \tag{B.9}$$

4. 两流场解的关系

在卡门-钱学森近似前提下,可压缩速度平面 W, θ 上的可压缩流动方程与不可压速度平面 W_{I}, θ_{I} 的不可压缩流动方程具有相同形式,均为柯西-黎曼方程。因此,在速度平面上,可压缩流与不可压缩流的解在对应自变量相等处完全相等,即当 $W = W_{\mathrm{I}}$ 和 $\theta = \theta_{\mathrm{I}}$ 时,有

$$\Phi(W,\theta) = \Phi_{\mathrm{I}}(W_{\mathrm{I}}, \theta_{\mathrm{I}}) \quad , \quad \Psi(W,\theta) = \Psi_{\mathrm{I}}(W_{\mathrm{I}}, \theta_{\mathrm{I}}) \tag{B.10}$$

下面将式(4.2.30)中的密度比 $\dfrac{\rho_\infty}{\rho}$ 与不可压缩流场的速度比进行关联,进而利用式(4.2.29)和式(4.2.30)得到压力系数之间的关系。

由 $W = W_{\mathrm{I}}$ 以及式(B.8)和式(B.9),得

$$\frac{2V}{1 + \sqrt{1 + V^2/a_0^2}} = V_{\mathrm{I}}$$

以此可解出速度 V 与速度 V_{I} 之间的关系

$$V = \frac{4a_0^2 V_{\mathrm{I}}}{4a_0^2 - V_{\mathrm{I}}^2} \tag{B.11}$$

将式(B.5)用在驻点上,再利用式(B.7)得

$$\frac{\rho_0}{\rho} = \frac{a}{a_0} = \frac{\sqrt{a_0^2 + V^2}}{a_0}$$

将式(B.11)代入上式得

$$\frac{\rho_0}{\rho} = \frac{4a_0^2 + V_{\mathrm{I}}^2}{4a_0^2 - V_{\mathrm{I}}^2} \tag{B.12}$$

将式(B.6)用在来流上得 $\dfrac{\rho_\infty}{\rho_0} = \sqrt{1 - Ma_\infty^2}$,于是

$$\frac{\rho_\infty}{\rho} = \frac{\rho_0}{\rho} \frac{\rho_\infty}{\rho_0} = \sqrt{1 - Ma_\infty^2} \frac{4a_0^2 + V_{\mathrm{I}}^2}{4a_0^2 - V_{\mathrm{I}}^2} \tag{B.13}$$

将式(B.12)用在无穷远来流上得

$$\frac{\rho_0}{\rho_\infty} = \frac{4a_0^2 + V_{\mathrm{I}\infty}^2}{4a_0^2 - V_{\mathrm{I}\infty}^2}$$

将(B.6)用在无穷远来流上,得 $\sqrt{1 - Ma_\infty^2}\,\dfrac{\rho_0}{\rho_\infty} = 1$,于是,上式给出

$$\frac{1}{\sqrt{1 - Ma_\infty^2}} = \frac{4a_0^2 + V_{\mathrm{I}\infty}^2}{4a_0^2 - V_{\mathrm{I}\infty}^2}$$

解出速度得

$$\frac{V_{\mathrm{I}\infty}^2}{a_0^2} = \frac{4Ma_\infty^2}{(1 + \sqrt{1 - Ma_\infty^2})^2} \tag{B.14}$$

利用式(B.13)和式(B.14)得

$$\frac{\rho_\infty}{\rho} = \sqrt{1-Ma_\infty^2}\ \frac{4+\dfrac{V_{\rm I}^2}{V_{\rm I\infty}^2}\dfrac{V_{\rm I\infty}^2}{a_0^2}}{4-\dfrac{V_{\rm I}^2}{V_{\rm I\infty}^2}\dfrac{V_{\rm I\infty}^2}{a_0^2}} = \sqrt{1-Ma_\infty^2}\ \frac{4+\dfrac{V_{\rm I}^2}{V_{\rm I\infty}^2}\dfrac{4Ma_\infty^2}{(1+\sqrt{1-Ma_\infty^2})^2}}{4-\dfrac{V_{\rm I}^2}{V_{\rm I\infty}^2}\dfrac{4Ma_\infty^2}{(1+\sqrt{1-Ma_\infty^2})^2}}$$

将上式代入式(4.2.30),再利用式(4.2.29)将 $\dfrac{V_{\rm I}^2}{V_{\rm I\infty}^2}$ 置换成 $C_{\rm PI}$,便得到卡门–钱学森公式(4.2.32)。

附录 C　非定常势流模型推广

对于非定常情况,将 x 方向的动量方程减去质量方程得

$$\frac{\partial u}{\partial t}+u\frac{\partial u}{\partial x}+v\frac{\partial u}{\partial y}+w\frac{\partial u}{\partial z}=-\frac{1}{\rho}\frac{\partial p}{\partial x}$$

在无旋假设下,有

$$\frac{\partial w}{\partial y}=\frac{\partial v}{\partial z},\quad \frac{\partial u}{\partial z}=\frac{\partial w}{\partial x},\quad \frac{\partial u}{\partial y}=\frac{\partial v}{\partial x}$$

以此将动量方程左端速度分量 u 对 y 和 z 的偏导数置换成相应方向速度分量 v 和 w 对 x 的偏导数,并记 $u_t=\dfrac{\partial \Phi_t}{\partial x}$,得

$$\frac{\partial}{\partial x}\left(\Phi_t+\frac{1}{2}V^2\right)=-\frac{1}{\rho}\frac{\partial p}{\partial x} \tag{C.1}$$

将声速求微分得

$$\frac{\partial}{\partial x}\left(\frac{\gamma p}{\rho}\right)=\gamma\frac{\partial}{\partial x}\left(\left(\frac{p}{\rho^{\gamma}}\right)^{\frac{1}{\gamma}}p^{\frac{\gamma-1}{\gamma}}\right)$$

考虑到等熵假设,其中右端微分内的第一个因子为常数,提出后可得

$$\frac{\partial}{\partial x}\left(\frac{\gamma p}{\rho}\right)=\gamma\left(\frac{p}{\rho^{\gamma}}\right)^{\frac{1}{\gamma}}\frac{\partial}{\partial x}p^{\frac{\gamma-1}{\gamma}}=(\gamma-1)\left(\frac{p}{\rho^{\gamma}}\right)^{\frac{1}{\gamma}}p^{-\frac{1}{\gamma}}\frac{\partial p}{\partial x}=(\gamma-1)\frac{1}{\rho}\frac{\partial p}{\partial x} \tag{C.2}$$

用式(5.2.106)得到式(5.2.105)右端所需要的压力梯度后,得 x 方向的动量方程的另外一种形式

$$\frac{\partial X}{\partial x}=0,\quad X\equiv\Phi_t+\frac{1}{2}V^2+\frac{\gamma}{\gamma-1}\frac{p}{\rho}$$

针对另外两个方向的动量方程,同理可以得到 $\dfrac{\partial X}{\partial y}=\dfrac{\partial X}{\partial z}=0$,从而 X 为常数。因此

$$\Phi_t+\frac{1}{2}V^2+\frac{\gamma}{\gamma-1}\frac{p}{\rho}=C \tag{C.3}$$

由于自由来流是定常的,即 $\Phi_{\infty t}=0$,因此,用自由来流条件代入上式定出常数后,得

$$\Phi_t+\frac{1}{2}V^2+\frac{a^2}{\gamma-1}=\frac{1}{2}V_{\infty}^2+\frac{a_{\infty}^2}{\gamma-1} \tag{C.4}$$

由此解出声速,便得到式(5.2.48)中给出的声速表达式。将声速表达式代入

$$\rho=\rho_{\infty}\left[\frac{a^2}{a_{\infty}^2}\right]^{\frac{1}{\gamma-1}},\quad p=p_{\infty}\left[\frac{a^2}{a_{\infty}^2}\right]^{\frac{\gamma}{\gamma-1}}$$

得到密度和压力表达式(5.2.49)。对该式中的密度表达式微分,并记

$$\nu=1+\frac{(\gamma-1)}{a_{\infty}^2}\left(\frac{1}{2}(V_{\infty}^2-V^2)-\Phi_t\right)$$

得

$$\mathrm{d}\rho=\left(\frac{1}{2}\mathrm{d}(V_{\infty}^2-V^2)-\mathrm{d}\Phi_t\right)T,\quad T=\Upsilon^{\left(\frac{1}{\gamma-1}-1\right)}\frac{\rho_{\infty}}{a_{\infty}^2} \tag{C.5}$$

由于 $\Upsilon = a^2/a_\infty^2$，$\Upsilon^{\frac{1}{\gamma-1}}\rho_\infty = \rho$，于是

$$T = \Upsilon^{\frac{1}{\gamma-1}-1}\frac{a^2}{a_\infty^2}\frac{\rho_\infty}{a^2} = \Upsilon^{\frac{1}{\gamma-1}}\frac{\rho_\infty}{a^2} = \frac{\rho}{a^2}$$

故式(C.5)可写为

$$\mathrm{d}\rho = \frac{\rho}{a^2}\left(\frac{1}{2}\mathrm{d}(V_\infty^2 - V^2) - \mathrm{d}\Phi_t\right) \tag{C.6}$$

以此可以得到密度对时间和空间三个方向的 4 个偏微分，将这些偏微分代入质量守恒方程

$$\rho_t + \rho(u_x + v_y + w_z) + \rho_x u + \rho_y v + \rho_z w = 0$$

并用势函数微分替换速度，即得到式(5.2.48)中的第一个方程。

附录 D Howe 力的分解证明

如图 D-1 所示,考虑在静止参照系中做任意运动的物体,包含平动和转动。针对静止参照系给出力的表达式。

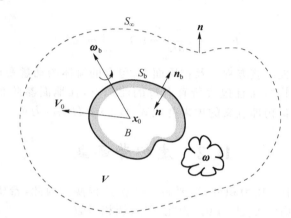

图 D-1 控制体 Ω_t 由物体边界 S_b 和物质面边界 S_∞ 围成,
物质面边界的法向移动速度等于当地流速

将物体(B)的边界记为 S_b,另外取以足够远的以物质面构成的封闭曲面即外边界 S_∞。该曲面一方面包含所考虑的物体,另一方面足够远,以致在该曲面上,流动可以看成无旋的,并且由该曲面包含的流体的总涡量为 0,外部流体没有涡量。在足够远的

$$V = O(1/|x|^6), \quad |x| \in S_\infty \tag{D.1}$$

由两个曲面 S_b 和 S_∞ 围成的区域记为 Ω。该区域内的不可压缩流动可以有涡量 $\boldsymbol{\omega}$。物质面 S_∞ 上各点的移动速度就是当地流体的速度。

D.1 物体受力的出发方程

在 1.2 节给出了动量方程的兰姆—葛罗米柯形式。在这里该式写成如下形式

$$\nabla p_t + \rho \boldsymbol{\omega} \times \boldsymbol{V} = -\rho \frac{\partial \boldsymbol{V}}{\partial t} - \mu \nabla \times \boldsymbol{\omega} \tag{D.2}$$

这里

$$p_t \equiv p + \frac{1}{2} \rho V^2 \tag{D.3}$$

仿第 1.2.3 节,对于这里的运动物体,采用如图 D-1 所示的控制体时,运动物体所受的力的积分形式为

$$\boldsymbol{F} = -\rho \iiint_\Omega \frac{\partial \boldsymbol{V}}{\partial t} \mathrm{d}\Omega - \rho \oiint_{S_\infty} \boldsymbol{V} \boldsymbol{V} \cdot \boldsymbol{n} \mathrm{d}S - \oiint_{S_\infty} p \boldsymbol{n} \mathrm{d}S + \oiint_{S_\infty} \boldsymbol{\tau} \cdot \boldsymbol{n} \mathrm{d}S$$

由于这里选取了 S_∞,当地为理想无旋流动,于是上式涉及的黏性应力消失,写成分量形式后,

可以简化为

$$F_i = -\rho \iiint_\Omega \frac{\partial v_i}{\partial t} \mathrm{d}\Omega - \rho \oiint_{S_\infty} v_i \boldsymbol{V} \cdot \boldsymbol{n} \mathrm{d}S - \oiint_{S_\infty} p n_i \mathrm{d}S \qquad (\mathrm{D}.4)$$

进一步,令外边界为物质面,即 S_∞ 上的每一点都以当地流速 $\boldsymbol{V}$ 移动,于是该物质面包含的流体动量变化率等于控制体内动量变化率与物质面移动带入的动量,即

$$\frac{\partial}{\partial t} \iiint_\Omega v_i \mathrm{d}\Omega = \iiint_\Omega \frac{\partial v_i}{\partial t} \mathrm{d}\Omega + \oiint_{S_\infty} v_i \boldsymbol{V} \cdot \boldsymbol{n} \mathrm{d}S$$

将该式代入式(D.4),得到

$$F_i = -\rho \frac{\partial}{\partial t} \iiint_\Omega v_i \mathrm{d}\Omega - \iint_{S_\infty} p n_i \mathrm{d}S \qquad (\mathrm{D}.5)$$

这是物体受力的出发方程。该方程涉及物质面 S_∞ 包含的流体的动量变化率,也涉及物质面上压力的作用,是在 S_∞ 为物质面且包含所有涡量的前提下,在地面参照系上成立的动量方程。下面的推理需要用更具备物理意义的项来替代式(D.5)中右端压力项。

D.2　虚拟势函数

为了消去式(D.5)中的压力积分,需要做一些积分转换。为此,希望有这样一个函数,满足在边界 S_∞ 上为 1,在物面 S_b 上为 0。为此,引入调和函数

$$X_i = x_i - x_{0,i} - \phi_i^{(*)} \qquad (\mathrm{D}.6)$$

式中,$\phi_i^{(*)}$ 为物体单独向 x_i 方向以单位速度平动时引起的无旋势函数。另外,还需要用到物体单独以单位角速度绕过 $\boldsymbol{x}_0(t)$ 的 x_i 轴做匀速转动引起的无旋流场势函数 $\chi_i^{(*)}$。这种单位势函数在 3.1.1 节已经讨论。由于是调和函数,因此

$$\nabla^2 X_i = \nabla \cdot (\nabla X_i) = 0 \qquad (\mathrm{D}.7)$$

在物体壁面上满足无穿透条件,即

$$\frac{\partial \phi_i^{(*)}}{\partial n} = \nabla \phi_i^{(*)} \cdot \boldsymbol{n}_b = n_{b,i}, \quad \frac{\partial \chi_i^{(*)}}{\partial n} = \nabla \chi_i^{(*)} \cdot \boldsymbol{n}_b = ((\boldsymbol{x}_b - \boldsymbol{x}_0) \times \boldsymbol{n}_b)_i \qquad (\mathrm{D}.8)$$

对式(D.6)求梯度,得

$$\nabla X_i = \boldsymbol{e}_i - \nabla \phi_i^{(*)}, \quad \frac{\partial X_i}{\partial x_j} = \delta_{ij} - \frac{\partial \phi_i^{(*)}}{\partial x_j} \qquad (\mathrm{D}.9)$$

于是 $\nabla X_i \cdot \boldsymbol{n}_b = \boldsymbol{e}_i \cdot \boldsymbol{n}_b - \nabla \phi_i^{(*)} \cdot \boldsymbol{n}_b = n_{bi} - \partial \phi_i^{(*)}/\partial n$,因此在物面上有

$$\nabla X_i \cdot \boldsymbol{n}_b = 0, \quad \boldsymbol{x} \in S_b \qquad (\mathrm{D}.10)$$

这表明,矢量 ∇X_i 沿着与物体表面相切的方向。

由于 S_∞ 足够远,不难证明

$$\phi_i^{(*)} = O(1/|\boldsymbol{x}|^2), \quad \chi_i^{(*)} = O(1/|\boldsymbol{x}|^2), \quad \boldsymbol{x} \in S_\infty \qquad (\mathrm{D}.11)$$

于是

$$\nabla X_i \cdot \boldsymbol{n} = \frac{\partial X_i}{\partial n} = n_i, \quad \boldsymbol{x} \in S_\infty \qquad (\mathrm{D}.12)$$

D.3　动量方程压力项的消除

针对式(D.5)右端压力积分,先证明如下关系式

$$\iint_{S_\infty} pn_i \mathrm{d}S = -\rho \iint_{\partial\Omega} X_i \frac{\partial \boldsymbol{V}}{\partial t} \cdot \boldsymbol{n}\mathrm{d}S - \rho \iiint_\Omega \nabla X_i \cdot \boldsymbol{\omega} \times \boldsymbol{V}\mathrm{d}\Omega$$

$$-\mu \iint_{\partial\Omega} X_i \nabla \times \boldsymbol{\omega} \cdot \boldsymbol{n}\mathrm{d}S \tag{D.13}$$

式中，$\partial\Omega$ 为控制体 Ω 的外边界，即 S_∞ 和 $-S_b$（负号表示单位法向矢量指向控制体外部）。对动量方程的兰姆－葛罗米柯形式(D.2)求散度，并考虑到不可压缩条件 $\nabla \cdot \boldsymbol{V}=0$ 以及矢量恒等式 $\nabla \cdot (\nabla \times \boldsymbol{\omega})=\nabla \cdot (\nabla \times \nabla \times \boldsymbol{V})\equiv 0$，得

$$\nabla \cdot (\nabla p_t)=\nabla \cdot (\rho \boldsymbol{V} \times \boldsymbol{\omega})$$

将上式乘以 X_i，并对控制体求积分，得到

$$\iiint_\Omega X_i \nabla \cdot (\nabla p_t)\mathrm{d}\Omega = \rho \iiint_\Omega X_i \nabla \cdot (\boldsymbol{V} \times \boldsymbol{\omega})\mathrm{d}\Omega \tag{D.14}$$

由式(D.7)不难证明下面两个矢量关系式

$$\begin{cases} X_i \nabla \cdot (\nabla p_t)=\nabla \cdot (X_i \nabla p_t)-\nabla \cdot (p_t \nabla X_i) \\ X_i \nabla \cdot (\boldsymbol{V} \times \boldsymbol{\omega})=\nabla \cdot (X_i \boldsymbol{V} \times \boldsymbol{\omega})-\nabla X_i \cdot (\boldsymbol{V} \times \boldsymbol{\omega}) \end{cases} \tag{D.15}$$

以第一个关系式为例，因为 $\nabla \cdot (X_i \nabla p_t)=X_i \nabla \cdot (\nabla p_t)+\nabla p_t \cdot \nabla X_i$，故

$$X_i \nabla \cdot (\nabla p_t)=\nabla \cdot (X_i \nabla p_t)-\nabla p_t \cdot \nabla X_i$$

进一步，因(D.7)成立，故

$$\nabla \cdot (p_t \nabla X_i)=p_t \nabla \cdot (\nabla X_i)+\nabla p_t \cdot \nabla X_i=\nabla p_t \cdot \nabla X_i$$

于是，成立

$$X_i \nabla \cdot (\nabla p_t)=\nabla \cdot (X_i \nabla p_t)-\nabla \cdot (p_t \nabla X_i)$$

将(D.15)的两个关系式分别代入式(D.14)左端和右端，整理得

$$\iiint_\Omega \nabla \cdot (X_i \nabla p_t + \rho \boldsymbol{\omega} \times \boldsymbol{V})\mathrm{d}\Omega - \iiint_\Omega \nabla \cdot (p_t \nabla X)_i \mathrm{d}\Omega = \rho \iiint_\Omega \nabla X_i \cdot (\boldsymbol{\omega} \times \boldsymbol{V})\mathrm{d}\Omega \tag{D.16}$$

对式(D.16)左端使用格林定理，将体积分转换为面积分，即

$$\iiint_\Omega \nabla \cdot (X_i \nabla p_t + \rho \boldsymbol{\omega} \times \boldsymbol{V})\mathrm{d}\Omega = \iint_{\partial\Omega} X_i (\nabla p_t + \rho \boldsymbol{\omega} \times \boldsymbol{V})\cdot \boldsymbol{n}\mathrm{d}S$$

从而式(D.16)可写为

$$\iint_{\partial\Omega} X_i (\nabla p_t + \rho \boldsymbol{\omega} \times \boldsymbol{V})\cdot \boldsymbol{n}\mathrm{d}S - \iint_{\partial\Omega} p_t \nabla X_i \cdot \boldsymbol{n}\mathrm{d}S = \rho \iiint_\Omega \nabla X_i \cdot (\boldsymbol{\omega} \times \boldsymbol{V})\mathrm{d}\Omega$$

由于 ∇X_i 在物面和外边界分别满足式(D.10)和(D.12)，于是上式左端第二个积分可写为 $\iint_{S_\infty} pn_i \mathrm{d}S$，于是

$$\iint_{S_\infty} pn_i \mathrm{d}S = \iint_{S_b+S_\infty} X_i (\nabla p_t + \rho \boldsymbol{\omega} \times \boldsymbol{V})\cdot \boldsymbol{n}\mathrm{d}S - \rho \iiint_\Omega \nabla X_i \cdot \boldsymbol{\omega} \times \boldsymbol{V}\mathrm{d}\Omega \tag{D.17}$$

将式(D.2)左端代入上式右端第一项，即得到式(D.13)。

D.4　力的积分定义式

将压力积分关系式(D.3)代入力的表达式(D.5)右端最后一项，得

$$\begin{cases} F_i = F_{i,a} + F_{i,b} \\ F_{i,a} = -\rho \dfrac{\partial}{\partial t} \iiint_\Omega v_i \mathrm{d}\Omega + \rho \iint_{\partial\Omega} X_i \dfrac{\partial v_j}{\partial t} n_j \mathrm{d}S \\ F_{i,b} = \rho \iiint_\Omega \nabla X_i \cdot \boldsymbol{\omega} \times \boldsymbol{V} \mathrm{d}\Omega + \mu \iint_{\partial\Omega} X_i \nabla \times \boldsymbol{\omega} \cdot \boldsymbol{n} \mathrm{d}S \end{cases} \tag{D.18}$$

于是,力的表达式中不再涉及压力,但其涉及的面积分针对$\partial\Omega$,包含了S_∞需要进一步简化。

下面将证明

$$F_{i,a} = -\rho \frac{\partial}{\partial t} \iint_{S_b} \phi_i^* \boldsymbol{V}_b \cdot \boldsymbol{n} \mathrm{d}S - \rho \iint_{S_b} \left(\frac{\partial X_i}{\partial t} + \boldsymbol{V} \cdot \nabla X_i \right) \boldsymbol{V}_b \cdot \boldsymbol{n} \mathrm{d}S \tag{D.19}$$

即面积分只涉及S_b。

另外,考虑到在S_∞上为无旋流动,于是涉及的针对$\partial\Omega$只剩下$-S_b$,即

$$F_{i,b} = \rho \iiint_\Omega \nabla X_i \cdot \boldsymbol{\omega} \times \boldsymbol{V} \mathrm{d}\Omega - \mu \iint_{S_b} X_i \nabla \times \boldsymbol{\omega} \cdot \boldsymbol{n} \mathrm{d}S \tag{D.20}$$

为了证明(D.19),对$\iiint_\Omega \nabla \cdot (X_i \boldsymbol{V}) \mathrm{d}\Omega$求时间的导数。考虑到控制体边界$S_\infty$为物质面,从而边界法向运动速度为$\boldsymbol{V} \cdot \boldsymbol{n}$,而边界$S_b$的法向运动速度与流体在该边界上的法向运动速度因满足边界条件均为$\boldsymbol{V} \cdot \boldsymbol{n}$。于是,将导数移到积分内并考虑到边界运动带来的贡献,可得

$$\frac{\partial}{\partial t} \iiint_\Omega \nabla \cdot (X_i \boldsymbol{V}) \mathrm{d}\Omega = \iiint_\Omega \frac{\partial}{\partial t} \nabla \cdot (X_i \boldsymbol{V}) \mathrm{d}\Omega + \iint_{\partial\Omega} \nabla \cdot (X_i \boldsymbol{V}) \boldsymbol{V} \cdot \boldsymbol{n} \mathrm{d}S \tag{D.21}$$

将展开式$\nabla \cdot (X_i \boldsymbol{V}) = X_i \nabla \cdot \boldsymbol{V} + \boldsymbol{V} \cdot \nabla X_i = \boldsymbol{V} \cdot \nabla X_i = v_j \dfrac{\partial X_i}{\partial x_j}$代入式(D.21)左端,并将右端矢量项展开成分量(利用爱因斯坦求和法则),得

$$\frac{\partial}{\partial t} \iiint_\Omega v_j \frac{\partial X_i}{\partial x_j} \mathrm{d}\Omega = \iiint_\Omega \frac{\partial}{\partial t} \left(v_j \frac{\partial X_i}{\partial x_j} \right) \mathrm{d}\Omega + \iint_{\partial\Omega} \left(v_j \frac{\partial X_i}{\partial x_j} \right) \boldsymbol{V} \cdot \boldsymbol{n} \mathrm{d}S \tag{D.22}$$

利用速度散度为0并且利用高斯定理,将右端第二项写成

$$\iiint_\Omega \frac{\partial}{\partial t} \left(v_j \frac{\partial X_i}{\partial x_j} \right) \mathrm{d}\Omega = \iiint_\Omega \frac{\partial}{\partial t} \nabla \cdot (X_i \boldsymbol{V}) \mathrm{d}\Omega = \iiint_\Omega \nabla \cdot \frac{\partial}{\partial t} (X_i \boldsymbol{V}) \mathrm{d}\Omega = \iint_{\partial\Omega} \frac{\partial}{\partial t} (X_i \boldsymbol{V}) \cdot \boldsymbol{n} \mathrm{d}S$$

于是,式(D.22)给出

$$\frac{\partial}{\partial t} \iiint_\Omega v_j \frac{\partial X_i}{\partial x_j} \mathrm{d}\Omega = \iint_{\partial\Omega} \frac{\partial}{\partial t} (X_i \boldsymbol{V}) \cdot \boldsymbol{n} \mathrm{d}S + \iint_{\partial\Omega} \left(v_j \frac{\partial X_i}{\partial x_j} \right) \boldsymbol{V} \cdot \boldsymbol{n} \mathrm{d}S \tag{D.23}$$

利用(D.9),得

$$\iiint_\Omega v_j \frac{\partial X_i}{\partial x_j} \mathrm{d}\Omega = \iiint_\Omega v_j \delta_{ij} \mathrm{d}\Omega - \iiint_\Omega v_j \frac{\partial \phi_i^*}{\partial x_j} \mathrm{d}\Omega = \iiint_\Omega v_i \mathrm{d}\Omega - \iiint_\Omega \boldsymbol{V} \cdot \nabla \phi_i^* \mathrm{d}\Omega$$

即

$$\iiint_\Omega v_j \frac{\partial X_i}{\partial x_j} \mathrm{d}\Omega = \iiint_\Omega v_i \mathrm{d}\Omega - \iiint_\Omega \boldsymbol{V} \cdot \nabla \phi_i^* \mathrm{d}\Omega \tag{D.24}$$

又由速度散度为0的条件得$\nabla \cdot (\phi_i^* \boldsymbol{V}) = \boldsymbol{V} \cdot \nabla \phi_i^*$,于是

$$\iiint_\Omega \boldsymbol{V} \cdot \nabla \phi_i^* \mathrm{d}\Omega = \iiint_\Omega \nabla \cdot (\phi_i^* \boldsymbol{V}) \mathrm{d}\Omega = \iint_{\partial\Omega} \phi_i^* \boldsymbol{V} \cdot \boldsymbol{n} \mathrm{d}S = \iint_{S_b} \phi_i^* \boldsymbol{V} \cdot \boldsymbol{n} \mathrm{d}S + \iint_{S_\infty} \phi_i^* \boldsymbol{V} \cdot \boldsymbol{n} \mathrm{d}S$$

利用(D.11)知,上式右端最后一项消失,于是式(D.24)变为

$$\iiint_\Omega v_j \frac{\partial X_i}{\partial x_j} \mathrm{d}\Omega = \iiint_\Omega v_i \mathrm{d}\Omega + \iint_{S_b} \phi_i^* \boldsymbol{V} \cdot \boldsymbol{n} \mathrm{d}S \tag{D.25}$$

将(D.25)代入式(D.22)左端，得

$$\frac{\partial}{\partial t}\iiint_{\Omega} v_i \mathrm{d}\Omega = \iiint_{\Omega} \frac{\partial}{\partial t}\left(v_j \frac{\partial X_i}{\partial x_j}\right)\mathrm{d}\Omega + \iint_{\partial\Omega}\left(v_j \frac{\partial X_i}{\partial x_j}\right)\boldsymbol{V}\cdot\boldsymbol{n}\mathrm{d}S - \frac{\partial}{\partial t}\iint_{S_b}\phi_i^*\boldsymbol{V}\cdot\boldsymbol{n}\mathrm{d}S \tag{D.26}$$

将上式代入式(D.18)中 $F_{i,a}$ 的表达式中，进一步利用(D.10)和式(D.12)化简，即得到(D.19)。

D.5　物体受力最终表达式

将式(D.19)和式(D.20)代入式(D.18)，得到 Howe 给出的力的表达式。如果将物体表面的流速分解为物体速度 $\boldsymbol{V}_b$ 与相对于物体滑移的速度 $\boldsymbol{V}_{slip}$，即

$$\boldsymbol{V} = \boldsymbol{V}_b + \boldsymbol{V}_{slip} \tag{D.27}$$

那么 x_i 方向的力可分解为

$$F_i = F_{b,i} + F_{slip,i} + F_{\omega,i} + F_{\mu,i} \tag{D.28}$$

式中

$$\begin{cases} F_{b,i} = \rho\frac{\partial}{\partial t}\iint_{S_b}\phi_i^*\boldsymbol{V}_b\cdot\boldsymbol{n}_b\mathrm{d}S + \rho\iint_{S_b}\left(\frac{\partial X_i}{\partial t}+\boldsymbol{V}_b\cdot\nabla X_i\right)\boldsymbol{V}_b\cdot\boldsymbol{n}_b\mathrm{d}S \\[2mm] F_{slip,i} = \rho\iint_{S_b}(\boldsymbol{V}_{slip}\cdot\nabla X_i)\boldsymbol{V}_b\cdot\boldsymbol{n}_b\mathrm{d}S \\[2mm] F_{\omega,i} = \rho\iiint_{\Omega_f}\nabla X_i\cdot\boldsymbol{\omega}\times\boldsymbol{V}\mathrm{d}\Omega \\[2mm] F_{\mu,i} = -\mu\iint_{S_b}\boldsymbol{\omega}\times\nabla X_i\cdot\boldsymbol{n}_b\mathrm{d}S \end{cases} \tag{D.29}$$

经过类似推导，相对于原点的力矩也可以分解为

$$M_i = M_{b,i} + M_{slip,i} + M_{\omega,i} + M_{\mu,i} \tag{D.30}$$

其中

$$\begin{cases} M_{b,i} = -\rho\frac{\partial}{\partial t}\iint_{S_b}\chi_i^*\boldsymbol{V}_b\cdot\boldsymbol{n}_b\mathrm{d}S + \rho\iint_{S_b}\left(\frac{\partial\chi_i^*}{\partial t}-\boldsymbol{V}_b\cdot(\boldsymbol{e}_i\times(\boldsymbol{x}-\boldsymbol{x}_0)-\nabla\chi_i^*)\right)\boldsymbol{V}_b\cdot\boldsymbol{n}_b\mathrm{d}S \\[2mm] M_{slip,i} = -\rho\iint_{S_b}(\boldsymbol{V}_{slip}\cdot(\boldsymbol{e}_i\times(\boldsymbol{x}-\boldsymbol{x}_0)-\nabla\chi_i^*))\boldsymbol{V}_b\cdot\boldsymbol{n}_b\mathrm{d}S \\[2mm] M_{\omega,i} = \rho\iiint_{\Omega_f}(\boldsymbol{e}_i\times(\boldsymbol{x}-\boldsymbol{x}_0)-\nabla\chi_i^*)\cdot(\boldsymbol{\omega}\times\boldsymbol{V})\mathrm{d}\Omega \\[2mm] M_{\mu,i} = \mu\iint_{S_b}(\boldsymbol{\omega}-2\boldsymbol{\omega}_b)\times(\boldsymbol{e}_i\times(\boldsymbol{x}-\boldsymbol{x}_0)-\nabla\chi_i^*)\cdot\boldsymbol{n}_b\mathrm{d}S \end{cases}$$

$$\tag{D.31}$$